U0799709

冷轧薄钢板生产技术丛书

冷轧薄钢板生产

（第2版）

付作宝　主编

北京
冶金工业出版社
2021

内容提要

本书从钢铁企业实际生产角度，较系统地介绍了国内外冷轧薄钢板生产工艺技术。内容包括酸洗、冷轧、热处理、精整、镀涂层钢板的生产、第三代汽车板的生产、不锈钢板的生产和冷轧生产过程中的环保工艺等9章。本书涵盖了冷轧薄钢板生产的主要工艺和产品品种，可使读者全面了解和熟悉冷轧薄钢板生产的全过程和新技术，提高企业生产技术水平，以满足汽车、家电行业等对高质量冷轧薄钢板的需求。

本书可供从事冷轧薄钢板生产、工艺研究、设备设计的科技人员阅读，也可供高等院校冶金、材料加工等相关专业师生参考。

图书在版编目(CIP)数据

冷轧薄钢板生产/付作宝主编. —2版. —北京：冶金工业出版社，2005.6（2021.7重印）

（冷轧薄钢板生产技术丛书）

ISBN 978-7-5024-3732-9

Ⅰ. 冷…　Ⅱ. 付…　Ⅲ. 薄钢板—薄板轧制：冷轧
Ⅳ. TG335.5

中国版本图书馆 CIP 数据核字(2005)第035364号

出 版 人　苏长永
地　　址　北京市东城区嵩祝院北巷39号　邮编　100009　电话　(010)64027926
网　　址　www.cnmip.com.cn　电子信箱　yjcbs@cnmip.com.cn
责任编辑　张　卫　李培禄　美术编辑　彭子赫
责任校对　符燕蓉　李文彦　责任印制　禹　蕊
ISBN 978-7-5024-3732-9
冶金工业出版社出版发行；各地新华书店经销；北京虎彩文化传播有限公司印刷
1996年4月第1版，2005年6月第2版，2021年7月第7次印刷
787mm×1092mm　1/16；28.75印张；689千字；442页
69.00元

冶金工业出版社　投稿电话　(010)64027932　投稿信箱　tougao@cnmip.com.cn
冶金工业出版社营销中心　电话　(010)64044283　传真　(010)64027893
冶金工业出版社天猫旗舰店　yjgycbs.tmall.com
（本书如有印装质量问题，本社营销中心负责退换）

编 者 的 话

目前，我国国民经济建设飞速发展，取得了令人瞩目的成就，市场（汽车业、家电业等）对冷轧钢板（带）产品的需求很大。虽然近年来我国在冷轧板（带）的生产方面取得了骄人的成绩，然而，我国冷轧板（带）生产与工业发达的国家相比，仍有差距，总的装备水平、产品质量有待提高，板管比、冷轧板（带）比较低，产量和质量等方面还不能满足国内需求，每年还要从国外大量进口。因此，我国在冷轧技术、设备、产品质量、产能等方面还有很大提升空间。

《冷轧薄钢板生产技术丛书》是一套从冷轧薄钢板（带）生产工艺流程（即酸洗、冷轧、热处理、平整）、设备（包括酸洗设备、冷轧设备、连续退火设备、罩式退火设备、平整机设备、热镀锌设备、电镀锌设备、电镀锡设备、彩色涂层设备、电解脱脂设备、硅钢片生产设备、不锈钢生产设备及精整设备等）与冷轧薄钢板（带）产品（包括普通冷轧板带、热镀锌钢板、电镀锌钢板、电镀锡钢板、锌－铝合金钢板、彩涂钢板、汽车钢板、不锈钢板（带）以及硅钢片产品等）相结合的角度入手组织编写的丛书。冷轧钢板（带）生产技术含量高，产品附加值高，各钢铁企业十分重视冷轧技术和设备的提高和改进。因此，十分有必要编写出版一套详细介绍冷轧钢板（带）的各工序工艺与设备的技术书籍，以满足钢铁企业中从事冷轧薄钢板生产、工艺研究、设备设计的科技人员进一步深入研究的需要。

本套丛书从钢铁企业实际生产出发，重点介绍国内外生产冷轧薄钢板的先进工艺、技术、操作方法与设备的使用、维护。期望本套丛书能为我国现有冷轧板（带）生产厂的挖潜、改造或新建更具竞争力的冷轧板（带）厂提供借鉴，能为钢铁企业提高冷轧钢板（带）生产技术水平并生产出高质量、高附加值的产品提供参考。

2005 年 5 月

前 言

《冷轧薄钢板生产》（第1版）一书自1996年4月问世以来，受到了广大同行的好评。现在时间已过去9年，进入了21世纪，此间，国内外冷轧薄钢板生产技术又有了很大发展。特别是为满足国内市场的需求，许多钢厂新建和改建了新的冷轧薄钢板生产线，冷轧产品的规格品种增加，产品质量显著提高。这样第1版的技术内容已赶不上时代发展的要求和用户对冷轧产品的需求。为此，在冶金工业出版社的倡议下，编者着手对《冷轧薄钢板生产》（第1版）进行了较为全面的修改和增删，编写了《冷轧薄钢板生产》（第2版）。

《冷轧薄钢板生产》（第2版），除对上版书中的陈旧内容认真删改外，增补了紊流酸洗、推拉式酸洗、新的热处理保护气体的制取及退火炉新工艺技术等。同时，根据目前冷轧薄钢板带的市场要求，书中新增编了“第三代汽车钢板的生产”、“冷轧不锈钢板的生产”和“冷轧生产过程中的环保工艺”等3章内容，以适应生产的新发展和用户的新要求。

本书由付作宝（负责第1、4、7、8章）、李有炎（负责第2章）、严光中（负责第3、5章）、刘兴久（负责第4章）、唐广仁（负责第6、9章）编写。全书由付作宝修改和统校。

在编写过程中得到刘兆启、王恩波、于洪波、刘迪等同志的帮助，在此表示感谢。

由于编者水平有限，书中不当之处，敬希读者指正。

编 者

2004年10月1日

目　　录

1 绪论

1.1 冷轧薄钢板生产的发展历史

钢的冷轧于19世纪中叶始于德国，当时只能生产宽20~25mm的冷轧钢带。美国于1859年制造建成了25mm冷轧机，1887年生产出宽150mm的低碳钢带。1880年以后，冷轧钢带生产在美国、德国发展很快，产品宽度不断增加，并逐步建立了附属设备，如剪切、矫直、平整和热处理设备等，产品质量也有了提高。

宽的冷轧薄板（钢带）是在热轧成卷带钢的基础上发展起来的。美国早在1920年第一次成功地轧制出宽带钢，并很快由单机不可逆轧制跨入单机可逆式轧制。1926年阿姆柯公司巴特勒工厂建成四机架冷连轧机。

苏联于20世纪30年代中期开始冷轧生产，第一个冷轧车间建在伊里奇冶金工厂，是四辊式，用单张的热轧板作原料。1938年在查波罗什工厂开始安装从国外引进的三机架1680mm冷连轧机及1680mm可逆式冷轧机，生产厚度为0.5~2.5mm、宽度为1500mm的钢板。为了满足汽车工业的需要，该厂又建立了一台2180mm可逆式冷轧机。1951年苏联建设了一套2030mm全连续式五机架冷连轧机，年产250万t，安装在新利佩茨克。

日本1938年在东洋钢板松下工厂安装了第一台可逆式冷轧机，开始冷轧薄板的生产。1940年在新日铁广畑厂建立了第一套四机架1420mm冷连轧机。

我国冷轧宽带钢的生产开始于1960年，首先建立了1700mm单机可逆式冷轧机，以后陆续投产了1200mm单机可逆式冷轧机、MKW1400mm偏八辊轧机、1150mm二十辊冷轧机和1250mmHC单机可逆式冷轧机等，20世纪70年代投产了我国第一套1700mm连续式五机架冷轧机，1988年建成了2030mm五机架全连续冷轧机。现在我国投入生产的宽带钢轧机有35套，窄带钢轧机有1000套。在这40多年中，我国冷轧薄板生产能力增加了40多倍，到2000年，我国薄钢板的产量已达到1900多万t；生产装备技术水平已由只能生产低碳薄板而发展到能生产高碳钢、合金钢、高合金钢、不锈耐热冷轧薄板、镀锌板、涂层钢板、塑料复合薄板和硅钢片等。

从世界范围看：日本1960年冷轧板产量100万t，而40年后的今天生产能力已达2000多万t，增加了20倍。

冷轧薄板发展如此迅速的主要原因是：

(1) 钢材在热轧过程中的温降和温度分布不均给生产带来了难题，特别是在轧制厚度小而长度大的薄板带产品时，冷却上的差异引起的轧件首尾温差往往使产品尺寸超出公差范围，性能出现显著差异。当厚度小于一定限度时，轧件在轧制过程中温降剧烈，以致根本不可能在轧制周期之内保持热轧所需的温度。

因此，从规格方面考虑，事实上存在着一个热轧厚度下限。20世纪70年代初期，日、法、意、原西德等国曾致力于用热连轧精轧机组，增加8、9机架来生产1～0.8mm的薄带。但实践证明，从产品质量和设备重量来说这是不可行的。现代热连轧机，目前设计可能轧出最小厚度为1.2mm，但实际生产中很少生产1.8mm或1.5mm以下的热轧板卷。而冷轧则不存在热轧温降与温度不均匀的弊病，可以得到厚度更薄、精度更高的冷轧带钢和冷轧薄板。现代冷连轧宽带轧机和双机架二次冷轧可生产厚度为0.10～0.17mm的冷轧薄板，作为镀锡原板，即使不经二次冷轧也可生产0.2～3.5mm厚的冷轧薄板。现代可逆式冷轧机可生产0.15～3.5mm厚的冷轧板。多辊冷轧机或窄带钢冷轧机则可生产最薄达0.001mm的产品。从厚度上看，0.15～0.38mm厚的板带为一般薄板，0.07～0.25mm厚的为较薄薄板，0.025～0.05mm厚的板带为极薄薄板，这些产品用热轧方法是不可能生产的。从厚度精度上看，现代热连轧厚度精度通常为±50μm，而现代冷连轧板厚精度高达±5μm，比热轧厚度精度高10倍。从板形上看，热轧板带平直度为50I（1I单位$=10^{-5}$相对长度差），而冷轧板特别是现代化的宽带钢冷轧机轧制的带钢，其平直度能控制在5～20I以内。

（2）目前热轧工艺技术水平尚不能使钢板表面在热轧过程中不被氧化，也不能完全避免由氧化铁皮造成的表面质量不良。因此，热轧不适于生产表面光洁程度要求较高的板带钢产品。热轧板热轧状态表面粗糙度为20μm，酸洗后为25μm。而冷轧板表面清洁光亮，并可根据不同用途制造不同表面粗糙度的钢板。冷轧板按表面粗糙度分为3种：一种是无光泽的钢板，其表面粗糙度为3～10μm，适用于作冲压部件，并且当需喷涂刷漆时，这种钢板附着性较强；第二种是光亮板，其表面粗糙度大于0.2μm，这种钢板主要作为装饰镀铬用厚板等；第三种是压印花纹钢板，采用表面具有70～120μm凸凹的平整辊平整钢板，这种钢板用于仪表壳及家具装饰等。这样的表面质量是热轧无法满足的。

（3）性能好、品种多、用途广。冷轧钢板的另一突出优点是性能好、品种多、用途广。通过一定的冷轧变形程度与冷轧后热处理恰当配合，可以在比较广的范围内满足用户的要求。如汽车用薄板几乎全部需经冲压成形，这样深冲性能就成为薄板生产和使用的核心问题。冲压用钢的主要要求之一是具有占优势的有利织构{111}/〈100〉。热轧薄板的塑性应变比$\overline{R}$仅可达到0.8～0.95，而冷轧第一代沸腾钢汽车板$\overline{R}$为1.0～1.2，第二代08Al钢$\overline{R}$为1.4～1.8，而第三代冷轧汽车板$\overline{R}$为1.8～2.8，这是热轧无法达到的。

硅钢是制造机电产品的重要材料之一，主要用户是电机制造业和输变电设备制造业。能源危机、能源价格上涨必然要求使用低能耗材料，所以20世纪60年代起人们就开始淘汰能耗高的热轧硅钢片，代之以冷轧硅钢片。用10万t冷轧无取向硅钢制作电机比用10万t热轧硅钢制作电机实测节能1.98亿kW·h/a，若电机运转10年就相当节约一个20万kW的发电厂全年的发电量。用冷轧硅钢片生产36万kV·A变压器其总重量是204t；而用热轧硅钢片制造一台12万kV·A变压器，其重量即为200t。因此，用冷轧硅钢片代替热轧硅钢片具有很高的经济价值。冷轧还可以生产不锈钢板，用于家具与建筑装饰、化工容器等。近年来，表面处理钢板有了很大发展。以冷轧板为基板的各种涂层钢板品种繁多，用途极为广泛。

由于上述原因，冷轧薄板的生产得到迅速发展。从产量上看，一般冷轧板产量占轧材总产量的20%左右，工艺技术装备不断革新。早期的冷轧板轧制速度不到1m/s，而今已达41.6m/s。钢板的宽度1905年是406mm，1925年是914mm，而今最宽可达2230mm。钢卷重量也从几吨发展到60t。一座现代化的冷轧厂年产量可以达到250万t。

在建和拟建的百万吨级冷轧生产线：

武钢——武钢股份投资83.7亿元新建的2130mm冷轧机组，年产量215万t，产品厚度0.2~2.5mm，最大宽度2080mm，最大强度800MPa，其产品定位于以轿车板和家电板为代表的覆盖面极广的高档冷轧产品，预计该工程在2006年年初建成投产。

鞍钢——继1780mm冷轧机组投产后，鞍钢为配合新建的2150mm热连轧机组（9机架轧机），计划新建1500mm冷连轧（120万t）和2130mm冷连轧（预计2006年6月投产）。

本钢——本钢与浦项合资新建的冷轧项目，总投资6.643亿美元，注册资本2.319亿美元，浦项占10%股份。生产线设计能力为年产厚度0.2~2.5mm冷轧板卷和镀锌板180万t（其中两条镀锌板生产线综合产能84万t），预计2005年年底投产。

包钢——投资28.7亿元的冷轧生产线规模为年生产140万t，规格为厚度0.25~3mm，宽度960~1540mm，2004年年底建成投产，产品用于建筑、轻工、家电、汽车等行业。

邯钢——邯钢投资44亿元新建的冷轧工程，年生产能力130万t，其中冷轧商品板卷80万t，热镀锌卷22万t，彩涂商品卷12万t和冷硬板16万t产品主要用于汽车和家电、建筑等行业，2004年年底投产。

马钢——马钢冷轧薄板工程是国家第四批国债项目，总投资22.5亿元，设计年产冷轧板、镀锌板152.8万t，产品用于工业建筑、汽车、船舶、五金、家电等领域。2004年2月底已投产。

涟钢——涟钢1720mm酸洗轧机联合机组、热镀锌机组，冷轧精整生产线一期工程每年可生产150万t冷轧薄板，30万t镀锌板，产品厚度0.25~2.0mm，宽度为850~1570mm，主要用于建筑、家电、轻工领域，计划2006年6月建成投产。

济钢——济钢已与太厚重机签订了3800万元的冷轧薄板项目制造合同，轧机产能100万t。同时建设一条300万t热轧生产线。

广钢——JFE与广钢合作，计划在40万t热镀锌钢板工程建成后，上马150万t冷轧板生产线，产品主要满足广东汽车工业的需要。

首钢——首钢股份总投资54.2亿元的冷轧薄板生产线项目，建成后年产量可达150万t，项目建设期为两年半，第三年达到设计生产能力后，将年生产冷轧板卷70万t，热镀锌板卷80万t（其中彩涂20万t）。目标市场是汽车及奥运项目。

1.2　冷轧薄钢板生产工艺流程及其进步

冷轧板带钢的产品品种很多，生产工艺流程亦各有特点。具有代表性的冷轧板带钢产品是金属镀层薄板（包括镀锡板、镀锌板等）、深冲钢板（以汽车板为最多）、电工硅钢板，不锈钢板和涂层（或复合）钢板。成品供应状态有板或卷或纵剪带形式，这要取决于用户要求。各种冷轧产品生产流程如图1-1所示。

图1-2是冷轧车间的平面布置图。冷轧生产方法是不断发展进步的。几种生产方法的演变和发展过程如图1-3~图1-7所示。

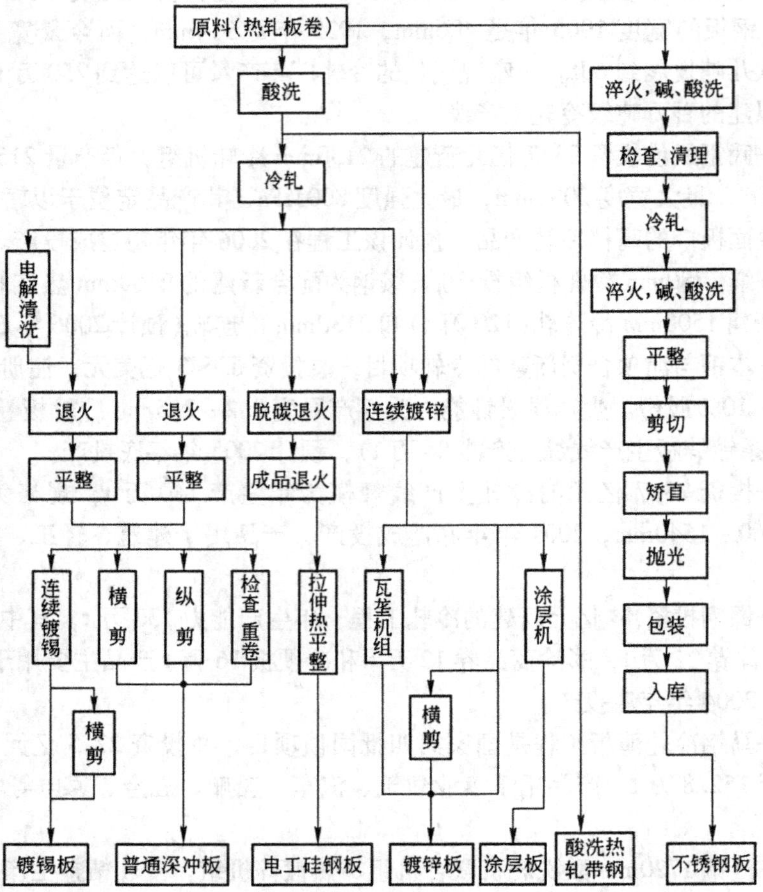

图 1-1 各种冷轧产品生产流程图

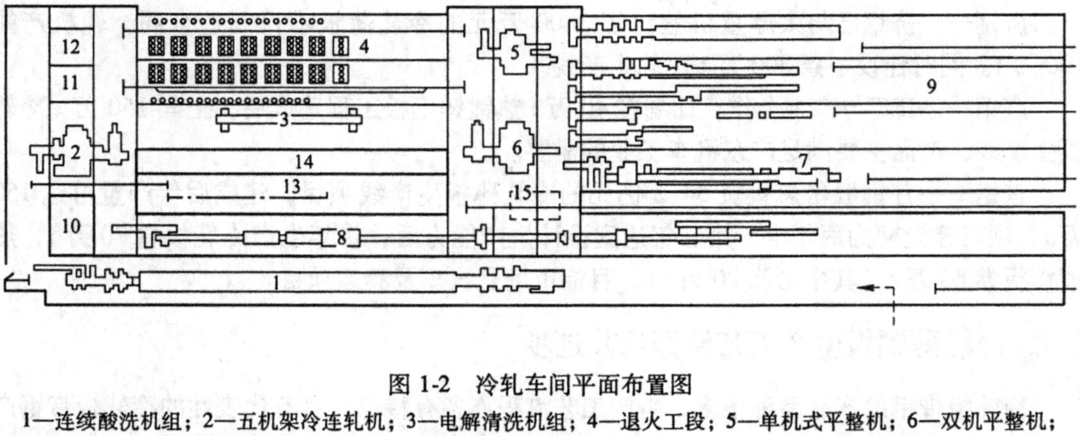

图 1-2 冷轧车间平面布置图

1—连续酸洗机组；2—五机架冷连轧机；3—电解清洗机组；4—退火工段；5—单机式平整机；6—双机平整机；7—连续电镀锡机组；8—连续镀锌机组；9—剪切跨；10—油站；11—计算机房；12—轧钢主电室；13—轧辊工段；14—机修、电修、液修；15—检验室

第一种生产方法见图 1-3，是单张生产方法，从原料到成品生产的全过程是以单张方式进行的。这种生产方法，产量低，质量差，成材率低，只能轧制较厚规格的薄板，但建

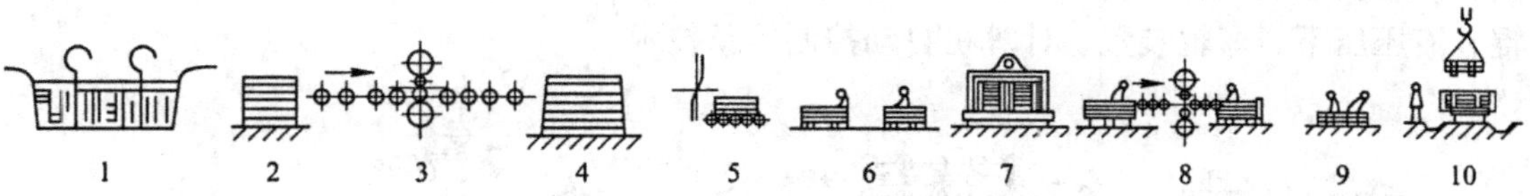

图 1-3 单张生产方法

1—单张原板酸洗槽；2—洗后待轧板料；3—四辊冷轧机；4—轧制状态钢板；
5—剪切；6—分类；7—罩式电炉退火；8—平整；9—包装；10—交库

设投资较低。

第二种生产方法见图 1-4，是半成卷生产方法。这种方法产量较高，但轧后的工艺比较落后。

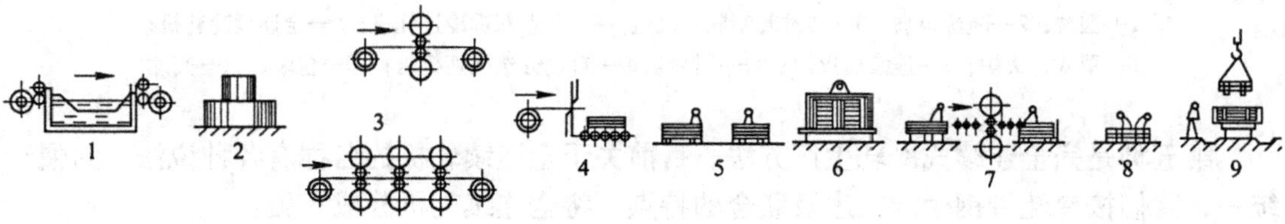

图 1-4 半成卷生产方法

1—酸洗；2—洗后待轧板卷；3—单机可逆式或三机架连轧；4—剪切；
5—分类；6—电炉退火；7—平整；8—包装；9—交库

目前，第一、第二种生产方法国内外都有，但它们是被逐渐淘汰的生产方法。

第三种是成卷生产方法，如图 1-5 所示，是比较常用的属于 20 世纪 50 年代的生产方法。

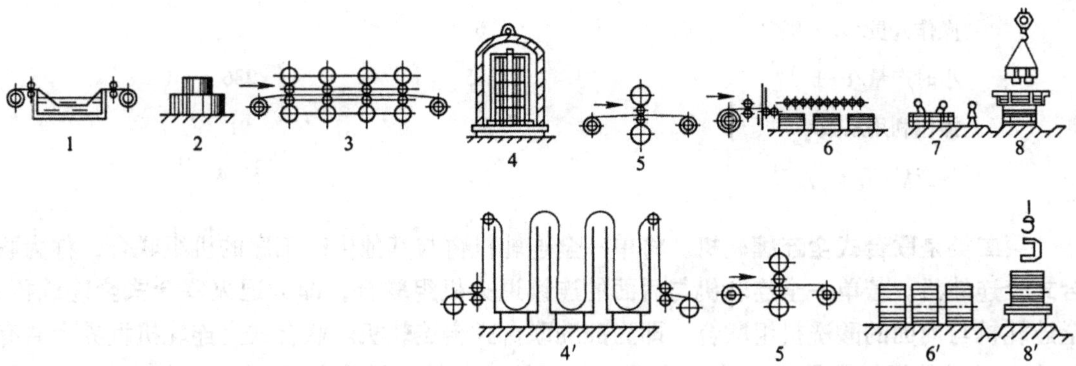

图 1-5 成卷生产方法

1—酸洗；2—酸洗板卷；3—连轧机或可逆式单机；4—罩式煤气退火；4′—连续退火炉；
5—平整机；6—横切分类；6′—成卷包装；7—包装；8—交库

第四种是现代冷轧生产方法，如图 1-6 所示，是 20 世纪 60 年代出现的一种生产方法。冷轧机上装设有两台拆卷机、两台轧后张力卷取和自动穿带装置，并采用了快速换辊、液压压下、弯辊装置、计算机自动控制等新技术。

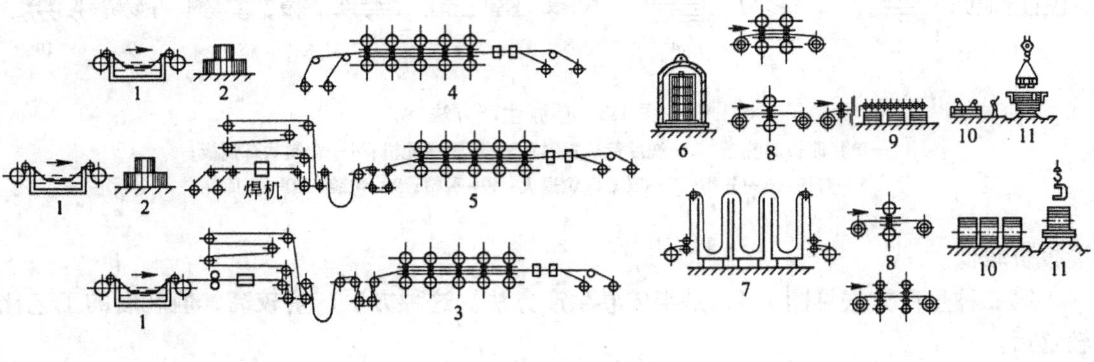

图 1-6 现代冷轧生产方法

1—酸洗；2—酸洗板卷；3—酸洗轧制联合机组；4—双卷双拆冷连轧机；5—全连续冷轧机；6—罩式退火炉；7—连续退火炉；8—平整机；9—自动分选横切机组；10—包装；11—交库

第五种是完全连续式冷轧生产方法。目前关于全连续轧机的名称有各种说法。为便于统一，我们按冷轧带钢生产工序及联合的特点，将全连续轧机分成3类：

第一类是**单一全连续轧机**。这类轧机就是在常规的冷连轧机的前面，设置焊接机、活套等机电设备，使冷轧带钢不间断地轧制。这种单一轧制工序的连续化称为**单一全连续轧制**，世界上最早实现这种生产的厂家是日本钢管福山钢厂，于1971年6月投产。目前属于单一全连续轧制的生产线世界上共有20套。川崎千叶钢厂的四机架冷连轧，改造成单一全连轧机，1988年投产，显出以下突出效果：

	改造前	改造后
带钢不合格长度/m	30	2
操作人员/人·班$^{-1}$	6	3
小时产量/t·h^{-1}	215	236
操作利用系数/%	84	91
月产量/万t·月$^{-1}$	12	13.4

第二类是**联合式全连续轧机**。将单一全连轧机再与其他生产工序的机组联合，称为联合式全连轧机。若单一全连轧机与后面的连续退火机组联合，即为**退火联合式全连轧机**；全连轧机与前面的酸洗机组联合，即为**酸洗联合式全连轧机**。联合式全连轧机世界上共有16套，这种轧机最早是1982年在新日铁广畑厂投产的。目前世界上酸洗联合式全连轧机较多，发展较快，是全连轧的一个发展方向。

第三类是**全联合式全连续轧机**。这是最新的冷轧生产工艺流程。单一全连轧机与前面酸洗机组和后面连续退火机组（包括清洗、退火、冷却、平整、检查工序）全部联合起来，即为全联合式全连轧机，见图1-7。全世界已有两套这种轧机，最早的是新日铁广畑厂于1986年新建投产，第二条线是美日于1989年合建的。全联合式全连轧机是冷轧带钢生产划时代的技术进步，它标志着冷轧板带设计、研究、生产、控制及计算机技术已进入一个新的时代。为使整个机组能够同步顺利生产，采用了先进的自动控制系统，投产后均一直正常生产，板厚精度控制在 ±1% 以内。过去冷轧板带从投料到产出成品需 12d，而采用全联合式全连轧机只要 20min。

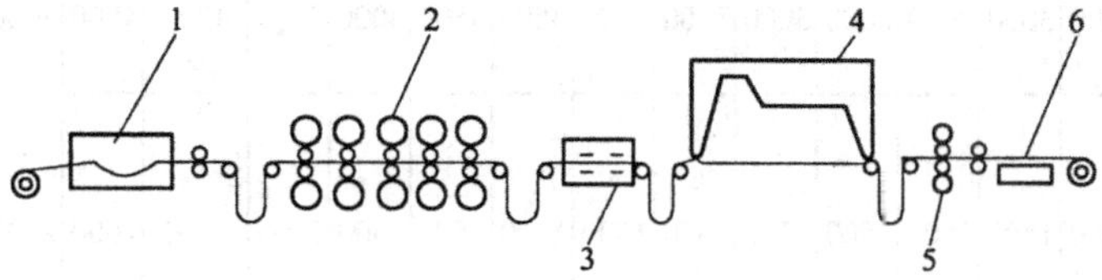

图 1-7 全联合式全连续轧制

1—酸洗机组；2—冷连轧机；3—清洗机组；4—连续式退火炉；
5—平整机；6—表面检查横切分卷机组

1.3 冷轧钢板（带）有关标准

为了深入贯彻执行《中华人民共和国标准化法》，加强钢铁工业标准化工作，提高钢铁产品质量，满足全国各行业对提高国产钢铁产品质量的迫切要求。全国各企业都在认真贯彻执行国家颁发标准化工作。

基础标准是在一定范围内作为其他标准基础并普遍使用，是具有指导意义的标准。冷轧薄板厂目前主要执行的基础标准是标准号为：GB/T 708—88；GB/T 247—1992 等等标准。按 GB708—88 的规定：钢板及钢带的厚度、宽度及薄板的长度应符合表 1-1 的规定。

表 1-1 钢板及钢带厚度、宽度与长度的关系

公称厚度/mm	按下列钢板宽度的最小和最大长度/mm																			
	600	650	700	(710)	750	800	850	900	950	1000	1100	1250	1400	(1420)	1500	1600	1700	1800	1900	2000
0.20 0.25 0.30 0.35 0.40 0.45	1200 2500	1300 2500	1400 2500	1400 2500	1500 2500	1500 2500	1500 2500	1500 3000	1500 3000	1500 3000	1500 3000	—	—	—	—	—	—	—	—	—
0.56 0.60 0.65	1200 2500	1300 2500	1400 2500	1400 2500	1500 2500	1500 2500	1500 2500	1500 3000	1500 3000	1500 3000	1500 3000	1500 3500	—	—	—	—	—	—	—	—
0.70 0.75	1200 2500	1300 2500	1400 2500	1400 2500	1500 2500	1500 2500	1500 2500	1500 3000	1500 3000	1500 3000	1500 3000	1500 3500	2000 4000	2000 4000	—	—	—	—	—	—
0.80 0.90 1.00	1200 3000	1300 3000	1400 3000	1400 3000	1500 3000	1500 3000	1500 3000	1500 3500	1500 3500	1500 3500	1500 3500	1500 4000	2000 4000	2000 4000	2000 4000	—	—	—	—	—

续表 1-1

公称厚度/mm	按下列钢板宽度的最小和最大长度/mm																			
	600	650	700	(710)	750	800	850	900	950	1000	1100	1250	1400	(1420)	1500	1600	1700	1800	1900	2000
1.1 1.2 1.3	1200 3000	1300 3000	1400 3000	1400 3000	1500 3000	1500 3000	1500 3000	1500 3500	1500 3500	1500 3500	1500 3500	1500 4000	2000 4000	2000 4000	2000 4000	2000 4000	2000 4200	2000 4200	—	—
1.4 1.5 1.6 1.7 1.8 2.0	1200 3000	1300 3000	1400 3000	1400 3000	1500 3000	1500 3000	1500 3000	1500 3000	1500 3000	1500 4000	1500 4000	1500 6000	2000 6000	2000 6000	2000 6000	2000 6000	2000 6000	2500 6000	—	—
2.2 2.5	1200 3000	1300 3000	1400 3000	1400 3000	1500 3000	1500 3000	1500 3000	1500 3000	1500 3000	1500 4000	1500 4000	2000 6000	2000 6000	2000 6000	2000 6000	2000 6000	2500 6000	2500 6000	2500 6000	2500 6000
2.8 3.0 3.2	1200 3000	1300 3000	1400 3000	1400 3000	1500 3000	1500 3000	1500 3000	1500 3000	1500 3000	1500 4000	1500 4000	2000 6000	2000 6000	2000 6000	2000 6000	2000 2750	2500 2750	2500 2700	2500 2700	2500 2700
3.5 3.8 3.9	—	—	—	—	—	—	—	—	—	—	—	2000 4500	2000 4500	2000 4500	2000 4750	2000 2750	2500 2750	2500 2700	2500 2700	2500 2700
4.0 4.2 4.5	—	—	—	—	—	—	—	—	—	—	—	2000 4500	2000 4500	2000 4500	2000 4500	1500 2500	1500 2500	1500 2500	1500 2500	1500 2500
4.8 5.0	—	—	—	—	—	—	—	—	—	—	—	2000 4500	2000 4500	2000 4500	2000 4500	1500 2300	1500 2300	1500 2300	1500 2300	1500 2300

1.3.1 尺寸允许偏差

根据上述基础标准要求，钢板和钢带的厚度允许偏差应符合表 1-2 的规定。钢带焊缝处 20m 范围内的厚度允许偏差。当钢带厚度不大于 1.5mm 时，其值可比表 1-2 规定值增加 100%；当钢带厚度大于 1.5mm 时，其值可增加 60%。

若钢带两端总长度在 30m 内，其厚度偏差值允许比表 1-2 规定值超出 50%。

表 1-2 钢带厚度与宽度的允许偏差值

公称宽度/mm 公称厚度/mm	厚度允许偏差/mm			
	A 级精度		B 级精度	
	≤1500	>1500~2000	≤1500	>1500~2000
0.20~0.50	±0.04	—	±0.05	—
>0.50~0.65	±0.05	—	±0.06	—
>0.65~0.90	±0.06	—	±0.07	—

续表 1-2

公称宽度/mm 公称厚度/mm	厚度允许偏差/mm			
	A 级精度		B 级精度	
	≤1500	>1500~2000	≤1500	>1500~2000
>0.90~1.10	±0.07	±0.09	±0.09	±0.11
>1.10~1.20	±0.09	±0.10	±0.10	±0.12
>1.20~1.4	±0.10	±0.12	±0.11	±0.14
>1.4~1.5	±0.11	±0.13	±0.12	±0.15
>1.5~1.8	±0.12	±0.14	±0.14	±0.16
>1.8~2.0	±0.13	±0.15	±0.15	±0.17
>2.0~2.5	±0.14	±0.17	±0.16	±0.18
>2.5~3.0	±0.16	±0.19	±0.18	±0.20
>3.0~3.5	±0.18	±0.20	±0.20	±0.21
>3.5~4.0	±0.19	±0.21	±0.22	±0.24
>4.0~5.0	±0.20	±0.22	±0.23	±0.25

1.3.2 宽度允许偏差

根据上述基础标准规定，钢板和钢带的宽度允许偏差应符合表 1-3 的规定。

表 1-3 钢板与钢带宽度允许偏差值

公称宽度/mm	宽度允许偏差/mm	公称宽度/mm	宽度允许偏差/mm
≤1000	+6	不剪纵边的钢带	+15
>1000	+10		

纵切钢带的宽度允许偏差应符合表 1-4 的规定。

表 1-4 纵切钢带宽度允许偏差值

公称宽度/mm 公称厚度/mm	宽度允许偏差/mm			
	≤125	>125~250	>250~400	>400~<600
0.20~0.40	+0.3	+0.6	+1.0	+1.5
>0.40~1.0	+0.5	+0.8	+1.2	+1.5
>1.0~1.8	+0.7	+1.0	+1.5	+2.0
>1.8~3.0	+1.0	+1.3	+1.7	+2.0

钢板的长度允许偏差应符合表 1-5 的规定。

表 1-5 钢板长度允许偏差值

公称长度/mm	长度允许偏差/mm	公称长度/mm	长度允许偏差/mm
≤2000	+10	>2000	+15

1.3.3　外形

根据上述标准规定，钢板和钢带每米的不平度应符合表1-6的规定。

表1-6　钢板及钢带每米的不平度

公称宽度/mm	不平度			公称宽度/mm	不平度		
	公称厚度/mm				公称厚度/mm		
	≤0.70	>0.70~1.50	>1.50~5.0		≤0.70	>0.70~1.50	>1.50~5.0
≤1000	10	8	6	>1500~2000	18	15	12
>1000~1500	12	10	8				

表1-6所列的不平度适用于抗拉强度 σ_b 下限不大于485MPa(50kgf/mm^2)的钢板和钢带;对于抗拉强度 σ_b 的下限大于485MPa(50kgf/mm^2),但不大于585MPa (60kgf/mm^2)的钢板和钢带，其不平度的最大值允许比表1-6规定值增加30%；对于抗拉强度 σ_b 的下限大于585MPa（60kgf/mm^2）的钢板和钢带，其不平度最大值允许比表1-6规定值提高50%。

钢带的镰刀弯在每2m内不大于6mm；纵切钢带的镰刀弯每2m内不大于4mm。钢板应切成直角，切斜不得使钢板长度和宽度小于公称尺寸，并须保证订货公称尺寸的最小矩形。钢带应牢固地成卷，钢带卷的一侧塔形高度不得超过表1-7的规定。钢带卷的内径应在合同中注明。根据供需双方协商，钢板的同板差不得大于厚度公差之半。

表1-7　钢带卷一侧塔形高度值

公称厚度/mm	公称宽度/mm	塔形高度/mm	公称厚度/mm	公称宽度/mm	塔形高度/mm
≤2.5	≤1000	40	>2.5	≤1000	30
	>1000	60		>1000	50

1.3.4　尺寸测量

测量钢板的厚度应在距离边部不小于40mm处测量。

测量钢带的厚度应在距离边缘不小于40mm处测量。

测量钢板的不平度应将钢板自由地放在平台上，除钢板的本身质量外，不应施加任何压力，用米尺进行测量，测量钢板与米尺之间的最大距离。

测量钢板和钢带的镰刀弯应将米尺紧靠钢板的凹侧边，测量从米尺到凹侧边的最大距离。

1.3.5　重量

钢板和钢带应按实际重量或理论重量交货。计算钢的理论质量密度时，碳素钢的密度为7.85g/cm^3，其他钢种应按相应标准的规定。

标记举例：

牌号20，尺寸1.0mm×1000mm×1500mm，表面质量组别Ⅱ，拉延级别S级的标记为：

$$钢板\frac{1.0 \times 1000 \times 1500 - GB\ 708—88}{20\text{-}Ⅱ\text{-}S\text{-}GB\ 710—88}$$

1.4 保证冷轧薄钢板产品质量的两个基础问题

近年来，用户对冷轧板带的要求日益严格，图1-8示出冷轧板带厚度公差和力学性能范围急剧减小的情况。现在用户既要求整个板卷，又要求板卷和板卷之间的厚度和性能均匀一致。冷轧板带的性能并不是仅取决于冷轧和退火，炼钢、铸坯、热轧、冷轧和退火对最终成品的性能都有影响。而且热轧板带几何尺寸对冷轧成品尺寸也有明显影响。保证冷轧板质量的第一个基础是钢的质量。

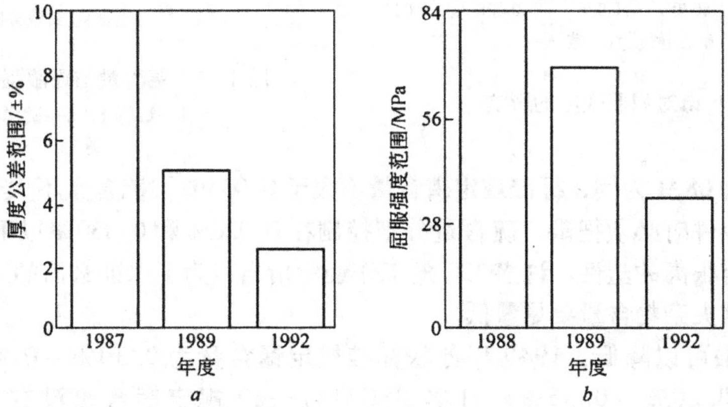

图1-8 对用户要求的冷轧带钢的评价
（民用低强度汽车钢板）
a—厚度公差范围；b—屈服强度范围

1.4.1 钢的化学成分对成品性能的影响

钢的化学成分对性能的影响，特别是碳、锰、硅对产品力学性能的影响存在下列关系：$\sigma_b = 25 + 67w(C) + 14w(Mn) + 20w(Si)$。而抗拉强度、屈服强度、伸长率决定着冷轧产品的使用性能，特别是薄板的成形性能，所以炼钢控制好化学成分，是保证生产出优质冷轧汽车钢板的基础。钢中碳含量对成形性能的影响是通过影响屈服极限和塑性应变比 R 值来实现的。碳对薄板成形性能的影响可以见图1-9。标准规定08沸腾钢碳含量为0.05%～0.11%，但常常保证不了成形性能，故原苏联奇列波维茨和扎波罗什冶金工厂内控碳含量不大于0.07%。

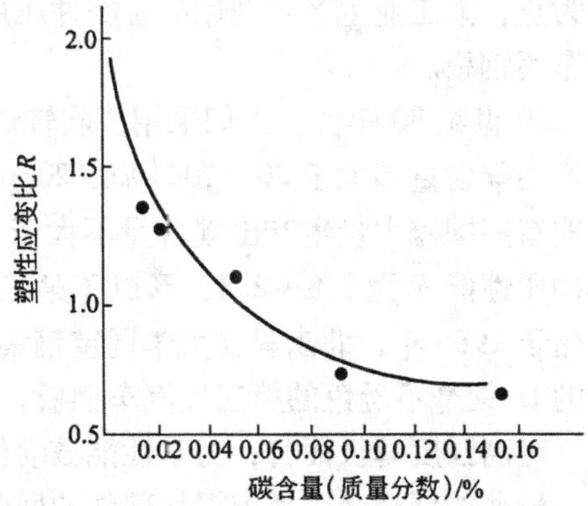

图1-9 塑性应变比 R 值与碳含量的关系

硫有提高屈服强度的趋势，硫化物夹杂促使钢中带状组织形成，恶化深冲性能，其关系见图1-10。

适量的铝能消除钢的时效硬化性，提高冲压性能，其关系见图1-11。

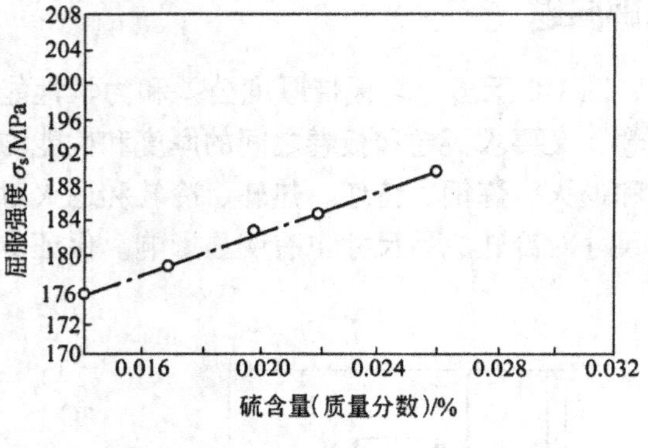

图1-10 硫对屈服强度的影响

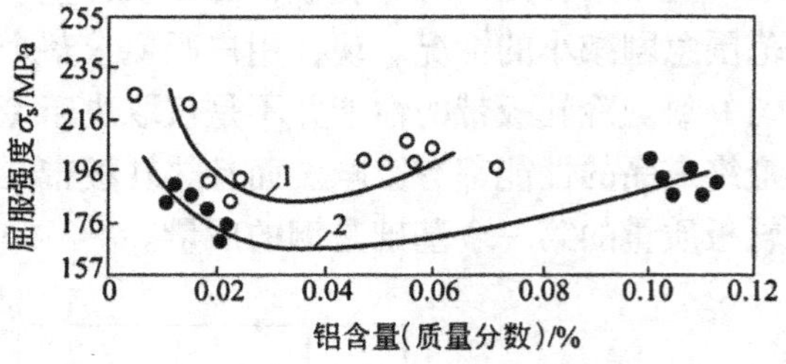

图1-11 铝含量与屈服强度的关系

1—试样1；2—试样2

以同一钢种08Al为例，标准规定磷含量不大于0.035%，硫含量不大于0.040%。而作为复杂冲制零件时必须把磷、硫含量分别控制在0.020%和0.030%以下。因为复杂冲件要求钢板具有很高的塑性。许多工厂的工作经验指出，为了保证必需的工艺性能和力学性能，钢的正常夹杂物含量要尽量低。

锰含量下限可以降低，1949年苏联标准规定锰含量为0.30%~0.45%，1990年苏联标准改为0.20%~0.35%。日本JISG3141—69规定锰含量没有下限（不大于0.40%）。实际生产中，苏联扎波罗什冶金工厂锰含量下限为0.25%，日本福山、君津厂锰含量下限一般限定为0.23%。我们的生产经验是当把锰含量下限限定在0.20%~0.23%时，虽然钢的性能有些提高，但热轧时边上有拉裂，所以我们把锰含量下限控制在0.26%。

从冲压性能看，半镇静钢板比沸腾钢板冲废率低3%。沸腾钢板代表了第一代汽车用钢板，它固溶氮含量较高，具有明显的应变时效性，具有较弱的{111}织构，冲压成形性较差，$\bar{R}$为1.0~1.2，不适用于深冲压制复杂零件。铝镇静钢板通过控制AlN的固溶和析出条件，可以得到强的{111}织构，从而得到良好的冲压性能，$\bar{R}$为1.4~1.8。迄今为止，大工业生产中使用的各类冲压用薄板都是以铝镇静钢为基的，称之为第二代冲压汽车用钢板。

20世纪80年代，人们采用复吹转炉冶炼和改进的RH真空处理设备，可以较经济地生产出碳含量不大于$20\times10^{-4}\%$（20ppm）的超低碳钢。RH处理时间缩短到10~15min目前有些国家大量生产出碳含量不大于0.005%、氮含量不大于0.003%的超低碳IF钢，其冲压性能$\bar{R}$为1.8~2.8，形成了第三代汽车用冷轧钢板。我国超低碳钢生产研究工作开始于1985年，北京科技大学同宝钢集团公司合作，于1990年生产出性能比日本川崎生产的IF钢毫不逊色的第三代汽车钢板。

对高强度薄板而言，力学性能波动保持较小具有重要的意义。除了总的加工性能限制外，较薄的钢板必须考虑深冲部件的回弹、弯折等，屈服强度的离散度反映出成形性能的不同。因此连续退火的带钢要特别注意必须准确地保持化学成分、退火温度和冷却温度的一致。

添加微量合金元素可以有效地提高高强度薄板的强度。然而为了达到采用微量元素的目标值，需要综合化学元素的结合机理。在实践中重要微合金化元素的作用见表 1-8。

表 1-8 冷轧薄板微合金化元素在钢中的作用

微合金化的作用	元素/化合物	微合金化的作用	元素/化合物
晶粒细化	Nb(C),Ti(C)	与碳、氮的完全结合	Nb(C、N),TiN,TiC
通过滞后再结晶的亚结构	Nb(C),Ti(C)	织构的影响	Nb(C),Ti(C),(BN)
强化析出强化	Nb(C),Ti(C)	α-晶粒界面接合	B 偏析

通过准确的成分控制和先进连铸技术的采用，可以发现深冲钢的屈服强度随时间的发展而降低，见图 1-12。从图 1-12 中可见，1970 年屈服强度的水平为 200MPa，到 1985 年降到 160MPa。根据高强度汽车车厢用薄板的特点，这种不断降低屈服极限的趋势将成为其最终目标。今后可能要求具有低屈服强度的更好的冷成形性的薄板品种。

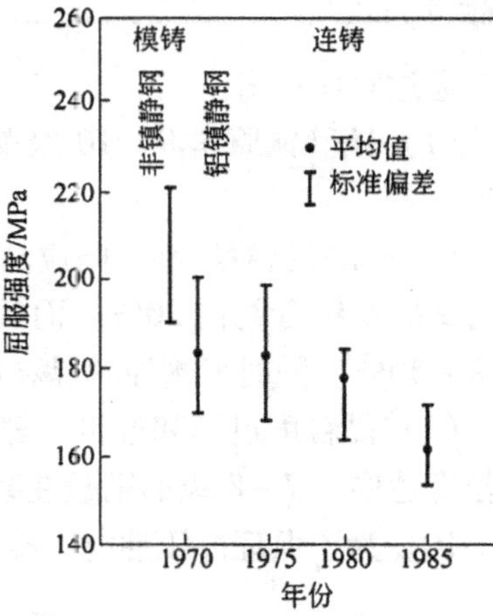

图 1-12 深冲钢屈服强度的变化
（以特殊深冲钢为例）

人们对汽车的要求，应该是能耗低、功率大、自重轻、安全、成本低。减轻汽车自重是节能的重要措施之一。减轻汽车自重的途径之一是使用高强度钢。尽管铝合金轻，但其价格比钢价高；塑料也比钢材贵两倍，因此生产高强度钢是汽车工业的急需。这首先还是要从炼钢着手，深冲冷轧板可以加钛、铌等析出强化元素。但这样会增加钢厂的生产成本，钢材 $\overline{R}$ 值高，伸长率低，n 值低。另外，也可以加入合金元素生产组织强化（双相）钢，这样不但成本高，而且 $\overline{R}$ 值低。若用加磷固溶强化，由于磷是固溶强化最强的元素，而且成本低廉，$\overline{R}$ 值虽比低碳铝镇静钢低一些，但对 n 值及伸长率影响较小，应用这种钢制造零件，较用 08Al 钢减重 10%，所以世界各国广泛采用加磷高强度钢。其轧钢生产工艺基本与 08Al 钢相似，但性能产生很大变化。上述这些都说明，炼钢时的成分控制对冷轧板的质量起决定作用。

1.4.2 热轧带钢对冷轧钢板性能和组织的影响

冷轧的原料是热轧带钢，因而冷轧生产产品的质量好不与热轧带钢的质量关系很大。热轧带钢的组织和性能直接影响到冷轧钢板的组织和性能。影响热轧带钢组织和性能的因素除钢坯加热温度和保温时间之外，主要因素是终轧温度、卷取温度、末道次压下率。以低碳钢为例，热轧、冷轧低碳钢的组织特征是铁素体晶粒组织和一定数量的渗碳体，所以决定其性能好坏的钢组织首先是铁素体晶粒的大小、形状及均匀程度，其次是渗碳体的尺寸大小及分布的弥散程度。假如冷轧带钢组织有很粗大的晶粒，在冲压加工后，加工零件表面将形成粗糙表面，甚至导致冲压时开裂造成废品。冷轧退火后钢板的铁素体晶粒大小，除与冷轧热处理条件有关外，也与热轧带钢的显微组织有关。热轧带钢的显微组织特征会保持到冷轧薄板上，冷轧不能消除热轧变形时得到的粗大晶粒、过细晶粒及晶粒不均，这些都将遗传在冷轧带钢上。生产实践也完全证实了这一结论，某冷轧厂生产中曾出现大量晶粒度不合格的产品。我们除了注意冷轧热处理工艺条件之外，分析对比了冷轧产品晶粒度与热轧带钢组织的关系，结果列于表1-9。

表1-9 热轧带钢晶粒组织与冷轧成品晶粒度的关系

分 类	沸 腾 钢	镇 静 钢
热带钢量/t	2326	1580
热带钢晶粒为9~10级者/%	30（699.7t）	78（1235.9t）
成品晶粒为9~10级者占原料为9~10级晶粒的百分比/%	20	40~50（最高79）

通过对比看出：

（1）镇静钢原料9~10级晶粒细化较沸腾钢严重，沸腾钢是30%，而镇静钢高达78%。

（2）原料晶粒细小，则成品晶粒亦细小。沸腾钢原料晶粒为9~10级，其冷轧成品仍为9~10级者约占20%。而镇静钢成品晶粒为9~10级者较多，最高为79%，平均为40%~50%。同时发现原料晶粒度极不均匀者，冷轧退火成品也是如此。

（3）晶粒度过细和过粗，都严重影响冲压性能。我们用晶粒度为9~10级的钢板与晶粒度适中为7~8级的钢板在某汽车制造厂冲制相同难度冲压零件作对比，其结果列于表1-10。为了保证冲压性能，冷轧板和原料的晶粒度最好都保持在6~8级之间为宜。

表1-10 不同晶粒度与冲废率的关系

规格/mm	晶粒度	合格品数	废品数	废品率/%
1.2	9~10	127	80	38.7
1.2	7~8	90	6	6.25

低的终轧温度和低温卷取，带钢可形成变形晶粒。在这种情况下，冷轧退火后的冷轧板将得到过于细小的晶粒，相伴产生拉长了的铁素体晶粒组织，冷变形很困难。例如，热轧终轧温度低于规定的860℃愈多，则晶粒过细的亦愈多。根据我们的生产统计其情况如表1-11所示。

表1-11 终轧温度与晶粒度间的关系

炉 罐 号	63 15159 甲	63 19007 乙	63 17010 乙	63 19005 甲	63 16081 乙	63 15159 乙	63 19007 甲	63 17010 甲
热轧板卷终轧温度（低于860℃）/%	100	92	70	60	30	23	0	0
晶粒度不合格/%	52.5	41.3	24.4	26.2	0	9.46	0	0

当带钢有高的终轧温度和卷取温度，并缓慢冷却下来时，将得到粗大晶粒并析出大的渗碳体。在冷轧时粗大晶粒和大的渗碳体被轧碎，这就创造了冷轧后产生条状渗碳体的条件，这正是冲压时产生断裂的原因。

当冷轧退火温度不大于680℃时，热轧得到的渗碳体尺寸及形状均未变，只有当温度提高到690～710℃时，才发生部分渗碳体溶解，并且有的移至晶界。

渗碳体尺寸决定于卷取温度，而渗碳体在钢组织中的分布是由终轧温度决定的。当终轧温度较高，卷取温度为600～620℃，并且冷却较快时，渗碳体的增长与集聚受到限制，这就使得比较细小的渗碳体均匀地分布在钢的组织之中。在卷取温度为725℃时，提高终轧温度与降低终轧温度，渗碳体在钢中分布的均匀程度不同。其试验结果见图1-13。

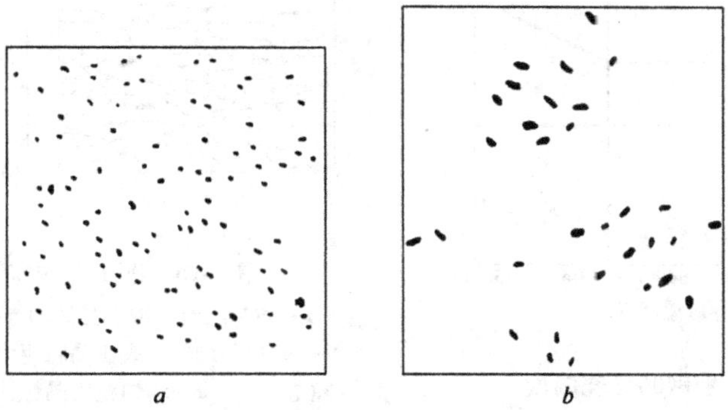

图1-13　终轧温度对冷轧退火后钢板渗碳体分布的影响

a—终轧温度860℃；*b*—终轧温度805℃

当终轧温度相同（860℃）但卷取温度不同时，渗碳体尺寸的影响情况见图1-14。卷取温度高，渗碳体集聚，尺寸较大；而卷取温度低，则渗碳体尺寸较小。

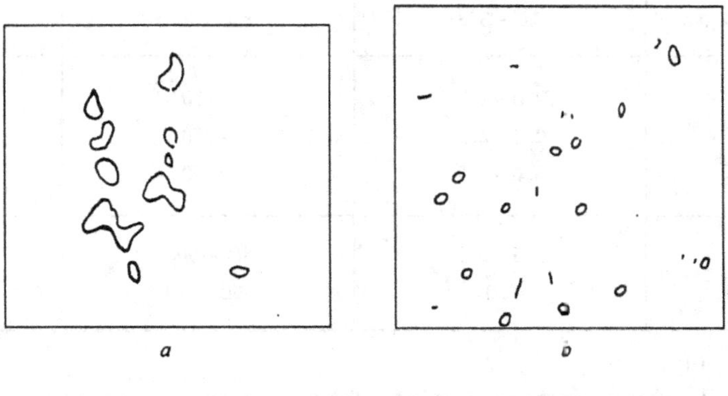

图1-14　卷取温度对冷轧退火后钢板渗碳体尺寸的影响

a—卷取温度720℃；*b*—卷取温度620℃

最好的热轧轧制条件是，为了得到均匀晶粒以及细小分散均匀分布的渗碳体，终轧温度应略高于Ar_3。轧后为防止晶粒长大和渗碳体粗大，要尽可能快速冷却，保证成卷温

度低于 Ar_1，见图 1-15。

图 1-15 是 08 号钢的终轧温度、卷取温度对低碳钢组织的影响。其对应组织如图 1-16所示。

在生产中使用的热轧薄板终轧与卷取温度制度见表 1-12，这个制度即保证了冷轧用料条件，也可减小带钢氧化铁皮厚度。

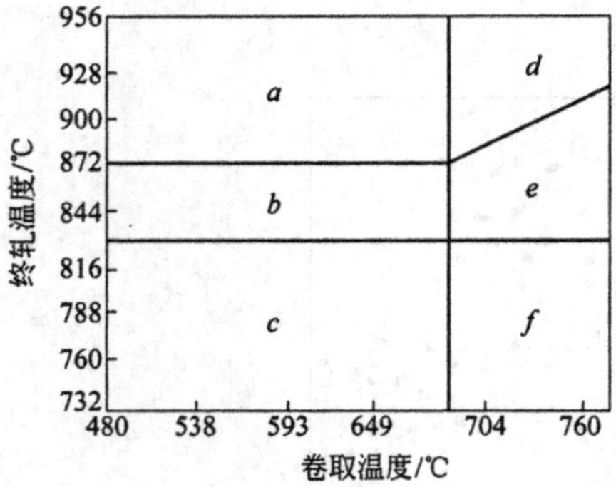

图 1-15 低碳 08 号钢的终轧温度、卷取温度对组织的影响

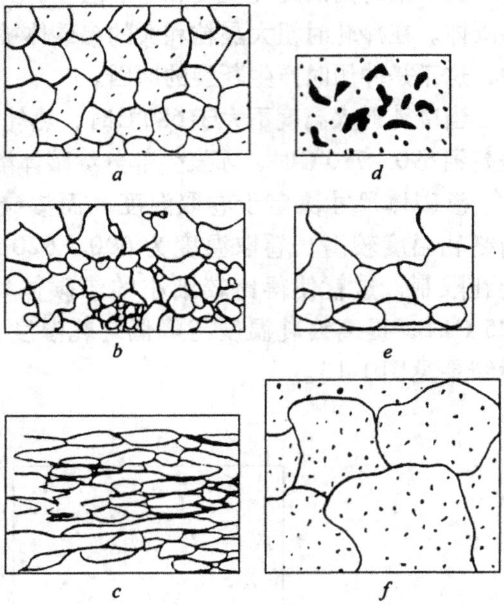

图 1-16 图 1-15 中对应组织示意图

a—均匀晶粒，细小分散的渗碳体（最好的组织）；*b*—晶粒不均匀，表面晶粒粗大；*c*—终轧温度低，晶粒被拉长；*d*—均匀粗大晶粒，聚集的粗大的渗碳体；*e*—晶粒不均匀，表面的非常粗大；*f*—晶粒过分粗大

表 1-12 1680 轧机热轧薄板及终轧卷取温度

钢 种	带钢厚度 /mm	温 度/℃	
		终轧温度	卷取温度
08F、10F、20F	2.0~2.4	≥840	500~550
08 半、10 半、20 半	2.5~3.8	860~900	500~550
08Al	2.0~2.3	≥830	540~600
	2.4~2.5	≥850	540~600
	3.0~3.5	≥860	540~600
08、10、15	2.5~3.5	860~900	500~550
08F（轧铁皮用）	2.3	790~810	500~550

注：半表示半镇静钢。

德国研究了热轧卷取温度对冷轧退火后性能的影响。被研究钢的化学成分是：C 0.055%~0.06%、Si 痕迹、Mn 0.28%~0.29%、P 0.019%~0.022%、S 0.019%~0.021%、Cu 0.05%~0.055%、Al 0.066%~0.07%、N 0.005%；热轧终轧温度为 840℃，用水冷到 760℃、690℃、650℃、550℃；冷轧压下量 0%~80%；再结晶退火温度为 680℃，保温 5h；平整用 0.8% 和 1.4% 的伸长率。结果表明：卷取温度高于 690℃，

则 σ_s 增加。从图 1-17 看出，为有利于成形性能，以急冷到 550℃后卷取为最好。

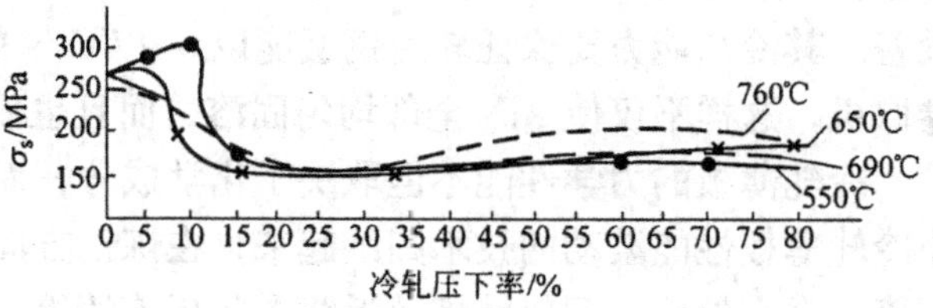

图 1-17　热轧、冷轧制度对 σ_s 的影响

热轧成品道次压下量不应是临界压下量（小于 10%），因为这时得到的是大晶粒和不均晶粒，有时表面为大晶粒，而中间晶粒细小，所以末道次压下量以不小于 15% 为宜。纵观上述，只要提高终轧温度，降低卷取温度，提高末架次压下率，就可以得到所要求的性能。

用 08Al 钢板生产最复杂或很复杂的冲压件时，对热轧 08Al 带钢的深冲压性能提出了更高、更具体、更严格的要求。根据多年实践，生产汽车板用 08Al 钢板，炼钢是基础，热连轧是前提，冷轧是保证。下面主要阐述热连轧 08Al 带钢质量对冷轧产品质量的影响。

热连轧“三高一低”的工艺制度，是使钢质这个基础发挥作用的前提。众所周知，对于铝镇静低碳钢深冲钢板，要获得很好的冲压性能，就得使 {111} 再结晶织构发展很强，而尽可能地控制 {100} 和 {110} 织构的发生。实际与研究证明，铝镇静钢的热轧板中 AlN 过饱和固溶。冷轧后罩式退火加热过程中在再结晶开始以前，AlN 呈极微细的析出是铝镇静钢获得 {111} 织构的重要条件。铝镇静钢高的冲压性能是通过控制热轧时 AlN 的固溶和罩式退火时 AlN 的析出得到的。热连轧除了要轧制出几何尺寸符合规定的板卷之外，更重要的是要执行“三高一低”的工艺制度。“三高一低”的实质就是要求在热连轧的全过程中，保证 AlN 在钢中呈均匀的过饱和固溶状态。

关于 AlN 的析出、溶解温度和时间，许多资料都有介绍。钢坯加热时，钢中 AlN 在加热到 600℃时，AlN 开始析出。温度继续升高，析出增加，到 900℃时达最高点，到 1000℃时 AlN 大部分溶解，到 1200℃时全部溶解。热轧轧前钢坯加热到 1200℃的高温，因此 AlN 已全部溶解。为保证 AlN 均匀地全部溶解，加长加热时间也是必要的。一般加热时间应大于 2.5h，以保证 AlN 充分溶解。同时要求粗轧开轧温度不小于 1150℃，并要求连轧开轧温度为 1000℃，同时要保证终轧温度在 Ar_3 以上（860 ~ 890℃）。轧完后急冷到 600℃以下开始卷取。这就是所谓的“三高一低”。这样就保证了 AlN 以过饱和状态溶解在钢中，为冷轧退火形成 {111} 织构创造了条件。

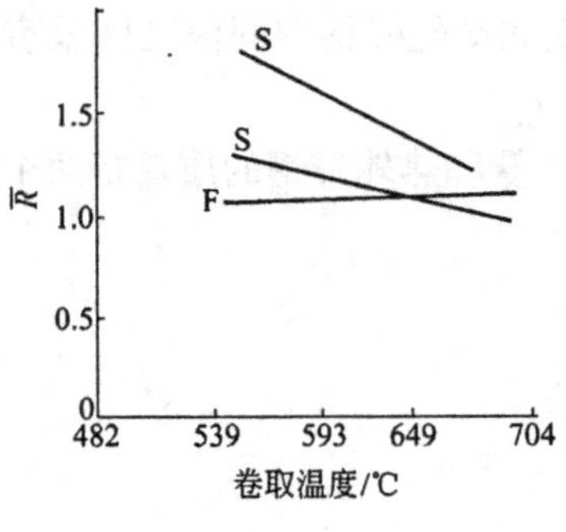

图 1-18　$\overline{R}$ 与卷取温度的关系
（终轧温度 860 ~ 882℃，冷轧压下率为 60%（沸腾钢 F）和 75%（镇静钢 S））

关于卷取温度与冷轧板 $\overline{R}$ 值的关系，从图 1-18 中可以看出。在相同的冷轧压下量和相近的终轧温度下，不同卷取温度，$\overline{R}$ 值不同，低的卷取温度能获得高的 $\overline{R}$ 值。碳化物颗粒的尺寸也决定于卷取温度，卷取温度高将得到颗粒粗大的碳化物，这是因为卷取后缓慢冷却过程中，铁素体中的碳含量不断降低，碳化物析出聚集。析出的碳化物一般在温度降低过程中强烈生长成大颗粒，另外小颗粒碳化物也不断凝聚成大颗粒。这种大颗粒碳化物在冷轧时被轧碎并被拉长成条状分布，导致钢板呈各向

异性，特别是使横向性能降低，这对冲压成形是不利的。为此，热连轧机后辊道设有冷却设备。其冷却能力要保证轧后钢板能以6~7℃/s的冷却速度迅速冷却到550~580℃进入卷取机，这样不仅使AlN全部均匀固溶，而且也使碳化物呈细颗粒状均匀分布。

冷轧薄板的力学性能不但取决于化学成分，而且取决于浇注、热轧、冷轧和退火。减小冷轧薄板性能波动的技术归结起来，在炼钢方面，主要有铁水预处理、转炉冶炼、炉外精炼、真空处理、钢包精炼及近终形薄板连铸等；在热轧方面，有板坯与钢带的温度分布均匀化、热装/直接轧制、隔热罩/热卷箱、控轧与控冷；在冷轧与退火方面，有浅槽酸洗、冷轧新技术、强对流全氢罩式退火、连续退火等。

1.4.3 原料几何尺寸对冷轧成品尺寸的影响

冷轧原料的几何尺寸对冷轧生产十分重要，因为热轧产品横断面和长度上的厚度不均，经冷轧后这些问题只能减轻，不能消除。冷轧原料头、尾尺寸差大，不仅使轧制困难，也使对焊时焊接不牢而产生断片。热轧带钢浪瓢形太大和厚度不均也会严重影响冷轧的正常进行，所以作为冷轧原料的热轧带钢必须严格按标准交货。为了进一步证实热轧带钢横断面的变化对冷轧带钢横断面的影响，加拿大多法斯科工厂在五机架冷连轧机上将3.1mm×1000mm热轧板卷轧成0.93mm×1000mm冷轧板。试验结果证明，热轧带钢经过冷轧后，其断面并未发生显著变化，矩形断面仍是矩形的，凸形断面仍是凸形的。显然，冷连轧机的辊缝在冷轧过程中并不能保持规定的几何形状，辊缝完全适应热轧带钢横断面的变化，所以用户所要求的冷轧带钢横断面必须在热轧生产中形成。另外，经过冷轧后，在距带钢边部25mm范围内，冷轧板边部减薄了约1%。在冷连轧1号和2号机架上锥形工作辊与工作辊轴向串移相结合是减少边部减薄的有效措施。上述试验及生产实际都证明，冷轧薄板的相对横断面和平直度在热带钢轧机的精轧机组上就已形成了，在冷轧机上只能改变绝对断面。如果试图改变相对断面，必然引起平直度的变化。因此，为了保证冷轧最终产品的质量，对热轧带钢提出了很高的要求，例如比利时的扣克利尔厂和荷兰的赫歌文斯厂的热轧机在正常轧制条件下，平直度控制在5~50I之间，良好条件下平直度可以控制在5I之内。规定作为冷轧原料的热轧带钢，其相对断面厚度差（即同极差）要小于公称厚度的1%。

从试验中还可看出，在热轧带钢凸度和冷轧带钢边浪之间有一个适当的相互关系。热轧带钢凸度每减少10μm，边浪就增大2.9I。热轧带钢凸度和冷轧带钢中间浪之间没有相应的关系。

综上所述，要生产出高产优质的冷轧薄钢板，炼钢的质量和热轧带钢的质量是两个最重要的基础保证。

2 酸 洗

2.1 连续式酸洗机组的概述

从热轧厂运送来的热轧带钢卷，是在高温下进行轧制和卷取的，带钢表面在该条件下生成的氧化铁皮，能够很牢固地覆盖在带钢的表面上，并掩盖着带钢表面的缺陷。若将这些带着氧化铁皮的带钢直接送到冷轧机去轧制，则其一，在大压下量的条件下进行轧制，会将氧化铁皮压入带钢的基体，影响冷轧板的表面质量及加工性能，甚至造成废品；其二，氧化铁皮破碎后进入冷却润滑轧辊的乳化液系统，会损坏循环设备，缩短乳化液的使用寿命；其三，会损坏表面粗糙度很低、价格昂贵的冷轧辊。因此，带钢在冷轧之前，必须清除其表面氧化铁皮，除掉有缺陷的带钢。

清除带钢表面氧化铁皮及切掉有缺陷部分的带钢，这一工序通常由连续酸洗机组来完成。

在冶金工厂，带钢酸洗设备目前有 3 种形式，即半连续酸洗机组、连续卧式酸洗机组和连续塔式酸洗机组。

2.1.1 半连续酸洗机组

半连续酸洗机组也称**推式**（或推拉式）**酸洗机组**。它的工艺操作过程是：带钢板卷经开卷机开卷之后，随之进入矫直机矫直带钢，以保证带钢顺利通过机组，被矫直的带钢经酸洗槽内的酸液除掉其表面的氧化铁皮；随后进入清洗槽，以除去带钢自酸槽中带出的残酸，再经热风烘干装置将其表面烘干，最后经过剪边、切掉头尾舌头并在卷取机上卷成带钢卷。

图 2-1 为半连续酸洗机组示意图。

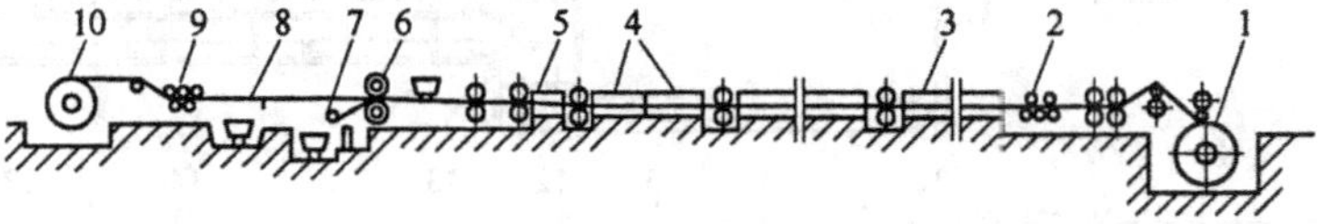

图 2-1 半连续酸洗机组示意图

1—开卷机；2—矫直机；3—酸洗槽；4—清洗槽；5—烘干装置；6—圆盘剪；7—碎边剪；8—铡刀式剪断机；9—张紧装置；10—卷取机

一般半连续酸洗机组的头部没有铡刀式剪断机，这是因为热轧带钢的前端“舌头”能很顺利地通过机组。但在每个酸槽内和酸槽之间安装有传动的拉料辊，拉料辊的辊缝可调，以便带钢端头能被较准确地引入拉料辊。如果半连续酸洗机组同时酸洗两条以上带钢，那么在酸槽内还将设有带钢导向槽，以保证几条带钢在酸槽中能平行的正常运行。

半连续酸洗机组由于没有头部的剪切机、除鳞机（或拉矫机）、焊接机、活套车（或活套坑）等设备，而且输送辊道和拉料辊的数目也比连续酸洗机组少得多，机组的机械设备压缩到了最低限度，因此它的造价比较便宜。

同连续酸洗机组比较，半连续酸洗机组设备的简化，大大地缩短了机组的长度，减少了占地面积，提高了机组的生产率，并简化了操作，同时生产的带钢品种也较多。因此半连续酸洗机组在一定程度上得到推广。

半连续酸洗机组的主要缺点是不能并卷，因此，对于采用小卷重板卷的冷轧厂不推荐这种机组。最近陆续兴建的热连轧机，所生产的热轧板卷重量可达 15～40t，冷轧之前不再需要并卷，在此条件下，当冷轧厂的生产能力不大或中等时，可以采用半连续酸洗机组。

2.1.2　连续卧式酸洗机组

连续卧式酸洗机组所以被称为连续的，是因为带钢连续地通过盛有酸溶液的酸洗槽。为了使过程连续，将后一卷带钢的端头与前一卷带钢的尾端焊接起来，再从酸洗槽通过，待带钢卷到一定重量，切断带钢，并把卷成的带钢卷卸下。连续酸洗机组根据工作性质可分为 3 部分或称 3 段。其中，上料、拆卷、破碎带钢表面氧化铁皮、矫直、切头切尾、焊接、光整为原料准备段；拉矫、酸洗、漂洗、烘干为酸洗工艺段；剪边、涂油、卷取及卸下带钢卷为酸洗成品段。连续酸洗机组的 3 段，也可按照带钢的运行方向，称之为头部、中部、尾部。

由于机组各段工作性质的特殊性和工作速度上的差异，所以要将这 3 段紧密地联系起来，实际上是不可能的。为了保证各段工作的独立性，满足酸洗段的连续运行，特在机组每两段之间各设立一个活套车，以储备一定数量的带钢。带钢的储量是不固定的，在准备带钢（上料），卸下带钢卷（卸料）及生产的期间内，储备量会增大或减少。

图 2-2、图 2-3 为两种连续酸洗机组的示意图。连续酸洗机组的工艺操作过程是：被送到机组的带钢卷，经带有弯曲辊、给料装置和五辊矫直机的开卷机将带钢端头拆开、矫

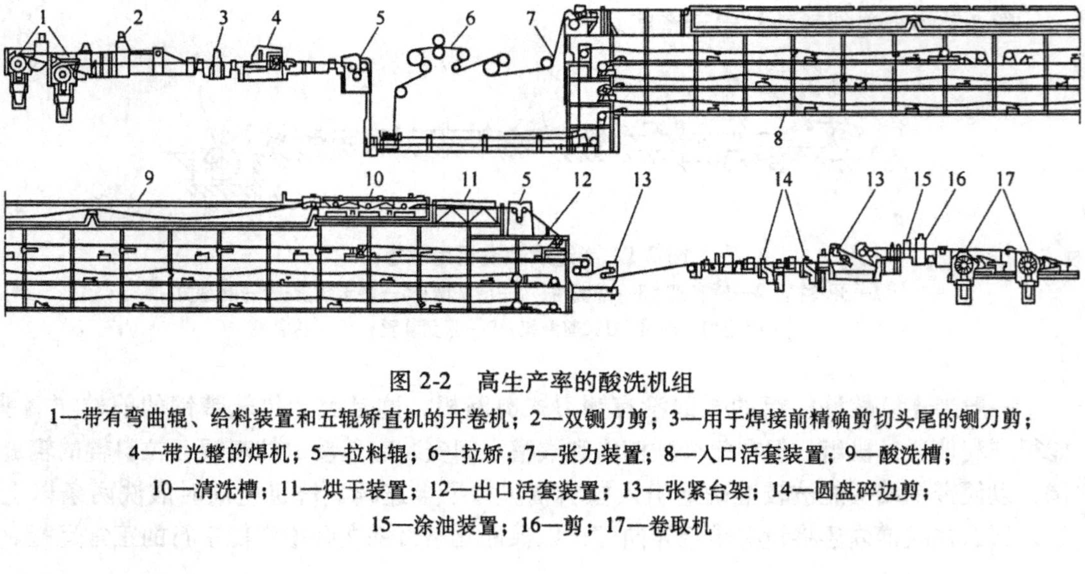

图 2-2　高生产率的酸洗机组

1—带有弯曲辊、给料装置和五辊矫直机的开卷机；2—双铡刀剪；3—用于焊接前精确剪切头尾的铡刀剪；4—带光整的焊机；5—拉料辊；6—拉矫；7—张力装置；8—入口活套装置；9—酸洗槽；10—清洗槽；11—烘干装置；12—出口活套装置；13—张紧台架；14—圆盘碎边剪；15—涂油装置；16—剪；17—卷取机

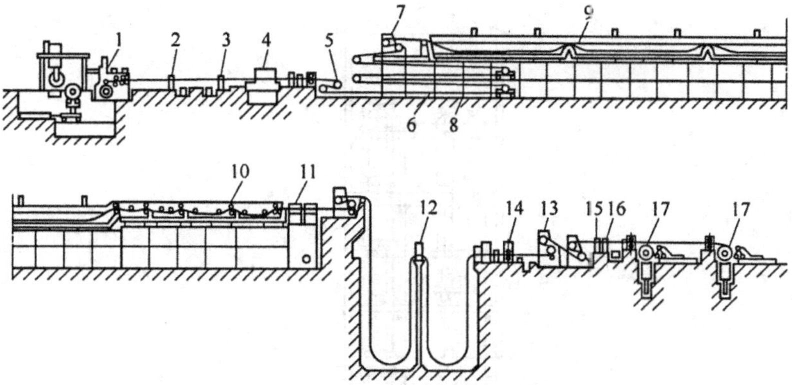

图 2-3　中等生产率的盐酸酸洗机组
（6—槽的金属结构，其他标号与图 2-2 相同）

直并被送入铡刀剪切掉带钢头尾，再将切完头尾的带钢送入闪光对焊机，将前后两条带钢的端头焊接起来，焊接处的焊缝通过焊机自身的光整机（拉刀）进行光整，然后拉料辊将带钢送入头部活套车（坑）中贮存，以备酸洗工艺段生产。

贮存在头部活套内的带钢由拉料辊拉出，并被连续地送入酸洗槽进行酸洗。酸洗后清除掉氧化铁皮的钢板在漂洗槽中经高压水冲洗、毛刷刷洗除去带钢自酸洗槽中带出的残酸，再进入烘干装置将带钢表面烘干，而后经拉料辊将带钢送入尾部活套之中。

贮存在尾部活套内的带钢经拉料辊拉出，然后送入圆盘剪进行剪边。被剪下来的毛边用圆盘剪下方的碎边剪剪碎，装箱集中运走。剪边的带钢经涂油机涂油之后，最后由浮动式张力卷取机将带钢卷成钢卷。当钢板卷到规定重量时，则使用尾部的剪切机将带钢切断。被切断的带钢卷好之后，经打捆，并用步进式或链式运输机送入轧钢工段，以进行冷轧生产。

盐酸作为酸洗介质在卧式酸洗机组普遍采用。在高速机组上除安有两台开卷机、两台圆盘剪、大储量的活套装置、两台卷取机之外，还配备了电子计算机，以控制机组的整个工艺操作。

2.1.3　连续塔式酸洗机组

连续塔式酸洗机组，就是带钢连续在立式的塔中运行时，将热盐酸溶液喷射到带钢表面，以去除带钢表面氧化铁皮的酸洗方法。带钢在塔内由下而上，然后再由上而下运行一个来回，或几个来回，形成所谓的单套或多套连续塔式酸洗。

塔式酸洗机组的头部设备和尾部设备的组成和参数，一般与卧式酸洗机组没有什么区别。在机组中部有酸洗段、清洗段和干燥段。酸洗段有单套塔、双套塔和多套塔等型式，一般采用单套酸洗塔或双套酸洗塔，单套塔允许高度较高，双套塔一般都在 30m 以下。

图 2-4 所示为典型的单套盐酸塔式酸洗机组。

酸洗塔像一个竖井，它由几个塔节组成，塔节用工程塑料或者玻璃钢制成，塔顶上有塑料或玻璃钢盖。在单套塔中，为使被酸洗的带钢能垂直运动，在塔的上部装有一个衬胶的导辊，下部则有两个导辊。在塔的第 3 ~5 节上装有带孔的管道，酸液从孔内喷射到带钢表面上。塔的下部与收集槽连在一起，酸液从带钢上流入槽内，收集槽同样是用工程塑

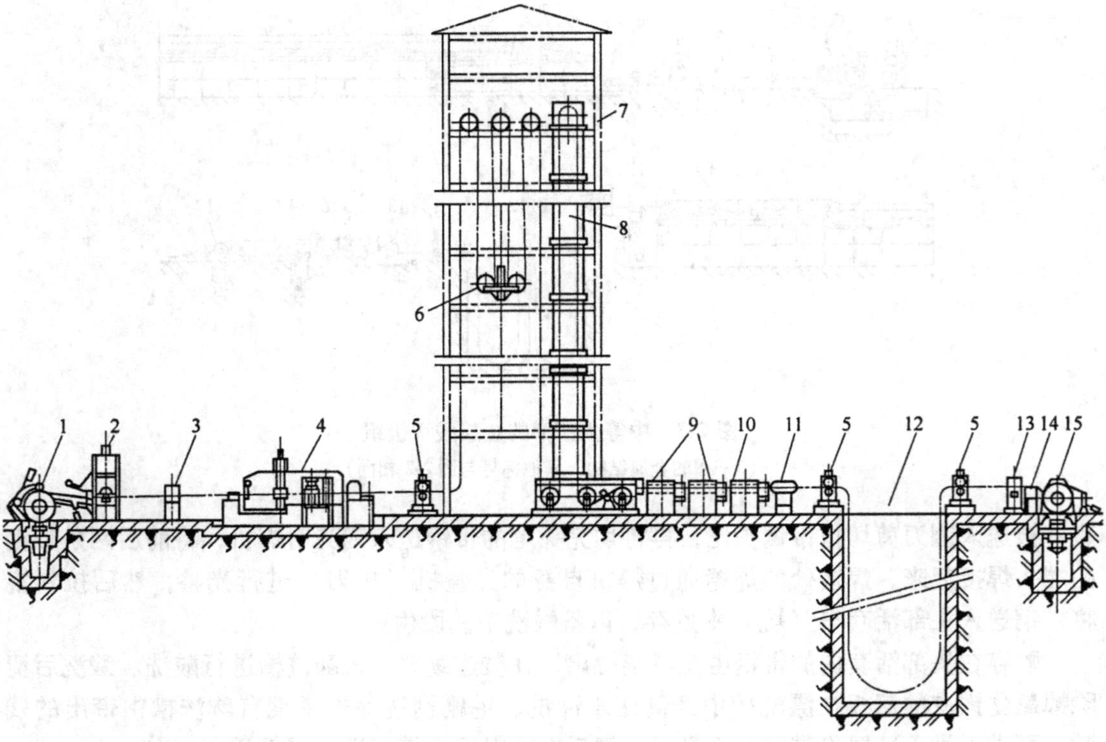

图 2-4　塔式机组示意图

1—开卷机；2—矫直机；3—剪机；4—焊机；5—送料辊；6—入口活套装置；7—塔架；8—酸洗塔；9—清洗装置；10—中和装置；11—烘干装置；12—出口活套装置；13—剪机；14—涂油装置；15—卷取机

料或玻璃钢制成。在带钢的入口处或出口处，设有吹风装置，用以清扫带钢表面残酸或防止落下的酸液向塔外飞溅。塔内由抽风机造成负压，以保证塔体具有良好的密封性能，不使酸雾外溢。

实践证明，在酸液参数相同的条件下，喷射酸洗要比浸泡酸洗缩短一半的时间，如图 2-5 所示，而且喷射到带钢表面上酸液压力越大，酸洗效果越好，如图 2-6 所示。

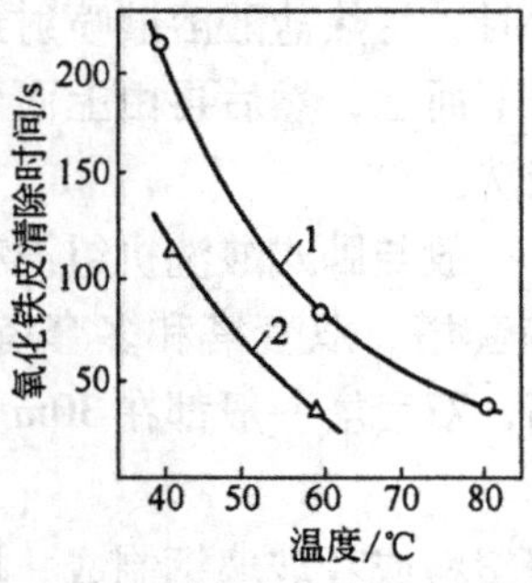

图 2-5　在 15% 的盐酸溶液中酸洗时间与温度的关系

1—浸泡酸洗；2—喷射酸洗

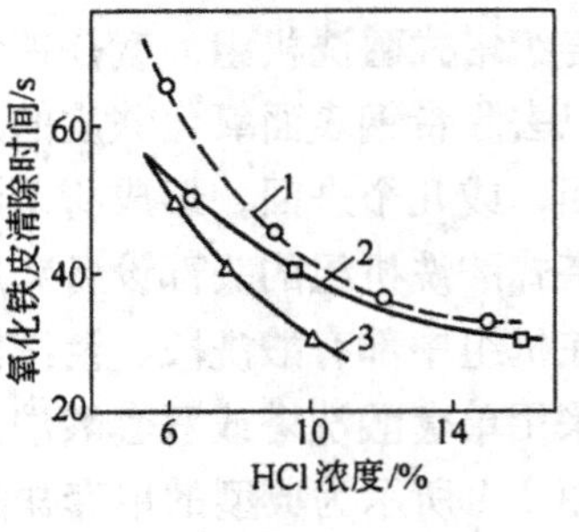

图 2-6　喷射酸洗时间与溶液压力的关系（温度 70℃）

1—浸泡酸洗；2—0.1MPa 压力的喷射酸洗；3—0.2MPa 压力的喷射酸洗

塔式连续酸洗机组也有一系列的缺点，其一是中部有一个高高的酸洗塔，桥式吊车无法通过，使中部的一些设备和塔本身维修不太方便，这样就增加了停车检修的时间；其二，塔内带钢的对中比较复杂，尤其是有镰刀弯的带钢，而且塔越高对镰刀弯的要求也越高；其三，带钢在塔内断带时，重新穿带比较困难；其四，带钢在较高的塔内运行时，往往会产生较大的摆动，有时还会打坏喷酸的喷嘴。

2.1.4 酸洗机组的选型

酸洗机组形式的选择，要根据具体的条件来确定。当机组生产的带钢品种较多，而生产能力不太大时，建议选择推式酸洗较好，因为推式酸洗机组设备费用较低、造价便宜、占地面积小、操作简化，在热轧带钢卷重量为15～30t时，年产可望达到50～60万t。当要求机组年产达到100～200万t时，那么最佳选择是连续卧式酸洗机组。

至于塔式连续酸洗机组，在20世纪60年代，欧美许多公司曾新建或改造了约十多条塔式酸洗机组生产线，但由于70年代以来高效率卧式酸洗机组的建设已不成问题，再加上塔式酸洗机组一些较大的缺点，所以，后来该类机组的建设就很少了。总之，建设酸洗机组要根据具体的条件及具体的经济核算结果来确定。

一般认为，所处理带钢的厚度和宽度对于酸洗机组型式的选择没有多大的影响。

2.2 带钢表面氧化铁皮

氧化铁皮是金属在加热、热处理或在热状态进行加工时形成的一层附着在金属表面上的金属氧化物。由于金属的成分、表面温度、加热和冷却制度、周围介质含氧量等因素的不同，氧化铁皮的成分与结构也因之而异。一般说来，金属的化学性质越活泼，温度越高，金属的氧化速度就越快。氧化时间长，则形成的氧化铁皮厚度就越大。铁是一种比较活泼的金属，各种铁的氧化物，结构也较为疏松，而钢材的轧制及钢铁制品的加工，多半都是在较高的温度下进行的，因此加快了钢材的氧化速度，促进了钢材表面氧化铁皮的形成。

由于热轧带钢的化学成分、轧制温度、轧制后的冷却速度及卷取温度的不同，所以带钢表面上所生成的氧化铁皮的结构、厚度、性质亦有所不同，具体地分析、研究这些特征，对于有效地清除氧化铁皮和控制氧化铁皮生成有利于清除的形式都是有利的。

2.2.1 带钢表面氧化铁皮的形成

轧件经粗轧后沿辊道向热连轧轧机运行时，温度为1000℃左右，这时在轧件表面上已生成了一层薄的氧化铁皮，而轧前水力清除机可将它们清除掉。当轧件在连轧机上轧制时，板坯在各机架轧机间暴露的时间极短，而且大的压下阻碍了带钢表面上形成厚的氧化铁皮，而所形成的氧化薄膜立即被破坏并受到水的冲洗，因此，可以说刚刚从成品机架出来的带钢，虽然温度有780～850℃的较高温度，但带钢表面的氧化铁皮是极薄的。带钢从成品机架出来后，进入喷水装置，而后卷成带钢卷并缓慢冷却，就是在这段时间里，带钢表面被氧化而生成氧化铁皮。

在从成品机架出来的带钢表面上，铁原子首先与空气中的氧原子结合形成第一层氧化物，这层氧化物可能是致密的Fe_3O_4，或者是疏松的FeO。在第一种情况下，氧化铁皮的进一步增长过程可能只靠氧和铁的离子扩散来进行的；在第二种情况下，空气中的氧可自由地通过多孔、疏松的氧化铁皮，而使氧化铁皮加厚和致密化。无论上述哪种情况，最终结果就是形成了我们通常所见到的带钢表面的氧化铁皮。

当然，带钢表面上生成了一层氧化铁皮以后，氧和铁的离子扩散也受到了一定的阻碍，而且，氧化铁皮越厚，离子扩散受到的阻碍就越大，生成氧化铁皮的速度也越慢，因此，氧化铁皮的长大速度是不均匀的，即开始时氧化铁皮的厚度增加得很快，之后氧化铁皮厚度的增加随着氧化铁皮的厚度增大而越来越慢。

事实上，在高温情况下氧化铁皮形成的特别强烈，当温度低于600℃时，氧化铁皮的形成实际上已停止。

2.2.2　氧化铁皮的组成和结构

带钢表面的氧化铁皮，由于钢的化学成分、轧制时带钢表面温度、轧制时的加热及终轧温度、冷却制度、周围介质的含氧量的不同，因此氧化铁皮的组成和结构也因之而异。

铁氧系的热力学分析证明，铁的氧化过程是 Fe→FeO（氧含量 23.26%）→Fe_3O_4（氧含量 27.64%）→Fe_2O_3（氧含量 30.04%）。热力学分析同样证明在氧化过程中可能产生许多独立的相。这些相分别为铁内氧化物固溶体、富氏体（接近 FeO 的相）、Fe_3O_4、Fe_2O_3 及氧化物固溶体。

在铁氧状态曲线图中（图 2-7）可以看出，各相在平衡状态下的稳定界限；还可看出在温度大于575℃时，富氏体是稳定的，在温度较低时分解为磁性氧化铁和金属铁。

图 2-8 为氧化铁皮转化速度与温度关系图，可以看出，在 480℃时这种转化反应速度最高，当温度小于300℃时反应速度接近于零。

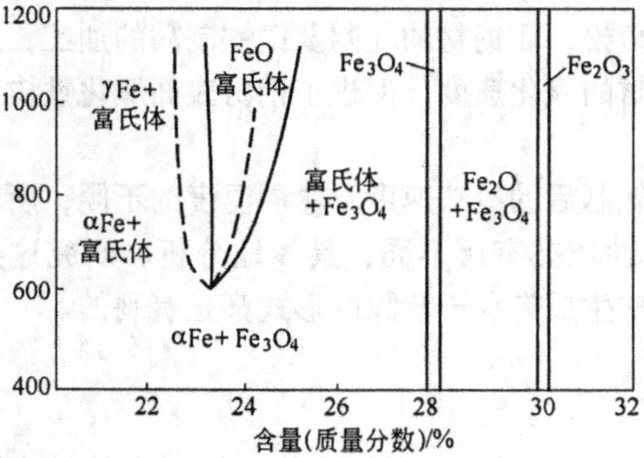

图 2-7　铁氧状态曲线图

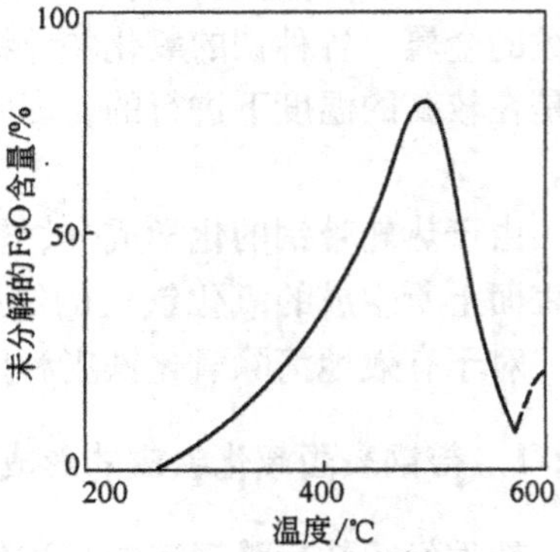

图 2-8　氧化铁皮转化速度与温度关系

氧化温度对氧化铁皮成分的影响如图 2-9 所示。如果氧化铁皮在 570～300℃之间急速冷却，那么富氏体相来不及分解，在更低的温度时就被固定下来。缓冷时铁皮中富氏体相只是少量存在或完全没有。当加热到大于 1100℃，特别是氧含量有限、水蒸气或碳的氧化物含量较高的情况下，Fe_2O_3 将还原成 Fe_3O_4，即

$$6Fe_2O_3 \longrightarrow 4Fe_3O_4 + O_2$$

带钢经高温处理后，在其表面产生的氧化铁皮是各种相的混合体。如果钢板表面氧化

时温度大于570℃并有过量氧气，而随后又是相当快的冷却，则一般氧化铁皮将由三层组成，直接附着在钢铁表面的一层是富氏体（FeO 和 Fe_3O_4 固溶体），再上面一层是 Fe_3O_4，最上面一层是 Fe_2O_3。由于热轧碳素结构钢的终轧温度一般控制在870℃左右，周围介质含有大量的氧气，随后又是相当快的冷却速度，所以其氧化铁皮一般都是上述三层结构。

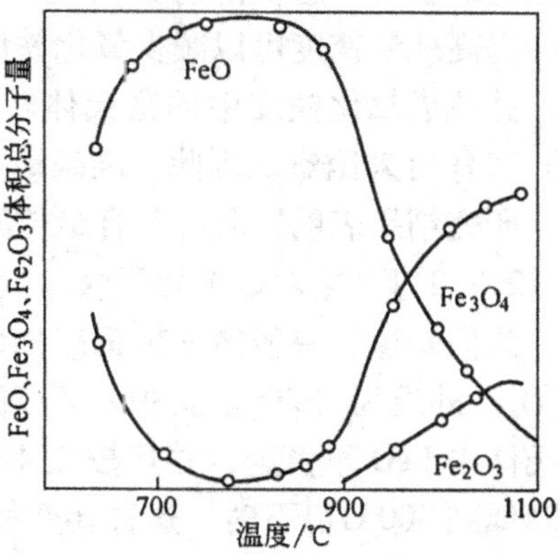

图 2-9 氧化温度对氧化铁皮成分的影响

通常，钢铁中除了铁原子之外，还含有其他元素的原子，如硅钢中含有相当多的硅原子，不锈钢和耐热钢中含有很多的铬原子和镍原子，即使是普通的碳素结构钢中，也含有少量的碳、硅、锰、磷、硫等元素的原子。在此情况下，扩散的就不只是铁离子，其他元素的离子也会同时扩散。这些元素的离子，都能与氧化合成氧化物。因此，氧化铁皮中除了铁的氧化物之外，还含有部分其他元素的氧化物。例如，从含15%～16%铬的不锈钢氧化膜的光谱分析可知，氧化膜中含有23.1%的FeO，70%的 Cr_2O_3 及2.38%的 SiO_2。

同时，任何两种元素的原子，其扩散速度都是不等的，如硅、铬原子的扩散速度比铁原子慢得多，因此，它们的氧化物多半靠近基铁部分，甚至成为氧化铁皮下的单独一层氧化物，这就给带钢的酸洗带来很大的困难。例如，用硫酸洗硅钢和不锈钢时，酸洗后带钢面上残留一层白色的薄膜，这就是硅、铬的氧化物。

2.2.3 影响带钢表面氧化铁皮的因素

2.2.3.1 终轧温度及速度的影响

铁的氧化过程是 $Fe \rightarrow FeO \rightarrow Fe_3O_4 \rightarrow Fe_2O_3$，随温度升高，氧化速度也逐渐增大。在600～800℃的温度范围内，生成的氧化铁皮能够很好地阻碍铁及氧原子的扩散，因而氧化速度反而不再继续增大。当温度超过800℃时，氧化铁皮阻碍扩散的能力将大大降低，因此氧化速度又迅速增大，如图2-10所示。由于温度的升高，氧化速度加快，因此在单位时间内，带钢表面氧化铁皮的厚度随着氧化温度的升高而增厚。同样，高的轧制速度可以减少带钢在高温中与空气接触的时间，从而也就减小了氧化铁皮的厚度。因此，为了减小氧化铁皮的厚度，热轧带钢应在尽可能低的温度和尽可能高的轧制速度下进行轧制。

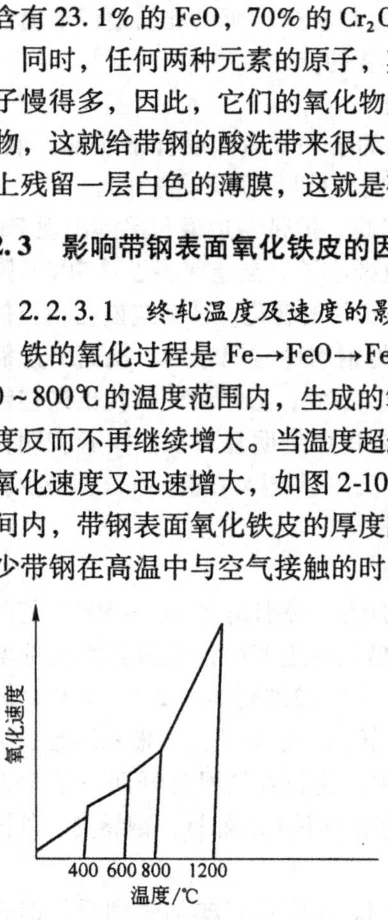

图 2-10 钢的氧化速度与温度的关系

从氧化铁皮的结构上看，终轧温度在700～900℃之间时，所形成的氧化铁皮含80%～90%的FeO、10%～20%的 Fe_3O_4。在温度大于900℃，氧化或氧化性气体较多时，铁将迅速被氧化，Fe_2O_3 可以在高温下快速形成，这时氧化铁皮除 Fe_3O_4 外，将不出现FeO，并开始在铁皮表面形成 Fe_2O_3 单独一层。当温度小于570℃时，氧化铁皮由 Fe_3O_4 组成，表面上覆盖着一层很薄的Fe_2O_3。

提高轧制速度可以减少氧化铁皮的厚度，然而，过高的轧制速度将使卷取温度迅速提高，并造成氧化铁皮中的富氏体转变为Fe_3O_4，给以后清除带钢表面上的氧化铁皮（酸洗）工作带来困难。因此，准确地控制轧制速度乃是有利酸洗的重要因素。

研究结果表明，获得符合最佳酸洗时间的氧化铁皮，终轧温度应该是850℃。

2.2.3.2　冷却速度的影响

我们知道，一般热轧带钢表面氧化铁皮有3层：靠近基铁的内层为富氏体，中间为Fe_3O_4，外层为Fe_2O_3。其中有利于酸洗的富氏体在575℃以上是稳定的，在570℃以下时富氏体中FeO不稳定，并且按照$4FeO = Fe_3O_4 + Fe$分解，变成Fe_3O_4和Fe。当温度进一步降低到300℃以下时，这种转变将趋近于零。

如果氧化铁皮层在570～300℃之间急速冷却的话，那么，富氏体层将来不及分解并在更低的温度下被固定下来，从而得到有利于酸洗的富氏体结构。

缓冷时，铁皮中的富氏体层随着冷却速度变慢而逐渐减少，因此，带钢在冷却区域冷却速度较慢时，铁皮中富氏体层只有少量存在或完全没有。

一般是在输出辊道上喷射高压水加快带钢的冷却速度。在喷水的情况下，氧化铁皮的厚度增加得很快。因为氧化铁皮在水中要比在空气中形成得快，因此，在水蒸气气氛中停留的时间愈长，形成的氧化铁皮就愈多，而FeO的含量却减少，所以准确地调节喷水段中的冷却速度和尽可能地减少在水中停留时间是非常必要的。

2.2.3.3　卷取温度的影响

带钢的卷取温度在600～700℃时，对铁皮层厚度的增加没有太明显的影响。然而，卷取温度越高，在带钢的边缘和头尾会生成Fe_2O_3，这些都是我们所不希望的。

进一步降低卷取温度对氧化铁皮的厚度没有什么影响，但带钢边缘和尾部出现Fe_2O_3的危险性减小了，同时，富氏体向Fe_3O_4转化的程度也减小了。当卷取温度从700℃降低到600℃时，酸洗时间可缩短10%～15%。为了控制富氏体的转化，带钢应该在相当低的温度下，如500～550℃下卷取，但这样将导致卷取前带钢水冷时间增加，从而引起氧化铁皮厚度不均匀性的增加，Fe_3O_4将增多，富氏体减少，因此，必须给轧机找出最佳带钢卷取温度，以减少带钢在冷却后富氏体的转化，防止铁皮厚度明显增加。实验表明，在550～590℃卷取时，带钢上的氧化铁皮层最薄，其中富氏体层较厚，富氏体分解最少，因而酸洗时间能够减少。

2.2.3.4　其他因素的影响

为了避免富氏体的转化，必须使板卷的冷却速度加快，特别是在350～500℃范围内的冷却速度要达到相当高的程度。近年来所有新建的热轧机生产的钢卷重都大大地增加了，随之带来了板卷冷却时间的延长。例如，卷重由4～6t增加到20～25t，冷却时间则由1.5～2昼夜延长到3.5～5昼夜。这样富氏体将完全转化，给酸洗工作带来困难。为了改进铁皮结构，目前有些国家把板卷放入盛水的容器中，使板卷的温度降到小于350℃。事实证明，这样对提高酸洗速度是有利的。这种方法的唯一不足之处是，钢卷内、外围骤然冷却，而中部冷却较慢，会引起铁皮结构不太均匀。

在酸洗试验中，很值得注意的是轧辊粗糙度的影响。在使用粗糙的受到损坏的轧辊时，往往在带钢边缘上会造成酸洗时间延长50%左右。

综上所述，用较大的轧制速度、光滑的轧辊、低的终轧温度和卷取温度以及较高的冷却速度，均可对热轧带钢的酸洗产生有利的影响。

2.2.4 氧化铁皮的性质及厚度

氧化铁皮的性质对酸洗速度有着较大的影响。由于氧化铁皮的性质较多，不便一一叙述。下面我们只着重讨论与酸洗有关的一些性质。

2.2.4.1 氧化铁皮的紧密度（也称松散度）

氧化铁皮内层是疏松而多孔的细结晶组织，各晶粒之间互相联系薄弱并且易于破坏，这层称之为富氏体的组织主要由氧化亚铁（FeO）组成；致密、无孔和裂缝，成玻璃状断口的中间层是磁性氧化铁（Fe_3O_4）；外层是结晶构造的氧化铁（Fe_2O_3）。因此，在金属冷却期间结构发生变化时，在铁皮中便产生了裂纹和气孔，为酸洗工作创造了有利的条件。

2.2.4.2 氧化铁皮的内应力

金属在生成氧化铁皮时，其体积增大，如生成富氏体时，体积增大 1.76 倍；生成 Fe_2O_3 及 Fe_3O_4 时，体积增大分别为 2.1 倍和 2.4 倍。由于体积增大，因而在平行于金属表面的方向上产生一种压应力，同时还产生一种力图使氧化铁皮从金属表面上剥落的拉应力。当这些内应力小于氧化铁的强度时，氧化铁皮便产生裂缝；当内应力大于氧化铁皮同金属表面的附着力时，氧化铁皮就会从金属表面上脱落下来，这就给机械方法破碎氧化铁皮提供了有利的条件。

氧化铁皮内应力的大小与金属表面状态有关，金属表面越粗糙，则内应力就越大，氧化铁皮破碎和脱落的可能性也就越大。例如，带钢的炉生铁皮及粗轧过程中生成的氧化铁皮很容易被清除掉就是这种原因所致。

2.2.4.3 氧化铁皮在金属上的附着力

各种氧化铁皮与基体铁的附着力是不同的。附着力的大小，一般用破坏应力来衡量，附着力越大则破坏应力也越大，附着力越小则破坏应力就越小。FeO 的破坏应力约为 0.4MPa；Fe_3O_4 的破坏应力约为 40MPa；Fe_2O_3 的破坏应力约为 10MPa。由于氧化铁皮与基体铁的附着力越大，氧化铁皮就越难从基铁上脱落，因此，从附着力的大小上可看出，FeO 的附着力最小，它是氧化铁皮中最容易被除掉的。

铁皮的附着力决定于氧化的时间及钢板的化学成分，这是由于长时间氧化，铝、锰、硅等元素在铁皮与金属之间析出，使内层氧化铁皮成为含有各种氧化物的混合物。如含有硅的钢，长时间氧化时，它可以在钢与 FeO 之间形成较脆的 Fe_2SiO_4（$2FeO + SiO_2 \rightleftharpoons Fe_2SiO_4$）中间层，使氧化铁皮对钢的附着力大大降低。

2.2.4.4 氧化铁皮的厚度

前面说过，对普碳钢而言，带钢冷却的条件和速度、带钢的终轧温度及卷取温度等，对带钢表面氧化铁皮的厚度有着直接的影响。带钢表面氧化铁皮厚度一般为 7.5 ~ 15μm，个别情况可达 20μm，其中最内层的富氏体（FeO）层，大约占整个氧化铁皮厚度的 80%，是氧化铁皮最厚的一层；中间的磁性氧化铁 Fe_3O_4 占整个氧化铁皮厚度的 18%；而最外层的 Fe_2O_3，仅占氧化铁皮厚度的 2%。带钢表面氧化铁皮的单重波动在 35 ~ 55 g/m^2 的范围内。

仔细地观察带钢表面的颜色会发现，往往带钢边部较宽度中间部分颜色深些。这一现象是由于氧化铁皮的厚度不同而引起光线的反射及干涉所致。随着氧化铁皮厚度的增大，颜色逐渐由橙变成黄、绿、青、蓝、紫等。因此，由带钢表面颜色及氧化铁皮的形状，大体上可判断出氧化铁皮的厚度及均匀程度。

2.2.5 带钢表面氧化铁皮的可酸洗性

热轧带钢的可酸洗性和氧化铁皮的形成一样，与很多因素有关，如氧化铁皮的粘附强度、钢的成分、机械变形的种类和程度、氧化铁皮的结构及厚度、表面污染（例如油脂引起的污染）、表面缺陷、酸洗剂的种类和成分以及酸洗时的工作条件等。下面仅就氧化铁皮的结构耐酸性进行分析。

在氧化铁皮中，富氏体只是在靠近钢板的表面上存在，而铁皮外层的 Fe_3O_4 和 Fe_2O_3 在酸溶液中是比较难于溶解的。但由于铁皮层存在着裂缝和气孔（特别是通过破鳞或拉矫之后），因此酸溶液便能通过这些裂缝、气孔到达金属表面和富氏体层，随着金属铁和富氏体的溶解，便减少了铁皮与金属之间的附着力，并在酸液与金属铁反应过程中生成的氢气的作用下，氧化铁皮便从基体上脱落而沉到酸槽底部。与此同时，难溶的 Fe_3O_4 及 Fe_2O_3 也被还原成容易溶解的 FeO，从而使氧化铁皮从带钢表面上分离开来。

影响酸洗性的另一个重要因素是铁皮的致密度。富氏体具有天然的最大孔隙率，而 Fe_2O_3 层及 Fe_3O_4 层是致密的，它们会把铁皮中其他氧化层内的气孔全部堵死，从而阻碍了酸液的渗入。带钢在冷却过程中虽然会形成一些裂纹，但也不能保证酸液渗入氧化铁皮的深处。特别是现代化轧机生产的热轧带钢，铁皮的厚度是相当稳定的，致密度是相当高的，因此，为了提高氧化铁皮的可酸洗性，采用破鳞设备增加裂纹仍然是十分必要的。

在酸洗时会发现，带钢尾部（酸洗带卷头部）表面上的氧化铁皮较容易洗掉。这是因为带钢尾部的轧制温度一般比中部和头部低 30～50℃，并在卷取时受到从卷取机上落下来的水的强化冷却，因此，带钢尾部铁皮形成的过程结束得较早，氧化铁皮较薄，而 FeO 来不及转化。

最难酸洗的是带钢头部（酸洗带卷尾部）的氧化铁皮，这是因为带钢头部氧化铁皮的形成过程比尾部结束得缓慢，而使氧化铁皮层加厚的缘故。此外，氧化铁皮的缓冷促使 FeO 分解成 Fe_3O_4 或 Fe_2O_3 也是难洗的原因之一。

在带钢酸洗时还会发现，带钢的边缘上会出现未洗掉的黑边，这是因为在带钢长度的中部边缘上，氧化铁皮冷却的比较缓慢，而周围的氧气到带钢表面上的通路较通畅，使这里的氧化铁皮中 Fe_2O_3 层明显增加所致。

2.3 酸洗原理与影响酸洗的因素

目前，世界上热轧带钢轧机所生产的钢卷中，大约有 3/4 要提供给连续带钢酸洗机组进行处理，而其中 98% 的带钢是采用水平式（卧式）连续酸洗机组。因此，从酸洗机组处理带钢的数量之大、意义之深远来看，研究酸洗机组的酸洗机理、规律，使机组发挥最大的生产潜力，就成为从事酸洗工作人员义不容辞的职责。

酸洗是用化学方法除去金属表面氧化铁皮的过程，因此也叫化学酸洗。酸洗按其生产方法通常分为：酸法、碱-酸法、氢化物法、电解法等。但在连续酸洗机组上绝大多数是使用硫酸或盐酸的酸洗方法，因此，本章着重讨论硫酸酸洗和盐酸酸洗的酸洗原理及酸洗过程。

2.3.1 硫酸与盐酸

2.3.1.1 硫酸

硫酸是化学工业的重要产品之一，它广泛地用于国民经济的各个部门，因此，从硫酸的产量及消费量就可以看出一个国家的工业经济发展的情况。

生产硫酸的原料是二氧化硫(SO_2)，它通常是由硫磺或黄铁矿(FeS)燃烧而制得，即

$$S + O_2 = SO_2 \uparrow$$

$$4FeS_2 + 11O_2 = 2Fe_2O_3 + 8SO_2 \uparrow$$

二氧化硫在催化剂及一定的条件（温度、压力）下变为 SO_3，再与水结合即生成硫酸。反应式为：

$$SO_2 + \frac{1}{2}O_2 = SO_3$$

$$SO_3 + H_2O = H_2SO_4$$

A 硫酸的性质

纯净的硫酸是无色、黏稠、透明的油状液体，不易挥发。常用的浓硫酸的浓度为98%，密度约为1.84。

浓硫酸具有强烈的吸水性，它能够夺取纸张、木材、衣服、皮肤（它们都是由含碳、氧、氢等元素的化合物组成的）里的氢、氧元素，并按水的组成比脱去，使它们脱水碳化，所以，硫酸对皮肤、衣服等有很大的腐蚀性。如果不慎在皮肤或衣服上沾上浓硫酸，应立即用布拭去，再用大量的水冲洗。

浓硫酸很容易溶解于水，同时放出大量的热。如果把水倒进浓硫酸里，水的密度较小，浮在酸上面，酸溶解时放出大量热，水立刻沸腾而使硫酸液滴向四周飞溅。**为了防止发生事故，在稀释浓硫酸时，一定要把浓硫酸慢慢地倒入水中，并不断搅拌，使产生的热迅速地扩散。切记不可把水倒进浓硫酸里。**

硫酸具有极为活泼的化学性质，它可以与金属或金属的氧化物发生化学反应，生成盐、氢气或水。例如：

$$H_2SO_4 + Fe = FeSO_4 + H_2 \uparrow$$

$$H_2SO_4 + FeO = FeSO_4 + H_2O$$

酸洗正是利用硫酸的这种化学性质来清除钢材表面的氧化铁皮。

B 硫酸的分类

工业硫酸分为**含水硫酸**和**发烟硫酸**两种。**含水硫酸**是指 H_2SO_4 的水溶液（$H_2SO_4 + H_2O$）；**发烟硫酸**是指 H_2SO_4 与三氧化硫的混合物（$H_2SO_4 + SO_3$）。由于发烟硫酸中含有过量的三氧化硫，且三氧化硫又很容易吸收空气中的水分形成酸雾，因此，当打开发烟硫酸贮存器的盖子时，立即就会在发烟硫酸上面形成烟雾状的酸雾，故称之为发烟硫酸。含水硫酸又可分为稀硫酸与浓硫酸。

含水硫酸的浓度，以溶液中 H_2SO_4 的质量分数表示；发烟硫酸的浓度，以溶液中游离 SO_3（多余的 SO_3）的质量分数表示。按国家标准规定，工业硫酸应符合表2-1所示的技术要求。

表 2-1 国家标准规定工业硫酸技术要求

指标名称	稀硫酸		浓硫酸		发烟硫酸
	铅室法	塔式法	浓缩接触法	接触法	
硫酸（H_2SO_4）≥/%	65.0	75.0	92.5	98.0	
游离 SO_3≥/%					20
氮的氧化物（N_2O_3 计）≤/%	0.01	0.03			
灼烧残渣含量≤/%			0.1	0.1	0.1
铁（Fe）含量≤/%					0.03

硫酸或三氧化硫与水能构成4种水合物，每一种都有一定的结晶温度和性质。各种水合物的化学式、组成及结晶温度见表2-2。

表 2-2 硫酸溶液（酸的水化物）组成及结晶温度

水化合物化学式	含 量/%			结晶温度/℃
	H_2SO_4	总 SO_3	H_2O	
$H_2SO_4 \cdot 4H_2O$ ($SO_3 \cdot 5H_2O$)	57.6	46.9	53.1	-24.4
$H_2SO_4 \cdot 2H_2O$ ($SO_3 \cdot 3H_2O$)	73.2	59.8	40.2	-39.6
$H_2SO_4 \cdot H_2O$ ($SO_3 \cdot 2H_2O$)	84.5	69.0	31.0	+8.1
H_2SO_4 ($SO_3 \cdot H_2O$)	100.0	81.6	18.4	+10.45

硫酸的结晶温度取决于硫酸含量，结晶温度与硫酸含量的关系见图2-11。

由图2-11看出，在硫酸运输及贮存过程中，一定要考虑到有几种浓度的硫酸溶液在较高的温度下就要冻结的情况，也正是考虑到这种因素，生产厂通常使用93%的浓硫酸（结晶温度约-37℃）作为酸洗用新酸。这一点对于冬季寒冷地区的生产厂来说极为重要。

C 硫酸的贮存

工业用浓硫酸一般用铁槽车运输，用钢罐贮存，槽车及罐均用碳素结构钢制作。

槽车及罐能用碳素结构钢制造是因为在室温下铁在浓硫酸中的腐蚀速度非常小的缘故，图2-12示出铁的溶解速度与硫酸浓度的关系（20℃）。

从图2-12可以看出，在浓度约为50%的硫酸中铁的腐蚀速度最大，随后，生成了由氧化物与铁盐构成的保护膜而使腐蚀速度大大降低。在 H_2SO_4 浓度超过80%时，铁的腐蚀速度几乎接近于零。

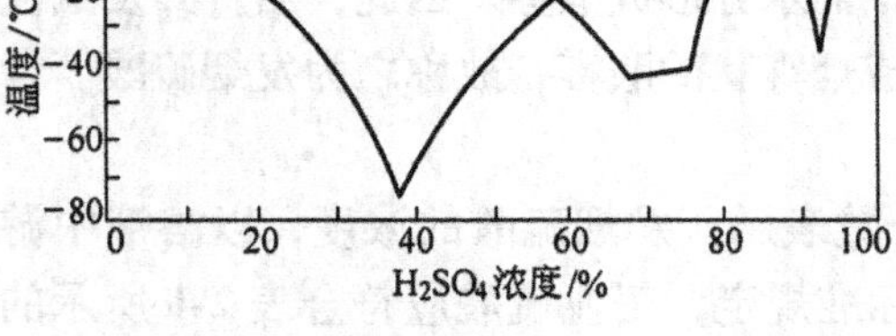

图 2-11 结晶温度与硫酸含量的关系

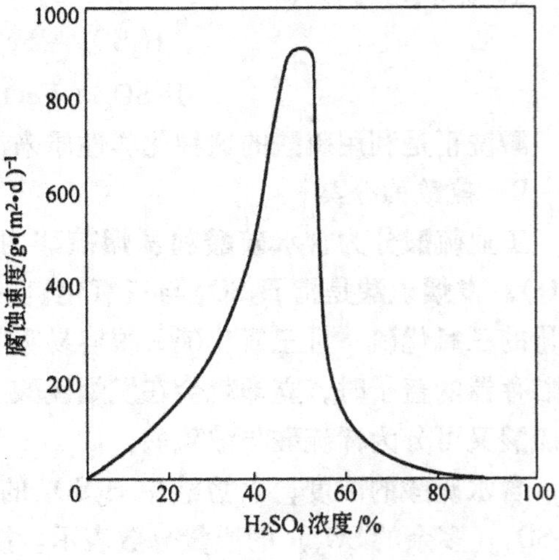

图 2-12 铁的腐蚀速度与硫酸浓度的关系

在实际生产中，对贮存罐的使用情况进行认真地观察可以看出，经常降低或提高罐中酸液面，会使交替接触酸和空气部位的钢内壁迅速腐蚀，因此，在使用时最好是将一个罐中的酸用完之后，再动用第二个罐。在装酸时应先将一个罐装满，然后再装第二个。

2.3.1.2 盐酸

盐酸在化学工业中通常与硫酸、硝酸并列为化学工业三大强酸，并是化学工业的重要产品之一，广泛地应用于国民经济的各个部门。

在化学工业中，用纯净氢气在氯气中燃烧并生成氯化氢，再用水吸收，即制成盐酸。化学反应式为：

$$H_2 + Cl_2 \xlongequal{} 2HCl$$

A 盐酸的性质

纯净的盐酸是无色透明的液体，有刺激性气味，浓盐酸中约含有37%的氯化氢，密度约为1.19，工业用盐酸由于含有杂质（主要是$FeCl_3$）而带黄色。

浓盐酸在空气中经常会“冒烟”，这是因为从盐酸里跑出来的氯化氢遇到空气里的水蒸气凝结成小滴的盐酸而产生的。像盐酸这样沸点较低，在常温下就能较显著地蒸发出酸分子的酸，通常称之为挥发性酸。

盐酸具有酸的一切化学性质，它可与金属或金属的氧化物发生化学反应，生成盐、氢气或水。例如：

$$Fe + 2HCl \xlongequal{} FeCl_2 + H_2\uparrow$$

$$FeO + 2HCl \xlongequal{} FeCl_2 + H_2O$$

盐酸对皮肤或某些织物也有一定的腐蚀作用，在使用时应该注意，不要把盐酸滴在皮肤或衣服上。

由于盐酸具有挥发性，挥发出来的HCl气体对人、金属和建筑物都有较大的损害作用，如空气中HCl的含量达到百万分之一，即$1\times10^{-4}\%$，就能使光洁的金属变暗，因此，在盐酸酸洗车间内或使用盐酸的地方都必须严格地控制空气中HCl的含量，不得超过$5mg/m^3$。

B 盐酸的分类

由于制造盐酸的方法不同，所以制出盐酸的含量及质量亦有所差异。现将各种规格的盐酸的特性及成分列于表2-3。

表2-3 几种规格的盐酸的特性及成分

盐酸种类	20℃密度 /g·cm^{-3}	含量/%					Cl	
		HCl	Fe	SO_4^{2-}	As	烧后残渣	游 离	与有机物化合
工业合成级A	1.174~1.188	35.0~38.0	0.003	0.005	0.0002	0.02	0.005	
工业合成级B	≥1.156	≥31.5	0.003	0.005	0.0001	0.02	0.05	
工业合成级C	≥1.154	≥31.0	0.02	0.03	0.0002	0.15	0.01	
工业盐酸级1		≥27.5	0.03	0.4①	0.1			
工业盐酸级2		≥27.5	未规定	0.6①	未规定			
再生盐酸级1		≥30.0	0.02	0.01	0.0002	0.1	0.005	0.008
再生盐酸级2		≥27.5	0.02	未规定	未规定		0.008	0.8

注：酸洗用盐酸要求砷含量应不大于0.005%。

①折合SO_3。

2.3.2 酸洗原理

带钢表面上形成的氧化铁皮（FeO、Fe_3O_4、Fe_2O_3）都是不溶解于水的碱性氧化物，当把它们浸泡在酸液里或在其表面上喷洒酸液时，这些碱性氧化物就可与酸发生一系列化学变化。

由于碳素结构钢或低合金钢钢材表面上的氧化铁皮具有疏松、多孔和裂纹的性质，加之氧化铁皮在酸洗机组上随同带钢一起经过矫直、拉矫、传送的反复弯曲，使这些孔隙裂缝进一步增加和扩大，所以，酸溶液在与氧化铁皮起化学反应的同时，亦通过裂缝和孔隙而与钢铁的基体铁起反应。也就是说，在酸洗一开始就同时进行着所有3种氧化铁皮和金属铁与酸溶液之间的化学反应，所以，酸洗机理可以概括为以下3个方面：

（1）溶解作用。带钢表面氧化铁皮中各种铁的氧化物溶解于酸溶液内，生成可溶解于酸液的正铁及亚铁氯化物或硫酸盐，从而把氧化铁皮从带钢表面除去。这种作用，一般叫溶解作用。其反应为：

在盐酸溶液中酸洗时：

$$Fe_2O_3 + 6HCl = 2FeCl_3 + 3H_2O \quad (1)$$

$$Fe_3O_4 + 8HCl = 2FeCl_3 + FeCl_2 + 4H_2O \quad (2)$$

$$FeO + 2HCl = FeCl_2 + H_2O \quad (3)$$

在硫酸溶液中酸洗时：

$$Fe_2O_3 + 3H_2SO_4 = Fe_2(SO_4)_3 + 3H_2O \quad (4)$$

$$Fe_3O_4 + 4H_2SO_4 = Fe_2(SO_4)_3 + FeSO_4 + 4H_2O \quad (5)$$

$$FeO + H_2SO_4 = FeSO_4 + H_2O \quad (6)$$

在酸溶液中反应式（3）、（6）的反应速度最大，反应式（1）、（2）次之，而反应式（4）、（5）则很难进行。假如酸溶液能够很顺利地通过裂缝、孔隙由氧化铁皮的外层进入内层的话，那么内层FeO的溶解将对整个酸洗过程起着加速的作用。

Fe_3O_4、Fe_2O_3在酸溶液中溶解的较慢，特别是在硫酸溶液中很难溶解，在此情况下，氧化铁皮的清除还需要借助于机械剥离作用和还原作用。

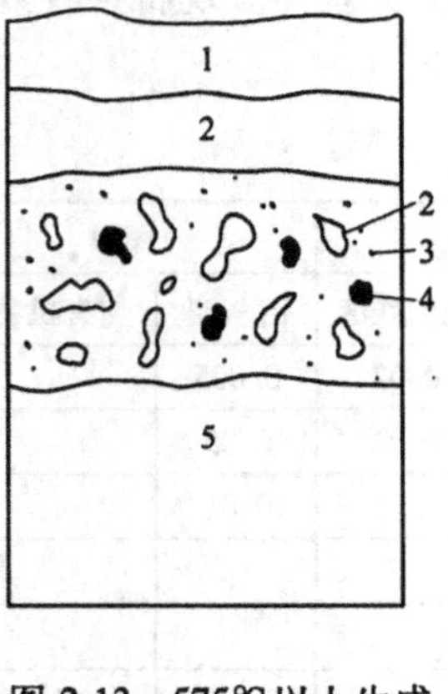

图2-13 575℃以上生成的氧化铁皮的实际结构

1—Fe_2O_3；2—Fe_3O_4；3—FeO；4—Fe；5—基铁

（2）机械剥离作用。带钢表面氧化铁皮中除铁的各种氧化物之外，还夹杂着部分的金属铁，如图2-13所示，而且氧化铁皮又具有多孔性，那么酸溶液就可以通过氧化铁皮的孔隙和裂缝与氧化铁皮中的铁或基体铁作用，并相应产生大量的氢气。由这部分氢气产生的膨胀压力，就可以把氧化铁皮从带钢表面上剥离下来。这种通过反应中产生氢气的膨胀压力把氧化铁皮剥离下来的作用，我们把它叫做机械剥离作用。其化学反应为：

$$Fe + 2HCl = FeCl_2 + H_2\uparrow \quad (7)$$

$$Fe + H_2SO_4 = FeSO_4 + H_2\uparrow \quad (8)$$

金属铁在酸溶液中的溶解速度大于铁的各种氧化物的

溶解速度，特别是铁在硫酸中的溶解速度远远大于铁的氧化物的溶解速度，所以机械剥离在酸洗过程中起着很大的作用。据有关资料介绍，盐酸酸洗时，有33%的氧化铁皮是由机械剥离作用去除的，而在硫酸酸洗时，竟有高达78%的铁皮是靠机械剥离作用去除的。

应当指出，在酸洗过程中，我们不希望酸与基铁发生反应，因为这样将会使酸和基铁的损失过多。同时，反应中产生的一部分氢将扩散到基铁中去而造成氢脆，以致造成酸洗不均匀和质量缺陷。

（3）还原作用。在反应式（7）、（8）中，金属铁与酸作用时，首先产生氢原子。一部分氢原子相互结合成为氢分子，促使氧化铁皮的剥离。另一部分氢原子靠其化学活泼性及很强的还原能力，将高价铁的氧化物和高价铁盐还原成易溶于酸溶液的低价铁氧化物及低价铁盐。其反应为：

在盐酸酸洗中的反应：

$$Fe_2O_3 + 2[H] = 2FeO + H_2O$$

$$Fe_3O_4 + 2[H] = 3FeO + H_2O$$

$$FeCl_3 + [H] = FeCl_2 + HCl$$

在硫酸酸洗中的反应：

$$Fe_2O_3 + 2[H] = 2FeO + H_2O$$

$$Fe_3O_4 + 2[H] = 3FeO + H_2O$$

$$Fe_2(SO_4)_3 + 2[H] = 2FeSO_4 + H_2SO_4$$

分析使用过的酸洗溶液会发现酸液中只含有极少量的三价铁离子（例如，在盐酸酸洗时，总酸度为200g/L，废酸中含二价铁离子120g/L，三价铁离子只有5～6g/L）。这是因为酸洗时生成的初生氢使三价铁的化合物还原成亚铁化合物。

综上所述，带钢表面上的氧化铁皮是通过以下3种作用而被清除的：

（1）氧化铁皮与酸发生化学反应而被溶解（溶解作用）。

（2）金属铁与酸作用生成氢气，机械地剥落氧化铁皮（机械剥离作用）。

（3）生成的原子氢使铁的氧化物还原成易与酸作用的亚铁氧化物，然后与酸作用而被除去（还原作用）。

2.3.3 影响酸洗的因素

2.3.3.1 氧化铁皮厚度及结构的影响

酸洗过程就是去掉带钢表面氧化铁皮的过程。因此，酸洗时间主要取决于氧化铁皮的结构和厚度。根据前面的讨论，当终轧温度大约为850℃，而卷取温度在550～590℃时，带钢上氧化铁皮层最薄，其中富氏体层较厚，富氏体转化最少，出现Fe_2O_3的可能性最小，因而这种氧化铁皮最容易酸洗。

氧化铁皮厚度与不同成分氧化铁皮酸洗时间的关系及终轧温度与酸洗时间的关系分别如图2-14和图2-15所示。

2.3.3.2 酸溶液种类的影响

带钢的酸洗一般使用硫酸或盐酸。在使用这两种酸溶液进行酸洗时，有以下几个方面的不同：

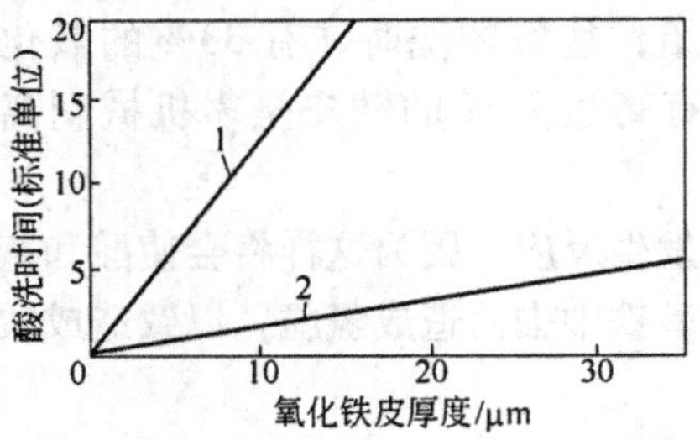

图 2-14　氧化铁皮厚度与不同成分氧化铁皮酸洗时间的关系

1—95% Fe_3O_4、5% Fe_2O_3；2—90% FeO、8% Fe_3O_4、2% Fe_2O_3

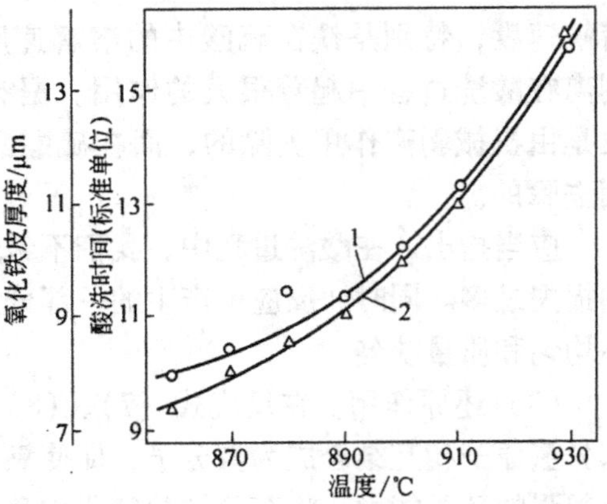

图 2-15　终轧温度与酸洗时间的关系

1—氧化铁皮厚度；2—酸洗时间

(1) 铁的各种氧化物，特别是 Fe_2O_3、Fe_3O_4 在盐酸溶液中的溶解速度远远大于在硫酸中的溶解速度，因此带钢在盐酸溶液中的酸洗速度较在硫酸溶液中快得多。例如在60℃时用15%的 H_2SO_4 溶液酸洗时间为150s，而用15%的盐酸溶液酸洗时间为55s。在80℃时相应的酸洗时间为70s和30s。

(2) 在浓度较高时，盐酸酸洗主要靠溶解作用除去氧化铁皮，硫酸酸洗则主要靠机械剥离作用除去氧化铁皮。如硫酸酸洗时，有78%的铁皮是靠机械剥离作用除去的，而盐酸酸洗时，只有33%的铁皮是靠机械剥离作用除去的。

(3) 在硫酸或盐酸溶液中，提高温度或浓度均能提高酸洗速度。但在硫酸溶液中，提高酸洗温度效果更为显著，而在盐酸溶液中，提高浓度比提高温度效果要好。因此在酸洗时，硫酸主要是提高温度来达到高的酸洗速度，而盐酸主要是靠提高浓度。

(4) 盐酸对基铁的溶解能力低于对氧化铁皮的溶解能力，而硫酸酸洗时则相反，因此盐酸酸洗时铁的损失（铁损）较低。据奥地利鲁兹纳公司资料介绍，盐酸酸洗铁损量为酸洗带钢量的0.4%～0.5%，硫酸酸洗铁损量为0.6%～0.7%，这样，年产100万t带钢的酸洗车间，用盐酸酸洗，每年就可少损失2000t钢板。

(5) 盐酸酸洗的带钢表面质量比用硫酸酸洗的要好，带钢表面甚至无压入铁皮（即使有铁皮亦可被洗掉）及未被洗净的氧化铁皮（包括大块铁皮及黑边），酸洗后表面光洁。据美国大湖钢厂资料介绍，卷取温度在700℃左右时，带钢不经破鳞仍可以用280 m/min的速度（酸洗时间为28s）进行盐酸酸洗。

尽管如此，工艺上长期以来不采用盐酸酸洗，其主要原因是：

(1) 98%的 H_2SO_4 一般比36%的HCl价格便宜。

(2) 盐酸腐蚀性强，对防腐材料的耐腐蚀性有特殊的要求，同时盐酸贮存和运输不如硫酸方便。

(3) 废酸处理问题没有解决。

直到1959年奥地利鲁兹纳公司发明了一种盐酸废液回收方法，以及新的耐酸材料的出现和盐酸与硫酸的价格发生了变化，才使得盐酸酸洗逐渐得到推广。因此目前在多数国家新建或改建的酸洗机组上广泛采用了盐酸作为酸洗剂。

2.3.3.3 酸溶液浓度和温度的影响

提高硫酸酸液温度和浓度皆能增加带钢的酸洗速度，但酸液浓度仅在一定的范围之内（25%左右），酸洗速度才随着浓度的增大而提高，超出这一范围后，酸洗速度反而降低。而提高溶液的温度直至接近沸点，都会提高带钢的酸洗速度。图 2-16 为硫酸浓度、温度与酸洗时间的关系。

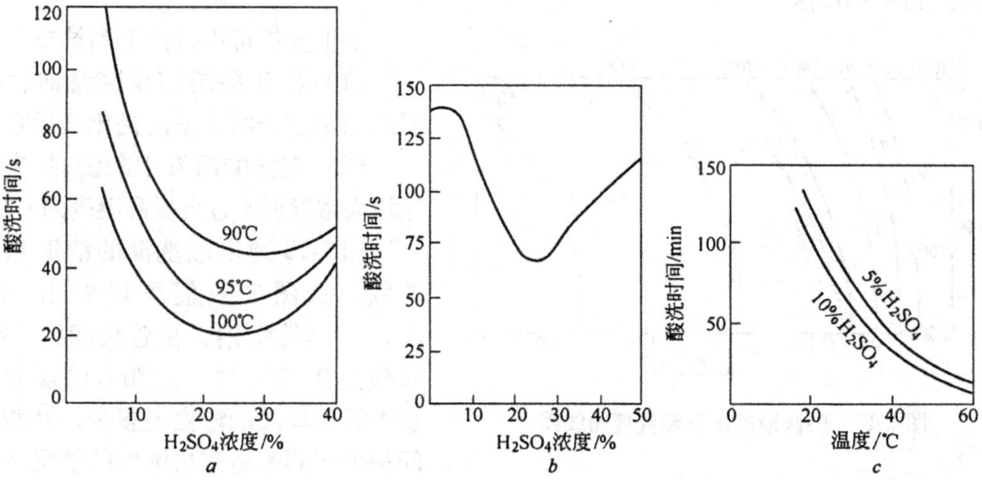

图 2-16 硫酸浓度、温度与酸洗时间的关系

a—酸洗时间与浓度、温度的关系；*b*—酸洗时间与浓度的关系；*c*—酸洗时间与温度的关系

从图可以看出，硫酸浓度在 25% 时，具有最大的酸洗速度。从图可以看出，不管硫酸的浓度如何，提高酸液温度对减少酸洗时间有比较明显的影响。

酸液的浓度及温度都是影响硫酸酸洗速度的重要因素，但是温度的升高比浓度提高具有更突出的影响。因此在用硫酸酸洗时，一般都采用尽可能高的温度和使用 20% ~25% 浓度的硫酸这一酸洗最佳条件，使机组发挥较大的生产能力。

在盐酸酸洗中，提高酸液的浓度和温度也同样能够增加酸洗速度。图 2-17 为盐酸浓

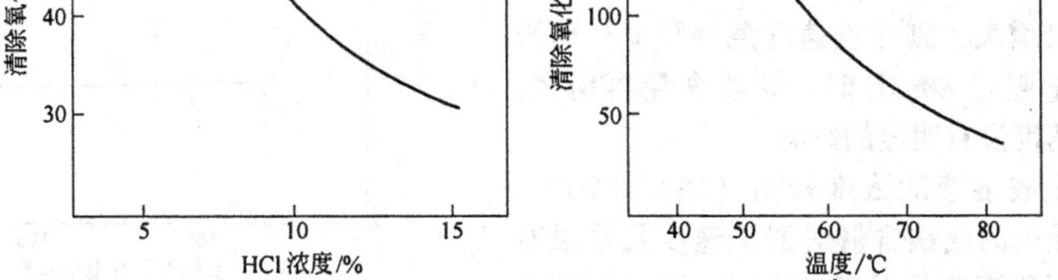

图 2-17 盐酸浓度、温度与酸洗时间的关系

a—温度为 70℃时，浓度与酸洗时间的关系；*b*—浓度为 15% 时，温度与酸洗时间的关系

度、温度与酸洗时间的关系。

提高浓度对酸洗速度的影响，盐酸远大于硫酸；提高温度对酸洗速度的影响，盐酸略小于硫酸。例如，当酸浓度从 2% 增大至 25% 时，盐酸酸洗的速度增加约 10 倍，硫酸仅增加 1 倍左右。当温度自 18℃ 升高至 60℃ 时，硫酸酸洗速度提高 9.5～14 倍，而盐酸酸洗速度提高 9～10 倍。

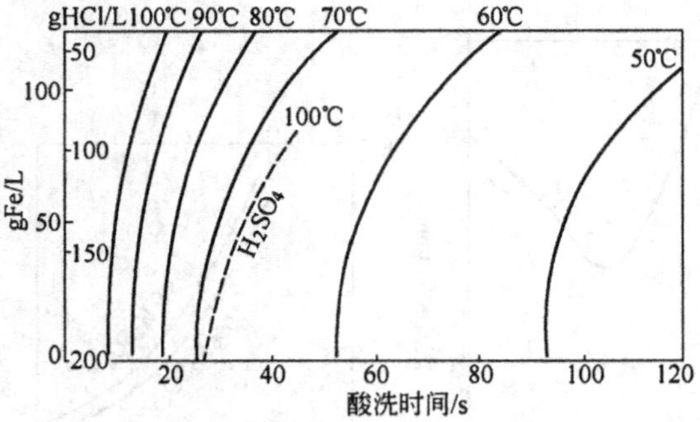

图 2-18　酸洗液的浓度和温度曲线图

由上分析可以得出下列结论：

（1）在硫酸溶液中酸洗时，提高温度而不过分增大浓度是比较适宜的。

（2）在盐酸溶液中酸洗时，应该采用增大浓度而不过分提高温度的办法。

图 2-18 列出酸洗液的浓度和温度曲线。从图中我们可以看出，酸洗 2mm 厚热轧带钢，在总酸度为 200g/L 铁损为 0.48% 时，在 70℃ 的盐酸中酸洗不管游离酸的浓度是多少，其酸洗时间都少于同等游离酸浓度的情况下，在 100℃ 硫酸中的酸洗时间。也就是说，在总酸度、游离酸、铁损等条件相同的情况下，带钢在 70℃ 的盐酸溶液中酸洗，其酸洗速度比带钢在 100℃ 的硫酸溶液中酸洗还大。

由于带钢在盐酸溶液的酸洗速度远远大于在硫酸溶液中的酸洗速度，因此，近 10 多年来在世界各地新建或改建的高效率酸洗机组中普遍采用盐酸溶液作为酸洗介质，而不用硫酸溶液作为酸洗介质。

当然，这不是说硫酸酸洗已完全被盐酸酸洗所淘汰，新建酸洗机组采用何种酸，还得根据机组产量、国情等条件来确定。例如 $FeSO_4$ 就是一种很好的化工产品，它可从硫酸酸洗液中得到。

2.3.3.4　酸溶液中铁盐含量的影响

在硫酸酸洗过程中，随着基铁和氧化铁皮与硫酸作用生成硫酸亚铁，酸溶液中酸的浓度逐渐降低，硫酸亚铁的浓度则逐渐增高。当酸液中铁盐含量超过了它的溶解度时，硫酸亚铁就将析出并附着在带钢的表面上，妨碍了酸与氧化铁皮的接触，从而降低了酸洗速度。

如图 2-19 所示，当酸溶液含酸浓度较低（如 10%）、$FeSO_4$ 含量在 80g/L 以下时，如铁盐含量增大，则酸洗速度急剧降低；而当铁盐含量超过 80g/L 时，铁盐含量再增大，对酸洗速度没有明显的影响。

当硫酸溶液的浓度较高（15%～20%）时，溶液中的亚铁含量对酸洗速度几乎没有影响。当酸溶液的温度较高时，溶液中铁盐的含量虽然对酸洗速度有影响，但没有温度较低时那么显著，如图 2-20 所示。

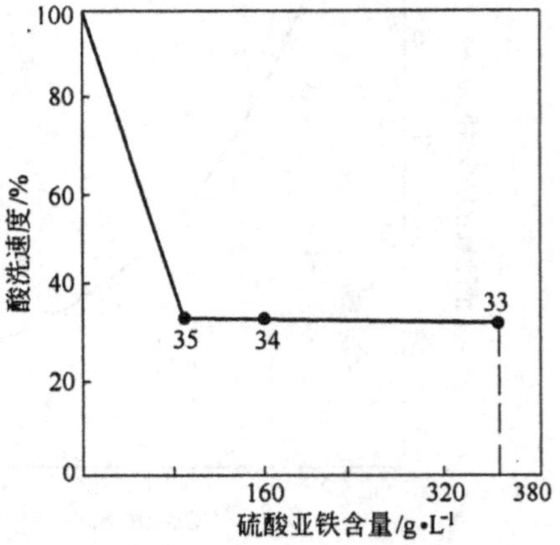

图 2-19　10% 硫酸溶液中硫酸亚铁含量对酸洗速度的影响

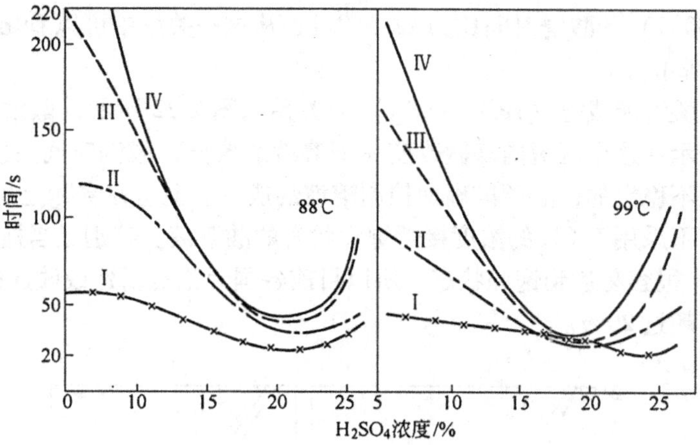

图 2-20 溶液中硫酸亚铁浓度对酸洗速度的影响

Ⅰ—0% $FeSO_4$；Ⅱ—5% $FeSO_4$；Ⅲ—10% $FeSO_4$；Ⅳ—15% $FeSO_4$

除此之外，在硫酸酸洗时酸溶液中的硫酸亚铁含量大时，酸洗后带钢表面上残留的亚铁盐数量也将随着增多，特别是当含量超过溶解度时，大量的铁盐会使带钢表面变得很脏。因此，在酸洗生产时，酸溶液中的硫酸亚铁绝对不允许超过其溶解度。实际上为了保证酸洗后的带钢表面质量，一般都将硫酸亚铁含量控制在低于其溶解度3% ~5%的程度。

在盐酸酸洗中，生成的氯化亚铁对盐酸酸洗影响如图 2-21 所示。

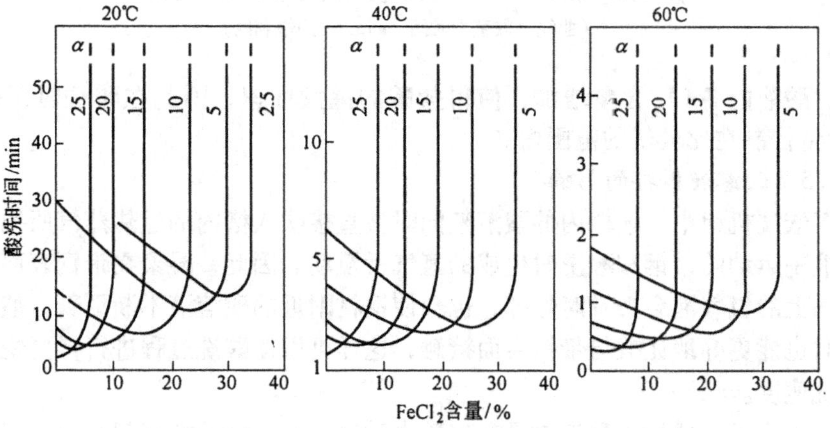

图 2-21 酸洗时间与盐酸含量、$FeCl_2$ 含量和温度的关系

（曲线上数字为酸含量，α 为饱和浓度）

从图 2-21 中可以看出，当酸含量增加和温度升高时酸洗时间减少，且随着 $FeCl_2$ 含量的增加，酸洗时间急剧减少到最小，此时 $FeCl_2$ 的浓度比饱和浓度低 4% ~8%。以后，酸洗时间又急剧增加，一直到 $FeCl_2$ 达到饱和，酸洗时间最长。酸溶液温度越低，酸洗时间的最小值也就越明显。最短的酸洗时间是在 $FeCl_2$ 最佳含量的情况下得到的，即 $FeCl_2$ 的浓度低于饱和浓度 4% ~8%。从图 2-21 中还可以看出，在 20℃时，酸洗时间是 2.5 ~

12min，40℃时是 1～2min，60℃时是 15～50s，即温度升高，酸洗时间减少，上述温度（20℃、40℃、60℃）的酸洗时间比为 12.5∶3∶1，从这一关系中可以看出准确地控制酸溶液温度是极为重要的。

酸洗时间和酸溶液成分（HCl、$FeCl_2$）的关系如图 2-22 所示，酸洗时间曲线非常接近饱和线，它表示在这个区域内略微改变一下溶液的成分，酸洗时间就发生明显的变化，即这个过程是很不稳定的，必须准确地控制溶液的成分。但这在实际上是比较困难的，因此在酸洗生产中不采用 $FeCl_2$ 的浓度接近饱和状态的酸溶液。特别是当盐酸浓度大于 20%～22% 时，$FeCl_2$ 很容易达到饱和状态，所以目前各国无论是新建或改建的盐酸酸洗机组，盐酸的浓度都不超过 20%。

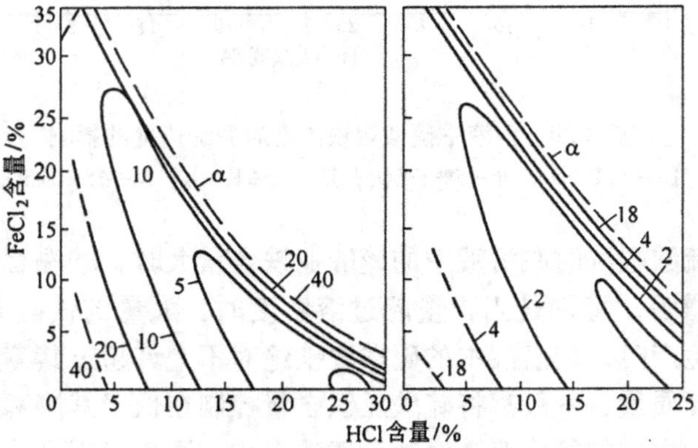

图 2-22　在 20℃、40℃时酸洗时间与酸液成分的关系
（曲线上数字为时间，min；α 为饱和线）

此外，酸液内 $FeCl_2$ 含量增加，使得盐酸的挥发加速，因此在酸洗时，一般希望将 $FeCl_2$ 的含量控制在比较低的范围内。

2.3.3.5　酸溶液搅拌的影响

在连续酸洗机组中，酸槽内的酸溶液同时被直接吹入槽内的过热蒸气所搅拌，以及受到在酸溶液中运动的带钢和酸洗时生成的氢气所搅动。因此，凝聚在带钢表面上的蒸气及附着在表面上的氢气泡会被及时除掉，也会使钢材附近的酸溶液不断更新，酸液成分保持均匀，同时也能更好地让酸与带钢表面接触，这样可以使酸洗过程进行得更快更好，从而提高了酸洗速度。

总之，无论是在盐酸中酸洗或是在硫酸中酸洗，酸溶液的搅拌都是有利于酸洗的。

2.3.3.6　钢铁成分的影响

前面已经讲过，钢铁中除了铁原子之外，还含有其他元素的原子。在这些元素中有些会使氧化铁皮变得很疏松（如镁、钙等），酸溶液很容易渗入到氧化铁皮内部与富氏体的氧化铁或基体铁接触，因此，酸洗变得比较容易。还有些元素会使氧化铁皮变得比较致密，酸洗变得比较困难，甚至可能完全不适于使用普通的硫酸酸洗。例如，硅钢的氧化铁皮中含有 SiO_2、不锈钢的氧化铁皮中含有尖晶石结构的 $Cr_2O_3 \cdot FeO$，这些都是很难溶于硫酸溶液中的氧化物，往往在酸洗之后在带钢表面上仍残留一层薄的氧化膜。

特别应当指出的是含铝的钢，虽然生成的氧化铁皮比较致密，但由于生成的铝的氧化物能溶解于酸中，因此含铝的钢仍然是比较容易酸洗的。

另外，钢中的含碳量对酸洗速度亦有着明显的影响，且酸洗速度随着钢中含碳量的增加而加快。这是因为钢中的含碳量增加时，氧化铁皮有着向薄的方面生成的趋势。

2.3.3.7　其他方面的影响

带钢经铁皮破碎机或拉伸矫直机反复弯曲变形后，由于氧化铁皮与基铁的塑性不同，氧化铁皮将会不同程度地从带钢表面上剥落下来或产生裂缝，因此，破鳞将能明显地增加酸洗速度。实验指出，用硫酸酸洗时，采用破鳞机可减少10%～50%的酸洗时间。

另外，氧化铁皮的组成和结构也是影响酸洗速度的一个极其重要的因素。

最后应当指出的是，对一些含碳量较高强度较大的中、高碳钢，为了便于轧制，在酸洗之前都要进行退火处理（初退火）。这些经过初退火的带钢，长时间（大约24h）在高温（约780℃）下加热，使得钢板表面的氧化膜明显加厚，加之钢中的硅、铬等元素的原子在高温下较多地从钢板内部向外扩散并与钢板表面的氧原子结合成难溶的氧化物，从而增加了酸洗的困难。为了除去这些初退火后带钢表面生成的氧化铁皮，就必须增加酸的浓度、延长酸洗时间或采用混合酸酸洗（如硫酸、酸洗时加入食盐，形成硫酸和盐酸的混合酸）。

2.3.4　酸洗缓蚀剂的作用

在硫酸酸洗时，采用缓蚀剂（或称抑制剂）是必不可缺少的，如图2-23所示。在盐酸酸洗时，是否使用缓蚀剂则没有统一的认识。一些研究证明缓蚀剂在带钢与酸溶液接触时间超过40s时才起作用，而盐酸酸洗机组正常生产时，带钢在酸槽内的酸洗时间一般为20～40s。如果延长酸洗时间，虽然没有明显的过酸洗痕迹，但在没有缓蚀剂的情况下，将有铁损增加（图2-24）、盐酸酸蒸气量（盐酸挥发量）显著增大等诸多不利现象。因此，目前各生产厂家对盐酸酸洗是否添加缓蚀剂，都根据自己的观点，采取不同的办法。原则上说，在盐酸酸洗时间较长（如大于2min）或是出现其他情况（如机组发生事故而停车）时，使用缓蚀剂亦是合理的。但对硫酸酸洗来说，使用缓蚀剂则是必须的。基于上述原因，对酸洗缓蚀剂作一些简要的讨论，对从事酸洗工作的人员来说也是有必要的。

2.3.4.1　酸洗过程中添加缓蚀剂的意义

前面已经讲过，带钢表面上各部位的氧化铁皮的结构、性质和厚度是不同的，因此在

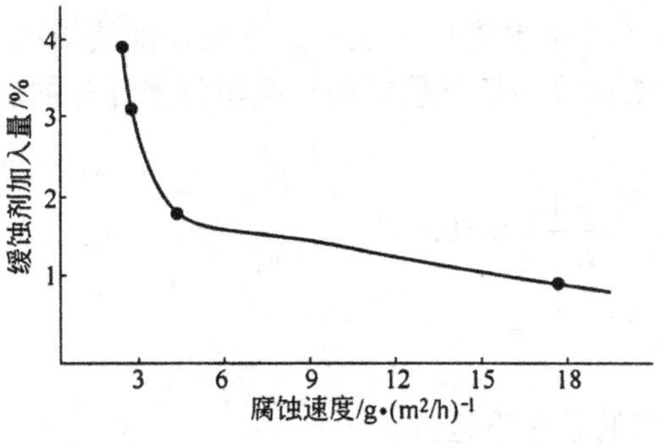

图2-23　缓蚀剂加入量与腐蚀速度的关系
（H_2SO_4浓度25%，温度95℃，腐蚀30min）

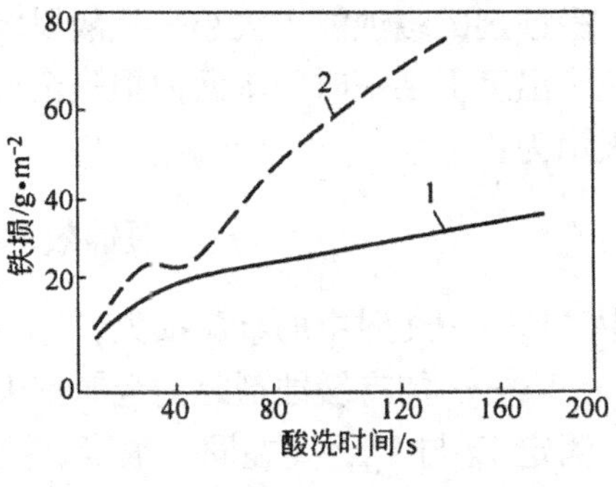

图2-24　盐酸酸洗时间与金属铁损关系
1—有缓蚀剂；2—无缓蚀剂

酸洗时，带钢表面各部位氧化铁皮的酸洗时间也就不同。当难溶部分的氧化铁皮完全被洗掉时，那么，在氧化铁皮容易洗掉的部位，除氧化铁皮早已被洗掉之外，铁皮下面的基铁也已浸泡在酸溶液之中了。另外，酸溶液也可以通过氧化铁皮的孔隙和裂纹而直接进入铁皮内部与基铁起作用。这样会造成：

(1) 生成的氢原子部分扩散到钢铁内部，产生氢脆或酸洗气泡而降低钢铁的力学性能。

(2) 生成的氢原子部分结合成氢分子从酸溶液中逸出，逸出的氢分子带着酸滴扩散到酸槽周围形成“酸雾”，使车间工作环境恶化。

(3) 增加了铁的损失和酸的消耗。

为了改进钢材质量、降低消耗、改善劳动环境，往往向酸液内加入少量的酸洗附加物，以降低金属铁在酸液中的溶解速度。这种加入酸洗溶液中能够减慢金属在酸溶液中溶解速度的物质，一般叫作“酸洗缓蚀剂”。

加入缓蚀剂的目的是保护裸露的金属不被腐蚀，以降低金属和酸的消耗；防止氢原子向钢材内部扩散，改善钢铁性能；在酸溶液表面上形成泡沫层，防止酸气逸出，改善环境。因此，在酸洗时，特别是硫酸酸洗时，缓蚀剂是一种必不可少的附加物。

2.3.4.2　*缓蚀剂的缓蚀原理*

关于缓蚀剂的作用原理人们至今还没有统一的观点。缓蚀剂为什么能起到保护金属的作用呢？有人认为，这是由于缓蚀剂对金属表面有吸附作用，在金属表面上生成了连续的起隔离作用的吸附层，从而保护了金属不受酸溶液的腐蚀，这就是通常所说的吸附理论。还有些人认为缓蚀剂之所以能有效地保护金属，是因为在酸溶液中加入缓蚀剂之后，在金属表面上生成了一层由金属、缓蚀剂及腐蚀活性介质（酸）离子相互作用的难溶产物，这层难溶产物屏蔽了金属，使之不与酸接触，因而减缓了金属的腐蚀，这就是至今被大多数人所公认的成膜理论。另外，还有些人从电化学观点出发，研究缓蚀剂的作用机理而创建了电化学理论。

不论是吸附理论中的吸附作用，还是成膜理论中的金属表面上的难溶产物，其共同之点都是在金属表面上形成了一个保护层，防止了周围介质（酸）的侵蚀，而在氧化铁皮表面上则不能形成保护层，因此，在酸溶液中加入缓蚀剂之后，不会影响氧化铁皮的溶解速度。

2.3.4.3　*缓蚀剂的缓蚀效率计算*

缓蚀剂的缓蚀能力大小，一般以缓蚀效率（或抑制值）来表示。它是在酸洗情况下，以一定温度下某一时间单元内损失金属的重量或释放的氢气量或极化电阻值来计算的。公式表示为：

$$缓蚀效率(\%) = \frac{V_0 - V_H}{V_0} \times 100$$

式中　V_0——纯酸中的金属损失；

　　V_H——加有缓蚀剂时的金属损失。

测定 V_0 与 V_H，要在同一浓度、温度、时间的条件下进行。

2.3.4.4　*对酸洗缓蚀剂的要求*

根据酸洗缓蚀剂的作用机理，一种良好的缓蚀剂，应符合以下几项要求：

(1) 能够有效地降低金属铁的溶解速度，但对氧化铁皮的溶解无减慢作用。

(2) 能够有效地阻止氢原子往钢材中扩散。

(3) 能够很好地溶解在酸溶液中，具有较高的缓蚀剂效率。

(4) 在酸洗温度下稳定，并保持其缓蚀效率。

(5) 形成的保护膜要易于用水洗掉。

(6) 能够在酸液表面形成泡沫，以减少酸雾产生。

(7) 不妨碍废酸液中铁盐的提取处理，也不影响副产物的质量。

(8) 价格便宜，易于制取，且能长期存放而不变质。

2.3.4.5 PD-A 型缓蚀剂

起缓蚀作用的物质很多，有用天然物质制成的，有人工合成的，也有一些是其他工业生产的副产品，通常可以分成以下几类：

(1) 醛类，如甲醛；

(2) 含硫的化合物，如二苄亚砜；

(3) 含氮的化合物，如六亚甲基四胺；

(4) 含硫和氯的化合物，如硫脲；

(5) 不饱和的醇。

在工业上用作酸洗附加物的大部分缓蚀剂都是价格便宜的、含有大量各种杂质的物质。它们通常是有机物和工业生产的废物。而经常具有缓蚀性能的就是这些杂质，如PD-A缓蚀剂。

PD-A 型缓蚀剂是根据综合利用的原则，在不影响发展医药、染料和国防的前提下，利用焦化厂提炼煤焦油之后的废物——重吡啶残渣，试制出的一种新型缓蚀剂。

PD-A 型缓蚀剂为深棕色液体，具有弱酸性（pH≈5），用水稀释后呈乳白色和乳黄色的乳状液体，其主要成分是吡啶盐类。

A PD-A 型缓蚀剂的制取

首先，将重吡啶残渣置于间歇釜和瓷环填料塔中蒸馏，切取 230～290℃ 的馏分作为制取缓蚀剂的原料。重吡啶残渣必须符合表 2-4 的要求。

表 2-4 重吡啶残渣技术性能

密 度	初馏点/℃	干点/℃	组 成		
			酸 类	吡啶类	中性油
1.14～1.17	111.5	294.5	<15	60～75	<15

然后，配制浓度 12% 稀盐酸的氯化钠（食盐）饱和溶液，并按馏分∶稀盐酸 = 1∶1.2进行配比、搅拌，在搅拌的同时再加入一些精盐，使混合溶液呈饱和状态。

溶液搅拌均匀之后，静置 24h，分离出上面黑色焦油状物，加入馏分重量为 1%～2% 的表面活性剂平平加 OS-15，再搅拌均匀，即为 PD-A 型缓蚀剂。

B PD-A 型缓蚀剂的质量标准

质量标准主要是：

(1) 硫酸溶液浓度为 25%、温度为 (95±1)℃ 时，加入 1%～2%（按浓硫酸重量计）的 PD-A 型缓蚀剂，缓蚀效率大于 95%。

（2）取 50mL 缓蚀剂放入 ϕ20～22mm 的试管中，在室温下静置 24h，试管壁上不得有黑色油状物析出和挂壁现象。

（3）缓蚀剂的密度必须保证在 1.14～1.16 的范围内。

C　PD-A 型缓蚀剂的使用情况

使用 PD-A 型缓蚀剂，酸洗后的带钢表面呈灰白色，对碳素结构钢来说，在酸溶液中酸洗半小时没有过酸洗现象。

酸洗过程中加入 PD-A 型缓蚀剂之后，钢材的铁损及酸耗普遍下降，带钢的氢脆现象显著减少，而且酸雾得到了有效的控制，大大地改善了车间的劳动环境。

2.3.5　酸溶液中添加食盐的作用

在硫酸酸洗过程中为提高酸洗速度、改善带钢表面的酸洗质量，往往在酸溶液中加入一定数量的食盐，特别是酸洗低合金钢时，加食盐更是必不可少的。

2.3.5.1　酸洗时加食盐的意义

加食盐的意义主要是：

（1）在硫酸溶液中加入食盐，相当于在溶液中加入了 Cl^- 和 Na^+ 离子，H^+、SO_4^{2-}、Cl^- 的并存相当于在酸洗液中同时有 H_2SO_4、HCl。盐酸酸洗具有速度高、质量好的优点，因此，在硫酸溶液中加入一定数量的食盐，既可提高钢材的酸洗质量，又可增加酸洗速度。

（2）食盐在酸溶液中离解，生成具有活化作用的氯离子，从而加速了氧化铁皮与酸之间的反应。

（3）食盐在硫酸溶液中还能起到缓蚀剂的作用。如 H_2SO_4 浓度为 180g/L、温度为 55℃时，食盐的缓蚀效率如表 2-5 所示。

表 2-5　食盐的缓蚀效率

加入量/$g \cdot L^{-1}$	10	15	20	30	40	50
缓蚀效率/%	63	76	81	85	86.5	87.5

2.3.5.2　酸溶液中食盐加入量

采用硫酸酸洗时，食盐的加入量以 3%～5% 为宜，因为加入过多，则氯离子的活化作用并没有增加，反而弄脏了金属表面，而且酸液内具有强烈腐蚀作用的氯离子浓度显著增加，使酸洗之后带钢表面锈蚀的机会增加了，因此，加入 5% 以上的食盐非但无利反而有害。

2.4　现代连续式酸洗机组的工艺与设备

2.4.1　概况

清除带钢表面氧化铁皮的方法很多，最常用的是水平式（卧式）硫酸酸洗和盐酸酸洗。在这两种酸洗方法中，盐酸酸洗具有产品质量好、生产能力高、金属和酸的损失少、成本低的优点。鲁兹那盐酸浅槽酸洗与传统的深槽相比具有以下特点：

（1）采用了张力装置，带钢保持明显的张力，无自由悬垂活套，这意味着带钢在酸槽内总长度增加，从而增加了带钢的酸洗时间。

(2) 出口侧张力辊（后S辊）仅仅是控制速度，入口侧张力辊（前S辊）则控制张力，从而简化了电气设备。

(3) 测量和控制带钢垂度的问题没有了。

(4) 停产时酸洗液靠重力排入酸洗槽下面的贮酸容器内只需很短的时间。断带时带钢端头易于寻找，而且便于处理，还可防止过酸洗。

(5) 不需昂贵和精度较高的带钢提升装置。

(6) 酸槽钢结构可减轻60%左右。

(7) 可提高酸洗效率。一方面流入每个酸槽的酸液是各自分开的，使得酸槽内游离酸浓度较高；另一方面带钢在小容积槽内高速运行和泵的强大循环能力，使浅槽内酸液产生剧烈搅动，从而加速了酸洗。

(8) 具有酸洗特殊钢（如硅钢）的能力。

为此，近年来我国新建的酸洗机组普遍选用了国际先进的利用微机控制的浅槽盐酸酸洗。浅槽盐酸酸洗机组具有酸洗带钢质量好、易于操作、作业率高、设备质量轻、投资少、消耗低、无公害等优点。其盐酸再生副产品——优质氧化铁粉纯度高、颗粒细、活性好，可为电子工业部门提供当前国内短缺的铁氧体磁性材料。

现代酸洗机组无论是深槽酸洗，还是浅槽酸洗，其工艺操作普遍采用了自动化控制，除有仪表显示之外，对工艺过程参数的测量、调节，控制系统一般都使用数台微处理机，在控制室集中监视操作，外部设备还配备一台键盘打印机。对重要的参数如温度亦配有小型记录仪，并且在主控制室内装有工艺流程板，以供随时掌握生产情况。

现代酸洗机组的工艺操作过程、单体设备组成、计算机控制等基本上是大同小异的。有些机组为提高机组的效率，将头部焊接机前的单体设备全部做成双套，在尾部将卷取机也增设为两个，以满足高生产率的要求。在单体设备上也有一些选型的差异，如宝山钢铁总厂采用悬臂式拆卷机，而武汉钢铁公司和鞍山钢铁公司则采用带有磁力辊的拆卷机。再如我国普遍采用米巴赫焊接机，而德国冶铁城 EKO 工厂则使用美国 WELD 焊接机。剪切机、圆盘剪、碎边剪、控制辊等，各个国家、各个工厂所选用的形式也不尽相同，但就其作用来说都是一致的。

2.4.2 现代连续酸洗机组的工艺

图2-25为某冷轧厂连续浅槽盐酸酸洗机组示意图。

其工艺操作过程是：桥式吊车用夹钳将热轧板卷吊放到板卷运输机上，开动运输机将钢卷送入翻钢机2。由翻钢机将钢卷翻转90°成卧式，并置于上料步进梁上。上料步进梁分为1号、2号两段，1号步进梁可放5个板卷，2号步进梁可放4个板卷，共放9个板卷，其板卷间距为2.15m。在1号步进梁的第三个卷位，由光电对中装置，对板卷进行对中控制。在第五个卷位（即1号步进梁末端）设有板卷准备站，在此将进行带钢头部矫直、剪切及取样。

经加工准备完的板卷，由步进梁上的旋转托料辊以紧卷的方向旋转，使带头在水平位置上剩下400~800mm为止，随后板卷便由第二段步进梁继续往前运送。当板卷被送到第九卷位（即2号步进梁末端）时，将由回波测量装置进行板卷的外径测量，以便为板卷

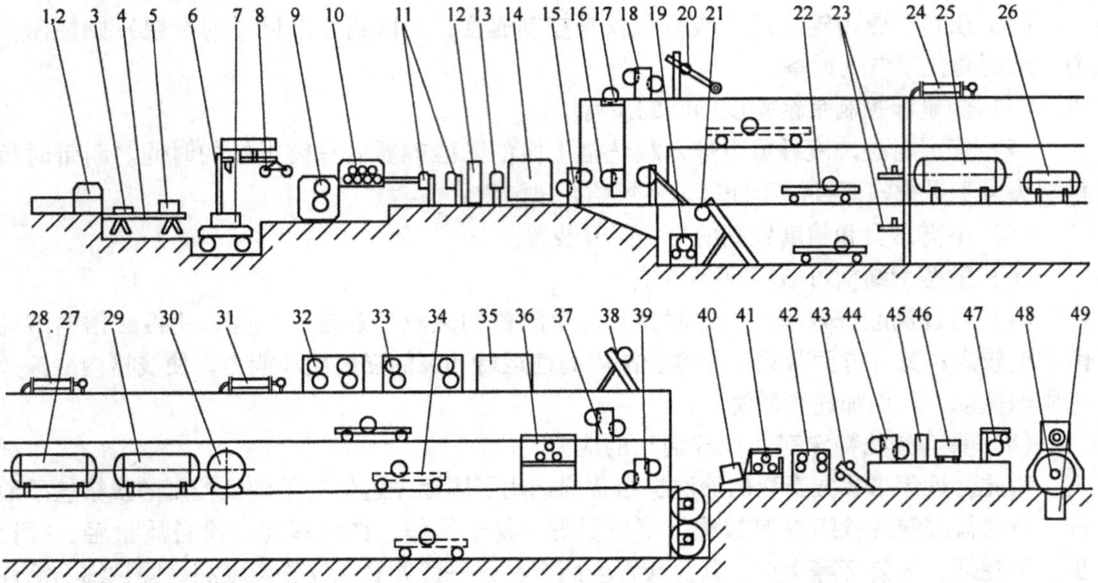

图 2-25　连续浅槽盐酸酸洗机组

1—链式运输机；2—翻钢机；3—对中小车；4—1 号步进梁；5—钢卷准备站；6—钢卷直径测量站；7—钢卷小车；8—磁力引料辊；9—开卷机；10—七辊矫直机；11—1 号侧导向装置；12—1 号横切剪；13—2 号侧导向装置；14—米巴赫焊机；15—1 号 S 辊；16—3 号控制辊；17—导向辊；18—2 号 S 辊；19—1 号控制辊；20—测量辊；21—2 号控制辊；22—入口活套车；23—左右回转支撑辊；24—1 号加热装置；25—1 号储酸罐；26—冲洗水罐；27—2 号储酸罐；28—2 号加热装置；29—3 号储酸罐；30—冷凝水罐；31—3 号加热装置；32—4 号控制辊；33—挤干辊；34—出口活套车；35—干燥器；36—6 号控制辊；37—3 号 S 辊；38—5 号控制辊；39—4 号 S 辊；40—中边剪；41—7 号控制辊；42—圆盘剪；43—碎边剪；44—5 号 S 辊；45—2 号横切剪；46—废料车；47—引料辊；48—卷取机；49—卸卷小车

的定位对中和选择机组运行参数提供数据。之后，板卷即被步进到钢卷小车上。

钢卷小车将板卷运送到设定位置后，托住板卷旋转 90°使板卷与机组作业线保持垂直状态。然后进行板卷定位，通过光电控制装置对板卷的高度进行调整、定位。这时板卷上方的磁力引料辊下降、调整，并吸起带钢头与定位后的钢卷小车同步运行，将钢卷送至拆卷位置。这时上一板卷已开卷完毕并恢复到受料状态。

当板卷完全定位后，开卷机的左右锥头随即插入钢卷内并旋转，将带头送至夹料辊中，夹料辊上辊压下，钢卷小车与磁力辊便可回到原位。为保证带钢能准确对中运行，开卷机在运转前可整体轴向移动 ±150mm。开卷机启动后，带钢经夹送辊而进入矫直机，矫直机设有除尘装置。经过矫直的带钢由滑动式液压剪剪切带钢的头、尾（剪头直接滑入下面的废料箱中，剪尾可由输出装置收集在线外侧的专用集料箱中）。为保证剪切带钢端头的垂直度及焊接时带钢中心线与机组作业中心线的对中，在液压横切剪的前后分别设置了两对和一对侧导向装置。当前一卷带钢的尾部和后一卷带钢的头部剪切合格后，再将前后两板卷的头、尾送至 BS63/1250/16H 米巴赫闪光对焊机进行对中调节、定缝和闪光焊接。带钢头、尾焊接之后，再由焊机对焊缝进行光整和冲孔、冲月牙、弯曲加工等，待焊接、加工完毕，带钢便由 1 号 S 辊以高速送入前活套。

前活套装有两个活套车（共4层带钢），活套最多可贮存大约382m带钢。两台活套车分别在上下两层轨道上运行，由电动卷扬机拖动。每台活套的上层带钢由若干个摆动门辊支撑，下层带钢由钢轨道上的托辊支撑。在活套车运行时，摆动门辊是通过小车导杆的控制而实现打开和关闭的。为进一步确保带钢在活套中的准确对中运行，在前活套内分别设置了1号、2号、3号带钢对中、导向控制装置（一套三辊式和两套单辊式）。

带钢按照一定的酸洗速度从前活套出来后，经转向辊由2号S辊送到酸洗槽（在2号S辊与酸洗槽之间预留约12m安装拉伸矫直机的空间）。整个酸洗段设置在5.3m高的平台上。酸洗槽分成1号、2号、3号3段，总长度为82.5m。酸槽内酸液的溢流与带钢运行方向相反。带钢在酸槽中的最短酸洗时间约为31.8s。在酸槽内，带钢通过18% HCl，酸洗而获得表面光洁，呈银白色的带钢。

酸洗液的加热是通过耐酸管道把酸槽、酸泵、过滤器，石墨热交换器以及酸罐等连接起来而构成7套循环系统进行间接循环加热的。循环加热系统分别布置在每个酸洗槽所对应的加热站中，其中1号槽为4套，2号槽为1套，3号槽为2套。在各循环系统中，分别装有各种自动检测、调节仪表，并通过微处理机的直接控制而实现对酸洗参数的控制。同样，酸洗槽内新酸（3号槽）的供给量和废酸（1号槽）的排放量也通过微处理机进行自动控制。当机组故障停车时，可视需要迅速地把3个酸槽内的酸液排至与之对应的3个贮酸罐中，待事故处理完毕机组重新开车时，再通过酸泵把各贮罐内的酸液送回到各个酸槽内。

酸洗后的带钢经酸槽出口处的4号（两对挤干辊）对中控制辊而进入冲洗段。三级冲洗段总长10.6m，每段均设有单独的循环喷淋水系统，采用喷淋方式对带钢的上、下表面进行冲洗。冲洗后的含酸废水排至机组一侧的冲洗水罐内。冲洗水水源则来自于收集和贮存蒸汽加热装置冷凝水和补充去离子水的冷凝水罐。冲洗段中新水的加入和废水的排放是以保证3号冲洗槽内HCl含量不超过20mg/L和1号冲洗槽内排放水的HCl含量不超过10g/L的标准而由微机进行控制的。

为避免含酸气体的溢出，所有槽盖都采用水封式密封，并设有抽烟装置以保证槽内呈负压状态。抽出来的酸蒸气经洗涤塔洗涤达到允许的排放标准后即直接排入大气中。机组排放出的废酸，通过耐酸管道送至再生车间进行废酸再生处理。机组排放出的废水，经水处理站处理后，按允许的排放标准排出。

经水洗后的钢板经过一对挤干辊挤干即进入带钢烘干器干燥。此时带钢温度约60℃，表面水膜厚度约15~25μm。干燥器有8根吹风管，它们对称地排布在带钢的上、下方。热风经扁缝喷口吹向带钢表面。热风风温为120℃，是由一台蒸汽加热器将20℃的冷风加热到120℃的。烘干后的带钢；经5号对中控制辊（单辊导向式）及3号S辊而进入可贮存约194m带钢的后活套。后活套装置设置的目的及其结构与前活套相同，并设有6号对中装置（三辊式）。

带钢由4号S辊从后活套拉出，并送至冲边机冲去焊缝的边部，以保证在改变带钢宽度时圆盘剪刀头的调节。带钢再经7号对中控制装置（三辊式）进入无动力回转型圆盘剪切边。圆盘剪剪切下来的侧边（最宽25mm）用碎边剪切成150~200mm长的小条后，由皮带输送到集料箱中。剪切后的带钢经5号S辊送至液压横切剪进行分卷剪切和焊缝剪切。切下的焊缝将直接滑入下方的集料箱中。随后带钢便经引料、导向辊进入卷取机。当带钢端头进入卷筒钳口并被咬紧后，卷取机即可启动工作。卷取机前的5号S辊，可为卷取机提供后张力。

为保证板卷的整齐，卷取机设有边缘控制装置，可自动控制卷取机轴向移动±150mm。卷取后的钢卷由卸卷小车从卷筒上卸下来并放置在钢卷输出步进梁上，再经打捆、称重、打印记录后，便可直接吊运到轧前放置场。

综上所述，不难看出酸洗工序的作用是：

（1）清除热轧带钢表面的氧化铁皮和污垢。

（2）按产品宽度切除热轧带钢的边部。

（3）检查并清除钢板表面不利于冷轧的缺陷。

（4）在钢板表面涂防锈剂（油）。

（5）调节钢卷的重量。

总之，盐酸酸洗为下一步的冷轧生产创造了有利条件，它能够保证带钢光洁，使轧机不受损害，从而生产出合格的冷轧带钢。

2.4.3 机组主要技术性能及工艺参数

机组形式：连续式盐酸浅槽酸洗。

酸洗带钢材质：碳素结构钢、优质碳素结构钢、低合金钢、合金结构钢、硅钢等。

带钢抗拉强度：$\sigma_b = 650\text{MPa}$，其中2%$\sigma_b = 750\text{MPa}$。

带钢屈服强度：$\sigma_s = 350\text{MPa}$，其中2%$\sigma_s = 440\text{MPa}$。

机组速度：入口段30～360m/min、酸洗段30～150m/min、出口段30～210m/min、喂料段约60m/min。

活套贮存带钢长度：入口活套约382m、出口活套约194m。

原料带钢规格：带钢厚度1.8～5.0mm、带钢宽度700～1550mm、钢卷最大重量25t。

卷取后钢卷规格：最大外径约2000mm、最大卷重25t。

机组装机容量：4769kW，其中直流3560kW、交流1209kW。

机组设备重量：1687.7t，其中在线机械设备774t、电控设备77.3t、辅助设备836.4t。

机组能力：钢卷单位宽度重量为93.2N/mm时，88万t/a；钢卷单位宽度重量：181N/mm时，105万t/a；最大小时产量为260t/h。

机组总长：约198m。

酸洗机组工艺参数参见表2-6。

表2-6　酸洗机组工艺参数

序号	名称		酸洗工艺段						干燥段
			酸洗段			冲洗段			
			1号酸槽	2号酸槽	3号酸槽	1级	2级	3级	
1	使用介质		18% HCl			冷水	温水	热水	热风
2	介质浓度	$\Sigma HCl/g\cdot L^{-1}$	200	200	200				
		$Fe/g\cdot L^{-1}$	120	100	80				

续表 2-6

序 号	名　　称	酸洗工艺段						
		酸洗段			冲洗段			干燥段
		1 号酸槽	2 号酸槽	3 号酸槽	1 级	2 级	3 级	
3	介质温度/℃	85	85	85	50	70	90	120
4	加热方式	按 4:1:2 配置共 7 台石墨热交换器					蒸汽直接加热	蒸汽热交换器
5	酸洗时间/s	31.8（最短）						

确定连续酸洗机组的主要参数应考虑以下几点：

（1）机组或车间的全年生产能力。

（2）处理带钢的品种（钢种、宽度和厚度）。

（3）酸洗板卷的重量等。

一般是根据机组的生产能力，规定酸洗时间。厚度 2.2 ~ 2.5mm 的带钢，卧式酸洗的平均酸洗时间取 27 ~ 30s 较为合适。带钢厚度增加，酸洗时间可适当增加。

卧式酸洗的酸洗温度一般为 60 ~ 90℃。在温度选择时应注意，在 70 ~ 75℃ 以上，每升高 12 ~ 15℃，酸洗时间减少一半。

带钢通过酸槽的速度与带钢厚度的关系，俄罗斯乌拉尔厂推荐如下：

带钢厚度/mm	3 以下	3.1 ~ 4.0	4.1 ~ 6.0
带钢速度/%	100	72	48

酸槽的总长度，卧式酸洗一般认为 100 ~ 120m 较为合适。

卧式机组中部带钢通过速度按下式确定：

$$v_{cp} = (0.8 \sim 0.9)\frac{l}{t}$$

式中　v_{cp}——机组中部带钢通过速度，m/min；

l——酸槽长度，m；

t——酸洗时间，min；

0.8 ~ 0.9——考虑氧化铁皮厚度和结构不同，酸液温度和成分变化，为了调整酸洗过程，可能降低速度的系数。

对于不同尺寸的带钢，机组中部生产能力按下式确定：

$$p = 0.4239\delta B v_{cp}$$

式中　p——机组中部生产能力，t/h；

δ——带钢厚度，mm；

B——带钢宽度，m。

式中考虑了因非计划停车系数 0.9。

根据机组生产能力按下式确定酸洗某种带钢年工作小时数为：

$$T = \frac{K}{p}$$

式中　T——酸洗某规格带钢时机组年工作时间，h/a；

K——全年酸洗该种带钢的数量，t。

机组的年负荷量按下式确定：

$$M = \frac{\Sigma T}{7200}$$

式中　M——机组负荷,%；

ΣT——机组全年工作小时数；

7200——机组计划年工作小时数。

为了保证达到所要求的生产能力，酸洗机组的负荷希望不大于85%～90%。改变酸洗槽的长度、酸液温度和酸液成分时，可以改变机组的负荷和生产能力。

适当地选择机组中部速度和生产能力，确定机组头部和尾部的通过能力，以及头部的设备组成及其参数尤其重要。在机组头部板卷的处理时间为：

$$t = t_0 + t_1 + t_2 + t_3$$

式中　t——在机组头部一个板卷的处理时间；

t_0——机组头部用于上料、矫直、板头咬入送料辊、切头、焊接等时间总和；

t_1——为把带钢送入活套达到最大速度时的启动时间；

t_2——以最大速度把带钢送进活套的时间；

t_3——开卷终了时的制动时间。

t_1 和 t_3 取同一值。并且有：

$$t_2 = \frac{v_{max}}{a}$$

式中　v_{max}——机组头部带钢最大运行速度，m/s；

a——机组头部带钢升、降速时的加速度，m/s^2，一般取1.0～1.3m/s^2。

带钢总长度为 L，在升、降速时带钢通过头部的长度为 L_1，以最大速度通过头部的长度为 $L-2L_1$，这样 L_1 可由最大速度和加速度确定：

$$L_1 = v_{max}\frac{t_1}{2}$$

所以

$$t = t_0 + 2\frac{v_{max}}{a} + \frac{L-2L_1}{v_{max}}$$

简化后有：

$$t = t_0 + \frac{L}{v_{max}} + \frac{v_{max}}{a}$$

同样，带钢通过机组中部的时间为：

$$t = \frac{L}{v_{cp}}$$

这样

$$\frac{L}{v_{cp}} = t_0 + \frac{L}{v_{max}} + \frac{v_{max}}{a}$$

当知道带钢的长度时，可由此式确定带钢通过机组头部的速度和时间，反之亦然。

高生产率机组，为了缩短机组停车时间，在机组头部安装了两个开卷机和两个剪切机，这样，在前一卷开卷时，后一卷就可进行板卷定位、矫直、切头等。这些操作不在处理周期时间内进行，使带钢的准备时间大大缩短，以提高效率。

机组生产能力还受热轧板卷重量的限制。提高板卷重量可以采用拼卷机组。采用拼卷机组可以使酸洗机组的生产能力成倍的增长，在经济上比建造两个小的酸洗机组要合算的多。

酸洗机组尾部参数计算和头部参数计算方法相同。通常机组尾部带钢通过的最大速度，不大于机组中部速度的1.5倍，机组头部速度是中部最大速度的2.5倍左右。

2.4.4 酸洗后处理——冲洗段的化学工艺

带钢酸洗后表面上残存的酸液，在酸槽出口处被两对挤干辊挤干之后，带钢表面上仍留有约10～50mL/m^2 的残酸液膜（液膜取决于挤干辊的状态、挤干力及带钢表面平直度）。这层液膜的成分相同于最后一个酸槽的酸液，即有较高含量的游离酸和较少的铁离子。如不进行干燥而让液膜留在带钢表面上，则游离酸就要与带钢表面的铁发生反应，腐蚀基铁。

当液膜的水或盐酸蒸发时，剩下的液膜中含铁量就越来越多，以至有铁析出，即浅绿色的氯化亚铁水解，氧化而变成氢氧化铁，形成褐色的表面层，这种带钢既不好看又不利于进一步加工。另外，带钢在与空气中的湿气、氧气相接触时，表面的氯离子不断腐蚀金属基体，造成严重的锈蚀，其反应过程如下：

盐酸腐蚀金属铁：

$$Fe + 2HCl = FeCl_2 + H_2$$

氯化亚铁的水解：

$$FeCl_2 + H_2O = Fe(OH)_2 + 2HCl$$

氢氧化亚铁的氧化：

$$2Fe(OH)_2 + H_2O + \frac{1}{2}O_2 = 2Fe(OH)_3$$

为了防止带钢酸洗后的氧化锈蚀，必须很仔细地冲洗带钢表面上的残酸。经验表明，从最后一个冲洗槽出来的带钢表面上残酸的浓度不得大于50mg/L。酸洗液中盐酸浓度为200g/L，如果冲洗效率为100%的话，则要稀释4000倍。为了建立冲洗所需水量的概念，特举例说明如下：

宽度为1m的带钢以120m/min的速度酸洗，残留在带钢表面上的酸液为25mL/m^2，则每小时带出的酸液为25×1×120×2×60=360（L）如上所述要把冲洗之后的带钢表面上残酸控制在小于50mg/L的话，我们需要用4000倍的冲洗水（即1440m^3/h）直接喷洗带钢表面，这样才能获得满意的冲洗效果。这样看来所需水量是非常大的，所需要的水泵也太昂贵，因此在现代化的酸洗机组中，常采用多级逆流水冲原理，以便在保证水冲效果的前提下，大大降低耗水量。具体操作过程是带钢先后通过几个相互分离的水槽，冲洗水与带钢呈逆流运行，并在最后一个槽不断添加冷凝水，以冲洗稍微不太清洁的带钢表面，多余的水则溢流到前一个冲洗槽中。在第一个冲洗槽中的冲洗水虽然已经不太干净了，但它仍能冲去带钢表面上的大部分酸洗液（残酸）。为了改善各级的冲洗效率，各级冲洗水都进行多次循环，并以固定的水量加压喷射到带钢表面上，这样，冲洗效率几乎可达100%。

为计算各种情况下的耗水量，可利用以下公式：

$$Q = q \times \sqrt[n]{\frac{C_0}{C_n}}$$

式中　Q——每小时冲洗水的耗水量；

q——每小时带钢带出的酸液量；

C_0——酸液的浓度；

C_n——第 n 级冲洗槽中的实际浓度；

n——冲洗级数。

代入我们已经设定的数据，即可得到：

$q = 360L/h$（带钢宽为 1m，带钢运行速度为 120m/min）

$C_0 = 200g/L$

$C_n = 0.05g/L$

$n = 3$（3 级逆流冲洗）

$$Q = 360 \times \sqrt[3]{\frac{200}{0.05}} \approx 5714.6L/h \approx 5.715(m^3/h)$$

即三级冲洗情况下的耗水量为 $5.715m^3/h$，而一级冲洗时则要 $1440m^3/h$。由此可见，多级冲洗提供了一种先进的技术，即使需要较高的基建费用也是合算的。在实际运行时，为补充喷溅和挥发造成的损耗，冲洗水量要取得比要求的耗量稍大一些。

使用清洁的冲洗水，可以改善带钢的质量。用一般水冲洗时，冲后带钢表面残存有一层水膜，在干燥时，水膜中各种溶解物质会变成水印残留在带钢表面上。为此我们使用了去离子水或脱盐水，水中杂质的极限值不得超过一个德国度❶，或者其他物质的浓度最大相当于5mg/L 氯离子。因此上述计算是按去掉氯离子考虑的，如果水中含有氯离子，则冲洗水量还要加大。

通常酸液中 HCl 与铁离子相比要多得多，铁离子能很好地溶解在溶液中，在使用脱盐水时，铁离子和盐酸的比例保持不变，如果冲洗水中含有 Ca^{2+}［一般硬水，如 $Ca(HCO_3)_2$］时，则发生如下反应：

$$Ca(HCO_3)_2 + 2HCl = CaCl_2 + 2CO_2 + 2H_2O$$

从反应中可以看出，水中的 Ca^{2+} 中和了游离的氯化氢（盐酸）破坏了与铁离子间的平衡，产生 $FeCl_2$ 的水解氧化而形成上述氢氧化铁的褐色表层。如一旦发生这种情况，可在第二级冲洗水槽中加入新酸以进行补救，由于需要冲掉的盐酸量增加了，因此冲洗水量也要随之适当增加。

从上述情况分析，不难看出在冲洗水量固定的情况下，影响冲洗效果的两个因素是：冲洗水的含氧量及冲洗水的硬度。为解决冲洗水中含氧的问题，我们可以在第三级（即最后一级）冲洗时采用热水冲洗，这样不但能有效地减少冲洗水中的溶解氧，而且可以降低水的黏度，提高离子在水中的活动（扩散）能力，使冲洗更加有效，同时还能提高被冲洗带钢的自身温度，使带钢在挤压掉水分之后更容易干燥。在降低水的硬度方面，可以使用去离子水。

综上所述，为了保证均匀、良好的冲洗效果，必须使用热的去离子水进行冲洗，冲洗

❶ 每升水中含 CaO 10mg 或 MgO 7.2mg 为一个德国度。

水量要充足，冲洗状态要尽量稳定。

2.4.5　酸溶液的加热

前面分析过，酸溶液的温度是影响酸洗速度的重要因素。因此，采用有效的加热方法来达到最佳的酸洗温度是极为有意义的。

连续酸洗机组酸溶液的加热，一般采用过热蒸汽直接吹入酸溶液加热和间接蒸汽加热两种方法。

2.4.5.1　直接蒸汽加热

直接蒸汽加热酸溶液的方法，通常是在酸洗槽的4个角处各安装一个“之”字形铅管。铅管的上端连接带有开闭器的过热蒸汽管道，铅管的中部垂直于酸溶液面，下端则弯成大约90°角，并与酸槽底部平行。酸液加热时，过热蒸汽通过铅管直接吹入酸溶液。这种加热方法具有设备简单、操作容易、加热速度快、酸溶液搅拌均匀等优点。但蒸汽在加热酸溶液的同时，将自身的潜热通过热交换传递给酸溶液而温度下降并冷凝成水，从而稀释了酸溶液，不利于酸洗。此外，使用蒸汽直接加热时，还会产生较多的酸蒸气，相应地增加了抽风系统的负荷。

为避免直接蒸汽加热时酸液的过分稀释，新建的酸洗机组，特别是盐酸连续酸洗机组，酸溶液的加热都是通过采用石墨热交换器进行间接加热来实现的。

2.4.5.2　石墨热交换器间接加热

酸溶液的间接加热，通常有特伏龙管束间接加热、列管式石墨加热器间接加热及块孔式石墨热交换器间接加热等，其中特伏龙（聚四氟乙烯）管束加热是在管内通入蒸汽并放置于酸槽底部和槽壁上来实现间接加热的。这种管束的寿命很长，不必把酸液引至槽外，避免了漏酸，而且节省了大量的耐酸泵、耐酸管道和阀门，因此投资少而被日本和美国厂商所推荐。而石墨热交换器，特别是块孔式热交换器,则由于石墨传热系数高(约1395.6W/(cm^2·K))、能源利用好，即使最初投资多一点而仍为西欧国家所推荐。在盐酸浅槽酸洗机组中，多数厂家仍是选用了块孔式石墨热交换器。

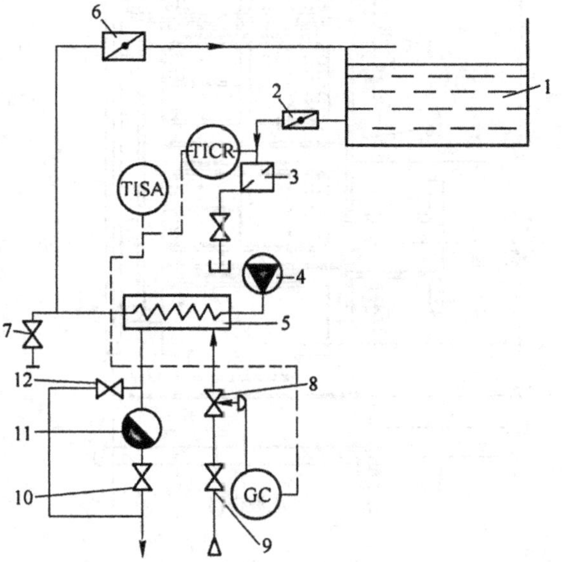

图 2-26　石墨热交换器装置系统示意图

1—酸槽；2—蝶阀；3—过滤器；4—泵；5—热交换器；6—蝶阀；7、9、10、12—开闭器；8—定位控制开关；11—回水盒

块孔式石墨热交换器的特点是以石墨块体在不同方向加工出孔眼来作为热交换的块体，两种介质（蒸汽和酸溶液）在不同方向的孔眼中流过以达到换热的目的。孔眼的方向和孔径的大小是根据需要和加工的可能性来决定的。一般是希望把孔径作得小一些，这样可以加大传热面积，减小设备体积和重量。

块孔式石墨热交换装置系统如图2-26

所示。酸溶液自酸洗槽一端流出，经过滤器 3 过滤，由泵 4 送入热交换器 5，在热交换器内与 0.5 ~ 0.6MPa、150 ~ 160℃的过热蒸汽进行热交换，在获得热量之后，再由酸槽的另一端输入，依次不断循环以保持酸溶液的工作温度。

圆柱块孔式石墨热交换器结构如图 2-27 所示。

石墨为碳的同素异构体，是一种较好的耐酸材料，为了使石墨热交换器石墨块具有较好的导热性能，在制造之前必须将天然石墨缓慢加热到 2400 ~ 2700℃，然后再缓冷以保证石墨块体具有六棱柱形晶格，使石墨在横的方向与竖的方向（对晶格而言）都有良好的导热性。

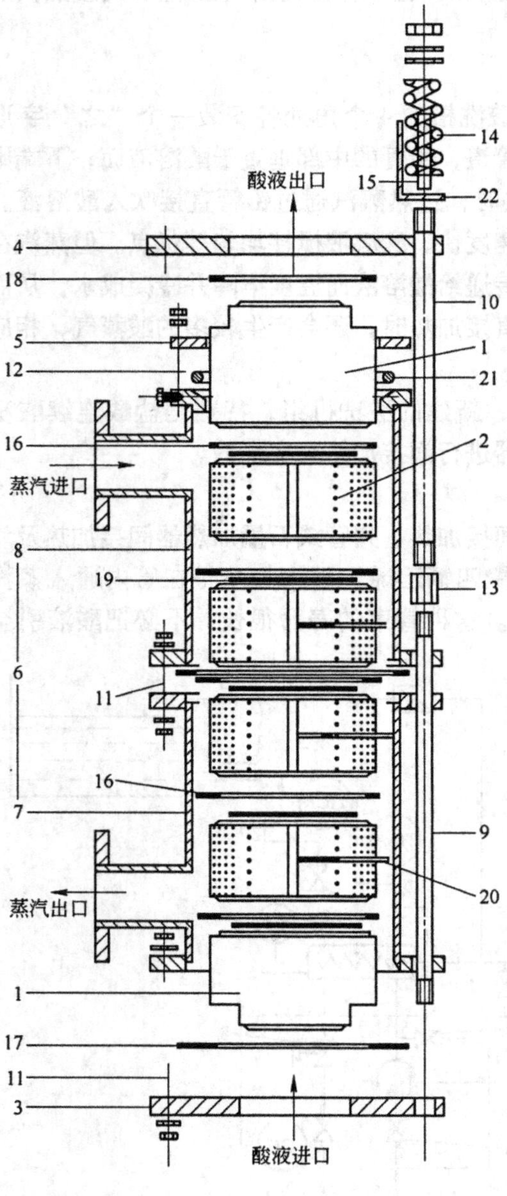

图 2-27　圆柱块孔式石墨热交换器结构示意图

1—石墨块封头；2—热交换石墨块；3、4—钢压盖；5—活动法兰；6、7、8—外壳；9、10、11、12—连杆；13—连接螺母；14—弹簧；15—套筒；16、17、18、19—聚四氟乙烯密封圈；20—隔板；21—滑动垫；22—外套筒

通过高温处理之后，石墨的主要技术指标为：密度为 1.5 ~ 1.9，线膨胀系数为$(2 \sim 3) \times 10^{-6}$/K，热导率为 120 ~ 170W/($m^2$·K)。

石墨热交换器主要技术性能是：

型号：C310G；热交换面积：11.4m^2；使用温度：≤160℃；使用压力：蒸汽≤0.6MPa，酸溶液≤0.9MPa；质量：609kg；热交换石墨块数：5 个。

安装、操作和检修的注意事项有：

（1）蒸汽管、酸管不能直接与石墨热交换器相连接，这是由于使用中蒸汽管道及酸管会带动加热器一起颤动，而影响加热器使用寿命，为此酸管及蒸汽管与石墨热交换器之间需用聚四氟乙烯膨胀节连接。

（2）安装石墨热交换器时，石墨块可一块一块慢慢的放上，再装上弹簧。在使用中 2 ~ 3 天拧紧一次弹簧，直到垫片的上表面与弹簧套的上端在一个水平面为止，如图 2-28 所示。这时热交换器各处间隙与

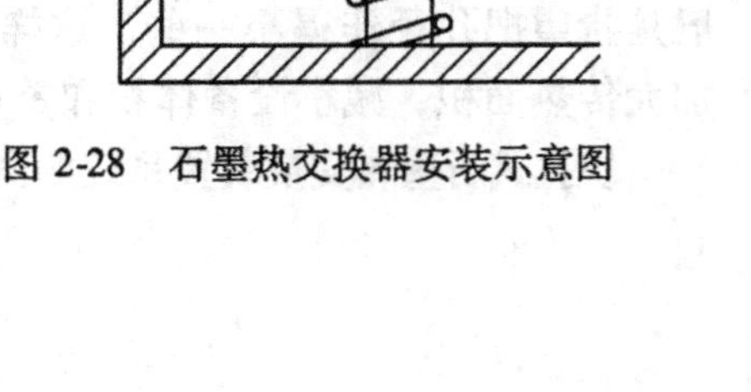

图 2-28　石墨热交换器安装示意图

密封最合适，即弹簧起到了只给石墨块，钢壳留有膨胀余地的作用，从而有效地保证了热交换的密封效果。

（3）使用热交换器时，必须坚持先通入酸溶液后通入蒸汽的原则。这是因为先通入蒸汽很容易使热交换器的自身温度迅速达到150℃，当再通入冷的酸溶液时，急速冷却会使石墨块产生裂缝，造成热交换器石墨块损坏。

（4）石墨块体为软性材料，在吊运，拆、装时绝不允许用锤子等硬物碰撞。放置时，石墨块下面必须用木块垫上。

（5）在维护、检修时，石墨块往往与石墨块间的密封粘在一起，使5个石墨块连在一起成为一个整体，很难拆开，这种情况是不能用硬物撬开的，也不能用其他东西打，只能用手握住石墨块来回旋转，直至石墨块分开为止。

（6）在检修时往往会发现石墨块通酸孔堵塞，此时，千万不能用钻头钻，这是因为石墨很软，堵塞物很硬，钻孔时不能钻出硬物反而把孔周围石墨钻坏了。正确的处理方法是用4MPa的高压水对准被堵塞的孔进行冲刷，堵塞物就很容易被除去。用高压水冲刷需用专门设备，而简单易行的方法是：在热交换器拆开之前用泵把80～90℃的热水在热交换器内循环，水压0.6MPa，时间约1h，这样即可将孔内壁上粘附的脏物（主要是氧化铁）除掉。如果四周用水冲洗一次，每台热交换器可用5～10a。

2.4.5.3 特伏龙管束间接加热

聚四氟乙烯，俗称特伏龙PTFE。管束间接加热，有槽内间接加热和槽外循环加热两种形式，加热媒体可采用0.3MPa的饱和蒸汽或采用大于90℃的热水加热。

A 基本结构

a 饱和蒸汽型（$p\leqslant 0.3$MPa，$t\leqslant 130$℃）

采用饱和蒸汽为热媒体，热焓大，温度高，对换热面积要求较小。根据热交换器加热方式，有如下两种结构形式：

（1）管束式换热器（槽内间接换热）

管束式换热器见图2-29。

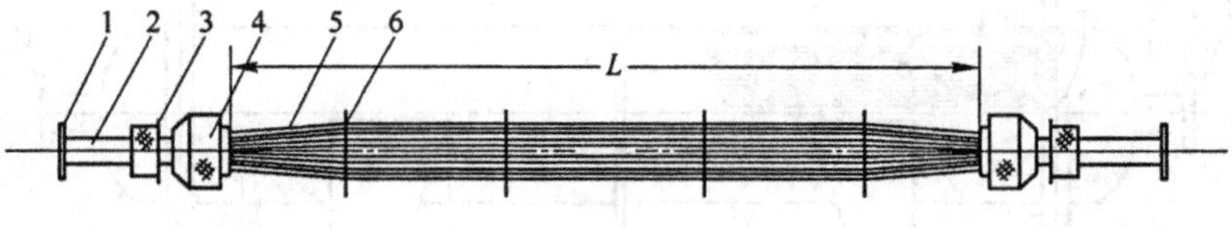

图2-29 特伏龙管束换热器

1—输汽管法兰；2—螺纹连接管；3—平垫圈；4—F_4法兰端盖；5—F_4管束；6—固定隔板

（2）管壳式换热器（槽外循环换热）

管壳式换热器见图2-30。

b 高温热水型（$p\leqslant 0.2$MPa，$t\geqslant 90$℃）

（1）列管式换热器（槽内间接换热）

列管式换热器见图2-31。

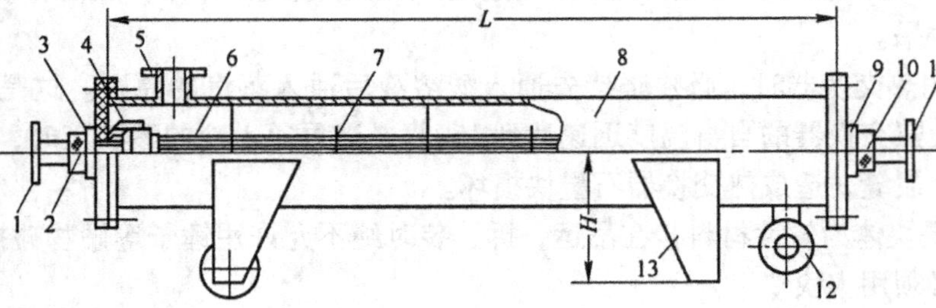

图 2-30　特伏龙管壳换热器

1—管程出口法兰；2—紧固螺母；3—平垫圈；4—F_4 换热器法兰端盖；
5—壳程出口法兰；6—F_4 管束；7—折流板；8—管壳；9—平垫圈；
10—紧固螺母；11—管程进口；12—壳程进口法兰；13—支脚

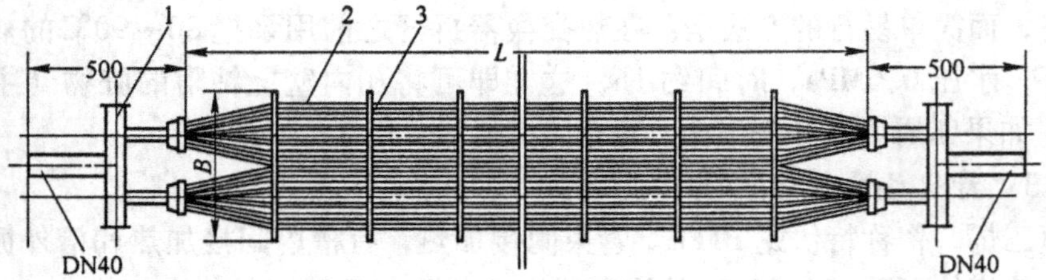

图 2-31　PFE 列管式换热器

1—加热水进出口接管；2—换热列管；3—固定隔板

（2）管壳式换热器（槽外循环加热）

管壳式换热器见图 2-32。

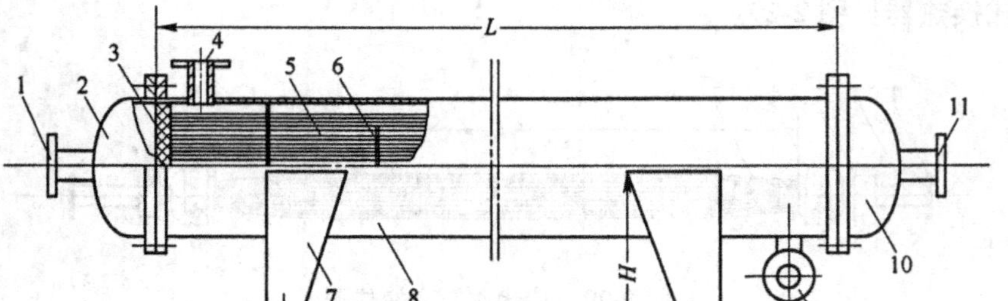

图 2-32　PFE 管壳式换热器

1—管程出口法兰；2—封头；3—管板花盘；4—壳程出口法兰；5—换热列管；
6—折流板；7—支脚；8—管壳；9—壳程进口法兰；10—封头；11—管程进口法兰

B　换热器选型

换热器选型可按下列数据计算决定。

a　工况条件

工况条件如下：

（1）槽体尺寸（长×宽×高），其中高为液面高度；

（2）工艺温度：包括起始温度和终止温度；

（3）工艺要求升温和降温时间；

（4）热损耗系数。

b 换热量经验公式（推荐使用）

（1）换热量（W）

$$W = VK(t_2 - t_1)a$$

式中 V——溶液体积，L；

K——溶液质量热容（一般取0.95）；

t_1——起始温度；

t_2——终止温度；

a——热损耗系数，$t_2 \leqslant 60$℃时，a 取1.15；$t_2 > 60$℃时，a 取1.25或更大。

（2）热交换面积（SA）的确定

$$SA = W \div K \div T$$

式中 W——换热量；

K——导热系数；

T——时间，min。

采用蒸汽加热 K 值选用320~360；采用热水加热 K 值选用60~80。

C 使用注意事项

（1）采用槽内间接加热方式，无论换热器设置于槽底或槽侧都必须设置保护装置，以防换热器被带钢拉伤或损坏。

（2）由于热交换器加热管管壁一般采用0.4~0.5mm的聚四氟乙烯制作，因此无论是饱和蒸汽类型还是高温热水类型，通过管子的介质压力都必须在0.3MPa之内。

D 蒸汽锅炉和热水锅炉的选择

酸洗液的加热所需总热量必须与锅炉供热量匹配，如果锅炉的单位时间供热量小于换热器的总换热量，则酸液不可能在单位时间达到工艺温度。锅炉选用可按下列经验公式计算：

蒸汽锅炉：换热器单位时间总换热量÷2105kJ/h÷0.9=蒸汽耗用量（t/h）

热水锅炉：换热器单位时间总换热量÷0.9=热水锅炉单位时间供热量

式中，0.9为功率因数。

E 聚四氟乙烯管束加热的优缺点

（1）PTFE管束热交换器，由于采用毛细管结构，管径小（ϕ3~5mm），管壁薄（ϕ0.35~0.5mm），热阻小，管内传热时温度梯度趋近于0，因此，被国外作为节能设备推出。

（2）管束管壁薄，因此在加热器上有少量聚四氟乙烯管损坏时，可以将坏管打结处理，加热器仍可继续使用。

（3）由于它是塑性材料，刚性差，故在使用时极易受到外力的冲压、挤压而损坏，此外由于壁薄也受到压力的限制。

2.5 推拉式酸洗

推拉式酸洗也称推式酸洗与半连续式酸洗，它是每条带钢经夹送辊依次咬入，不用焊接、推送向前直至卷取。逐卷钢带间断地通过酸洗机组，以除去带钢表面的氧化铁皮，由于推拉式酸洗机组具有以下特点：（1）酸洗带钢的品种较多，如碳钢、硅钢、合金钢等；（2）适应性强，如连续机组酸洗带钢厚度一般不超过6.5mm，而在推拉式酸洗机组中可达9.5mm，甚至12mm；（3）可以同时酸洗多条窄带钢；（4）设备费用低，取消了价格昂贵的焊机，拉矫机及庞大的车式活套装置。因此，推拉式酸洗受到一些中、小企业的青睐。

2.5.1 机组组成及工艺流程

原料—上料小车—钢卷准备站（五辊矫直机—切头—切角）—开卷机—引料导板—压辊—对中侧导辊—五辊矫直机—酸洗槽—漂洗槽—烘干机—自由活套—横切剪—对中—三辊张力装置—引料导板—带压辊的卷取机—卸卷小车，见图2-33。

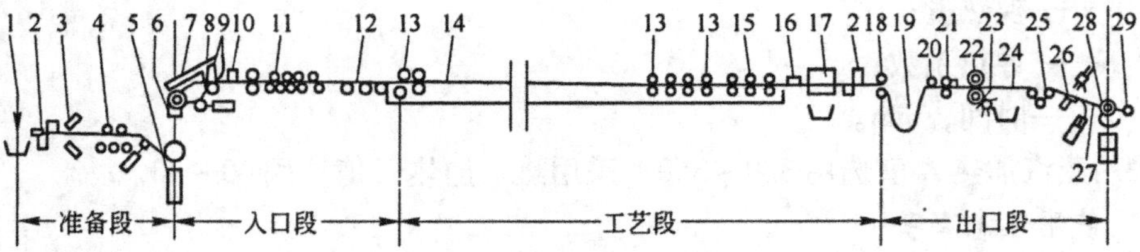

图 2-33 推拉式酸洗机组示意图

1—废料箱;2—液压剪切机;3—切角剪;4—五辊矫直机;5—上料小车;6—托卷器;7—开卷机;8—引料导板;9—转向辊;10—对中装置;11—九辊矫直机;12—过渡台;13—挤干辊;14—酸槽;15—冲洗槽;16—吹边机;17—烘干机;18—1号夹送辊;19—活套坑(过渡台);20—对中装置;21—2号夹送辊;22—圆盘剪;23—碎边剪;24—过渡台;25—三辊张力装置;26—光电纠偏;27—卸料小车;28—卷取机;29—涂油机

2.5.2 工艺概述

原料热轧带钢卷用上料小车送至准备站，经矫直带头之后，用液压剪切机剪掉带钢头部不规则部分，再用角剪将带头切成45°的梯形带头，以利于穿带。人工操纵上料小车将钢卷送至开卷机中心位置，开卷机卷筒张开（或双钢头夹住钢卷），压辊压下，小车退出。反转开卷机使带钢头处压辊下方，引料导板（铲头机）抬起并伸出至带头合适位置，启动开卷机将带头送至五辊或九辊矫直机的引料辊前停住，通过侧导对中装置将带头对中，启动矫直机，此时入口开卷工作结束，机组进入穿带工作状态。送料压辊、引料导板、对中装置全部打开。带头到达矫直机后面的光电管时，转向辊上的编码器清零，开始跟踪带头。

在入口操作台上，设定开卷张力及穿带速度，操作人员要密切注视矫直机出口与酸槽入口之间带钢的运行情况以及挤干辊的电流变化，当发现带钢在矫直机出口的平台上拱起时，立即自动停车，报警并退带数米后，再次穿带。

带钢连续通过各个酸槽，每个酸槽的出口处设有一对挤酸辊，最后一个酸槽出口设有两对挤酸辊，以便将带钢表面从酸槽带出的残酸挤干，此时带钢表面的残酸约为 $25mL/m^2$。

带头从最后一个酸槽的挤干辊出来之后，进入漂洗槽，漂洗段为 3～5 级喷淋串级逆流漂洗，前面为循环冷喷淋，最后一级为非循环热水喷淋，热水喷淋用水一般采用石墨加热器冷凝水或脱盐水，漂洗水溢流并顺序进入前一级循环漂洗槽中，最终由第一级冷循环槽的入口处溢流排入管路中，漂洗槽间设挤干辊、漂洗段出口设双挤干辊，经双挤干辊挤干之后，带钢表面水膜厚度约 10～20μm。

带钢出热水漂洗槽后，进入烘干机，带头过烘干机后，整个机组由出口操纵台控制，带头经夹送辊而进入坑式活套，再经对中装置和活套拉料辊进入圆盘剪、三辊张力机，最后经入口导板进入卷取机钳口。钳口咬紧带钢后并在卷筒上卷取 2～3 圈时，三辊张力机的中间辊压下，压辊和引料导板打开，即可全线加速到酸洗速度。

当酸洗过程中因故停机或穿带时由于卷取机钳口咬不住带钢时，活套入口之前设备要慢速充套，以减少带钢表面上的黄色锈斑。

当带尾通过三辊张力装置前的光电管时，卷取机要降速，三辊张力机的辅助压辊压下，卷取机的压辊也压下，在卷取机下方的卸卷小车抬起，根据本卷钢的卷径上升至轻微接触到带钢的位置，1 号张力辊上的编码器清零，开始跟踪带尾，带尾被跟踪定位在卸卷上压住，此时卷筒收缩，卷取机压辊抬起，卸卷小车托住钢卷脱离卷取机卷筒，运送到打捆位置停住、经打捆、称重，最后由吊车吊走，至此本卷带钢酸洗工序全部完成进入冷轧工序。

2.5.3　推拉式酸洗设备

推拉式酸洗设备与连续酸洗设备大致相同，只是因推拉式酸洗的特殊性，在某些设备上有其特点。

2.5.3.1　切角剪

切角剪的功能是将带钢头部的两角切掉，以便于穿带。其设备组成：切角剪为下剪式液压剪。主要由刀架、剪刃、压紧装置、液压缸等组成。采用框架式焊接结构，上剪刃固定、下剪刃由液压缸单独带动，液压同步，两侧剪刃均与机组中心线成 45°夹角。下刀架上设有压板，随下刀架在机架的导槽内一同运动。四个剪刃采用同一种规格刀片，断面为矩形，四个夹角均可利用。

2.5.3.2　三辊张紧装置

三辊张紧装置的功能是为卷取机提供后张力。其设备组成：三辊张力机是由传动装置、本体、导板等组成，两侧张紧辊固定，中间张力辊可垂直上下移动。两侧张力辊均设有自由压辊由液压缸带动升降，见图 2-34。

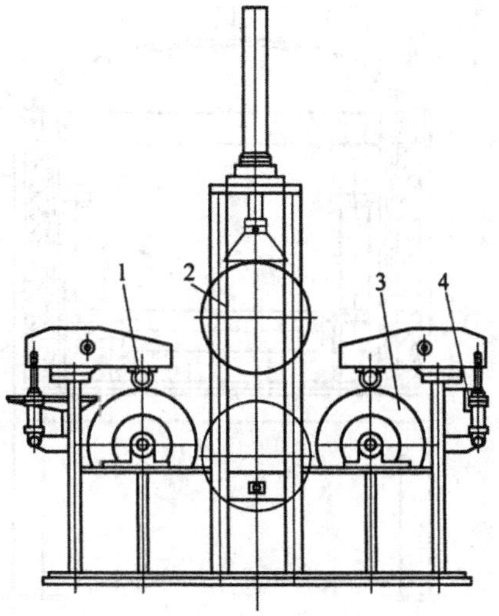

图 2-34　三辊张力机
1—压辊；2—中间辊；3—固定辊；4—液压缸

2.5.3.3　酸洗槽

酸洗槽的功能是用于贮存盐酸溶液，通过化学反应的方法清除带钢表面的氧化铁皮。其设备组成：酸洗槽主要由槽体及槽盖组成。槽底设有排酸口，槽侧设有进酸口，见图 2-35。

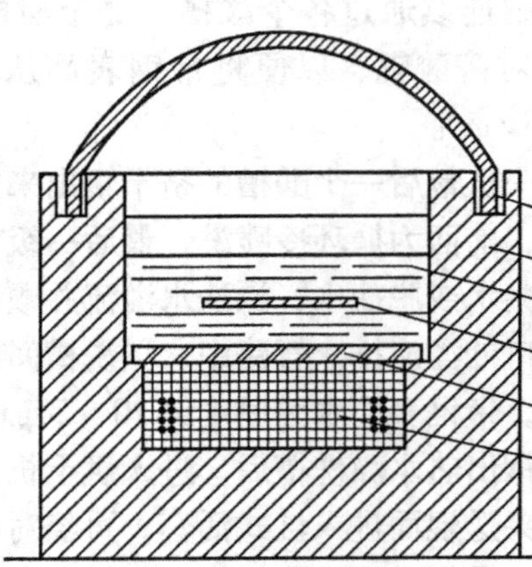

图 2-35　酸洗槽

槽体一般是由框架式的钢结构焊接制成，内表面衬耐酸橡胶板。槽内砌筑有多层耐酸材料（耐酸砖、花岗岩、安山岩等），槽盖为玻璃钢（FRP）或聚丙烯（PP）板制成。

整个酸洗段由若干个串联并相互独立的酸槽组成，酸槽间设有挤干辊，可有效地控制槽间酸液浓度梯度。每个酸槽都有独立的循环加热系统。酸循环系统由酸循环罐、酸过滤器、石墨热交换器、酸循环泵等设备组成。其作用是：正常工作时向酸槽内供送一定的浓度和温度的酸洗液，酸液通过酸循环泵不断循环流动并经石墨热交换器加热使之保持在设计温度范围内。

新酸液由最后一个酸循环罐加入，酸液由酸循环罐液位控制系统按一定的量从此酸循环罐流入前一个酸循环罐，依此类推，最后从最前面一个酸循环罐排至废酸贮罐。随着酸液从最后一个酸罐流向最前一个酸罐，酸液浓度逐渐降低，铁盐含量逐渐升高，从第一个酸循环罐排出的废酸浓度（HCl）约为 45g/L，铁盐含量（$FeCl_2$）约为 272g/L。

由于酸槽采用钢衬胶再砌筑耐酸砖、花岗岩这种形式，造价高，因此一些中小型企业如乡镇企业和个体私营企业多采用玻璃钢或聚丙烯制作组装式酸洗槽，此种酸洗槽一般为 6m。拼装部位为框架式方形法兰，将多个组装式酸槽采用硅胶密封垫对接、用螺栓紧固，即可得到生产所需长度的酸洗槽，见图 2-36。

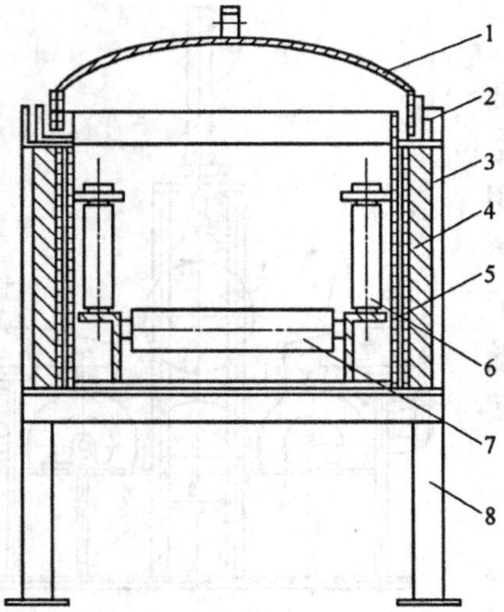

图 2-36　组装式酸槽示意图

1—槽盖；2—密封水槽；3—钢骨架；4—保温层；5—塑料内槽；6—直滑辊；7—横滑辊；8—支脚

组装式酸洗槽的基本结构为塑料内槽，与钢骨架采用螺钉紧固连接，并作防腐处理，内槽材质为 6～8mm 的改性聚丙烯塑料；为解决塑料内槽与钢骨架膨胀系数不同所造成的塑料内槽变形问题，采用膨胀节结构以防止内槽挤压变形开裂。槽底和两侧滑动辊和保护架。可防止带钢运行时冲击拉伤内槽塑料。滑辊材料采用超高分子聚乙烯材料制作。横辊采用单体组合式，便于维修更换。槽体顶部设置水封槽沟，用塑料水封盖与之密封，可有效地防止酸雾逸出。槽体两侧设置保温层，以防止热量损失。钢骨架外涂防腐涂料，以防酸气腐蚀。

除上述结构外，也有酸槽用玻璃钢制作，内衬花岗岩石条的形式，在此不再叙述。总之塑料酸槽、玻璃钢酸槽造价低廉，大约为钢衬胶槽的五分之一。它的主要缺点是使用周期短（约为2~3年），密封性稍差，容易变形。

为了穿带的顺利进行，酸洗槽前后两端皆砌成没有硬棱角的斜坡形，在挤干辊入口上、下、左、右四面设导卫板，呈喇叭口型以利带钢顺利地穿行。

酸槽数量一般根据机组生产能力来确定。机组生产能力大时，可多设几个酸槽，生产能力小时，可少设几个酸槽。经验认为推拉式酸洗机组的带钢酸洗时间以30s为宜。最简单的办法是：$\frac{\text{酸洗槽总长度}}{\text{机组最大速度}} \geqslant 0.5$ 较为稳妥。

2.5.3.4 结语

由于推拉式酸洗具有造价低、适用性强等优点。近年来已有数十条生产线已经投产或建设当中，对我国钢铁工业的深加工起到了十分重要的作用；随着推拉式酸洗的普及和推广，推拉式酸洗各种新技术也将不断出现和应用。

推拉式酸洗虽然有诸多优点，但也有许多不足：

（1）该机组对原料板型要求较高，中间浪要求小于40mm，方能正常穿带生产，当中间浪在40~80mm时，穿带就需要减速。

（2）推拉式酸洗穿带频繁，易出现故障。

2.6 带钢酸洗技术的新发展

随着带钢冷轧生产技术的飞速发展，带钢的酸洗技术也随之出现了许多新方式，如20世纪70年代中期在深槽酸洗的基础上发展了浅槽酸洗，80年代初在浅槽酸洗的基础上又发展了浅槽紊流酸洗。下面就紊流酸洗技术的发展，紊流原理及其特点作一简单介绍。

2.6.1 紊流酸洗的发展

1986年，德国波鸿钢铁公司首次采用紊流酸洗技术生产冷轧带钢，并取得成功。经生产实践证明，紊流酸洗技术与深槽、浅槽酸洗技术相比，具有酸洗时间短、酸洗产生的废酸量少、表面质量洁净，设备重量轻等优点。因而使得这种酸洗技术在澳大利亚BHP厂、日本住友金属工业公司、比利时西格马公司相继采用了紊流酸洗技术并投入使用，见表2-7。

表2-7 紊流酸洗工艺的发展情况

厂 名	投产日期	产量 /t·a^{-1}	酸洗介质	带钢规格 /mm	酸洗钢种	酸洗速度 /m·min^{-1}	槽子个数×长度 /个×m	备 注
波鸿钢铁公司	1986年	60×10^4	H_2SO_4	厚度2~5，宽度700~1550	低碳钢 3.5%硅钢	240	3×24	
澳大利亚BHP厂	1988年	90×10^4	HCl	厚度1.6~5，宽度600~1350	低碳钢 2.2%硅钢	170	3×25	酸洗—轧机联合机组
住友金属工业公司	1989年	140×10^4	HCl	厚度1~2，宽度600~1880	低碳钢 2.0%硅钢	300	3×30	
比利时西格马公司	—	200×10^4	HCl	厚度1.25~6，宽度600~1910	低碳钢	360	4×33.5	酸洗—轧机联合机组

2.6.2 紊流酸洗原理

热轧带钢表面的氧化铁皮与酸液的化学反应速度受多方面因素的影响，如酸液的浓度、温度、钢板表面温度、钢的成分等。酸液的浓度和温度因受成本、实用性等的限制，不可能无限制的提高。但另一方面，在实际生产时，通过提高酸液的流速，使酸液在带钢表面高速流动形成紊流，促进物质传递，使钢板表面急速升温，再加上紊流作用，带钢表面接触的酸液不断更新，促使铁皮与酸的反应加速进行，从而大大地缩短酸洗时间。

由流体力学可知，当流体呈现 $2000 < Re < 4000$ 时，这种流体在紊流状态下流动。

$$Re = U \cdot d/\gamma \tag{9}$$

式中 Re——雷诺系数；
U——流体的平均流速；
d——流体流动管道直径；
γ——流体流动黏性系数。

流体在紊流状态下的普兰特系数为：

$$Pr = C_P\mu/\lambda \tag{10}$$

式中 Pr——普兰特系数；
C_P——恒压比热；
μ——流体黏性系数；
λ——流体热传导率。

流体在紊流状态下的热传导努塞尔系数为：

$$Nu = 0.023Re^{0.8}Pr^{0.4} \tag{11}$$

热传导率：

$$h = Nu\lambda/d \tag{12}$$

根据式（9）～（12）可得出热传导率 h：

$$h = 0.023(\lambda/d)(U \cdot d/\gamma)^{0.8} \cdot (C_p \cdot \mu\lambda)^{0.4} \tag{13}$$

由式（13）可见，当流体管径 d 减小时，则流速 U 增大，h 随之增大。

从上述式（9）～（13）的推导可看出，当酸液流动的通道断面狭窄时，酸液可以形成高速紊流，从而提高钢板表面的热传导，促进物质的传递过程，加速氧化铁皮与酸液之间的化学反应。

2.6.3 紊流酸洗槽的结构

由于紊流酸洗是在浅槽酸洗的基础上发展起来的，因此紊流酸槽具备浅槽酸洗的特点，如酸槽与酸槽之间设有一对挤酸辊，以防止酸液直接从一个酸槽流到另一个酸槽；不设带钢垂度控制器和带钢提升器；槽盖嵌在水封槽内，并设有槽壁抽风及酸蒸气的洗涤净化装置；槽盖的开闭采用液压；每个酸槽配备一个再循环罐等。

由于紊流酸洗是一种新的酸洗方法，因此紊流酸槽也有它的创新之处。

2.6.3.1 结构特点

紊流酸槽结构见图 2-37。

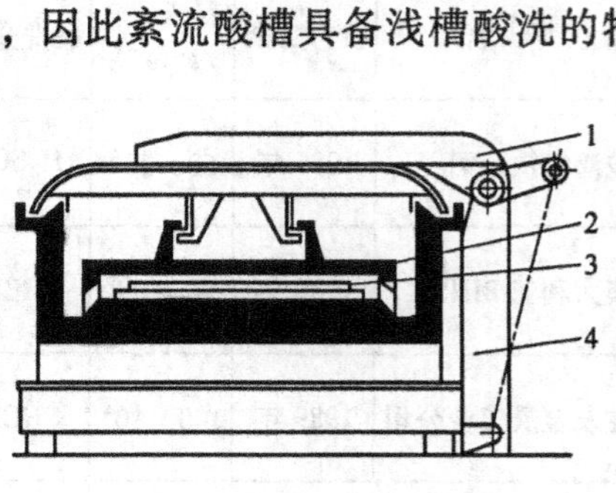

图 2-37 酸槽断面图

1—外盖；2—内盖；3—带钢；4—槽壳

从图2-37可以看出，紊流酸洗槽里面形成水平沟道的断面是酸液形成紊流的先决条件。沟道的上顶盖即内盖与外盖通过钩头连接。同外盖一样，内盖沿酸槽的长度方向分段串列布置，它可因酸液的紊流程度上下轻微跳动。内盖的作用一方面是使酸液流动的通道狭窄；另一方面可以保证不会出现游离酸的蒸发表面，减少酸雾量。

2.6.3.2　酸液循环的特点

酸液循环的特点见图2-38。

在每个槽的入口设置上下2排、出口设置1排喷射角度能调整的喷射梁。在带钢通过酸槽时，酸液从入口喷射梁沿带钢的运行方向往带钢上下表面喷射，从出口喷射梁沿带钢运行的相反方向往带钢的上表面喷射，从而在带钢表面形成紊流。作用后的酸液在重力作用下自动流回再循环罐中。

2.6.3.3　紊流酸洗的优点

（1）缩短酸洗时间。如图2-39所示，紊流酸洗一般可缩短三分之一的酸洗时间。

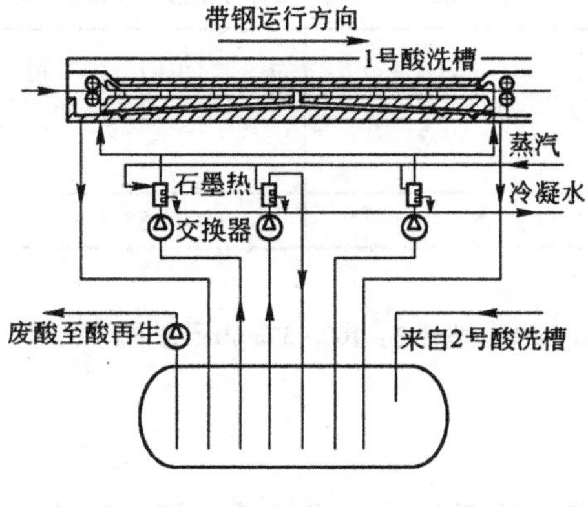

图2-38　酸液循环系统图

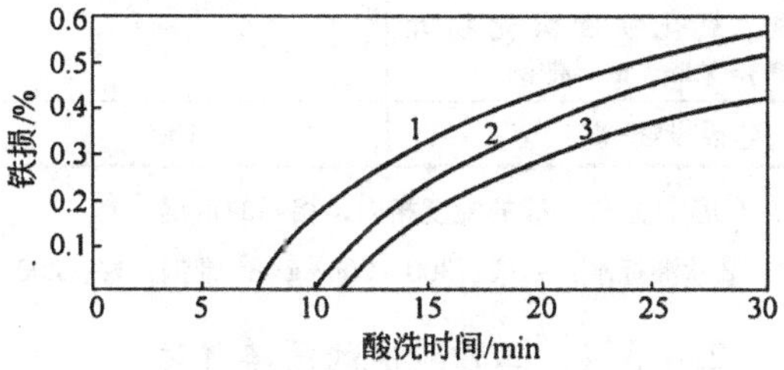

图2-39　酸洗时间比较

1—紊流酸洗；2—浅槽酸洗；3—深槽酸洗

（2）减少废酸量。在连续酸洗的实际操作中，废酸中铁离子的浓度达到120g/L时，就需要将废酸洗液排放到盐酸再生装置进行废酸处理，而在紊流酸洗的操作中，废酸中铁离子浓度可以达到125～165g/L时才排放到废酸再生站进行处理，并可保证带钢酸洗质量，这是由于紊流酸洗时酸溶液能与带钢表面的铁皮充分进行化学反应的结果。废酸量的减少，意味着废酸再生装置能力的减少，即可节约建设投资，也可减少环境污染。

（3）带钢表面洁净。利用酸液的喷射压力既可洗掉轧入基铁深处的铁皮，也能冲刷掉带钢表面的污染物，因此带钢表面洁净度较高。

（4）减少槽内带钢跑偏量。由于带钢通过的断面狭窄，带钢在槽内几乎是在酸液面上平行拖过，所以带钢能以很高的张力在槽内运行，从而可使带钢的跑偏量减少至25mm；而在深槽酸洗中由于带钢呈现无张力运行，跑偏量甚至高达200mm。

（5）设备重量轻：从酸槽结构中可看出，紊流酸洗的酸液较浅，只有150mm左右，整个酸槽高度只有1000mm左右，而深槽酸洗的酸液深度为1000～1200mm，酸槽高度近2000mm，浅槽酸液有400～600mm深，槽子也有1000mm深，从上可以看出紊流酸洗设备重量大大地减轻了。

深槽、浅槽、紊流三种酸洗方式的详细比较见表2-8。

表 2-8 3种酸洗方式的比较

参数＼酸洗方式	深 槽	浅 槽	紊 流
酸洗时间①/%	100	80	65
酸雾量①/%	100	60	60
电耗量①/%	100	70	70
热传递①/%	100	200	700
槽内带钢提升器	有必要	没必要	没必要
槽内张力控制	张力控制，相对带钢跨度	张力控制，相对带钢跨度	不需要
张力控制系统	在第1个槽内设重度控制器	在第1个槽入口设跳动辊	不需要
槽内带钢位置控制	不可能准确检测	可以准确检测	可以准确检测
槽内断带事故处理	困难，费时	3~5min 排空槽内的酸，液压打开槽盖，事故处理容易	3~5min 排空槽内的酸，液压打开槽盖，事故处理容易
酸洗后带钢表面杂质（铁、氧化铁、硫和碳化物、氧化铁和碳化物元素）②/mg·m^{-2}带钢	300~200	150	≤50
建设投资/%	100	85	85

①前提条件：酸的温度相同，相同的带钢；

②欧洲标准：一般：300~200mg/m^2 带钢；好：200~100mg/m^2 带钢；非常好：100~50mg/m^2 带钢。

2.6.3.4 三种酸洗的简单评述

A 深槽酸洗

（1）酸槽间没有挤干辊，前槽的酸液很容易带入后面酸槽，槽与槽之间的酸溶液没有浓度梯度，影响酸洗效果。

（2）带钢从前一个酸槽进入下一个酸槽，一般是从槽间骑墙石上滑过，因此，骑墙石承受压力大、易损坏。

（3）酸溶体积大，蒸发量大，因此能量消耗大。

（4）酸槽容积大，需要的酸量多。

（5）带钢在槽内断带之后不好处理。

B 浅槽酸洗

（1）当酸洗速度快时，头部钢板不能接触酸溶液，影响酸洗效果。

（2）挤酸辊挤过后带钢表面残酸较多。

（3）生产过程中挤酸辊受力大，经常损坏，要经常更换。

C 紊流酸洗

（1）采用紊流酸洗及喷嘴喷射技术可有效地提高工艺效果。

（2）带钢在酸槽内以很高的张力，平行地运行，可减少控制装置。

（3）可低温运行，设备寿命长，节省能源，并且效率高30%~35%。

（4）槽盖依靠槽侧液压系统提升。

（5）机械上可节约投资。

2.6.3.5 紊流酸洗技术的最新发展

自1986年世界上第一条紊流酸洗机组投产以来，由于紊流酸洗的明显优点，世界上各大公司竞相在紊流的基础上加大研究、开发的力度，如德国DEMAG公司、法国Clecim公司在酸槽底部设置了约50mm高的缓冲块以提高带钢下表面与酸液间的紊流效果，替代酸槽头，尾部下表面喷嘴的作用，如图2-40、图2-41所示。

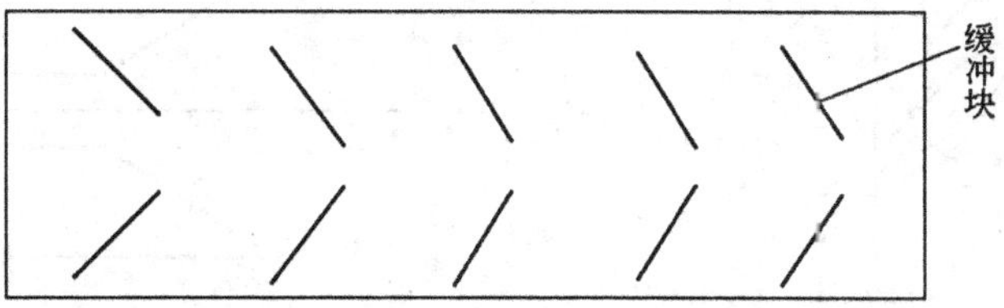

图2-40 Clecim槽底示意图

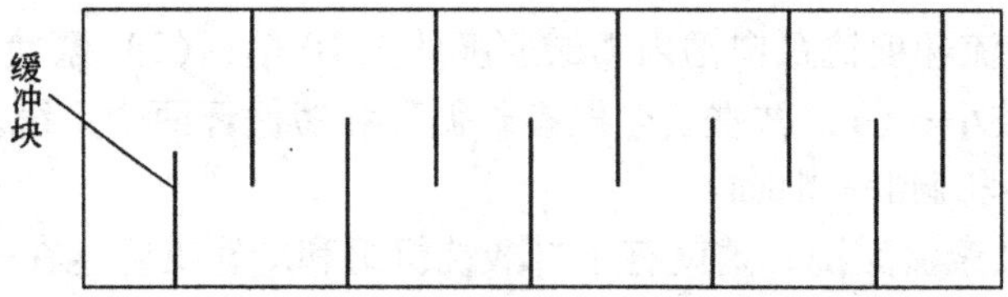

图2-41 DEMAG槽底示意图

DEMAG公司又开发出浸入式槽盖，见图2-42。

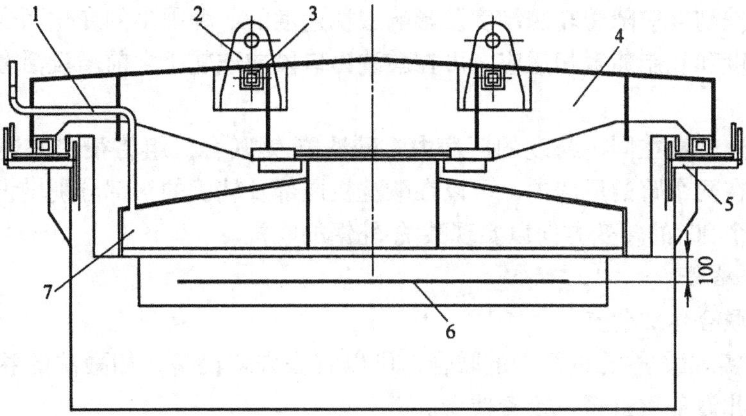

图2-42 浸入式槽盖酸槽示意图

1—排液口；2—吊环；3—方钢；4—外盖；5—水封槽；6—带钢；7—内盖

由于浸入式槽盖的使用，使得酸液流动通道断面更狭窄，酸液形成更高速度的紊流，进而提高了钢板表面的温度，加快钢板表面物质传递，加速钢板表面氧化铁皮与酸的化学反应快速进行，故酸洗生产可以低温运行，生产中无欠洗。

在紊流酸洗的基础上，奥地利Ruthner公司开发出了文丘里酸洗，并在德国不来梅及巴西分别利用此技术建成了两条生产线。目前运行都较正常。

文丘里（Venturi）酸洗的主要特点是：槽内酸量少，循环量加大，酸槽安装文丘里板等措施使得酸洗速度大幅度提高，如图2-43、图2-44所示。

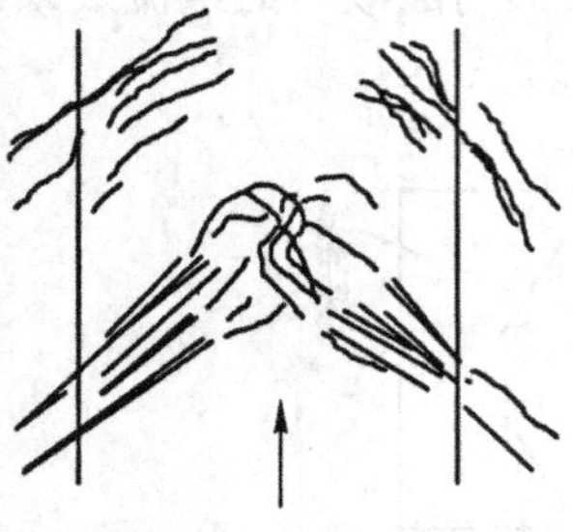
图2-43 文丘里侧喷嘴喷洒示意图

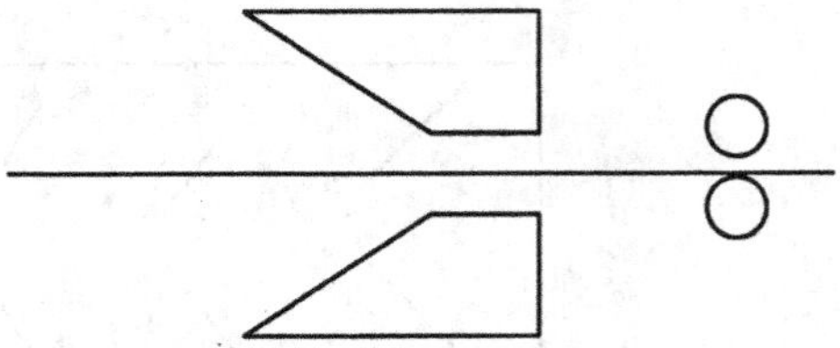
图2-44 文丘里酸洗示意图

文丘里酸洗特点：（1）酸循环量大，如第一段酸循环500m³/h，其余各段为300m³/h；（2）带钢表面酸流速度比泵向槽内喷酸速度约大10倍；（3）泵使用时扬程要求不高，因此泵功率也相应较小；（4）酸洗工艺段有长循环和短循环两个系统。

2.6.3.6 酸洗-轧制联合机组

由于有了浅槽及紊流酸洗，这就有了将酸洗机组和冷轧机组连在一起的可能，即采用带有固定酸洗装置的连续冷轧机组，它可以改善轧制过程，解决带钢的无头冷轧问题。

酸洗机组和冷轧机组联合在同一条作业线上的主要问题是，要保证他们的生产工艺制度相互协调。

在酸洗-轧制联合机组中带钢通过机组的速度一般根据轧机的工作制度而确定。在这种情况下，酸洗制度应随着轧制制度及影响酸洗速度的各种因素的变化而变化，为了保持带钢的酸洗速度和轧制速度相适应，可在酸洗出口段或连轧机之前增设活套装置并用计算机来控制。

当酸洗和连轧机在同一跨度的厂房内，酸洗-轧钢联合机组将很容易连接。当酸洗与连轧机分别建在两个跨的厂房内，可以在酸洗机尾部及轧机的头部分别增设两个转向辊或转向塔进行两个90°的转变方向以实现酸洗-轧钢的联机。

2.6.3.7 结语

A 酸-轧联合体的优点

（1）由于实现酸洗-轧钢机组的联合，可以省去许多设备，如酸洗的卷取机和轧钢的开卷机等，因此设备重量轻、投资减少。

（2）实现轧钢无头轧制，成材率提高。

（3）可以取消酸洗之后的放置中间库，减少放置面积。

（4）减少机组人员数量，提高劳动生产率。

B 酸-轧联合机组的不足

（1）整个机组一处出现故障将造成全线降速或停车。

（2）由于酸洗速度目前只能达到360m/min（即6m/s），因此影响轧机速度的充分发挥。

总之，由于酸洗-轧钢联合机组的显著优点，全国各地先后改造或新建一批酸-轧联合机组，如本溪钢铁公司冷轧厂的联合机组、宝钢的1420mm、1550mm、2030mm三条作业线、鞍钢冷轧厂的1号，2号线。鞍钢冷轧硅钢片厂的酸-轧线及武钢冷轧厂的酸-轧线等一批新的酸-轧线。相信，随着我国国民生产能力的增强将还有一些工厂向这方向发展。

2.6.4 酸溶液的调配及有关计算

目前生产中经常会遇到两种情况需要对酸溶液的浓度进行调整。一是酸洗过程中酸液逐渐消耗，浓度下降，必须补充新酸母液；二是在没有母液的情况下，必须用浓酸加入一定量的水，配成所需浓度的酸溶液。

2.6.4.1 重量计算法

用浓酸加水配制预定浓度的酸溶液，所需工业酸重量可由下式计算：

$$W = Vr \times \frac{a}{s}$$

式中 W——调配预定浓度酸液所需工业酸重量，t；

V——槽中溶液体积，m^3；

r——预定浓度酸液的密度；

a——预定浓度酸液的浓度，%（质量）；

s——采用工业酸的浓度，%（质量）。

配制酸液所需浓度为 s 的工业酸体积为：

$$V_1 = W/r_1$$

式中 V_1——调配预定浓度酸液所需的工业酸体积，m^3；

r_1——浓度为 s 的工业酸的密度。

2.6.4.2 体积计算法

酸洗用新酸浓度为33%，约385g/L。为将这种高浓度的酸配制成含200gHCl/L的酸洗液，可按照所谓的混合交叉法（或叫十字配酸法）计算出所需要加入的水量，并按计算出的酸量与水量相互混合，即可配制成预定浓度的酸洗液。例如，把385gHCl/L的浓酸配制成所需要的200gHCl/L酸洗液，则首先将所需要的酸浓度200gHCl/L写在十字中心，左上角为现有的酸浓度（此时为水，酸浓度为0gHCl/L），把需要配制的浓度与现有浓度的差值（200－0＝200）写在右下方，浓盐酸的浓度值（385gHCl/L）写在右上角，浓盐酸与所要求的酸浓度之差（385－200＝185）写在左下方。这样所得出的两个差值，就是配制酸液时要相互混合的酸量与水量。在本例中185份水和200份浓盐酸相混合，就可得到385份浓度为200gHCl/L的酸洗液。同理，可推算出配制1m^3的酸洗液（浓度为200gHCl/L）可由480L水和520L浓盐酸相混合而成。

此方法也可以用于将稀释的酸液配制成预定浓度的酸洗液。例如，欲将180gΣHCl/L的稀释酸液，用385gHCl/L的浓盐酸配制成浓度为200gΣHCl/L的酸洗液，据混合交叉法画图可看出其相应的数量之比为：

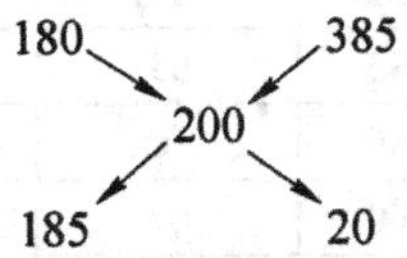

即185份稀酸液中加入20份385gHCl/L的浓盐酸，就可得到205份浓度为200gΣHCl/L

的酸洗液，或者说每立方米的酸槽容积内加入 98L（严格地说为 97.6L）、浓度为 385gHCl/L（或 33%）的浓盐酸，与酸槽内 902L（严格地说为 902.4L）稀酸混合，就可以配制成 200gΣHCl/L 的酸洗液。

十字配酸法是一种简单易行的方法，而且在溶液的密度、质量百分浓度、g/L 浓度测得其中的一种之后，即可通过表 2-9、表 2-10 查得其他两个对应的数据。

表 2-9　硫酸溶液密度与浓度换算表

20℃时的密度/$g \cdot cm^{-3}$	H_2SO_4 含量(质量分数)/%	H_2SO_4 含量/$g \cdot L^{-1}$	20℃时的密度/$g \cdot cm^{-3}$	H_2SO_4 含量(质量分数)/%	$H_2SO_4^-$ 含量/$g \cdot L^{-1}$	20℃时的密度/$g \cdot cm^{-3}$	H_2SO_4 含量(质量分数)/%	H_2SO_4 含量/$g \cdot L^{-1}$
1.0049	1	10.05	1.2599	35	441.0	1.5989	69	1103
1.0116	2	20.24	1.2684	36	456.6	1.6105	70	1127
1.0183	3	30.55	1.2769	37	472.5	1.6221	71	1152
1.0250	4	41.00	1.2855	38	488.5	1.6338	72	1176
1.0317	5	51.59	1.2941	39	504.7	1.6456	73	1201
1.0385	6	62.31	1.3028	40	522.1	1.6574	74	1226
1.0453	7	73.17	1.3116	41	537.8	1.6692	75	1252
1.0552	8	84.18	1.3205	42	554.6	1.6810	76	1278
1.0591	9	95.32	1.3294	43	571.6	1.6927	77	1303
1.0661	10	106.6	1.3384	44	588.9	1.7043	78	1329
1.0731	11	118.0	1.3476	45	606.4	1.7158	79	1355
1.0802	12	129.6	1.3569	46	624.2	1.7272	80	1382
1.0874	13	141.4	1.3663	47	642.2	1.7383	81	1408
1.0947	14	153.3	1.3758	48	660.4	1.7491	82	1434
1.1020	15	165.3	1.3854	49	678.8	1.7594	83	1460
1.1094	16	177.5	1.3951	50	697.6	1.7693	84	1486
1.1168	17	189.9	1.4049	51	716.5	1.7786	85	1520
1.1243	18	202.4	1.4148	52	735.7	1.7872	86	1537
1.1318	19	215.0	1.4248	53	755.1	1.7951	87	1562
1.1394	20	227.9	1.4350	54	774.9	1.8022	88	1586
1.1471	21	240.9	1.4453	55	794.9	1.8087	89	1610
1.1548	22	254.1	1.4557	56	815.2	1.8144	90	1633
1.1626	23	267.4	1.4662	57	835.1	1.8195	91	1656
1.1704	24	280.9	1.4768	58	856.6	1.8240	92	1678
1.1783	25	294.6	1.4875	59	877.6	1.8279	93	1700
1.1862	26	308.4	1.4983	60	899.0	1.8312	94	1721
1.1924	27	322.4	1.5091	61	920.6	1.8337	95	1742
1.2023	28	336.6	1.5200	62	942.4	1.8355	96	1762
1.2104	29	351.0	1.5310	63	964.5	1.8363	97	1781
1.2185	30	365.6	1.5421	64	986.9	1.8365	98	1799
1.2267	31	380.3	1.5533	65	1010	1.8342	99	1816
1.2349	32	395.2	1.5646	66	1033	1.8305	100	1831
1.2432	33	410.3	1.5760	67	1056			
1.2515	34	425.5	1.5874	68	1079			

表 2-10 15℃时盐酸密度与浓度的关系

密度/g·cm^{-3}	酸含量		密度/g·cm^{-3}	酸含量	
	%（按质量）	g/L		%（按质量）	g/L
1.000	0.16	1.6	1.095	19.06	208.8
1.005	1.15	11.6	1.100	20.01	220.1
1.010	2.14	21.6	1.105	20.97	231.7
1.015	3.12	31.7	1.110	21.92	243.3
1.020	4.13	42.1	1.115	22.96	255.1
1.025	5.14	52.7	1.120	23.82	266.8
1.030	6.15	63.3	1.125	24.78	278.9
1.035	7.16	74.1	1.130	25.75	291.0
1.040	8.16	84.9	1.135	26.70	303.2
1.045	9.17	95.8	1.140	27.66	315.4
1.050	10.17	106.8	1.145	28.61	327.7
1.055	11.18	118.0	1.150	29.57	340.1
1.060	12.19	129.2	1.155	30.55	352.9
1.065	13.19	140.4	1.160	31.52	365.6
1.070	14.17	151.6	1.165	32.49	378.5
1.075	15.16	163.0	1.170	33.46	391.5
1.080	16.15	174.4	1.175	34.42	404.4
1.085	17.13	185.9	1.180	35.38	417.5
1.090	18.11	197.4	1.185	36.31	430.3

2.6.5 连续酸洗机组连续排放和补充酸液的有关计算

当加入槽中酸洗液由下列数量的物质组成时：

HCl 或 H_2SO_4： QS，kg/h

$FeCl_2$ 或 $FeSO_4$： QF，kg/h

H_2O： $Q-QS-QF$，kg/h

则 （1）连续加入酸洗槽中酸液的质量 Q 为：

$$Q = \frac{S_TA + B(KS_TA)}{S - B}$$

（2）由酸槽中排出废酸质量 q 为：

$$q = Q + KS_TA$$

（3）由槽中排出废液的组成物质的数量为：

HCl 或 H_2SO_4： $qB = QS - S_TA$；

$FeCl_2$ 或 $FeSO_4$： $qf = QF + (1+K)S_TA$；

H_2O： $q - qB - qf$

（4）由槽中排出废液的酸含量的百分数 B 为：

$$B = \frac{QS - S_TA}{Q + KS_TA} \times 100\%$$

$$= \frac{QS - S_T A}{q} \times 100\%$$

（5）由酸槽中排出废液含亚铁盐的百分数 f 为：

$$f = \frac{(1+K)S_T A + QF}{q} \times 100\%$$

上列式中：

Q——加入酸槽中的酸液质量，kg/h；

q——由槽中排出的废酸质量，kg/h；

S_T——酸洗 1t 带钢实际参与反应所需的酸，kg/t；

A——酸洗机组的生产能力，t/h；

S——加入酸液 Q 中的酸含量的质量分数，%；

F——加入酸液 Q 中亚铁盐含量的质量分数，%；

B——废液中酸含量的质量分数，%；

f——废液中亚铁盐含量的质量分数，%；

K——1t 酸生成亚铁盐时，增加质量的倍数（不包括本身重），对于 H_2SO_4，$K=0.551$，对于 HCl，$K=0.76$。

2.6.6　酸洗设备

2.6.6.1　步进梁运输机

步进梁运输机的作用是通过两个往复式液压缸，而使托架升降、移动，向机组输送钢卷或输出带钢卷，其结构如图 2-45 所示。

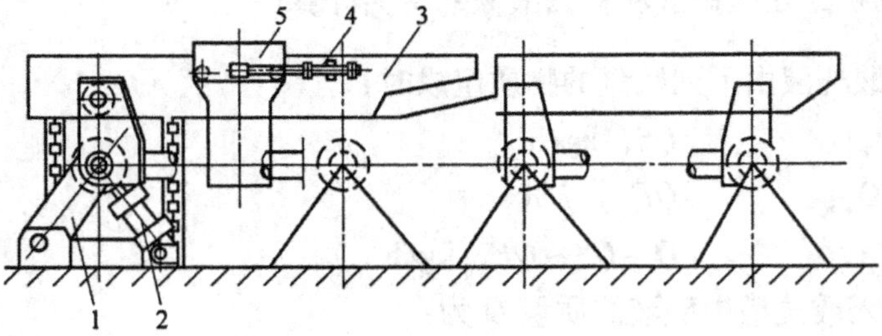

图 2-45　步进梁运输机示意图

1—连杆；2—提升液压缸；3—梁；4—移动液压缸；5—小车

上料步进梁上的钢卷一般为 4～5 个，即 5 个位置，第一位接收钢卷，第二位对中，第三位称量，第四位或第五位送入准备站。带钢卷放入接收位之后，提升液压缸及梁将钢卷抬起，再由移动液压缸及小车将带钢卷送到下一位，然后各机构回到原位，如此往返输送钢卷。

在向拆卷机运送钢卷的步进梁最后一位，有钢卷直径测量装置，在它旁边有液压缸推动的挡板。钢卷接触挡板后，位置传感器给上料小车信号，以决定车的升高尺寸，以便拆卷机锥头插入钢卷内径。

2.6.6.2　带钢准备站

带钢准备站的作用是拆开捆扎带，矫直带钢头，切头，然后带卷由后一段步进梁送到带钢小车上，以便拆卷，其结构如图 2-46 所示。

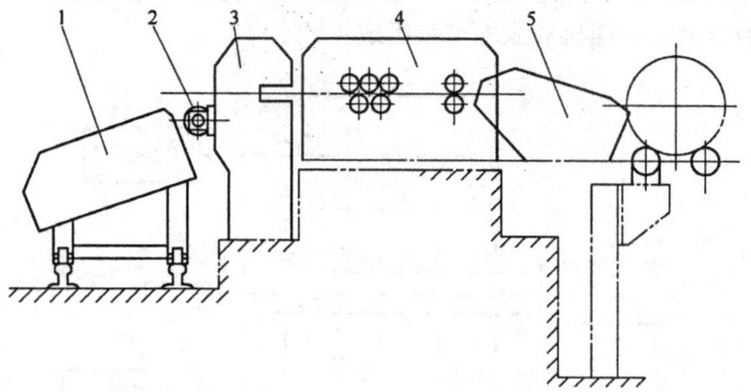

图 2-46　带卷准备站简图

1—废料车；2—辊子；3—剪切机；4—五辊矫正机；5—导板台

准备站由两个托辊、导板台、矫直机、剪切机及废料车组成。

由液压马达传动的托辊，接收步进梁送来并已机械对中的钢卷，然后带钢卷在托辊上转动，靠准备站的拆卸器切断捆扎带。接着矫直带钢头，并剪去带钢头部不规则部分，然后托辊反转到带钢卷在水平位置上剩下约 1m 长为止，以便进行下步机组拆卷。剪切下来的带钢头掉入废料车。

2.6.6.3　*磁力引料器*

磁力引料器的作用是借助磁力引料器磁力辊的永磁铁的磁性，吸住上料小车上的带钢头并送到开卷机，以便带钢的开卷，其结构如图 2-47 所示。

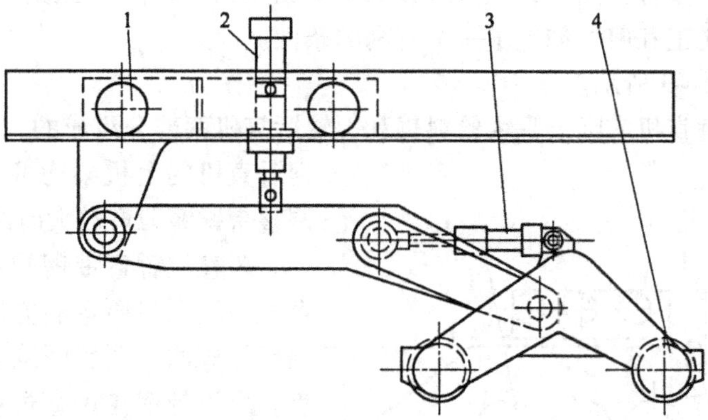

图 2-47　磁力引料器简图

1—车体；2、3—液压缸；4—磁力辊

磁力引料器由车体、两个液压缸、连杆、一对磁力辊及带动连杆的链子组成。其操作过程是：液压缸通过连杆使磁力辊（一个或两个）落在经准备站打开并切好端头的带钢头上，然后另一个液压缸调整角度使两个磁力辊上的永磁铁牢牢地吸住带钢头，最后由水平链子带着带钢端头及连杆一起向前运行，将带钢头送入给料辊以备拆卷。

2.6.6.4 开卷机

开卷机的作用是拆开带钢卷、支撑带卷和建立开卷张力，其结构如图 2-48 所示。开卷机由电机、液压缸、减速机和胀缩锥头组成。

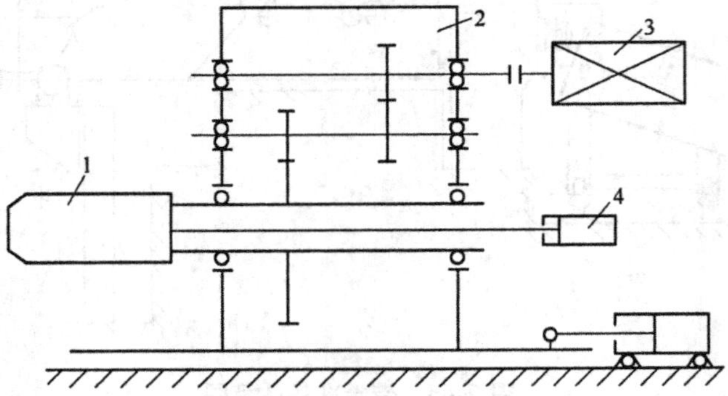

图 2-48 开卷机示意图

1—锥头；2—减速机；3—电机；4—液压缸

这种双锥头开卷机，共有 8 个动作。两个锥头在滑座上可同时左、右移动，同时分开、合拢，每个锥头又可单独左、右移行。其操作过程是：放置在钢卷小车上经过对中的钢卷进入开卷机两锥头之间，开卷机的两个锥头同时向钢卷中移动或单独移行，将两锥头插入钢卷内径，然后由液压作为胀缩源的锥头同时胀径并牢牢地卡住钢卷。当开卷机后面的给料辊上辊压住带钢头部之后，小车下降恢复到原位，即可进行带钢的开卷。

2.6.6.5 带给料辊的矫直机

这种矫直机的作用是向机组输送带钢并将带钢矫直，以保证带钢在酸洗机组上高速运行时带钢表面不受损害。同时，经过矫直的带钢也能在一定程度上减少浪形，为带钢的剪切头尾、焊接、光正和剪边创造了一个有利的条件。

其结构如图 2-49 所示。

带给料辊的矫直机实际上是由给料辊和七辊矫直机两部分组成的。给料辊的上辊和七辊矫直机的上机架均可抬起，以便引料和调整带钢镰刀弯较大时的跑偏。

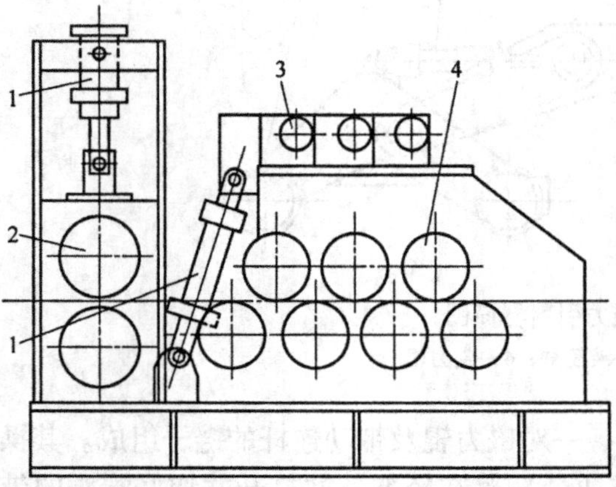

图 2-49 带给料辊的矫直机

1—液压缸；2—送料辊；3—电机和减速机；4—矫直机

矫直机矫直带钢的过程是：带钢在矫直机中受到与原弯曲方向相反的逐渐减小的反复弯曲，最后消除原始曲率而变得平直。由于带钢在矫直过程中受到与原始弯曲方向相反的反复弯曲变形，所以，矫直过程实际上也是一个简单的破鳞过程。

在带钢的矫直过程中，应根据带钢的厚度不同，随时调整上、下辊之间的间隙，以保证矫直后的带钢呈平直状态。特别应当指出的是，在机组出现不同步或堆钢时，要严禁突然高速运转，以避免造成过大的拉力和冲击，将矫直辊拉断。

2.6.6.6 焊接机

焊接机的作用是把前后两带钢头尾焊接起来，以保证带钢在机组中连续通过。连续酸洗机组所采用的焊接机一般为闪光焊机。

图2-50为对焊机原理图。带钢的闪光焊接工艺包括两个基本阶段：烧化和顶锻。在闪光对焊时两焊件在未施加压力的情况下逐渐接近，直至局部点相接触，这时焊件端部被闪光加热到熔化，同时被加热了的焊件迅速挤压（顶锻）以形成焊接接点。

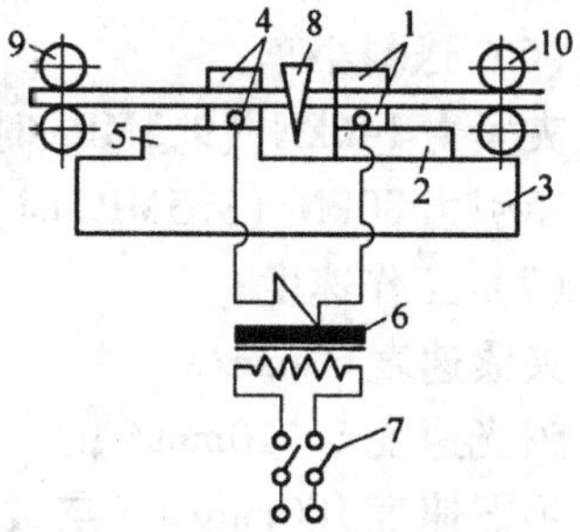

图2-50 对焊机原理图
1—活动电极；2—活动牌坊；3—机座；4—固定电极；5—固定牌坊；6—变压器；7—开关；8—定缝刀；9、10—调整辊

如图2-50所示，被焊接的带钢头夹于焊机的电极之中，活动电极1装在可沿机座3的导轨移动的活动牌坊2上。第二对电极（固定电极）4装在固定牌坊5上。两个牌坊、导轨和机座在电气上都是相互绝缘的。装于机座内的焊接用变压器6的二次线圈用软电缆与牌坊连接，变压器的一次线圈经开关7与交流电路相连。

用调整辊9、10推动带钢的端头，使它们被定缝刀8顶住为止，然后压紧带钢头，抬起定缝刀，并通过变压器送电。与此同时活动牌坊带动带钢互相靠近，形成一点或几点电接触。

在焊接开始时焊件彼此并无多大的压力，因此这些接触点的电阻很大，在很大的电功率作用下，这些接触点通过的电流密度非常大，从而这些接触点附近的金属很快就被加热熔化，并在两焊件间形成一个或几个液体金属的过梁，这种过梁在进一步加热中即爆炸而被破坏。在过梁破坏的同时，熔化的金属小颗粒从牌坊的缝隙中以火花的形式射出，焊接件也略微缩短。带钢头在活动牌坊带动下，不断相互接近，新的过梁也不断形成，而形成过梁时热量也就迅速把带钢头部加热。当带钢两端头到达一定长度又被充分地加热之后，即进行顶锻，并同时将电流断开，整个焊接过程结束。

由于焊接过程中带钢头逐渐接触而连续的爆炸并放出火花，因此通常将这个过程叫做闪光，也有叫烧化过程的。

SB63/1250/16H型米巴赫焊接机是德国米巴赫焊机制造厂20世纪70年代生产的产品，设备采用较为先进的制造工艺，机架是焊接结构的，主要动力是液压传动，焊接电源选用可控硅控制，焊接功率在焊接过程中是变电压的，焊接工艺过程采用数字程序自动控制，附有拉削式光整机，光正高度可随意调整为正或负公差，还有参数测试仪和退火装置，焊缝质量可以达到较先进的水平。

这种焊接机的技术参数如下：

（1）焊接带钢的规格：（1.2~6.5）mm×（500~1650）mm。

（2）顶锻力：最大630kN（9.3MPa时）；

最小320kN（4.7MPa时）。

（3）每侧夹紧电极夹紧力：

最大4×340=1360kN（22MPa时）；

最小2×340=680kN（22MPa时）。

（4）光整机：刨光力 115kN（8.5MPa 时）；
夹紧力 260kN（8.5MPa 时）。

（5）切口、冲孔机：
每侧冲月牙的冲力 560kN（22MPa 时）；
冲孔力 270kN（22MPa 时）。

（6）送料小车：
夹紧力 146kN（9.3MPa 时）；
牵引力 80kN（8.5MPa 时）。

（7）工作速度：
夹紧速度 60mm/s；
闪光速度 1~10mm/s；
顶锻速度 100mm/s（空载时）；
刨光速度 360mm/s；
传递速度 360mm/s。

（8）最大可焊横断面积：

单位顶锻力，MPa	60	100	160
焊接截面积，mm^2	10500	6300	3900

一台米巴赫焊机由焊机、加工装置、电气设备 3 大部分组成，如图 2-51 所示。

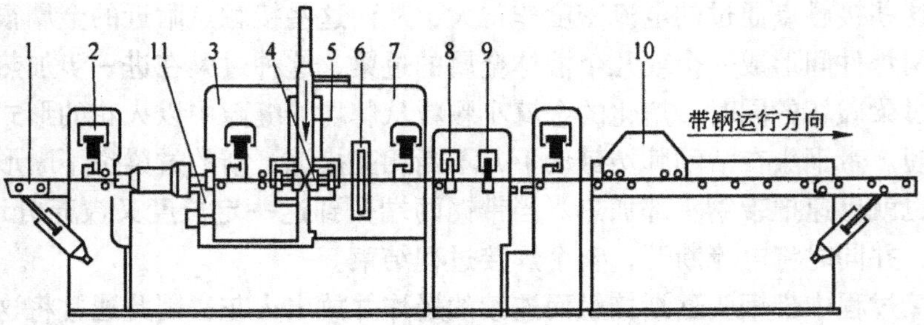

图 2-51 米巴赫焊机简图
1—活套辊；2—定心正直装置；3—顶锻机架；4—电极；5—规杆；6—光整机；7—固定机架；8—切刀机；9—冲孔装置；10—夹紧传递小车；11—挡块

焊机主要包括：

（1）主框架。它是一个焊接的箱形结构，刚度大，能保证最大的稳定性，同时也能保证足够的变形。主框架底座上方装有出口端的框架，用螺栓固定并与底座绝缘。入口端的顶锻滑座安有辊子，可在主框架的轨道上移动，用顶锻液压缸驱动，并用程序盘控制。主框架内设有焊接变压器。侧面设有人孔，以保证工人维护检修。

（2）固定框架和顶锻滑座上的夹紧装置。夹紧装置由一个夹紧桥、一个上电极、一个下电极组成。夹紧装置共两套，分别固定在固定框架和顶锻滑座上。上电极支撑装置安装在夹紧液压缸驱动的梁上。为精确地调整焊接平面，装在顶锻滑座上的夹紧装置的下支撑座装置，设有楔形高度调整器，可使电极上升、下降 ±1.25mm。在夹紧装置的支撑座内设有压缩空气喷嘴，可吹刷焊接铁渣。同时在两个下支撑座的中央还装有托辊，焊接完毕上电极提升时，托辊同步上升，带钢从托辊上运行以保护电极。

（3）夹紧用液压缸。上电极的支撑装置均由液压缸操纵，每套夹紧装置选用4个液压缸，在工作时必须同步。为了使带钢头在夹紧后工作中无滑动，夹紧力最好是顶锻力的2.2~2.4倍。

（4）电极的清扫装置。它由一个清扫刷和一个液压传动装置组成。清扫刷通过电磁阀控制可同时清扫上下电极的接触面。清扫刷上还有两对垂直布置的刮刀，是为了清理电极的4个垂直的内表面而配备的。

（5）液压升降的定缝刀。定缝刀是用来控制带钢在电极处伸出长度的。改变锥形定缝刀的升降量，可改变带钢在夹紧处伸出的长度。焊缝机定缝刀对1.2~6.5mm厚带钢的行程按5级控制。对于越厚的带钢，定缝刀插入深度越小，带钢头伸出越多，闪光加热时间也就越长。

（6）对中矫正装置。对中矫正装置共有4个，两个安于进料侧（活动牌坊上），用于后一卷带钢头部的对中矫正，另两个安在出料侧（固定牌坊上），用于前一卷带钢尾部的对中，从而使带钢的头、尾在定缝处绝对对齐，以保证焊缝质量。每个装置各由齿条、齿轮机构组成，设有两个液压缸用于传动，液压缸是人工用按钮来进行操作的，这样带钢头就可调到机组中心线上。

（7）进出口活套。在焊机的进口侧和出口侧各装有一套液压操纵的活套装置，其目的是为了便于带钢的对中，并且在进出口处形成一个小的活套，可避免带钢的张力，不致使带钢被拉得很紧。

（8）牵引装置。装置由一套焊接结构的框架和一台在框架上的牵引小车组成。牵引小车第一次运行，把带钢送到光整刀处，第二次运行，把带钢送到冲月牙弯处，工作是自动进行的。

加工装置主要包括：

（1）焊缝光整机。焊缝光整机是为了清理闪光焊接的毛刺而设置的刨刀式光整机。上、下两个刀架上各装有5把刀，刀架通过液压缸沿带钢横向移动。上下刀的调整是自动控制的，可以适应不同的板厚。

（2）冲月牙弯和冲孔装置。它是为后部工序作准备的装置。当带钢头尾宽度不一样时，焊接后在焊缝的直角处易于造成应力集中，出现断带的可能，还可能损伤其他衬胶设备，因此，在带钢焊缝的两端应该冲出两个月牙弯的缺口。另外在离月牙弯中心310mm处还装有一个直径为ϕ15mm的冲头，在带钢上冲一个孔，以保证带钢在机组尾部得到信号后减速，以及带钢焊缝通过轧机时，轧机减速。两台设备的移动、冲切全是液压操作，并经自动程序控制完成。

焊接规范参数的选择取决于带钢的材质、性能和规格，首先根据带钢的厚度，其次要考虑带钢横截面积的大小和它的材质。

焊接规范参数主要有：

（1）焊接速度。焊接速度包括：

1）闪光速度为0~10mm/s（可无级调整），初速度为0.7~1mm/s，末速度为3~5mm/s。闪光速度的调节，是通过主电室控制盘上的电位计来调整二通流量阀的开口度的大小，以改变顶锻机架运行液压油的流量。开口度大，流量就大，机架运行的速度就快，反之则慢。P_{13}电位计用于调节第一、二程序的初速度；P_{14}电位计用于调节第三到第五程序的初速度；$P_{21}\sim P_{25}$用于调节第一到第五程序的加速度。

2）顶锻速度。最大空载顶锻速度为100mm/s，焊接时顶锻速度为30~60mm/s。闪光焊接时，希望顶锻速度快一些，有利于焊接质量。顶锻速度可以进行无级调整，在顶锻压力足够的条件下，可通过流量调节阀来调节，以改变顶锻过程中液压油的流量。阀的开口度大，流量就大，顶锻速度就快。如果顶锻压力低，则应先调整压力，如速度还小，则应同时调整流量。

（2）闪光量与顶锻量：

1）闪光量是保证被焊带钢端头有足够的加热温度和温度梯度，使顶锻时有良好的塑性变形并且变形量均匀稳定的重要参数。闪光量的选择还要考虑被焊带钢的材质。通过调整定缝刀，改变伸出长度，或通过调整脉冲信号位置可以适当调整闪光量。

2）顶锻量是保证焊接质量的关键参数，既要保证被焊端头有足够的塑性变形，使氧化夹渣和火口被排挤出去，又要在顶锻过程中不产生搭接和扭曲。顶锻量大小的调整，可以通过改变脉冲信号位置或者调整终端距离的限位螺丝来实现。信号位置向前，顶锻量加大，反之则减小；限位螺丝向前，顶锻量减小，反之则加大。还可以调整终端距离限位装置的楔形块位置来改变顶锻量大小。

（3）焊接电压指的是二次电压，这个参数在保证闪光稳定的情况下，尽量低一些对焊接质量有利，可以减少残留火口，减少功率损耗，但不能太低，免得造成短路，影响焊接正常进行。为了合理选择二次电压，在闪光过程中可以采用变电压的方法，在闪光开始阶段（即引燃）选择高电压，当被焊带钢端头温度升高以后，将二次电压降到能够满足闪光继续进行的数量值，这样既能保证闪光的建立，又能保证闪光的质量。二次电压的调节，可以通过1号操作台上的数字显示旋钮来改变自耦变压器的抽头级数（粗调），同时还可以通过可控硅控制盘上的电位计来改变可控硅的触发角（精调），于是可以获得所需要的焊接电流。变电压的时间，可以根据被焊带钢的规格来确定，通过调节脉冲信号位置来实现。

（4）有电顶锻时间。这个时间的长或短对于顶锻阶段的充分变形，提高焊缝及热影响区的塑性，提高焊缝光整表面精度等有一定的影响，因此在顶锻过程中必须保持0.15s左右的有电顶锻时间。这段时间也不易过长，以防魏氏组织区域增大，影响焊缝的性能。

为了使上述参数能够合理的选择，并使生产岗位操作方便，减少工人选择参数的负担，提高劳动生产率，结合冷轧厂生产低碳钢的规格，编制成5个程序，实行自动控制，同时对光整刀送料的限位，对退火处理送料的限位，切口、冲孔送料的限位，终锻距离的限位，以及定缝刀的限位等，都按5个程序作了相应的机械限位和电气限位控制，使操作工人按被焊带钢规格就可以很容易地选择其中的一个程序进行操作，并能保证焊接质量。选择的方法是：首先在1号操作台上将程序选择旋钮选到所需要的程序位置，同时选好二次电压（前面已说明了），然后将送料小车的光整送料限位（在出口侧）等都按相应的程序位置选好，调好顶锻油压，再将2号操作台上光整旋钮选到自动位置，如果需要切口或者退火，可将其中的一种工艺选入程序（只能退火或只能切口，不能两种同时都选入程序），以上位置选好以后，即可启动油泵，送来压缩空气，进行操作。操作时要注意1号台上的故障灯，发现某个红灯亮，要及时找有关维护人员进行处理，以防发生设备事故。程序的具体编制见表2-11。

表 2-11 焊接程序参数调整表

焊接程序	带钢厚度/mm	定缝刀位置	顶锻限位手轮位置	送料小车光整与退火位置	空行程/mm·脉冲$^{-1}$		功率转换 K_3 /mm·脉冲$^{-1}$	加速度 K_4 /mm·脉冲$^{-1}$	顶锻 K_5 /mm·脉冲$^{-1}$	有电顶锻时间/s	闪光量/mm	顶锻量/mm	终端距离/mm	焊接时间/s	二通流量阀位置		
					节流 K_1	停止 K_2									初速度时阀的刻度	初速度时电位计刻度	加速度时电位计刻度
1	1.2~1.75	1	1	1	$\frac{35.5}{355}$	$\frac{47.0}{470}$	$\frac{49.0}{490}$	$\frac{51.5}{515}$	$\frac{56.0}{560}$	0.16	7	2.5	9.5	6.7	2.0	5.0	5.0
2	1.8~2.45	2	2	2	$\frac{28.0}{280}$	$\frac{40}{400}$	$\frac{43.0}{430}$	$\frac{46.0}{460}$	$\frac{52.0}{520}$	0.16	10.5	3	13	8.6	2.0	5.0	4.0
3	2.5~3.55	3	3	3	$\frac{20.0}{200}$	$\frac{31.5}{315}$	$\frac{35.5}{355}$	$\frac{40.5}{405}$	$\frac{48.0}{480}$	0.16	14	3.5	16.5	12.6	1.9	4.5	3.0
4	3.6~4.85	4	4	4	$\frac{13.0}{130}$	$\frac{24.5}{245}$	$\frac{29.5}{295}$	$\frac{36.0}{360}$	$\frac{44.0}{440}$	0.16	17.5	4	20.0	16.3	1.9	4.5	2.0
5	4.9~6.5	5	5	5	$\frac{5.0}{50}$	$\frac{17.5}{175}$	$\frac{23.0}{230}$	$\frac{30.0}{300}$	$\frac{39.0}{390}$	0.16	20.0	6	23.0	18.4	1.9	4.5	1.0

被焊带钢横断面积/mm^2	到 2000	到 3600	到 5200	到 6800	到 8400	到 10000
焊接功率/级	1	2	3	4	5	6
顶锻力/kN	320（4.7MPa）			630（9.3MPa）		
带钢宽度/夹紧力/kN	小于 1000mm 2×34=680（22MPa）			大于 1000mm 4×34=1360（22MPa）		
电极原始距离/mm	焊机平时两电极间距离为 68mm，对缝时为 66mm					

2.6.6.7　圆盘剪

圆盘剪的作用是用来将钢卷板边切除，以达到所要求的带钢宽度，其结构如图 2-52 所示。

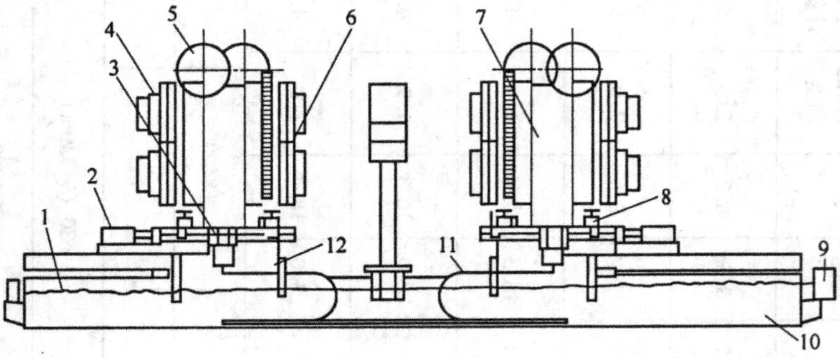

图 2-52　圆盘剪示意图

1—丝杠；2—液压缸；3—液压马达；4—剪间隙调整机构；5—剪重合量调整机构；6—剪刃；7—机架；8—齿盘；9—液压马达；10—导台；11—能源链；12—左右卡紧台

圆盘剪主要由底座、左右卡紧台和左右机架组成。左右机架分别装在左右卡紧台上，并可在液压马达的驱动下旋转 180°。左右卡紧台可在液压马达作用下通过左右丝杠分开或合拢。当圆盘剪开口度调整好后，卡爪在卡紧油缸作用下夹住底座。回转架位置确定后，定位油缸将插销插入机架下部的开口，使其固定不动。

两根剪轴平行装在机架内，悬臂端装有剪刃和刀盘，由液压螺母或普通螺母锁紧。两根轴分别通过滚动轴承装在机内偏 S 套中，下轴轴向不能窜动，上剪轴可通过调整螺母轴向移动，用来调整上下剪刃的侧间隙。两个偏心套端部都装有互相咬合的齿轮，与机架上部蜗轮蜗杆相连。搬动手轮即可调整上下剪刃的重合度。机架下部有孔并装有大齿轮，机架插在卡紧台主轴上，大齿轮与卡紧台上小齿轮啮合，小齿轴由液压马达驱动。

2.6.6.8　碎边剪

碎边剪的作用是将圆盘剪剪切下来的带钢毛边剪切成碎块，以便收集、装箱和运输，其结构如图 2-53 所示。

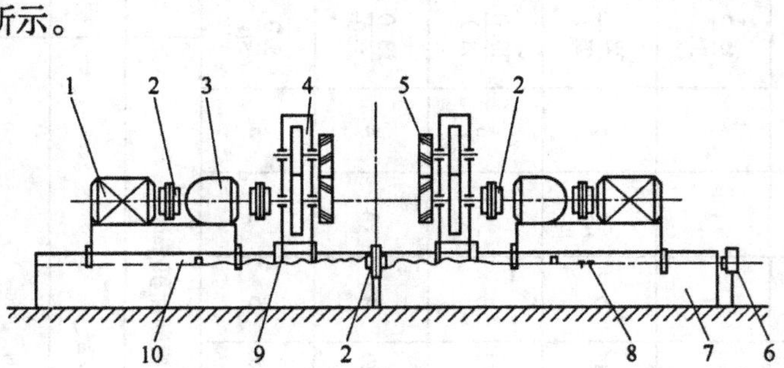

图 2-53　碎边剪示意图

1—电机；2—联轴器；3—减速机；4—传动装置；5—刀盘；6—液压马达；7—滑座；8—极限；9—卡紧装置及液压缸；10—传动丝杠

碎边剪由底座、电机、减速机、左右传动箱、液压马达、卡紧装置、传动丝杠组成。

碎边剪的左右剪装在同一个剪座上，分别布置在带钢的两侧，可以通过液压马达驱动左右旋丝杠相互靠近或分离。位置调整好后，下部卡紧装置在液压缸作用下与底座卡紧，以便稳定剪切。

传动箱内装有两根带刀盘的轴，下轴上装有一个齿轮，轴向不能移动。上轴中间也装有齿轮，这个齿轮由正副齿轮组成，并且可以通过调整副齿轮的间距，达到上轴齿轮与下轴齿轮的无侧间隙啮合，减小剪切过程中的冲击和震动，并保证剪刃侧间隙不变。上下轴刀盘分别装有5把均布的剪刃，剪刃与刀盘中心线成15°夹角。工作时每对剪刃沿中心线逐渐接近，切入带钢边部。为了调整剪刃侧间隙，上剪轴可通过旋转螺母沿轴向窜动。上下剪刃没有搭接间隙，也无调整机构。

2.6.6.9 卷取机

卷取机的作用是将酸洗、剪边、涂油后的带钢，按规定的重量卷成带钢卷，其结构如图2-54所示。

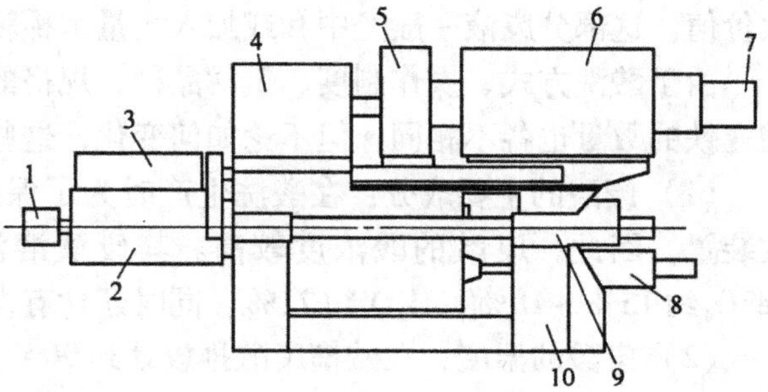

图2-54 卷取机示意图
1—活动支撑；2—卷筒；3—压辊；4—主轴箱；5—联轴器；6—主电机；7—测速电机；8—浮动液压缸；9—胀缩液压缸；10—底座

卷取机由卷筒主轴、传动装置、压辊、活动支撑、卸卷推板、边缘控制等部件组成。

卷筒主轴是悬臂状装在传动箱体内的，尾部装有胀缩液压缸和回转接头，属八棱锥牙条扇形块式无缝隙卷筒。卷筒可通过胀缩液压缸改变直径。活动钳口可通过斜楔的左右移动钳紧或松开带钢端头。

另外，在机组生产时，各种原因会使带钢在运行中发生左右偏移。为使最后的钢卷边部卷齐，在卷取机上部设有边部位置控制装置，由光电式边缘信号发生器通过液压伺服系统驱动浮动液压缸，使卷筒主轴及传动装置一起在滑座上根据带钢的偏斜程度而左右移动，最大位移量为±200mm。

为保证卷筒主轴的刚性和强度，在卷筒自由端设有活动支撑，以改善卷筒的受力状态。

2.6.6.10 控制辊

控制辊的作用是防止带钢在运行时跑偏。

为了控制机组上带钢的跑偏，本机组共设有7个控制辊，它们分别为单辊式、双辊式、三辊式3种形式，应根据不同部位的需要选用其形式。它们分别由液压伺服系统、电磁感应系统来控制。

2.6.6.11 酸洗槽及冲洗水槽

酸洗槽是用于盛放酸溶液清除带钢表面氧化铁皮的主要设备。

酸槽外壳是由10mm厚普通碳钢制成的，内衬耐酸胶板，再砌两层耐酸瓷砖。在酸槽底部及两酸槽之间连接部分砌一层耐酸瓷砖，再砌一层耐磨的安山岩。

2.7 硫酸废液的回收

2.7.1 硫酸废液的形成及性质

在酸洗过程中，酸洗液中的硫酸与铁及铁的氧化物作用，生成硫酸亚铁，致使硫酸的浓度不断降低，硫酸亚铁的浓度不断提高。并且，随着酸洗钢材量的增加，硫酸亚铁含量越来越多，硫酸的浓度越来越低。这将大大影响酸洗产品的质量和数量，因此，必须更新酸洗液，这就形成了硫酸酸洗废液。

经过酸洗的钢材，需要使用冷、热水清洗以除去其表面粘附的残酸及硫酸亚铁。这部分清洗废水也含有一定数量的硫酸及硫酸亚铁，但其浓度较低（一般含酸0.2%）没有回收价值。这部分废液一般经中和或加入大量水稀释后放入下水道冲掉。

由于酸洗方式、操作制度、钢材品种、规格的不同，所以排出的废酸中所含硫酸及硫酸亚铁的数量也各不相同，但不论如何变化，这些废酸却有着如下的共同特点：

（1）废酸的主要成分：在酸洗生产时为了保持较高的酸洗速度，加之又有可靠的回收装置，因此，废酸的酸浓度较高。其废酸溶液的组成如下：H_2SO_4 约 11% ~13%，$FeSO_4$约15% ~18%，H_2O 约71%，同时还含有微量的油污及杂质。

（2）废酸的温度：在酸槽废酸排放处约90℃，经管道输送到废酸罐处约60 ~80℃。

（3）废酸的密度：约为1.26，更确切的密度可由图2-55 查得。图2-55 的使用方法是：用直尺对准化验得到的硫酸及亚铁的含量，其延长线与密度线的交点，即为此废酸的密度。

（4）硫酸亚铁在硫酸溶液中的溶解度：由图2-56 可看出，当温度不变时，$FeSO_4$ 的溶解度随着酸浓度的增大而降低；当浓度不变时，$FeSO_4$

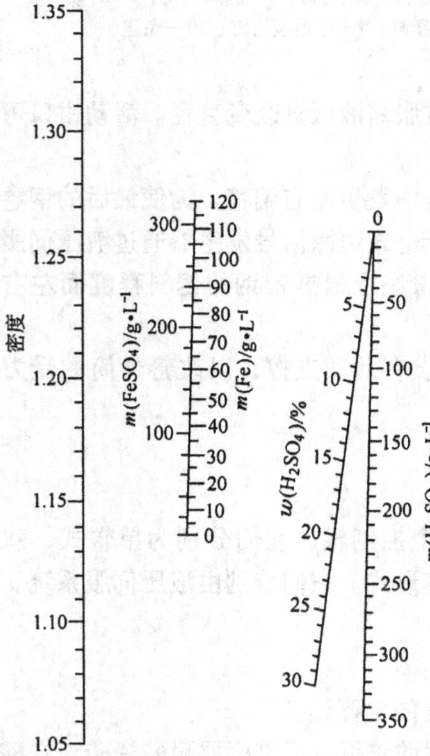

图2-55 酸洗溶液浓度与密度的关系

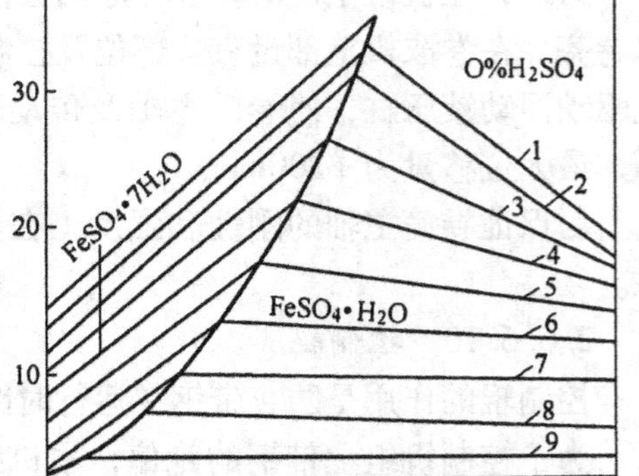

图2-56 各种温度下硫酸亚铁在硫酸溶液中的溶解度

1—2.5%；2—5%；3—10%；4—15%；5—20%；6—25%；7—30%；8—35%；9—40%；10—45%

的溶解度随着温度的升高而增大，直至临界点（最大值），温度继续升高时，溶解度反而降低。硫酸亚铁的溶解度在液温55℃左右时为最大，大于或小于此温度时，其溶解度均急剧下降。

当$FeSO_4$的溶解度达到某“临界点”（最大值）时，在酸度一定的情况下，随着温度的升高或下降都将有$FeSO_4$结晶析出。温度下降且操作点落在“临界点”曲线左侧时，析出带有7个结晶水的$FeSO_4$，操作温度在曲线右侧时，得到带一个结晶水的$FeSO_4$。

2.7.2 废酸溶液回收的工作原理

废酸溶液的回收，工厂大部分是采用蒸喷真空结晶法和真空浓缩-冷冻结晶法。

蒸喷真空结晶法回收硫酸酸洗废液是一种物理方法，它是根据硫酸亚铁在硫酸水溶液中的溶解度规律进行回收的。硫酸亚铁在硫酸溶液中的溶解度，随着硫酸浓度的增加和溶液温度的降低而降低。因此，我们就根据硫酸亚铁溶解度的这一特点，通过增加废液酸度和降低温度，使硫酸亚铁溶解度尽可能达到最低，从而使过饱和部分的硫酸亚铁结晶析出，并从废液中分离出来。

在回收过程中，增加废酸中的酸度通常采用以加入浓硫酸为主（补充酸洗中所消耗的酸），以蒸发浓缩为辅的方法。而废酸温度的降低，则是通过废酸液在真空状态下水分蒸发的吸热，使剩余部分的废液温度下降而达到的。废酸溶液的酸度增加、温度降低，使硫酸亚铁呈过饱和状态，这部分过饱和的硫酸亚铁随之结晶析出。

2.7.3 蒸喷真空结晶法

2.7.3.1 工艺流程

A 结晶回收系统

如图2-57所示，来自酸洗机组的废液注入废酸罐7，并用废酸泵9送到废酸消耗槽10中。使用的新酸用硫酸泵3从硫酸贮槽1中抽出来，并送到硫酸消耗槽4中。然后，靠蒸发器11内的真空状态将废液和浓酸由转子流量计控制，按一定的比例，不断地自动吸入蒸发器中。在蒸发器内部分水在真空下绝热蒸发，使废液温度降低。然后废液与新酸的混合液依次通过1号、2号、3号结晶器12。结晶器内的压力逐渐降低，而温度也连续下降，一直达到工艺设计温度。当温度降至32℃时，废液中的硫酸亚铁开始结晶，温度继续下降，硫酸亚铁过饱和部分便析出。这时的废液已经成为结晶与再生酸（通常叫母液）的混合浆液。混合浆自结晶器连续不断地靠自重流入混合浆罐15，在此晶粒长大。然后定期用混合浆泵16将混合浆打入上面的混合浆罐17中，使晶粒继续长大。含有较大晶粒的混合浆再放入离心机18中进行液、晶分离。分离出的液体即为母液，并流入母液罐20中贮存，当需要时用母液泵22供酸洗机组生产使用。晶体即为$FeSO_4 \cdot 7H_2O$，通过成品漏斗19放入小车内，运到仓库贮存以待外销。

硫酸泵、废酸泵和母液泵在启动之前，先打开真空泵24将虹吸真空槽2、8、21抽空（需要启动哪组泵时，就启动哪组泵的虹吸真空槽出气阀）。这样，新酸、废液或母液罐1、7、20内的液体就沿着虹吸管，自动吸入虹吸真空槽，打开底部阀门，液体即充满泵

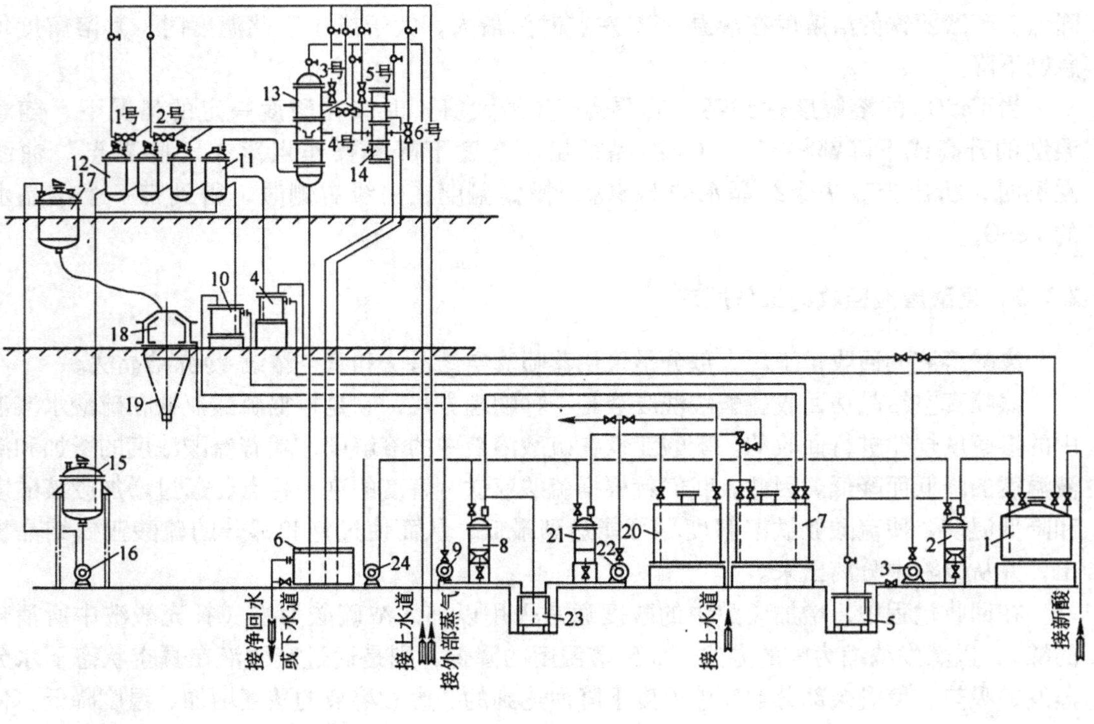

图 2-57 蒸喷真空结晶法工艺流程图

1—硫酸贮槽；2—虹吸真空槽；3—硫酸泵；4—硫酸消耗槽；5—硫酸放空槽；6—气压排水槽；7—废酸罐；8—虹吸真空槽；9—废酸泵；10—废酸消耗槽；11—蒸发器；12—结晶器；13—主冷凝器；14—双联冷凝器；15—1 号混合浆罐；16—混合浆泵；17—2 号混合浆罐；18——离心机；19—漏斗；20—母液罐；21—虹吸真空槽；22—母液泵；23—废酸放空槽；24—真空泵

体，立即关闭虹吸真空槽进液阀门，启动泵即可。

新酸、废液或母液管道使用之后，管内液体要放空，以免管内液体结晶堵塞管路。放空时可将其中液体放入放空槽 5 和 23，然后送回贮槽。可用压缩空气将管道内母液吹入酸槽，即所谓扫风。

B 蒸喷制冷系统

蒸喷制冷系统由四级喷射器（共 6 个）、主冷凝器及双联冷凝器组成。其中四级喷射为：接于 3 号结晶器上部的 1 号喷射器及 2 号结晶器上部的 2 号喷射器，为一级喷射，它们出口的混合气体及 1 号结晶器的冷凝气一起进入主冷凝器 13 的上舱；接于主冷凝器上舱的 3 号喷射器及下舱的 4 号喷射器，为二级喷射，它们出口混合气进入双联冷凝器 14 的上舱；接于双联冷凝器上舱的 5 号喷射器，为三级喷射，用以将双联冷凝器上舱的气体抽出压入其下舱；接于双联冷凝器下舱的 6 号喷射器，为四级喷射，最后将不凝性气体和极小部分水蒸气排入大气。主冷凝器及双联冷凝器均通入冷却水，以将冷蒸气冷凝成水。冷却水及冷凝水经气压排水槽排入下水道。

2.7.3.2 废酸回收的主要设备

以年处理废酸量为 1500t 的机组为例。

A 硫酸消耗槽

硫酸消耗槽用来接收硫酸贮槽用泵送来的浓硫酸。在真空结晶机组运行时，在蒸发器中，硫酸消耗槽还起到中间槽和液封的作用。

硫酸消耗槽是由碳钢制作的圆柱形贮存器（图 2-58），容积为 2.6m^3，具体尺寸为 ϕ1400mm × 1200mm。

B 废液消耗槽

废液消耗槽用来接收废酸罐用泵压送来的废酸溶液。其他作用与硫酸消耗槽大致相同。

废酸消耗槽为碳钢制作的圆柱形贮存器。为防止酸液对钢材的腐蚀，在槽内衬粘有一层橡胶，以保护金属。废酸消耗槽在构造上与硫酸消耗槽大致相似，只是其容积为 7.6m^3，具体尺寸为 ϕ2200mm × 2000mm。

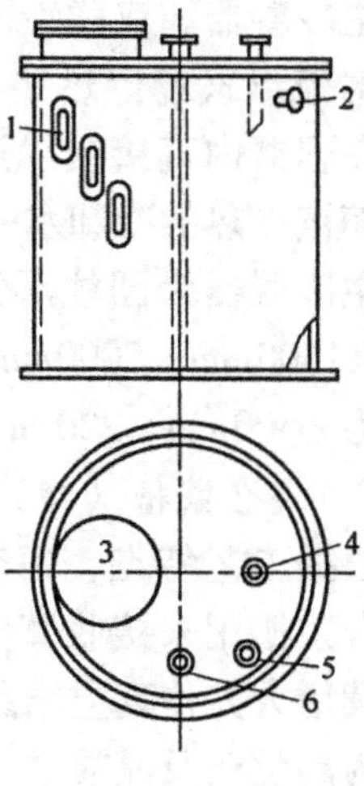

图 2-58 硫酸消耗槽构造图

1—液位计；2—溢气管；3—手孔；4—排气管；5—进酸管；6—出酸管

C 蒸发器及结晶器

蒸发器及结晶器是真空结晶机组的主要设备。它们的主要作用是使废液在容器内靠一部分水的绝热蒸发，将剩下的一部分废液因失去热量而被冷却。

蒸发器与结晶器的构造基本相同（图 2-59、图 2-60），在使用时，为了设备的互换，减少备品数量，采用了相同结构的罐体。所不同的是蒸发器内没有布料孔管及新酸给料管，而结晶器却安装了一台功率为 4.5kW、转速为 40r/min 的立式搅拌机。

两种容器皆为碳钢制作的钢壳，内衬硬橡胶，以防酸液的腐蚀。其尺寸为高 3m，直径 1500mm。

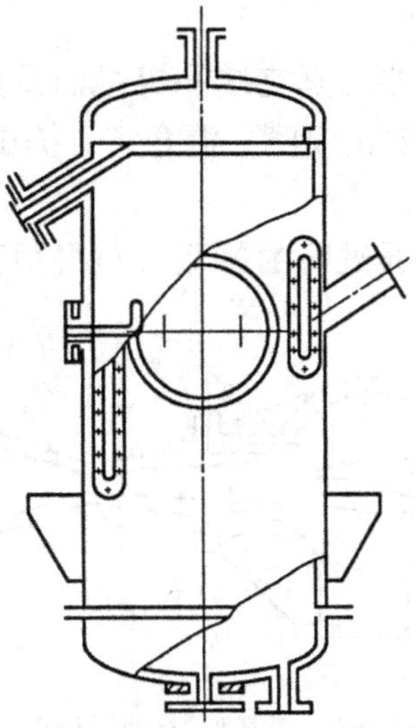

图 2-59 蒸发器构造图

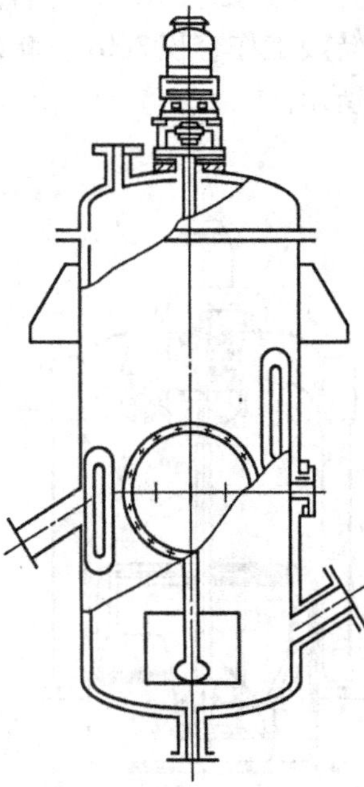

图 2-60 结晶器构造图

D　主冷凝器及双联冷凝器

主冷凝器和双联冷凝器都是双舱的混合式冷凝器。这种冷凝器均采用流体（蒸气、水）对流形式进行热交换，即冷蒸气从冷凝器各舱底部进入，冷却水从顶部向下喷洒，两者在容器内直接接触进行热交换，从而将冷蒸气冷凝成水，随被加热的冷却水一道排出。

主冷凝器为圆柱形钢结构容器，内衬以橡胶，具体尺寸为 ϕ1500mm×5000mm。双联冷凝器为圆柱形铸铁结构，尺寸为 ϕ400mm×2200mm。

E　混合浆槽（罐）

根据工艺特点，每套机组安装两台混合浆槽，其中1号混合浆槽用来接收真空结晶完毕的混合浆液，在此使晶粒继续增大并作真空结晶机组下料管的液封。2号混合浆槽则作为高位槽及晶粒进一步增大之用。

混合浆槽的构造（图2-61）与结晶器类似，也是由碳钢焊接的容积为 5m^3 的圆柱形容器。为防止酸液的腐蚀，槽内衬有橡胶防腐层。混合浆槽上部装有功率为1.7kW的立式电机，在电机的下部带有搅拌器，以防止过饱和的混合浆液中的硫酸亚铁沉淀。混合浆槽尺寸为 ϕ1800mm×2500mm。

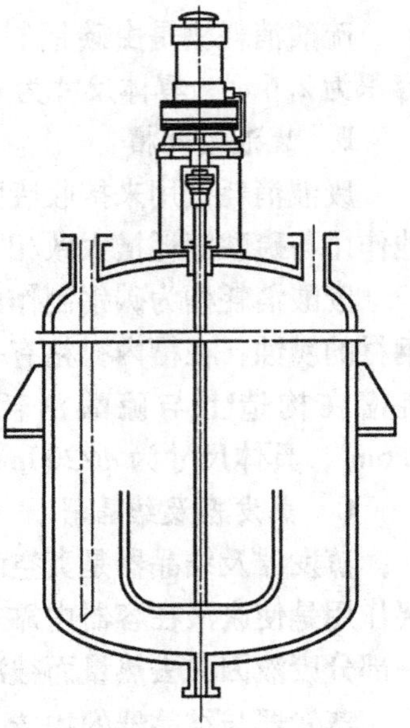

图2-61　混合浆槽构造图

F　离心机

离心机是利用离心力使悬浮于混合浆液中的固体硫酸亚铁颗粒与母液分离的设备。通常使用的离心机有两种，一种为上悬式，另一种为卧式。

离心机的主要技术特性为：电动机功率20.5kW，转速1000r/min，转鼓内径1200mm，转鼓工作容积300L，转鼓最大容许负荷450kg，转鼓孔数3600个。离心机构造如图2-62所示。

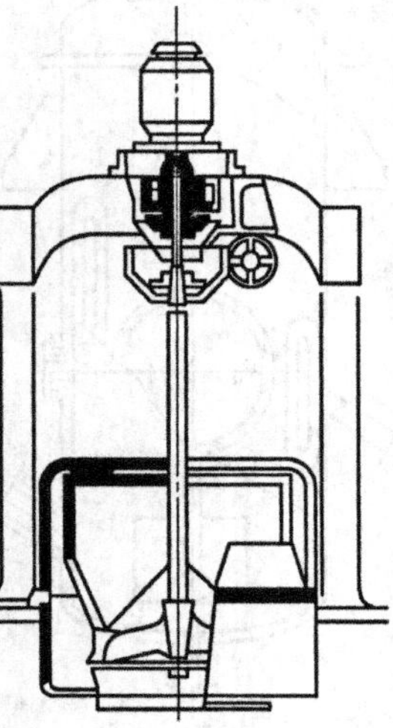

图2-62　离心机构造图

G　喷射器

蒸气喷射器是真空结晶机组的重要组成部分。蒸气喷射器由喷嘴、混合室、扩压器组成，如图2-63所示。

工作蒸气通过喷嘴膨胀，获得很高的气体

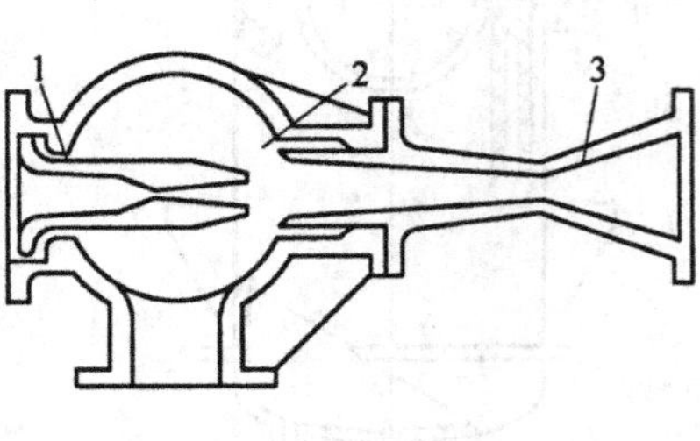

图2-63　蒸气喷射器构造图

1—喷嘴；2—混合室；3—扩压器

流速（一般可达1000m/s），这时在喷嘴附近形成真空，蒸发器、结晶器内蒸发的冷蒸气由喷射器抽出，与工作蒸气在混合室内混合后送入扩压器，于是速度下降，压力提高，并被压入冷凝器，在冷凝器内被冷却水冷凝之后再排入气压槽，从而形成蒸发结晶系统并保持一定的真空。

H 其他设备

为配合酸洗机组的生产，在硫酸盐工段配备有3套蒸喷结晶机组，以处理废酸，回收硫酸亚铁。除3套机组之外，还设有4个浓酸贮槽（罐）、两个废酸贮槽（罐）、两个母液贮槽（罐）及输送各种酸液的泵和附属设备。

浓硫酸贮槽是低碳钢焊接的立式贮存槽。由于浓硫酸对低碳钢的腐蚀速度几乎为零，因此在贮存器内没有任何防腐设施。贮存器的高度为4m，直径为6.5m，容积为95m^3。

废液贮存器及母液贮槽在结构形式上与浓硫酸贮存槽相同，只是为了防止酸的腐蚀，在槽内衬以耐酸瓷砖而已。

废液贮槽及母液贮槽的尺寸为ϕ6500mm×4000mm，有效容积皆为100m^3。

2.7.3.3 真空结晶机组工况参数及操作

真空结晶机组工况参数如图2-64所示。

操作程序及步骤参看蒸喷工艺流程图。

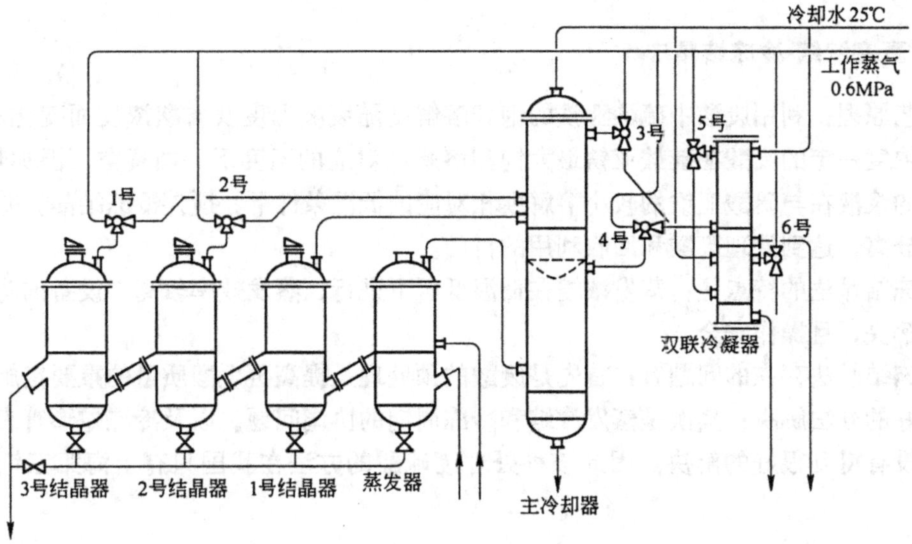

图2-64 真空结晶机组工况参数图

蒸发器： $t=36℃$、$p_1=5.9kPa$、$t_1=40℃$；

1号结晶器： $t_1=31℃$、$p_2=4.8kPa$、$t_2=35℃$；

2号结晶器： $t=18℃$、$p_3=2.1kPa$、$t_3=22℃$；

3号结晶器： $t=6℃$、$p_4=0.9kPa$、$t=10℃$；

主冷凝器： $t_1=31℃$、$t_2=31℃$、$t_3=36℃$、$t_4=32.2℃$、$p_1=4.5kPa$、$p_2=5.9kPa$；

双联冷凝器： $t_1=50℃$、$t_2=40℃$、$t_3=75℃$、$t_4=55℃$、$p_1=12.3kPa$、$p_2=38.5kPa$；

本工况最终结晶温度：$t_4=10℃$；冷却水温度：$t=25℃$；

工作蒸气压力：$p=0.6\sim0.7MPa$

首先要保证水槽、硫酸消耗槽、废酸消耗槽全部达到满流状态。在1号混合浆罐绝对不能漏空的情况下，先向主冷凝器、双联冷凝器供水，水压应保持在0.098MPa。然后缓慢打开主蒸气管道，放出冷凝水，蒸气压力为0.686～0.784MPa。当真空度达到26.7kPa时，开5号喷射器；真空度达48～53.3kPa时，开4号喷射器；真空度达66.7kPa时，开3号喷射器；然后再分别打开2号、1号喷射器。与此同时应适当调节水量。当机组各段真空度达到规定值后，供给浓硫酸和废液，然后开动各搅拌器，进入正常操作。

正常操作时，主冷凝器水温不超过31℃；双联冷凝器水温上部不超过40℃，下部不超过50℃。

各喷射器真空度分别为：

喷射器号	1	2	3	4	5	6
真空度/kPa	100.4	99.2	96.8	95.3	88.9	62.8

各罐温度及压力为：

罐　号	蒸发罐	1号结晶罐	2号结晶罐	3号结晶罐
温度/℃	40	35	22	10
压力/kPa	5.9	4.5	2.1	0.9

2.7.4 真空浓缩-冷冻结晶法

工艺原理：利用废酸中硫酸亚铁的饱和溶解度随废酸温度及含酸浓度而变化的规律，对含酸浓度一定的废酸在硫酸亚铁最大饱和溶解度对应的温度下，抽真空恒温加热浓缩，浓缩后的浆液在与硫酸亚铁的较小溶解度相对应的低温条件下，搅拌冷冻结晶，并将母液与晶体分离，达到处理废酸和回收利用的目的。

冷冻结晶法的特点是：蒸发浓缩在低温低压下进行，蒸发效率较高，设备的防腐问题较容易解决，且操作安全。

冷冻结晶法存在的问题有：首先是废酸的预处理是提高再生酸质量的重要措施，但目前尚无好的办法解决；其次是蒸发浓缩和冷冻周期的协调问题，以及冷冻蛇形管表面结晶问题都没有得到很好的解决。因此该种处理废硫酸的方法在我国只有上海第三钢铁厂使用。

2.8 盐酸废液的回收

2.8.1 盐酸废液的形成及性质

盐酸酸洗时，带钢表面的氧化铁皮在3～5个酸槽内与逆流而来的盐酸溶液接触而发生一系列化学变化，酸溶液中的酸浓度逐渐降低，反应后生成的氯化亚铁浓度逐渐升高。当酸溶液流到1号酸槽时，酸浓度将降低到约43.4g/L，而氯化亚铁浓度也升高到约272.4g/L。这时的酸液通过1号酸槽溢流管排出并被送到盐酸再生装置。这就是我们通常所说的盐酸酸洗废液或废酸。废酸成分如表2-12所示。

表 2-12 废酸成分（排出量为 $3.2m^3/h$）

成　分	含量/$g \cdot L^{-1}$	含量/$kg \cdot h^{-1}$	备　注
$FeCl_2$	272.36	871.56	$Fe^{2+}=120g/L$
HCl	43.4	138.88	
H_2O	927.84	2969.10	
总　计	1243.60	3979.54	
总 HCl	200.00	640.00	

盐酸溶液中铁和酸含量也可通过图 2-65 计算。

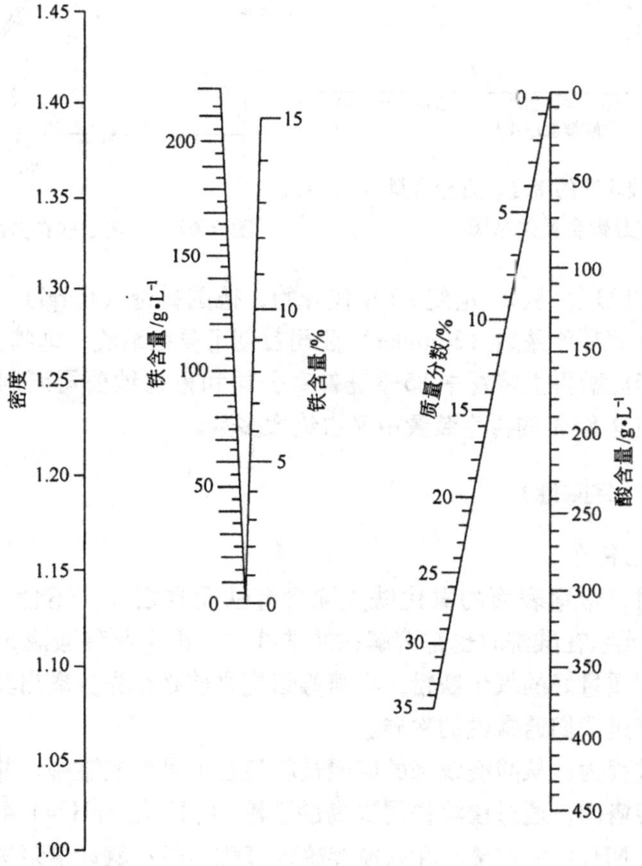

图 2-65 盐酸溶液中铁和酸含量计算图示

盐酸的百分含量和克/升数及密度可由图 2-66 查出。

盐酸废液的温度大约为 80℃，密度约为 1.24。图 2-67 为氯化亚铁在盐酸溶液中的溶解度。

2.8.2 废盐酸溶液回收（再生）的工作原理

盐酸再生的工作原理可用下面的方程式准确地表示出来：

$$FeO + 2HCl \underset{再生}{\overset{酸洗}{\rightleftharpoons}} FeCl_2 + H_2O$$

此方程式从左向右的反应是酸洗过程，从右向左则是再生过程，也可以说再生过程是酸洗过程的逆反应。

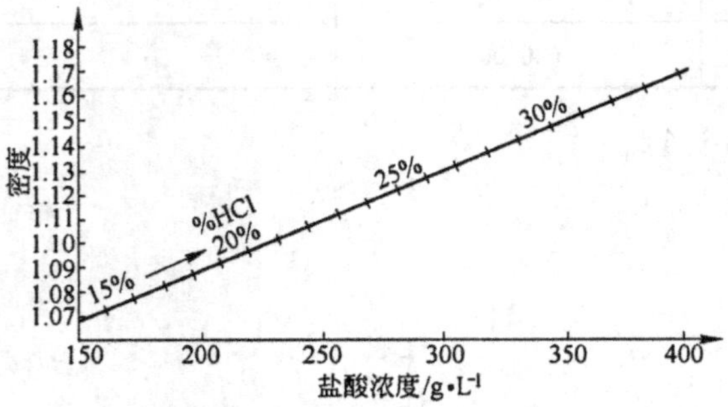

图 2-66　盐酸溶液的密度、百分含量与克/升数含量关系图

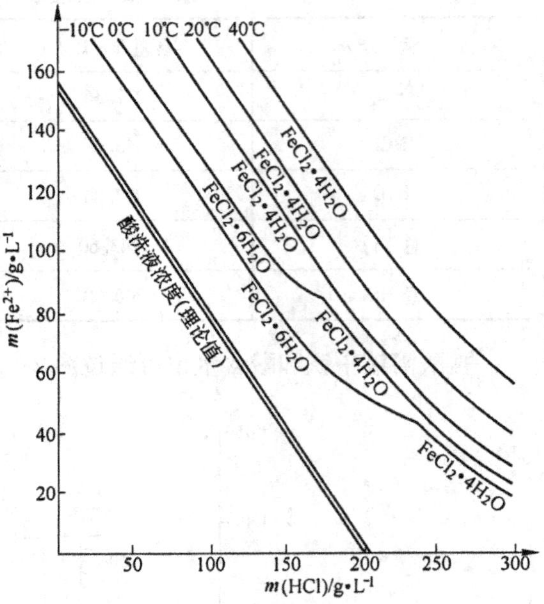

图 2-67　氯化亚铁在盐酸溶液中的溶解度

根据上述工作原理，从 20 世纪 30 年代开始，德国鲁奇（Lurgi）公司提出了鲁奇法，即流化床工艺。奥地利鲁兹纳（Ruthner）公司首创了鲁兹纳法，即喷雾焙烧工艺。目前，世界上约 200 多套盐酸再生装置中 85% 是鲁奇公司和鲁兹纳公司研制和设计的，而鲁兹纳盐酸再生装置在这 85% 的再生装置中又占绝大多数。

2.8.3　鲁兹纳法（含除硅）

2.8.3.1　工艺简介

带钢在酸洗时，带钢表面的氧化铁皮除含有铁元素之外，还含有其他元素（如硅、镁、碳等）。这些元素在酸洗时也都溶解在酸洗液中。再生此种酸液，可富集氧化铁中杂质。因此，为得到质量好的氧化铁粉，在喷雾焙烧之前必须先分离出其中的杂质元素，特别是硅元素，这就是我们通常说的除硅。

鲁兹纳工艺过程为：从酸洗线来的废酸被收集在 1 号废酸罐中，并用废酸泵将其送入被铁屑堆满的浸溶塔内，通过浸溶铁屑提高酸洗液的 pH 值。pH≈1.4 时，浸溶后的废酸再用酸泵送至氨（NH_3）搅拌罐。在氨搅拌罐内废酸与通过氨计量泵送来的氨水发生化学反应，反应式为：

$$NH_4OH + HCl = NH_4Cl + H_2O$$

$$2NH_4OH + FeCl_2 = 2NH_4Cl + Fe(OH)_2$$

继续中和掉废酸内的残酸，提高废酸的 pH 值到 3 ~ 4 左右。中和后的废酸溢流到从罐底部鼓入空气的氧化罐中（带搅拌装置），氧化罐内部的 Fe^{2+} 被氧化为 Fe^{3+}。但氧化过程十分缓慢，所以从氨搅拌罐溢流到氧化罐的 Fe^{2+}。再从氧化罐溢流到反应罐内继续氧化，即 $Fe(OH)_2 + H_2O \xrightarrow{O_2} Fe(OH)_3$。形成 $Fe(OH)_3$ 后，通过絮凝剂罐，加入约 0.05% 左右的絮凝剂并充分搅拌，再溢流到沉积罐内。在沉积罐内 $Fe(OH)_3$ 和被 $Fe(OH)_3$ 包附的废酸溶液中的 SiO_2 一起沉降到沉积罐底部，然后定期打开连接沉积罐底部的阀门，用活塞隔膜泵或螺杆泵将带有 $Fe(OH)_3$ 和 SiO_2 的液体送入过滤挤压机，进行过滤、挤压。滤液与沉积罐上方溢流下来的清液一起流入收集罐内，过滤挤压之后的滤饼作为废物送至垃圾场。流入收集罐的清液用泵送到 2 号废酸罐作为盐酸再生生产使用。工艺流程见图 2-68。

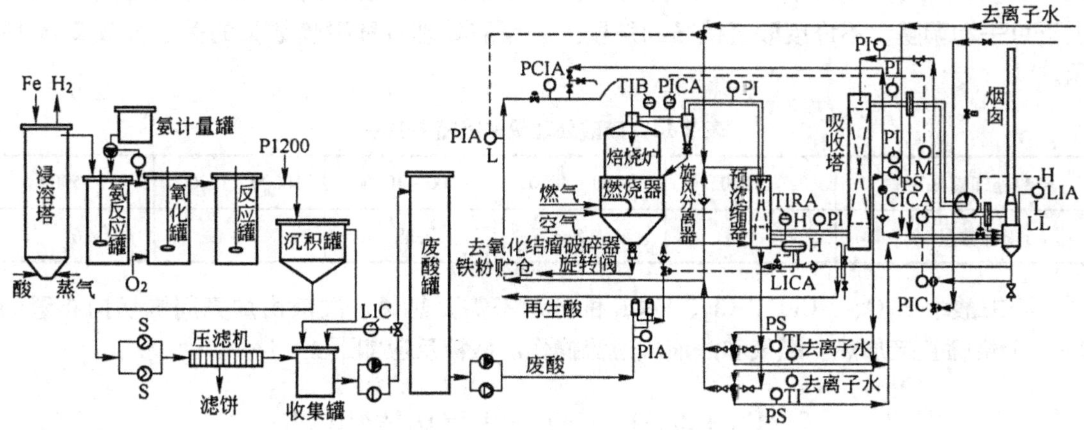

图 2-68　盐酸再生装置工艺流程图（鲁兹纳法）

再生装置的流程为：用废酸泵将 2 号废酸罐的废酸抽到废酸过滤器中，将剩余的固体颗粒和少量残渣滤出，进入预浓缩器，在此浓缩废酸和降低炉气温度，废酸和炉气在预浓缩器内进行直接热交换，炉气中的氧化铁和废酸中的盐酸发生如下反应：

$$Fe_2O_3 + 6HCl = 2FeCl_2 + 3H_2O$$

再生装置以处理废酸量为 3200L/h 为例，废酸量在预浓缩器内由 3200L/h 被浓缩至 2400L/h（即焙烧炉喷洒量为 2400L/h），酸温约 95℃，炉气中有一部分氯化氢气体与预浓缩酸相遇，冷凝为盐酸。预浓缩酸成分如表 2-13 所示。

表 2-13　预浓缩酸成分

成　分	g/L	kg/h	备　注
$FeCl_3$	51.11	122.68	$Fe^{3+}=17.6g/L$
$FeCl_2$	363.15	871.56	$Fe^{2+}=160.0g/L$
HCl	102.01	244.83	
H_2O	862.96	2071.11	
总　计	1379.24	3310.18	
总 HCl	345.41	828.98	

预浓缩的酸液由循环酸泵再送至预浓缩器上方喷洒到预浓缩器内。另一个分流是送至浓缩酸泵，由浓缩酸泵（也称焙烧炉给料泵）送到喷雾焙烧炉，废酸液由喷雾喷嘴雾化喷洒成微小液滴。小液滴在通过焙烧炉时首先加热至沸腾和蒸发温度。温度在600～700℃时，$FeCl_2$ 颗粒在炉内下降时被焙烧成游离氯化氢和氧化铁，即

$$2FeCl_2 + 2H_2O + \frac{1}{2}O_2 = Fe_2O_3 + 4HCl$$

焙烧炉喷嘴安装在喷嘴杆上，可以用气动缸通过焙烧炉盖子送入焙烧炉顶部。喷嘴由烧结 Al_2O_3 制成，中间有一个铌或钽制的芯。喷嘴之前的过滤器，可防止喷嘴阻塞。喷嘴上下可手动调整，不许废酸直接喷到炉壁上。废酸处理量和喷嘴数量的关系如表2-14所示。

表 2-14　废酸处理量和喷嘴的关系

废酸处理量/$L \cdot h^{-1}$	≤1500	1500～4000	4000～10000	10000～15000	>15000
喷嘴数量/个	1	2	3	4	6

浓缩酸中 H_2O、HCl、$FeCl_2$、$FeCl_3$ 的分解都需要热量。酸液由炉壳周围切向布置的2～3个烧嘴直接加热。燃气和酸液成逆流操作。酸液反应如下：

$$2FeCl_2 + 2H_2O + \frac{1}{2}O_2 = Fe_2O_3 + 4HCl\uparrow$$

$$2FeCl_3 + 3H_2O = Fe_2O_3 + 6HCl\uparrow$$

炉顶初生的氧化铁粉为空心球状，直径约0.2μm。氧化铁粉在沉降过程中受到气流的冲击而悬浮向上，遇到滴落的酸液，粒度逐渐长大。炉底次生的氧化铁粉，直径为1～100μm也呈空心球状，很容易被粉碎。在焙烧炉内生成的氧化铁粉大部分落到炉子底部，并通过破碎机和旋转阀被排出炉外，排出的铁粉温度约400℃，然后由风动输送到铁粉贮仓，输送空气将氧化铁粉冷却到70～80℃。空气通过仓顶的除尘器被排入大气，铁粉经过旋转阀、装袋机装袋发往用户。少部分氧化铁粉被焙烧炉气体带出，又在双旋风分离器中被分离出来。分离出的铁粉通过双旋风分离器下部的旋转阀又返回焙烧炉。焙烧炉旋转阀用于将炉内气体与炉外大气隔绝，破碎器用于破碎从炉壁落下的氧化铁粉结瘤。

氧化铁粉产量分布见表2-15。

表 2-15　氧化铁粉分布

部　位	含量/$kg \cdot h^{-1}$	%	部　位	含量/$kg \cdot h^{-1}$	%
焙烧炉底部	521.67	95	被吸收塔吸收	24.71	0.45
旋风除尘器后	87.84	1.6	用冲洗水在风机中吸收	2.74	0.05
被预浓缩器吸收	60.39	1.1			

冲洗水带走和空气中排出的氧化铁粉均未计算在表内。

焙烧炉炉气，如采用热值为7600J的混合煤气，则炉气组成见表2-16。

表 2-16 炉 气 成 分

成 分	含量/$m^3 \cdot h^{-1}$	%（体积）	含量/$kg \cdot h^{-1}$	成 分	含量/$m^3 \cdot h^{-1}$	%（体积）	含量/$kg \cdot h^{-1}$
HCl	509.61	8.63	830.39	N_2	2287.57	38.75	2859.46
H_2O	2557.03	43.31	2054.76	CO_2	440.52	7.46	865.31
O_2	109.14	1.85	155.91	总 计	5903.87	100.00	6765.83

炉气从焙烧炉顶部排出并进入双旋风除尘器，一个左旋，一个右旋，靠离心力的作用，以除去大部分铁粉。除尘器效率约为70% ~80%，然后气体进入预浓缩器，在此直接与循环酸接触而被冷却和净化。炉气经过预浓缩器后，其成分如表2-17所示。

表 2-17 预浓缩器后炉气成分

成 分	含量/$m^3 \cdot h^{-1}$	%（体积）	含量/$kg \cdot h^{-1}$	成 分	含量/$m^3 \cdot h^{-1}$	%（体积）	含量/$kg \cdot h^{-1}$
HCl	393.61	5.68	641.37	N_2	2287.57	33.00	2859.46
H_2O	3699.67	53.38	2972.95	CO_2	440.52	6.37	865.31
O_2	109.14	1.57	155.91	总 计	6930.51	100.00	7495.00

炉气和循环酸在预浓缩器内为顺流操作。气体从预浓缩器出来，进入吸收塔。吸收塔为逆流操作，用冲洗水或去离子水吸收氯化氢气体。用冲洗水时，再生酸成分见表2-18。

表 2-18 再 生 酸 成 分

成 分	含量/$g \cdot L^{-1}$	含量/$kg \cdot h^{-1}$	备 注	成 分	含量/$g \cdot L^{-1}$	含量/$kg \cdot h^{-1}$	备 注
$FeCl_2$	4.68	14.98	Fe^{2+} =2.06g/L	H_2O	903.32	2890.64	
$FeCl_3$	15.67	50.14	Fe^{3+} =5.40g/L	总 计	1112.75	3560.83	
HCl	189.08	605.07					

吸收塔进水温度约40℃，再生酸温度约90℃。再生酸中Fe^{2+}由冲洗水带来，Fe^{3+}由炉气带来。

吸收塔后的气体成分如表2-19所示。

表 2-19 吸收塔后的气体成分

成 分	含量/$m^3 \cdot h^{-1}$	%（体积）	含量/$kg \cdot h^{-1}$	成 分	含量/$m^3 \cdot h^{-1}$	%（体积）	含量/$kg \cdot h^{-1}$
H_2O	3228.07	53.21	2593.99	HCl	1.18	0.02	1.92
O_2	109.14	1.80	155.91	Fe_2O_3			2.74
N_2	2287.57	37.30	2859.46	总 计	6066.48	100.00	6479.33
CO_2	440.52	7.26	865.31				

从吸收塔顶部排出的气体，含有少量的氯化氢气体和Fe_2O_3粉尘，因此还要向吸收塔后面的排烟风机叶轮喷洒冲洗水或去离子水，以进行进一步净化，然后气体再由排烟风机送入洗涤塔（最终净化）经烟囱而排入大气。排出废气成分见表2-20。

表 2-20 废 气 成 分

成 分	含量/$m^3·h^{-1}$	%（体积）	含量/$kg·h^{-1}$	成 分	含量/$m^3·h^{-1}$	%（体积）	含量/$kg·h^{-1}$
H_2O	2911.37	50.65	2339.49	CO_2	440.52	7.66	865.31
O_2	109.14	1.90	155.91	总 计	5748.60	100.00	6220.17
N_2	2287.57	39.79	2859.46				

废气中氯化氢最大含量为20mg/m^3。氯化氢气体的吸收分布见表2-21。

表 2-21 氯化氢气体的吸收分布

部 位	含量/$m^3·h^{-1}$	含量/$kg·h^{-1}$	%	部 位	含量/$m^3·h^{-1}$	含量/$kg·h^{-1}$	%
预浓缩器	116.00	189.02	22.76	排烟风机	1.18	1.92	0.23
吸收塔	392.43	629.45	77.01	总 计	509.61	830.39	100.00

注：损失未计算在内。

整个系统的炉气温度分布如下：焙烧炉底部600℃、顶部400℃，预浓缩器出口95℃，吸收塔出口82℃，烟囱出口80℃。

各个设备的阻力降如下：旋风除尘器1kPa，预浓缩器2.5kPa，吸收塔1.5kPa，风机风压为7.5kPa。

一台微处理机控制整个装置的连锁系统。紫外线监测火焰，当停燃气或停电时，可自动停车。焙烧炉的喷酸量是恒定的，预浓缩器的液位，烟囱下部冲洗水收集箱的液位都是恒定的。当预浓缩器出口气体温度超过95℃时，就自动停车。整个系统保持负压，由一个蝶形阀自动控制。重要的工艺参数都显示在控制室的盘上，并有红绿灯和报警装置。

再生装置的启动和关车操作简便。开车时，先用烧嘴加热，然后通水运转，直至达到规定的流量、温度和压力，然后从水切换成酸，开始再生操作，装置关车时，切断供酸，自动切换为水运转，一段时间后装置完全停止。

废酸贮罐是立式的，其余的酸罐都是卧式的，内衬两层橡胶，总厚度为4mm。废酸过滤器由玻璃纤维增强塑料制造，头部是钢制的，并且内衬橡胶，滤布为聚丙烯。预浓缩器外壳为钢制内衬橡胶，上部衬有碳化硅砖，内有文丘里管，由收缩管、喉管和扩散管3部分组成。上部为收缩管，与从旋风除尘器过来的烟道相连接；中间为喉管和环形沟部分，沟上有循环酸液入口和冲洗水入口，入口都与环形沟相切；下部为扩散管。焙烧炉是一钢制容器，内衬两层耐火砖，靠近钢结构为轻质黏土砖，靠近炉气为一般黏土砖。从焙烧炉到预浓缩器的气体管道为钢质，内衬耐火材料，外有保温层。吸收塔外壳用聚丙烯制成，内有聚丙烯填料。风机外壳是钢衬橡胶，叶轮采用钛合金。烟囱采用玻璃钢或聚丙烯或钢衬橡胶均可。预浓缩器后的气体管道用聚丙烯制成。预浓缩酸系统酸泵和管道材质为聚偏氟乙烯。再生酸、废酸、新酸酸泵和管道材质为聚丙烯。阀门为钢衬橡胶，阀膜为聚四氟乙烯。旋转阀和齿轮电机配套，其余均为交流电机。

噪声大的排烟风机和助燃空气用的风机，安装在密闭室内，烧嘴区的噪声约60dB，旋转阀区的噪声约80dB。

2.8.3.2 鲁兹纳氧化铁粉质量

在使用低硫燃料、去离子水、低碳钢的前提下铁粉可达到质量如表2-22所示。A级可作软磁高档材料使用。

表2-22 氧化铁粉质量（%）

氧化铁粉成分及物理性质		A	B	C
成分	Fe_2O_3	99.25~99.50	99.1~99.3	96.5~99.9
	MnO	0.3~0.35	0.3~0.35	0.25~1.0
	Al_2O_3	0.02~0.03	0.05~0.08	0.05~0.09
	Cr_2O_3	0.01~0.02	0.02~0.04	0.02~0.04
	NiO	0.02~0.03	0.03~0.05	0.03~0.05
	MgO	0.01~0.02	0.03~0.06	0.03~0.06
	CaO	0.01~0.02	0.02~0.04	0.05~0.15
	Na_2O	0.005~0.01	0.01~0.02	0.02~0.04
	K_2O	0.005~0.01	0.005~0.01	0.02~0.04
	SiO_2	<0.015	0.02~0.05	0.04~3.00
	TiO_2	<0.001	0.002	0.002
	CuO	0.02~0.03	0.02~0.05	0.02~0.05
	ZnO	0.005~0.01	0.02~0.05	0.02~0.05
	Cl^-	0.2	0.2	0.2
物理性质	比表面积/$m^2 \cdot g^{-1}$	2~3	2~5	4~10
	水/%（质量）	0.15~0.25	0.25~0.4	0.25~0.5
	烧损/%（质量）	0.3~0.4	0.5~0.8	0.5~2.5
	水溶性盐/%（质量）	<0.15	0.25~0.40	0.35~2.00
	体积密度/$g \cdot dm^{-3}$	650~1100	350~700	250~450
	原生粒度/μm	0.1~0.3	0.1~0.3	0.05~0.2

2.8.3.3 鲁兹纳再生设备

A 酸罐

酸罐包括废酸罐、新酸罐、再生酸罐、冲洗水罐及氨水罐。

酸罐的作用是：

废酸罐：一般再生装置安装两台废酸罐，一台用于贮存来自酸洗线的废酸，另一台用于贮存二氧化硅分离后的废酸。如果不需要二氧化硅分离，则两个废酸罐都用来贮存来自酸洗线的废酸。

新酸罐：用于贮存33%~35%的新盐酸。

再生酸罐：一般装置安装两个再生酸罐，两罐都用于贮存来自吸收塔的再生酸或混合酸液。

氨贮罐：此罐用于贮存除硅生产时使用的25%的氨水。

冲洗水罐：用于贮存来自酸洗线的冲洗水。

酸罐的结构：酸罐可由碳钢制造，内衬4mm的热水硫化复合胶片或预硫化丁基复合胶，也可用耐高温、耐酸性较好的3301不饱和聚酯树脂玻璃钢制作。酸罐内贮存液体的液面高度由安装在罐盖上的液位计（超声波式）或安装在罐底部的差压式液位计测定，并在计算机终端显示。

液位计一般采用超声波液位计或差压式液位计。从实际使用情况来看，在有挥发性气体的容器中使用差压式液位计的准确性较高。

酸罐的结构如图2-69所示。

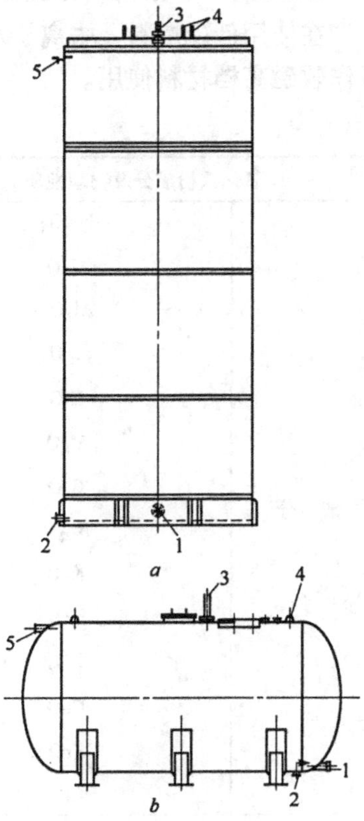

图 2-69　酸罐结构示意图

a—立式；*b*—卧式

1—酸出口；2—放空口；3—液位计；4—酸入口；5—溢流口

在酸罐的形式选择上，一般酸罐容积在50m^{3}或更小时，选用卧式罐；当酸罐容积大于50m^{3}时，选用立式罐以减少占用厂房面积和便于制作。

B　酸泵

酸泵包括酸洗酸泵、冲洗水泵、再生酸泵、新酸泵、废酸泵、NH_3泵、循环泵、浓缩酸泵等。在再生装置中除不连续工作的新酸泵、NH_3泵之外，一般泵都安装两台，其中一台作为备用泵。

酸泵的作用是：

酸洗酸泵：用于把废酸罐内的废酸送入除硅装置。

冲洗水泵：用于向吸收塔、预浓缩器供冲洗水，或向再生酸罐供冲洗水以便配制酸溶液。

再生酸泵：用于向酸洗线输送再生酸，或定期向吸收塔输送再生酸以便吸收塔内壁及填料的清洗。

新酸泵：用于将新酸从铁路槽车卸至新酸罐。

废酸泵：用于向预浓缩器输送废酸。

NH_3泵：用于将槽车中的HN_3液送至HN_3贮罐中。

循环泵：用于预浓缩器内浓缩酸的循环，以及向浓缩酸泵输送浓缩酸。

浓缩酸泵：用于向焙烧炉喷嘴输送浓缩酸。

此外，在除硅系统中还有两台废酸泵、一台氨计量泵、一台絮凝剂计量泵、两台压滤器活塞隔膜泵。其作用分别为：

废酸泵：一台用于将除硅后的废酸由收集罐送至废酸罐，另一台泵用于将浸溶塔中的酸液打至另一台废酸罐中（除硅装置不生产时用）。

氨计量泵、絮凝剂计量泵：分别用于向除硅系统的氨罐、沉降罐输送氨水和絮凝剂。

活塞隔膜泵：用于将除硅系统反应之后含有$FeCl_2$、SiO_2悬浮液的废酸输送至压滤机进行过滤、挤压。

酸泵的结构：除计量泵、活塞隔膜泵之外，所有的酸泵皆为离心泵，泵轴一般采用双端面机械轴密封。轴封水压为0.45MPa，大于离心泵压头。密封水在此起到防止酸液渗漏和润滑的双重作用。

离心泵为铸铁外壳，内衬及叶轮根据酸介质温度而选择。在高温介质的情况下，如浓缩酸处使用的浓缩酸泵和循环酸泵，内衬和叶轮必须使用PVDF（聚偏氟乙烯）。其余的酸泵壳内衬、叶轮皆为PP（聚丙烯）材质。

C 焙烧炉

焙烧炉由燃气（天然气或焦炉煤气）加热到600~700℃之间。被浓缩的废酸经炉顶的喷嘴雾化喷洒成微小液滴，浓缩酸中的氯化铁颗粒在燃烧的气体中被焙烧成游离氯化气和氧化铁。

焙烧炉为立式、圆柱形焊接结构，内衬耐火材料衬里，外部绝热保护，燃烧室在焙烧炉周围成切线方向分布。燃烧气体从燃烧室在同一平面直接流入焙烧炉内，其构造见图2-70。

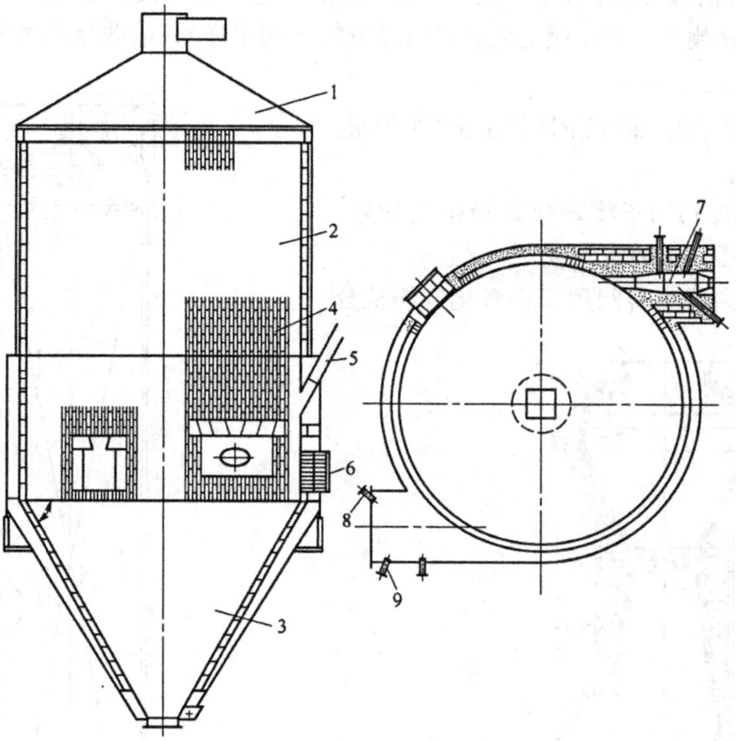

图2-70 焙烧炉结构示意图

1—炉顶；2—炉膛；3—炉底；4—耐火砖衬；5—气孔；6—人孔；
7—燃烧室；8—观察孔；9—火焰监测器

焙烧炉炉顶有温度测量点，控制炉顶温度在390℃左右，还有压力测量，以控制炉内呈负压状态，炉顶压力为-250Pa。

在焙烧炉上方，根据生产能力安装有1~6个喷嘴（包括提升装置），由浓缩酸泵输送的浓缩酸通过喷嘴喷入焙烧炉。喷嘴的喷洒量用电磁流量计和气动控制阀控制，也可用带有变频装置的浓缩酸泵控制。

D 预浓缩器（文丘里型）

来自焙烧炉的热气体从预浓缩器上部进入之后，与预浓缩器盖上的4个喷嘴喷洒的废酸直接进行热交换，将废酸浓缩至70%~80%。

预浓缩器为文丘里管型，钢壳内衬橡胶、耐酸砖及 SiC 砖，结构如图 2-71 所示。喷嘴管及喷嘴材质皆为铌。喷嘴喷雾角度为 120°。预浓缩器中与酸接触部位和格栅的材质为 SiC。浸没管材质为铌或钛。

另外在文丘里下部有温度、液位、密度测量和控制装置。

E　吸收塔

含有氯化氢气体的焙烧气体与吸收塔上部喷洒下来的吸收水逆流接触，在塔内氯化氢（HCl）气体被吸收，转换为浓度约 18% 的盐酸。

吸收塔结构如图 2-72 所示。小型吸收塔可由聚丙烯（PP）制造，较大的吸收塔可由 3301 不饱和聚酯树脂或钢壳内衬橡胶再砌一层耐酸瓷板而制成。塔的底部有聚偏氟乙烯格栅及碳化硅格栅支架，格栅上装有聚丙烯填料（鲍尔环），吸收水通过喷嘴管及喷嘴喷洒在整个填料上。

吸收液体流量由电磁流量计和控制阀来控制。

F　旋转阀

焙烧炉旋转阀用于将氧化铁粉排出炉外，使炉内保持负压，以防空气进入。

双旋风分离器旋转阀用于将氧化铁粉从分

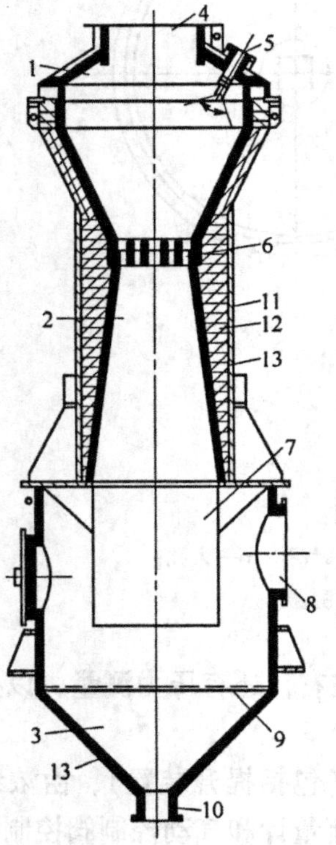

图 2-71　预浓缩器结构示意图

1—上部（盖）；2—中部；3—下部；4—气体入口；5—喷嘴管；6—格栅；7—浸没管；8—气体出口；9—液位；10—酸出口；11—橡胶；12—耐酸砖；13—SiC 砖

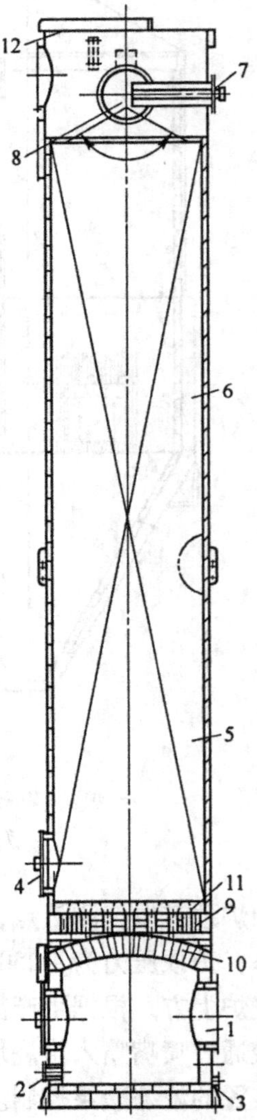

图 2-72　吸收塔结构示意图

1—气体入口；2—再生酸出口；3—放空口；4—人孔；5—下部；6—上部；7—喷嘴管；8—喷嘴；9—格栅支架；10—拱砖；11—格栅；12—盖

离器内排出，通过一斜管进入焙烧炉内，并避免空气通过旋转阀进入分离器，以保证双旋风分离器稳定操作。

旋转阀为耐热铸铁制造，结构如图2-73所示。

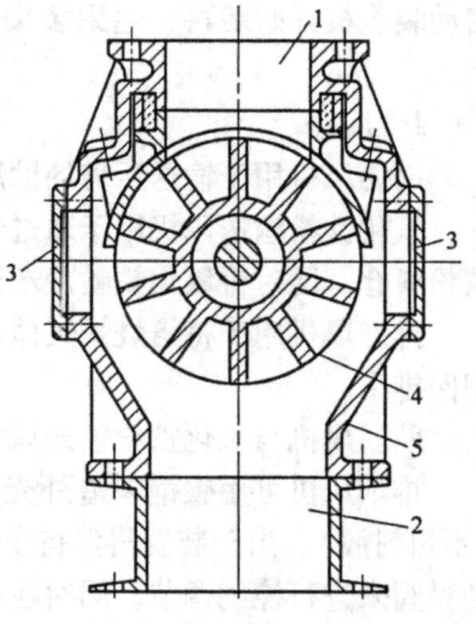

图2-73 旋转阀
1—入口；2—出口；3—压盖；4—旋转阀叶轮；5—外壳

G 氧化铁粉料仓

氧化铁粉料仓的作用是贮存由焙烧炉生产、输送来的氧化铁粉（Fe_2O_3）。

料仓为钢制圆柱形，在料仓下部有两个出口管与装袋机相连，以便铁粉装袋，在料仓盖上安有粉尘过滤器，防止铁粉粉尘外溢。

铁粉仓内安有最大和最小料位计，如料位达到最大时，整个再生装置全部自动停车。

H 双旋风分离器

双旋风分离器用于分离焙烧炉废气中带出的氧化铁颗粒。被分离出的氧化铁颗粒，通过旋转阀及插入焙烧炉中的斜管进入焙烧炉下部。

双旋风分离器结构如图2-74所示。分离器主要由两个锥形体构成，由耐磨碳钢制作。在两个锥体下部安有温度测量装置。

I 装袋机

装袋机用于将氧化铁粉料仓内的铁粉装入包装袋内。

装袋机结构如图2-75所示，它由碳钢制造，机械操作，袋入口必须与装料口相连。

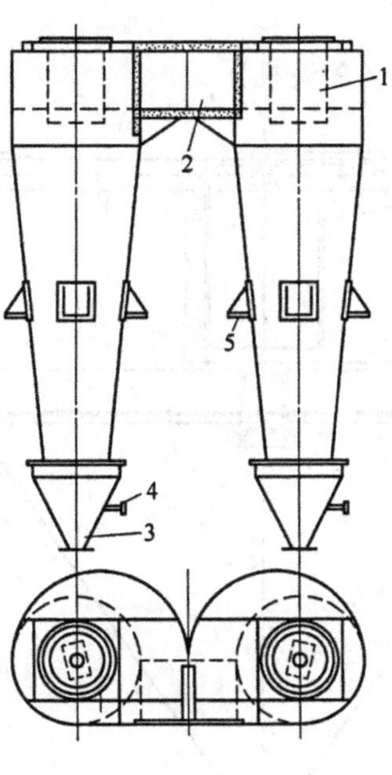

图2-74 双旋风分离器
1—旋转内套筒；2—连接板；3—观察、清扫孔；4—测温孔；5—支撑

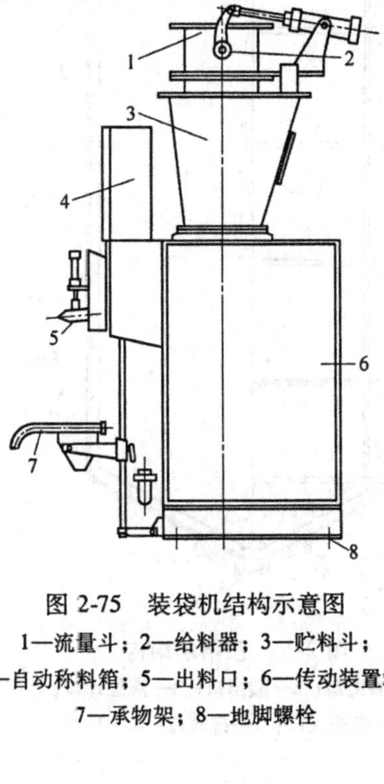

图2-75 装袋机结构示意图
1—流量斗；2—给料器；3—贮料斗；4—自动称料箱；5—出料口；6—传动装置箱；7—承物架；8—地脚螺栓

启动装袋机开始装料，达到装袋重量后，自动停止装袋。袋装满之后移走，套上另一空袋。

J　风机

助燃风机用于输送所需的助燃空气至焙烧炉。

氧化铁粉输送风机用于通过输送管道抽吸所需空气，将焙烧炉中氧化铁粉输送至氧化铁粉料仓，同时将氧化铁粉冷却至大约60℃。

排烟风机用于将焙烧炉气体或废气通过预浓缩器（文丘里）、吸收塔抽出，送至废气烟囱排出。

助燃风机与氧化铁粉输送风机皆为碳钢制造的离心风机。

排烟风机可用碳钢制造外壳，内衬耐酸橡胶衬里，叶轮为纯钛，也可用钛制造外壳（不再衬胶）。由于装置需保持负压操作，防止 HCl 气体逸出，所以在风机抽吸段安有气动蝶阀来进行控制调节。同时在风机叶轮上方安有冲洗水喷嘴喷洒冲洗水到叶轮上，以避免叶轮出现沉积物。洗涤水的水量可由流量计调节。

K　浸溶塔

浸溶塔用于装入碎铁屑将来自酸洗线的废酸浸溶，以降低酸度。

浸溶塔由碳钢制造，内衬橡胶和安山岩，如图 2-76 所示。

L　沉积罐

沉积罐用于沉淀废酸液中的固体物质。其结构如图 2-77 所示。此罐为内衬橡胶衬里的碳钢锥形底容器。

进入沉积罐中的废酸液经沉淀之后，清液溢流到收集罐中，含固体沉淀的酸液从出酸口进入过滤挤压机进行过滤挤压。

M　过滤挤压机（压滤机）

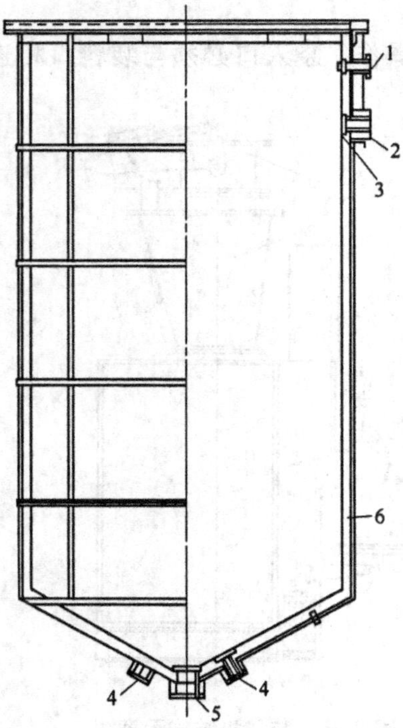

图 2-76　浸溶塔结构

1—溢流口；2—酸出口；3—液位计口；4—废酸入口；5—排放口；6—内衬

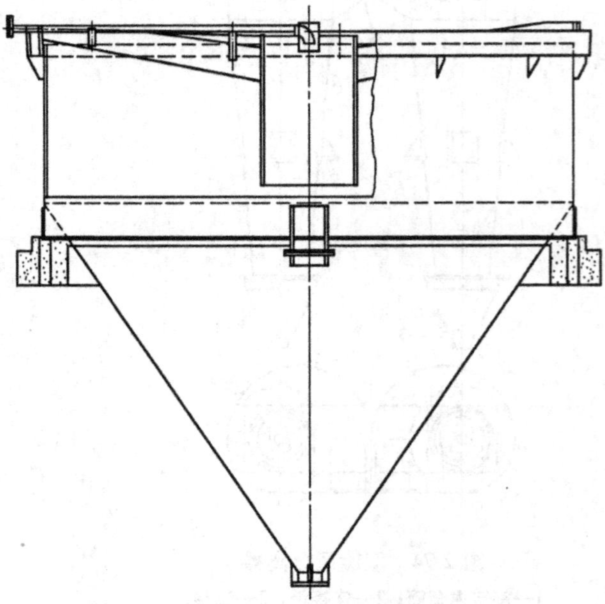

图 2-77　沉积罐结构示意图

过滤挤压机用于过滤从沉积罐底部用泵打出的含 $FeCl_2$ 酸液中的固体物质[$Fe(OH)_3$ 和 SiO_2]，其结构如图 2-78 所示。

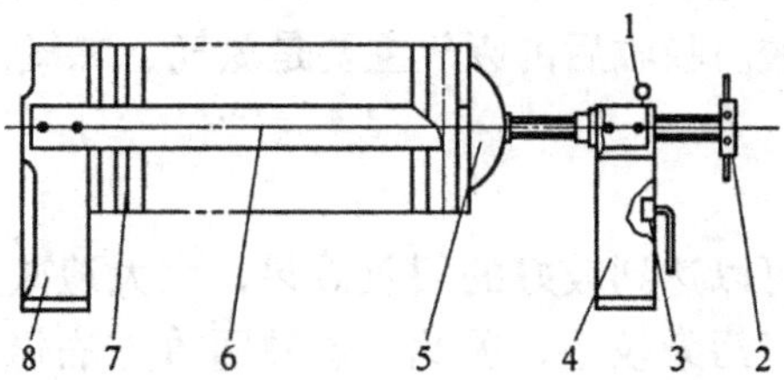

图 2-78 过滤挤压机

1—压力表；2—手动螺杆；3—手动液压泵；4—支脚；5—头板；6—主梁；7—滤板；8—尾板；9—进料口；10—滤液孔

压滤机除部分零件之外，全部为增强聚丙烯材料制造。压滤机可分为两部分：一是由尾板、头板、油缸体和主梁组成的对滤板进行压紧的机架部分；另外是由滤板、滤布组成的过滤部分。

含有固体物质的滤液，在带有工作压力的情况下进行滤室，经过加压过滤，滤液进入收集装置（收集罐），固体物质被滤布过滤存于两层滤布之间而形成滤饼。

另外，在除硅系统中还有一些玻璃钢或聚丙烯制造的罐体及搅拌设备，以及一些其他小的设备，在此不再一一详述。

2.8.4 鲁奇法

2.8.4.1 工艺简介

鲁奇法再生废盐酸一般通称流化床法，其工艺流程如图 2-79 所示。

需要再生处理的废酸首先用泵送到预收罐，再用另一台泵将废酸打到当作预蒸发器的文丘里设备中，在文丘里中一部分废酸液被灼热气体汽化。经过预蒸发器而剩下的那部分酸液，其体积减小并富集了氯化铁，它们从这个循环中分流出来，通过一个配料装置导入反应器（焙烧炉）中的流化床中，在那里水被蒸发，氯化铁热分解为氧化铁和氯化氢。流化床的颗粒氧化物变得更大更多，这样就使流化床的高度不断增大，从而使由鼓风机吹入的空气所造成的阻力也增强，阻力的大小通过压力计显示出来。通过一个叶轮闸门把多余的氧化铁排出，排出的过程进行到流化床下部的旋流空气的压力又下降到所希望的值为止。

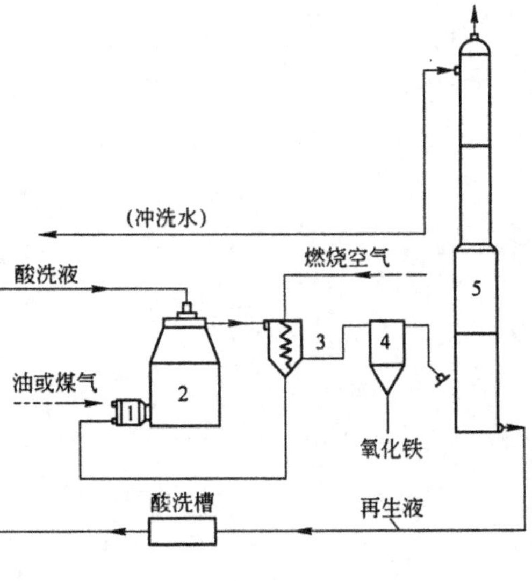

图 2-79 采用流化床反应器的再生设备

1—燃烧室；2—焙烧炉；3—预蒸发器（文丘里）；4—旋风分离器；5—吸收塔

较细的氧化铁被废气带出焙烧炉而进入

旋风分离器中。然后分离出来的细小氧化铁回到流化床中，被酸液湿润并逐渐变粗。净化后的气体从旋风分离器出来之后进入预蒸发器并在那里放出热量，即与酸液进行热交换。

焙烧后含有氯化氢的气体，经过预蒸发器进入吸收塔与从塔上喷洒下来的冲洗水接触，氯化氢被水吸收即形成再生酸。吸收后的废气主要是氮气、二氧化碳等，则被排入大气。

2.8.4.2　简单评价

流化床法再生废酸运行稳定可以达到较好的回收效果，大大地减少了盐酸的耗损量，并且由于氧化铁成球形颗粒，所以污染较小，因此，这种回收方法仍得到较广泛的采用。我国武汉钢铁公司冷轧厂的酸洗再生就是采用这种方法。

但是，这种回收方法能耗高，且生产的 Fe_2O_3 颗粒大只能作为矿石使用，故目前我国采用较多的是鲁兹纳回收方法。

3 冷　轧

冷轧是冷轧带钢生产中一个最重要的工序。热轧带钢经过一定程度的冷轧变形获得了厚度很薄、尺寸精确、表面光洁和板形平直的冷硬状态带钢，再经过以后热处理和精整就能使带钢具有良好的力学性能和加工性能或优良的电磁性能。另外，镀涂层处理还可使得带钢具有良好的抗腐蚀性能，从而使冷轧带钢在汽车、仪表、家用电器、食品罐头、轻工和建筑等行业中得到极为广泛的应用。因此，冷轧工序的工艺设备条件也就决定了该冷轧带钢厂的规模和技术质量水平。

3.1　冷轧机的发展

冷轧机是冷轧生产的主体设备。为了满足冷轧带钢生产的品种、规格、质量及不同生产规模的要求，冷轧带钢生产工艺经历了从单张到成卷生产的变革。由可逆式轧制到全连续轧制以及联合机组的发展中，形成了各种形式和不同特色的冷轧机。现代冷轧机的装备水平也有了很大提高，并趋向高效率、高质量、连续化和自动化。冷轧机成为现代钢铁工业中高效率生产设备之一，是钢铁工业技术发展和装备水平提高的一个重要标志。

3.1.1　冷轧机的基本形式

冷轧机按轧辊辊系结构分类有**二辊式**、**四辊式**和**多辊式**（图3-1）冷轧机，按机架布置形式分有**单机架可逆式**和**多机架串列式**（图3-2）冷轧机，为适应特殊品种和高质量冷轧带钢生产又有**特殊形式**的冷轧机（图3-3）。

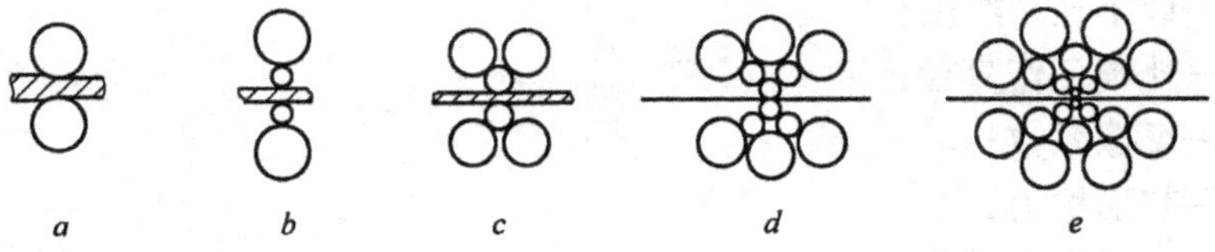

图3-1　冷轧机轧辊布置

a—二辊；*b*—四辊；*c*—六辊；*d*—十二辊；*e*—二十辊

二辊式冷轧机是早期出现的结构形式最简单的冷轧机。二辊式轧机辊径大，咬入性能好，轧制过程稳定，但轧机刚度较小，轧制产品厚度大、精度差，难以保证高质量的轧制。因此目前这种轧机只用于轧制较厚的带钢或作平整机用。

随着轧制带钢厚度的减薄和宽度的增加，二辊轧机显然已不能满足工艺要求。最小可

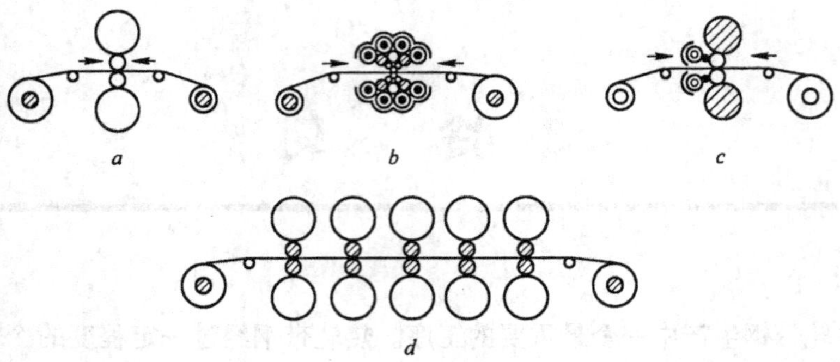

图 3-2　冷轧机的机架布置形式

a—四辊可逆式；*b*—二十辊可逆式；*c*—偏八辊可逆式；*d*—五机架串列式

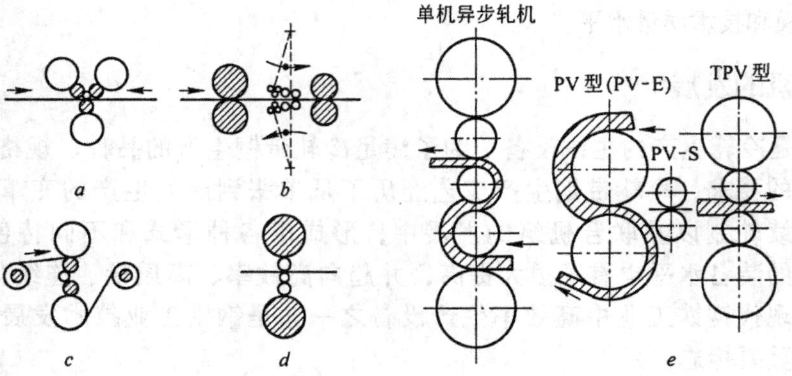

图 3-3　特种结构轧机

a—Y 形机架；*b*—摆动机架；*c*—CBS 机架；*d*—泰勒机架；*e*—异步轧机

轧厚度公式为：

$$h_{\min} = \frac{3.58DfK}{E}$$

式中　$h_{\min}$——最小轧制厚度；

D——轧辊工作直径；

f——摩擦系数；

K——变形抗力；

E——轧辊弹性模数。

由上式看出，在带钢变形抗力增大时，必须减小轧辊直径才能得到更薄的轧制厚度。这是因为只有减小轧辊直径，才能使轧制力和力矩降低，轧辊弹性压扁减小，就可以承受轧薄时更大的轧制力，增加道次压下量。但是，小直径轧辊在轧制力和张力作用下，又缺乏足够的强度和刚度，这样就产生了工作辊和支撑辊的分工合作关系，即由小直径工作辊直接进行轧制变形，而大直径支撑辊用来支承工作辊，于是就产生了四辊式冷轧机，以及使工作辊直径更小，并在垂直和水平方向上都能支承工作辊变形的多辊轧机。

四辊式冷轧机一般多采用工作辊传动，其工作辊和支撑辊直径之比约为1∶3，机架具有较大的刚度，可以轧制厚度为0.15~3.5mm、宽度最大为2080mm的低碳冷轧带钢和镀锡、镀锌及涂层基带，也可轧制不锈钢、硅钢等合金带钢。四辊式冷轧机是一种多用途的典型冷轧机。

多辊轧机是指一个机架内轧辊数多于4个的轧机，早期是六辊式和十二辊式。现在普遍使用排列顺序为1、2、3、4的森吉米尔型二十辊轧机，即每个工作辊是由2个第一中间辊、3个第二中间辊和4个外支撑辊支承，最后组装到整体机架中。这种结构使得轧机刚性很大，工作辊挠度很小。工作辊是由弹性模量很大的材质制成的，能承受很大的轧制压力，加上有较完善的辊形调节系统，所以多辊轧机可以轧制0.002~0.2mm的极薄带钢和变形困难的硅钢、不锈钢，以及高强度的铬镍合金材料。

多辊轧机还有其他多种形式，主要是MKW型八辊轧机和HC轧机。

MKW型八辊轧机实际上是在支撑辊传动的四辊轧机工作辊上增设侧向支撑辊的多辊轧机，有在工作辊一侧增设支撑辊的偏八辊轧机和两侧均设支撑辊的双八辊轧机（图3-4）。由于偏水平方向装设了侧支撑辊，所以工作辊与支撑辊直径之比可达1/15~1/20。MKW型八辊轧机较之四辊轧机轧制压力可减小约50%，这样既可像二十辊轧机那样满足轧薄要求，又可像四辊轧机那样采用乳化液工艺润滑进行不锈钢等变形困难的带钢轧制。因此MKW型八辊轧机是一种在结构、工艺和产品范围兼有四辊和二十辊轧机特点的多用途轧机，适合于多品种、小批量和多工艺性生产。

HC轧机是一种高性能的板形控制轧机，实际上是在四辊式轧机的工作辊和支撑辊之间加入一个辊端带锥度的中间辊并作横向移动的六辊轧机（图3-5）。HC轧机的主要特点是：

（1）具有高的刚度稳定性。轧机工作时可以通过调节中间辊的横向移动量来改变轧辊的接触长度，即改变其压力分布规律，以此消除轧制力变化对横向厚度差的影响，使HC轧机具有较大的横向刚性。当中间辊移动量为最佳时，即所谓NCP点（non control point），这时工作辊挠度不再受到轧制力的影响，轧机理论上横向刚性为无限大。

（2）减小带钢边部减薄和边裂。中间辊一侧带有锥度，在横移时能消除带宽外侧辊面上有害的接触段。这种接触段会使工作辊产生附加弯曲，使带钢边部减薄，薄带钢容易裂边。

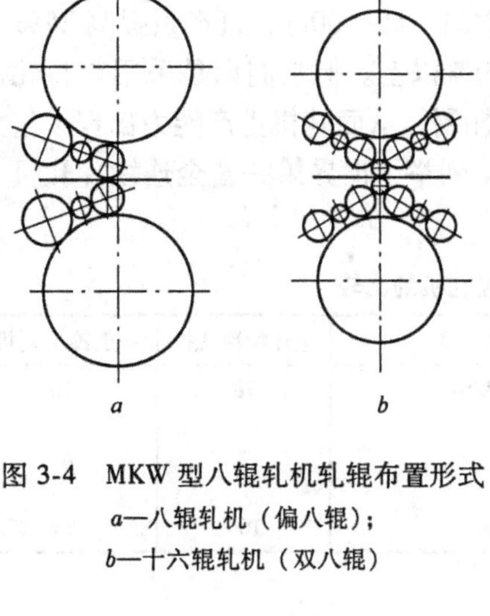

图3-4　MKW型八辊轧机轧辊布置形式
a—八辊轧机（偏八辊）；
b—十六辊轧机（双八辊）

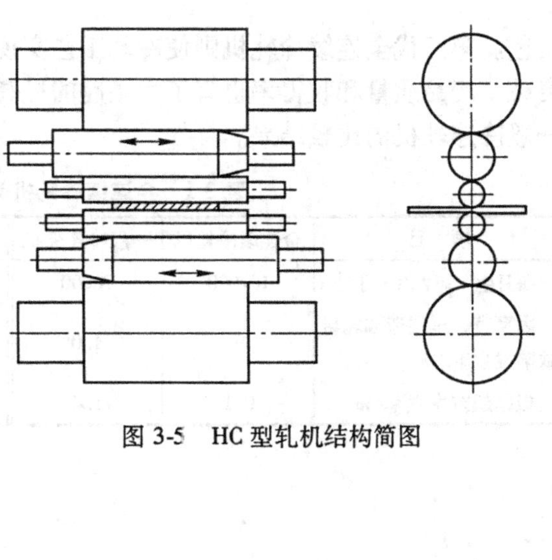

图3-5　HC型轧机结构简图

(3) 很好的控制性。HC 轧机设有液压弯辊装置，配合中间辊横向移动就扩大了板形调节能力。

由于 HC 轧机具有板形调节和改善带钢横向厚差的独特功能，所以其在高质量带钢生产中得到了十分广泛的应用。它不仅用于新建机组，而且还适应于四辊轧机的技术改造；不仅用在单机可逆轧机上，也可用在连轧机上。自 1980 年以来，世界各国新建或改建的冷轧机约有 82.5% 采用了 HC 轧机。

从机架布置形式看，冷轧机的早期形式都是单机架形式，生产工艺由单张生产发展为成卷可逆式生产。可逆轧制是带钢在机架上往复地进行多道次轧制，这样每个道次都要启动、加减速、停车和换向。因此可逆轧制限制了轧制速度和生产能力的提高，且在带钢头尾部的加减速段厚度超差也是不可避免的，导致了产品质量难以提高。串列式布置的连轧机适应了生产能力和产品质量不断提高的需要，连轧时带钢顺序通过机架，一次就完成了压下变形，是一种高效率生产的冷轧机。然而，连轧机的发展是以装备技术和控制技术的进步为基础的，因此在 20 世纪 60 年代，随着液压压下、可控硅、厚度自动控制（AGC）和计算机等重大技术的突破性进展，世界上经济发达国家都新建成一大批冷连轧机，冷轧机生产能力和结构组成发生了重大变化。近 10 年间新建成的宽带钢冷连轧机数量，要与过去建成第一台连轧机以来的 30 多年相当，但连轧机的生产能力要占全部冷轧机总能力的 80%。

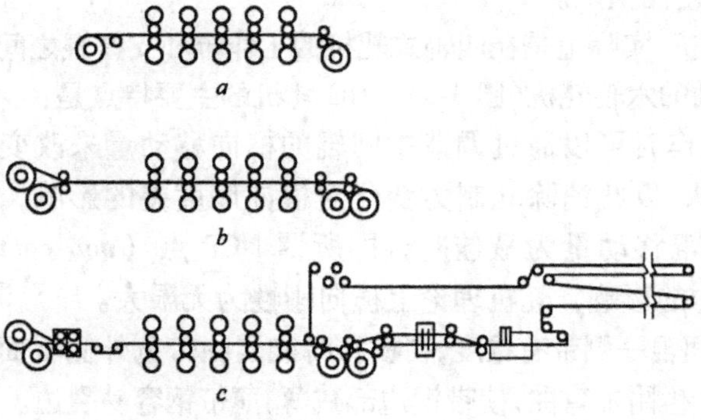

图 3-6　冷连轧机的 3 种装备形式

a—常规冷连轧机；*b*—改进的冷连轧机；*c*—全连续式冷轧机

根据轧制品种规格的需要，连轧机的机架数目有 2 ~ 6 个。为了进一步缩短轧制周期，提高连轧机生产能力，冷连轧机的装备形式经历了 3 次变化（图 3-6）。最早是只有一台开卷机和卷取机的常规式连轧机，以后发展为两台开卷机和卷取机的改进式连轧机，同时采用了液压压下、快速换辊、弯辊和自动控制等新技术，使轧制速度提高（35 ~ 41.6 m/s）、卷重增加（45 ~ 60t），且产量提高 25% ~ 30% 以上。但它们都是采用单卷轧制工艺。第三代全连续冷轧机则使冷轧工艺实现了无头轧制，从而轧机生产能力出现了重大突破，产品质量和收得率也有了大幅度的提高。表 3-1 列举了世界第一套全连续冷轧机与一般冷连轧机的比较结果。

表 3-1　全连续冷轧机与一般冷连轧机的比较

项　目	全连续冷轧机	一般冷连轧机	项　目	全连续冷轧机	一般冷连轧机
每月生产能力/t · 月$^{-1}$	107000	70000	轧辊消耗/%	70	100
因穿带、甩尾造成轧辊缺陷发生率/%	0	1.0	人员/名	2	6
板厚超差发生率/%	0.1	1.4	建设费/%	100	85 × 1.5 = 127.5

目前在世界范围内，全连续冷轧机也有3种连续形式（图3-7），即只有冷轧工序本身连续的冷轧机、酸洗-冷轧连续的联合机组（CDCM）和酸洗-冷轧-连续退火的全过程连续的联合工艺线（FIPL），后两种形式实际上是以全连续无头轧制为核心，向上、下工序延伸的联合生产线。这种生产线与常规酸洗和单一的全连轧机相比，省却了酸洗和连轧机之间的设备，取消了中间仓库和减少了操作人员，它们除了具有无头轧制所特有的高产、优质和低耗等优点外，还具有节省投资、降低成本和缩短生产周期等优点，它们都是现代化的大型、高效和全自动的连轧机。

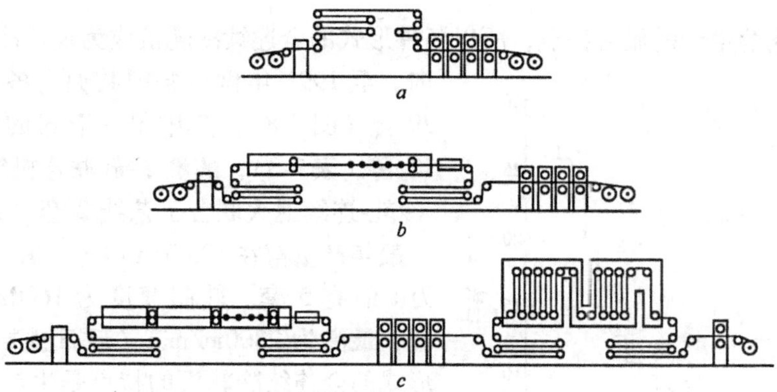

图3-7 全连续冷轧机的3种连续形式

a—单一全连续冷轧机；*b*—酸洗-冷轧联合机组；*c*—酸洗-冷轧-连续退火联合生产线

除此以外，还有一些特殊结构形式的冷轧机，主要有Y形轧机、摆式轧机、接触-弯曲-拉伸轧机（CBS轧机）、泰勒轧机和异步轧机等。

3.1.2 现代宽带钢冷轧机

通常，我们把**工作辊辊身长度大于900mm的冷轧机称为宽带钢冷轧机**。现代宽带钢冷轧机形式有单机架四辊式、森吉米尔二十辊式、偏八辊式及HC可逆式冷轧机和各种形式的连轧机。它们根据各自的工艺特点，以及生产带钢的品种、规格和能力而形成分工，并日益趋向专业化。

连轧机是一种产量大、效率高但品种单一的冷轧机，是宽带钢冷轧生产的主力军。现在大批量的低碳与结构冷轧带钢和镀涂加工用带钢都是由四辊式冷连轧机生产的，轧制厚度较大的产品时采用四机架连轧机，轧制厚度较薄的产品时采用五机架或六机架连轧机。表3-2列出常规冷连轧机的性能参数。其中五机架连轧机是一种典型的高效率冷轧机，其生产品种、规格的范围较宽，可轧制厚度为0.18～3.5mm、宽度达2000mm的带钢，可以包括四机架和六机架的生产品种。因此五机架连轧机是一种应用最为广泛的连轧机，在各种全连续冷轧生产中获得了广泛的应用。而六机架连轧机是轧制厚度小于0.1mm镀锡板的专业轧机。由于轧薄时速度难以提高和原板力学性能不如二次冷轧的好，因此这类轧机未能再得到很好的发展。初期建设的三机架连轧机则更多地用于二次冷轧镀锡板生产，以20%～50%的压下率代替平整轧制。双机架冷轧机也是主要用于镀锡薄板的平整和二次冷轧。

表 3-2　常规冷连轧机技术性能参数

轧机形式	规　格 /mm	产品厚度 /mm	轧制速度 /m·s^{-1}	卷　重 /t	工作辊直径 /mm	电动机容量 /kW	年产量 /t
四机架	1700～2500	0.25～3.0	20～25	30～35	500～600	33600	90～120
五机架	1700～2185	0.18～3.2	25～30	40～60	585～660	46700	90～120
六机架	1200～1450	0.08～1.0	30～40	35～45	610	32500	50～70

由于全连续生产的显著特点，所以各种形式的全连续冷轧机成为现代冷轧机的发展方向。至 1992 年世界各国共拥有各种全连续轧机 29 套（图 3-8），其中单一形式的全连续轧机为 12 套（表 3-3），酸洗-冷轧联合机组 15 套，酸洗-冷轧-连续退火联合工艺线 2 套（表 3-4）。它们一般年产量都在 100 万 t 以上，其中年产量为 200 万 t 的有 5 套。轧制速度为 1600m/min 的有 17 套，最高为 2300m/min（新日铁君津厂）。单一形式的全连续冷轧机的特点是生产品种规格范围广，生产组织不受上下工序的约束，可以灵活调节，因而可以充分发挥全连续轧机的能力，既适合于大批量专业化生产，也可安排多品种规格生产。而酸洗-冷轧联合机组既能使酸洗和连轧机的生产能力都得到较好的发挥，又不像酸洗-冷轧-连续退火联合生产线那样生产品种单一、规格较窄，因此被公认是一种效率最高的全连续冷轧机，是一种理想的工艺设备。它不但在新建冷轧厂得到优先选用，而且也很适合常规连轧机的改造。率先建设的联合机组，即 1981 年投产的新日铁君津 3 号酸洗机组与 3 号六机架连轧机的联合和 1982 年法国尤塞纳公司的蒙塔泰尔厂酸洗与四机架连轧机的联合都是通过转向 90°实现改造的。正因为如此，这种联合机组在国内外得到越来越多的发展。目前，联合机组生产能力已达到 1800 万 t/a 以上。

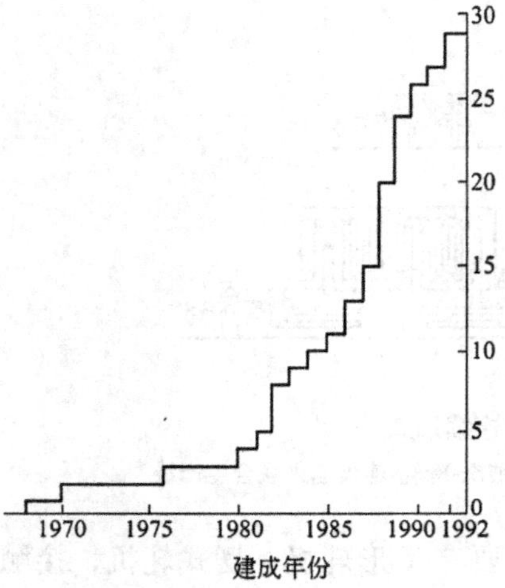

图 3-8　全连续轧机建成情况

表 3-3　世界无头轧制冷连轧机一览表

序号	厂　家	国家	生产规格 厚×宽/mm×mm	卷重 /t	轧机规格 /mm×mm	轧制速度 /m·min^{-1}	生产能力 /t·月$^{-1}$	投产时间
1	周南厂	日本	6.5～0.8→4.0～0.3×600～1280	22	No.1，ZR-22n-50 生产不锈钢 No.2～4，ZR-21B-50 新建	600	18300	1969 年
2	日本钢管福山厂	日本	1.6～4.5→0.15～1.6×610～1270	32	ϕ610/ϕ1455×1425/1370 新建 4H，五机架	1830	117000	1971 年

续表 3-3

序号	厂　家	国家	生产规格 厚×宽/mm×mm	卷重 /t	轧机规格 /mm×mm	轧制速度 /m·min^{-1}	生产能力 /t·月$^{-1}$	投产时间
3	国家钢公司威尔顿厂	美国	1.2～4.75→0.15～3.4×610～1320	32.7	φ585/φ1525×1370/1320 新建 4H，五机架	1980	80 万 t/a	1976 年
4	新利别茨克厂	原苏联	1.8～4.5（6.0）→0.35～2.0（3.5）	45	φ610/φ1600×2030 新建 4H，五机架	1900	235 万 t/a	1980 年
5	新日铁八幡厂	日本	1.5～4.8→0.1～1.0×508～1280	27.3	No.1～2φ435/φ505/φ1309×1422(6H) No.3～5φ585/φ1425×1422(4H)改造 No.6φ440/φ505/φ1190×1422(6H)	2170	97300	1982 年
6	住友金属鹿岛厂	日本	1.8～6.0→0.25～3.2×600～1625	45	φ585/φ1524×1730 改造 4H，五机架	1812	183000	1983 年
7	川崎制铁千叶厂	日本	1.8～3.2→0.1～1.0×508～1270	21	φ546/φ1422×1422/1362 改造 4H，六机架	2260	78000	1984 年
8	川崎制铁水岛厂	日本	→0.15～1.0×600～1300	50	φ380/510/φ1350×1420 新建 6H，三机架→四机架改造加一架	1550	85000	1986 年 1989 年
9	宝山钢铁公司冷轧厂	中国	1.8～4.5（6.0）→0.3～2.0（3.5）×900～1850	45	φ615/φ1550×2030 新建 4H，五机架，其中 No.5 为 CVC	1900	187000	1988 年
10	川崎制铁千叶厂	日本	2.0～6.0→0.4～3.2×600～1600	42	φ610/φ1524×1800/1750 改造 4H，四机架	1220		1988 年
11	浦项钢铁公司浦项厂	韩国	→0.15～1.6×500～1270		φ585/φ1425×1425 改造 4H，五机架	1894	75000	1988 年
12	考克利尔桑布尔公司蒂叶尔厂	比利时			×1730 改造 4H，四机架			

表 3-4 世界酸洗—冷轧联合机组一览表

序号	厂家	国家	生产规格 $h \times b$/mm×mm	卷重 /t	轧机规格 /mm×mm	机组速度/m·min^{-1}				机组能力 /t·月$^{-1}$	投产时间	备注
						酸洗入口	酸洗	连接段	冷轧			
1	新日铁君津厂	日本	2.0~4.5→0.18~1.20×500~1280	45	No.1~5ϕ585/ϕ1430×1430 No.6ϕ535/ϕ456/ϕ1345×1430 六机架	700		400	2300	125000	1981 年	改造
2	尤塞纳公司蒙塔泰尔厂	法国	→0.15~3.0× ~1600	42	四机架	600	300		1500	117000	1982 年	改造
3	川崎制铁水岛厂	日本	2.0~6.0→0.15~3.2×600~1600	50	No.1~4ϕ610/ϕ1530×1730 No.5ϕ420/ϕ539/ϕ1350×1730 五机架	620	320	380	1800	126400	1985 年	改造
4	索拉克公司圣阿加特厂	法国	1.8~6.0→0.4~3.0×600~1850	54	ϕ610/1575×2030/1850 4H,四机架	800	360	550	1400		1986 年	新建
5	新日铁广畑厂	日本	2~5→0.4~2.0×700~1650	35	ϕ475/ϕ530/ϕ1400×1880 6H,六机架	300	200		600	1080000 年产	1982 年	新建
6	日本钢管福山厂	日本	→0.35~2.3×600~1650	45	No.1~3ϕ550/ϕ1420×1800 No.4ϕ480/ϕ550/ϕ1430×1800				1200	125000	1987 年	改造
7	浦项钢铁公司浦项厂	韩国	2.0~5.0→0.4~2.0×620~1670	35	ϕ450/ϕ550/ϕ1350×1800 6H,四机架	350	170	190	600	1000000 年产	1988 年	新建
8	UPI 匹兹堡厂	美国	1.8~4.6→0.2~2.28×610~1372	30	ϕ470/ϕ540/ϕ1350×1524 6H,五机架		248	263	2133	117000	1989 年	新建
9	浦项公司光阳厂	韩国	-0.2~3.0×720~1860	40	ϕ490/ϕ560/ϕ1420×2000 6H,四机架				1200	100000	1989 年	新建
10	I/N Tek Co	美国	→0.4~2.0							1270000 年产	1989 年	新建
11	新日铁君津厂	日本								100000	1989 年	改造
12	新日铁钢制堺厂	日本			三机架改造四机架					100000	1989 年	改造
13	浦项公司光阳厂	韩国								92000	1990 年	新建
14	BHP 莱塞特厂	澳大利亚	→0.15~3.7×600~1320						1430		1989 年	改造
15	DO FA SCO 多法斯科	加拿大								129000	1992 年	新建

酸洗-冷轧-连续退火的联合生产线也是一种高效率、高质量的冷连轧机。号称两个第一的新日铁广畑厂率先在1982年实现冷轧-连续退火的联合，又于1987年实现了酸洗-冷轧-连续退火的联合，把冷轧全过程简化成入口段、酸洗、冷轧、清洗、退火、后处理、平整和出口段8个部分。连续生产线使设备时间利用率达到95%，收得率增至96.9%，断带事故每月只有0.1卷，能耗降低了40%。轧机装有高精度的AGC和板形反馈控制系统。这种生产线规格变化范围小，工艺参数变化和操作都较稳定，因而产品质量高，很适合如汽车冲压用专门化带钢的生产。联合生产线除了生产效率高、质量好外，还有节省投资和人力、交货迅速和高收得率等优点。目前新日铁与美国内陆钢厂也合建了这种联合生产线（I/N Tek Co），规格也是0.4～2.0mm，年产量要高些为127万t/a。这种生产线要求各工艺段之间要保持严格的匹配关系，只适合生产品种单一、规格范围较窄的带钢。

在现代宽带钢冷轧机中，各种形式的可逆式轧机仍占有重要的地位和作用。虽然现在很少再建这种冷轧机，但通过设备改造、增加检测与控制手段和提高自动化水平等技术改造，可逆轧机多品种、多规格和生产灵活调整方便的工艺特点得到了更好的发挥。它在品种和规格上是对连轧生产的有力补充。

3.1.3　冷轧机的发展动向

现代工业技术的发展对冷轧带材的数量和质量提出了越来越高的要求，也促使冷轧机的装备技术和控制水平向更高的方向发展。追求的目标仍将是提高连续化率和质量，以及更广泛的自动化。

3.1.3.1　更高的连续化程度

为了进一步提高冷轧生产效率和缩短生产周期，冷轧生产的总体布局必然是向着连续化程度更高的方向发展，实现生产工序的联合。

自1971年全连续无头轧制问世以来，世界经济发达和发展中国家都相继建成了一大批全连续冷轧机，出现了宽带（1850mm）、高速（2260m/min）和大型（年产250万t）的全连轧机，采用了生产过程和生产管理的计算机全面控制、高精度AGC及板形自动控制等高新技术。20世纪70年代期间全连续生产已基本发展成熟，形成了高速化、高质量和全自动化的显著特点。这些也为20世纪80年代出现酸洗-冷轧联合和酸洗-冷轧-连续退火全过程联合创造了重要的条件。近年来许多新建和改造的联合机组相继顺利投产，这表明从热轧带钢的表面处理经冷轧到最终成品精整的冷轧生产全过程中，各个生产环节已达到了很高的技术和操作水平，关键技术已经突破。无疑，这种联合生产特别是酸洗-冷轧机组将会在今后得到更大的发展。日本是冷轧连续化程度最高的国家，以1982年和1987年的产量比率为例，其冷轧工序自身连续化率从6.3%提高到50%，其中酸洗与冷轧联合生产比率从5.9%提高到17%，连续退火率从17%提高到35%。提高冷轧生产的连续化率仍是今后冷轧生产的重要课题，而发展各种形式的全连续冷轧机和连续退火生产线则是实现连续化的主要途径。这样使冷轧生产不仅在数量上，而且在质量品种和快速交货等方面都能满足更高的要求，在市场上更有竞争能力。

联合机组的实现也为连续化范围向着热轧和连铸延伸创造了条件，进而为整个钢铁生产过程的连续化，即从矿石冶炼开始到最终生产冷轧成品的联合生产提供了可能性。如1987年建成投产的日本钢管福山厂第三冷轧车间，其酸洗-冷轧联合机组（NK-PPCM）上与热轧带钢车间、下与连续退火机组连成了一体，形成了从连铸开始经热连轧到冷连轧的大流水生产线，中间分别通过水冷跨和钢卷堆放跨进行生产连接，并由计算机跟踪和管理，使从连铸到生产出冷轧带卷的生产全过程在24h内完成，相当于过去传统方式的1/5，而操作人员要节省40%。

此外，国内外已经在生产中采用的薄板坯连铸技术和紧凑式热连轧机（CSP 技术，美国纽柯公司和中国台湾烨联公司），以及从连铸直接轧出 1.8mm 的热轧带钢和熔融还原法（COREX 工艺，南非 ISCOR 公司）等高新技术，将为钢铁生产实现更大程度的连续化提供美好的前景。

3.1.3.2　提高产品质量

冷轧带钢生产技术发展的主攻方向是要不断提高产品质量，主要是带钢厚度精度和板形平直度，以满足现代化自动流水生产提出的苛刻要求和提高市场竞争能力。如要求汽车板的同板厚差不大于 ±5μm，板形平直度由 20I 提高到 10I（1I 单位 = 10^{-5} 相对长度差），镀锡板要求为5I，板凸度也由原来的30μm 左右达到10μm 以内。这就必然要求质量控制技术要有更大的进展。

厚度自动控制(AGC)技术在近20多年中已发展到很高的水平。冷轧带钢的纵向厚度偏差已由 ±3% 降低到 ±1% ~2% ,绝对偏差值也由 ±5μm 降低到 ±2μm。有的工厂如日本钢管福山厂第三冷轧车间把厚度偏差由 1% ~0.5% 降低到 0.6% ~0.3%。AGC 系统的发展趋势是采用计算机数字直接控制(DDC-AGC),而其局部环节仍在不断完善之中,主要有：

(1) 进一步提高检测精度，如日本 X 射线测厚仪和德国（Volmen）接触式测厚仪，测量误差都小于 1μm。

(2) 1 架厚控由传统的测厚仪控制（GM）改用多台测厚仪的前馈与反馈控制，4 ~5 架间张力调节改为只控制末架辊缝以保持轧制力恒定。也有的末架采用多变数控制方式，对轧制力、张力及板厚进行综合控制。

(3) 为有效地消除支撑辊偏心对厚度的影响，支撑辊轴承采用新型的液力配合无键液摩轴承（HF Keyless Bur Bearing)。这种新型轴承与常规的键合轴承相比，其因偏心运转而引起的压力变化要减少 1/2 ~1/3。也有的采用滚动轴承结合偏心控制，提高了 BISRA 控制效果。

(4) 提高速度自动调节系统（ASR）的控制精度，使轧机加减速引起的动态厚度瞬间变化减至最小。

板形自动控制的研究起步要晚些，但20世纪80年代以来板形系统的开发研究也进入了生产应用新阶段。各种板形在线检测装置和板形控制技术与计算机组成的闭环控制系统已成功地用于冷轧机并取得了较显著的成效。一般板凸度控制为不大于10μm，最好的已与纵向厚度偏差相一致。

闭环控制的前提条件是实现板形在线检测。目前可靠地用于生产的检测设备有瑞典 ASEA 的多段辊式板形仪（STRES-SOMETER），它能测出5℃横向温差引起的 ±15N/mm^2 的张力差，另外还有 BISRA 透磁式测量装置（英国奥伯厂）和新日铁测量带钢在交变磁场作用下挠度变化的板形装置。

板形控制技术发展得很快，除了常规的原始凸度配置、正负弯辊和轧辊分段冷却外，近年来主要成功地开发了移辊技术和对辊交叉技术，并出现了多种新型板形控制轧机，主要是：

（1）中间辊轴向移动的HC轧机和增加工作辊水平移动的HVC轧机。

（2）支撑辊凸度可变的VC轧机。

（3）对辊交叉的PC轧机。

（4）工作辊垂直和水平弯曲的FFC轧机（以上日本开发）。

（5）连续变化轧辊凸度的CVC轧机。

（6）轴向移动雪茄形工作辊的UPC轧机（以上德国开发）。

（7）辊缝控制的NIPCO轧辊（瑞士开发）。

目前生产中使用最多的是六辊式HC轧机和四辊式CVC轧机，一般新建多采用HC或改进的UC轧机，改造时则可采用CVC或UPC。HC轧机控制板形范围要比CVC大些（表3-5），因此采用HC轧机改善板形的应用率约为80%，而CVC为10%。目前更多趋向于这两种板形控制技术的联合应用，如六辊CVC和CVC-HC技术。

表3-5 HC轧机与CVC技术的性能比较

项 目	CVC技术		HC技术（包含VC轧机等）
原理结构	（1）工作辊轴向移动，工作辊用S辊型形成压下差控制板长度和板形＋工作辊液压弯辊； （2）轧辊移动量小，应用于四辊轧机，改造工作量小		（1）中间辊轴移造成辊间压扁差控制板长度和板形＋工作辊、中间辊液压弯辊； （2）轧辊移动量大，应用于六辊轧机，改造工作量大
效 果	板凸度控制	好	好
	边部减薄控制	差	好
	波浪度控制		
	边波与中波	好	好
	复合波	差	好
	受热长度和磨损影响	大	小
	受轧制力波动的影响	大	无

在计算机控制下以上新技术的开发和应用使带钢横向厚差和平直度的控制达到了较好的水平，但板形控制效果的提高则更需要灵敏可靠的板形检测、快速灵活的控制手段和行之有效的控制软件（控制方法和数学模型等）的很好结合。实践证明，板形控制系统的软件设计更直接影响到调节能力和效果，其控制目标的设定模型既要体现出各种板形判别的准则，又要由它与实测板形的计算偏差决定正确的调节方向，以便使理论预报与实际板形变化相吻合。因此深化板形控制理论模型的研究并配合仿真实验将是板形控制的重要课题。

目前板厚和板形基本上是由两个系统分别控制的，实际上它们之间存在着密切的联系和影响，因此今后发展趋势将是两者进行综合控制。

3.1.3.3 计算机控制

冷轧生产的高度连续化和高质量控制，必然发展为计算机对过程和生产进行全面控制。

在20世纪70年代，现代计算机应用技术的进展促成了全连续轧制工艺的实现。计算机精确的焊缝跟踪和快速进行动态规格变换，使轧制过程能够连续不停地进行下去；自适应自学习的数学模型计算，使轧制过程很快地适应实际情况，进行生产过程最佳化控制；计算机对厚度自动控制和板形自动控制系统的设定，使带钢质量控制水平不断提高，从而使计算机在过程控制中得到了普遍应用。

生产的高速化和连续化使计算机控制功能进一步扩展到生产计划编制和生产数据管理中。尤其是各种形式的联合机组，只有计算机管理才能使各工序之间速度协调，设备发挥出更大的能力。计算机给冷轧生产带来的经济效益是很大的，这主要表现在：

(1) 提高设备速度和利用率，大幅度提高生产能力。

(2) 提高产品质量。

(3) 大大减少操作人员，减轻劳动强度。

(4) 均衡组织生产，充分发挥效率。

(5) 及时提供准确的数据和进行信息处理。

根据冷轧生产过程控制和生产管理的诸多功能需要，现代冷连轧的计算机控制广泛采用了分级控制和分散控制相结合的方法，对复杂多变的轧制过程进行既有分工又有协作的全面控制。首先由上级计算机对生产过程进行最佳控制的设定计算（过程控制机DDC或监控计算机SCC），由它指挥下级计算机对过程进行直接数字控制（为直接数字控制机DDC）。而单体设备和单一操作的控制则分散由微机或可编程序控制器完成，执行计算机的控制指令或对其设定值进行监控（称为基础自动化），由此构成了连轧机的计算机自动控制系统。

冷轧机的计算机系统再与冷轧厂的生产管理系统（MIS）相连接，向它传送生产数据并接受调度、计划和管理，并可通过MIS与其他工序如酸洗、退火和平整等过程控制机相连接，从而形成了全厂的以计算机为中心进行过程控制和生产管理的综合系统。

现代化的生产管理进一步发展为控制和经营管理的计算机网络，厂级计算机系统与公司级的企业管理计算机相连接，就会进一步发掘企业潜力、提高效率和增加效益。

现代计算机技术的高度发展已经使人类的智能活动在计算机上得到再现，亦有成功用于冷轧生产的实例。新日铁八幡厂在1990年建成了世界上第一套采用人工智能系统的冷连轧机，在这种无人操作的六辊式五机架轧机上，可以轧制低碳钢、电工钢和不锈钢带钢，轧制规格为（0.25～3.2）mm×（600～1800）mm，月产量可达14.7万t。这套冷连轧机的装备水平又提高到一个全新水平，也预示着冷轧计算机控制的发展方向。

3.2 冷轧设备

冷轧设备由入口侧钢卷接受及运送装置、开卷机、轧机、卷取机和钢卷输出装置等机械设备以及各个设备的驱动、控制、检测仪表和润滑等装置所组成（图3-9和图3-10）。设备是生产工艺

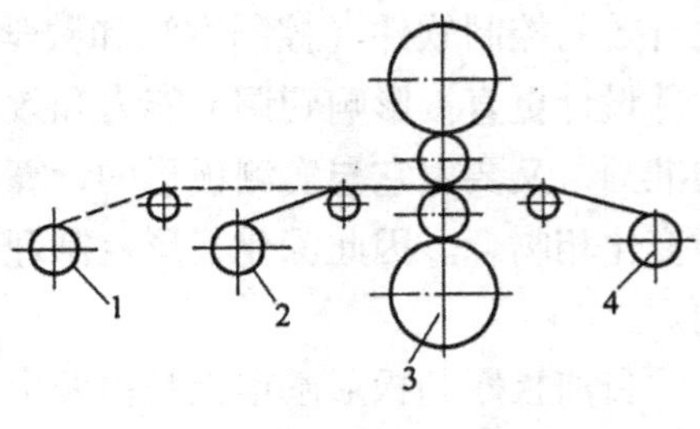

图3-9　四辊可逆式冷轧机设备组成

1—开卷机；2—机前卷取机；3—工作机座；4—机后卷取机

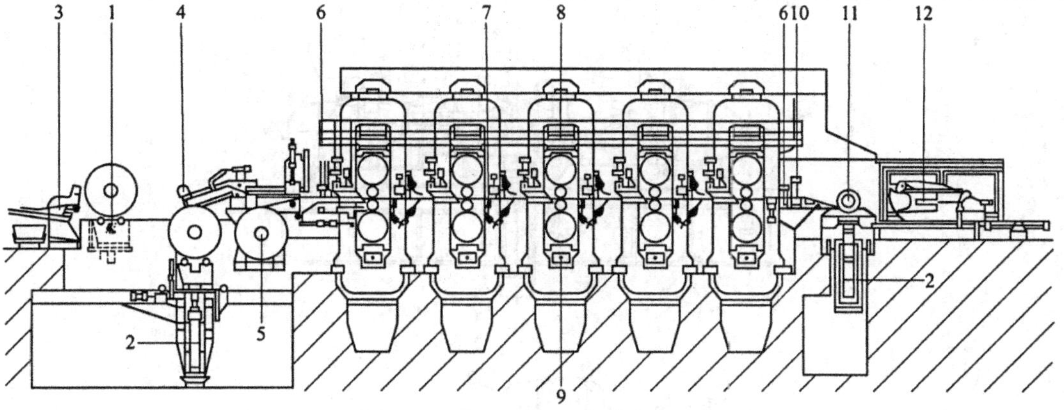

图 3-10 冷连轧机设备组成图

1—步进梁；2—钢卷小车；3—剥带机；4—预开卷机；5—双柱头开卷机；6—测厚仪；7—连轧机；8—液压压下缸；9—斜楔调整装置；10—横切机；11—卷取机；12—助卷机

操作的基础。这些单体设备的形式、精度和控制技术等装备水平是直接与生产能力和产品质量相联系的。而上述设备的有机配合和协调作用更是直接关系到生产效率的发挥和产品质量的提高。现代高效率、高质量的冷轧生产都是把这些设备的操作与过程控制纳入到计算机自动控制系统下工作的。

3.2.1 机械设备

3.2.1.1 钢卷接受及运送装置

在轧机入口侧接受酸洗过的热轧钢卷并将钢卷运送到开卷机前和在出口侧把钢卷运出轧制线，一般都采用链式运输机或步进梁运输机。台板的结构形式有鞍座式、平板式、弧板式和槽形几种，以适应立式或卧式钢卷的运送。步进梁运输机采用液压操作，具有工作平稳可靠、结构简单等特点，是一种用途广泛、经济性高的大钢卷运输设备（图 3-11），广泛用于冷轧各机组的进出料运输和过跨运输。

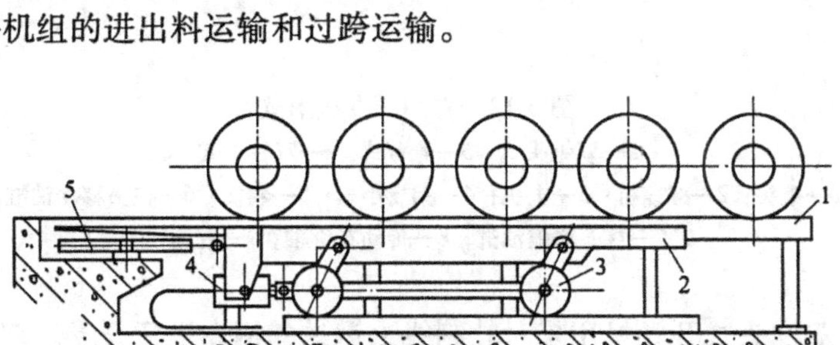

图 3-11 槽形步进梁运输机

1—固定梁；2—活动梁；3—平行四连杆机构；4—升降缸；5—移动缸

3.2.1.2 开卷机

开卷机的作用是把钢卷带头引出并矫平送入轧机和在轧制中提供足够的开卷张力。其常见结构形式有双锥头式、双柱头式和悬臂式3种（图3-12）。

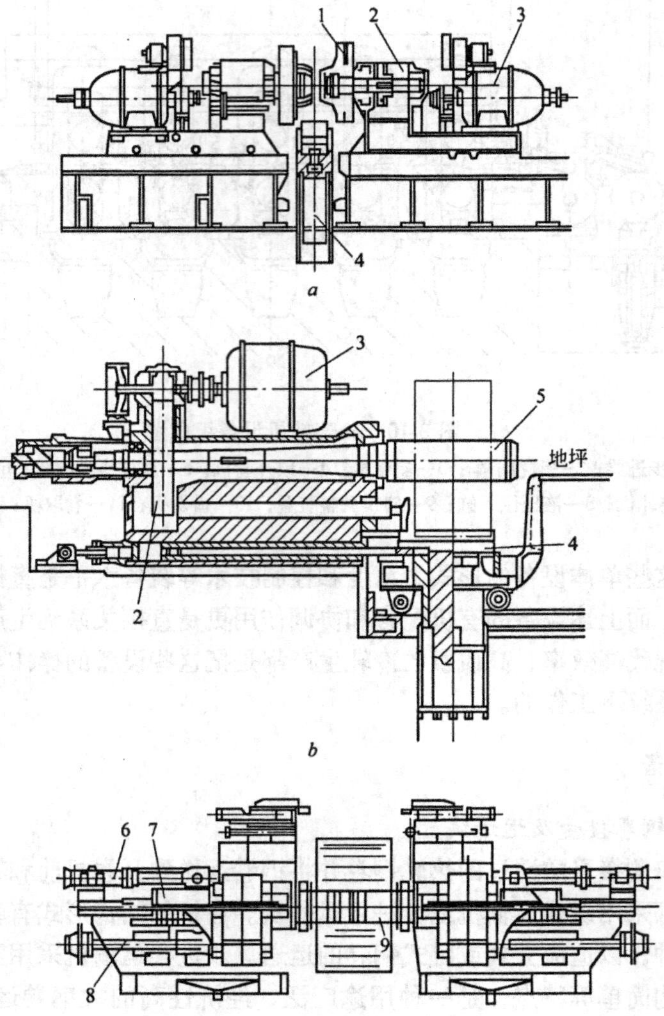

图3-12　常用开卷机形式

a—双锥头式；*b*—悬臂式；*c*—双柱头式

1—锥头；2—减速机；3—电机；4—钢卷小车；5—卷筒；6—柱头移动油缸；

7—柱头胀缩油缸；8—传动花键轴；9—柱头

双锥头式、双柱头式开卷机用来对轧制线上运送的钢卷进行开卷。双锥头结构有刚性和胀缩式两种，刚性锥头开卷机只能产生很小的张力，且锥头容易压伤内层钢卷，故很少使用。胀缩式锥头在插入钢卷后使其胀紧，从而能形成较大的张力，常用于轧机或平整机的开卷。

双柱头式开卷机的柱头较深地插入钢卷内径，如1700mm连轧机的开卷柱头一侧行程为800mm，这样就不会在开卷张力很大时，引起钢卷内层的损伤。并且柱头重心低，动平衡性好，使开卷速度较高，张力大，工作平稳。

悬臂式开卷机的卷筒通常为斜楔胀缩式，由液压驱动心轴来带动斜楔和套筒做轴向移动，使卷筒胀缩。有的在卷筒悬臂端设置活动的外支撑架，使悬臂式开卷机可以承受大质量钢卷，形成较大的开卷张力，并容易实现自动操作。

一般轧机上只装一台开卷机，为了减少开卷的辅助操作时间，则采取预开卷或两台开卷机工作方式，以满足轧机连续生产的要求。

为保证带钢与轧机中心线对中运行，开卷机上要装设边缘控制系统，通过液压装置自动进行横向移动。

3.2.1.3 卷取机

冷轧带钢的卷取普遍采用卷筒式卷取机，卷筒结构有刚性和胀缩式两种。刚性（实心）卷筒结构简单，具有较好的强度和刚度，内径自然成圆，适于薄和极薄带钢的卷取。为了卸卷，要采用双卷筒结构的回转式卷取机，然后在专用的重卷机组上进行倒卷（图3-13）。

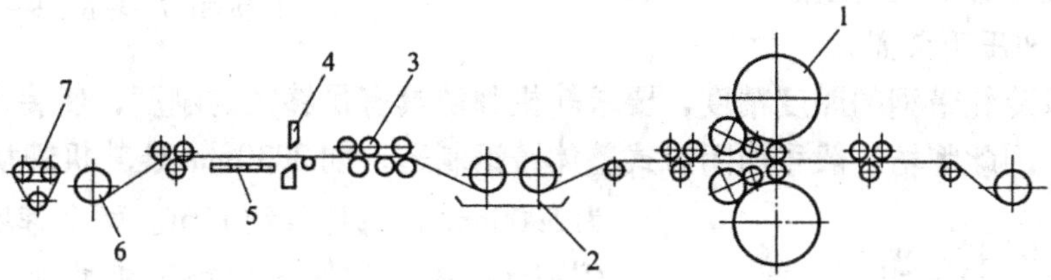

图 3-13 刚性卷筒的重卷机构

1—冷轧机；2—回转式卷取机；3—矫直机；4—液压剪；5—检查站；6—胀缩卷取机；7—助卷机

胀缩式卷筒多是扇形板式，即卷筒外壳是由扇形板组合而成的。根据扇形板动作方式胀缩式卷筒有斜楔式和四棱锥式卷筒两种。斜楔式是由卷筒心轴驱动斜楔做轴向移动，使扇形板产生径向位移而胀缩卷筒。四棱锥式是由液压缸直接推动棱锥轴而使扇形板径向位移，因此棱锥轴强度要高，这种卷筒更适用于大张力轧制的轧机。四棱锥式卷筒有4个扇形板，结构对称，胀缩成圆（图3-14），动平衡好，卷取速度高。钢卷内芯是借助于皮带助卷机的接触摩擦形成的，缠上3圈即可进行全张力卷取。如2030mm冷连轧机的四棱锥卷取机最大速度为1900m/min。

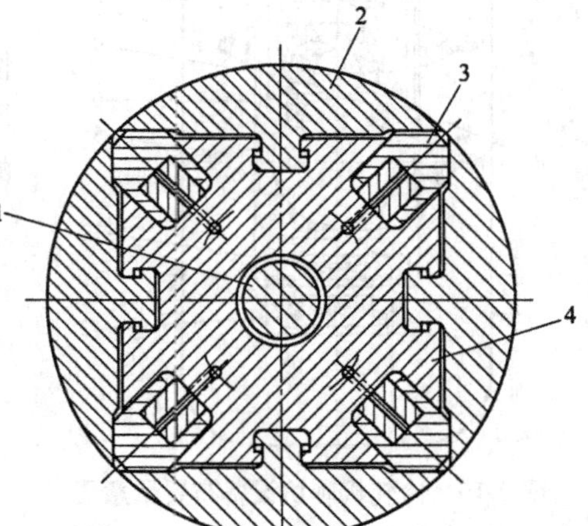

图 3-14 四棱锥式卷筒

1—心杆；2—扇形板；3—斜楔；4—主轴

卷筒直径与带钢的力学性能和厚度有关，常用的有 ϕ450mm、ϕ510mm、ϕ610mm 和 ϕ750mm，一般是薄带钢要用小直径卷筒，厚带钢采用大直径卷筒。而在厚度变化范围较大时，可采用卷筒加套或更换卷筒的办法。

卷取机驱动都采用直流电机直接传动方式，以确保轧制过程中带钢速度同步调节和张力恒定，适应高速轧制的要求。

卷取机位置调节装置自动地将钢卷对中轧机中心，确保卷边整齐。

在全连续冷轧机上，要设置两台卷取机，两台之间由导向装置和磁力皮带运输机进行快速分流。近年来，国外也使用 Carrousel 轮盘式卷取机（图 3-15），由轮盘上的两个卷筒交替工作，这样钢卷卷取和输出位置都固定不变，简化了出口侧设备和操作，卷取质量有了很大改善。

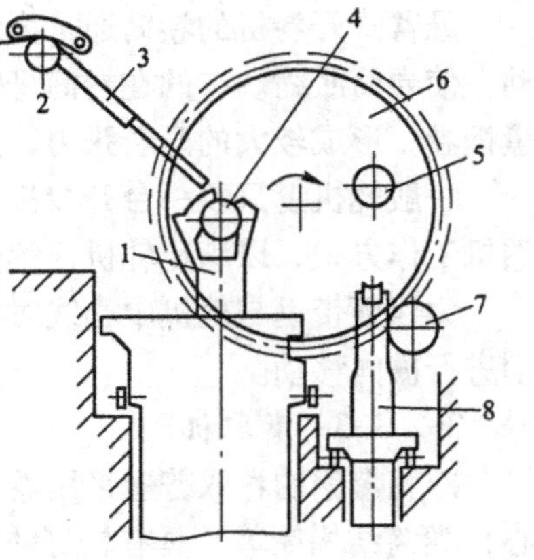

图 3-15 轮盘式卷取机

1—皮带助卷器；2—导向辊；3—穿行台；4—1 号卷筒；5—2 号卷筒；6—公转用传动轴；7—轮盘；8—带钢卷车

3.2.1.4 轧机

轧机是冷轧机组的主体设备，各种形式的轧机都要由牌坊、工作辊和支撑辊及其轴承、主传动、压下装置以及换辊装置等设备组成。

A 牌坊和压下装置

为了确保冷轧带钢的厚度精度，要求轧机牌坊具有足够大的刚度，使装入的轧辊能准确定位对正。因此牌坊一般采用闭口式整体铸钢制造，如 2030mm 连轧机牌坊立柱断面积为 $5900cm^2$，每片重约 116t。两个牌坊用横梁焊接成刚性机架，牌坊窗口需经机械加工，其立面上安装有硬质抗磨衬板而使轧辊轴承座移动顺利。为防止轧辊侧向移动，由液压锁紧装置把轴承座固定在立柱上。牌坊顶部装设调节辊缝的液压压下缸，下部装有液压马达传动的斜楔调节装置，这样可使轧制线高度保持恒定（图 3-16）。

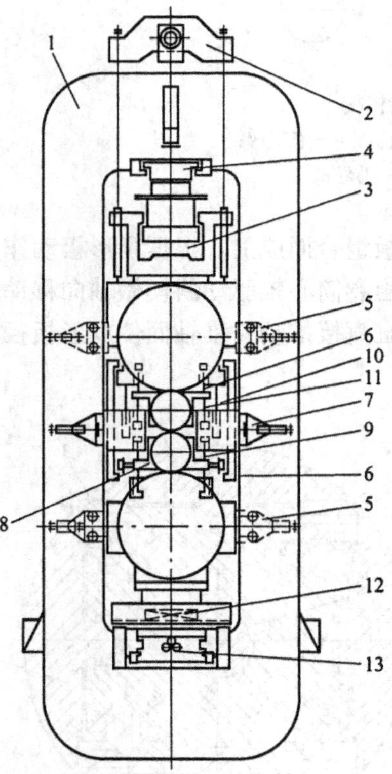

图 3-16 冷轧机牌坊设备布置示意图

1—牌坊；2—吊挂装置；3—液压压下缸；4—压块；5—支撑辊锁紧装置；6—负弯辊缸；7—工作辊锁紧装置；8—带走轮的下工作辊轴承座；9—正弯辊缸（下工作辊平衡缸）；10—上支撑辊平衡缸；11—上工作辊平衡缸；12—压磁压头；13—斜楔调整装置

压下装置有电动压下和液压压下两种方式，全液压压下是现代冷轧机的一个重要特性。

电动压下是由直流电机传动蜗轮蜗杆装置，使压下螺丝在固定牌坊顶部的螺母中转动以调整压下（图 3-17），并通过电磁离合器实现两侧压下的单独或联合调节。

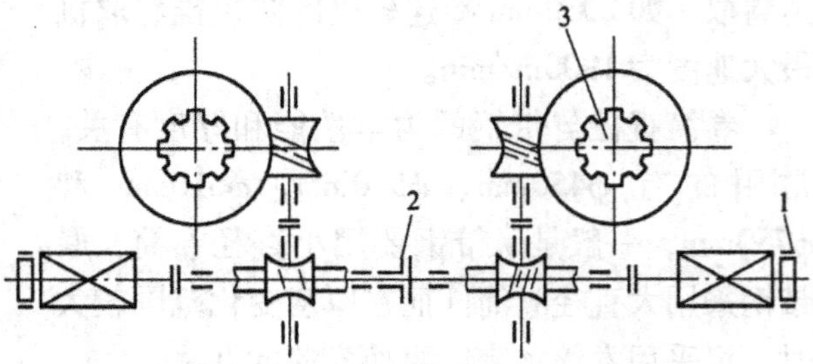

图 3-17 四辊可逆式冷轧机的压下驱动系统

1—制动器；2—电磁离合器；3—压下螺丝装置

液压压下是通过液压缸柱塞的位移进行辊缝调整，其主要特点是响应速度快，可任意选择轧机刚性，装有高精度的位移传感器，使轧机实现了高精度轧制和计算机控制。

表 3-6 列出两种压下装置的性能比较。

表 3-6　压下装置的种类与比较

种　类	电 动 压 下 装 置	液 压 压 下 装 置
构　造	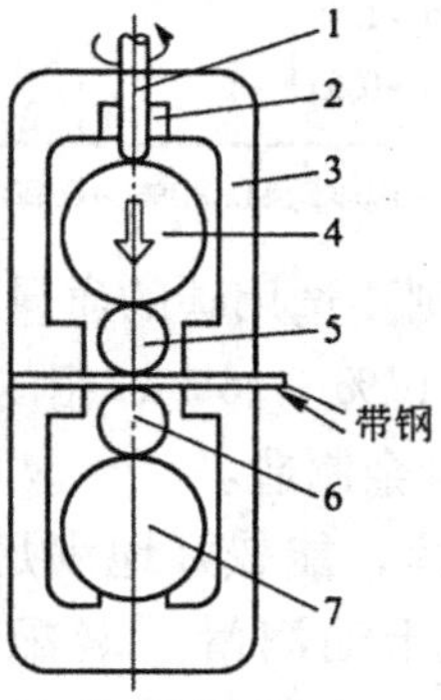	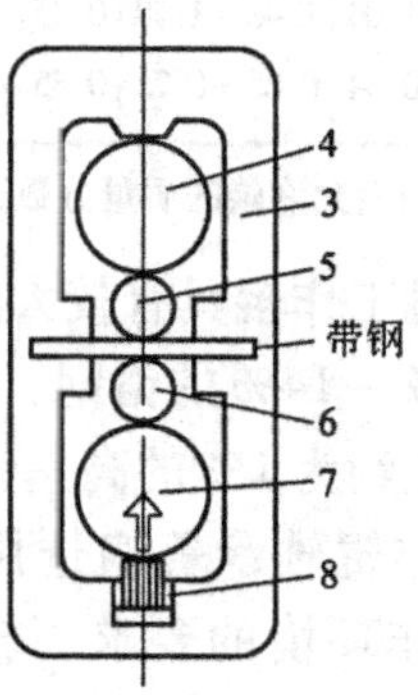
响应速度	慢	快
轧机常数	一定	可变
轧机性能	稳定	不太稳定（依伺服阀性能而定）
不合格品	多	少
设备维修	容易	困难(防止液压油污染、伺服阀管理和管道维修困难)
控制系数	简单	复杂
趋　势		最 近 用 得 较 多
备　注	图中：1—压下螺丝；2—压下螺母；3—牌坊；4—上支撑辊；5—上工作辊；6—下工作辊；7—下支撑辊；8—液压缸	

B　工作辊及其轴承

工作辊是直接承受带钢变形的工具，轧制时要承受很大的轧制力和传动扭矩，因此对工作辊的强度、硬度、韧性、耐磨性和表面粗糙度等都有很高的要求。一般四辊轧机的工作辊是由碳的质量分数为 0.8% ~1.0%、铬的质量分数为 1.0% ~2.2% 的合金铬钢锻制成的，为了获得良好的回火特性和增加淬透性，还需加入钼、镍、钒等合金元素。淬硬层深度不少于辊身半径的 6%。

常用冷轧工作辊的化学成分见表 3-7。

表 3-7　冷轧工作辊的化学成分

钢　号	含量（质量分数）/%									
	C	Mn	Si	S	P	Cr	Mo	V	Ni	W
86CrMoV7	0.82 ~0.88	0.30 ~0.40	0.30 ~0.35	≤0.015	≤0.025	1.60 ~2.20	0.20 ~0.40	0.10 ~0.20		
9Cr2V	0.85 ~0.95	0.20 ~0.45	0.20 ~0.40	≤0.03	≤0.03	1.4 ~1.7		0.10 ~0.25	<0.03	
9Cr2MoV	0.85 ~0.95	0.20 ~0.35	0.25 ~0.45	≤0.03	≤0.03	1.7 ~2.1	0.2 ~0.3	0.01 ~0.20	<0.03	

续表 3-7

钢 号	含量（质量分数）/%									
	C	Mn	Si	S	P	Cr	Mo	V	Ni	W
9Cr2W	0.85～0.95	0.20～0.35	0.25～0.45	≤0.03	≤0.03	1.7～2.1			<0.03	0.30～0.60
80CrNi3W	0.75～0.85	0.50～0.80	0.17～0.37	≤0.035	≤0.035	1.4～2.1			2.70～3.20	0.50～0.70
复合铸钢	0.96～1.04 0.29～0.34	1.48～1.58 0.65～0.75	0.45～0.55 0.45～0.55	≤0.03 ≤0.03	≤0.03 ≤0.03	1.35～1.45 0.45～0.55			0.4～0.6 0.4～0.6	（外套） （心部）

注：支撑辊用钢允许碳的质量分数适当降低（由0.85%～0.95%降到0.80%～0.90%）。

多辊轧机工作辊具有较大的长径比，其材料则要选用碳的质量分数约为2%、铬的质量分数为12%～14%的铬钢，或钨的质量分数为12%～18%、钼的质量分数为5%～8%、碳的质量分数约为1%的高速钢，也可采用硬质合金制造。

冷轧工作辊轴承普遍选用四列圆锥滚柱轴承，能较好地满足耐压、耐冲击、防水和防尘等工作环境的要求。轴承润滑采用耐压干油润滑（装配涂油或集中润滑系统供油）或油雾润滑。油雾润滑是把雾化的润滑油由气流吹送到轴承工作区域，实现连续有控制的供油，使轴承在较高的轧制速度和负荷下得到良好的润滑和冷却，这样既能提高轴承使用寿命，又不会污染带钢和乳化液，因而油雾润滑在现代冷轧机中得到了普遍应用。

C 支撑辊及其轴承

支撑辊为工作辊提供刚性支承，阻止工作辊在轧制力作用下发生挠曲变形，故要求支撑辊具有足够的刚度，而辊面硬度要比工作辊低20～40肖氏硬度，以防止辊面缺陷的传递。支撑辊直径较大，并为整体锻造，材质为合金铸钢或复合铸钢。国内常用支撑辊的化学成分见表3-7。

支撑辊轴承要直接承受很大的轧制力，普遍采用纯液体摩擦的油膜轴承。

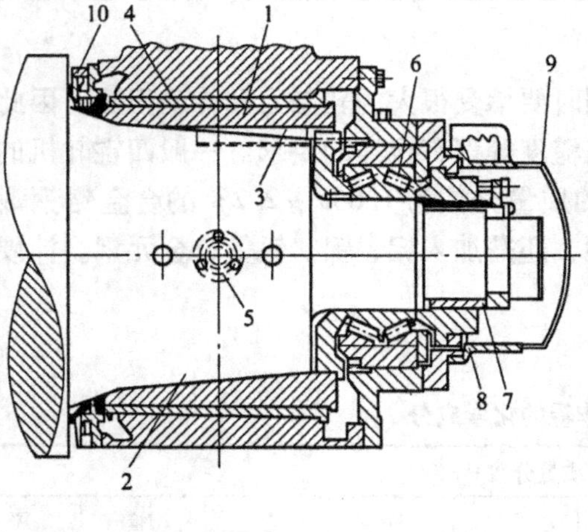

图 3-18 四辊轧机上支撑辊的油膜轴承

1—套筒；2—锥形辊颈；3—方键；4—轴承套；5—锁销；6—止推轴承；7—螺丝环；8—锁紧螺母；9—盖子；10—迷宫密封

油膜轴承结构紧凑（图3-18），主要工作部分是套在锥形辊颈上的旋转套筒和用巴氏合金或铝锡合金浇铸表面的轴承衬套，通过专用润滑系统有控制地不断往套筒和衬套间隙供油，借助于旋转套筒的流体力学作用，确保工作面有一层恒定的油膜进行润滑，这样使轧制负荷分布到一个较大的面积上，无集中作用点，因此油膜轴承具有很大的承载能力。

为了使冷轧机在高负荷下启动时，轴承工作区域也具有较好的润滑能力，现代轧机广泛采用静压式油膜轴承，即附加一套静压润滑系统（图3-19）。其作用是在动压润滑油膜形成之前，把高压油送到轴承负荷区域，确保轧机作业不受低速运转或停机的限

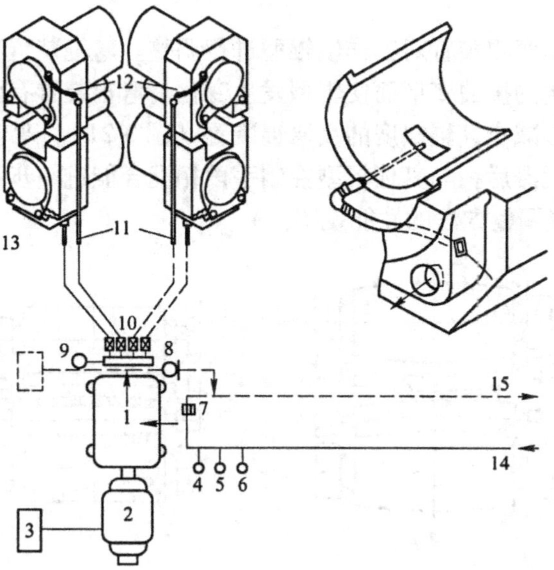

图 3-19 动-静压轴承供油系统

1—高压柱塞泵;2—电动机;3—控制装置;4—压力控制开关;5—压力表;6—温度计;
7—减压阀;8—安全阀;9—高压表;10—高压分配阀;11—工作管道;12—高压软管;
13—轴承部分扩大图;14—动压系统供油管;15—回油管

制。当达到一定速度时，系统自行切断，转用动压润滑工作。

D 工作辊换辊装置

快速而方便地更换工作辊对提高轧机作业率有着十分重要的作用，图 3-20 是各种换辊方式的示意图。早期是采用简单的套筒和平衡锤并借助于吊车进行单个工作辊的更换，更换一对轧辊的时间至少需要约 15 ~ 30min，且劳动强度大、不安全。现代轧机已普遍采用侧移板式或转分式快速换辊小车成对地装卸工作辊，利用液压压下装置或滑块进行压下快速开闭和液压锁紧及定位，使换辊时间大大缩短。如 2030mm 连轧机的每个机架都由横移式换辊小车快速更换工作辊，而且可以在轧制带钢留在机架中时进行换辊，使更换一个机架工作辊时间不足 5min，而同时更换 5 个机架只需约 10min。

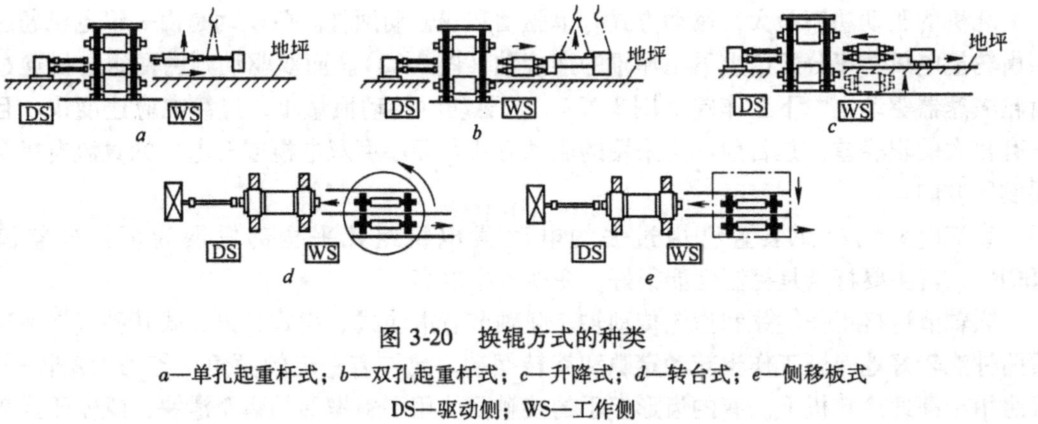

图 3-20 换辊方式的种类

a—单孔起重杆式；*b*—双孔起重杆式；*c*—升降式；*d*—转台式；*e*—侧移板式

DS—驱动侧；WS—工作侧

E　弯辊装置

现代轧机都有液压弯辊装置对工作辊辊型进行调整。弯辊装置利用装设在轴承座之间的液压缸来控制工作辊的挠曲变形而使辊型发生变化。弯辊装置有两种形式，即有增加轧辊凸度的正弯辊装置和减小轧辊凸度的负弯辊装置（图3-21）。弯辊装置的突出优点是能迅速调整凸度，控制无滞后，与其他辊型控制手段相配合能进一步扩大板形调节能力和效果。表3-8是两种弯辊调整方法的性能说明。

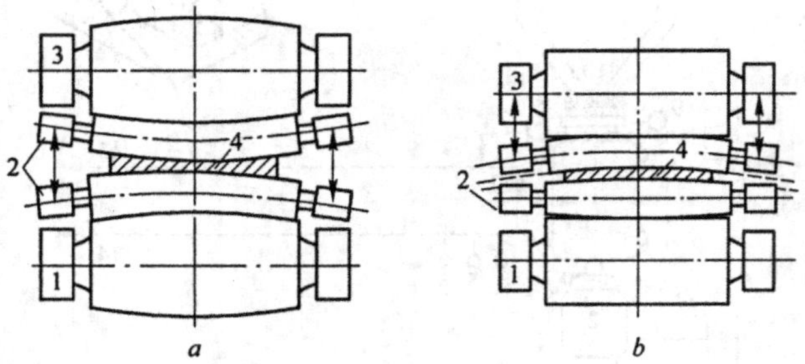

图3-21　弯辊装置的种类

a—正弯辊；*b*—负弯辊；

1—下支撑辊轴承座;2—工作辊轴承座;3—上支撑辊轴承座;4—带钢

表3-8　两种弯辊调整方法的性能比较

种　类	正　弯　曲	负　弯　曲
性　能	增加工作辊凸度	减小工作辊凸度
结　构	油缸布置在工作辊轴承座之间	油缸布置在支撑辊与工作辊轴承座之间
主要用途	调整边部浪形	调整中部浪形
控制效果	最好	良好

3.2.2　电气传动

冷轧机的主要设备都由直流电机驱动，便于进行各种控制和调节，辅助设备为交流传动。

轧机的驱动功率最大，驱动方式有单驱动和双驱动两种。单驱动是由一组电机通过人字齿轮把电机功率分配给上下工作辊的连接轴（图3-22）。而双驱动则由两组电机通过双齿轮减速器驱动上、下工作辊（图3-23）。双驱动时转动惯量小，过渡响应速度快，且允许有较大的辊径差，是目前广泛采用的驱动方式。而小型双电枢或三电枢的直流电机是主要发展方向。

直流电机的电源装置已由过去的电动-发电机组几乎全部发展为可控硅整流器（SCR），其主要特点是控制性能很好，变换效率也高。

联轴节连接工作辊颈和齿轮传动轴。联轴节有滑块式、齿式和滚针式几种（图3-24），后两种能较好地保证工作辊转动定隙和旋转摆动，允许有一定的倾角，传动力矩较平稳，普遍用于高速冷轧机上。有的齿形接手的接触面使用了斜楔形的弹簧滑块，既便于换辊时

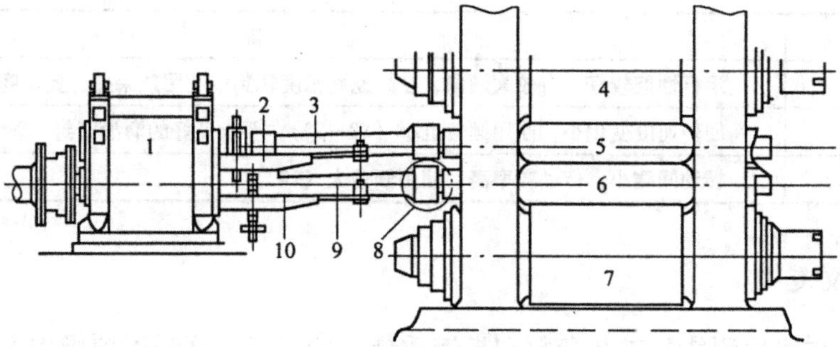

图 3-22　轧机驱动装置（单驱动式）

1—齿轮机座；2—上托板；3—上轴；4—上支撑辊；5—上工作辊；6—下工作辊；7—下支撑辊；8—联轴节；9—下轴；10—下托板

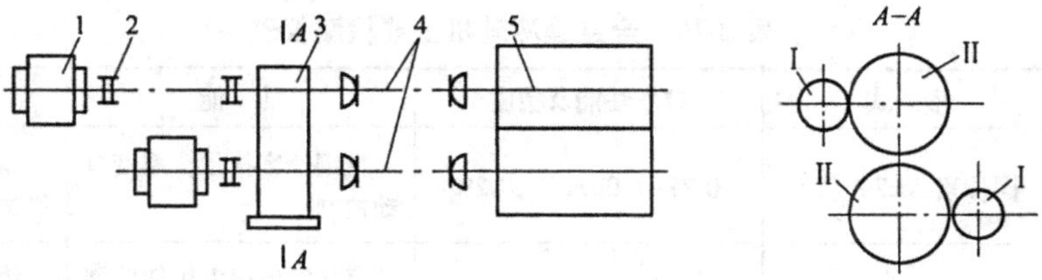

图 3-23　轧机双驱动示意图

1—电动机；2—电动机联轴器；3—减速器；4—万向接轴；5—轧辊；

Ⅰ—主动小齿轮；Ⅱ—从动大齿轮

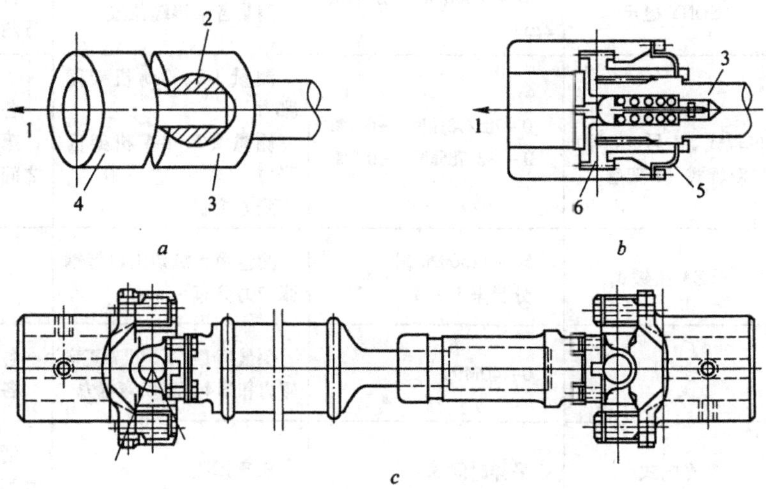

图 3-24　传动装置的种类

a—滑块联轴节；*b*—齿式联轴节；*c*—滚针式联轴节

1—工作辊颈或副齿轮；2—滑块；3—轴；4—联轴节；5—油封用护罩；6—齿轮罩

轧辊抽出和插入，又使接触面紧密靠合地传递力矩，且磨损很小。表 3-9 是这三种联轴节的性能比较。

表 3-9　冷轧机联轴节的性能比较

形　式	性　能
滑块式	运行性能较好，有较大倾角，在高速高精度轧制中使用效果差，要求间隙小
齿　式	回转速度变化小，使用倾角也小（1°~2°），要求良好的润滑密封
滚针式	转动间隙小，传动效率高，使用倾角大（10°）

3.2.3　测量仪表

测量仪表在线检测轧制工艺参数和带钢质量指标，不仅是为了使操作人员能正确地操作并调整轧制生产，更重要的它是现代冷轧机实现自动控制的前提条件。冷轧生产的测量仪表很多，用于工艺调节和质量控制的检测仪表有测厚仪、测张仪、测压仪和测板形仪等。表 3-10 列出了 2030mm 连轧机的主要测量仪表种类及性能。

表 3-10　全连续冷轧机主要检测仪表

名　称	形　式	技术性能及精度	功　能	安装位置
测厚仪	同位素 Am24（1）	0.25~6.0mm　±0.2%	带钢厚度指示，厚度自动控制	焊机前，第 1~5 机架前后
轧制力测量仪	ASEA 压磁式	0~16kN　0.5%	直接测量第 1 机架轧制力	第 1 机架底部（下支撑辊轴承座）
压力传感器	电阻应变式	0~40MPa　0.25%	测量第 1~第 5 机架轧制力	各架两侧各一个
辊缝测量仪	SONY 磁尺	0~200mm　分辨率 2μm	测量各架辊缝位置	各机架两侧液压缸各两个
带钢张力测量装置	ASEA 单辊式（1 号~4 号） 双辊式（5 架后）	0~785/981kN　±0.2% 0~392/785kN　±0.2%	测量 1-2、2-3 机架间张力 测量 2-3、4-5 机架间张力 张力控制	各个机架之间 第 5 机架与卷取机之间
板形测量辊	ASEA 压磁式	50~12500N/段 分辨率 1~2I	测量第 5 机架出口带钢张应力分布	
弯辊压力传感器		0~40MPa	测量第 1~第 5 机架正弯辊力和第 4 机架负弯辊力	各架工作辊轴承座 各架支撑辊轴承座
焊缝探测器	光电式	采样时间 3ms	探测焊缝	活套入口、出口处和第 1 机架前 S 辊

3.2.3.1　测厚仪

厚度连续测量是保证带钢厚度精度的重要手段，是带钢厚度自动控制的首要条件。测厚仪有接触式和非接触式之分，与带钢辊式接触的连续测厚千分尺，早已不能适应轧制速度和厚度精度提高的需要，现在冷轧带钢测厚都采用非接触式射线性测厚仪。

按射线源分有 X 射线、α 射线和 β 射线 3 种测厚仪，它们都是使射线穿透带钢，利用射线的透射量随带钢厚度增加而成对数下降的原理进行测厚。α 射线和 β 射线都是同位素辐射，其优点是放射性源的半衰期要比 X 射线管的有效寿命（6 个月到 5 年）长得多，响应速度快，测量精度高，且很少受到带钢化学成分的影响，但穿透能力强，要采取良好的防护措施。

3.2.3.2 轧制压力计

轧制压力测量计有应变片式、压磁式和静电容式，检测原理如表 3-11 所示。

表 3-11 各种压力计的测量原理

类 型	检 测 原 理
电阻应变片式（KEIK 式）	检测承载钢环内壁粘贴的应变片组的电压变化量
压磁式（ASEA 式）	检测加载的硅钢叠片铁芯磁导率变化所引起感应电抗变化量
静电容式（东芝式）	检测压力作用时平行极板的电容量

3.2.3.3 张力计

在连轧生产过程中，除了要控制开卷和卷取张力外，还要控制各个机架之间的带钢张力。带钢张力通过机架间的张力辊进行检测。在张力辊的轴承下面装有压磁式或电阻应变片式的压力传感器作为张力检测元件，当轧制带钢通过时，就可检测出带钢张力的向下分力。为了使带钢在张力辊两侧与水平线形成一个偏转角，并保持不变，张力辊要布置成如图 3-25 所示那样，是二辊式或三辊式，这时张力值（T）可由张力辊检测力（F）和偏转角（θ）算出，即

$$T = F/(\sin\theta_1 - \sin\theta_2)$$

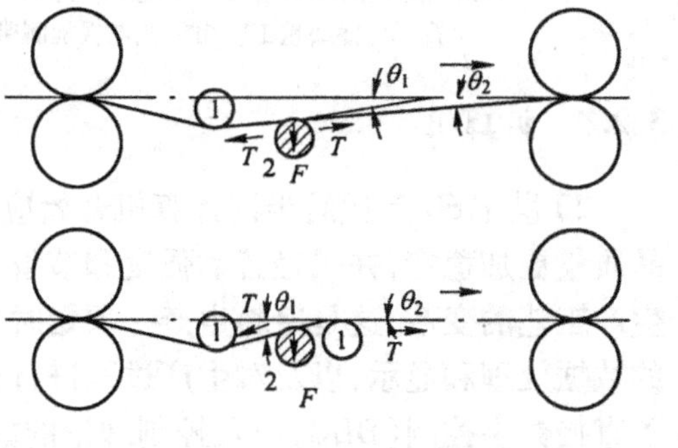

图 3-25 张力检测辊的布置
1—固定辊；2—张力辊

3.2.3.4 辊缝测量仪

不同的压下方法有不同的辊缝测量装置。电动压下时，要把压下螺丝的旋转角度转换为脉冲量或角位移数字量，然后计数或作为定位控制系统的输入量来确定其压下位置。而液压压下是利用感应式同步器、光栅式位移检测器或磁尺来直接检测液压缸活塞位置，它的特点是测量精度高、性能稳定可靠和便于实现高精度的自动控制。

3.2.3.5 板形测量装置

随着带钢质量要求的不断提高，近年来新建冷轧机都考虑安装板形在线测量装置，并与弯辊和乳液流量分段控制等调节装置和计算机构成闭环控制系统，以实现带钢板形的在线检测和控制。

板形检测装置的种类很多，可分为接触式和非接触式两种。在生产中使用的有应力分段测量式（ASEA）、检测内应力的压磁式（BISRA）和检测带钢位移振幅的电磁交变式（新日本制铁）等（图 3-26）。

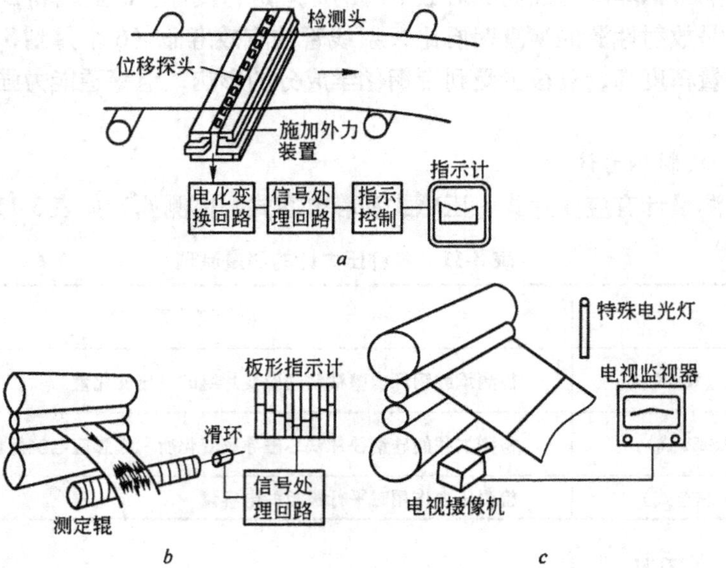

图 3-26 板形检测的实例

a—电磁交变方式/新日本制铁，板材的位移振幅由静电电容方式检测（施加外力：交变磁场），采用非接触型，以同步积分方式的信号处理排除干扰；*b*—应力测量方式/ASEA，板材的张力分布由测定辊的压头检测（不施加外力），接触型（多段组合辊）；*c*—电视方式（光切断方式）/石川岛播磨重工，由工业电视检测带钢表面的反射光角度（不施加外力），非接触型

3.2.4 计算机

20 世纪 60 年代后半期计算机开始应用于冷轧带钢生产，使轧机生产效率大大提高，产品质量更加稳定，并减轻劳动强度和节省人力，尤其是使全连续冷轧成为可能，实现了冷轧生产工艺的变革，这是冷轧生产一项划时代的新技术。早期计算机还只是应用于工艺参数的数据处理和显示，以及对生产过程进行离线控制。随着计算机性能和可靠性的提高，实现了直接数字控制（DDC）以及控制理论的数学模型化，使计算机直接参与了过程控制，即计算机根据来料原始数据和实测工艺数据，通过具有自适应、自学习功能的数学模型进行最佳控制参数的设定计算，并按设定值直接对过程进行控制和调节，从而使冷轧生产过程、检测装置、控制调节装置和计算机组成闭环系统，进一步实现了冷轧生产自动化。

图 3-27 是国内 1700mm 五机架冷连轧机的计算机控制系统框图。这是一种两级的分散控制系统，系统由过程控制机（2 × Dietz621）、智能操作台（IPU）、直接数字控制系统和模拟控制系统 4 个部分组成，由 15 台微型计算机（15 × CP550）分散完成连轧机的操作控制和设备控制功能。

3.2.5 润滑系统

3.2.5.1 工艺润滑

冷轧过程中要对轧辊和带钢进行良好的润滑和充分的冷却。冷轧润滑剂有轧制油和乳化液两大类，并由此有两种供油方式，即直接式和循环式。润滑剂的选用与轧制品种、规格及轧机形式有关。轧制薄的和变形困难的带钢，如镀锡板、硅钢、不锈钢等，要使用润

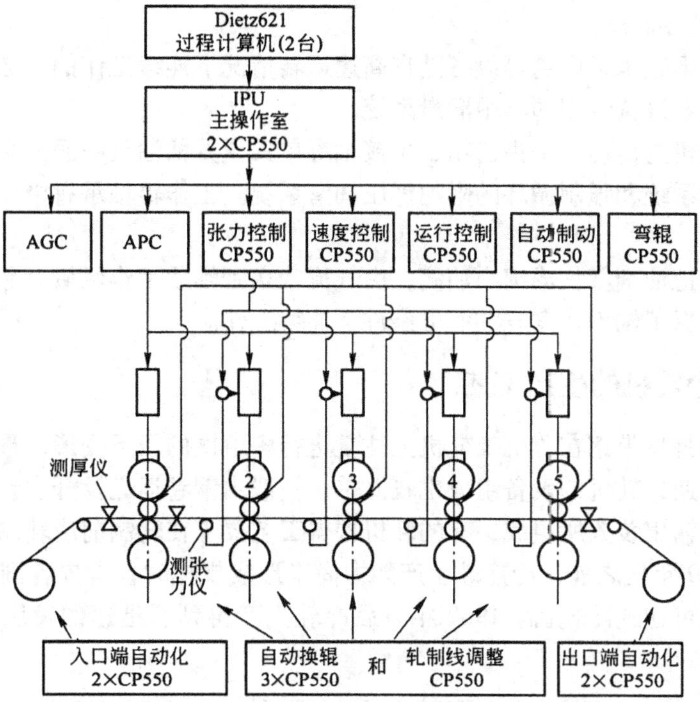

图 3-27 五机架带钢冷连轧机计算机控制框图

滑性能好的动物油、植物油，如棕榈油、牛油或合成油等；这时就采用直接供油，把油水混合物直接喷射到带钢上，一次性使用排放。同时另设供水系统进行轧辊和带钢的冷却。显然，直接供油方式的油耗量大而要对含油废水进行特别处理，因此，一般冷轧机都要使用乳化液，它兼有润滑和冷却两种功能，通过冷却和过滤还可以循环使用，到一定时间进行更换。宽带钢轧机要采用多段冷却方式，以便在辊身长度方向上喷射不同量的乳化液进行辊身凸度调节。轧制所需的乳液量是随着轧制速度和电机功率的增大而增加的。当乳化液含油量为2%～5%时，乳液量可按每千瓦轧制功率1～2L/min进行计算。

乳化液的配制、输送、冷却、净化和循环要设置一个专用系统。一般专用系统由原油槽、乳液槽、搅拌器、冷却器、过滤器、撇油装置，以及各种泵、阀和管道所组成。图3-28是2030mm连轧机的乳化液系统组成图，能力为37000L/min。

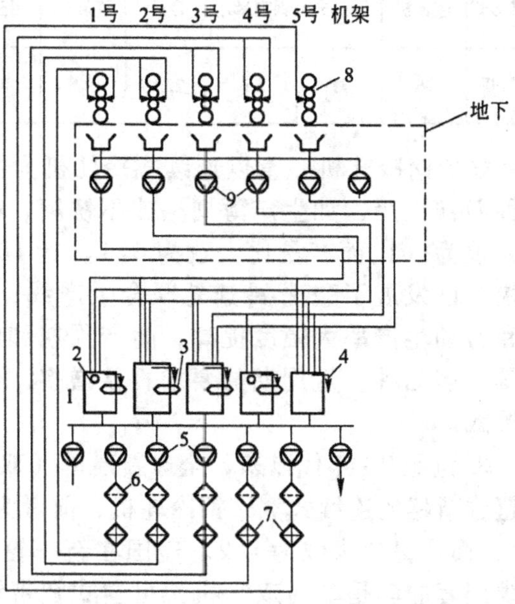

图 3-28 全连轧机的乳化液循环系统

1—乳液槽；2—搅拌器；3—磁过滤器；4—撇油装置；5—输送泵；6—反冲过滤器；7—冷却器；8—轧机；9—回流泵

3.2.5.2　设备润滑

冷轧机的轧辊轴承、齿轮等设备是在高速运转情况下连续工作的，必须保证有良好的润滑条件，为此要设置专用的集中润滑系统。

通常要对轧机主传动的中央齿轮、主接轴等单独设置稀油集中润滑系统。支撑辊油膜轴承有集中润滑系统和强制循环的附加静压润滑系统。工作辊轴承有极压干油润滑和油雾润滑两种方式。

油雾润滑是把油剂雾化成细小油滴，由气流吹送到轴承工作区域。雾化系统和监视系统联合工作，确保了轴承在良好的润滑条件下连续工作。

3.3　可逆式冷轧机的生产工艺

可逆式轧制是指带钢在单机架轧机上往复进行多道次的压下变形，最终获得成品厚度的轧制过程。可逆式轧机的设备组成也较简单，一般由钢卷运送及开卷设备、轧机、前后卷取机和卸卷及输出装置所组成，有的轧机根据工艺要求在轧制前或轧制后要增设重卷卷取机。20 世纪 60 年代之前，冷连轧生产能力尚未形成规模时，世界各国偏重于发展可逆轧制而大量建造可逆式冷轧机。1962 年以后冷轧生产得到了迅速的发展，发展情况如表 3-12所示。

表 3-12　1979 年以前世界宽带钢冷轧机发展情况（辊身长 900mm 以上）

年　份	1962 年以前拥有冷轧机数量				1962～1972 年间增建冷轧机数量				1972～1979 年间增建冷轧机数量			
轧机形式	连轧机	可逆式	森吉米尔	合计	连轧机	可逆式	森吉米尔	合计	连轧机	可逆式	森吉米尔	合计
数　量	96	71	56	223	87	84	44	215	19	2	5	26

宽带钢冷轧机一直以连续式冷轧机为主，可逆式冷轧机则作为调节生产规格和品种而被应用，如生产薄规格或不锈钢、硅钢等特殊品种。两者建设的数量长期以来大致为1∶1，而产量比大致为 6∶1。近 10 余年来，连续式宽带钢冷轧机技术进步很快，已发展了酸洗-冷连轧联合生产线，使冷轧宽带钢生产的产量、质量、成材率和劳动生产率大幅度提高，生产周期和成本降低。但由于对冷轧宽带钢生产的小批量、多品种、短周期的要求日益增多，传统的大批量和少品种的生产模式开始受到挑战。

20 世纪 90 年代以来，全球新建单（双）机架可逆式宽带钢冷轧机的台数首次大大超过新建的连续式宽带钢冷轧机，前者为 50 套，后者则为 24 套，使两者数量比为 2∶1，而产量比大致为 1∶2。美国在新一轮钢铁装备更新中，7 条短流程连铸连轧生产线配套的都是单（双）机架可逆式宽带钢冷轧机，见表 3-13。在国内，冷轧宽钢带一直极为紧缺，至今仍大量进口宽带钢冷连轧机，新建的薄板坯连铸连轧生产线共 8 条，均配置酸洗-冷连轧联合机组，见表 3-14，仅济钢采用双机架可逆式冷轧机，年产 100 万 t。

表 3-13 美国近年投产的 3 台单机架可逆式冷轧机

项 目	Berkeley 厂	Hickman 厂	Indiana 厂
投产日期	1997 年 8 月	1998 年 12 月	1996 年(1990 年)
年生产能力/万 t	80.0	93.6(其中平整 13.6)	70.0
成品规格/mm × mm	(0.25 ~ 1.93) × (1168 ~ 1676)	(0.38 ~ 1.90) × (915 ~ 1625)	(0.40 ~ 1.56) × (1250 ~ 1350)
原料规格/mm × mm	(1.16 ~ 3.81) × (1168 ~ 1676)	(1.27 ~ 4.00) × (915 ~ 1625)	(2.80 ~ 4.50) × (1250 ~ 1350)
最大卷重/t	36.2	29.0	
工作辊直径/mm	φ295 ~ 360	φ432 ~ 483	φ380 ~ 450
支撑辊直径/mm	φ1320 ~ 1435	φ1280 ~ 1425	φ1250 ~ 1350
轧辊形式	CVC	长行程工作辊移动，±200mm	CVC
最大轧制速度/$m \cdot min^{-1}$	800	1220	700
主电机功率/kW		7457	
轧机总功率/kW		16443	
装备特点	AGC，AFC	AGC，AFC	AGC，AFC，1956 年的旧轧机改造

表 3-14 近 10 余年我国引进的可逆式宽带钢轧机概况

机 型	供应商	应用厂家简称	尺寸和形式
四辊轧机	美国 I^2S	武钢海口冷轧薄板厂	1422mm 四辊可逆式
	奥地利奥钢联	唐 钢	1700mmCVC 四辊可逆式
	美国铁本	昆 钢	1745mm 四辊可逆式
	德马克	济 钢	1700mmCVC 四辊可逆式
六辊轧机	德国德马克	武 钢	1250mmHC 六辊可逆式
	意大利达涅利	首 钢	1700mm3S 六辊可逆式
二十辊/十二辊轧机	日本日立	武 钢	1350mm 二十辊可逆式 ZR22B-54
	法国 SDM	太 钢	1350mm 二十辊可逆式 ZR22B-54
	日本三菱	宁波宝新	1350mm 十二辊可逆式 CR-12H
	日本日立	宁波宝新	1350mm 二十辊可逆式 ZR22B-54
	美国 I^2S	张家港浦项不锈钢厂	1350mm 二十辊可逆式 ZR22B-54

实践证明可逆轧机的作用连轧机或其他形式的冷轧机是不能替代的，而且通过技术改造可逆轧制的工艺质量有了较大的改善和提高。因此，与连轧机一样，可逆轧机仍是现代冷轧带钢生产的重要组成部分。

与连轧生产一样，可逆轧制也具有自己的工艺特点：

（1）可逆轧制工艺灵活多变，适应性强。可逆轧制可根据轧制带钢的材质、规格和生产工艺条件选用不同的轧制道次，每道次的工艺参数（压下量、张力、速度等）也可以在一定范围内进行调整，这使轧机能在较大的范围内适应带钢材质、规格和卷重的变化，并且通过工艺调节能灵活地应付各种变换。因此可逆轧机可以生产较多的品种、规格，很适合多品种、多规格和中小批量的带钢生产。

（2）可逆轧制速度较低，规模较小。可逆轧制时带钢在每道次都要重复地加速、过焊缝、减速、停车和换向，限制了轧制速度的提高，而速度过高也会引起变速段带钢厚度超差加长，因此轧制速度较低，一般在5~20m/s之间，使生产批量和规模都较小，适合于卷重有限制的中、小企业。

(3) 可逆轧机设备简单，占地面积小，因而投资费用低，建设和收效都快。

可逆轧机的形式也是多种多样的，常见的有四辊式、森吉米尔二十辊式、MKW型八辊式和HC轧机，可根据轧制带钢的品种和规格进行选用。

3.3.1 四辊式可逆轧机

四辊式可逆冷轧机是一种通用性很强的冷轧机，因而在冷轧生产中占有较大的比重。其轧制品种十分广泛，除了冲压用冷轧板外，还可轧制镀锡原板、硅钢片、不锈钢板和高强合金钢板，产品厚度为0.15~3.5mm，宽度为600~1550mm，最宽达1880mm，年生产能力一般约为10~30万t/a。表3-15列出了国内外某些四辊式可逆冷轧机的主要技术参数。下面以国内某冷轧厂1700mm和1200mm可逆轧机为例说明可逆轧机的生产工艺。现该厂轧机已改成可逆式六辊轧机。

表3-15 国内外某些四辊式可逆轧机的技术参数

国家或厂名		美 国	美国 ALGOMA	日本 淀川制钢	日本 川崎千叶	原西德	中 国	
投产时间		20世纪70年代末	20世纪70年代初	1972年5月	1965年11月	1955年	1960年5月	1963年12月
带钢尺寸	宽度/mm	1066.8	609~1880	710~1270	800~1880	1550	750~1550	550~1020
	原料厚度/mm	~6.35	1.5~5.3	1.6~4.5	2.0~6.5	2.0~4.5	1.8~4.5	1.8~3.0
	成品厚度/mm	0.2~	0.3~3.4	0.15~2.3	0.4~3.2	0.5~3.0	0.35~2.5	0.2~1.5
钢卷尺寸	内径/mm	508					750	750
	外径(最大)/mm	1524					1550	
	质量/t	13.3		25	42	22	15	15
轧辊尺寸	辊身长度/mm		2032	1372	2032	1650	1700	1200
	工作辊直径/mm	355.5	508	483	546	450	500	400
	支撑辊直径/mm	1117.6	1524	1400	1520	1350	1300	1300
最大轧制速度/$m \cdot min^{-1}$			670.6	1100	580	600	600	828
生产能力/万$t \cdot 月^{-1}$				1.6	3.3	2.5	20万t/a	10万t/a
带钢材质		碳结钢 合金钢 不锈钢				低碳钢	碳结钢 低合金钢	镀锡板 硅钢片
备 注			支撑辊传动、弯辊AGC	液压压下	液压压下		电动压下	电动压下

3.3.1.1 生产工艺流程

该厂产品有冷轧碳素钢板和窄带卷、低合金钢板、合金钢板、镀锡板和硅钢片等，为此装备了1700mm和1200mm两台可逆式冷轧机，相应配置有连续式卧式硫酸酸洗机组、罩式退火炉、1700mm单机架平整机、横剪机组和纵剪机组，为其他品种配套有热镀锡和硅钢片生产线，设计年产量为30万t。

图 3-29 是该厂平面布置示意图。

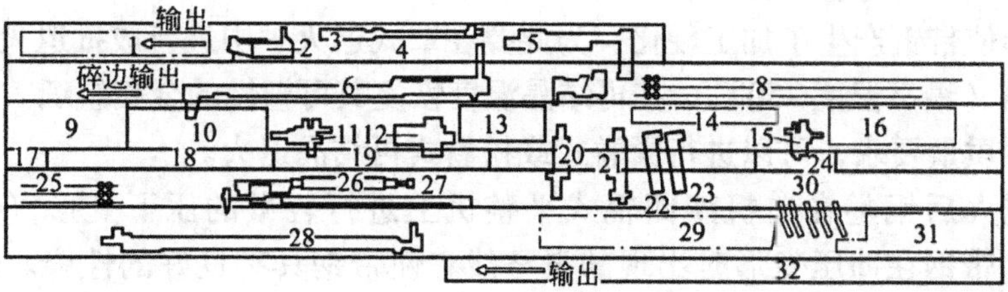

图 3-29 某可逆冷轧机车间平面布置图

1—热纵剪带钢放置场；2—热轧纵剪；3—链子；4—热轧板卷库；5—电解机组；6—酸洗机组；7—并卷机组；8—75 座罩式炉；9—备品库；10—中间库；11、12—可逆轧机；13、14、16—中间库；15—平整机；17—轴承；18—装辊、磨床；19、24—主电室；20—冷纵剪；21、22、23—横剪；25—24 座罩式炉；26—拉伸机组；27—脱碳炉；28—104 碱酸洗机组；29—分类包装场地；30—镀锡机组；31—镀锡板分类包装机组；32—成品库

各种产品的工艺流程以框图形式表示见图 3-30。

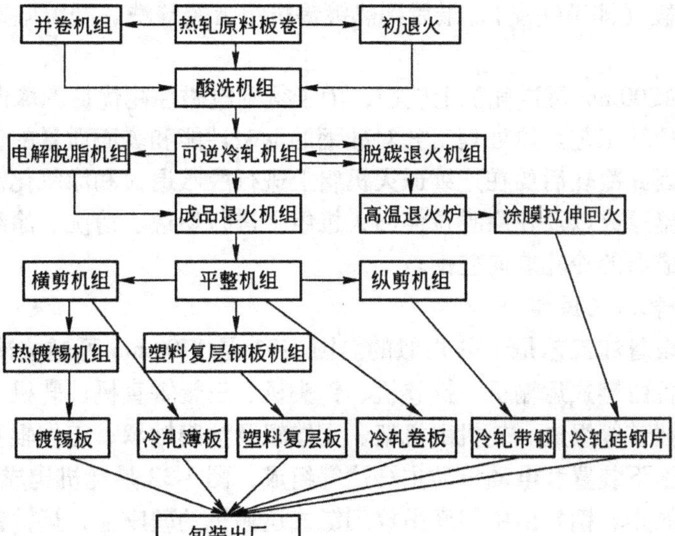

图 3-30 可逆冷轧机生产流程图

冷轧原料由半连轧热轧机组供给，热轧钢卷是由钢锭初轧开坯轧成，单卷质量很小(小于 4t)。钢卷可在拼卷机组上切去头尾进行焊接拼卷，以提高后续工序的生产能力。

热轧带钢在冷轧前必须经过破鳞和酸洗，并进行水洗、烘干、切边和涂油，目的在于去除带钢表面的氧化铁皮，使冷轧带钢表面光洁，并保证轧制生产顺利进行。

热轧带钢经酸洗后在可逆式轧机上进行奇数道次的可逆轧制，获得所需厚度的冷轧带钢卷。两台轧机按轧制带钢的品种和规格进行分工，即 1200mm 轧机用来轧制薄规格、镀锡板和硅钢片，1700mm 轧机轧制较厚规格的冷轧钢板。根据变形程度和质量要求，带钢可经中间退火进行二次冷轧。

因此轧机产量与生产的品种和规格构成有很大关系，而生产能力的发挥与轧制速度、钢卷质量和操作水平等直接相关。

冷轧变形使带钢产生了加工硬化，为此要在罩式退火炉中进行成批退火，使冷轧带钢卷经加热保温（最高温度750℃）在再结晶温度恢复其可塑性的金相组织。

根据品种质量要求，可以进行紧卷式或松卷式再结晶退火。

再结晶退火后钢卷在单机架四辊式平整机上进行轻微的压下变形（压下量1%～3%），以消除带钢在冲压变形时出现的滑移线，使带钢具有良好的性能。借助于平整工作辊面的不同粗糙度，能使带钢具有光亮或麻毛的表面。

带钢经过冷轧、退火和平整具备了冷轧所特有的优良性能和表面质量，然后根据订货要求尺寸在横剪机组上剪切、涂油和堆垛，或在纵剪机组上剪成窄带卷。上述板、卷经过检查、分类和包装成为冷轧产品供用户使用。

不同产品按不同工艺流程生产。

镀锡板是在1200mm可逆轧机上轧制的，冷轧时要采用润滑性能良好的棕榈油或棉籽油进行润滑，用热水进行冷却和辊型调节，这种高皂化值的轧制油在退火前需经电解脱脂，以免污染原板表面。带钢卷经罩式退火和平整，在另一条横剪机组（1200mm横剪机组）上剪切成原板（即黑铁皮），最后到热镀锡机组上经酸洗、浸镀融锡、辊压刮锡和擦干成为热镀锡板。

硅钢片也在1200mm可逆轧机上轧制，为了得到电磁性能优良的取向硅钢要采用中间脱碳退火的二次冷轧工艺。热处理工艺对硅钢的电磁性能和表面质量的保证和改善有着十分重要的作用，因此冷轧后要在连续退火机组上进行脱碳退火和涂氧化镁粉，在通氢罩式退火炉中进行高温退火以及在涂膜拉伸回火机组上进行切边、清洗、涂绝缘膜和拉伸矫直回火，从而获得成卷的冷轧取向硅钢。

3.3.1.2　冷轧工艺操作

两台轧机的设备和工艺是十分相似的。图3-31是1700mm可逆式冷轧机的机组组成示意图。机组设备由链式运输机、拆卷机、钩头机、三辊矫直机、轧机、前后卷取机、卸卷小车和输出斜坡道等组成。轧机由机架、支撑辊及油膜轴承、工作辊及滚动轴承、液压平衡装置、电动压下装置和电动传动主马达等组成，图3-32是轧机构成示意图。

经酸洗涂油的热轧钢卷由中间库吊放到链式运输机的鞍座上，运输链把钢卷顺序运送到拆卷位置上进行开卷。

拆卷机为双锥头胀缩式，锥头下方的液压升降台上升托起钢卷并使其孔径对准合拢的

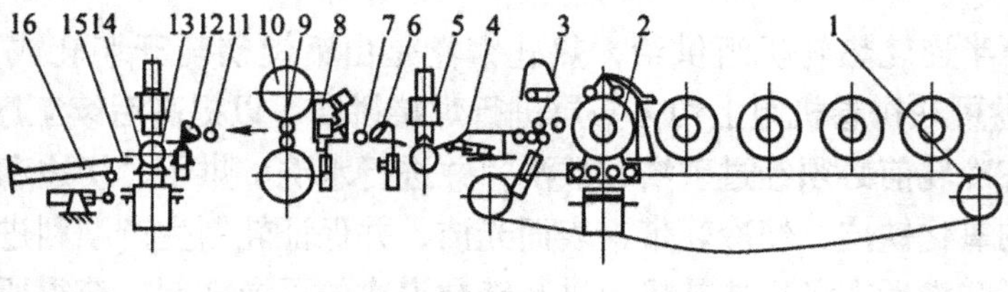

图3-31　1700mm可逆式冷轧机设备组成

1—大链子；2—拆卷机；3—伸直机；4—活动导板；5—右卷取机；6—机前导板；7—机前游动辊；8—压板台；9—工作辊；10—支撑辊；11—机后游动辊；12—机后导板；13—左卷取机；14—卸卷小车；15—卸卷翻钢机；16—卸卷斜坡道

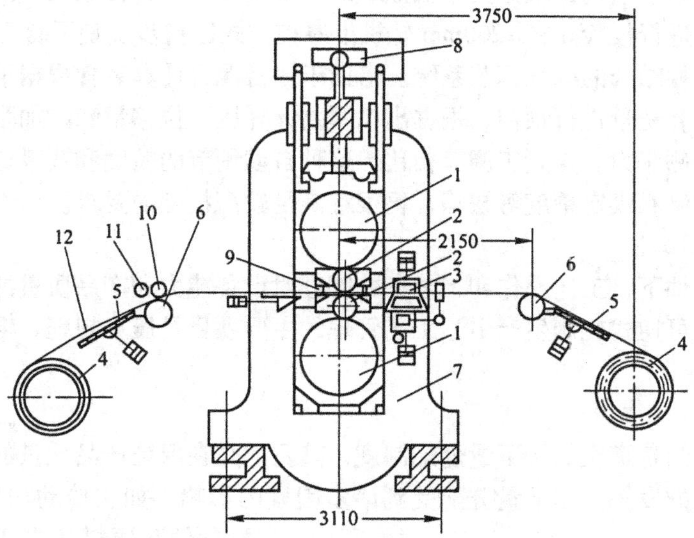

图 3-32 轧机构成示意图

1—支撑辊；2—工作辊；3—压力导板台架；4—卷取机；5—活动导板；6—游动辊；7—牌坊；
8—压下机构；9—工作辊平衡缸；10—挤乳液辊；11—压缩空气喷嘴；12—带钢

个锥头，锥头插入内径后胀开并向前转动。

伸出的带头被下落的钩头机引入到三辊矫直机经过活动导板送入辊缝。钩头机有夹钳和电磁式两种。

带头通过抬高或闭合的辊缝到达出口侧卷取机，插入卷筒的钳口中被咬紧，根据带钢变缠绕数圈后调整好压下和张力，然后压下轧前压力导板，施加乳液，启动轧机，根据制情况升速到正常速度进行第一道次轧制。

当钢卷即将轧完时，要及时操纵轧机减速停车，使带尾在入口侧卷取机卷筒上停位。筒钳口咬住带尾后，轧钢工依照规程分配第二道次压下，操作员选好张力，给上浮液，几进行换向轧制。

根据钢种和规格，每个轧程进行 3 ~7 道的往复轧制。当往复轧制到奇数道次并达到品厚度时，根据带尾质量情况辊缝抬高或闭合地进行甩尾。在卷取机卷筒上把带尾手工姜到外圈钢卷上或用捆带扎牢，由卸卷小车把钢卷托运出卷筒，然后倾翻到钢卷收集槽标写卷号规格，即可吊运到下面工序继续生产。

两台轧机的压下调整都采用电动方式，直流电机驱动，并由电磁离合器实现两侧压下单独或联合调节。

带钢的润滑冷却，在 1700mm 轧机上采用浓度约为 4% ~10% 的轧制油或轧制液的乳夜，经过滤冷却可循环使用。在 1200mm 轧机上轧制镀锡板、硅钢片和薄板时采用浓度30% ~35% 的棕榈油或其他植物油作为工艺油润滑剂，用热水冷却和控制辊型。生产乍中通过调节润滑冷却剂的浓度、温度和流量，来保证轧制过程的良好润滑和冷却条，

轧机上设置有 X 射线测厚仪（原是接触式），轧钢工依据压下规程结合来料条件手动

调整每道次的压下电字数码，根据测厚仪显示的电流波动情况进行微调，测厚仪需要根据实际测量厚度经常进行校验。在1200mm轧机上厚控方式已初步实现了自动调节。这是一种预控和反馈控制相结合的电气调节系统。借助于一台混合计算装置根据采样测量入口厚差计算来料厚差的补偿量进行预控，根据出口厚差计算压下位移量和附加张力值，并反馈调节轧制力和入口侧张力。与人工调节相比，这种自动调节的精度和效果比手动要好，但限于电动压下、实测和设定精度等缺陷，仍很难满足较高精度的要求。

3.3.1.3　轧制工艺

在既定设备条件下，工艺操作和工艺参数管理对设备能力和产品质量的提高都起着十分重要的作用。在可逆式轧制生产中，工艺管理的主要项目是压下规程、辊型控制和带钢张力的调整。

A　压下规程

压下规程是轧制各道次的压下量分配制度，其目的是在保证产品质量的前提下，轧机设备能力得到充分的发挥。压下量分配受到诸多因素的影响，如主传动功率、轧辊强度、材料塑性、润滑条件和原料及成品尺寸等。在没有液压弯辊的可逆轧机上，各道次的辊凸度变化很小，为使带钢板形良好，通常以等压力轧制原则分配各道次压下量，即对轧制压力而言各道次都是相等的，而对相对压下率来说则是依道次下降的。如图3-33所示，在初道次带钢塑性较好，是以大压下使传动功率得以充分的利用，但实际上较大的来料厚度波动限制了第一道次压下不能最大；以后道次随着加工硬化的加剧，压下量受到设备能力的限制而下降；在成品道次压下最小，主要考虑到板形质量。这种分配原则运用现代理论和计算技术使压下分配实现优化，更好地体现了等压分配原则（表3-16）。计算表明，等压分配的轧制压力只是允许值的45%～47%，这样可通过增加各道次压下制订出更加合理的压下规程（表3-17）。显然经过优化强化的压下规程，各道次可以在设备能力范围内达到规定的负荷分配率，即通过能量平衡分配，进一步实现压下规程的优化。

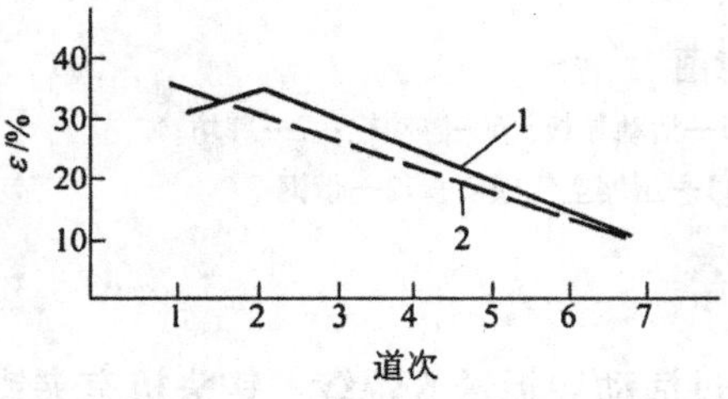

图3-33　道次压下分配曲线
1—实际压下率；2—理论压下率

表3-16　优化与未优化的压下规程比较（Q215-B·F　$B=1050$mm）

道次	未经优化的规程				优化规程			
	厚度/mm	压下量/mm	压下率/%	轧制力/kN	厚度/mm	压下量/mm	压下率/%	轧制力/kN
0	2.00				2.00			
1	1.55	0.45	22.50	9300	1.61	0.39	29.51	8040
2	1.20	0.35	22.58	9440	1.31	0.29	18.13	8130
3	1.95	0.25	20.83	8250	1.05	0.26	19.62	8120
4	0.75	0.20	21.05	7990	0.84	0.22	20.82	8160
5	0.65	0.10	13.33	6720	0.68	0.15	18.80	8220
6	0.55	0.10	15.38	7690	0.57	0.11	16.13	8180
7	0.50	0.05	9.09	6900	0.50	0.07	12.47	8090

表 3-17 强化的优化压下规程

道 次	厚度/mm	压下量/mm	压下率/%	轧制力/kN
0	2.50			
1	1.83	0.67	26.79	12560
2	1.32	0.51	27.71	12620
3	0.90	0.42	31.60	12660
4	0.63	0.27	30.03	12670
5	0.50	0.13	21.04	12570

B 辊型控制

辊型控制是控制板形的一个重要方法，板形控制的目的是使轧出带钢的外形平直、横向截面的厚差（即同板差）要小。板形控制首先要从原料着手，通过压下分配、轧制速度和张力等工艺参数的调节也能在一定程度上消除不良板形。而辊型控制则是通过调节有载辊缝的几何形状，使其与来料带钢断面形状保持一致，减少横向不均匀变形，以此来直接控制板形。

轧辊在轧制力作用下，辊缝的形状受到弹性挠曲、温度、磨损和压扁等众多因素影响，变化是十分复杂的，轧出绝对平直的带钢是不可能的，生产实际中通常以中间厚、两边薄的微凸断面为目标进行控制。

这两台可逆轧机都没有液压弯辊装置，因此辊型控制手段比较简单，调节能力有限，调节效果更多地取决于工艺操作的经验和熟练程度。辊型控制的主要手段是：

（1）配置轧辊原始凸度。预先在轧辊上磨削原始凸度值，凸度值是根据轧制带钢的材质、厚度和宽度而变化的（表 3-18）。为便于磨削、安装和调节，一般总是把凸度值全分配到上工作辊上，而下工作辊是平的。支撑辊也有较小的凸度值。并且，轧辊要根据轧制量定期更换。

表 3-18 1700mm、1200mm 轧机用辊型

1700mm 轧机		1200mm 轧机	
带钢宽度/mm	凸度值/mm	带钢宽度/mm	凸度值/mm
<1070	0.38 ~ 0.40	硅钢≤900	
1120 ~ 1170	0.32 ~ 0.34	一次轧制	0.35 ~ 0.38
1220 ~ 1270	0.28 ~ 0.30	二次轧制	0.25 ~ 0.28
1310 ~ 1380	0.24 ~ 0.26	>900	
1420	0.20	一次轧制	0.07 ~ 0.10
1520	0.18	二次轧制	0.03 ~ 0.05
合金钢 1310 ~ 1318	0.30	1020	0.07 ~ 0.10
合金钢 1220 ~ 1270	0.32	920	0.13
65Mn40 号 ~ 50 号		870 ~ 820	0.15
850 ~ 900	0.40 ~ 0.42	770 ~ 730	0.20

（2）预热法。换辊后工作辊要较快地达到正常操作温度，使轧辊在稳定的热凸度条件下进行轧制。通常是安排轧制烫辊料，即用较小的压下量轧制软质带钢，也可使用热乳化液浇洒空转的轧辊进行预热。

（3）乳液流量调节。在轧制时根据生产工艺和操作情况调节辊身长度上乳化液的喷射量，即调节热凸度，一般是：

1）轧制软质带钢要用较大乳液量，以更好地补偿变形热引起的凸度增加，反之硬质带钢要适量减少乳液量；

2）轧制薄带钢（厚度小于0.5mm）比轧制厚带钢要有更大的凸度，可使中间乳液量小于两侧，并关闭支撑辊乳液量；

3）带钢出现两边浪，要减小中间流量或加大两边流量，有中间浪则反之。

（4）压下量及速度调节。改变压下量有时也能有效地消除浪形。如单边浪，可减小浪边压下或加大另侧压下；中间浪可在工艺许可的条件下加大压下；两边浪也可通过提高速度使辊温上升，加大热凸度。

C　带钢张力

在可逆轧制中轧辊与卷筒的线速度差形成张力。形成前张力的卷取机，电机处于电动机工作状态，而产生后张力的卷取机，电机则处于发电机工作状态。轧制中较大的张力可使轧制过程稳定、速度升高和板形良好，但张力过大则容易造成断带、薄料卸卷困难、带卷容易变形和退火粘结。因此，生产中带钢张力要根据材质、规格等情况进行调节。

该轧机没有测张装置，张力调节是通过改变电机电流值实现的。电机产生的张力值与功率有如下关系：

$$T = \frac{102VI\eta}{v}$$

式中　T——带钢张力，N；

v——带钢线速度，m/s；

V、I——电机电压和电流；

η——电机传动效率。

在电势调节系统中，由电势与线速度的恒定比例关系导出张力与电流的近似直线关系，由此得出，可以由电流来调节张力。

表3-19是可逆轧机的成品道次张力电流值，非成品道次由操纵工根据下述工艺条件适当增大200～400A的张力电流值，并遵循下列原则：

（1）第一道次开卷张力不应太大，开卷张力应该总是小于酸洗成品的卷取张力，以防止带卷层间错动引起带钢表面擦伤。

（2）中间道次一般是前张力小于或等于后张力。后张力大于前张力能减小临界角，降低轧制力。

（3）成品道次张力根据带钢厚薄变化。

（4）根据板形调节张力，中浪时要适当减小张力，以防止断带；两边浪时可加大张力，使板形得到改善。

表 3-19 成品道次的张力电流调节

1700mm 轧机		1200mm 轧机	
成品厚度/mm	张力电流值/A	成品厚度/mm	张力电流值/A
0.35	350~400	0.20~0.28	≤500
0.36~0.5	400~500	0.30~0.40	≤600
0.6	600~650	0.42~0.50	≤800
0.7	750~800	0.6~0.7	≤900
0.8	800~850	0.8	≤1000
0.9	900~1000	0.9	≤1100
1.0	1000	1.0	≤1200
1.10~1.25	1200	1.10~1.25	≤1400
>1.25	1200~1600	>1.25	≤1600

3.3.2 森吉米尔二十辊冷轧机

二十辊冷轧机是最适合冷轧不锈钢、硅钢和高强度金属及合金薄带和极薄带的轧机。

这种轧机的结构特点是具有小直径工作辊，因此可以轧制宽厚比达 10000~40000、薄而硬的带钢，工作辊直径与成品带钢厚度比达 1000~2000，辊身长度与直径之比为 12~40，支撑辊与工作辊直径比为 5~7.5。轧机结构有整体式机架的森吉米尔型（Sendgimir）和上下对分式机架的罗恩型（Rohn）两种，其中森吉米尔型轧机的轧辊为 1-2-3-4 组合形式，有整体机架结构和配备较完善的辊型调节系统，因而自 1946 年问世以来得到了迅速发展并形成系列化。这种轧机系列有最小工作辊直径为 6.35mm（1/4in）、轧制厚度为 0.00165mm、宽为 102mm（4in）的 ZR32-4 型，以及工作辊直径为 85~150mm、轧制不锈钢带宽达 2350mm 的 ZRC-20-94 型轧机等。

二十辊宽带钢冷轧机常见型号有 ZR21、ZR22 和 ZR23 系列，轧机型号意义举例说明如下：

ZR 22B -50

-50 —— 表示轧制带钢的最大宽度(mm)；

22B —— 数字表示轧机牌坊断面(1-2-3- 4 型) 和支撑辊轴承外径是标准设计，字母是改型设计符号；

ZR —— 森吉米尔轧机，采用波兰字母 Zimna(冷) 字头和 R(可逆) 组合。

目前，世界上森吉米尔二十辊宽带轧机主要是单机架可逆式，表 3-20 列出了国外一些二十辊轧机的技术性能。世界上唯一一台二十辊全连续冷连轧机，是 1969 年日本周南厂建造的，用来轧制厚度为 0.3 ~ 0.4mm、宽度最大为 1270mm 的不锈钢带卷，最大轧制速度为 10m/s，月生产能力为 1.66 万 t，机组组成见图 3-34，轧机技术性能如表 3-21 所示。

表 3-20　国外某些二十辊宽带钢轧机的技术性能

国　名	瑞典	美国	日本	德国	日本	日本
轧机型号	ZR23-56	ZR22-49	ZR22-50	ZR21BB-61	ZR21A-44	ZR21B-63
轧制材质	不锈、低碳钢	不锈钢	不锈、低碳、硅钢	不锈钢	硅钢	不锈钢
带钢厚度/mm	5.0 ~ 0.1	5.1 ~ 0.38	4.5 ~ 0.1	7.5 ~ 0.5	2.8 ~ 0.2	7.0 ~ 0.8
带钢宽度/mm						914 ~ 1600
带卷内径/mm	600	508	510	610	610	660
带卷外径（最大）/mm	1420	1219	1420	1800	1750	2300
卷重/kg						27000
轧制速度/$m \cdot min^{-1}$	107/214	122/217	122/274	300/450	400/800	250/500
带钢张力/N	28500	29964	30000	45000	25000	60000
主电机功率/kW	2 × 367.5	1103	1176	2 × 2866.5	2 × 1700	2 × 2400
卷取机形式	整体式	胀缩式	胀缩式	胀缩式	胀缩式	胀缩式
润滑剂	矿物油	矿物油	矿物油	矿物油	溶性油	乳化液
投产时间	1955 年	1955 年	1960 年	1968 年	1973 年	1973 年

表 3-21　二十辊全连续冷轧机性能参数

机座形式	工作辊直径/mm	轧制速度/$m \cdot s^{-1}$	电机功率/kW	最大张力/MN
入口二辊机座	762	1.67 ~ 5.0	2 × 330	0.44
二十辊机座				
No. 1（ZR22N-50）	68.1	1.67 ~ 5.45	2 × 700	0.66
No. 2（ZR21B-50）	85.85	2.44 ~ 6.66	2 × 1200	0.66
No. 3（ZR21B-50）	85.85	3.1 ~ 8.34	2 × 1200	0.66
No. 4（ZR21B-50）	85.85	3.76 ~ 10.0	2 × 1200	0.66
出口二辊机座	762	3.76 ~ 10.0	2 × 745	0.22

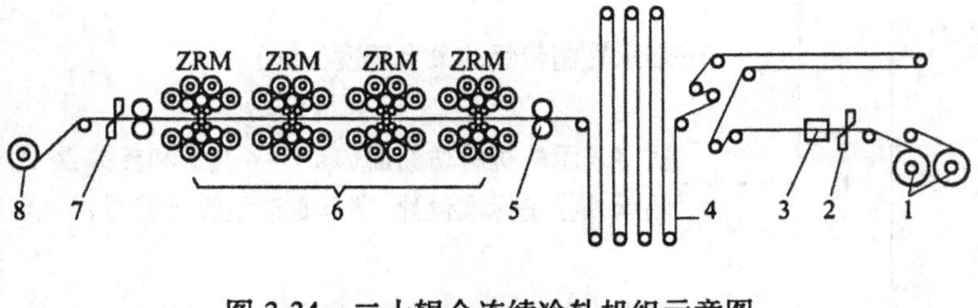

图 3-34　二十辊全连续冷轧机组示意图

1—开卷机；2—剪机；3—焊机；4—活套；5—二辊轧机；
6—二十辊连轧机；7—飞剪；8—卷取机

森吉米尔二十辊轧机几乎承担了全世界96%的不锈钢生产，并广泛地用来轧制硅钢、碳素钢和各种有色金属。这种轧机与传统的四辊轧机相比，主要具有下列特点：

(1) 使用直径尽可能小的工作辊，则轧制力也小，就能获得很大的道次压下率（达80%以上），通过较少的轧制道次，不经中间退火即可轧制硬而薄的难变形材料。在相同道次压下量下，其轧制力仅为四辊轧机的1/4，降低了能耗。

(2) 机架为整体铸钢，轧机在纵向和横向都有极大的刚性，配合特殊结构的辊型控制装置能够轧制出厚度精度和平直度很高的薄带材。

(3) 可以实现高速轧制，新型森吉米尔轧机其轧制速度可达1030m/min。

(4) 换辊迅速简便，轧制成本较低，仅为四辊轧机的40%~80%。

下面以国内生产硅钢的ZR22BS-42型轧机为例说明森吉米尔轧机工艺设备的一些特点。

3.3.2.1 轧机性能和设备组成

ZR22BS-42型轧机是轧制硅的质量分数在3.25%以下的无取向、取向或高磁感取向硅钢的专业轧机。轧制厚度最薄为0.2mm，宽度为770~1060mm，带卷内径为510mm，外径最大为1900mm，卷重最大为12t，最大轧制速度为450m/min，两台轧机设计年生产能力为7万t，投产12年后年产量已超过10万t。

与四辊可逆轧机一样，机组设备主要有开卷机、矫直机、左右卷取机、皮带助卷机和轧机。开卷机为胀缩卷筒，中间旋转的液压缸使扇形块胀缩，胀缩范围为465~540mm。开卷机在第一道次轧制时产生足够大的张力，当速度为250m/min时最大张力为30kN，并可横向移动±150mm，使带卷对中轧制中心线。张力卷取机的液压移动楔形轴使4个楔形块胀缩成圆，胀缩范围为500~510mm，卷取张力范围为10~210kN。带卷头部借助于皮带助卷机在卷筒上成卷，卷筒下面有液压升降的带卷小车，带卷小车把带卷从卷筒上取出，移送离开轧制线。

轧机是个复杂的设备，由机架、上下塔形辊系、轧辊传动装置、轧辊压下装置、辊型调节和补偿装置、润滑冷却系统和控制调节装置所组成。机架内安装支撑辊的8个半圆形镗孔是经过精密加工的，以保证轧制力沿辊身长度上均匀分布。20个轧辊在轧制线上按1-2-3-4的形式对称地排列成两个塔形辊系，每列轧辊直径比约为1:2:3:6，各辊的名义尺寸为（辊径×辊身长度/mm×mm）：

工作辊：$\phi63.5\times1180$

第一列中间辊：$\phi102\times1230$

第二列中间辊：

传动辊：$\phi173\times1165$

从动辊：$\phi173\times1130$

支撑辊轴承：$\phi300\times172$

工作辊由第二列中间辊两边的4个传动辊摩擦带动，传动辊由一台双电枢直流电机（2×1100kW）经齿轮用4个万向联轴节驱动，电机由可控硅供电，轧辊连接采用爪式联轴节，以方便换辊。

热轧硅钢卷经盐酸酸洗后（高磁感取向硅钢还需退火）被吊放到入口鞍形托架上，由带卷小车提升并送到开卷机卷筒上，带头由五辊矫直机夹送，经导卫板使带钢对中地通过轧机，进行第一道次轧制。以后道次是在左、右卷取机之间往复轧制，并可选择奇或偶道次卸卷。

机架两侧装有 γ 射线测厚仪进行厚度测量，并与压下控制和张力控制连锁，实行厚度自动控制。当测出厚度偏差小于10%时，偏差信号被送到张力调节回路，通过改变开卷侧卷取机张力电流来修正厚差。而厚度偏差大于10%时，信号被送到液压轧辊位置调节回路，通过调压下进行修正。张力微调采用负反馈的连续控制方式，而压下是断续式调节方式，即采样控制方式。根据厚差信号调节压下后，测厚仪停歇后检测新轧带钢厚度，由此来决定下一次厚度调节的方向和幅度，从而获得高精度的成品带钢。

3.3.2.2　辊系结构和位置调节

辊系结构对轧制带钢的断面形状和厚度精度有着直接的影响。图3-35是二十辊塔形辊系配置图。其结构特点是在塔形支撑辊系中，前排的每个轧辊都是自由地紧靠在后排两个轧辊上，上部的中间辊两端用弹簧挂在机架上。轧制力由上、下工作辊分别通过两列中间辊传递到最外层的支撑辊轴承上，再由支撑辊心轴和鞍座传递到刚性机架上。支撑辊由心轴、键装在心轴上的5个专用轴承（ϕ300mm × 172mm）和位于轴承之间的鞍座所组成，心轴借助于鞍座被固定在机架的镗孔中。为了保证轧制板形良好和支撑辊上宽向负荷的均匀性，要求安装在一个心轴上的5个轴承直径有精确的偏差，并要定期地倒换轴承位置，使轴承内环均匀地磨损。

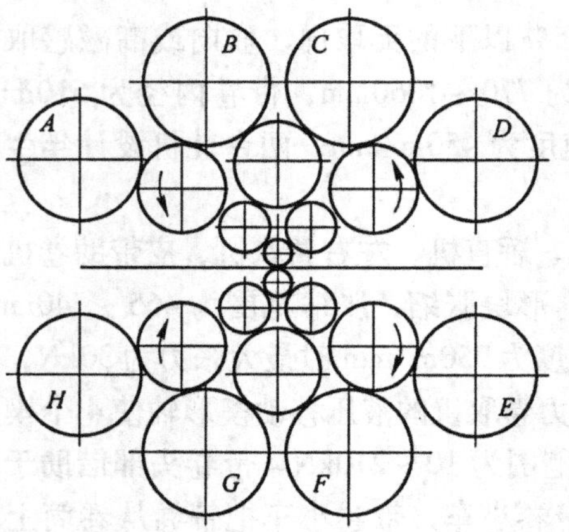

图3-35　二十辊轧机轧辊配置图

鞍座中装有与心轴成偏心的套环，通过回转心轴位移支撑辊中心轴线进行工作辊的位置调节。对此，不同功能的支撑辊采用了两种结构。在8个支撑辊中，B、C 辊用来调节压下和辊型，F、G 辊用来压上以调节轧制线高度，而两侧的 A、D、E、H 辊是用于轧辊磨削的直径补偿，使辊系张开或压靠。这样，A、D、E、H、F、G 6个支撑辊鞍座中只装一个偏心套环，如图3-36a 所示，偏心环2在鞍座1孔中可以滑动，为防止磨损，只能在无负荷时才能转动，并在轧制力作用下进行自锁。而

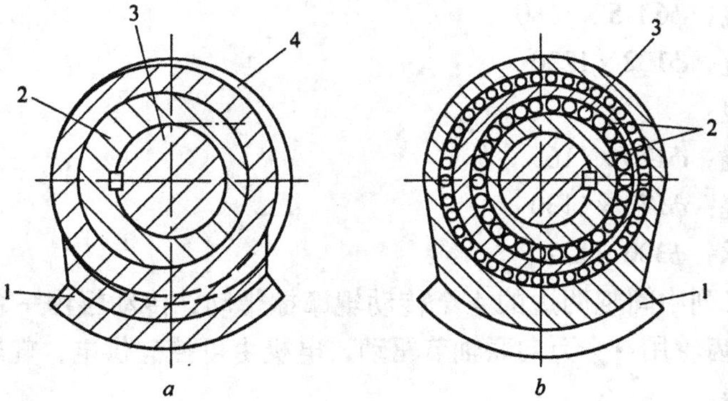

图3-36　支撑辊鞍座结构图

a—单偏心；b—双偏心

1—鞍座；2—偏心环；3—心轴；4—轴承

在 B、C 辊鞍座中要装有两个偏心环，之间放置滚动体，以便在轧制过程中调节偏心环，如图 3-36*b* 所示。转动内偏心环时进行压下调节，转动外偏心环则是辊型调节。

B、C 辊和 F、G 辊的压上和压下，是借助于液压缸通过齿条及小齿轮转动偏心轴来动作的。如图 3-36 所示，当外力推动扇形小齿轮时，偏心环改变了支撑辊轴线位置而挤压中间辊使工作辊开口度发生变化，而压上使轧制线高度保持恒定。左右两侧的上下支撑辊是由 1.5kW 交流电机转动偏心环，在无负荷情况下进行轧辊空间位置的调节。

3.3.2.3 辊型调节

轧机装设 AS-U-Roll 辊型调节系统，有径向和轴向两种辊型调节手段，在高刚度机架中可以轧制出高精度和平直的带钢。

径向辊型调节是通过液压马达和蜗杆回转每个鞍座上带有螺纹的偏心环来动作的。根据轧制板形情况有目的地回转相应鞍座的偏心环使心轴弯曲，以消除局部的或总体的不均匀变形，这种凸度微调的位置变化可借助于整角机在机前仪表盘上进行指示。

二十辊轧机的轧制特点是带钢中间部分压下要比两边小。为了减轻这种边部减薄和边部浪形缺陷，把第一中间辊的一端加工成锥形（图 3-37），并根据轧制带钢宽度和轧制情况在无负荷情况下进行轴向移动，以此保证带钢在宽度方向的变形更为均匀。轧辊的移动位置也可在轧机前的仪表盘上进行指示。

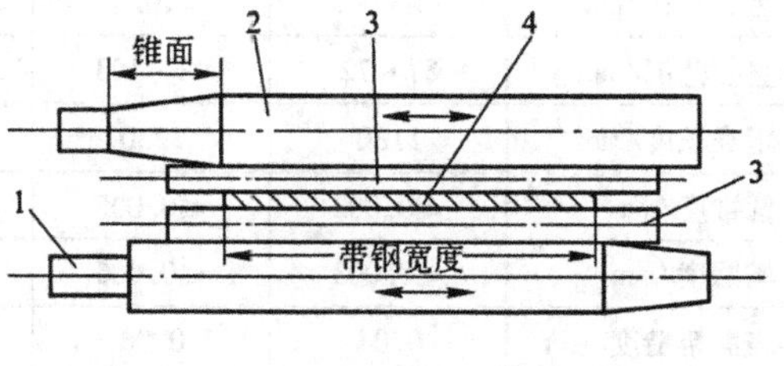

图 3-37 轴向调节原理图

1—第一列下中间辊；2—第二列上中间辊；3—工作辊；4—带钢

3.3.2.4 润滑和冷却

在二十辊轧机大变形轧制过程中，闭式机架内大量的变形热要迅速导出，以保证轧制有稳定的温度制度。对此，ZR22BS-42 轧机采用了高效冷却的乳化液在机架内进行循环和喷射，以此来冷却轧辊和带钢，而支撑辊轴承则采用油雾润滑。轧机配置了由净油箱、污油箱和哈夫曼过滤器等组成的乳化液冷却装置。乳化液浓度为 5% ~10% 溶性油，工作温度 30 ~50℃，流量为 4000L/min。还有 4 套带热空气的油雾发生器，油雾压力为 80 ~800Pa，油雾系统与冷却系统相连接，当油雾不用时，可由冷却系统把乳化液送到 8 列支承轴承的滚柱中润滑。

3.3.2.5 轧辊管理

在二十辊轧机中，轧制工艺对每个轧辊工作的可靠性和寿命也提出了特殊的要求。轧辊的材质、磨削和配置对产品质量、轧机能力和辊耗都有很大的影响。

ZR22BS-42 型轧机轧辊是用铬钼钒系的高合金钢制造的，不同用途的轧辊具有不同的化学成分和性能（表 3-22）。与其他冷轧机相类似，二十辊轧机工作辊要求辊身表面硬度高而且均匀，耐磨性好和具有一定深度的有效淬火层（半径的 3%）。轧辊材质采用高碳铬钢，可以保证较长的使用寿命和较好的表面质量。轧辊磨削精度要求很高，主要是圆锥度和椭圆度不应超过 0.003 ~0.005mm，工作辊面要有与成品带钢相同级的粗糙度，通常被精磨成 R_a 为 0.04 ~0.08μm 的辊面。根据轧制品种和道次工作辊要选用不同的表面粗糙度，如在轧制高磁感取向硅钢时，前 4 道次压下率较大，这时工作辊辊面要用 24 号砂轮磨糙，以防打滑，而在成品道次为了保证带钢表面光滑，仍要选用精磨辊面（R_a 为 0.04μm）。

表 3-22 轧辊化学成分

轧辊名称	材质	辊身硬度 HS	化学成分（质量分数）/%						
			C	Si	Mn	Cr	Mo	V	P/S
工作辊	FZ3	82 ~ 86	1.4/1.6	0.15/0.5	0.15/0.5	11/13	0.8/1.2	0.2/0.8	
第一中间辊	FP7	78 ~ 84	0.4/0.5	0.8/1.2	0.2/0.5	4.5/5.5	1.0/1.15	0.35/0.5	P < 0.03
第二中间传动辊	FP7	78 ~ 84	0.4/0.5	0.8/1.2	0.2/0.5	4.5/5.5	1.0/1.15	0.35/0.5	S < 0.02
第二中间从动辊	FH	78 ~ 84	0.7/0.9	0.4/1.2	0.4/0.5	2.5/3.5	0.2/0.4	0.1/0.25	

中间辊的表面粗糙度一般要比工作辊低一个级别。生产中使用的各个轧辊，其几何尺寸、形状和配对辊的具体要求见表 3-23。

表 3-23 轧辊磨削精度和配辊要求

轧辊名称	工作辊	第一中间辊	第二中间传动辊	第二中间从动辊	支承轴承
名义直径/mm	63.5	102	173	173	300
直径范围/mm	57 ~ 72	92 ~ 103	167 ~ 174	168 ~ 176	296 ~ 300
辊身长度/mm	1180	1230	1165	1130	172
圆锥度/mm	≤0.003	≤0.005	≤0.005	≤0.005	≤0.01
椭圆度/mm	≤0.003	≤0.005	≤0.005	≤0.005	≤0.01
表面粗糙度/μm	0.04	0.08	0.08	0.08	
辊型/mm	圆柱形 凸度 0.02	圆柱形	圆柱形	上辊圆柱形 下辊凸度 0.08、0.25、0.35	圆柱形
辊端形状/mm		一端锥度 3/1000 长度 100 ~ 250			
辊径差/mm	上下：8 ~ 10	左右：<0.6 上下：<2	上下 4 个 <0.005	上下：<2.0	*BC*、*FG*、*AH*、*DE* 辊径差小于 0.1，每根辊上 5 个轴承直径差小于 0.01
配辊方式	直径上大下小	上小下大 入口侧偏大		上小下大	轴承直径按小中大中小排列

配辊时，各层轧辊的配置要同时满足以下 3 个条件：

（1）当压下支撑辊（*B*、*C* 辊）内偏心值最大和出口侧支撑辊（*D*、*E* 辊）偏心值为零时，要求上、下工作辊靠紧且有重叠。

（2）反之，当压下内偏心值为零和侧压下偏心值最大时，辊缝间隙应能保证被轧带钢正常通过。

（3）上述情况时，第一列中间辊之间和第二中间辊传动辊与从动辊之间应有一定间隙，彼此不得靠碰。

轧辊的更换直接决定于轧制带钢的表面质量和尺寸精度的要求。工作辊更换是十分频繁的，一般每班换辊数目波动在 4 ~ 60 根之间，每班换辊次数和数量如表 3-24 所示。中间辊更换也是根据辊面磨损和损伤程度进行的，第一中间辊还要根据带材宽度变更轧辊锥面参数，这样每班也要更换1~2次，而第二中间辊每月只需更换3~6次。支撑辊的更换是最复杂和重要的，关键在于轴承的安装精度。支撑辊是成组地更换，一般担负压下和压上的*B*、*C*辊和*F*、*G*辊要每月更换2~3次，而两侧的支撑辊使用周期较长些，每月更换1~2次。

表3-24 工作辊换辊制度

轧　程	第一轧程			第二轧程	
轧制品种	高磁感取向	一般取向	无取向	一般取向	无取向
每班轧制钢卷数量/卷	6~8	12	15	12~15	25~30
粗面轧辊（24号砂轮磨糙）					
每对辊轧制卷数/卷	4~5				
每班换辊次数/次	2				
每班换辊数目/个	4				
光面轧辊（0.04~0.08μm）					
每对辊轧制卷数/卷		2~5	3~8	1	1
每班换辊次数/次		3~6	3~8	12~15	25~30
每班换辊数目/个		6~12	6~16	24~30	50~60

3.3.3 偏八辊轧机

MKW型偏八辊轧机是由德国施罗曼（Schloeman）公司设计制造的一种小直径工作辊、结构独特的冷轧机，实际上是在支撑辊传动的四辊轧机上，对工作辊增设侧支撑辊的多辊轧机。

从机架结构看，偏八辊轧机和四辊轧机基本相同，但由于使用了小直径工作辊和辊型调节装置，所以偏八辊轧机在生产工艺上兼有四辊和多辊轧机的某些特点：

（1）偏八辊轧机是支撑辊传动，工作辊偏离支撑辊中心线安装，这样工作辊直径的减小既不受扭矩的限制，也不受水平弯曲的影响，因此这种轧机工作辊辊径可以很小，一般只是同类型四辊轧机工作辊辊径的二分之一左右，仅是支撑辊直径的15%~20%。这样偏八辊轧机就可以像多辊轧机一样满足轧薄和轧制难变形产品的要求，而其结构比较简单，与四辊轧机相似，但轧制压力只有四辊轧机的一半。

（2）像多辊轧机一样，偏八辊轧机具有刚性较大的辊系结构和辊形调节装置，总弹跳值小，又能在轧制过程中随时调节工作辊凸度，从而可以轧出厚度偏差较小和板形平直的带钢。

（3）支撑辊单独传动，允许使用辊径差范围较大的工作辊，工作辊支承简单，换辊比较方便，辊耗较少。

（4）辊缝摩擦损耗较小，可采用乳化液润滑和冷却（乳化液浓度为2%~5%）。

偏八辊轧机很适合于轧制较薄的和难变形材料如硅钢及不锈钢等。1952年原西德首次建成偏八辊轧机，用来轧制不锈钢；1961年原西德波鸿钢厂（Bochum）建成一台世界上最大的偏八辊轧机，用于生产硅钢（表3-25）。当轧制宽度为1040mm的硅钢带时，只需3道次即可将带钢从2.5mm厚轧到0.50mm厚，轧制速度可达600m/min。下面以国内MKW112-1400型偏八辊轧机为例说明这种冷轧机的工艺设备特点。

表3-25 原西德波鸿厂MKW型轧机的技术参数

项 目	参 数	项 目	参 数
轧辊直径/mm	1320/250	低碳钢成品厚/mm	最小0.1
辊面宽度/mm	1400	硅钢坯厚/mm	最大2.5
轧制速度/$m \cdot min^{-1}$	300/600	硅钢成品厚/mm	最小0.2
带钢宽度/mm	最大1250	卷重/$kg \cdot mm^{-1}$	20
低碳钢坯厚/mm	最大4.5		

3.3.3.1 轧机性能参数

轧机主要性能参数如下：

形式：MKW112-1400；

轧制材料：铁素体、奥氏体、马氏体、不锈钢、硅钢及优质钢；

带钢强度：$900N/mm^2$；

带钢宽度：600～1300mm；

带钢厚度：入口：1.5～4.5mm；
出口：0.25～3.0mm；

轧辊尺寸：工作辊直径：190～210mm；
支撑辊直径：1170～1250mm；
辊身长度：1400mm；
侧支撑辊直径：330～340mm；
中间辊直径：160～170mm；

钢卷尺寸：内径：610mm；
外径：最大1520mm；
卷重：最大10t；

轧制速度：最大300m/min；

轧制力：最大25MN；

年产量：45000t。

3.3.3.2 设备特点

MKW112-1400偏八辊轧机由链式运输机、开卷机、轧前卷取机、轧机、轧后回转卷取机和重卷检查装置所组成。

图3-38是偏八辊轧机的机组组成示意图。

轧机的工作机座主要由轧辊系统、压下机构、工作辊抱颈装置、摆动门和辊型调节装置等部分所组成。

与四辊式轧机相比较，偏八辊轧机设备有如下3个特点：

（1）轧后卷取机是带有两个刚性卷筒的回转式卷取机，生产中带钢直接缠卷在刚性卷筒上，轧完后利用回转装置旋转卷筒180°，由空卷筒继续下一卷带钢的轧制与卷取。

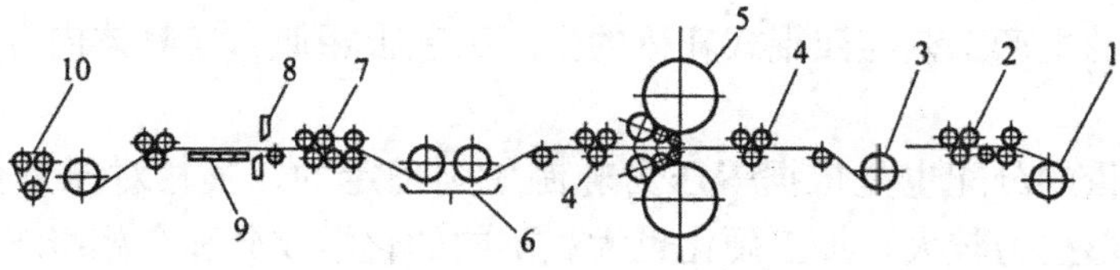

图 3-38 偏八辊轧机机组组成示意图
1—开卷机；2—开头矫直机；3—卷取机；4—乳液辊；5—偏八辊轧机；
6—回转台；7—矫直机；8—液压剪；9—检查台；10—助卷机

而轧制好的钢卷再用较小的张力经矫平、切头和检查重新缠卷到胀缩卷筒上。这样卷取既能实现大张力稳定轧制，又没有内层钢卷同卷筒胀缩缺口压印；而重卷又避免了大张力卷取可能引起的退火粘结，亦使卸卷方便，缩短卸卷时的停轧时间。

（2）偏八辊轧机的独特结构是工作辊具有侧支撑系统和偏离支撑辊中心线安装。如图 3-39 所示，轧制时工作辊在垂直方向得到上、下支撑辊的支承，在侧向得到侧支撑系统的支承。侧支撑辊和中间辊用固定弓组装，然后固定在侧支撑辊轴承座上。作用到侧支撑辊的侧向力是通过与其有同心轴的支撑座传递给侧支撑横梁的，这样就保证了轧机辊系具有足够大的刚度。当侧支撑辊与支撑辊在接触状态下工作时，还可以通过中间辊向工作辊传递力矩，起到增大压下和减少辊间打滑的作用。

此外，工作辊偏离支撑辊中心安装和工作辊抱颈装置能保证工作辊在可逆及高速轧制中都具有可靠的稳定性。

（3）偏八辊轧机的另一个特点是有辊型调节装置，如图 3-40 所示。辊型调节是由液压缸 1 通过连杆 2 带动 4 块活动斜楔 4 在固定斜楔 3 中上、下移动，由于活动斜楔的斜度不一样，中间两块（3 号、4 号）斜度为 5°，两边两块（2 号、5 号）斜度为 3°，两端还有不动的平块，这样斜楔移动就使工作辊产生不同的弯曲度，由此实现了轧制过程中的板形调节。

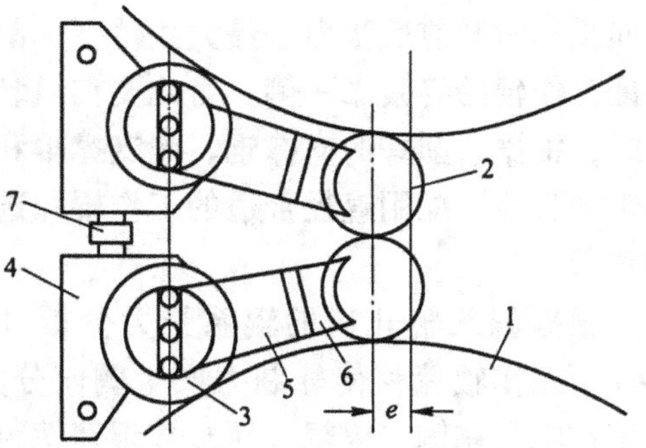

图 3-39 侧支撑系统和偏心组装
1—支撑辊；2—工作辊；3—侧支撑辊；
4—支撑座；5—支撑臂；6—叉头
（叉爪）；7—液压缸

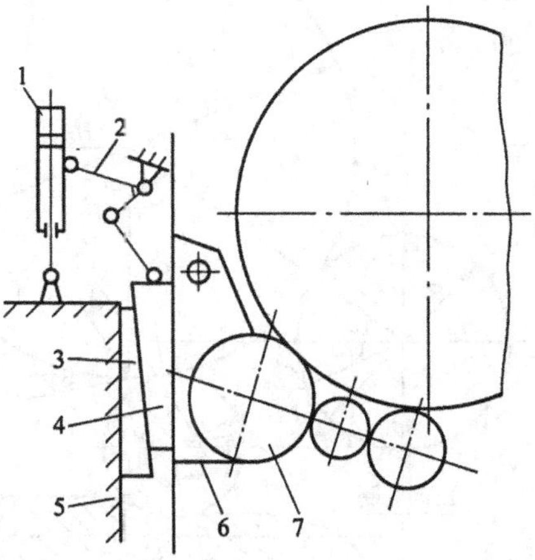

图 3-40 轧辊辊型调节装置简图
1—液压缸；2—连杆；3—固定斜楔；
4—活动斜楔；5—支撑；6—侧
支撑辊座；7—侧支撑辊

3.3.3.3　工艺特点

偏八辊轧机的生产工艺与四辊式轧机的生产工艺很相似，在具体内容上则具有不锈钢轧制的特点。

各道次压下量的分配也是依据等压力轧制原则确定的，其相对压下量也要逐道次减小。不锈钢的变形抗力较大，加工硬化也大，不同的化学成分和金相组织有不同的要求。

奥氏体铬镍不锈钢轧制的硬化程度和变形抗力作用显著，要限制道次压下率为25%，总变形率不应超过60%，中间必须退火。

铁素体不锈钢的表面敏感性限制每道次压下率不超过15%，总变形率不超过60%。

马氏体不锈钢是高碳（碳的质量分数为0.1%～0.4%）铬钢，道次压下率也不超过15%，限制总压下率为50%。

由于支撑辊传动会引起支撑辊和工作辊之间产生滑动，因此道次压下量不应超过0.8mm。

带钢张力要随轧制厚度、品种和道次而变化。为了增加工作辊轧制稳定性，通常正向轧制时总是前张力大于后张力，而反向轧制时则是后张力大于前张力。

轧制工艺润滑冷却采用浓度为2%～5%的乳化液，经两次过滤循环使用。

此外，偏八辊轧制工艺还有以下特点：

（1）辊型控制。偏八辊轧机的辊型控制方法除了有工作辊配置原始凸度和乳化液流量分段控制外，还有独特的辊型机械调节装置。

如上所述，辊型是由4个斜楔调节的，即辊身长度上由斜楔作用产生4个弯辊力使工作辊挠曲。根据轧制带钢的材质和规格，工作辊磨削有0.05～0.22mm的凸度值。在轧制宽度为1000mm的带钢时，随着轧制力增加工作辊的凸度调节量可达±0.05mm。调节量是以百分数表示在操作盘表上的，调节量为100%，相当于工作辊凸度增加0.10mm。

由此，偏八辊轧机具有较好的板形调节能力。

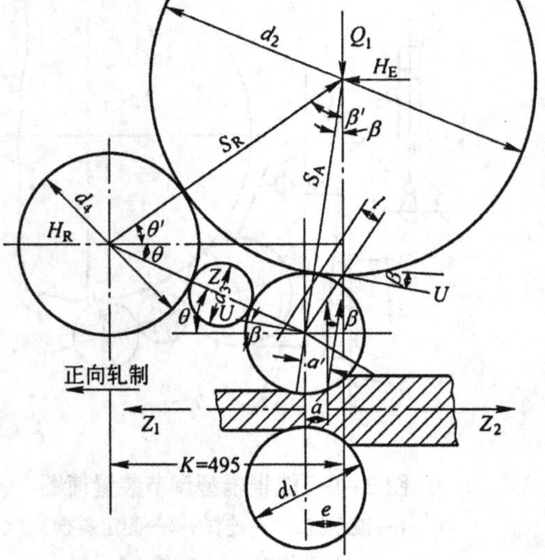

图3-41　偏八辊轧机受力图

（2）轧辊的组装。工作辊偏离支撑辊中心线安装，偏移量的大小直接关系到工作辊轧制的稳定性。

偏移量（e）选择应使工作辊在正向和反向轧制时及前后张力差最大条件下，都能保证工作辊始终紧靠一侧。为此要在组装轧辊时，根据磨削好的支撑辊、侧支撑辊和中间辊的直径，配用直径合适的工作辊和选择偏移量。

根据偏八辊轧机的辊系受力分析（图3-41），工作辊偏移使轧制力产生侧向分力，使工作辊紧靠侧支撑辊。而支撑辊摩擦传动工作辊，又对工作辊产生切向力，在正向轧制时此力使工作辊离开辊缝而失去稳定条件。这样侧支撑辊对工作辊的作用力正向轧制时要比反向轧制时小，因此，工作辊的偏移量应根据正向轧制时侧支撑辊作用于工作辊的支撑力大于零为条件进行确定。

由力的平衡关系式及有关几何参数，可以算出最佳偏移量，并与轧辊直径等结构参数有关。各辊为最大直径时，偏移量是支撑辊直径（d_2）的5%，即 $e=5\%d_2$，而在最小直径时，$e=7\%d_2$。

在实际生产中经常应用组装曲线图解法进行配辊操作。如图3-42所示，根据支撑辊直径 d_2、中间辊直径 d_3 和侧支撑辊直径 d_4 依次图解选择工作辊直径 d_1。这时，上、下工作辊辊径差应小于5mm，图解确定的偏移量 e 要在最大、最小范围中，且上、下工作辊偏移量差值为 ±1mm，否则重新进行选择。

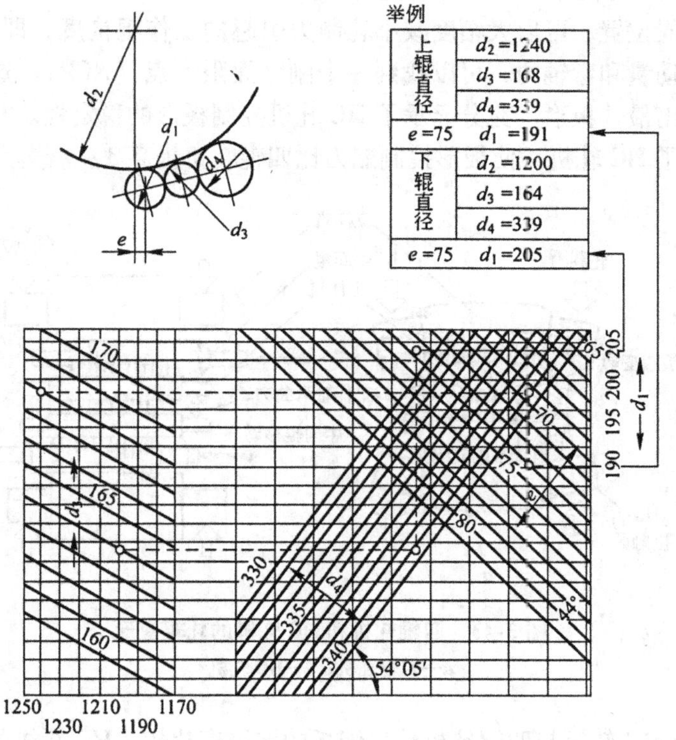

图3-42　各轧辊组装曲线

3.3.4　HC轧机

现在，高凸度控制轧机——HC轧机已被公认是一种板形控制的理想轧机，是板带轧机新建和改造的主要选型轧机。

这种轧机是在1974年由日本日立公司（HITACHI）试验研制的，1974年在新日铁八幡厂建成第一台单机架可逆式HC六辊轧机（ϕ320mm/ϕ530mm/ϕ1420mm × 1420mm），从此HC轧机得到了迅速的发展并获得了广泛的应用，HC轧机的开发成功地开创了板带轧制技术的新时期。HC轧机的工作原理和结构也是在传统的四辊轧机的基础上发展起来的，其结构特点是在辊系的上、下工作辊和支撑辊之间增加两个在轴向上可作相反方向移动的中间辊，正是这种中间辊的轴向移动使HC轧机具有稳定良好的板形和高效控制板形的独特性能，并在工作原理上成为区别于四辊轧机的根本之点。四辊轧机工作辊和支撑辊有效接触长度是不变的，且总是大于轧制带钢的宽度，这使带钢宽度以外的接触部位成为有害接触区，它迫使工作辊承受了支撑辊作用的一个附加弯曲力，由此使工作辊挠度变大而导致带钢板形变坏和边部减薄（图 3-43*a*），也是这个接触面妨碍了工作辊的弯辊作用没有得到有效的发挥，这就是四辊轧机横向厚度和板形调节能力较差的根本原因。HC 轧机的中间辊可以根据带钢宽度进行轴向移动，如图 3-43*b* 所示，这就改变了工作辊和支撑辊接触应力状态，从根本上克服了有害接触。配合弯辊装置，HC 轧机具有如下一系列特点：

（1）HC 轧机具有很好的板形控制能力，能稳定地轧出良好的板形。HC 轧机通过中间辊轴向移动不同位置，可以大幅度减小轧制力引起的工作辊挠度，即防止工作辊弯曲。通过调节轴向移动量和弯辊力，可以找到一个刚性无限大点（NCP），这时不管轧制力如何变化，都能轧出最佳板形，充分显示了 HC 轧机控制板形的稳定性。日本加古川制铁所冷连轧末架采用了 HC 轧机，使板形控制能力比四辊轧机提高 3 ~4 倍。

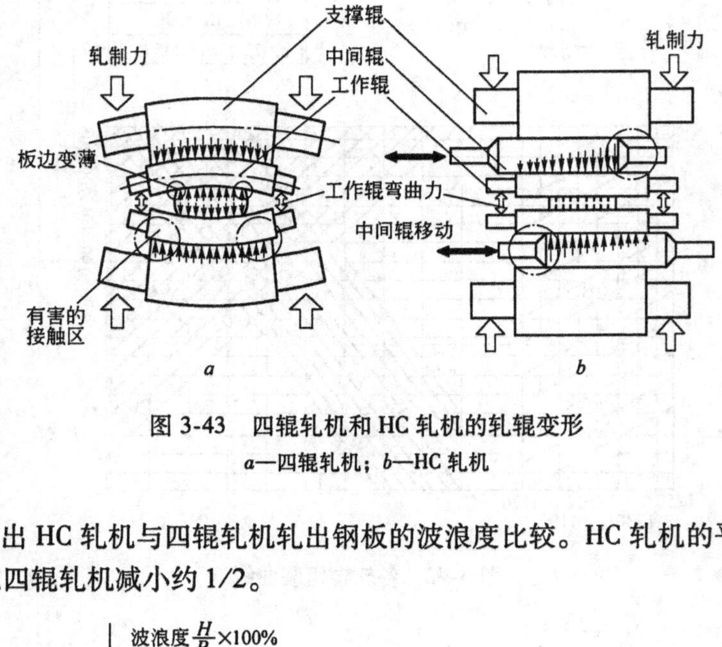

图 3-43　四辊轧机和 HC 轧机的轧辊变形

a—四辊轧机；*b*—HC 轧机

图 3-44 示出 HC 轧机与四辊轧机轧出钢板的波浪度比较。HC 轧机的平直度可控制在 1% 以下，要比四辊轧机减小约 1/2。

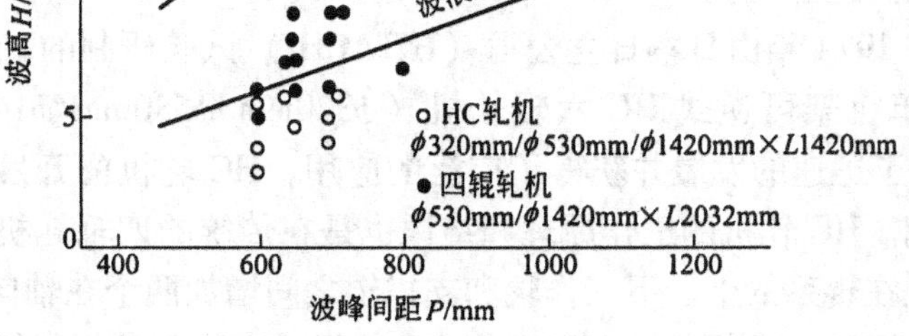

图 3-44　两种轧机轧制的波浪度对比

（2）减少边部减薄量和边裂缺陷发生。合适的中间辊位置使边部减薄比率（E）下降。如图 3-45 所示，板厚为 0.3mm 的板材，距边部 15mm 处的减薄量分别为 6μm 和 11μm，即 HC 轧机比四辊轧机的边部减薄量要减少 1/2 左右。HC 轧机还可使硬薄材料的边裂切损量很小。这样 HC 轧机可使带材的合格率和收得率都有所提高。

（3）HC 轧机的工作辊直径最小可为板宽的 20%（四辊为 35%～50%），小直径工作辊可实现大压下轧制，增加道次压下率。这样可减少轧制道次或减少连轧机架的数目或增大坯料厚度。HC 轧机的产量提高幅度约为 20%。

如图 3-46 所示，HC 轧机使可逆轧制道次减少 1～3 道。在六机架连轧机上，HC 轧机的压下率可达 50%，使原料厚度从 2.3mm 增大到 4.0mm（图 3-47）。使用实践表明，一般可由 3～4 架 HC 轧机代替 5～6 架四辊轧机。

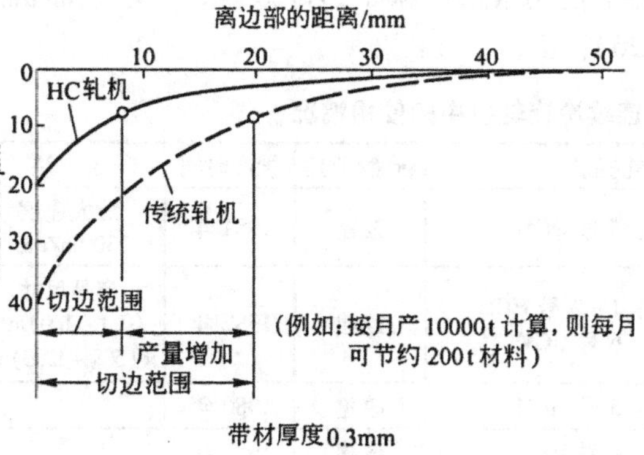

图 3-45 轧制带钢边部减薄程度的比较

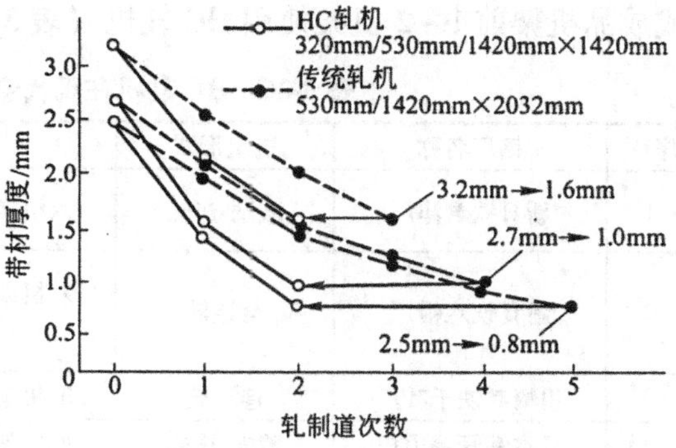

图 3-46 两种轧机的轧制道次比较

（4）降低能耗 20%。小直径工作辊降低了轧制压力，使轧机动力能耗降低 20%，此外还影响前后工序的节能效果。如图 3-48 所示，在轧制硬薄带材时，HC 轧机明显地抑制了边裂缺陷的发生，可以省去消除应力的初退火工序和中间退火工序，只需 4 道次就可一次轧成同样的

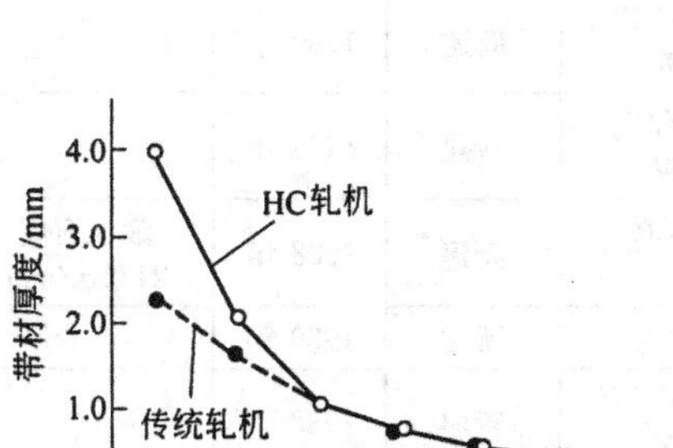

图 3-47 连轧前段机架使用 HC 轧机效果

HC 轧机：原料厚度 4.0mm，1～6 架厚度分别为 2.0mm、1.0mm、0.71mm、0.45mm、0.32mm、0.2mm，压下率分别为 50%、50%、29%、37%、29%、37%；

四辊轧机：原料厚度 2.3mm，1～6 架厚度分别为 1.6mm、1.0mm、0.71mm、0.45mm、0.32mm、0.2mm，压下率分别为 30%、37%、29%、37%、29%、37%

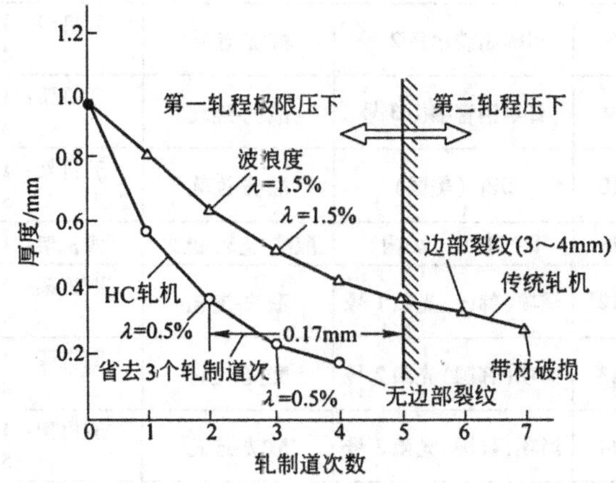

图 3-48 HC 轧机轧制硬薄材料效果

四辊轧机：ϕ120mm/ϕ500mm × L450mm；

HC 轧机：ϕ100mm/ϕ130mm/ϕ300mm × L400mm

带材：碳素工具钢 SK5，0.17mm × 150mm

成品厚度(0.17mm),并且不会产生边部裂纹,提高收得率,其节能效果十分明显。

(5) 提高轧机作业率，方便管理。中间辊移动使工作辊辊缝很少受到轧制力的影响，并可使用平辊进行辊型控制，也无需进行预热轧制对热凸度进行补偿。这样就没有常规四辊轧机的轧辊凸度管理，可大大减少备用轧辊的数量和扩大轧制宽度变换的自由度。

综上所述，HC 轧机中间辊移动的独特结构，使之具有稳定控制板形的独特性能，在有效地改善产品质量和提高轧机效率等方面都要优于其他轧机，被公认为板带钢生产的理想轧机。至今，HC 轧机可用于所有板带钢轧制，包括厚板轧制、冷热板带轧制和平整以及镀锡板二次轧制，同时也可用于不锈钢、合金钢以及有色金属等硬薄带材轧制，因而 HC 轧机在新建或改建板带轧机中得到大量的选用。尤为明显的是，在现代化的酸洗-冷连轧或酸洗-冷连轧-连续退火的联合机组上，几乎全部选用了 HC 轧机。而改建和扩建的机组中则是有目的地选用，为了大压下轧制或为了控制板形和减小边部减薄，一般成品机架或成品机架前 1 ~ 2 机架使用 HC 轧机（表 3-26）。

表 3-26　HC 轧机在现代全连续冷连轧机中的使用情况

序号	钢厂名称	机组形式	轧机形式	新建/改建	投产时间	备注
1	新日铁君津厂	酸洗-连轧	六机架：6 号 HCM	改建	1981 年	最大速度 2300m/min
2	新日铁八幡厂	全连轧	六机架：1 ~ 2 号 HCM，6 号 UCM	改建	1982 年	产品尺寸 (0.1 ~ 1.0)mm × (508 ~ 1280)mm
3	川崎制铁千叶厂	连　轧	五机架：5 号 HCM	改建	1980 年	
4	日本钢管福山厂	酸洗-连轧	四机架：4 号 HC	改建	1987 年	
5	川崎制铁水岛 1 号	酸洗-连轧	五机架：1 号 HCW，5 号 HCM	改建	1984 年	
6	新日铁广畑厂	酸洗-连轧-退火	四机架：1 号 UCM，2 ~ 4 号 HCM	新建	1982 年	世界第一条全连续生产线
7	日新制钢堺厂 2 号	酸洗-连轧	四机架：1 ~ 3 号 HCMW，4 号 UCMW	新建	1989 年	产品尺寸 (0.1 ~ 2.3)mm × (600 ~ 1610)mm
8	川崎制铁水岛 2 号	酸洗-连轧	四机架：1 ~ 3 号 HCMW，4 号 UCMW	新建	1989 年	
9	日本钢管福山 3 号	酸洗-连轧	四机架：1 ~ 3 号 HCW，4 号 UCMW	新建	1987 年	
10	UPI（美国）	酸洗-连轧	五机架：1 ~ 4 号 HCM，5 号 UCM	新建	1988 年	最大速度 2133m/min
11	I/N TEK（美国）	酸洗-连轧-退火	四机架：1 ~ 4 号 HCM	新建	1989 年	
12	浦项(韩国)光阳 1 号	酸洗-连轧	四机架：1 ~ 3 号 HCMW，4 号 UCMW	新建	1988 年	
13	浦项(韩国)光阳 2 号	酸洗-连轧	四机架：1 ~ 3 号 HCMW，4 号 UCMW	新建	1990 年	
14	浦项(韩国)光阳 3 号	酸洗-连轧	五机架：1 ~ 4 号 HCMW，5 号 UCMW	新建	1991 年	
15	新日铁八幡	全连轧	五机架：1 ~ 5 号 UCMW	新建	1990 年	产品尺寸 (0.25 ~ 3.2)mm × (660 ~ 1880)mm
16	中钢公司（中国台湾）	酸洗-连轧	四机架：1 ~ 3 号 HCM，4 号 UCM	新建	1992 年	

目前，HC轧机发展形成了系列化结构，如图3-49所示，有中间辊移动的HCM六辊轧机、工作辊移动的HCW四辊轧机和两者都能移动的HCMW轧机，近年还开发了增加中间辊弯辊装置的UCM、UCMW、UC2（3、4）和5MB、6MB轧机，其中UC3、4轧机可使用像森吉米尔式那样的小直径工作辊，用来轧制电子工业需用的硬薄合金带材。表3-27列出了各种HC轧机的结构特点及应用范围。

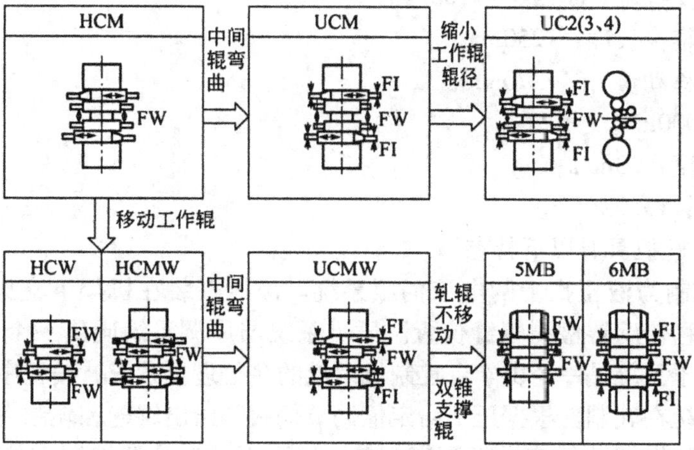

图3-49 HC轧机结构系列图

表3-27 各种HC轧机的结构特点及应用范围

序号	轧机型号	形式	轧辊移动		工作辊直径/带钢宽度	应用范围	
			中间辊	工作辊		热轧	冷轧
1	HCM	六辊	移动		<0.25		碳钢
2	HCW	四辊	移动	移动	<0.3	碳钢	碳钢（连轧机前架）
3	HCMW	六辊	移动	移动	<0.25	碳钢、合金钢	
4	UCM	六辊	移动		<0.2		碳钢、合金钢
5	UCMW	六辊	移动	移动	<0.2	碳钢、合金钢、极薄带	碳钢、合金钢
6	UC2	六辊	移动		0.2~0.1		中硬质材料
7	UC3	六辊	移动		0.09~0.07		硬质材料
8	UC4	六辊	移动		0.15~0.07		硬质材料
9	6MB	六辊	固定		<0.25		碳钢
10	5MB	五辊	上辊不动		<0.25		碳钢

我国投入生产的第一台HC宽带钢轧机是1250mm HC六辊轧机，用于镀锡原板的轧制，装备技术具有20世纪80年代中期世界水平。轧机技术性能如下：

形式：ϕ420mm/ϕ470mm/ϕ1250mm×1250mm六辊HC可逆轧机；

带钢尺寸：原料厚度：2.0~3.0mm；

成品厚度：0.19~0.55mm；

宽度：700~1100mm；

带卷尺寸：原料内径：610mm，最大外径 1800mm；

成品内径：450mm，最大外径 1750mm；

带卷质量：最大 20t；

轧辊尺寸：工作辊：ϕ420～370mm；

中间辊：ϕ470～430mm；

支撑辊：ϕ1260～1160mm；

辊身长度：1250mm；

中间辊轴向移动量：0～270mm；

轧制力：18000kN；

最大轧制速度：20m/s；

设计年产量：13.02 万 t。

1250mm HC 轧机具有以下特点：

（1）压下控制为液压推上的电液伺服系统。液压缸装在机架下支撑辊轴承座下面，由 SONY 磁尺位移传感器检测辊缝位置。压下系统与厚调系统同属一个计算机子系统控制。这个计算机子系统是一个由 4 台控制机组成的多处理机系统，按程序并行处理各项调节任务。压下系统在轧制前根据压下给定值调节伺服阀给出辊缝和轧制力，而在轧制时根据厚调系统给出的微调补偿值进行厚度调节。压下系统有位置控制和轧制力控制两种方式，前者调节辊缝位置，后者调节液压缸内压力，通过伺服阀控制精度可达到 5μm 左右，采用比例阀进行大行程调节，响应时间为 4ms。

（2）自动化控制水平高，全面进行计算机控制。整个生产过程被分散成 17 个子系统，由 25 台控制计算机以并列方式进行 DDC 控制（图 3-50）。子系统控制方式可分为 3 种类型：生产工艺调节如张力、速度、压下与厚调和板形控制等子系统实行闭环控制，道次设定和数据收集采用数据及表格处理，而运行和各种传动则是可编程逻辑控制。各子系统间可通过输入/输出插件进行信息交换。道次设定是轧机过程控制的核心子系统，单独由一台计算机控制。这是根据轧制规程预先以表格形式存贮的一系列标准道次的设定数据，子系统根据输入的钢卷原始数据选择出合适的轧制工艺参数，如辊缝、轧制力、张力、速度和板形曲线等，输入给各子系统进行调节和控制。

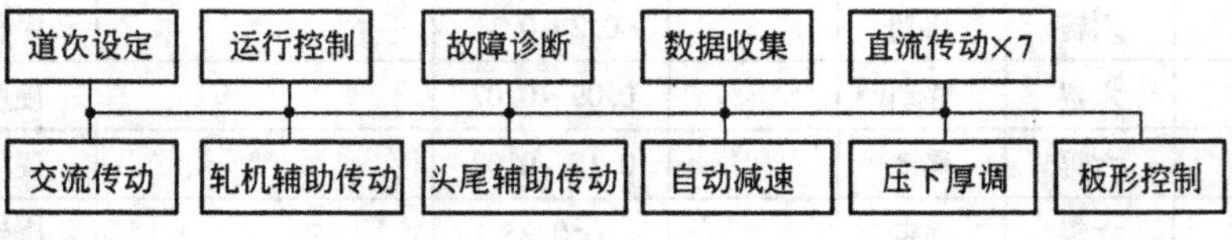

图 3-50　1250mm HC 轧机计算机控制系统框图

（3）厚度自动控制。在轧机入口和出口处都设有测厚仪，以便对奇偶道次的轧制前后带钢进行厚度检测和控制。压下和厚调计算机根据实测厚度与每道次设定厚度比较，并向系统给出微调补偿量。厚调系统由以下 5 个调节单元所组成：

厚度预控：利用入口侧测厚仪得出的来料厚差进行带钢厚度预调节，这时通过位置控制来调节辊缝能有效地消除来料厚度或硬度变化引起的出口厚度偏差；

厚度监控：根据出口测厚仪得到的每道次成品厚差进行厚度反馈调节；

开卷机联调：为保证调节厚度的张力稳定和带钢在穿带及低速运行以及轧制厚度较薄（小于0.5mm）带钢时，都要进行开卷机张力调节，张力厚调时规定了张力调节范围为20%；

轴承浮动补偿：根据轧制速度大小和轴承浮动特性，要对加速减速的带钢厚度变化进行补偿，这时使用轧制力调节是最有效的；

厚控参数计算：控制计算机计算厚调参数（如轧机刚度、弹性系数等），4 台处理器执行各自调节任务。

本系统保证达到的稳态精度为：带钢厚度大于 0.2mm 时，最大为 5μm；不大于 0.2mm 时，为 3μm。

（4）板形自动控制。轧机出口装设有 ASEA 板形测量仪，它与辊型调节装置和计算机子系统形成了闭环控制系统。测量辊分为23 个区段对带钢张力进行在线检测。在板形控制子系统中，检测的张应力分布被转换为实际板形直方图，再与设定曲线比较得到板形偏差值并被分解成描述板形缺陷的各次项分量，进行相应的板形调节（详述见 3.5 节）。本轧机板形调节手段，主要是中间辊轴向移动，还有工作辊和中间辊弯辊调节。

（5）故障指示和诊断。为确保系统正常运行和提高维护水平，本轧机设置了故障诊断的计算机子系统。子系统可以处理约 500 个故障信息，分别进行故障指示、故障诊断或同时指示诊断。故障信息可以打印并在电视终端进行显示。

3.4 全连续冷轧机的生产工艺与计算机控制

现代冷轧生产有可逆式和连轧两种生产工艺，连轧生产又有常规单卷轧制和全连续轧制（即无头轧制）两种方式，全连续轧制是当代冷轧板带钢生产的最高技术形式。

3.4.1 全连续轧制的工艺特点

全连续冷轧是带钢连续不停地在串列式轧机上进行轧制。经酸洗的热轧带钢在轧制前进行头尾焊接，通过活套调节不断地送入轧机进行连续轧制，最后经飞剪分切卷取成冷轧带卷。因此轧机除了过焊缝时要减速外（必要时可进行分卷和规格变换），可以稳速地轧制各种材质和规格的带钢。它不像常规单卷轧制那样，每一卷带钢都有穿带、升速轧制、减速甩尾和停车卸卷等重复操作，由此决定了全连续冷轧具有高产、优质、高效率和低消耗等一系列优点。

全连续生产的最大特点是省却了频繁的穿带和甩尾操作，因此大大地增加了纯轧制时间和生产能力。在轧制速度-时间图上（图 3-51），阴影部分面积表示了轧机轧过的带钢长度。由图可见，单位时间内全连轧通过的带钢量明显增加或轧制周期时间缩短（没有 t_1、t_2 和 t_3 时间）。

轧机小时产量计算公式为：

$$A = \frac{3600G}{T_c} \times K$$

式中 G——钢卷质量；

T_c——轧制一卷钢所需的全部时间，即轧制周期；

K——轧机利用系数。

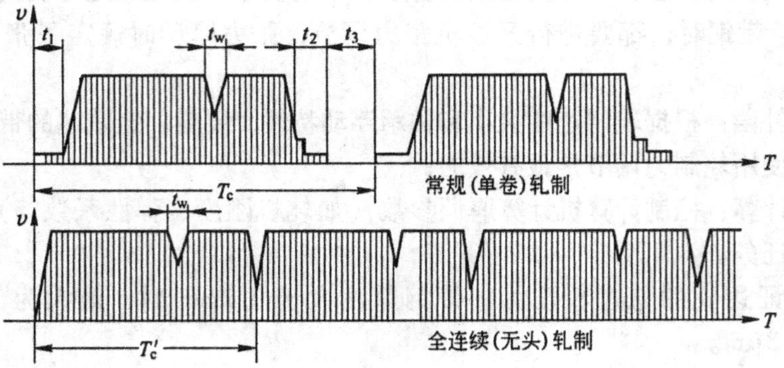

图 3-51 全连轧和单卷轧制的速度-时间图

这样在相同卷重条件下，全连轧的轧制周期要短（$T_c' < T_c$），理论上就有较高的小时产量。

实际生产要考虑到设备利用效率的影响。轧机利用系数是轧机运行时间中，扣除换辊、调节和断带等事故处理时间后，余下有效轧制时间所占的比率。在全连轧时，因没有穿带甩尾引起的断带和跑偏等事故发生，所以非计划换辊次数减少，又有自动换辊装置可大大缩短换辊时间，因此轧机利用率明显提高。根据国外类似轧机的经验，两种轧制方式的各种停轧时间所占的比率是不一样的，如表 3-28 所示。

表 3-28 两种轧制方式的各种停轧时间所占的比率（%）

项 目	全连轧	常规轧制	项 目	全连轧	常规轧制
换辊时间	4~5	6~10	穿带、甩尾故障		3
机电故障	3~4	2.5~3	合 计	9~11	13~18
断带跑偏	2	1.5~2			

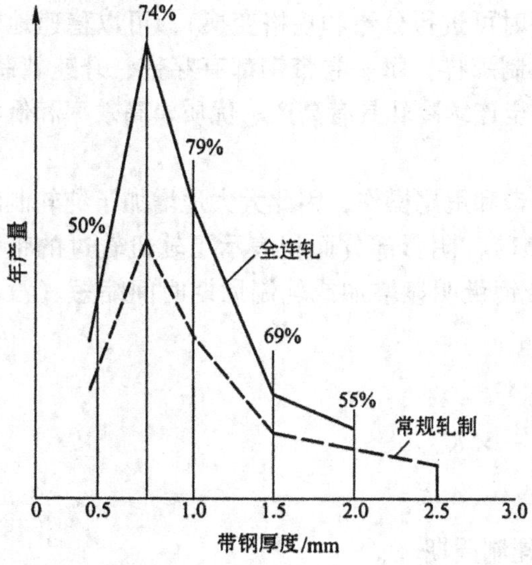

图 3-52 全连续和常规轧制的产量比较

由此得出，全连轧生产的轧制利用系数要比常规轧制平均提高 4% ~7%，用于产量计算的轧机利用系数选用 85% ~90%，而常规轧机一般为 65% ~75%。

轧制周期的缩短和轧机利用系数的提高明显地提高了全连轧机的生产能力。经国内同类连轧机的综合生产能力计算表明，同样产品比例全连轧生产能力要高出 50% 以上。

当然，不同产品规格其生产能力增长率是不一样的，图 3-52 指出了在轧制厚度 0.7 ~1.0mm 范围内，增长率最高为 79%。

全连续轧制时带钢基本上都在稳定速度下轧制，这就从根本上克服了常规轧制时钢卷头尾部分因速度和张力变化较大而引起厚度超差，使全连轧头尾厚度不合格部分由常规轧制的1.4%降至0.3%。表3-29列出2030mm全连轧机的带钢厚度超差长度的规定值。实际上，轧机的过程计算机参与厚度自动调节，使厚度精度控制在1%~3%，动态规格变换过渡段控制在两个相邻机架距离内完成（4750mm），这样全连轧厚度不合格率几乎是零。

表3-29 全连轧带钢超差长度

带钢厚度（进口/出口）/mm	动态变规格时的带钢超差长度/m	每个带钢的焊缝超差长度/m	穿带和甩尾时的带钢超差长度/m
2.0/0.35	24	10	30
2.0/0.50	24	10	28
2.6/0.7	24	10	25
3.5/1.0	24	10	22
4.0/1.5	24	10	20
4.5/2.0	24	10	20
5.0/2.5	24	10	20
6.0/3.5	24	10	20

穿带甩尾会冲击轧辊表面而引起辊压印和带钢表面损伤。全连轧生产极大地改善了轧辊工作条件，从而大大地减少了带钢表面辊印缺陷，可以批量生产特别高级精度表面（即国外标准的05表面）的汽车薄板。

厚度不合格和表面缺陷明显减小，使全连续轧机的收得率也有所提高。

全连续轧制只能在计算机控制下才能运行，即轧制过程由计算机最佳设定并进行控制，生产操作全盘实现自动化。这样轧钢操作的基本任务就是选择操作方式和必要时停用计算机，只是在换辊和故障处理时还需要熟练的手动操作和经验积累。取消穿带作业也使得冷轧生产没有太紧张复杂的劳动，也不需每个机架都要配置人员，这样全连轧的操作人员只需常规轧制的1/3。

当然全连续轧制需要增设许多入口、出口段设备，使设备投资增加约20%，并使控制系统复杂，但产量和质量的提高可使产品成本降低，投资回收加快，其工艺优越性是显而易见的。全连续轧制成为当代冷轧带钢生产划时代的新技术。当前，冷轧生产又在全连续工艺基础上实现了酸洗-冷轧或酸洗-冷轧-连续退火的工序联合，使全连续轧制工艺更加完善，生产效率更高。3种不同连续形式的连轧机，其核心仍是全连续的无头轧制工艺。

3.4.2 全连续冷轧车间

全连续冷轧是现代冷轧宽带钢生产的主流，主要承担碳素结构钢板带和镀、涂层基带的生产。全连续冷轧机普遍采用4~6个机架的四辊式或与HC六辊式组合形式，其中五机架全连轧机具有轧制品种多和规格范围宽的特点而得到较多的应用。全连轧带钢的厚度为0.15~3.5mm，宽度为500~1850mm，辊身宽度最大达2030mm，卷重最大为50t，轧制速度最高为2260m/min，年生产能力100万t左右，最高为250万t/年。表3-30列出了世界上前期发展的全连续冷轧机主要技术性能。本节以世界上第四套四辊式全连续冷轧机、我国的2030mm冷轧车间为例叙述其生产工艺与计算机控制。

表3-30　世界最早的4套全连续冷轧机的主要技术参数

项目		厂名			
		日本福山厂	美国威尔顿厂	原苏联新利别茨克厂	中国宝山钢铁股份有限公司
制造厂 机械/电器		IHI/三菱	布劳-诺斯克/GE	SMS/西门子	SMS/西门子
轧辊尺寸/mm×mm	工作辊	$\phi600\times1425$	$\phi585\times1370$	$\phi615/\phi550\times2030$	$\phi615/\phi550\times2030$
	支撑辊	$\phi1420\times1370$	$\phi1525\times1320$	$\phi1600/\phi1450\times2030$	$\phi1550/\phi1425\times2030$
轧件尺寸/mm	原料厚度	1.6~4.5	1.2~4.75	1.8~6	1.8~6
	成品厚度	0.15~1.6	0.15~3.4	0.35~3.5	0.3~3.5
带钢宽度/mm		610~1270	610~1230	900~1850	900~1850
钢卷直径/mm		$\phi508/\phi2340$	$\phi420/\phi2160$	$\phi610/\phi2200$	$\phi610/\phi2470$
钢卷质量/t		32	32.7	45	45
轧制速度/m·min^{-1}		1830	1980	1900	1900
飞剪速度/m·min^{-1}		300	400	300	300
活套贮存量/m		280	305	720	720
带钢材质		碳素结构钢	优质碳素结构钢	优质碳素结构钢	碳素结构钢
机组功能		无头轧制	无头轧+单卷轧	无头机+单卷轧	无头轧+单卷轧
压下方式		电动,1号,5号液压	全液压压下	全液压压下	全液压压下
电机容量/kW		22400	26100	26100	34550
投产年月		1971年6月	1975年11月	1975年11月	1988年9月

2030mm冷轧车间建于全连轧技术成熟发展的20世纪80年代初，它广泛地采用了当时世界上冷轧生产的新技术、新工艺和新装备，使主要生产机组具有大型化、连续化、高速化和全自动化的特点，是我国最大的冷轧板卷生产基地，也是世界上现代化高效率的大型冷轧带钢车间之一。

全厂共有16条主要生产机组及酸再生、保护气体站和计算机等共45个项目。设计年产量210万t，设备总质量6.8万t，电机总容量16.38万kW，主厂房面积为$22.35\times10^4m^2$。该厂自1988年9月建成投产以来，经过一年设备调试后正式按合同按国际标准组织生产，产量和质量逐年提高，品种增加，3年全面达到了设计指标。几年来该厂为国内外市场提供了大量的优质冷轧产品，许多品种填补了国内空白，对国内汽车、机电、建筑和轻工等工业发展起到了骨干作用。

3.4.2.1　*产品方案及生产流程*

2030mm冷轧厂生产品种有冷轧板、卷和窄带钢共150万t，热镀锌板卷25万t，电镀锌板卷9万t，彩涂板卷16万t，瓦楞板10万t，板卷产品比例约为各半。

上述产品的工艺流程如图3-53所示。

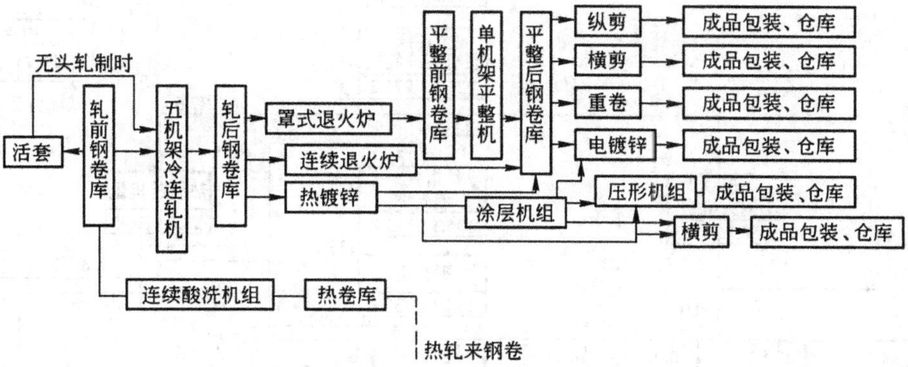

图3-53 产品工艺流程框图

各种产品的品种、规格和质量品级见表3-31。

表3-31 产品品种、规格和质量

产品名称	冷轧	热镀锌	电镀锌	彩色涂层
厚度/mm	0.3~3.5	0.3~3.0	0.5~2.5	0.3~2.0
宽度/mm	120~1850	900~1850	900~1550	900~1550
镀涂量/g·m^{-2}		60~700 双面镀层 差厚镀层 规则锌花、最小锌花、平整、涂油和钝化	双面镀层0.3/0.3~50/50 单面镀层0/10~0/40 差厚镀层0.3/20~20/30 磷化、钝化和表面处理	2.5~200μm 双面涂层 单面涂层 双层、单层和印花
热处理质量级别	CQ、DQ、DDQ	CQ、DQ、DDQ、FH	CQ、DQ、DDQ	
其中：钢板长度/mm	1000~6000	1000~6000	1000~4000	1000~4000
板包质量/kg	最大10000	最大10000	最大10000	最大10000
钢卷内径/mm	ϕ610	ϕ610	ϕ610	ϕ610
外径/mm	ϕ750~1600	ϕ750~1600	ϕ750~1600	ϕ750~1600
质量/kg	最大15000	最大15000	最大15000	最大15000

注：1. 质量级别：CQ—普通商用级，DQ—深冲级，DDQ—特深冲级，FH—全硬级；
2. 压形板：厚度：0.3~3.0mm，长度：1500~12000mm，波深：38mm、75mm，全宽：790mm、963mm，包重：最大15000kg；
3. 捆带：厚度：一般捆带0.6~1.0mm、高强捆带0.8mm，宽度：19~31.75mm，带卷内径：ϕ406mm，外径：ϕ590~700mm

根据产品方案和机组能力确定全厂金属平衡，如图3-54所示，计划投入热轧钢卷量237.8万t，设计金属收得率88.3%。

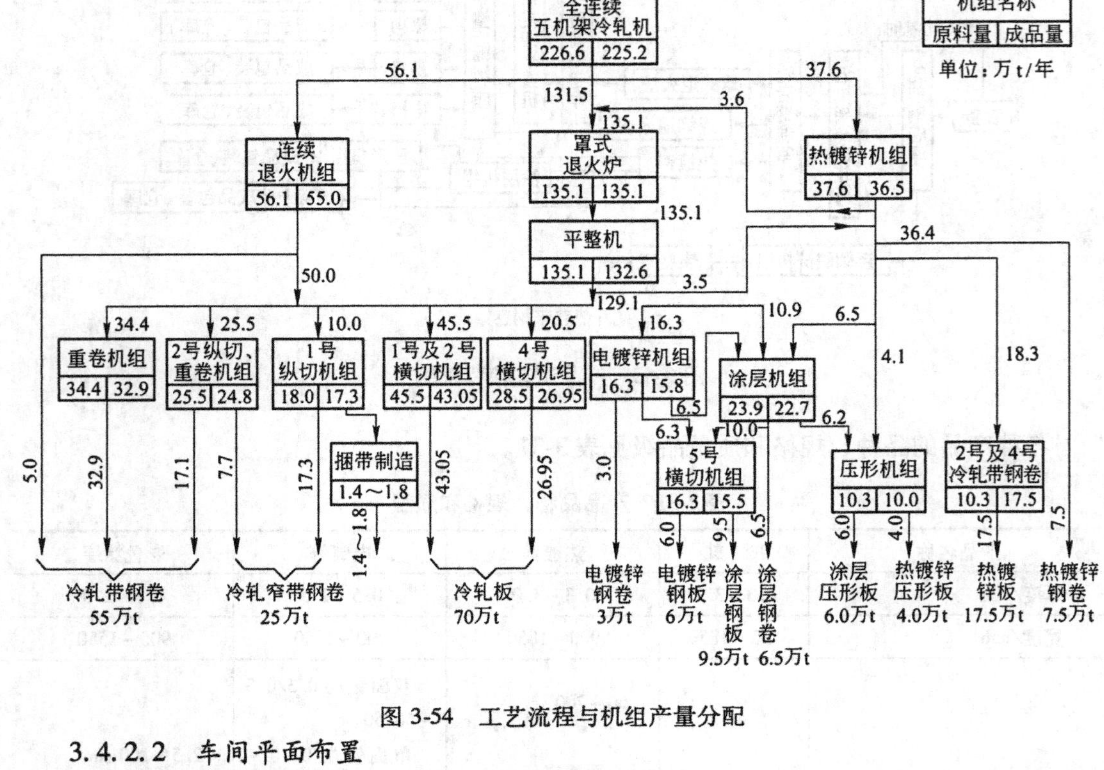

图 3-54　工艺流程与机组产量分配

3.4.2.2　车间平面布置

2030mm 冷轧厂是根据生产流程走向呈刀叉式来布局全厂生产机组（图 3-55）的，其特点是工艺流程顺行，物料流动顺畅，中间仓库面积减小使厂房占地比较合理。其中设有立式活套的连续退火和热镀锌两条大型机组布置在一个标高为 42m、跨度为 43.2m 的高跨车间中，使车间占地面积和吊运设备大大减少。这种布局对于多品种、高效率的大型连

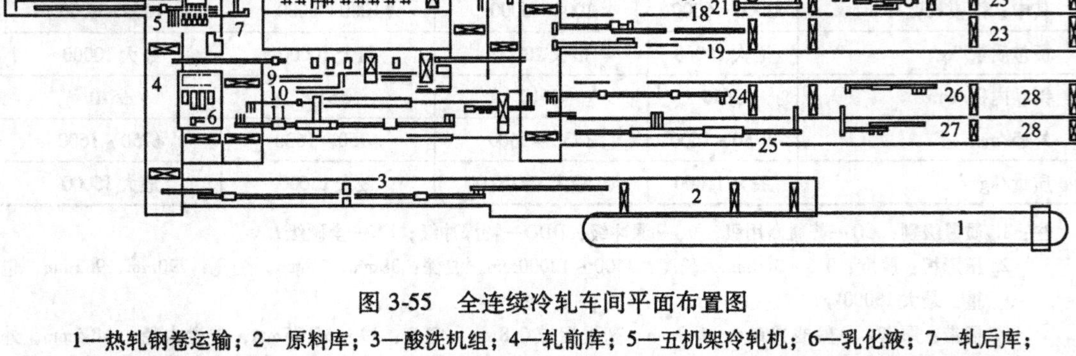

图 3-55　全连续冷轧车间平面布置图

1—热轧钢卷运输；2—原料库；3—酸洗机组；4—轧前库；5—五机架冷轧机；6—乳化液；7—轧后库；8—罩式退火炉；9—磨辊间；10—连续退火机组；11—热镀锌机组；12—平整前库；13—单机架平整机；14—精整前库；15—1 号横剪-包装机组；16—1 号纵剪机组；17—中间库；18—4 号横剪-包装机组；19—2 号横剪-包装机组；20—2 号纵剪-重卷机组；21—重卷机组；22—钢卷包装机组；23—冷轧成品库；24—电镀锌机组；25—彩色涂层机组；26—压形机组；27—5 号横剪机组；28—镀涂成品库

续机组的生产组织、加快生产流通、缩短生产周期和提高效率等具有显著的作用。

3.4.2.3 生产机组采用的新工艺技术

2030mm 冷轧厂各生产机组是以高生产效率和高质量为基点来确定设备选型和装备水平的，为此广泛采用了当代冷轧生产的新工艺、新设备、新技术，使之具有大型、高速、连续和自动控制的特点。

A 盐酸浅槽酸洗

盐酸浅槽酸洗是20世纪70年代中期才应用于冷轧生产的高效率宽带钢连续酸洗机组（图3-56），酸洗速度高达360m/min，年处理能力达237.6万t，同时采用计算机进行生产

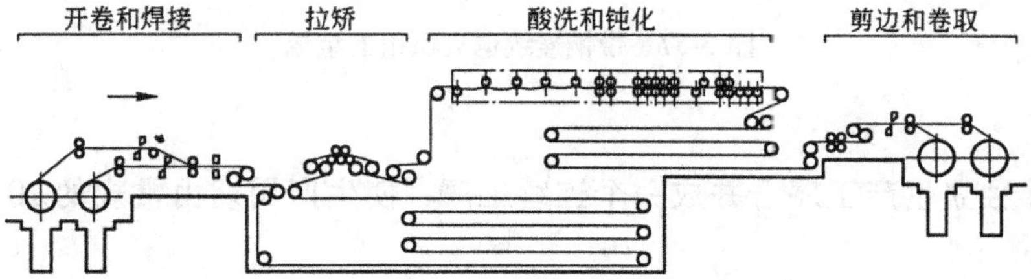

图 3-56 连续盐酸酸洗机组

控制。它具有以下一些工艺特点：

（1）酸洗槽为串列布置，槽间采用刮酸辊和小收集槽间隔，使每个酸槽浓度保持一定比例，保证了带钢在高速运行时的酸洗效果。

（2）浅槽结构的酸槽深度约为1000mm，液面高只有300～500mm，带钢基本是在槽底滑行，无需深槽酸洗时必备的带钢垂度控制装置和提升装置，没有带钢高速运行时的带钢摆动和垂度控制困难等问题。

（3）每个酸槽均设置有再循环罐进行酸液排放。当机组停车超过规定时间时（约15min），只需10min就可把酸液从酸槽排空至酸罐，并在罐内进行小循环，保持酸液温度不变，在停车结束后可立即将酸液送回投入运行，有利于酸洗质量和机组作业率的提高。

（4）酸液量少，能迅速调整酸液浓度和温度，更好地适应高效率生产的需要。

B 全连续五机架冷轧机

这套全连轧机采用20世纪70年代新发展技术，设计时为世界第四套，具有高产、优质、高效率和低耗等优点，属当代冷轧生产最高技术水平。主要关键技术是：

（1）确保焊缝性能，轧制断带率低（小于2.5%），焊接工艺自动控制。

（2）带钢贮存装置，活套贮量为720m。

（3）焊缝自动探测，检测精度高。

（4）精确的焊缝跟踪和钢卷头尾及位置跟踪。

（5）在轧制中动态规格变换，变换段长度为4750mm（4～5机架之间距）。

（6）带钢在300m/min飞剪分卷，张力波动很小并快速导向。

（7）带钢留在机架中快速换辊。

（8）板形在线检测和计算机闭环控制。

（9）CVC轧辊凸度连续变化技术。

（10）生产过程全盘自动化，过程控制最佳化，没有计算机系统投入运行，不能轧钢。

C　连续退火机组（CAPL）

这套退火机组采用20世纪70年代日本新日铁公司首创的新工艺技术，是集脱脂、退火、平整和检查重卷工序为一体的连续生产线（图3-57），与分批退火的罩式炉比较具有以下特点：

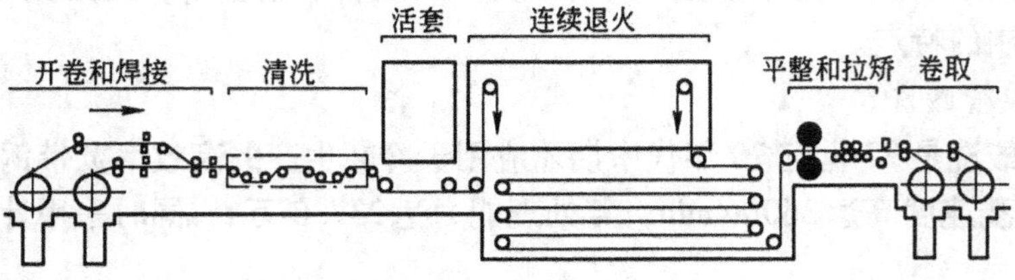

图3-57　带钢连续退火机组的组成

（1）4个独立生产工序合并成一个连续工序，使生产周期由常规的10天缩减到1天。

（2）省却了中间仓库，使中间钢卷转存量和时间都要减少，简化生产管理。

（3）生产的连续化和自动化，使工艺参数稳定、产品性能均匀、板形平坦和表面光洁，产品质量和收得率都有所提高。

（4）减少设备及占地面积，降低基建投资，节约能源和减少操作人员。

表3-32为CAPL机组与罩式退火生产线的技术经济指标比较。

表3-32　连续退火生产技术经济比较表（罩式退火为100%）

序　号	项目名称	CAPL连续退火机组所占比例/%	序　号	项目名称	CAPL连续退火机组所占比例/%
1	基建投资	74～75	5	能源消耗	79
2	占地面积	35～40	6	维修费用	35
3	操作人员	25～30	7	废品率	40
4	生产时间	<1			

D　连续热镀锌机组

这是一条大型、高速的宽带钢连续热镀锌机组（图3-58），年生产能力为37.6万t，工艺段最大速度达183m/min。该机组的技术特点有以下几点：

（1）带钢镀锌前处理采用改进的森吉米尔工艺，使带钢表面清理和热处理一次完成，适应高速生产的要求。

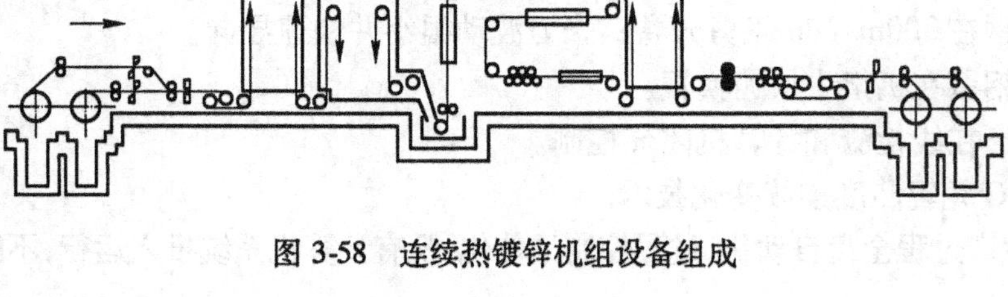

图3-58　连续热镀锌机组设备组成

（2）处理设备为大型全立式炉，具有延长炉辊寿命、改善带钢质量和缩短机组长度等优点。

（3）电感应加热陶瓷锌锅，温度控制精确（±3℃），使用寿命长约20年，并有低液位探测、过热和泄漏报警。

（4）用柯勒气刀控制锌层厚度，控制效率高，并由NDS计算机系统进行在线锌层重量测定并自动调节，使锌层厚度均匀。

（5）配置光整机和拉伸弯曲矫直机，使带钢平坦、性能改善。光整机可同时更换上、下辊而不需剪断带钢。

（6）全线生产过程采用计算机控制，自动化程度高。

E 连续电镀锌机组

这是日本新日铁公司在20世纪70年代开发成功的新工艺技术。电镀锌带钢具有锌层厚度均匀和表面光洁无锌花质量特征，特别适合用作涂层基板，因而在汽车、家电、建材和轻工等部门得到十分广泛的应用。本机组采用不溶性阳极喷射式电镀工艺，生产双面镀锌、单面镀锌和差厚镀锌产品，并可进行磷化、钝化和涂油后处理。机组年生产能力为

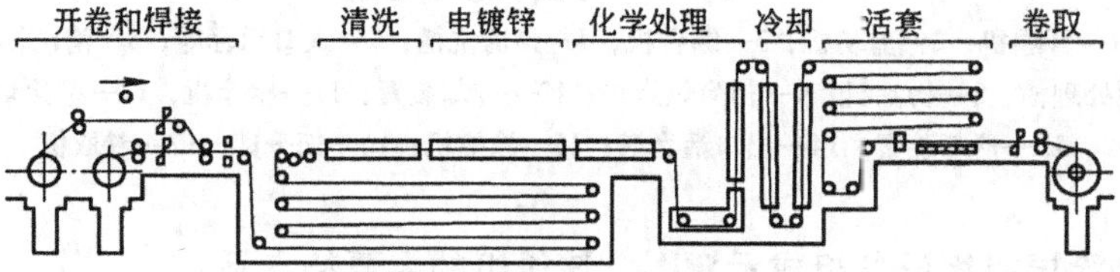

图3-59 连续电镀锌机组的组成

15万t，设备组成如图3-59所示。该机组具有下列工艺特点：

（1）电镀槽卧式布置，采用小直径导电辊和电镀液喷流循环（图3-60），可获得较高的电流密度，提高电镀速度，并易于切换到单面镀锌生产。

（2）使用不溶性阳极（Pb-Sn合金），使阳极和带钢表面比较清洁，镀层厚度均匀，

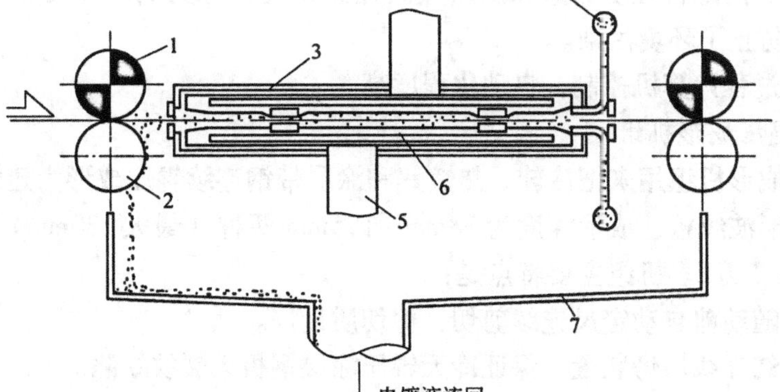

图3-60 电镀喷射槽结构剖面图

1—导电辊；2—支撑辊；3—内槽；4—电镀液供给喷管；
5—母线；6—不溶解阳极；7—外槽

阳极寿命期限为 2 ~ 3 年，更换不影响生产。

(3) 带钢边缘有边缘罩,从而改善了边缘锌层增厚现象,并可提高单面镀锌产品质量。

(4) 电镀液以均匀流量反方向流经带钢表面，并且镀液浓度可自动调节，容易获得均匀的锌层。

F　涂层机组

这是一条采用二涂二烘工艺的高速宽带钢连续涂层机组。涂层带钢具有轻质、美观和良好防腐性能等特点，而且可弯曲、冲压直接加工，是一种高附加值的新型材料，广泛应用于建筑、运输、家电和家庭用品等制造行业。

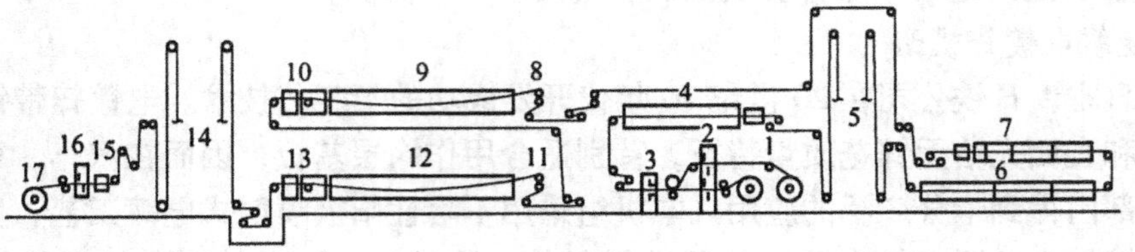

图 3-61　涂层机组布置图

1—开卷机；2—剪切机；3—缝合机；4—预清洗槽；5—入口活套塔；6—清洗槽；7—预处理槽；8—初涂机；9—初涂烘烤炉；10—冷却装置；11—精涂机；12—精涂烘烤炉；13—冷却装置；14—出口活套塔；15—涂蜡机；16—切分剪；17—卷取机

图 3-61 是涂层机组设备组成示意图，该机组的主要特点是：

(1) 工艺段速度高（146m/min），产品品种多，规格范围较广，是一条多功能涂层机组。

(2) 涂层设备为摆门式结构的辊涂机，可快速更换涂料和涂敷辊，使机组生产时间明显增加。

(3) 涂层厚度精度高，涂层厚度为 2.5 ~ 200μm，重量误差约为 ±5%。

(4) 带钢预处理采用喷淋和浸渍方式进行强化预清洗,可使用冷轧和热轧带钢作基板。

(5) 烘烤炉内配备温度测量和防爆监测控制系统，有焚烧炉和废热锅炉，既可充分利用热能，又防止了环境污染。

(6) 生产过程计算机控制，自动化程度高。

G　连续辊压成形机组

连续辊压成形机组用来把冷轧、热镀锌和涂层带钢连续辊压成形为建筑、交通运输等工业需用的梯形波纹板，成形深度为 38mm 和 75mm 两种（最大 130mm），连续成形，年生产能力为 10.3 万 t。机组主要特点是：

(1) 电动随动剪自动定尺连续剪切，剪切质量好。

(2) 设置红外线烘烤装置，保证冷天辊压涂层钢板无裂纹缺陷。

3.4.3　全连续冷轧机

2030mm 冷连轧机(图 3-62)既可进行全连续无头轧制,也可进行常规单卷轧制。轧制厚度小于 2.0mm 可采用全连续方式,厚度 2.0 ~ 3.5mm 及结构钢、捆带钢则要用常规方式轧制。

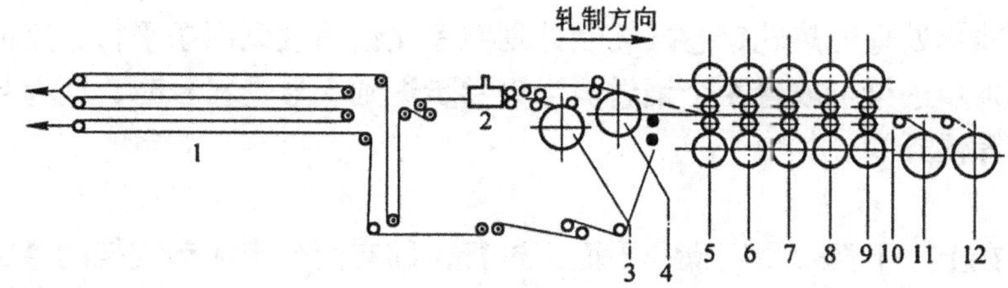

图 3-62 2030mm 冷轧机设备组成示意图

1—活套；2—焊机；3—2 号开卷机；4—1 号开卷机；5—第一机架；6—第二机架；
7—第三机架；8—第四机架；9—第五机架；10—分切飞剪；11—1 号卷取机；12—2 号卷取机

3.4.3.1 机组技术参数

机组技术参数如下：

机组形式：四辊式五机架全连续冷轧机；

轧机规格：工作辊尺寸 $\phi615 \sim 550\text{mm} \times 2030\text{mm}$；

支撑辊尺寸 $\phi1550 \sim 1425\text{mm} \times 2030\text{mm}$；

带钢规格：

入口厚度：常规轧制 1.8 ~ 6.0mm；

无头轧制 1.8 ~ 4.5mm；

出口厚度：常规轧制 0.3 ~ 3.5mm；

无头轧制 0.3 ~ 2.0mm；

带钢宽度：900 ~ 1850mm；

钢卷尺寸（内径/外径）：

进料段：$\phi760\text{mm}/\phi1200 \sim 2510\text{mm}$；

出料段：$\phi610\text{mm}/\phi1200 \sim 2470\text{mm}$；

钢卷质量：最大 45t；

单位卷重：带宽大于 1300mm，最大为 23kg/mm；

带宽小于或等于 1300mm，最大为 34.5kg/mm；

最大轧制力：30000kN；

最大轧制速度：1900m/min；

活套存贮量：最大 720m；

年轧制量：226.6 万 t。

3.4.3.2 全连续生产工艺流程

全连轧生产工艺可用图 3-63 所示的框图来表示。

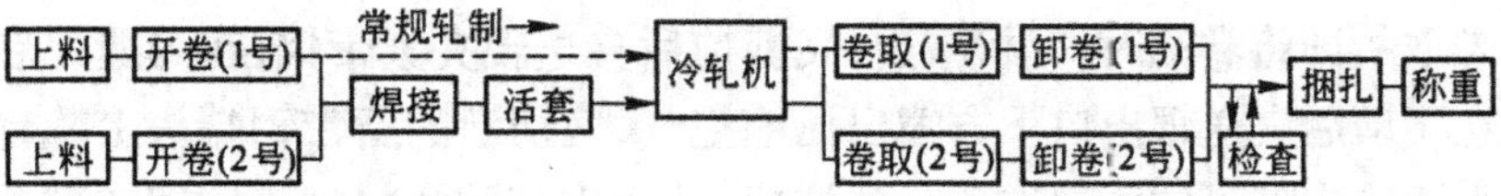

图 3-63 全连续轧制工艺流程框图

A 上料

经酸洗和钝化处理的热轧钢卷按轧制计划顺序交错吊放到两条平行布置的槽式步进梁受料台上，每条步进梁可放置4个钢卷。当钢卷步进到5号受料台时，钢卷自动定心对准开卷机卷筒，等候开卷。

B 开卷

开卷作业在上、下两个平行操作平面上进行，即有两台带活动支架的悬臂式开卷机交替工作，一台开卷机供料时，另一台做好供料准备。钢卷由钢卷小车运送插入卷筒并自动对中轧制线后胀紧卷筒，开卷的带钢经夹送矫直、切头到焊机前定位等候。

C 焊接

当前条带钢充套即将结束时，进料段自动减速，上矫直辊压下矫平并切除带尾后在焊机出口定位，接着与后续带钢进行焊接。

焊机为新型米巴赫（Miebach）全自动闪光对焊机，型号为SBS80/1600/19H。焊机的每侧机架内装有切齐端头的侧刀剪，使带钢在焊机内定心后剪切，保证焊缝对齐焊牢。焊机设有带钢高度动态调整装置，使不同厚度带钢实现厚度方向对中焊接。焊接工艺参数由计算机设定，焊接过程由微机实现自动操作并进行监视，以确保焊缝质量满足全连轧生产的需要。

焊接周期时间约为90s，焊接后带钢以充套速度（最大780m/min）进入活套装置。

D 活套存贮

带钢经张力辊组和控制辊对中后进入活套小车。有3台水平式活套小车，卷扬机拖动调节3层活套的带钢量。每层活套各有12对摆动臂，用来托住垂下的带钢。当活套车拖着带钢通过时，活套车上带有曲线的导槽控制摆动臂像门扇一样可以合拢或摆开，由此来进行活套行程控制。

E 轧制

带钢从活套出来通过一系列转向辊、张力辊和跳动辊从进料段底部上升进轧机进行轧制。进入轧机的后张力是由一架前S形张力辊组提供的，并由跳动辊维持张力稳定。带钢在5个机架内连续进行轧制，轧辊辊缝值由计算机进行最佳设定并经液压压下自动调节，最终轧出所需的成品厚度。在第一机架前和各机架后均设有测厚仪，机架之间有测张辊，压下测量有压力传感器和位置传感器。这些实测值是计算机进行最佳设定和厚度自动调节的基础。当规格变换的焊缝到来前。轧机减速到300m/min左右，在厚度变换的楔形过渡段端头到达各机架时，计算机即时调节辊缝和将速度切换到新的主令速度上，在楔形段离开末架时新带钢完成全部切换过程，又可升速到稳态速度上进行轧制。当带钢焊缝通过轧机和飞剪分卷时，也要适当降低速度。

F 卷取

轧制带钢由两台张力卷取机轮流卷取，卷取机为带活动支架的悬臂式四棱锥结构，卷筒直径610mm。

当1号卷取机即将卷满时，轧机减速，飞剪前后夹送辊夹紧带钢，在焊缝处启动飞剪切断带钢。同时在飞剪后夹送辊出口下方喷出压缩空气，使切断的新带钢端头上翘越过1号卷取机入口被磁力运输皮带吸住而送往2号卷取机，并由皮带助卷机把带钢缠绕到卷筒上。缠绕2~3圈后，皮带助卷机退回，轧机加速到稳态速度进行轧制。出口段主要设备见图3-64。

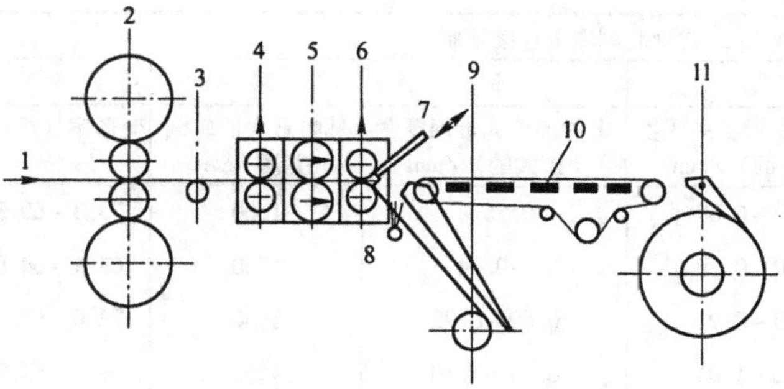

图 3-64 出口段主要设备简图

1—带钢；2—第五机架；3—板形测量辊；4、6—夹送辊；5—转鼓飞剪；7—转向辊；8—压缩空气；9—1 号卷取机；10—磁力运输带；11—2 号卷取机

向 1 号卷取机切换可借助于飞剪出口处上方转向辊压下带头进入 1 号卷取机。

G 打捆、称重

成卷钢卷由钢卷小车运出轧制线到运输链受料台架上，在运输链的第四卷位上由半自动打捆机进行外径捆扎，在第五卷位上进行称重，然后分流到罩式退火、连续退火和热镀锌机组进行后道工序生产。

3.4.3.3 轧制工艺

全连续轧制是冷轧生产高度发展的全新工艺技术，全连轧工艺既全面地利用了丰富的操作经验，又充分运用了现代科学理论和计算方法，这样就使工艺数据更加完善和符合生产实际。在计算机过程控制中，通过自适应自学习的数学模型设定计算，则控制参数更加接近轧制过程。这些数据在计算机中都是以表格的形式预先存储在相应数据缓冲区中，供设定计算和执行相应控制时调用。

A 变形表

这是计算进行可轧性检查和生产管理计算机（FLS 系统）编制轧制计划的依据。变形表规定了轧制带钢的强度、厚度和宽度范围以及采用的工艺润滑种类等，是全连续轧制工艺的基本参数。

变形表根据可轧材料的强度进行分类，如表 3-33 所示，即按小于 400N/mm^2、400～550N/mm^2 和 550～700N/mm^2 3 级分类。

表 3-33 材料强度与连续轧制变形表

(1) 材料强度小于 400N/mm^2 常规轧制和全连续轧制

1	2	3	4	5	6
热轧带钢厚度 /mm	定货的冷轧带钢厚度（标准的）/mm	定货的冷轧带钢厚度（扩大的）/mm	轧机最大的轧制宽度/mm	变形率（标准）/%	乳化液
1.80	0.30～0.39	0.30～	1100	83.3～78.3	循环乳化液：稳定 附加润滑：半稳定
1.80	0.40～0.44		1200	77.8～75.6	
1.80	0.45～0.49	～0.50	1300	75.0～72.8	
2.00	0.50～0.55	0.45～	1400	75.0～72.5	
2.00	0.56～0.59	～0.64	1500	72.0～70.5	

续表 3-33

(1) 材料强度小于 $400N/mm^2$ 常规轧制和全连续轧制					
1	2	3	4	5	6
热轧带钢厚度 /mm	定货的冷轧带钢厚度（标准的）/mm	定货的冷轧带钢厚度（扩大的）/mm	轧机最大的轧制宽度/mm	变形率（标准）/%	乳化液
2.25	0.60 ~ 0.69	0.55 ~	1600	73.3 ~ 69.3	循环乳化液：稳定 无附加润滑
2.25	0.70 ~ 0.79	~ 0.84	1700	68.9 ~ 64.9	
2.50	0.80 ~ 0.91	0.80 ~ 0.95	1850	72.0 ~ 62.0	
2.75	0.92 ~ 1.04	0.88 ~ 1.10	1850	66.5 ~ 62.2	
3.10	1.05 ~ 1.29	1.00 ~ 1.35	1850	66.1 ~ 58.4	
3.45	1.30 ~ 1.44	1.20 ~ 1.55	1850	62.3 ~ 58.3	
3.80	1.45 ~ 1.74	1.35 ~ 1.75	1850	61.8 ~ 54.2	
4.15	1.75 ~ 1.84	1.60 ~ 2.00	1850	57.8 ~ 55.7	
4.50	1.85 ~ 2.00	1.70 ~ 2.00	1850	58.9 ~ 55.6	
仅用于常规轧制					
4.50	1.85 ~ 2.50	1.70 ~ 2.50	1850	58.9 ~ 44.4	循环乳化液：稳定 无附加润滑
5.30	2.51 ~ 2.99	2.25 ~ 3.15	1850	52.6 ~ 43.6	
6.00	3.00 ~ 3.50	2.75 ~ 3.50	1850	50.0 ~ 41.7	
(2) 材料强度 400 ~ $550N/mm^2$ 常规轧制					
酸洗涂油	热轧带钢厚度 /mm	冷轧定货厚度 /mm	最大轧制宽度 /mm	变形率/%	乳化液
半稳定轧制油	1.80	0.45 ~ 0.49	1.200	70.0 ~ 67.3	循环润滑：半稳定 无附加润滑
	1.80	0.50 ~ 0.59	1.300	72.2 ~ 67.2	
	2.00	0.60 ~ 0.79	1.400	70.0 ~ 60.5	
稳定轧制油	2.25	0.80 ~ 1.03	1.500	64.4 ~ 54.2	循环乳化液：稳定 无附加润滑
	2.50	1.04 ~ 1.14	1.600	58.4 ~ 54.4	
	2.75	1.15 ~ 1.29	1.700	58.2 ~ 49.5	
	3.10	1.30 ~ 1.44	1.850	58.1 ~ 53.3	
	3.45	1.45 ~ 1.74	1.850	58.0 ~ 50.0	
	3.80	1.75 ~ 1.84	1.850	53.9 ~ 51.6	
	4.15	1.85 ~ 1.99	1.850	55.4 ~ 51.8	
	4.50	2.00 ~ 2.50	1.850	55.6 ~ 44.4	
(3) 材料强度大于 $550N/mm^2$（包括 C45）					
酸洗涂油	热轧带钢厚度 /mm	冷轧定货厚度 /mm	最大轧制宽度 /mm	变形率/%	乳化液
半稳定轧制油	2.00	0.60 ~ 0.79	1.250	70.0 ~ 60.5	循环乳化液：半稳定 必要时 G_2 到 G_5 用 20% ~ 30% 的半稳定乳化液
	2.00	0.80 ~ 0.90	1.250	60.0 ~ 55.0	
	2.25	0.91 ~ 0.99	1.250	59.5 ~ 56.0	
	2.50	1.00 ~ 1.09	1.250	59.3 ~ 48.5	
	2.75	1.10 ~ 1.39	1.250	53.3 ~ 49.5	
	3.00	1.40 ~ 1.69	1.250	53.3 ~ 43.3	
	3.50	1.70 ~ 2.00	1.250	51.4 ~ 42.8	

这些变形表与钢种代码和材料组别相联系，其对应关系如表3-34所示。其中规定材料等级01～40和81～99对应材料强度为310～400N/mm²，41～60为401～550N/mm²，61～80为550～700N/mm²。这样如要轧制新的钢种材料就必须事先把钢种代码和材料组别输入到计算机中方可进行轧制，并要为计算机设定这种材料的强度初始值和升高的增量。

表3-34 材料等级与轧制变形表

序号	材料等级	材料强度 /N·mm⁻²	带钢宽度 /mm	冷轧成品厚度 /mm	来料厚度 /mm
01	01～40	300～400	1160	0.000～0.399	1.80
02	01～40		1260	0.399～0.449	1.80
03	01～40		1360	0.449～0.499	1.80
04	01～40		1460	0.499～0.559	2.00
05	01～40		1560	0.559～0.599	2.00
06	01～40		1660	0.000～0.699	2.25
07	01～40		1760	0.000～0.799	2.25
08	01～40		1857	0.799～0.919	2.50
09	01～40		1857	0.920～1.049	2.75
10	01～40		1857	1.050～1.299	3.10
11	01～40		1857	1.300～1.449	3.45
12	01～40		1857	1.450～1.749	3.80
13	01～40		1857	1.750～1.849	4.15
14	01～40		1857	1.850～2.009	4.50
15	01～40		1857	2.010～2.509	4.50
16	01～40		1857	2.510～2.999	5.30
17	01～40		1857	3.000～3.600	6.00
18	41～60	401～550	1205	0.000～0.499	1.80
19	41～60		1305	0.000～0.599	1.80
20	41～60		1405	0.000～0.799	2.00
21	41～60		1505	0.000～1.039	2.25
22	41～60		1605	0.000～1.149	2.50
23	41～60		1705	0.000～1.299	2.75
24	41～60		1850	0.000～1.449	3.10
25	41～60		1850	1.450～1.749	3.45
26	41～60		1850	1.750～1.849	3.80
27	41～60		1850	1.850～1.999	4.15
28	41～60		1850	2.000～2.559	4.50
29	61～80	551～700	1250	0.000～0.909	2.00
30	81～99	300～400	1285	0.000～0.539	2.00
31	81～99		1385	0.000～0.629	2.25
32	81～99		1585	0.000～0.749	2.50
33	81～99		1585	0.750～0.899	3.00
34	81～99		1585	0.900～1.399	3.50

注：0.000表示极限厚度尺寸尚未最后确定。

轧制程序是由 FLS 按表 3-35 规定并遵循如下顺序进行编制的：

表 3-35　轧制程序种类表

计划类型	材料等级	轧制方式	终轧厚度/mm	乳化液	酸洗涂油
1	01~40 81~99	连　轧	0.30~0.59	半稳定	不涂油
2		连　轧	0.60~2.00	稳　定	不涂油
3		常规轧	0.30~0.59	半稳定	涂　油
4		常规轧	0.60~3.50	稳　定	涂　油
5	41~60	常规轧	0.45~0.79	半稳定	涂　油
6		常规轧	0.80~2.50	稳　定	涂　油
7	61~80	常规轧	0.60~2.00	半稳定	涂　油

（1）先轧表面质量要求高的带钢，后轧一般质量的带钢。

（2）质量高的带钢必须是从宽到窄。而一般质量带钢，宽度顺序可以互换，但要符合宽度跳跃规定。

（3）宽度跳跃最大为230mm，厚度跳跃最大为0.60mm，并按带钢厚度规定进行跳跃（表3-36）。

表 3-36　全连续轧制带钢厚度和宽度跳跃表

全　连　续　轧　制

热轧带钢厚度/mm	允许的最大厚度跳跃/mm	冷轧出口轧制厚度/mm	允许最大厚度跳跃（冷轧）/mm	允许的最大宽度跳跃/mm
1.8	0.20	0.30~0.49	0.10	150
2.0	0.25	0.50~0.59	0.29	150
2.25	0.25	0.60~0.79	0.29	200
2.50	0.25	0.80~0.91	0.31	200
2.75	0.55	0.92~1.14	0.34	200
3.30			0.47	200
		1.15~约1.29	0.37	200
3.30	0.60	约1.30~1.39	0.60	200
3.90	0.60	1.40~1.90	0.60	200
4.50		1.91~2.00		

常　规　轧　制

轧制厚度/mm	最大的轧制厚度跳跃/mm	最大的宽度跳跃/mm
0.30~0.49	0.10	150
0.50~0.99	0.25	200
1.00~1.99	0.50	200
2.00~3.50	0.75	200

（4）先轧硬质带钢，后轧软质带钢。

B　轧制速度

计算机在确定各机架压下分配后，根据模型公式计算出轧制力、轧制力矩和前滑等轧制参数，同时按照秒流量相等原理求出各架速度值。

各架速度值的计算是以工艺规定的第五机架最大轧制速度为依据的，如表3-37所示，最大轧制速度按轧制规格进行最佳化选择，然后按秒流量相等原理，反向求出各架速度，即算出：

（1）轧机同步运行的主令速度值（v_L）。

（2）各机架的相对速度值（v_{Ri}）。

（3）各机架速度值 $v_i = v_L v_{Ri}$（$i=1,2,3,4,5$）。

表3-37 最大轧制速度表

带钢宽度/mm	来料厚度/mm	冷轧成品厚度/mm	第五机架最大速度/m · min^{-1}
1850 ~ 1500	4.5	1.91 ~ 2.00	350
1499 ~ 1200	4.5	1.91 ~ 2.00	400
1199 ~ 900	4.5	1.91 ~ 2.00	450
1850 ~ 1500	3.9	1.40 ~ 1.90	450
1499 ~ 1200	3.9	1.40 ~ 1.90	500
1199 ~ 900	3.9	1.40 ~ 1.90	550
1850 ~ 1500	3.3	1.15 ~ 1.39	600
1499 ~ 1200	3.3	1.15 ~ 1.39	650
1199 ~ 900	3.3	1.15 ~ 1.39	700
1850 ~ 1500	2.75	0.92 ~ 1.14	850
1499 ~ 1200	2.75	0.92 ~ 1.14	900
1199 ~ 900	2.75	0.92 ~ 1.14	1000
1850 ~ 1500	2.50	0.80 ~ 0.91	800
1499 ~ 1200	2.50	0.80 ~ 0.91	1000
1199 ~ 900	2.50	0.80 ~ 0.91	1050
1600 ~ 1500	2.25	0.60 ~ 0.79	1150
1499 ~ 1200	2.25	0.60 ~ 0.79	1150
1199 ~ 900	2.25	0.60 ~ 0.79	1250
1500 ~ 1200	200	0.50 ~ 0.59	1400
1199 ~ 900	2.00	0.50 ~ 0.59	1500
1300 ~ 1200	1.80	0.40 ~ 0.49	1500
1200 ~ 900	1.80	0.40 ~ 0.49	1500
1200 ~ 900	1.80	0.40 ~ 0.44	1500
1100 ~ 900	1.80	0.30 ~ 0.39	1400

表3-37中给定的最大轧制速度以充分发挥轧机能力最优化为目标，规定不得超过1700m/min，轧制时要与入口的充套状态相匹配。

C 张力

连轧时控制的张力有开卷张力、机架间张力和卷取张力，全连轧还要控制轧机的入口张力。它们都是由计算机设定的，即以带钢材质、厚度和宽度为索引在标准规范数据库中查出。

为了防止带钢在开卷过程中卷层错动引起表面划伤，要求开卷张力不应大于酸洗卷取张力。在单卷轧制时，开卷机与第一机架直接形成张力，因此要比全连轧需要更大的张力。1号开卷机要由两台540kW直流电机传动。计算机设定的平均单位张力为25N/mm²，根据来料截面积计算出开卷总张力T应为15～100kN。总张力按下式计算：

$$T = hBT_s$$

式中 h——带钢厚度；

B——带钢宽度；

T_s——设定单位张力。

全连续轧制时，开卷机张力只作运行控制，因此张力调节范围只有6.5～50kN，这时只需一台540kW电机传动。

全连续轧制时第一机架的入口张力不再受到酸洗卷取张力的限制，可以比单卷轧制时采用更大的张力值，使带钢以大张力进入轧机进行变形。因此全连轧就相当于是$5\frac{1}{2}$机架的冷轧机，具有较大的变形量。生产中要根据带钢宽度控制入口带钢张力值（表3-38）。

表3-38 连轧时最大入口张力表

带钢宽度范围/mm	最大入口带钢张力/kN	带钢宽度范围/mm	最大入口带钢张力/kN
1850～1750	150	1450～1200	120
1750～1650	140		
1650～1450	130	1200～900	110

注：常规轧制时最大开卷张力为100kN，可根据计算机设定值减少20%～30%。

入口张力是由1号机架前2号张力辊组产生的，最大200kN，并通过电流伺服阀控制的跳动辊来保持张力恒定，以满足厚度高精度轧制的要求。

机架之间单位张力值按（0.3～0.5）σ_s原则给出，2030mm冷轧机计算设定平均值为120N/mm²，随着带钢厚度减薄，单位张力提高。在厚度最薄时（0.3～0.59mm），还要有附加张力值（表3-39）。

表3-39 机架间张力设定表

机架		单位张力F_z和单位附加张力F_{zz}/N·mm^{-2}				
		厚度H_5/mm				
		0.30～0.59	0.45～0.59	0.6～1.09	1.1～1.79	1.8～2.0
1—2	F_{z1}	100	110	110	100	90
	F_{zz1}	30	10	20	20	10
2—3	F_{z2}	100	140	120	100	100
	F_{zz2}	40	10	20	20	10
3—4	F_{z3}	100	140	130	130	100
	F_{zz3}	40	10	20	20	10
4—5	F_{z4}	120	140	130	130	100
	F_{zz4}	0	10	20	20	10
乳化液润滑等级		半稳定乳化液5	稳定乳化液4			

注：附加张力在常规轧制穿带甩尾时使用。

卷取张力不仅与带钢厚度和宽度有关，还要考虑到罩式退火可能引起的粘结缺陷。表3-40宽度栏内的1、2、3即为退火时钢卷卷芯温度为小于、等于和大于680℃所规定的卷取张力，此卷芯温度即是一般深冲、特深冲和特殊难冲件带钢卷的退火制度。计算设定的平均单位张力是25N/mm²。根据总张力大小，卷取机要选用双电机（卷取张力小于60kN）或三电机（大于60kN）传动（每台功率为725kW）。卷取张力范围为8.5～130kN。

表3-40 卷取张力表

宽度/mm（厚度/mm）	表号	0.30～0.40	0.41～0.50	0.51～0.60	0.61～0.75	0.76～0.90	0.91～1.00	1.01～1.25	1.26～1.50	1.51～1.75	1.76～2.50	2.51～3.50
900～999	1	38	37	36	35	35	35	35	35	35	35	35
	2	37	35	32	29	29	29	29	29	29	29	29
	3	37	33	28	27	27	27	27	27	27	27	27
1000～1099	1	35	35	35	35	35	35	35	35	35	35	35
	2	34	33	29	29	29	29	29	29	29	29	29
	3	34	31	28	27	27	27	27	27	27	27	27
1100～1199	1	35	35	35	35	35	35	35	35	35	35	35
	2	34	33	29	29	29	29	29	29	29	29	29
	3	34	31	27	27	27	27	27	27	27	27	27
1200～1399	1	35	35	35	35	35	35	35	35	35	35	27
	2	33	32	29	29	29	29	29	29	29	29	27
	3	33	30	27	27	27	27	27	27	27	27	27
1300～1299	1		35	35	35	35	35	35	35	35	35	25
	2		29	29	29	29	29	29	29	29	29	25
	3		27	27	27	27	27	27	27	27	27	25
1400～1499	1		35	35	35	35	35	35	35	35	35	24
	2		29	29	29	29	29	29	29	29	29	24
	3		27	27	27	27	27	27	27	27	27	24
1500～1599	1			35	35	35	35	35	35	35	35	22
	2			30	30	30	30	30	30	30	30	22
	3			28	28	28	28	28	28	28	28	22
1600～1699	1				35	35	35	35	35	35	35	21
	2				31	31	31	31	31	31	31	21
	3				29	29	29	29	29	29	29	21

D 轧辊

在全连续轧机上，也要对轧辊进行下列各项内容的管理。

a 轧辊原始凸度的配置

冷轧带钢都是采用凸辊形轧制，工作辊和支撑辊要按表3-41和表3-42规定磨削原始凸度值。上、下工作辊根据轧制带钢宽度配置各架凸度，此外要根据辊缝摩擦条件和成品表面状态进行辊面粗糙度处理，较大的辊面粗糙度有利于咬入条件的改善和增加成品表面粗糙度，而镀锌带钢一般采用较小的粗糙度。

表 3-41　全连轧机工作辊数据

机　架	工作辊凸度/mm		粗糙度/μm	轧制公里数/km	备　注
	宽度小于 1600mm	宽度大于 1600mm			
1	0.10/0.10	0.0/0.0	70～90	150	喷丸用于常规轧制较大厚度和批量
2	0.10/0.10	0.0/0.0	40～60	200	
3	0.10/0.10	0.0/0.0	40～60	250	
4	0.10/0.10	0.10/0.10	25～35	280	用于厚度小于 0.70mm 和高速（大于 1300m/min）
5	CVC-4 号曲线		120～130	200	用于研磨，用于热镀锌（大锌花）

表 3-42　全连轧机支撑辊凸度与计划换辊轧制量

机　架	支撑辊磨剂		轧制吨位/t
	凸度/mm	斜边长度/mm	
1	0.15/0.15	200	大约 50000
2	0.07/0.07	200	大约 50000
3	0.07/0.07	200	大约 50000
4	0.07/0.07	200	大约 40000
5	0.00/0.00	150	大约 30000

支撑辊除了配置凸度外，其辊身两侧肩部还要具有斜度（图 3-65），这种斜度改变了轧制压力的分布条件、减少了工作辊的挠曲变形和消除了边部有害接触，从而增加了弯辊效果和改善了带钢宽向厚度均匀性。

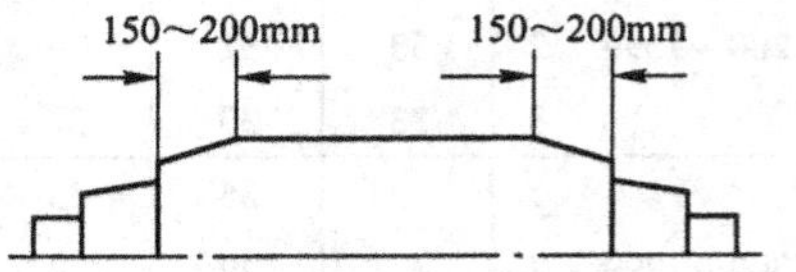

图 3-65　双锥度支撑辊示意图

b　配辊

由于投入轧制的工作辊在直径和硬度上存在差异性和不同工作机架对轧辊有着不同的要求，因此要对各架工作辊的配用进行管理。

用于轧制的工作辊直径和硬度应符合表 3-43 的规定，并遵循下列配用原则：

表 3-43　不同轧辊直径和硬度配装表

轧辊形式			辊径使用范围/mm	配对辊径差/mm	辊身硬度配置使用范围 HS“C”
工作辊	五机架连轧机	第一架	ϕ615～590	≤7	82～92
		第二架	ϕ590～550	≤7	84～92
		第三架	ϕ590～550	≤7	86～94
		第四架	ϕ590～550	≤3	90～94
		第五架	ϕ615～590	≤3	88～94
支撑辊			ϕ1550～1425		55～60

（1）直径最小的工作辊可装配在第二架，最大的装配到第一架或第五架，以易于咬入和提高出口轧制速度。

（2）上、下工作辊直径差最大允许为3～7mm，小直径辊为下辊，以使带钢轧制下压。

（3）硬度配用原则是第五架最高，按机架号反序降配到第一架，在每机架中要把硬度高的轧辊作为下辊，以利于保证下表面质量。

c　换辊

轧辊由于断带、粘辊、磨削和装配等原因要进行非计划换辊，由于磨损和品种规格变化要进行计划换辊，以满足轧制带钢表面质量和辊形凸度的要求。

计划换辊是在达到规定轧制吨位或带钢长度时，支撑辊严重磨损，使工作辊凸度不能满足轧制要求；而工作辊面磨损使粗糙度降低，影响了轧制咬入条件和带钢表面状态。具体情况是，随着轧制品种、规格和质量条件的变化，通常总是在变换轧制程序时进行换辊。

d　预热

为了使工作辊在稳定的热凸度下进行工作，在开轧或换辊后都要进行如下的预热轧制：

（1）全部机架更换工作辊或支撑辊时或停车时间大于120min时，要限制末架轧制速度。其中，1～3卷为500m/min，4～8卷为800m/min，9～10卷为1000m/min，到第11卷时可按计算设定的最大速度轧制。

（2）单个机架换辊，如换第五机架（终轧厚度大于0.6mm）或换第四机架（终轧厚度小于0.6mm）或换1～4机架（终轧厚度大于0.6mm）时，规定轧制速度为第一卷800m/min，第二卷800～900m/min，第三卷可达到设定的最大速度轧制。

（3）轧制薄规格（0.6mm以下）时，要用4～6卷（终轧厚度0.7～1.75mm）进行预热轧制，预热卷宽度跳跃不大于10mm。

e　工艺润滑与冷却

有稳定性及半稳定性两种乳化液，并与热水和清洗剂配用组成9种不同操作方式，生产中可根据轧制带钢的厚度及品种选用，并把系统内有关油箱的电磁阀自动接通，系统工作显示在模拟屏上予以监控。

多数品种和规格的轧制都使用稳定性乳化液（浓度3.5%～4.5%）。由于全连续轧制时连续高速运行造成轧辊和带钢温度很高，因此乳液不但要喷射到工作辊和支撑辊上，而且也要喷射到机架间的带钢上，以保证良好的冷却条件。为了控制工作辊的热凸度，在不同机架上进行分段冷却。

为了高速轧制薄带钢（小于0.6mm）及难变形带钢，还可在每个机架前向带钢喷射半稳定性乳化液，以提高其润滑性能。

图3-66是轧机乳化液冷却喷射控制示意图。

乳化液的工作参数是：

稳定乳液：浓度3.5%～4.5%；
　　温度45～50℃；
　　加热45℃；
　　冷却器50℃；

半稳定乳液：浓度4.5%～5.0%（必要时用20%～30%）；

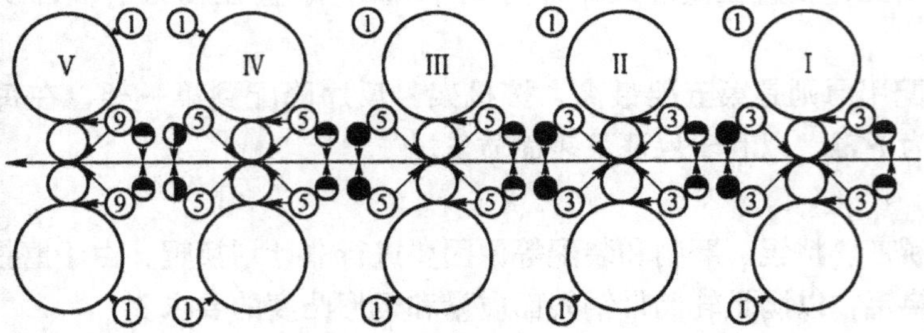

图 3-66　乳化液冷却喷射装置示意图

温度 50~55℃；

加热 50℃；

冷却器 55℃。

f　板形控制

成品带钢的板形是由自动控制系统进行闭环控制的，为此在第五机架上装有连续可变凸度的轧辊（CVC 轧辊）和板形检测装置。一台小型计算机根据板形检测的张力信号，通过工作辊凸度调节、弯辊调节、轧辊分段冷却和 CVC 轧辊轴向移动量的调节，对带钢板形以自动方式或手动方式进行控制（这将在下节专门叙述）。

1~4 机架的板形调节采用常规的手动方式，调节手段有工作辊磨削原始凸度、弯辊调节（1~4 架有正弯辊，第四架还有负弯辊）和乳化液流量分段控制（1~2 架为 3 段，3~4 架为 5 段）。弯辊是一种最常用的方法，弯辊力可依据操作经验事先给定，也可由每个机架对应的一个随带宽变化的弯辊力表格查出。

g　质量控制

全连轧带钢的表面检查是离线的，为此在连轧机出口侧装有用于表面缺陷的检查装置，由检查开卷机打开钢卷头部在检查平台上进行抽查。在正常轧制条件下，检查频度根据分选度等级（SG_1~SG_4）进行控制。

表 3-44 是不同分选度规定的检查频度。

表 3-44　全连轧生产的表面质量管理

分选度	表面检查地点	检查方法	检查次数
1	G_5 出口或磁性皮带	目视检查速度 60~80m/min	每 10 卷带钢一次
2	磁性皮带	目视检查	每 5 卷带钢一次
3	检查开卷机	目视检查，必要时研磨检查	每 5 卷带钢一次
4	检查开卷机	大面积研磨检查	每 3 卷带钢一次

注：特殊情况下（如断带、炸辊、异物落下等）必须即时进行表面检查。

3.4.4　全连轧的计算机控制

3.4.4.1　全连轧工艺对控制的要求

全连轧生产工艺的发展是以装备、电子和控制等技术成就为基础的，特别是它的控制和调节已经不是人力所能胜任的，因此只有依赖于计算机自动控制才能实现全连轧生产。

轧机系统是一个多输入多输出的非线性时变系统，每一个工艺参数就是一个复杂、多变的子系统，它们彼此又是互相联系互相制约的，并且在随时变化之中。对此，计算机控制的基本任务一是要根据工艺目标和变化着的实际情况确定最佳的工艺控制参数值，即最佳化设定计算；二是按照设定值对生产过程进行实时的控制和调节。只有这样，才能使全连轧生产达到预期的目的和效果。

全连轧生产要求计算机除了具备常规轧制的工艺参数设定、厚度自动调节和多种自动操作等功能外，还必须解决好全连轧所特有的工艺问题，这主要是焊缝检测与跟踪和动态规格变换，也就要求计算机具有更多的控制功能和更高的控制精度。

全连轧工艺对计算机系统提出以下要求：

(1) 生产过程控制的数学模型化，即可以用数学模型公式来描述全连轧过程中各个工艺参数的定量关系，而且具有自适应自学习功能，使得模型的设定计算精度更接近不断变化的实际过程。

(2) 生产过程各种操作和调节的高度自动化。除了上料、卸卷、穿带和甩尾等操作要求自动化外，工艺参数调节和质量控制也要在计算机的直接控制下工作（DDC控制）。

(3) 计算机既要按一定程序进行工艺控制，又要在操作人员监视下工作，必要时还要接受干预的指令。系统要有广泛的数据交换，既有足够的数据显示和图像显示，又有过程控制终端进行人机对话。

(4) 计算机过程控制的高度实时性、精确性和可靠性，要求系统在毫秒级响应，按时序节拍无误地工作。特别是动态规格变换在极短时间内完成，要求准确的焊缝及材料跟踪。

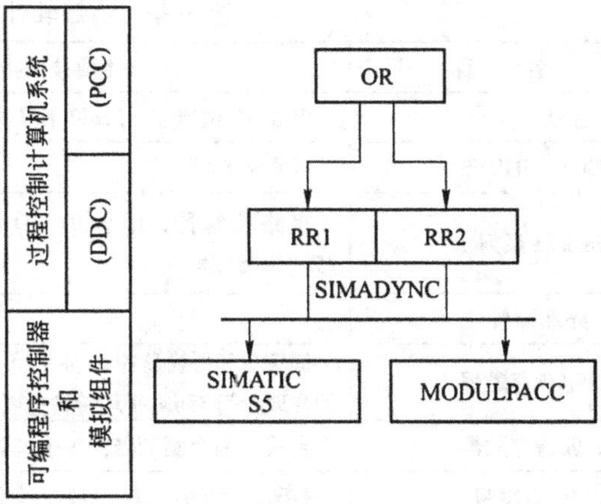

图 3-67 冷连轧机自动化控制系统

3.4.4.2 2030mm 冷连轧机的计算机控制

根据全连轧生产控制的要求，2030mm 连轧机的过程控制自动化设计成三级计算机控制系统（图 3-67），并根据计算机系统工作的可靠性，取消了手动操作的可能性，即没有计算机投入运行，连轧机不能工作。

三级控制系统的功能及分工协作关系如图 3-68 所示。

第一级：过程控制级（PC），又称最佳化级（OR），基本任务是利用具有自适应、自学习功能的数学模型完成过程控制参数设定、控制和调节最佳化，进行与上、下级计算机和常规自动化系统的大量数据通讯。

该级硬件配置有一台外存型小型计算机（R30K 内存 512K）和较齐全的外部设备。硬件性能说明见表 3-45。

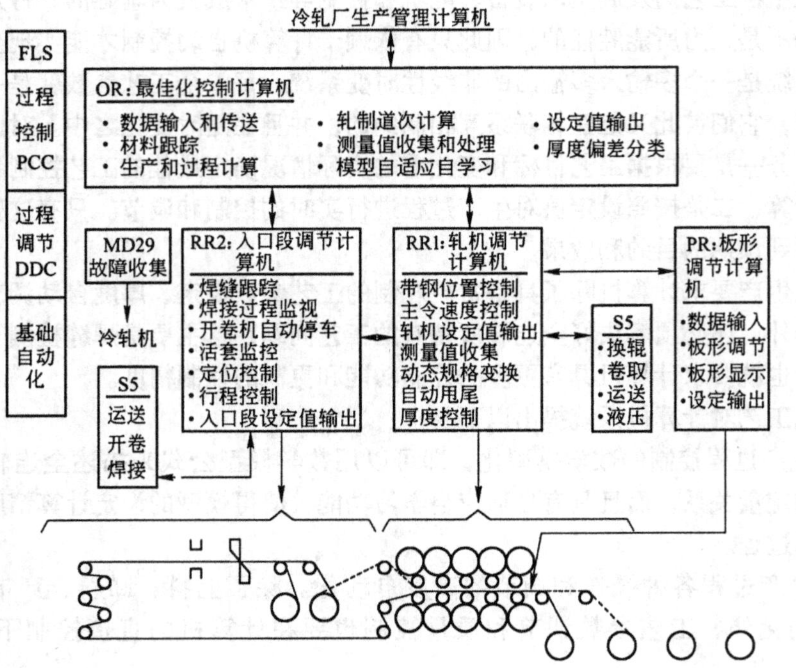

图 3-68　全连续冷轧机计算机控制功能图

表 3-45　全连轧计算机硬件设备功能

名　　称	主要技术指标	功　能
一、主机	字长 16 位定点，128K 半导体主存贮器	存储程序和数据
R30K，R10VS	浮点运算器	执行程序进行操作
Siemens 系列	多路控制器，结合式 I/O 处理器，内存 128K、256K 和 512K	快速响应内、外中断
二、外部设备		
1. 磁盘存贮器	固定盘和可换盘各 13 兆字节，带校验字保护数据，平均存取时间 38ms，平均传输速度 490000 字节/s	程序和数据输入或作为外存贮器
2. 软盘存贮器	台式，两个驱动器，每个容量 1K 字节	
3. I/O 打字机	打印速度 600 字符/s，矩阵打印单元标准和斜体字符	人机联系程序数据的输入输出
4. 输出打字机		工程和生产记录、事故记录
5. 快速行式打印机	台式，打印速度 200 行/min，字符打印 64 个	程序输出制表
6. 过程控制终端	监视器屏幕黑白 31cm，带功能键盘控制台	人机对话、显示
7. 彩色图像显示器	彩色屏幕 67cm，带符号发生器和功能键盘	显示
8. 大屏幕显示器	字符高度 80cm 显示数据量 9×4 十进位	显示轧机重要数据
三、外围设备		
1. 近距联机控制器	同步数据传送，最大速度 340K 字节/s	连接计算机通道
2. 远距联机控制器	同步传送，最大传送率 9600 波特	控制外部设备高效率工作
3. 过程 I/O	动静态数字模拟输入输出，脉冲输入	

主要完成功能是：

（1）与生产管理计算机（FLS 系统）的数据通讯；

（2）钢卷数据输入与跟踪；

（3）轧制道次计算，主要包括：选择标准轧制规范、参数设定计算、设定值输出、测量值收集与处理、自适应、自学习；

（4）材料跟踪；

（5）带钢厚度偏差分类；

（6）生产与过程记录和显示；

（7）轧辊数据输入；

（8）焊接程序设定；

（9）人机对话终端。

第二级：控制与调节级（RR），即直接数字控制（DDC 级），主要任务是根据最佳化设定值对过程进行控制、调节和数据收集。按区域分工设置两台主存型计算机，即 1 号控制机（RR1）为轧机区域控制计算机，主管轧机入口到称重范围轧制过程控制；2 号控制机（RR2）为入口段控制计算机，主管上料开卷到 1 号机架前的过程控制。也就是说，没有 1 号机投入工作，轧机不能运行，没有 2 号机投入工作就不能进行全连续轧制。此外在轧机上还装置一台板形控制机（PR），与板形检测装置和 CVC 等板形调节装置构成闭环控制系统，进行板形调节。

1 号、2 号控制机型号为 R30K，内存 256K；板形计算机为 R10VS，内存 128K。

1 号控制机的主要功能是：

（1）轧制设定值输出；

（2）带钢位置跟踪；

（3）压下位置控制；

（4）轧机速度及运行控制；

（5）带钢厚度自动调节（AGC）；

（6）测量值收集；

（7）轧制线水平调整。

2 号控制机的主要功能是：

（1）入口段设定值输出；

（2）焊缝跟踪；

（3）带钢定位控制和行程控制；

（4）带尾自动减速和制动；

（5）活套监控；

（6）焊接监视。

板形控制机的主要功能是：

（1）板形显示（直方图）；

（2）计算板形调节分量；

（3）调节分量的输出。

第三级：基础自动化级，由 34 台可编程序控制器组成。其作用是把大量复杂的单体控制任务分散给各个控制器，通过“母线”或“总线”系统，彼此之间以及与过程控制计算机之间进行各种信息交换，由此联合完成整个轧机的基础操作自动化，用以实现单机设备控制，机组连锁、顺序控制以及区转和控制方式的切换控制等功能。图 3-69 给出了控制器的配置点及功能。

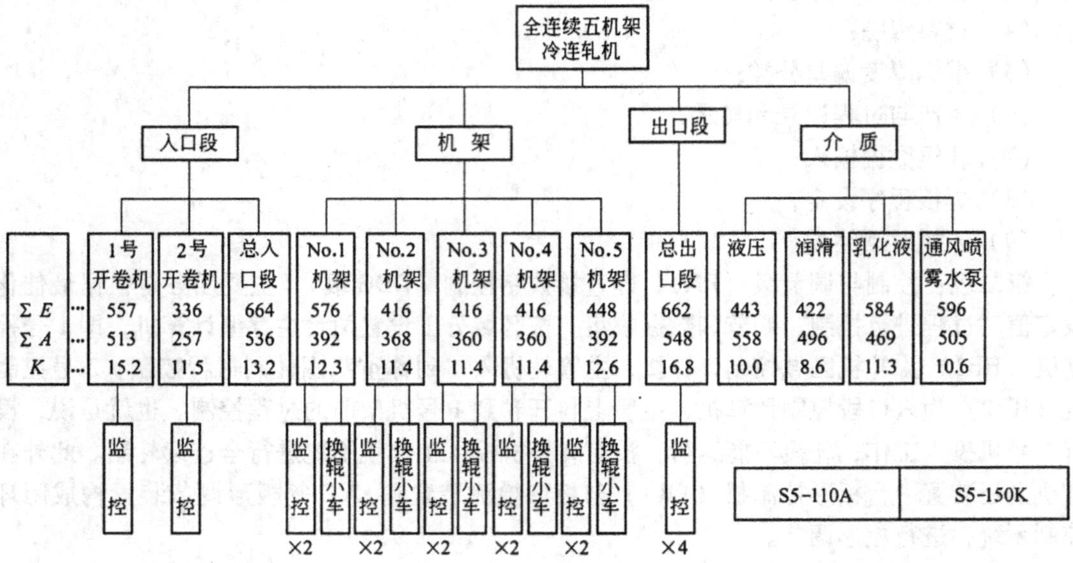

图 3-69 全连轧机的基础自动化控制

ΣE—输入点数；ΣA—输出点数；K—使用的存储容量；×2—表示有两个 S5-110A

3.4.4.3 计算机的主要功能程序

计算机控制是通过许多功能程序进行有序的、彼此协调的运行来实现的。图 3-70 表示了计算机系统的主要功能及执行顺序。在众多程序中，材料跟踪、轧制道次计算和动态规格变换起到了协调和核心的重要作用。

A 材料跟踪

材料跟踪程序的任务是精确地感知带钢在轧机中的瞬时位置与适时地启动相应程序工作，因此这是一个协调系统工作的基本功能程序。

从开卷机到轧机出口段的称重装置的跟踪区域内，该程序可以同时跟踪 15 条不同规格的带钢。每条带钢跟踪是从钢卷应答开始的，当钢卷到达入口步进梁 5 号钢卷台，即应答位置时，操作工核对来料钢卷号，如它与入口操作台终端画面显示的钢卷号相一致，即可按下应答键，使这个钢卷进入材料跟踪的行列。该钢卷在出口段称重后，结束材料跟踪，同时把钢卷数据经数据链传送给 FLS 系统并打印出记录报表。

材料跟踪程序接受 2 号控制机焊缝跟踪程序传送的焊缝位置信息，也接受 1 号控制机带钢映像程序传送的带钢位置信息。常规轧制跟踪带钢头、尾位置，全连续要跟踪规格变换段的头部位置，此外还有钢卷内部焊缝（酸洗并卷）、带钢缺陷段和测量段位置，由此感知带钢在轧制线上的位置，并启动相应程序，如设定值计算、收集生产数据、显示材料流动和最终输出生产记录，协调地控制每个钢卷的生产流程。

跟踪是通过行程测量系统实现的。焊缝跟踪在活套入、出口的两个 S 辊测量行程，并

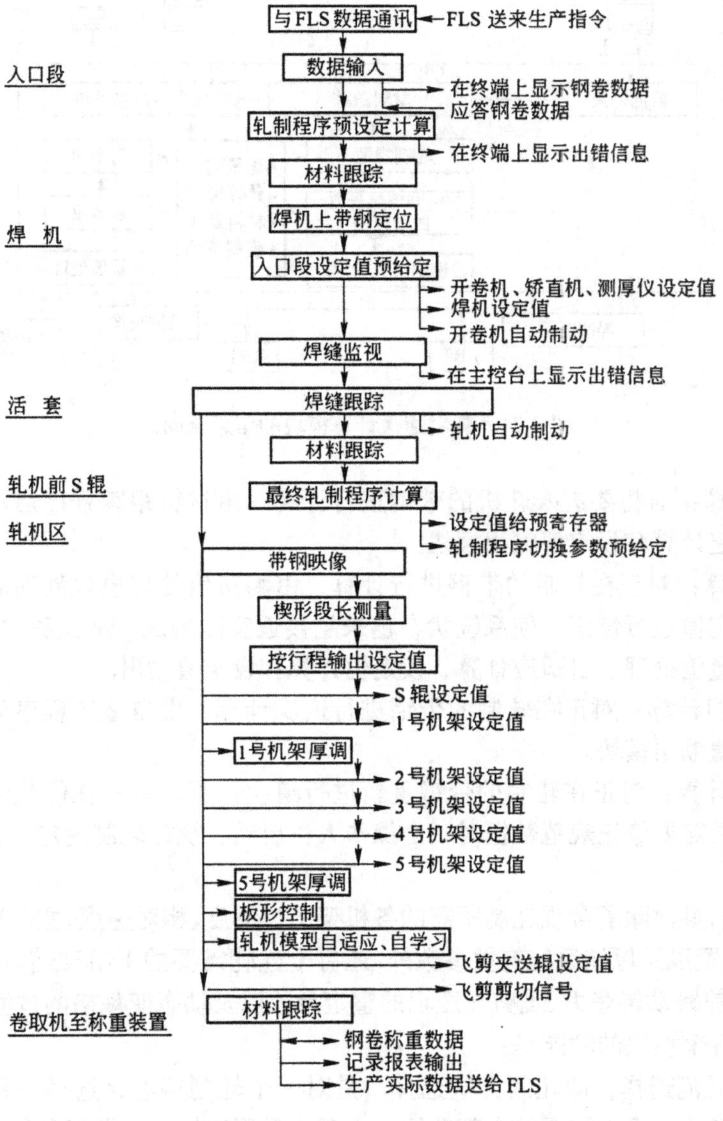

图 3-70 计算机系统主要功能及执行顺序

由安装在活套入口处、出口处和第1机架前S辊的3个焊缝探测器进行同步探测，用自适应技术确保跟踪精度。轧机带钢位置跟踪在各机架进行行程测量，并用轧制力或张力信号同步。由此保证了材料跟踪的节拍是正确无误的。

B 轧制道次计算

道次计算的任务是根据钢卷数据选择标准轧制规范、准备模型参数和进行工艺控制参数的设定计算及自适应计算，并适时地把设定值传送到下级控制机，执行过程的控制和调节。因此道次计算是过程计算机的核心功能程序。

道次计算程序由轧制规范、设定值计算、设定值输出、测量值收集、测量值处理、自适应和自学习7个模块所组成。各模块之间的信息传递关系如图3-71所示。

道次计算有下列各种计算方式：

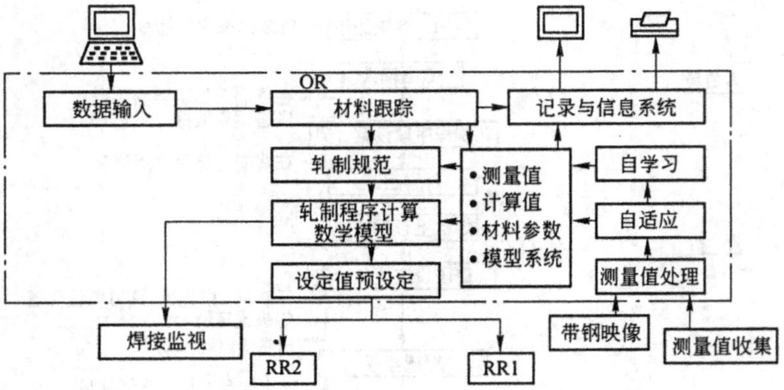

图 3-71　轧制道次计算模块的信息流向图

(1) 预计算：对将要进入轧机的带钢进行计算，由材料跟踪程序启动，并顺序启动轧制规范、设定计算和设定值输出模块。

(2) 再计算：对正在轧制的带钢进行计算，由测量值处理模块周期启动，即用实测值不断对预设定值进行修正，使系统状态越来越接近实际情况，故又称之为自适应计算。执行模块有测量值处理、自适应计算、设定值计算和设定值输出。

(3) 自学习计算：对正在轧制的带钢进行道次计算，由自适应程序周期启动，执行自学习和设定值输出模块。

(4) 重新计算：对正在轧制的带钢重新进行道次计算，但只在停轧时进行。当断带分卷或操作人员需要修正规范数据时，由操作人员启动，执行轧制规定、设定值计算和设定值输出模块。

设定计算的参数除了常规轧制所需的各机架出口厚度、相对速度、主令速度、带钢张力、轧制力、压下位置以及厚调系统有关参数外，还有全连轧需要的 1 机架前 S 辊相对速度、活套张力、1 机架前跳动辊张力、飞剪夹送辊的整定参数以及动态变规格的过渡段参数。

道次计算各个模块的功能是：

(1) 轧制规范选择，即轧制方式选择，是对一个轧制钢卷，选择一种最佳负荷分配方案，为设定值计算提供需要的全部数据。本系统采用表格法，即把各种分配方式、分配量及设定计算所需的全部数据以各种分类表格形式预先存贮在计算机中，模块根据钢卷原始数据，以带钢入口、出口厚度、宽度和钢种为索引，依次从各类表格中查出相应数据转存到数据缓冲区，供设定计算使用（图 3-72）。这些数据是：

钢卷数据：卷号、规格、钢种代码、焊缝和缺陷位置及代码；

轧辊数据：工作辊直径、凸度和表面粗糙度；

材料数据：钢种、初始强度和强度增量；

自学习数据（模型系数）：各架在穿带和稳速轧制时的轧制力、前滑和压下模型系数，各架的轧制力矩模型系数；

轧制规范数据：各种规范的压下方式和压下量、1 号机架前单位张力、1 ~4 机架间单位张力、附加张力、卷取张力以及各架基本乳液量系数；

焊接数据：焊接前后带钢厚度和宽度、焊接程序等级和焊接断面等级。

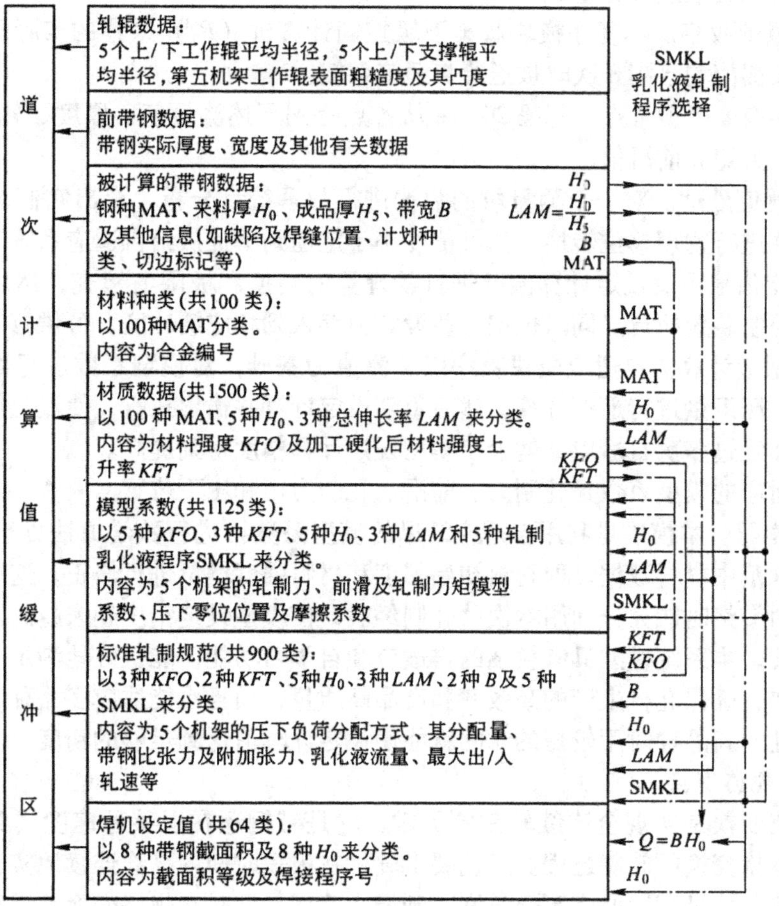

图 3-72 轧制策略中数据流程图

→—·—为数据索引流程；——→为数据流程

本模块中存贮有5种压下负荷分配方式。方式1、2属于绝对分配方式，即直接指定某个机架相对压下量或轧制力。方式3、4、5为相对分配方式，即指定相邻机架间压下量之比、轧制力之比或单位力矩之比。

（2）设定值计算。本模块程序借助于一系列数学模型公式和数学迭代法，利用轧制规范提供的数据，完成各机架的压下量分配，并计算出各架轧制力、力矩和前滑等值，然后根据秒流量恒定原则求出各架速度值。

压下分配是采用迭代方法计算的，规定从轧机两侧以绝对方式开始，相对方式机架应位于绝对方式机架之间，而且一种规范只能选用同一种相对分配方式。这样反复迭代计算使结果小于最大允许误差 DH_{max}，由此确定各架出口侧厚度。

数学模型主要有轧制力、前滑和轧制力矩计算公式，以及压下位置表达式。

轧制速度设定值是由两个部分组成的：一是控制轧机同步运行（如升、降速，停车等）的主令速度 v_L；二是由秒流量恒定原则求出的各架相对速度 v_R。各机架的实际速度（v_i）是轧机主令速度与各架相对速度的乘积，即 $v_i = v_L v_R$。由此就保证了各机架可严格地按照要求的比例关系进行轧制。

（3）测量值收集。本程序模块收集下级控制计算机（R_1）采集的实际测量值，当某带钢段所有实测值均已满8次时被送给自适应系统。

轧机上共有8个测量点，每隔200ms从各点得到下述测量值：厚度、轧制力、压下、速度、张力、力矩和前滑值。

（4）测量值处理。对一个测量段的数据进行数理统计分析，求出它们的平均值和可信离散度，并进行物理单位转换。如可信度小于定值则不提供给自适应系统。

（5）设定值输出。设定计算值要进行物理量的转换和极限值检查，然后送到下级控制计算机和控制装置执行。同时也把这些设定值存入到相应缓冲区，可供打印分析。

（6）自适应计算。自适应模块程序以实测值为基础，对模型系数进行修正和对来料厚度、张力、压下量进行逼近计算，然后重新设定计算并输出执行，使设定值向实际值逼近一步。这样经过多次自适应，就会使模型设定计算精度得到提高。

进行自适应的模型系数是轧制力、前滑、轧制力矩和压下位置。

（7）自学习。本模块是利用自适应结果的模型系数再进行数学方法处理（自学习），对标准轧制规范中材料数据，即材料初始强度和材料强度增量进行修正，这样以后轧制相同规格、材料带钢时能充分利用本次的轧制经验，使模型设定精度越来越高。

由上所述，本系统模型具有较强的自适应和自学习功能，能很好地满足全连续轧制的过程控制需要，确保轧机生产的高效率和产品高质量，而且也能适应多品种、多规格生产的要求，在轧制新品种时用较短的时间就能使设定计算值达到足够的精度。

C 动态规格变换

动态规格变换是实现全连续轧制的关键，它是带钢还在以某种速度（约300m/min）运行时进行规格变换的轧制过程。工艺要求轧机在极短时间内平稳连续地实行两种不同轧制规程的过渡，使过渡段厚度不合长度减到最小范围，同时在规格变换前后轧制正常。这就要求各机架在过渡段到达时辊缝和速度快速地进行大幅度变化，显然这只有通过计算机精确设定和实时控制才能实现。

程序设计要求在焊缝两侧把前条带钢厚度楔形地过渡到新带钢厚度上，并限制过渡段长度不得大于4、5机架之间距。为此要求软件在轧制力变化不超出最大和最小允许值情况下，计算出变规格焊缝在过渡段上的最佳位置和过渡段的特征参数，使轧制程序动态切换的过渡过程与过渡段位移成比例地完成。

图3-73表示了动态规格变换的楔形过渡区及其特征参数：

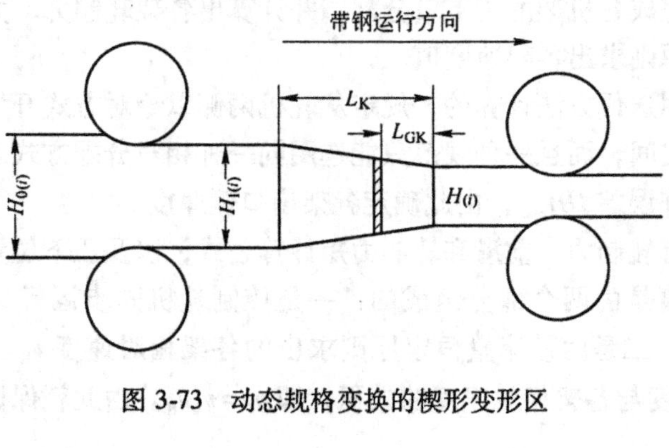

图 3-73 动态规格变换的楔形变形区

（1）楔区长度 L_K。楔区长度通过各架要延伸变长，因此逐架递增。为了使规格变化过程不同时涉及两个机架，限制楔区长度最大不得超过最后两个机架间距，即

$$L_{K(i)} = L_{Kmax} H_{0(5)} / H_{0(i)}$$

式中 $L_{K(i)}$——各架的楔区长度（$i=1\sim5$）；

L_{Kmax}——4750mm；

$H_{0(i)}$——i 架后带钢入口侧厚度。

（2）楔区位置 L_{GK}。L_{GK} 是楔区起始点到焊缝的距离，也是随着楔区延伸而变化的，即：

$$L_{GK(i)} = \left(\frac{L_{K(i)}}{H_{1(i)} - H_{(i)}}\right) L_{KF}$$

式中 L_{KF}——匹配系数。

上述特征参数的设定就确定了动态规格变换的基准点，并保证了在规定长度内完成变换过程。当过渡段起始点跟踪到达各个机架时，负载辊缝随过渡段位移变化到新带钢的设定厚度，即形成不同的楔形过渡段。同时也必须改变速度变化规律，即按金属秒流量相等原理，在过渡段头尾通过机架时，楔形地同步进行速度调节。

为了实现前后两条带钢两种速度制度，系统设置了两条不同的主令速度通道。当过渡段起始点跟踪到1机架前S辊时，主令速度随即就切换到新的通道上。跟踪到第1机架时又进行S辊和第1机架速度切换，这样逐架地使过渡段到达时同步进行主令速度的切换，到楔区尾部通过第5机架后，全部机架就都切换到新的速度通道上运行。但各架的速度是要根据秒流量相等原理进行调节的，切换机架仍要保持转速比不变，而楔区头部到尾部的速度变化要由计算机设定的主令速度因子函数引导，使之楔形地过渡。

实现轧制程序动态切换的前提条件是要具有计算机动态控制的厚调系统、高精度的速度调节系统和前馈控制的自适应张力调节系统。

该系统调试结果，实际楔区长度为3200mm。

3.5 冷轧带钢的质量控制

随着现代工业技术和生产工序自动化的迅速发展，用户对冷轧带钢质量提出了越来越高的要求。厚度精度和平直度是反映带钢质量的重要指标。在冷轧工艺技术实现高速化、连续化和自动化的发展过程中，质量自动控制技术也获得了很大的进展。厚度自动控制技术发展最早，目前已达到了较高的水平。当前，计算机最佳设定和计算机控制AGC系统可使带钢纵向厚度精度控制在±1%左右。20世纪80年代以来，板形在线检测装置和板形控制轧机与新技术在生产中得到了较多的应用，并与计算机形成闭环控制，使板形自动控制技术渐趋成熟，成为现代冷轧带钢生产技术所追求的重要目标之一。本节以2030mm冷连轧机为例说明质量自动控制的基本原理及其在生产中的应用。

3.5.1 厚度自动控制

随着冷轧机速度和质量要求的不断提高，手动调节厚度已不能满足要求，因此在冷轧机上都要装设厚度自动控制装置（AGC）。厚度自动控制是通过测厚仪或传感器对带钢实际厚度连续地进行测量，并根据实测值与给定值比较得出的偏差信号，借助检测控制回路

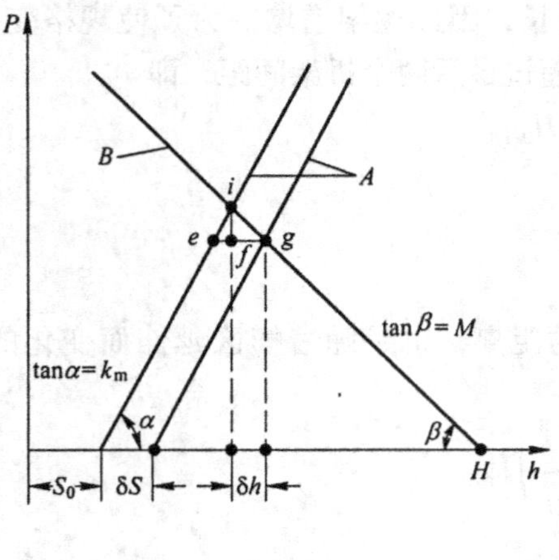

图 3-74　厚度调节原理

A—轧机弹性曲线；*B*—轧件塑性曲线

和装置或计算机功能程序，改变压下位置、张力或轧制速度，把厚度控制在允许偏差范围内的调节方法。系统要由检测装置、控制单元和执行机构所组成。随着装备和控制技术的进步，厚度自动控制技术日益成熟，主要是液压压下使压下速度和响应频率极大提高，可控硅控制实现了速度控制的快速响应和精度的提高，以及计算机最佳设定和直接数字控制（DDC）等也显著地提高了厚度自动控制效果。

众所周知，轧机出口带钢厚度是由轧机弹性曲线和轧件塑性曲线的交点来确定的（图 3-74），弹塑曲线是厚度自动控制的理论基础。由弹塑曲线可以分析得出消除厚差的方法主要有调节辊缝和张力（或速度），而调节方式又有前馈式（预控）、反馈式（监控）、厚度计式、测厚仪式等，由此产生众多的厚控方案。表 3-46 是常用厚控方案的分类说明。

表 3-46　厚控方案分类表

厚控系统分类		控制方式	检测方式	控制系统特性	目标值的时间性质	系统结构
厚控系统种类	1	轧辊压下控制方式	测厚仪式	反馈控制系统	定值控制	模拟式
	2	轧制张力控制方式	厚度计式（利用弹性方程）	预控系统	跟踪控制-程序控制	数字式
	3	压下-张力混合控制方式	厚度计-测厚仪式（测厚仪校正）			计算机控制 DDC-AGC

在冷连轧机组上厚度自动控制一般都是先在第一机架采用压下进行厚差的粗调，以消除大部分厚差，而后在末架用张力进行精调，即以消除原料厚度偏差，建立保持秒流量体积恒定的初始条件，再由机架间张力调节系统，消除张力波动，维持各机架厚度分配，保证秒流量恒定的基本原理进行工作的。

据此，2030mm 连轧机的厚度自动控制系统设计为 3 个部分。

3.5.1.1　第一机架的厚度控制

第一机架厚控是由 1 架预控、负载辊缝调节、监控和速度反馈控制 4 个环节组成的，用以消除来料厚度绝大部分偏差，并维持 1 架秒流量恒定。

1 架预控：由 1 架前测厚仪测出厚度偏差值转化为压力偏差值，由此作为前馈控制量经移位寄存器与带钢同步传递到轧制力调节器进行厚度开环控制。

负载辊缝调节：根据实测轧制力，并考虑到机架刚度、油膜厚度变化及 1 架后侧的出口厚度偏差等因素，得出实际的负载辊缝值与 1 架出口厚度设定值比较，由此偏差值换算为轧制力变化值叠加到轧制力调节器上。

本环节用以消除轧机弹跳和油膜厚度等因素变化对出口厚度的影响，调节没有滞后。

1 架监控：根据 1 架后测厚仪测出的厚度偏差计算出消除该偏差所需的轧制力修正值。

将以上 3 个环节的轧制力修正值一起送到轧制力调节器，综合结果进行辊缝调节，从而能消除来料的绝大部分偏差。

1架速度反馈控制（即2架预控）：由于1架辊缝调节引起1-2机架之张力变化，为此要根据1架后测得的偏差值，依秒流量相等原则调节1架转速，使带钢进入2架流量恒等。

3.5.1.2　机架间张力调节

张力恒定是连轧机系统稳定的重要条件，只有保持张力不变，才能使金属秒流量恒定和轧机在最佳设定状态下工作，轧出高精度的产品。

本AGC系统利用实测张力偏差通过轧制力调节器来调整辊缝，使之既消除了张力偏差，又修正了出口厚度，也保持了中间各机架秒流量恒定。

3.5.1.3　第五机架厚度自动调节

为了进一步提高厚度精度，本系统在4、5机架都配置有前馈和反馈控制回路，根据轧制带钢的材质和厚度可选择A、B、C 3种工作方式。

A方式：按秒流量恒定原则进行速度反馈控制，在张力调压下进行厚控。这种方式适用于带钢厚度与轧制压力有近似线性变化关系，即轧制厚度为0.4mm以上的较软带钢，因而能充分利用各机架电机功率。

B方式：对于薄硬带钢的轧制，调压下不起作用，要采用张力调节。这时仍保留速度控制环节，但不是恒张力而是限制在一定范围内变化（±15%）。当长时间超过张力极限范围时，则重新进行负荷分配和设定计算。

C方式：这种方式的末架用来改善板形，只起平整作用。而带钢要在1～4架完成成品厚度轧制，第四架以A方式工作，末架恒张力工作。4～5机架之间张力通过速度调节维持恒定。

由上看出，本系统的特点是由计算机控制，即厚度控制的调节量和调节参数是由计算机设定计算并参与调节的，保证速度调节精度的前滑值利用实测值由自适应计算得出。用轧制力调节负载辊缝没有滞后，并能很好地考虑各种干扰量的影响，以及根据轧制材质和规格选择不同工作方式等，使得本系统的调节和控制环节更为完善，控制水平更高。实践证明，本系统能保证带钢厚度精度在1%～3%范围之内，并达到较高的实物水平。

3.5.2　板形自动控制

板形控制的目的是要轧出横向厚差均匀和外形平直的带钢。但由于对板形概念的定量描述比较困难，影响板形的因素也很复杂，而板形在线检测装置和控制技术也在不断完善和发展中，因此板形自动控制技术在生产中应用比厚度自动控制要晚得多。较长时期内，人们是凭目测感觉和操作经验进行板形调节和控制的。近年来，板形在线检测装置和各种控制技术在生产中得到了越来越广泛的应用，并将成为今后冷轧技术的重要发展方向。

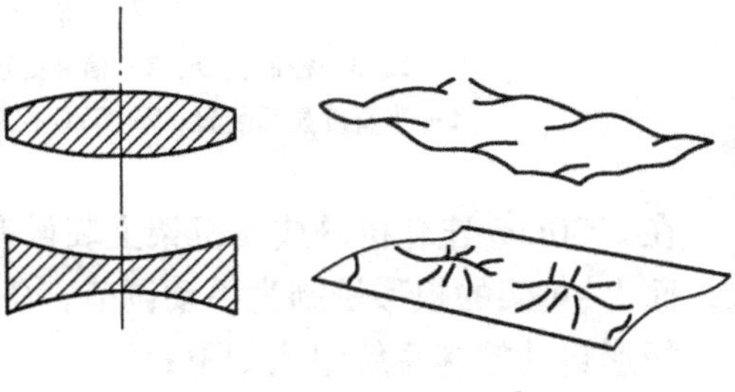

图3-75　带钢形状缺陷
a—断面形状缺陷；*b*—板形缺陷

板形问题中，带钢的横向厚度差和带钢平直度是具有不同物理概念的两个指标。横向厚度差是表示带钢横断面上厚度分布不均匀性的指标，而平直度是表示带钢失去平坦的外形表面特征而出现浪形、翘曲等形状缺陷（图3-75）的指标，其直接原因是轧制带钢在宽度方向变形的不均匀性。这两者没有必然联系，轧出带钢的横向厚差很小，但因不均匀变形其平直度可能很差；轧出平直的带钢，却因来料厚差甚大而可能具有较大的横向厚差。但两者还是有着非常紧密的联系的，它们都取决于工作辊辊形曲线的形状。

因此，板形控制是在来料板形良好的条件下，调节有载辊缝的形状，使其与来料带钢断面形状保持一致，以此减少横向不均匀变形，使轧制的板形平直。

辊缝形状的调节方法可分成两类，图 3-76 是调节方法的分类图形表示。

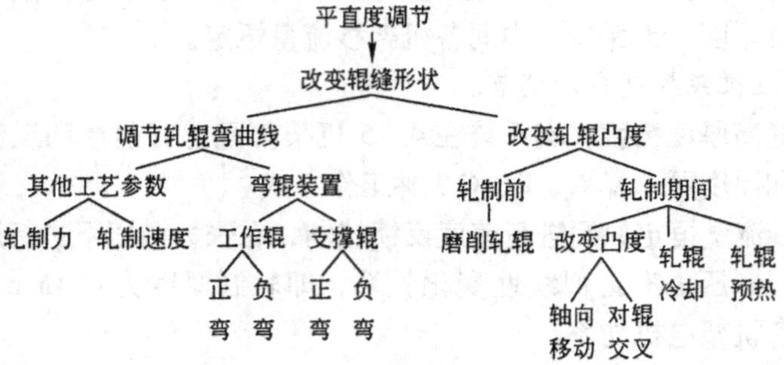

图 3-76　冷轧机平直度调节手段

板形自动控制系统也是由板形检测装置、控制器和板形调节装置所组成。下面以 2030mm 冷连轧机的计算机闭环控制系统为例说明板形自动控制在生产中的应用。

图 3-77 为该控制系统组成示意图。

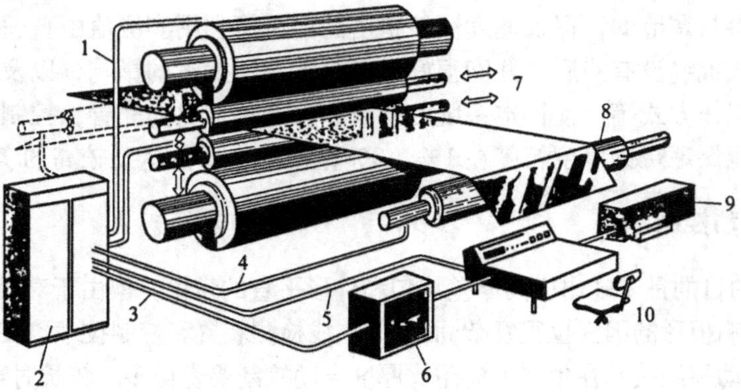

图 3-77　板形自动控制系统组成图

1、3—控制指令；2—信号处理装置；4—输出信号；5—轧制参数；
6—平直度显示装置；7—CVC 控制；8—测量辊；9—记录器；10—操作台

在 2030mm 连轧机的成品机架上装设有板形自动控制系统，有自动或手动两种工作方式，而 1～4 架的板形控制为手动调节，各机架都设有弯辊和乳液流量分段控制装置。

板形自动控制系统组成如下：

（1）ASEA 板形测量辊及信号处理装置；

（2）板形控制计算机；

（3）板形调节机构，其主要功能有轧辊倾斜、弯辊、CVC 辊轴向位移和乳化液流量分段控制；

（4）带钢应力分布和板形曲线显示器。

ASEA 板形测量辊由 36 个宽度为 52mm 的圆环组成，每个圆环内装有 4 个互为 90°的磁弹力传感器。在轧制时与带钢一起运行的测量辊受到带钢张力的作用而发生电磁信号，信号的强弱反映了带钢压紧辊面的张力大小。电磁信号经处理得出各段的应力和应力偏差值。各段应力偏差值组合即反应了带钢在宽度方向上应力分布的不均匀，由此反映了带钢宽度方向的变形不均匀性。

将检测的带钢应力偏差值传送给板形监视器显示和板形控制计算机进行计算。计算机根据 1 号控制计算机或主操作台给出的设定板形曲线算出板形设定值（σ_{si}），与检测的带钢实际值（σ_{xi}）进行比较得到偏差值。由计算机通过数学模型和数学方法把偏差值回归成一个四次多项式，即

$$Y = A_0 + A_1X + A_2X^2 + A_3X^3 + A_4X^4$$

式中 A_1X——对应一次板形缺陷的调节偏差分量；

A_2X^2——对应二次板形缺陷的调节偏差分量。

由此就分解出对应于不同次方板形缺陷的偏差调节分量，输出给各调节回路，执行相应的调节手段。

该系统配置有下列调节手段：

（1）轧辊倾斜调节：用来消除非对称带钢断面形状引起的板形缺陷，如楔形断面、单边浪，即多项式中的一次偏差调节分量（A_1X）。调节系统根据两边应力分布不对称，通过数学模型算出轧辊倾斜调节量，由轧辊压下位置进行调整。

（2）弯辊和 CVC 调节：用来消除对称带钢断面引起的抛物线板形缺陷，如中间浪、两边浪，即多项式中的二次分量（A_2X^2）。数学模型根据应力的对称分布，算出实际需要的弯辊设定值。

为了扩大对称板形缺陷的调节能力，2030mm 连轧机除了设置正弯辊装置外，还采用了连续变化工作辊凸度的新技术（CVC 技术）。弯辊调节具有动作快、简单、没有滞后的特点，所以首先进行弯辊调节。当二次板形缺陷分量在弯辊调节能力 40% ~80% 范围以内时，单独进行弯曲调节。当超出这个范围时，则要投入 CVC 系统，CVC 轧辊轴向移动使轧辊凸度增大或减小，共同对二次板形缺陷进行联合调节。

CVC 技术（Continuous Variable Crown）是一种调节带钢平直度的新技术。CVC 轧辊的主要特点是把上、下工作辊磨削成相同的 S 形，但装辊反向 180°，使之形成对称轮廓形状的辊缝。上、下辊进行等量轴向移动，等效地使轧辊凸度进行连续变化，从而达到无级调节轧辊凸度的效果。

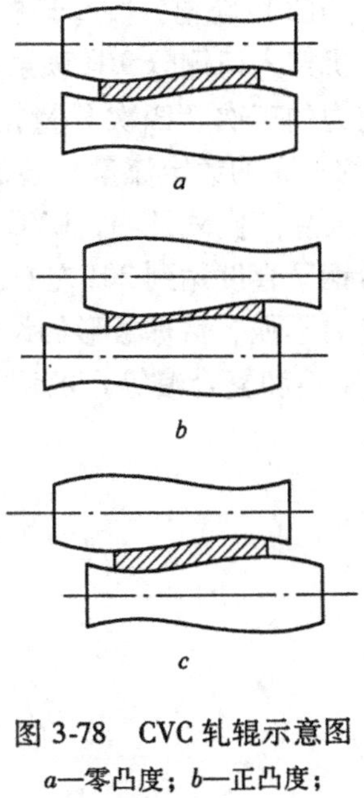

图 3-78 CVC 轧辊示意图
a—零凸度；*b*—正凸度；*c*—负凸度

如图 3-78*a* 所示，在轧辊没有轴向移动时，整个辊缝具有相同的高度，即轧辊等效凸度等于零。当上辊右移、下辊等距左移（图 3-78*b*）时，辊缝中间高度变小，相当于轧辊等效凸度增加。一般称轧辊等效凸度增加的移动为正移动，并在

最大正移动量时有最大凸度值；反之，负移动（图 3-78c）使等效凸度减小，并在最大负移动量时有最小等效凸度值。

CVC 轧辊的调节能力可用特征场来表示（图 3-79）。如图所示，恒定凸度只有弯辊力作用时，辊缝调节能力只成线性调节，而弯辊与 CVC 联合调节则成面调节，这就大大地扩展了辊缝曲线的调节能力，增强了辊缝适应带钢截面形状的能力。

CVC 轧辊凸度的调节量取决于上下工作辊的直径差（ΔD）、轴向移动量（S）和凸度变化范围（C_1、C_2），生产中要根据轧制情况进行调试和选定，即要制定 CVC 调节曲线。如图 3-80 所示，目前轧机采用 4 号曲线，其特征参数是：$\Delta D = 1.187\text{mm}$、$S_{\max} = \pm 100\text{mm}$、$C_1 = 0.3\text{mm}$、$C_2 = -0.2\text{mm}$、一侧弯辊力 $= 0 \sim +478\text{kN}$。实践证明，4 号曲线能较好地用于轧制 0.3mm × 1019mm ~ 2.0mm × 1820mm 规格带钢的板形调节。

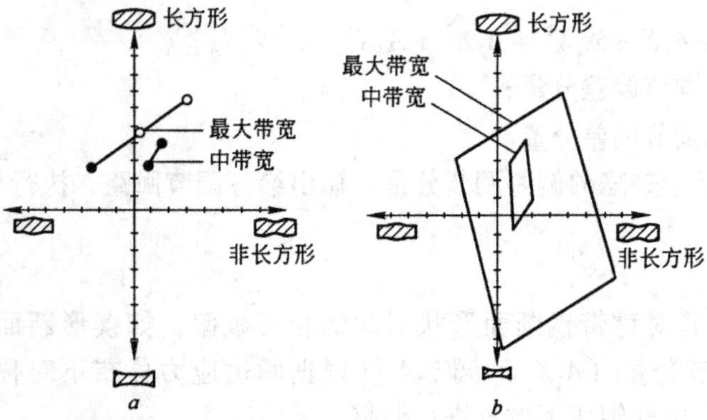

图 3-79　四辊轧机的平直度控制范围

a—恒凸度的弯辊控制；b—可变凸度 + 弯辊控制

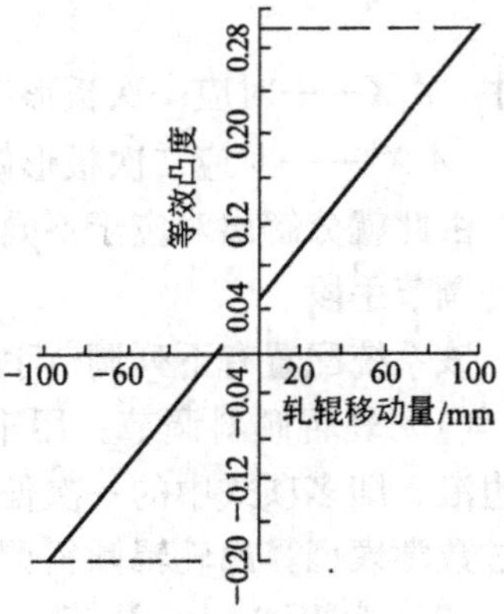

图 3-80　4 号 CVC 轧辊曲线

（3）轧辊分段冷却控制：用来消除其他断面的板形缺陷，如复合浪、两肋浪，为此在机架入口侧分 9 段喷射乳液，分段控制工作辊的热凸度。控制系统根据每个测量段带钢应力的三次、四次分量按数学模型计算出每段的乳液设定值，与轧制必需的基本流量（约 1/3 的额定流量）叠加作为输出量来控制该段工作辊的热凸度。

生产实践证明，CVC 轧辊凸度连续控制和板形自动控制系统的投入使用，可使轧制带钢平直度达到 20I 左右。同时也发现该系统还有不完善之处，如系统对板形缺陷的识别能力不强、目标板形的设定不准确和没有负弯辊控制手段等，影响了高次板形缺陷（如 1/4 浪和复合浪等）的调节。

4 热 处 理

4.1 钢的冷塑性变形与冷轧钢板（带）的再结晶退火

4.1.1 钢的冷塑性变形

不经加热的室温状态的钢，经过锻造、轧制、拉拔、挤压等压力加工，便产生不能自行恢复原形状和尺寸的变化，即钢所受加工压力大于钢的弹性极限，引起了钢的塑性变形，这一变形过程叫钢的冷塑性变形。

4.1.1.1 组织结构的变化

钢在轧制时，其外形、尺寸的改变是内部晶粒变形的总和。在轧制过程中，各个晶粒顺着轧制方向伸长、压扁、破碎，形成纤维状。与此同时在晶粒内部出现一些相互平行的滑移。当变形程度很大时，在破碎和拉长了的晶粒内部将出现许多极细小的碎块（小晶块），通常称这种结构为亚结构，每个小晶块称为亚晶粒，又叫嵌镶块。亚晶粒的大小为 $10^{-6} \sim 10^{-3}$mm。在亚晶粒的边界上集聚有大量的位错，存在着严重的晶格畸变，使晶体的变形抗力大为增加，这是导致加工硬化的重要因素。

4.1.1.2 冷塑性变形与内应力

在金属材料的冷塑性变形过程中，各种因素导致变形不均匀，使变形时所施加的能量约有 10% ~15% 以弹性能的形式保留在金属内部，其具体形式就是金属中的弹性畸变和变形内应力。变形内应力因其作用范围不同可分为 3 类：

第一类为宏观内应力，即金属材料各部分变形不均匀而造成的宏观范围内互相平衡的内应力。它仅占整个内应力的一少部分，变形量较大时也只有 0.1% 左右。

第二类是显微应力或晶间应力，即晶粒或亚晶粒之间的变形不均匀而造成的在晶粒或亚晶粒之间保持平衡的内应力。这类应力也只占全部内应力的 1% ~2% 。

第三类为晶格畸变内应力，即冷塑性变形时金属内部的晶格发生畸变，原子在晶格中偏离其平衡位置而产生的内应力。这种内应力的作用范围很小，只在几百个到几千个原子范围内维持平衡。它使金属强度和硬度升高，使塑性和抗腐蚀能力下降。它是内应力存在的主要形式。影响内应力大小的因素很多，如变形程度、变形速度、变形温度、变形量大小及组织不均匀等。

4.1.1.3 冷塑性变形与变形织构

在冷塑性变形过程中，随着变形程度的增加，各晶粒的取向大致趋于一致。这种由于变形的结果而使晶粒具有择优取向的组织叫变形织构。一般来说，冷轧的变形织构主要是：(001)〔110〕、(112)〔110〕、(111)〔112〕、(111)〔110〕。变形织构对于某些产品是很重要的。如冷轧变压器硅钢片，为了使硅钢片铁损低、磁感高，希望冷轧织构为 (111)〔$11\bar{2}$〕，经退火后变压器硅钢片获得 (110)〔001〕织构。又如冷轧深冲汽车钢

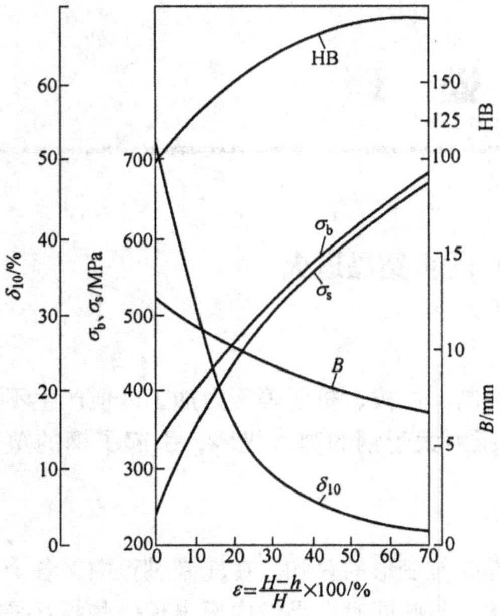

图 4-1　08 号碳钢的加工硬化形变与变形量的关系

板，退火后希望获得的织构是（111）〔$1\bar{1}0$〕，因为这种织构的冷轧汽车钢板冲压性能好。金属材料在冷塑性变形后所发生的强度和硬度升高、塑性下降的现象称之为加工硬化。08 号碳钢的加工硬化形变与变形量的关系见图 4-1。

从图中看出：冷轧后的钢板 σ_b 高达 680MPa 以上，而产品标准要求是 260 ~ 350MPa；σ_s 是 670 ~ 660MPa，标准要求是不大于 240MPa；HB 标准要求为 45，实际高达 190 ~ 200，δ_{10} 约为 2%，而标准要求不小于 39%；冲压深度 B 标准要求不小于 10.3mm，而冷轧后仅为 6.7mm。由此可见，带钢经压下率为 70%左右的冷轧，晶粒组织被延伸和硬化，这样的带钢几乎不能进行任何进一步的加工成形，与产品标准要求完全不符。为此，必须适当调整晶粒的成长和恢复所需的塑性，以得到标准要求的力学性能和良好的成形性。

4.1.2　冷轧钢板的再结晶退火

再结晶退火是将经冷塑性变形的金属加热到再结晶温度以上、Ac_1 以下，经保温后冷却的热处理工艺。钢材经过冷轧变形后，金属内部组织产生晶粒拉长、晶粒破碎和晶体缺陷大量存在现象，导致金属内部自由能升高，处于不稳定状态，具有自发地恢复到比较完整、规则和自由能低的稳定平衡状态的趋势。这是经过冷塑性变形的金属在随后的热处理过程中能够发生组织和性能变化的内在因素。然而在室温下，金属的原子动能小，扩散能力差，扩散速度小，这种自发倾向无法实现，必须施加推动力。这种推动力就是将钢加热到一定温度，使原子获得足够的扩散动能，才能消除晶格畸变，使组织和性能发生变化。随着加热温度的升高，组织和性能的变化可经过 3 个阶段，即回复、再结晶、晶粒长大，如图 4-2 所示。

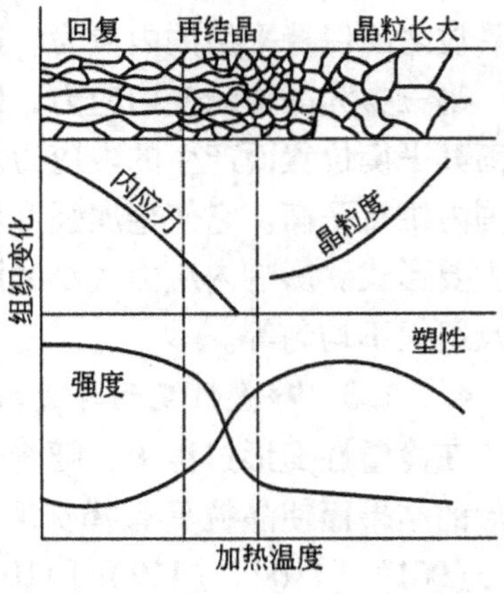

图 4-2　加工硬化金属材料在加热时组织和性能的变化

4.1.2.1　回复

当加热温度不高时冷变形金属中微观内应力显著降低，强度、硬度变化不大，塑性和韧性稍有上升，显微组织无显著变化，新的晶粒没有出现，这种变化过程称为回复。在回复阶段，冷变形金属中的主要变化是空位和位错的移动，位错的重新排列，以及由空位、位错与晶体内界面的相互作用造成的空位和位错数目的减少。位错的运动，使得在晶粒中原来杂乱分散的位错集中起来，相互结合并按某种规律排列起来，因而在变形晶粒中形成许多小晶粒。这些小晶粒之间的位向差很小，一般不大于1°，彼此间以亚晶界分开，内部结构接近完整状态，称为回复亚晶。在回复阶段，位错密度及亚结构尺寸无明显改变，因而金属的力学性能变化不大。

4.1.2.2 再结晶

冷变形金属加热到较高温度时，将形成一些位向与变形晶粒不同的和内部缺陷较少的等轴小晶粒，这些小晶粒不断向周围的变形金属扩展长大，直到金属的冷变形组织完全消失为止，这一过程称为金属的再结晶。再结晶后冷变形金属强度和硬度显著下降，塑性和韧性大大提高，内应力完全消除，加工硬化消除。图4-3表示冷变形金属在加热时力学性能的变化。

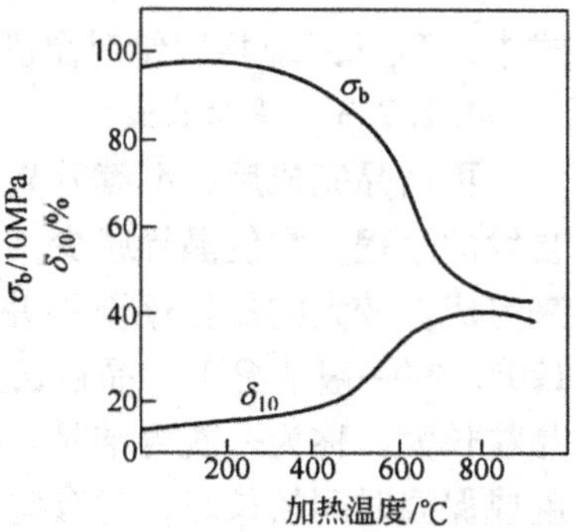

图4-3 冷变形金属在加热时力学性能的变化

冷变形金属的再结晶过程一般是通过形核和长大过程完成的。有人认为再结晶核心首先在变形晶粒畸变大的地方形成，这些晶核逐渐长大，直到相互接触为止，每个晶核都形成一个等轴晶粒。然而理论计算得到的形核的激活能很大，不可能依靠热起伏获得。后来有人提出亚晶粒长大的形核理论，即位相差很小的亚晶粒可逐渐合并长大，当它和基体形成大角度晶界时，就能作为再结晶的核心，通过大角度晶界的移动来实现进一步长大。此外当相邻两晶粒由于变形不均匀而畸变能产生差异时，如果其中畸变能较低的晶粒中亚晶粒长大可以降低另一晶粒的畸变能，则这一亚晶粒将直接长大成为再结晶的核心。至于亚晶粒究竟如何长大，至今有待进一步研究。

实践证明，当变形组织中存在着尺寸较大的夹杂物或第二相粒子时，由于它们的相界面处晶格畸变较大，因而再结晶核心优先在夹杂物或第二相粒子的表面上形成。已经形成的再结晶核心，将通过晶核与基体间界面的推移过程，不断向其周围的变形晶粒中扩展长大，直到变形组织完全消失，再结晶过程即告结束。

能够进行再结晶的最低温度称为金属的再结晶温度。应特别指出的是，再结晶时新旧晶粒的晶格结构和成分完全相同，所以再结晶不是相变过程，没有恒定的转变温度，这是再结晶与重结晶的根本区别。再结晶过程的原动力主要是变形晶粒的畸变能，它的发展必须通过金属内部原子的扩散移动来完成，因此再结晶过程能否进行主要取决于金属中畸变能的高低和金属原子扩散过程能否充分进行。具体说再结晶温度与下列情况有关：

（1）预先的变形程度。变形程度越大，金属畸变能越高，向低能量状态变化的倾向也就越大，因此再结晶温度低。冷轧薄板厚度不大于1.2mm时，压下率大，再结晶温度低，因而在退火时温度也较低；而厚的钢板压下率较小，再结晶温度相对提高了，退火温度相应的也有所提高。

（2）原始晶粒度。原始晶粒粗大，变形阻力小，变形后内能集聚较少，所以要求再结晶温度较高。

（3）金属纯度和成分。金属的化学成分对再结晶温度的影响比较复杂。当金属中含有少量合金元素和夹杂时，在多数情况下要提高再结晶温度，这可能是由于少量的异类原子与变形中产生的结构缺陷空位和位错交互作用，阻碍了这些缺陷的运动，使再结晶过程难以进行。当合金元素含量较高时，则可能提高也可能降低再结晶温度，这主要视合金元素对基体原子扩散速度的影响，以及合金元素对再结晶形核时表面能的影响而定。钼、铬等元素可提高钢的再结晶温度，利用这一规律可以改善钢的高温性能。

（4）加热速度的影响。加热速度越快或加热时间越短，再结晶温度越高，因此在生产中退火温度一般比最低再结晶温度高 100～200℃。大量实际资料的统计结果表明：当变形程度较大时，各种金属材料的最低再结晶温度与其熔点的关系可用下式表示：

$$T_{再} = (0.35 \sim 0.40) T_{熔}$$

式中，$T_{再}$ 及 $T_{熔}$ 均以绝对温度表示。

4.1.2.3　晶粒长大

再结晶完成后，继续升高温度或延长保温时间，晶粒会继续长大。晶粒长大也是一个自发的过程，它使晶界减少，能量降低，组织变得更加稳定。晶粒长大主要靠晶界的迁移来完成。较大的晶粒逐渐吞并相邻的小晶粒，晶界本身趋于平直化，三晶界的交角趋于120°。在一般情况下，晶粒长大是逐渐进行的，称为正常晶粒长大。从再结晶完成到正常晶粒长大，称为一次再结晶。一次再结晶形成的晶粒称为一次晶粒。但是当加热到较高温度或保温时间较长时，对有些钢来说，将产生二次再结晶，即有少数晶粒吞并其周围的一次晶粒并迅速长大，这种现象称为二次再结晶，其晶粒称为二次晶粒。单取向硅钢在高温成品退火中，高斯织构是通过二次再结晶来形成的。

对于碳素钢，晶粒粗大会降低强度、塑性、冲击韧性及冷弯工艺性能，因此不希望发生二次再结晶。在生产中一次晶粒长大是不可避免的，重要的任务是要将晶粒度控制在一定范围之内，尽量获得细小均匀的晶粒，这就是在制定退火制度时应予以考虑的重要问题。

4.1.3　影响再结晶后晶粒大小的因素

由于晶粒大小对钢的性能影响很大，所以通过再结晶退火来控制晶粒大小是一个重要的问题。影响再结晶后晶粒大小的因素主要有以下几个方面：

（1）退火温度和保温时间。在一定的冷变形条件下，再结晶后的晶粒大小随退火温度和保温时间的不同而变化，加热温度越高，保温时间越长，晶粒越粗大，其中退火温度的影响是主要的，见图 4-4。

（2）冷变形程度的影响。钢的冷变形程度是影响晶粒大小的重要因素之一。在其他条件相同的情况下，金属的晶粒大小与其冷变形程度之间的关系如图 4-5 所示。使钢材获

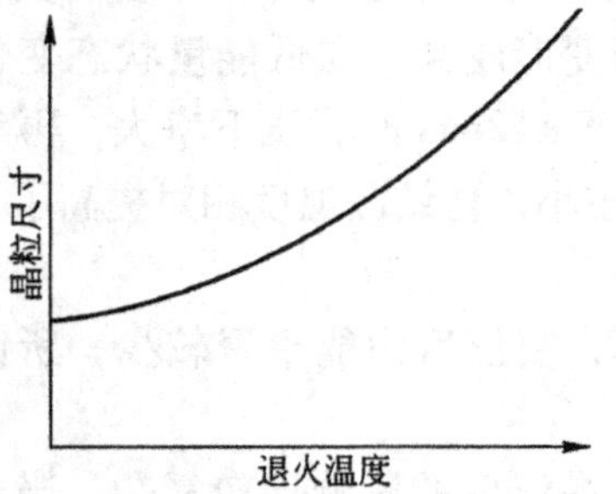

图 4-4　再结晶后晶粒尺寸与退火温度的关系

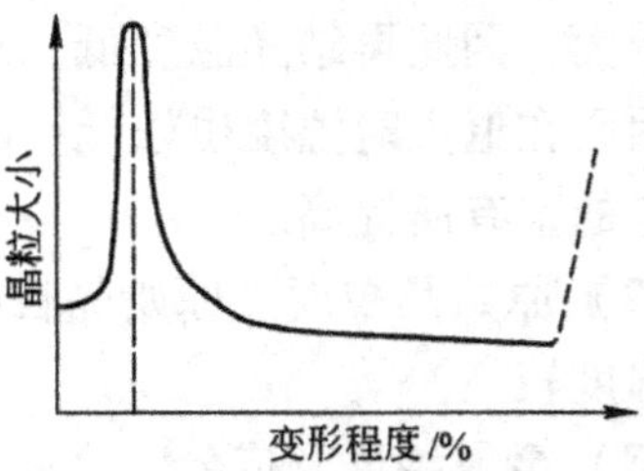

图 4-5　变形程度对再结晶晶粒大小的影响

得粗大的再结晶晶粒的冷变形率为临界变形率。对一般金属及合金来说，临界变形率大约在2%～10%，大于此变形率，则变形越大，其退火后的晶粒越细小，低于此临界变形率，则几乎无再结晶现象，退火后仍保持其原始晶粒。大变形率所具有的细化晶粒现象，是由于大量的变形所引起的金属组织的严重破碎，致使再结晶时产生大量的均匀分布的晶核所引起的。而在临界变形率左右退火时所得到的粗大晶粒，则是由于变形程度不均匀，因而在退火时成核的数目少，在再结晶后得到不均匀晶粒，有利于晶粒间的吞并，形成粗大晶粒。为了获得优质产品，必须避免采用临界变形，冷轧压下率一般大于30%～60%。

为了综合考虑加热温度和冷变形程度对金属晶粒大小的影响，常将3者关系绘在一张立体图中，称为金属的再结晶全图，以此作为制定热处理工艺参数的根据之一。图4-6为低碳钢的再结晶全图。

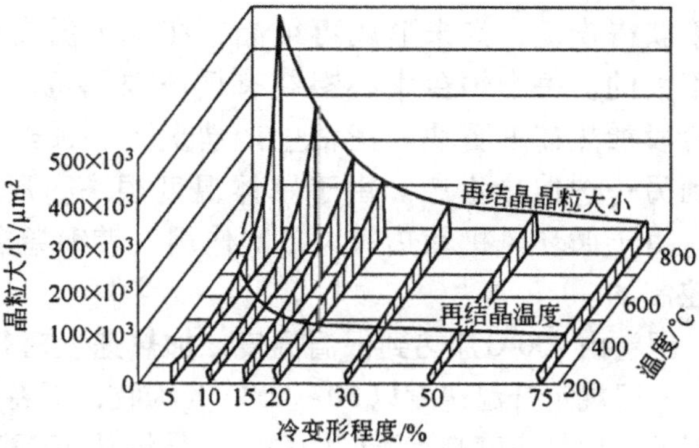

图4-6　低碳钢的再结晶全图

4.1.4　冷轧带钢的热处理

4.1.4.1　冷轧带钢热处理简介

工厂选用炉形不同，热处理工艺制度亦不同。连续退火和氮氢或全氢罩式炉退火的工艺制度将在各自章节中加以叙述，本节仅就一般的罩式退火工艺加以介绍。

因钢种不同退火分初退火、中间退火和成品退火。

初退火主要用于45号碳钢以上和合金钢、高合金钢的热轧板卷。因为这些钢强度高硬度高，冷轧难以进行，所以要进行初退火，以降低硬度消除硬化，为冷轧做好组织准备。生产中优质高中碳钢的初退火一般采用再结晶退火，而对于中合金钢和高合金钢可根据要求采用不完全退火或再结晶退火。

中间退火目的是为了消除第一次冷轧的加工硬化，消除内应力，降低硬度，恢复塑性，以便继续进行冷轧。中间退火一般采用再结晶退火。除非特殊需要，一般尽量合理选用原料，不需中间退火和二次轧制。

成品退火用于消除冷轧造成的内应力和加工硬化，使钢板具有标准所要求的力学性能、工艺性能及显微组织结构。为达到这一目的，一般采用再结晶退火。当生产50号钢，而又要求其组织为片状珠光体时，只能采用完全退火来达到这一要求。根据钢种和性能要求也可进行其他相应的热处理。

4.1.4.2　冷轧带钢罩式退火工艺制度的确定

冷轧带钢退火工艺制度主要根据钢的化学成分、产品的技术标准、带钢的尺寸和卷重等因素确定。退火工艺制度必须保证生产中钢卷层间不粘结，表面不出现氧化，中高碳钢、合金钢退火过程中不脱碳，汽车板要能获得深冲性能等。

A　加热速度的确定

钢的加热速度主要决定于钢的导热系数的大小。钢质不同，导热系数也不同，所以确定加热速度时，钢质是考虑的主要依据。钢中碳含量和合金含量对热传导影响较大。如它们的含量高，则导热系数小，加热速度就要适当慢一些，避免内外温度差过大而造成组织和性能的不均。

从室温到400℃，加热速度一般是不加限制的，其原因是：根据再结晶过程的原理，带钢从室温加热到400℃，带钢内部组织无显著变化，轧制过程中被拉长的晶粒刚刚获得恢复，尚未形成再结晶，在这个温度区间加热速度快慢对性能和表面影响是不大的。每个炉台中心都装有循环鼓风机。通过循环鼓风机的作用，特别是在低温阶段加热速度更快。正常生产情况下，加热大罩都是由上一炉保温结束，立即转移到另一炉加热生产。由于罩体温度很高，所以带钢卷从室温加热到400℃是很快的。由于循环风机和热的大罩的作用，带钢卷在被加热到400℃以前的加热速度是不易控制的。

钢卷由400℃加热到保温温度，加热速度对带钢的性能和表面质量都有相当大的影响。一般规定升温速度以30~50℃/h为宜，对特殊钢质、易出现质量问题的钢种和较厚的带钢，加热速度都有不同的规定。带钢从400℃加热到保温温度723℃以下期间，正是再结晶形成阶段，因而在这个温度区间加热速度必须予以控制。

钢种不同、厚度不同，加热速度的控制是不同的。如优质镇静钢、低碳软钢等钢种，尤其在带钢厚度较薄时，退火中不易出现性能缺陷，因而可适当提高加热速度，这样即可提高生产率，而且也可减轻带钢带层间的粘结缺陷。带钢厚度较厚的09MnAl（Re）、Q235F等钢种，退火中出现的性能问题较多，相对的粘结缺陷较少，因而加热速度应适当缓慢，以使带钢卷加热均匀，性能才能得到保证。

B　保温温度和保温时间的确定

钢的再结晶温度不是固定的某一温度。再结晶温度与带钢内部组织状态有关，如加工变形量越大，晶格歪扭和晶粒被拉长轧碎的现象越严重，带钢内能也就越大，越易形成再结晶，即在较低的温度就能进行再结晶。如低碳钢再结晶有时在450℃就开始。实际生产中使用的再结晶温度是在570~720℃范围内根据产品选择的。

保温温度及保温时间主要依据产品标准、技术条件及钢种和带钢的厚度来确定。保温时间、保温温度还与卷重、带钢厚度有关，卷重大、钢板厚，则保温温度高，保温时间也要长，这与带钢卷在单垛罩式炉中退火时的受热方式有关。受热方式主要是对流和热传导。卷重越大，带钢厚度越厚，越不易烧透，所以保温温度要高，保温时间要长。对易产生层间粘结缺陷的钢质和薄规格的带钢，保温温度可适当低些，保温时间可短些。对强度偏高或塑性不足的钢质和厚规格带钢，保温温度适当高些，保温时间长些。

C　冷却速度和出炉温度的确定

根据多年生产实践和国内外关于冷轧带钢退火的论述，特别是近年来随着快速冷却的出现，人们普遍认为罩式炉内钢卷冷却速度应当是越快越好，因为罩式炉的冷却速度本身是慢的，不影响钢的性能，快冷还可以提高炉台效率，改变台罩比。对性能有特殊要求的钢种，如重深冲汽车板，在500℃以上冷却速度太快会使冲压性能变坏，因此，需要缓冷，即带大罩冷却。单垛罩式炉带钢卷垛是套在内罩里的，在冷却过程中不与外界空气接触，而且钢卷垛本身冷却就很慢，因此不会因冷却速度快而影响产品质量。在生产实际使用的热处理制度中，吊大罩以后的冷却速度是不加限制的。当前，罩式炉广泛采用分流快速冷却和快冷罩。出炉温度的确定，是以带钢出炉后与空气接触不发生氧化为依据的，考虑到炉台利用率和确保表面质量，出炉温度应当以120～150℃为宜。

D 光亮退火

要使带钢无脱碳、无氧化，必须进行光亮退火。

退火钢卷防止氧化的关键性问题之一是必须使保护罩内的压力满足工艺要求。对于老式砂封的罩式炉炉内压力要求达到800～1400Pa。因为压力高于1500Pa，砂封会被吹开，而低于500Pa时，炉台循环风机的作用会使内罩下的压力形成负压，所以要严格控制炉内压力。对于新式压胶密封结构新炉子，循环风机能力又较大，并有分流冷却系统，相应炉内压力要高。另一个关键问题是保护气体，保护气体必须要保证高纯度，氧含量要小于$20\times10^{-4}\%$，露点在-50℃以下，这样才能保证炉内气氛的可靠性，实现光亮退火。

另外，还要认真搞好冷吹和热吹。冷吹和热吹的目的是利用保护气体驱走内罩中的空气和钢卷带进的油气水分。一般在点炉前两小时打开通入炉内的保护气体阀，保护气体压力应大于800Pa，并打开保护气体排出阀，利用保护气吹赶内罩中的空气。冷吹正常且时间已够两小时，才能点炉。

热吹的作用是除了将内罩中的残余空气进一步赶净之外，更重要的是将板卷带来的乳化液产生的油烟、水蒸气等有害物质全部驱走吹净，避免沾污钢板表面而降低钢板表面质量。热吹时间的长短，要根据保护气体供应情况和钢板表面要求程度而定。如生产高强钢防脱碳汽车板时，要求钢板表面很清净，热吹时间越长越好，条件允许时可吹到钢卷温度达到保温温度。为生产出光亮和清洁的高质量钢板表面，冷轧后进行电解清洗（日本普遍采用）是十分必要的。在退火的全过程中要求炉子设备一定要正常满足工艺要求，要严密不漏，并且使保护气体在炉内循环，保护气进出畅通。可在点炉前对炉子进行试漏，向保护罩内先充入保护气，达到预计的压力，然后将进出口阀关闭，炉压在30s内泄压不大于200Pa才算合格。在热吹时炉内压力保持在500～800Pa，启动分流之后，炉内压力达到3000～4000Pa。

我们测得退火时炉内各种参数如图4-7所示。

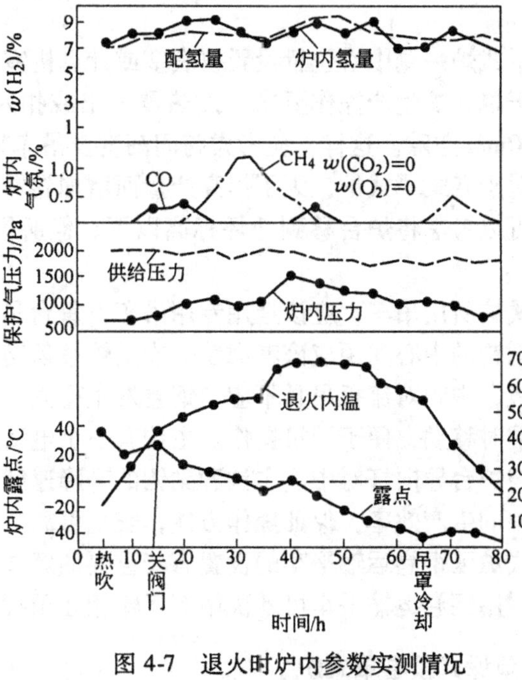

图4-7 退火时炉内参数实测情况

钢质08Al，共3卷15.1t，规格0.9mm×1020mm

4.2　氮氢型保护气体单垛式紧卷罩式退火炉的设备与工艺

4.2.1　热处理车间布置

单垛式紧卷罩式退火炉是冷轧热处理车间的主要生产工艺设备。根据冷轧生产工艺总平面布置，应该在主厂房一侧单独布置一个退火跨间，以便于通风，改善操作环境。冷轧罩式退火炉平面布置如图 4-8 所示。炉台布置分三台为一列，两列为一组，一组共计 6 个炉台。以带钢卷外径大小来决定炉型大小，因此，一般热处理车间均建两种炉型以适应不同卷重。这种炉台布置对于炉台管线布置和生产操作比较方便。此外，还应布置相应数量的最终冷却台、钢卷运输平车、加热罩检修台、备用保护罩和备用对流板场地。

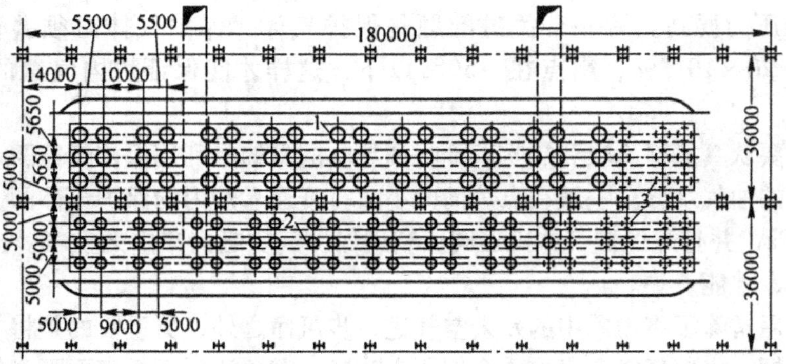

图 4-8　冷轧罩式退火炉平面布置
1—大罩式炉；2—小罩式炉；3—预留罩式炉位置

在罩式炉一侧中心位置设置仪表室或计算机室，便于控制整个炉区和便于操作指挥。

由于罩式炉生产操作要求，加热罩吊出或扣入需通过冷却罩顶部，因此顶部应留有 200 ~ 250mm 空隙。这样，应考虑跨间高度及吊车轨面标高。新建罩式炉可以从设计上考虑。而对于老式罩式炉，为了提高产量而增加卷垛高度时，对于上述问题必须慎重认真核算，亦可以考虑将炉台移到地坪标高以下，但所留空隙不可过小，以免造成生产操作困难。

罩式炉所用吊车，应该选用专用吊车，每台吊车主小车安装主钩，侧小车安装副钩。主钩与副钩的中心间距应该考虑装炉或出炉吊运钢卷的时候，主钩吊运钢卷，副钩吊运中间对流板，中间对流板吊具不应与钢卷发生碰撞。司机操作室固定在主钩小车上，随同主钩小车同时移动，便于司机操作。主钩有一个电动旋转机构，可使主钩转动，使加热罩或冷却罩与炉台导向杆对中。主钩和副钩的升降速度可以调整。这种专用吊车可以显著地提高罩式炉的生产效率，保证操作方便，安全可靠。

罩式炉区钢卷运输平车的设置有着重要的意义，尤其是炉台数量多、炉区作业线长的情况下，用钢卷运输平车可解决吊车运输相互干扰、吊车长距离运输负荷加重等问题。

4.2.2　单垛式紧卷罩式炉

单垛式紧卷罩式炉的规格是用炉型来表示的，炉型大小取决于装料的几何尺寸。

例如：炉型为200/460 型，200 代表退火钢卷最大外径为 200cm；460 代表退火钢卷垛最大高度为 460cm。采用 cm 作为单位，是一种通常的表示方法。

为了提高退火能力，必须增加装炉量，装炉量大小取决于卷重和装料高度。卷重与钢锭、连铸坯、初轧机、热连轧机以及冷轧机都有密切关系，也是体现近代钢铁工业技术水平的综合标志。

目前我国主要大型钢铁公司冷轧钢卷最大外径有 1800mm、1850mm、2000mm、2050mm、2500mm 以及 2550mm。钢卷垛最大高度有 4200mm、4400mm、4600mm、4900mm 以及 5300mm。炉型有 180/420 型、185/440 型、200/460 型、200/530 型、205/490型、255/490 型以及 255/530 型。最大卷重有 15t、19t、21t 以及 45t 等。

单垛式罩式炉技术是伴随着冷轧技术的发展逐渐发展起来的。20 世纪 50 年代，单垛紧卷罩式炉加热罩采用高压喷射式煤气烧嘴单列径向布置，加热罩炉衬是轻质黏土砖砌筑。炉台对于保护罩和加热罩均是砂封方式。装有一般炉台循环风机。就其烧嘴而言，烧嘴径向布置，对着烧嘴部位的钢卷局部温度偏高，烧嘴与烧嘴之间部位的钢卷局部温度偏低，当燃烧室挡火板砖脱落的时候上述现象更为严重，同时严重烧损保护罩，降低了保护罩的使用寿命。

60 年代，高压喷射式烧嘴为双列切向布置，并有平行或交错两种布置方式。通过生产实践认为，双列烧嘴交错布置方式为好，并将下排烟方式改为上排烟方式。这种罩式炉如图 4-9 所示，改善了温度的均匀性，但是，煤气和空气混合配比仍然不能控制，需进一步改进。

70 年代国际先进技术水平的罩式炉（图 4-10）在技术上的先进性主要有以下几点：

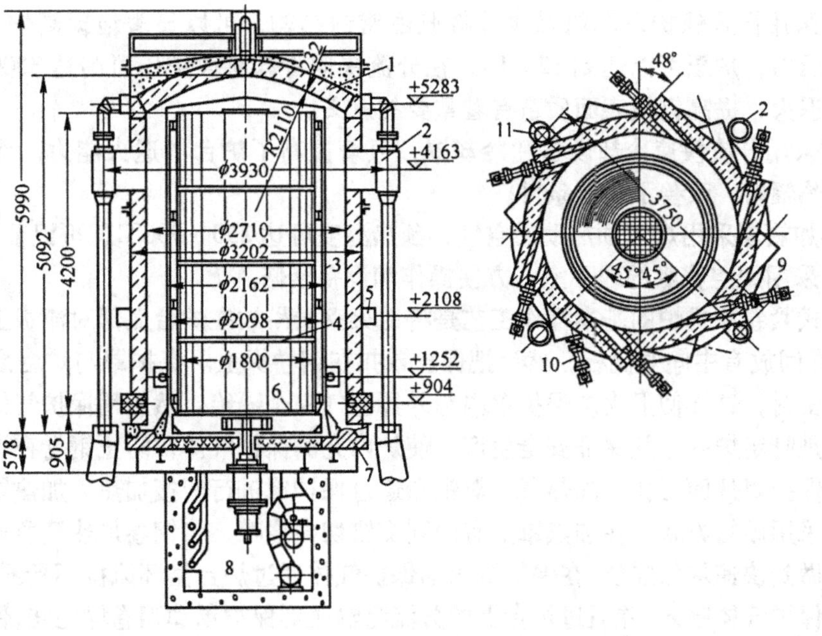

图 4-9 180/420 型单垛式紧卷罩式炉

1—加热罩；2—排烟管；3—双层保护罩；4—中间对流板；5—煤气箱；6—底部对流板；7—炉台；8—炉底地坑；9—上列烧嘴；10—下列烧嘴；11—导向杆

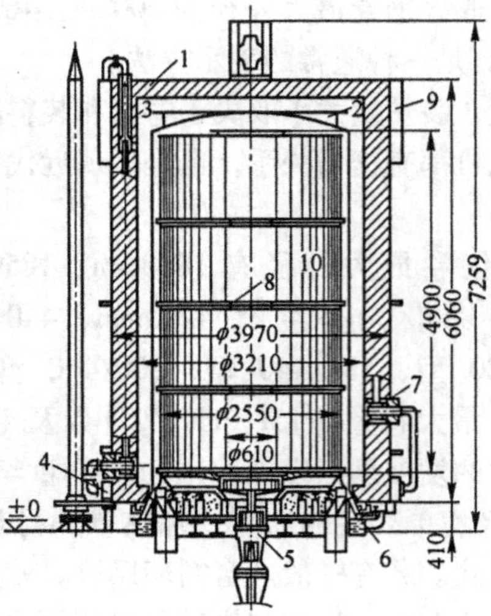

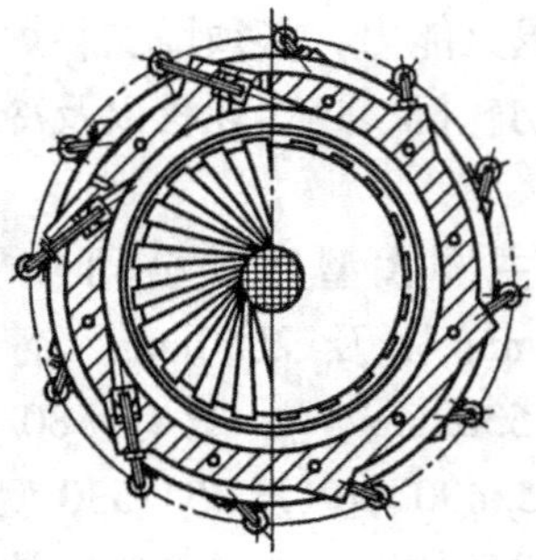

图 4-10 255/490 型单垛式紧卷罩式炉

1—加热罩；2—保护罩；3—空气预热器；4—煤气箱；5—炉台循环风机；6—密封胶圈；7—烧嘴；8—中间对流板；9—空气箱；10—钢卷

(1) 采用低压套管式烧嘴,双列交错切向布置,配置煤气和空气比例自动调节系统。通过煤气和空气比例自动调节系统可以比较合理地控制煤气和空气配比,实现煤气完全燃烧,控制炉温,改善炉温均匀性,从而提高退火质量,延长保护罩使用寿命,并可降低能耗。

(2) 炉台采用耐热钢支柱、耐热钢梁和分流盘结构，以防止炉台变形。炉台安装炉底（压紧）热电偶和炉气（控制）热电偶，以保证测温准确。

(3) 采用裙式保护罩和机械水冷橡胶圈密封结构，可以显著地提高炉内密封效果，提高炉内压力，炉压可以达到 1200Pa，在分流快速冷却阶段炉压可高达 3500Pa，这对于保证光亮退火、提高钢板表面质量有着重要的意义。

(4) 采用分流快速冷却设备和冷却罩，显著提高了炉台的退火能力，冷却罩还可防止保护罩热辐射，改善了操作条件。

(5) 加热罩采用烟气预热助燃空气，预热温度可达 250 ~ 300℃，可以节省煤气。

(6) 采用架空宽敞的地下室，方便操作和设备维修。

单垛式紧卷罩式炉的基本操作工艺是将退火钢卷吊放在炉台底部对流板上，一般垛放 4 卷，钢卷间放有中间对流板，然后把保护罩扣在钢卷垛上。保护罩与炉台之间采用水冷却橡胶圈密封，这样使退火炉保护罩内与外界空气完全隔绝，然后用保护气体清洗退火空间，目的是赶走炉内空气保证安全生产，使炉内充满保护气体，防止钢卷在退火过程中被氧化。在保护罩外面再扣上加热罩，对钢卷通过保护罩进行间接加热。加热罩和保护罩之间的密封采用砂封方式。在加热罩上有两列交错切向烧嘴，将钢卷加热至所要求的温度。

为了做到快速均匀加热,在保护罩内的保护气体通过炉台循环风机不断地循环,将钢卷垛中心的保护气体吸入,并通过炉台上的分流盘输送到保护罩和钢卷垛之间,保护气体气流从保护罩壁的烧嘴区域流过,吸收了热量,热气流通过对流板的缝隙将热量传给钢卷边缘,然后热气流由钢卷垛中心流回炉台循环风机。当钢卷加热达到规定温度之后,进行均热,逐渐减少燃料的供给,直到最小的数值。退火时间结束后关闭煤气烧嘴,吊走加热罩。从此,热量就以相反的方向由钢卷内部向边缘传递，循环保护气体通过保护罩壁传散到空气中去。刚吊走加热罩时，炉温较高热量迅速散失，当炉气热电偶温度降到500℃的时候，为了加快冷却，在保护罩外面再扣上冷却罩，在冷却罩顶部或顶部对称两侧安装风机，通过保护罩与冷却罩空间引进空气，吸收保护罩的热量，进行外部快速冷却。启动冷却罩的同时启动分流快速冷却设备。炉底热电偶温度为90～120℃的时候，吊走冷却罩，停止分流快速冷却设备，吊走保护罩，将钢卷吊放到最终冷却台上。最终冷却台采用装在地面下的轴流风机，由厂房外面引进空气，将钢卷加快冷却到50℃左右，然后将钢卷送到平整机前放料场。

4.2.3　单垛式紧卷罩式炉技术性能及设备构成

单垛式紧卷罩式炉由于退火钢种、炉型以及供应能源条件等原因，技术性能各有不同。在这里以某冷轧厂热处理车间185/440型单垛式紧卷罩式炉为例进行叙述。

技术性能主要包括：

炉型：185/440型单垛式紧卷罩式炉；

退火钢种：碳素结构钢、优质碳素结构钢、深冲钢以及低合金钢；

用途：在保护气体下进行再结晶光亮退火；

退火钢卷最大外径：ϕ1850mm；

钢卷垛最大高度：4400mm；

钢卷最大卷重：15t；

最大装炉量：60t；

最高退火温度：750℃；

炉台小时能力：1t/h；

加热罩小时能力：2t/h；

燃料：高焦炉混合煤气，高炉煤气体积:焦炉煤气体积=7:3；

燃料发热值：7110kJ/m^3；

烧嘴：低压套管式烧嘴，两列交错切向布置；

烧嘴前煤气压力：3000～3500Pa；

煤气最大消耗量：370m^3/h；

烧嘴前空气压力：3000～3500Pa；

空气最大消耗量：750m^3/h（当$\alpha=1.2$时）；

空气预热温度：250～300℃；

最大废气量：1080m^3/h；

保护气体成分：H_2的体积分数为2%～5%，其余N_2；

保护气体质量：露点−40℃，O_2的体积分数不大于10×10^{-4}%；

保护气体最大消耗量：30m^3/h；

炉台保护气体最大压力：1200Pa；

炉台循环风机能力：风量为20000～24000m^3/h，风压为1200Pa；

冷却水供水温度：不大于20℃；

冷却水供水压力：0.2～0.3MPa；

分流快冷工艺冷却水排水温度：不大于42℃；

炉台冷却水用量：3～5m^3/h；

分流快冷工艺用水量：20m^3/h。

单垛式紧卷罩式炉设备设计一般应该考虑以下几个方面：

(1) 为了使退火钢卷的力学性能均匀，必须均匀地、快速地对钢卷进行加热。

(2) 为了提高生产能力，当钢卷垛中钢卷最冷点达到规定的退火温度后，必须迅速地冷却到出炉温度。

(3) 退火过程中煤气、保护气体、冷却水以及电力等能源消耗应尽量少，从而降低退火成本。

(4) 操作简单，安全生产。

(5) 采用先进的计算机对退火工艺实现程序控制和监督。

单垛式紧卷罩式炉主要设备有：加热罩、炉台、炉台循环风机、快速冷却设备、保护罩、对流板、钢卷吊钳、对流板吊具。

4.2.4 加热罩

加热罩结构参见图4-9、图4-10。

加热罩是单垛式紧卷罩式炉的主要设备。加热罩主要几何尺寸是由钢卷最大外径和钢卷垛最大高度决定的。加热罩在设计时应力求减轻质量，特别是当加热罩的质量已成为车间起重能力的决定因素时，就更应该考虑。

加热罩由钢结构的金属壳体、炉顶横梁、燃烧系统、排烟系统、空气预热器以及炉衬砌筑等组成。

4.2.4.1 钢结构金属壳体及炉顶横梁

金属壳体是构成加热罩的骨架，加热罩所属设备及零部件都依附在这个圆筒形金属壳体上，内部砌筑有耐火材料炉衬。因此，金属壳体要有足够的刚度，而且质量要轻。起重用吊环及其他主要受力构件必须根据强度计算确定。

金属壳体一般都采用Q235钢板焊接制造。钢板厚度如果选用4mm，则不易控制壳体刚度，即使焊上加强筋，整体成形后内外几何尺寸也不易保证，这样虽然节约些钢材用量，但对于制造和生产使用均不利，根据多年制造及生产使用经验，选用6mm钢板为宜。

金属壳体有3种结构，即用螺栓连接的三段式圆筒体、用螺栓连接的两段式圆筒体，还有整体圆筒体结构。

用螺栓连接的三段式圆筒体金属壳体，是20世纪50年代的设计水平，这种结构包括砌筑炉顶的顶盖、上部圆筒体和下部圆筒体3个部分。采用此结构的目的是顶盖砌筑成半球形拱顶，砌筑完成后扣上顶盖拧好。上部和下部圆筒体分开采用法兰连接，便于大型金属壳体分段运输和耐火砖炉衬胀缝接头。但是，在使用时由于频繁扣入和吊出，质量又较大，所以连接螺栓经常拉长或松动，出现缝隙，造成炉气外溢，连接螺栓及法兰处于热腐蚀条件下工作，而且即使经常紧固螺栓和修补法兰，仍然不能彻底解决炉气外溢问题，砌体膨胀缝耐火砖松动、脱落现象经常发生。因此，不论两段或三段式法兰连接方式都应该改进。整体结构形式彻底解决了上述问题。

设计圆筒金属壳体时，上部焊有空气箱，下部焊有煤气箱，既起到管道作用，又起到增强刚度作用，中部焊有增强刚度的法兰圈，这样整个圆筒形罩体具有3条增强圈，提高了刚度，不易变形。

吊钩通过炉顶横梁把加热罩吊走。由于加热罩平吊炉顶与加热罩筒身是分开制作的，因此，炉顶横梁不能直接与加热罩筒身钢结构焊接，而横梁两端是由螺栓与加热罩钢结构筒身连接的，其结构如图 4-11 所示。为了保证吊罩垂直，横梁中心与加热罩中心偏移一定距离，亦可在安装后用金属块配重找平衡。横梁的设计和安装位置应该考虑司机的视线。当然在设计时对横梁的吊环及连接螺栓应该进行强度计算，必须保证安全生产。

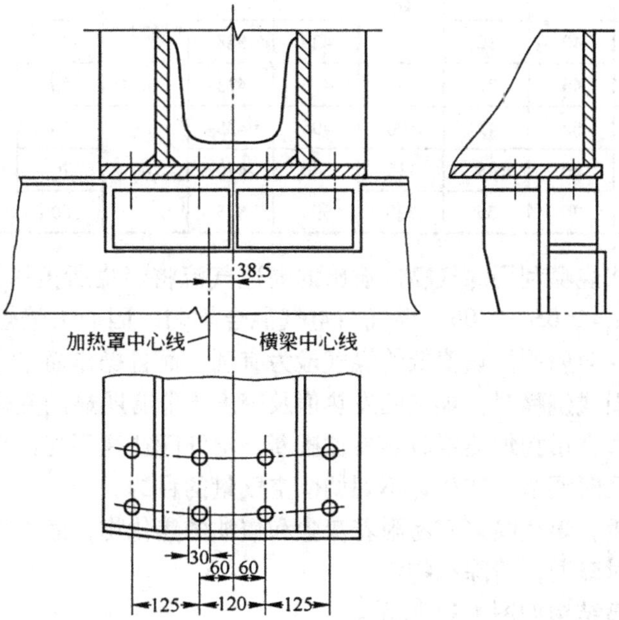

图 4-11 炉顶横梁与加热罩筒身的连接

4.2.4.2 燃烧系统

燃烧系统包括烧嘴、煤气和空气管路等。

A 烧嘴

目前应用于单垛式紧卷罩式炉的烧嘴，主要有高压喷射式和低压套管式烧嘴。高压喷射式烧嘴是煤气与燃烧所需用的空气在烧嘴内预先混合，而且在喷出烧嘴前其混合程度完全均匀，这属于无焰烧嘴。低压套管式烧嘴是煤气与燃烧所需用空气在烧嘴内不混合，而在炉内混合，这属于有焰燃烧长火焰烧嘴。

高压喷射式煤气烧嘴结构如图 4-12 所示，外形尺寸如表 4-1 所示。

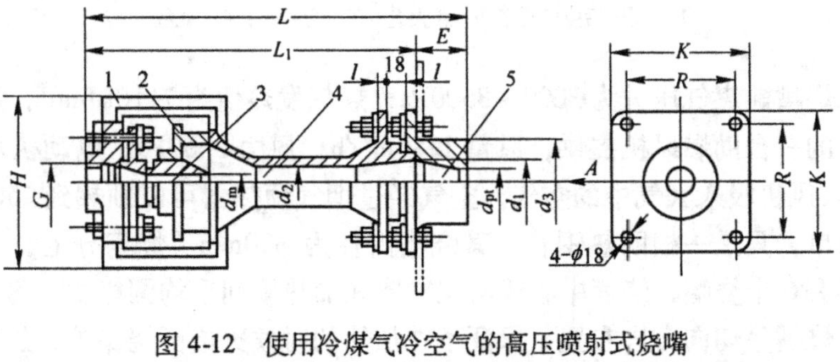

图 4-12 使用冷煤气冷空气的高压喷射式烧嘴

1—连接筋；2—空气调节阀；3—煤气喷嘴；4—煤气空气混合器；5—混合器喷头

表 4-1　使用冷煤气冷空气的高压喷射式烧嘴外形尺寸表（mm）

<table>
<tr><th>d_{pt}</th><th>G</th><th>d_1</th><th>d_2</th><th>d_3</th><th>L</th><th>L_1</th><th>H</th><th>E</th><th>l</th><th>K</th><th>R</th></tr>
<tr><td>21</td><td rowspan="2">25（1″）</td><td>26</td><td>21</td><td rowspan="2">70</td><td>326</td><td>296</td><td rowspan="2">114</td><td>30</td><td rowspan="2">14</td><td rowspan="4">140</td><td rowspan="4">100</td></tr>
<tr><td>24</td><td>30</td><td>24</td><td>348</td><td>314</td><td>34</td></tr>
<tr><td>28</td><td>$32\left(1\frac{1''}{4}\right)$</td><td>35</td><td>28</td><td rowspan="2">80</td><td>404</td><td>365</td><td rowspan="3">150</td><td>39</td><td rowspan="3">16</td></tr>
<tr><td>32</td><td rowspan="2">$40\left(1\frac{1''}{2}\right)$</td><td>40</td><td>32</td><td>433</td><td>388</td><td>45</td></tr>
<tr><td>37</td><td>46</td><td>37</td><td>90</td><td>473</td><td>423</td><td>50</td><td>150</td><td>110</td></tr>
<tr><td>42</td><td rowspan="3">50（2″）</td><td>52</td><td>42</td><td>100</td><td>495</td><td>435</td><td rowspan="3">200</td><td>60</td><td rowspan="3">18</td><td>165</td><td>125</td></tr>
<tr><td>48</td><td>60</td><td>48</td><td>115</td><td>540</td><td>470</td><td>70</td><td rowspan="2">185</td><td rowspan="2">145</td></tr>
<tr><td>56</td><td>70</td><td>56</td><td>130</td><td>595</td><td>515</td><td>80</td></tr>
</table>

这种高压喷射式烧嘴利用煤气喷口喷出的高速气流将燃烧所需用的空气按比例吸入，空气过剩系数小，$\alpha=1.03\sim1.05$，煤气与空气混合均匀，因而火焰短，燃烧温度高，容易获得高温燃烧区，对燃用发热值低的煤气最为有利，而且操作简单，造价低。

在使用高压喷射式烧嘴时，煤气的发热值及密度不能有明显的变化。煤气喷嘴与混合器管的两条连接筋条在吊扣加热罩时容易被碰断，空气阀往往不能灵活移动，加上烧嘴数量多，操作人员不及时调节，往往达不到调节空气量的目的。

生产实践中发现，煤气喷口容易附着灰尘和焦油的焦化物，而影响煤气喷出速度和流量，需操作人员及时疏通，清除积物。

低压套管式烧嘴结构如图 4-13 所示。

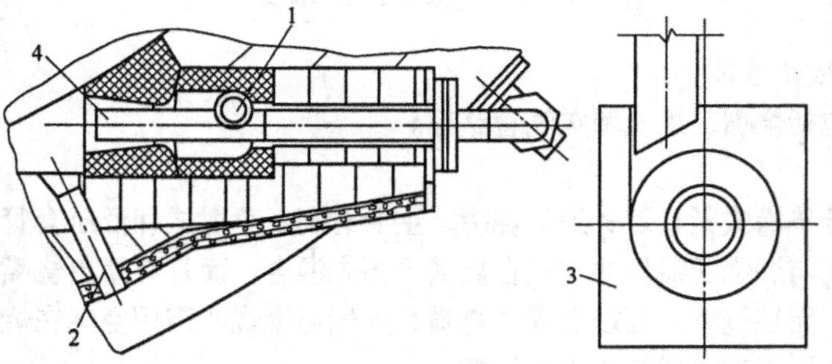

图 4-13　低压套管式煤气烧嘴

1—预热后空气管；2—点火孔；3—烧嘴砖；4—烧嘴

这个煤气烧嘴前煤气压力为 3000～3500Pa，煤气发热值为 7110kJ/m^3，燃烧用空气由加热罩上安装的一台助燃风机提供，风量 1280m^3/h，风力 3660Pa，电动机功率 3kW，转速 2880r/min。风机吸入大气中的空气，空气经过烟气预热器可以预热到 250～300℃。这种烧嘴结构简单，只是一根耐热钢管，其烧嘴内径为 ϕ50mm。烧嘴分上、下两列交错切向布置，每列有 6 个烧嘴，烧嘴中心线与保护罩和加热罩间平均圆相切。每个烧嘴旁安装一个点火孔。烧嘴呈切向方向布置，保证了在加热的时候火焰围绕保护罩外壁形成一个火焰环，因而能对保护罩均匀加热，使炉温均匀。

这个烧嘴自投产使用多年没有发生过损坏，因此推荐采用低压套管式煤气烧嘴。

B 煤气和空气管路

煤气是由车间煤气管道通过支管路接到炉台前的。加热罩上安装一个波形管连接器，它靠吊车对中落下自动与炉台前接头接好，并通过煤气管、煤气分配箱将煤气送到12个烧嘴。空气通过助燃风机经过空气分配箱，再经过预热器被送到12个烧嘴中。

波形管连接器示意图如图4-14所示。

波形管材质是耐热钢（1Cr18Ni9Ti），壁厚为0.2mm，波形管连接器总长400mm，可以伸长量为24mm，压缩量为36mm。自动连接方式可缩短操作时间，减轻操作人员劳动强度。

煤气和空气安全阀结构见图4-15。

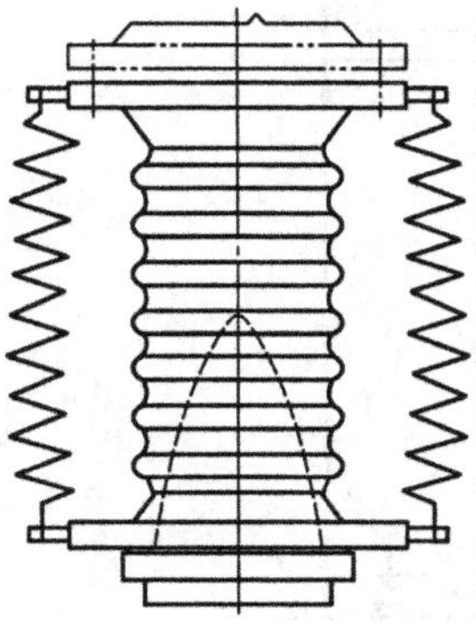

图4-14 波形管连接器示意图

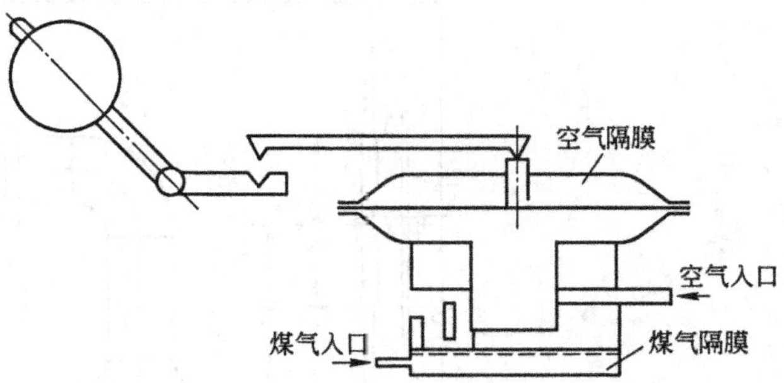

图4-15 煤气和空气安全阀结构简图

这个安全阀安装在加热罩波形管连接器上方煤气管路上。当煤气供给管路中煤气缺少或助燃风机出事故不能供给足够的空气时，带动安全阀以防止发生安全事故。

当空气缺少时，空气隔膜下移，并通过杠杆使卡子上移，安全重锤脱离而下来，它带动煤气节流阀自动关闭煤气；当煤气缺少时，煤气隔膜下移，使空气进入量也随之减少，这时重锤也会下来切断煤气。

煤气和空气比例调节联动阀结构如图4-16所示。

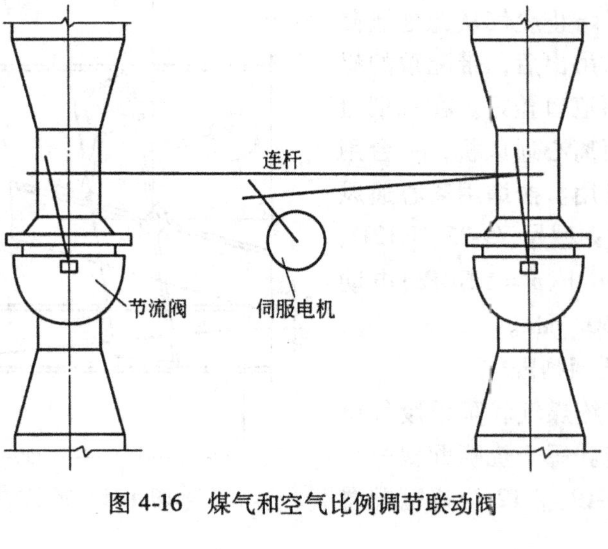

图4-16 煤气和空气比例调节联动阀

在加热罩上的煤气和空气管路之间安装一套煤气和空气比例调节联动阀，根据炉温，自动调节煤气和空气比例。在煤气和空气管路上分别安装有一个蝶形调节阀，通过连杆与伺服电机相连，由伺服电机控制煤气和空气的进入量，实现自动控制炉温，满足退火工艺要求。

4.2.4.3　排烟系统

炉内煤气燃烧后产生的废气通过顶部炉墙上的12个预热器，对空气进行预热，同时废气温度降低。然后废气由排出口排到炉顶半圆形废气罩内。在半圆形废气罩内侧设置了4个可调节的冷风掺入口（在试生产时必须逐个调好），如图4-17所示。从冷风掺入口中

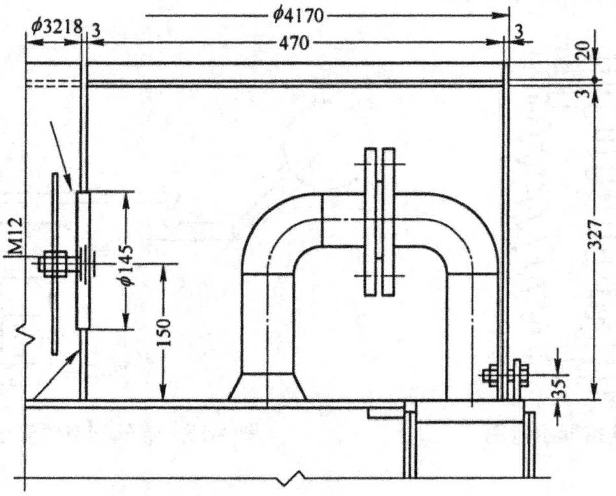

图4-17　冷风掺入口位置

掺入适量的冷空气，以降低废气的出口温度。然后将废气从炉顶废气罩引到排烟管，排放到炉台旁的废气烟道中，当加热罩扣到炉台上以后，烟道接口处带配重的蝶形阀（图4-18）被自动顶开。

炉内废气烟道接口处的头部是一个迷宫式的结构，以防止废气从此处泄漏到车间。当加热罩吊出后，带配重的蝶形阀又自动地把烟道口盖好。在总烟道中安装两台抽烟用离心通风机，一台用于生产，另一台备用。抽烟用离心通风机主要技术参数为：型号Y9-35、No12D、左90°、$Q=41030m^3/h$、$p=1270Pa$；电动机$N=40kW$、$n=750r/min$。

4.2.4.4　空气预热器

空气预热是节约煤气和降低废气温度的一种有效措施。每个烧嘴配置一个空气预热器（图4-19），12个烧嘴配置

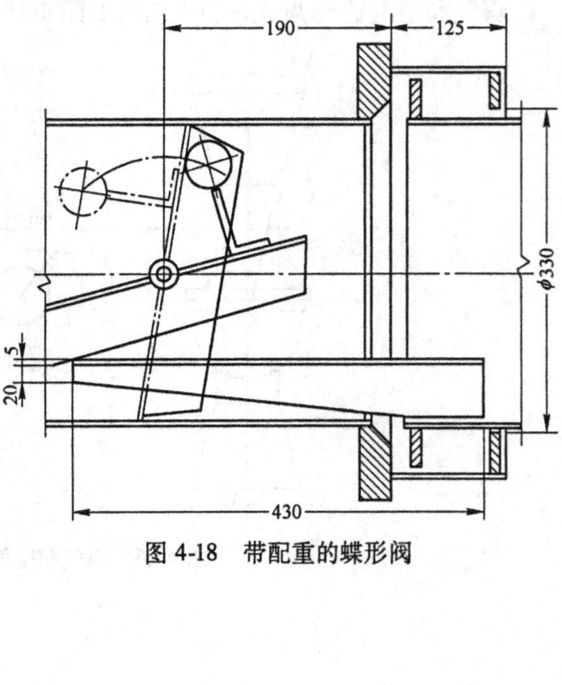

图4-18　带配重的蝶形阀

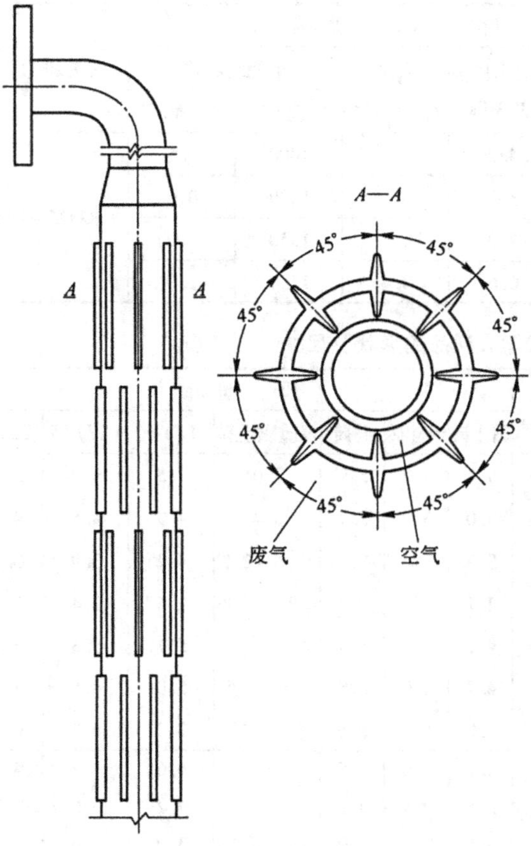

图 4-19 空气预热器

12 个空气预热器。预热器均匀布置在加热罩上部炉衬排废气烟道中，预热器环心通过空气，废气由圆形的砌砖体或者使用耐热钢结构的筒体内侧流经预热器的筋片进行热交换，然后排放到炉顶上的废气罩中。预热器为翅片状管式结构，翅片状管分 4 段铸造，然后再焊成一体，焊接时每段上的筋片错开。空气预热器耐热钢化学成分为：$w(C)=0.15\%\sim0.35\%$、$w(Si)=1.0\%\sim2.5\%$、$w(Mn)\leqslant1.5\%$、$w(Cr)=17\%\sim19\%$、$w(Ni)=8\%\sim10\%$、$w(P)\leqslant0.045\%$、$w(S)\leqslant0.03\%$。抗氧化最高温度为 900℃。片状管每段加工好坡口后，套在一根圆钢上，两端用螺栓压紧钢板使其保持同心度，然后装在支架上进行焊接，最终进行气密性试验，合格后方可安装。

4.2.4.5 炉衬砌筑

罩式炉各部位所承受的温度、负荷以及炉气的物理和化学作用不同，因此选用的耐火材料也不相同，应根据耐火材料的理化性能，结合国情和地区资源以及价格等因素进行选用。

一般罩式炉加热罩上所选用的耐火材料可按表 4-2 及表 4-3 选用。

表 4-2 各种耐火制品的性能

耐火制品名称	牌号	指标						标准号
		耐火度/℃	荷重软化开始温度/℃	常温耐压强度/MPa	密度/$g \cdot cm^{-3}$	重烧线收缩		
						温度/℃	收缩率/%	
耐火黏土砖（Al_2O_3 的质量分数为 30%～40%）	(NZ)-40	1730	1300	15.0	2.1～2.2	1400	0.7	GB4415—1984
	(NZ)-35	1670	1250	15.0		1350	0.5	
	(NZ)-30	1610		12.5		1300	0.5	
碳化硅砖		1900	1650		2.4			
轻质耐火黏土砖	(QN)-1.3a	1710		4.5	1.3	1400	1.0	GB3994—1983
	(QN)-1.3b	1670		3.5	1.3	1350	1.0	
	(QN)-1.0	1670		3.0	1.0	1350	1.0	
	(QN)-0.8	1670		2.0	0.8	1250	1.0	
	(QN)-0.4	1670		0.6	0.4	1250	1.0	
轻质硅砖	(QG)-1.2	1670	1560	3.5	1.2			GB2608—1987

续表 4-2

耐火制品名称	牌 号	指 标						标准号
		耐火度/℃	荷重软化开始温度/℃	常温耐压强度/MPa	密度/g·cm^{-3}	重烧线收缩		
						温度/℃	收缩率/%	
轻质高铝砖	PM-1.0	1750	1230	4.0	1.0	1400	0.5	GB3995—1983
	PM-0.8	1750	1180	3.0	0.8	1400	0.6	
	PM-0.6	1730	1100	2.0	0.6	1350	1.0	
	PM-0.4	1730	1050	0.6	0.4	1350	1.0	

表 4-3 工业炉用一般耐火制品的形状及尺寸

制品形状及名称	砖号	尺寸/mm				体积/cm^3	质 量/kg						
		a	b	c	c_1		黏土砖	半硅砖	硅砖	轻质黏土砖	(LZ)-65	(LZ)-55	(LZ)-48
直形砖 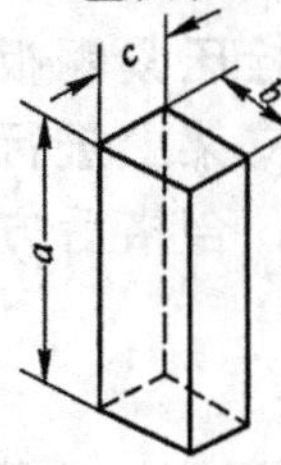	T-1	230	113	100		2600	5.3	5.2	5.0	2.0	6.5	6.0	5.7
	T-2	230	113	75		1950	4.0	3.9	3.7	3.4	4.9	4.5	4.3
	T-3	230	113	65		1690	3.5	3.4	3.2	1.35~2.2	4.2	3.9	3.7
	T-4	230	113	40		1040	2.1	2.1	2.0	0.83~1.36	2.6	2.4	2.3
	T-5	250	123	75		2300	4.7	4.6	4.4		5.7	5.3	5.1
	T-6	250	123	65		2000	4.1	4.0	3.8	1.6~2.6	5.0	4.6	4.4
	T-7	300	150	65		2930	6.0	5.8	5.6		7.3	6.7	6.4
厚楔形砖 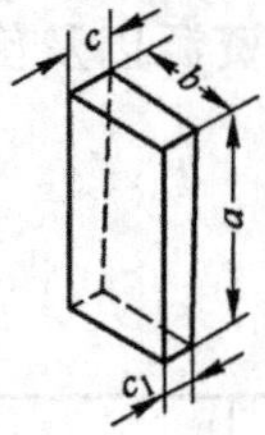	T-17	230	113	75	65	1820	3.7	3.6	3.5		4.6	4.2	4.0
	T-18	230	113	75	55	1690	3.5	3.4	3.2		4.2	3.9	3.7
	T-19	230	113	65	55	1560	3.2	3.1	3.0	1.2~2.0	3.9	3.6	3.4
	T-20	230	113	65	45	1430	3.0	2.9	2.7	1.1~1.9	3.6	3.3	3.2
	T-21	250	123	75	65	2150	4.4	4.3	4.1		5.4	5.0	4.7
	T-22	250	123	65	55	1845	3.8	3.7	3.5	1.5~2.4	4.6	4.3	4.1
	T-23	250	123	65	45	1685	3.5	3.4	3.2		4.2	3.9	3.7
	T-24	171	113	65	55	1160	2.4	2.3	2.2		2.9	2.7	2.6
	T-25	171	113	65	45	1060	2.2	2.1	2.0		2.9	2.7	2.6
	T-26	300	150	65	55	2700	5.5	5.4	5.1		6.8	6.2	6.0
侧厚楔形砖 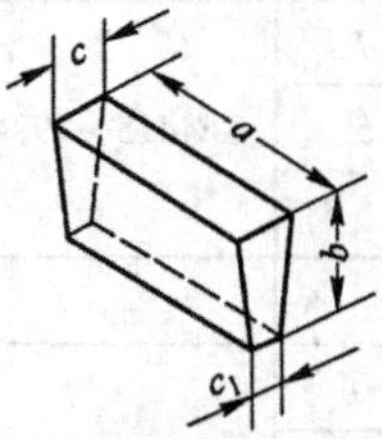	T-36	230	113	75	65	1820	3.7	3.6	3.5		4.6	4.2	4.0
	T-37	230	113	75	55	1690	3.5	3.4	3.2		4.2	3.9	3.7
	T-38	230	113	65	55	1560	3.2	3.1	3.0	1.25~2.0	3.9	3.6	3.5
	T-39	230	113	65	45	1430	3.0	2.9	2.7	1.1~1.9	3.6	3.3	3.2
	T-40	250	123	75	65	2150	4.4	4.3	4.1		5.4	5.0	4.7
	T-41	250	123	65	55	1845	3.8	3.7	3.5	1.5~2.4	4.6	4.3	4.1
	T-42	250	123	65	45	1700	3.5	3.4	3.2		4.3	3.9	3.8
辐射形砖 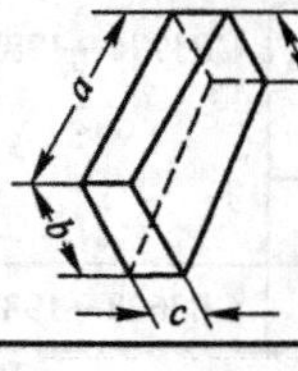	T-43	230	113	96	65	1550	3.2	3.1	2.9		3.9	3.6	3.4
	T-44	230	113	76	65	1415	2.9	2.8	2.7	1.1~1.8	3.6	3.3	3.1
	T-45	230	113	56	65	1280	2.6	2.5	2.4		3.2	3.0	2.8

耐火纤维是新型绝热材料，近些年来发展迅速，目前基本普遍推广应用。

耐火纤维亦称陶瓷纤维，是由耐火原材料制成的，目前多以焦宝石或矾土为原料。将原料加入2000℃电弧炉内熔化后以细股流出，用0.6~1.0MPa压力的压缩空气或蒸汽吹成散状纤维，即耐火纤维原棉。原棉中含有部分未被吹成纤维的凝固液滴，称为渣球，渣球含量一般不大于10%。将原棉中渣球除去，加入0.3%~5%的结合剂，原棉即可压制成毡、毯、板、纸、绳等多种耐火纤维制品。

以焦宝石为原料生产的耐火纤维称为硅酸铝耐火纤维，其化学成分（质量分数）为：48%~56% Al_2O_3、40%~48% SiO_2、0.18%~1.1% Fe_2O_3、0.1%~0.5% MgO、0.18%~1.1% CaO、0.5%~1% R_2O、0.3%~1.1% TiO_2。物理性能：耐火度1750~1790℃、密度0.04~0.09t/m³、纤维长度100mm、纤维直径2~5μm、使用温度1150℃。

耐火纤维具有以下特点：

(1) 普通耐火纤维的使用温度达1150℃，高级耐火纤维（如氧化铝、氧化锆耐火纤维），使用温度可达1700℃。

(2) 导热系数低，与普通绝热材料相比，用于绝热层可减少厚度一半左右。

(3) 质量轻，仅为普通耐火材料密度的1/20左右，为普通绝热材料密度的1/6左右，可以大大减轻炉体质量。

(4) 热容量小，用做炉衬可以提高升温速度，节约燃料。

(5) 抗热振性能好，纤维柔软，有弹性，能抵抗热冲击和振动，能消除热应力，耐急冷急热性能好。

(6) 隔音好，可以减少燃烧噪声，可以作为高温消声材料。

(7) 加工容易，安装方便。

(8) 承重性能差。

(9) 重烧线收缩率一般达到4%，敷设时应该考虑这一缺点。

加热罩采用耐火砖砌筑应该遵照以下规则：

(1) 加热罩采用黏土砖和轻质黏土砖做砌炉材料，一定要遵照设计施工图的要求选用耐火材料和进行施工。砌筑前检查加热罩金属壳体、煤气箱、空气箱、排烟口、烧嘴以及点火孔，检验合格并签发“工序交接证书”后，方可进行砌筑施工。金属壳体的椭圆度、垂直度、底部托砖板上加强筋相互间距、烧嘴箱的几何尺寸以及点火孔相对位置等应该符合加热罩钢结构金属壳体的制作技术要求，否则将影响砌筑进度和砌筑质量。

(2) 加热罩一般属于Ⅲ类砌体黏土砖结构。砖缝允许不大于3mm，硅藻土砖的砖缝允许不大于5mm。

(3) 加热罩砌筑允许误差、垂直误差、墙高每米不大于3mm，墙全高不大于15mm。表面平整度误差，两米靠尺检查，靠尺与砌墙之间的间隙不大于5mm。

(4) 砌砖应该错缝砌筑。

(5) 砌筑砖缝应该泥浆饱满。

(6) 加热罩膨胀缝，根据多年实践证实，砌体径向膨胀缝和圆周方向膨胀缝不必故意留出，径向由于石棉板或耐火纤维毡可以压缩，圆周方向砖缝即可补偿。炉墙高度方向向上伸长可不受限制。

(7) 冬季施工工作地点和砌筑现场周围环境温度不得低于5℃。砌筑完毕后，如果不能及时烘炉投产，周围环境温度亦不得低于5℃。正常情况下，砌筑完成后应该及时烘炉。

加热罩砌筑过去一直沿用烧嘴部位用黏土砖，炉墙及炉顶部位用轻质黏土砖，近些年来耐火纤维发展较快，基本应用在罩式炉上，这样加热罩用耐火材料出现两种类型，因此出现两种施工方式。

第一种为采用耐火砖砌筑方式。

加热罩烧嘴部位一般选用异形黏土砖，炉墙立砌两层轻质黏土砖，一层硅藻土砖，厚度共计345mm。炉墙与炉壳间夹放一层30mm厚的耐火纤维毡，既有隔热作用又起到承受径向膨胀压缩的作用。炉顶采用轻质黏土砖砌成半球形拱顶或采用耐火纤维毡制作平吊炉顶。

采用耐火砖砌筑的加热罩日常维修工作主要有以下几个方面：

(1) 烧嘴部位。首先，加热罩吊出或扣入比较频繁，当扣入加热罩时，如果操作不经心罩与炉台发生冲击，将造成烧嘴砖松动或损坏，表现在此部位炉壳烧成红色，一般称为“透火”。发现此种现象应该吊出加热罩立即进行修理。否则炉壳变形，将增加修理工作量，降低加热罩作业率，同时影响炉内正常燃烧，影响退火质量。

其次，有时操作工不及时调整煤气与空气量配比，也会造成煤气量过大或有时煤气发热值偏高，产生在炉内不完全燃烧现象。剩余煤气在烟道中遇到外界空气而燃烧，将烟道烧成红色，严重损坏设备，这种现象应该杜绝发生。

(2) 炉墙部位。正常生产情况不需修理，只有加热罩报废时一并报废。炉墙烟道口是薄弱环节，有时砌砖脱落应该检查及时修理。

(3) 炉顶部位。长时间生产使用，半球形炉顶有时出现掉砖现象，一般掉砖1~3块时，可在炉内修补。如果超过连续4块时，就要揭下上盖进行支旋胎修理。特殊情况，如加热罩内煤气操作爆炸，造成炉顶破坏，这时只好拆除炉顶重新砌筑。正常生产情况下，炉顶寿命可达10年左右。

第二种为采用耐火纤维毡安装方式。

加热罩采用耐火纤维毡安装，在国外发展较快。例如：在奥地利整个加热罩均采用耐火纤维毡及其制品，而目前国内除了烧嘴部位外，其余部位采用耐火纤维毡。据了解，国内已经正在研制，预计将很快实现全部耐火纤维及其制品化。

现将炉墙及炉顶用耐火纤维毡安装的方法简单介绍如下：

加热罩炉壳内安装耐火纤维毡作炉墙及炉顶，一般选用硅酸铝纤维毡，采取普遍推广的层铺法。这种层铺法，除硅酸铝纤维毡外，还需铆固件。

首先，介绍一下铆固件材质的选择，无疑应该选择耐高温、抗氧化的金属材料。对于Cr20Ni80及Cr25Al5，经过生产实际应用，发现Cr20Ni80使用4个月后氧化折断，致使硅酸铝纤维毡脱落。而Cr25Al5使用多年无氧化腐蚀现象。为此，分别对其进行化学分析，又经金相检验，初步确认铆固件Cr20Ni80被腐蚀是由于氧化的结果。氧化生成物是氧化镍、硫酸镍、铬酸镍等。又根据铆固件工作环境进行条件试验。试验结果如表4-4所示。

表 4-4 铆固件工作环境条件试验结果

材　质	工作温度/℃	环境条件	氧化状况
Cr20Ni80	900	空气中	无
Cr25Al5	900	空气中	无
Cr20Ni80	900	埋在硅酸铝毡里	表面有氧化绿色粉末
Cr25Al5	900	埋在硅酸铝毡里	无
Cr20Ni80	850	煤气燃烧的废气中	表面有氧化绿色粉末
Cr25Al5	850	煤气燃烧的废气中	无

由表4-4可见，Cr20Ni80在硅酸铝纤维毡或煤气燃烧的废气中工作均被氧化，表面呈绿色粉末，而在空气中无氧化。这种现象说明Cr20Ni80不能作为煤气罩式炉硅酸铝纤维毡炉衬的铆固件，而以Cr25Al5为宜。图4-20为耐火纤维炉墙结构示意图，图4-21为炉墙及炉顶螺钉布置示意图，图4-22为紧固零件示意图。铆固件目前属于非标准件，可以按设计图纸订货。纤维毡规格可以按厂家标准选用，也可以按图纸订货。

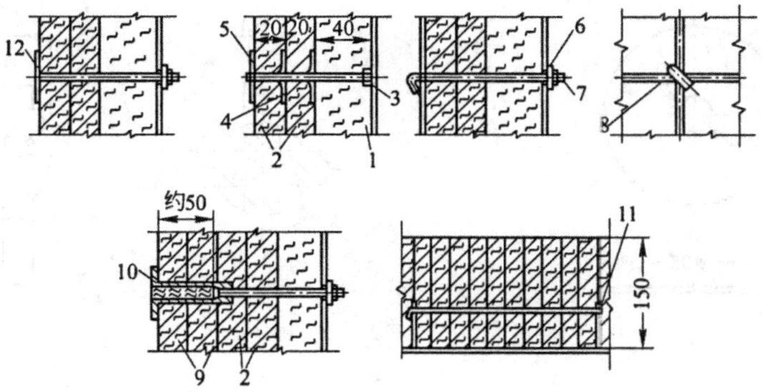

图 4-20 耐火纤维炉墙结构示意图

1—玻璃棉；2—普通耐火纤维；3—螺母；4—快速夹紧圈；5—带螺孔方垫圈；6—垫圈；7—螺钉；8—耐热钢钢丝网；9—含铬或高铝耐火纤维；10—陶瓷帽；11—固定销；12—不带螺孔方垫圈

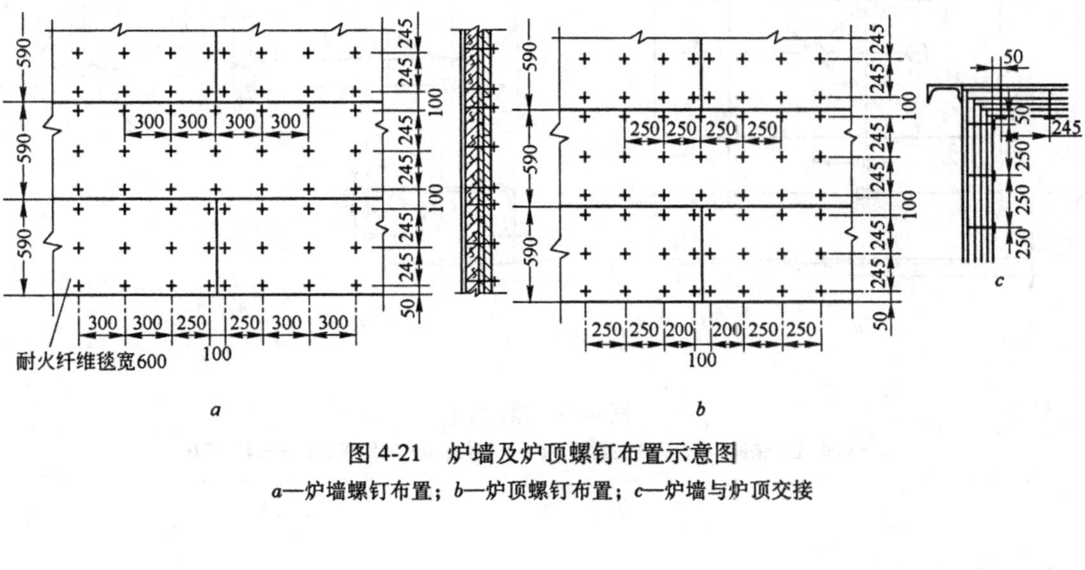

图 4-21 炉墙及炉顶螺钉布置示意图

a—炉墙螺钉布置；*b*—炉顶螺钉布置；*c*—炉墙与炉顶交接

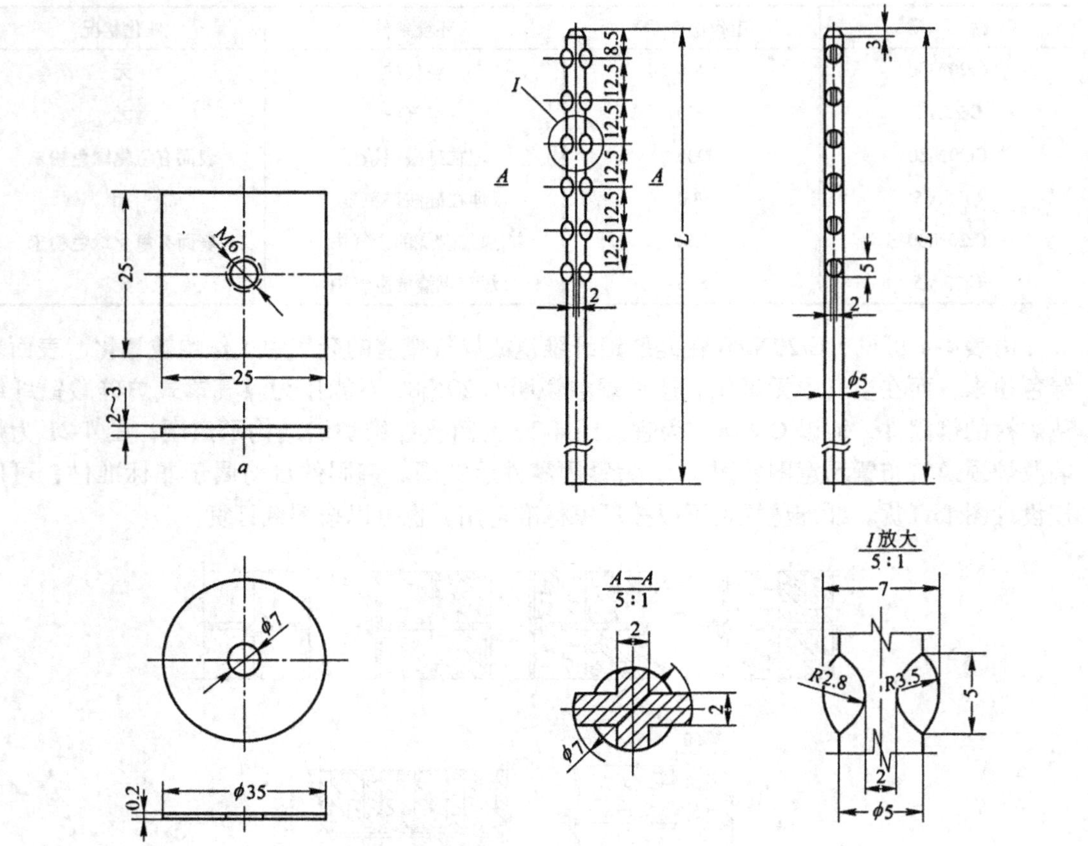

图 4-22 紧固零件

a—带螺孔方垫圈；*b*—快速夹紧圈；*c*—铆固件；*d*—固定压板；*e*—旋转压板

炉墙安装方法是，将加热罩垂直放在修理台上或架起，将炉壳内壁除锈后按图纸要求画好螺钉布置位置，从上至下全部焊好螺钉，然后可按图4-21所示的尺寸，用手工把纤维毡一层一层铺好，每层接缝必须错开，接缝四面预压缩，补偿纤维毡重烧线收缩率为4%，避免了收缩后在接缝处出现缝隙。根据纤维毡炉衬厚度，再考虑按4%压缩量决定层数，最少不少于3层。铺好后安装垫圈和螺母，最后用Cr25Al5钢丝相互编成网状，保护纤维毡面不受损坏。

炉顶安装方法是，将炉顶平板放在平台上，首先除锈后按图纸要求画好螺钉布置位置，其余完全按炉墙安装方法进行。全部完成后翻转使纤维毡层朝下，并用吊车将炉顶吊放到炉墙的托板上。

4.2.5 炉台

4.2.5.1 炉台的作用

炉台是罩式炉的主体设备，从某种意义上讲，也可以说是罩式炉的永久性设备。

在设计罩式炉的时候，是以退火产量来计算炉台数量的，而后计算加热罩数量，一般情况下，加热罩数量与炉台数量相匹配时，加热罩数量应比炉台数量充裕。

在组织罩式炉生产的时候，应以不影响生产和不浪费煤气为原则，加热结束的加热罩，必须立即扣到另一个准备生产的炉台上。一般情况下不允许热状态加热罩落地。

炉台要承受钢卷垛和保护罩的全部重量。炉台应该具备承载能力、抵抗反复加热和冷却变形能力，并应具有不漏气、绝热性能好、蓄热量小以及结构简单等特点。

4.2.5.2 炉台结构

炉台结构如图4-23所示。

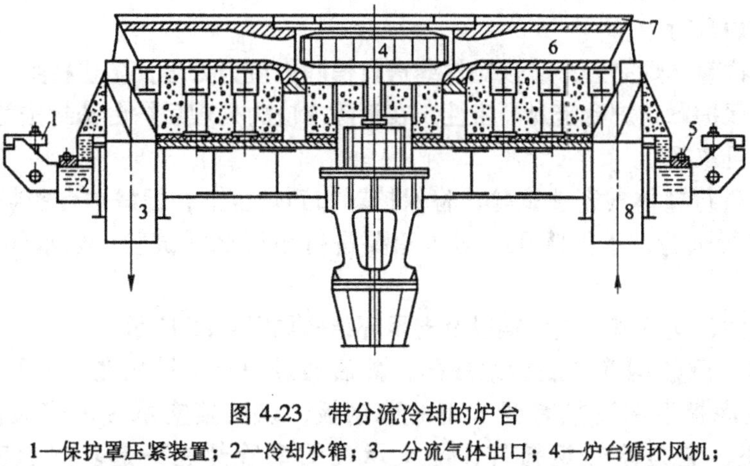

图4-23 带分流冷却的炉台

1—保护罩压紧装置；2—冷却水箱；3—分流气体出口；4—炉台循环风机；5—保护罩密封用胶圈；6—分流盘；7—底部对流板；8—冷却气体进口

炉台安装在钢结构平台上，炉台内底板上焊有螺杆连接4圈支承柱，其间填充以5~10mm膨胀蛭石，也可以用轻质黏土砖，起到隔热作用。近些年来采用硅酸铝纤维毯作隔热层，填充的时候一定要将各个角落填实，隔热效果较好。在4圈支承柱上面连接支承梁和一圈支承环，这样构成了一个牢固的承重支架，其上用耐热钢薄板遮盖起来，防止在启动炉台循环风机时，吹走绝热材料，同时也保持炉内清洁。上面安装6块铸造件，组合成分流盘，材质是ZGCr24Ni7N。这种结构的分流盘强度大，6块铸件组合的分流盘克服了因整体受冷受热温度变化而产生的变形或裂纹缺陷。

炉台钢结构是由型钢和钢板焊接而成的。底部横梁是宽边工字钢。整个炉台通过横梁直接落在钢结构平台井字形结构架上。炉台钢结构外缘是一个环形冷却用水箱，炉台工作时，通过一定量的冷却水，以保证炉台不发生变形和密封法兰上的密封橡胶圈在允许的温度范围内使用。环形冷却用水箱，有冷却水进出口，还设有两个定期排污孔。冷却水出水管必须一直通到水箱顶部，以保证水箱中始终充满冷却水，其结构如图4-24所示。

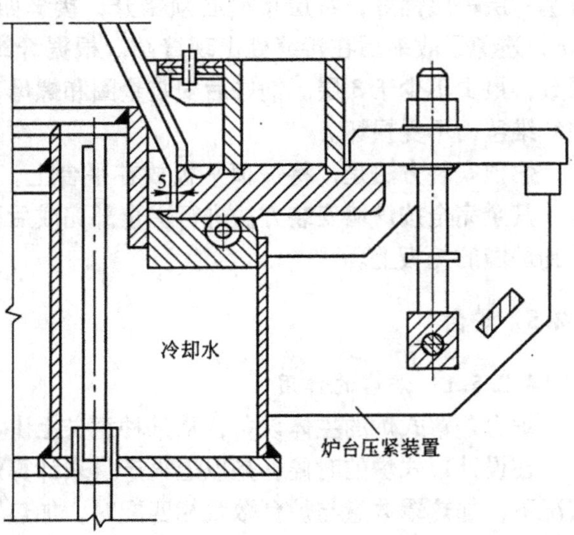

图4-24　炉台钢结构局部放大

炉台冷却水绝对不允许停水，在设计的时候，必须考虑另有一条事故备用水管，以实现不间断供水。

炉台出水温度不得高于42℃，保证冷却水在水箱内不结垢。如果采用软水作为冷却水，这种措施则是不经济的。

炉台围板下部外侧均布焊接4块小挡板，保护罩壁内侧与小挡板之间只有5mm间隙，控制保护罩与炉台对中。

炉台钢结构整体焊完后，应该对焊缝进行消除内应力处理，防止在生产过程中发生变形。为了保证保护罩与炉台密封严密性，在消除内应力处理后炉台密封法兰要进行二次加工，这一条不可忽视。

对炉台要进行整体气密性试验，将保护罩扣到炉台上，把好炉台密封圈，用压缩空气作为介质进行试验，不得降压。对水箱要进行耐压试漏试验，以水作为介质，不得漏水。

炉台支承柱、支承座、支承梁以及支承环结构如图4-25所示。

支承柱是由耐热钢管和底板组成的，然后通过炉台钢结构底板上的螺杆固定在底板上。支承柱底板下部还垫有调节用的薄钢板，以调整支承柱的安装高度。支承柱上部是支承座，它是耐热钢铸件，与支承柱的钢管焊在一起。支承座中心有一个ϕ40mm的孔，其中填满绝热材料。支承梁也是耐热铸钢件，它两端落在支承座上，为了保证平稳，支承梁与支承座的接触面用砂轮打磨或用耐热钢薄板调整。在最内圈的支承柱上，放置支承环，支承环与支承柱用两个耐热钢圈焊接，如图4-25*c*所示。支承环上的凸形圆是用来固定分流盘的。这样组成的负荷支架结实、牢固、便于调整。

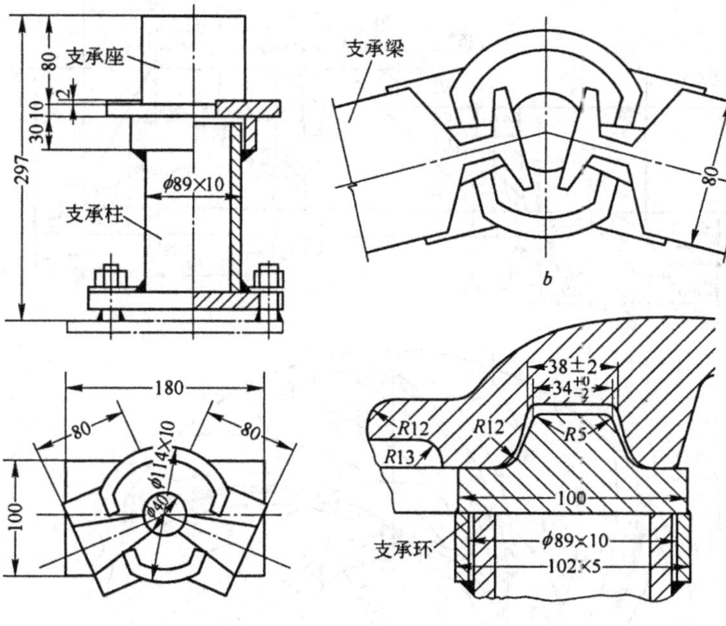

图 4-25 支承柱与支承座（*a*）、支承梁（*b*）和支承环（*c*）

炉台上的分流盘是由 6 块弯筋形的铸件组成的，如图 4-26 所示，材质是 ZGCr24Ni7N，作用是将炉台循环风机送出的保护气体均匀地分布到保护罩与钢卷垛之间，其中每两块对称布置，可以互换使用，每两块之间间隙为 20mm。每块分流盘下面铸有 1 个小卡销，安装时小卡销插入支承座的圆孔内，内侧的凹形环卡在支承环的凸形圆上，这样就保证了分流盘在炉台上的定位。

4.2.5.3 炉台附件

炉台附件主要包括保护罩压紧装置和炉台导向杆。

炉台压紧装置可参见图 4-24。保护罩法兰密封是靠炉台密封圈来实现的。6 个保护罩压紧装置均匀分布焊在炉台外侧上。这种压紧装置是人工手动来工作的，要求 6 个压紧螺栓分别对称拧紧，保证压紧均匀，不漏气。实际生产操作中均匀拧紧是不易实现的，如出现密封面漏气，炉台试漏不合格，需重新把紧或漏气部位再度拧紧，这给生产操作带来较大困难。应该采用液压压紧装置，可以实现 6 个压紧装置同步压紧或松开，即可保证压紧均匀性，保证炉台密封。这样尽管投资费用高些，但从长期生产角度来看是非常值得的。

炉台导向杆是保证加热罩、冷却罩以及对流板对中炉台的导向装置，安装时既要保证导向杆与炉台中心相对位置，同时又要保证底座要焊在钢平台横梁上，以保证底座牢固。在设计钢平台横梁时，应该考虑这个位置。

一个炉台有两根导向杆。导向杆一般采用 ϕ219mm 无缝钢管制作。导向杆必须一高一低，靠近司机操作室的一根应装高些，以便于司机操作，首先导入导向杆。远离司机操作室的一根低些，由于回转吊钩作用，地面指挥配合再导入导向杆。一般高、低导向杆相差 300～400mm。

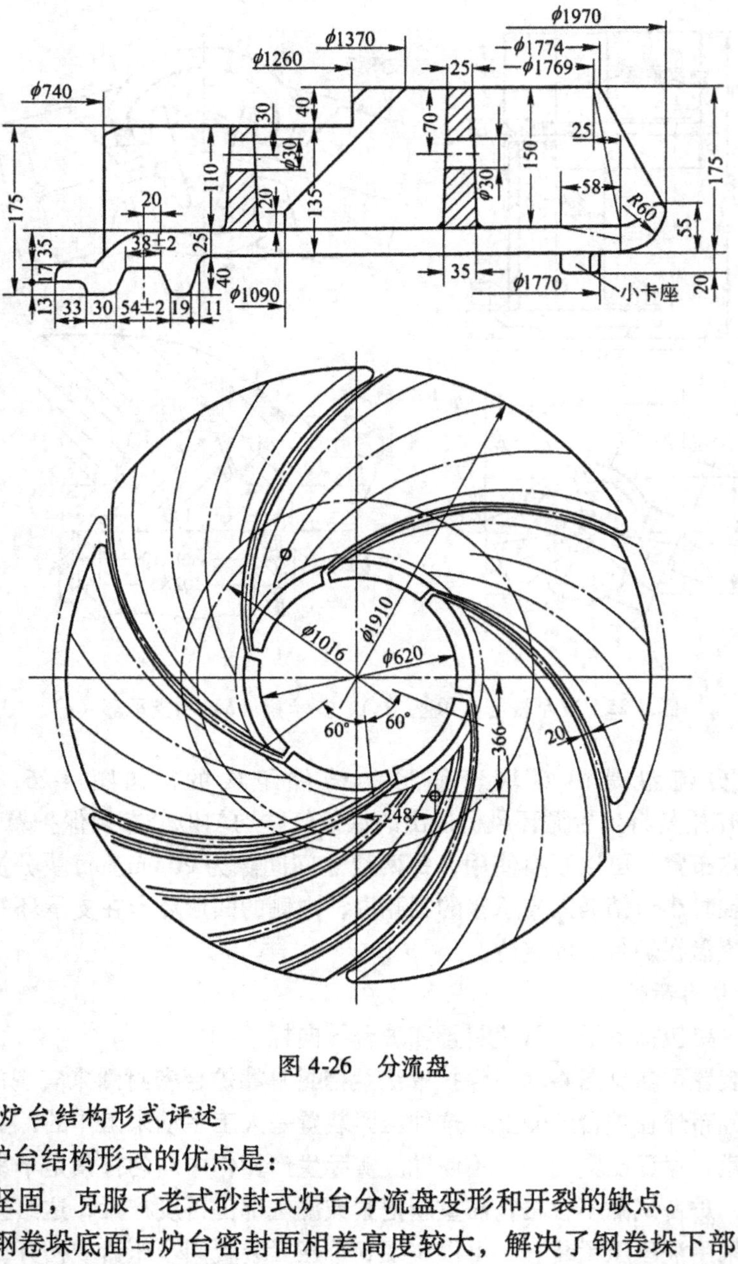

图 4-26　分流盘

4.2.5.4　*炉台结构形式评述*

上述这种炉台结构形式的优点是：

（1）结构坚固，克服了老式砂封式炉台分流盘变形和开裂的缺点。

（2）炉台钢卷垛底面与炉台密封面相差高度较大，解决了钢卷垛下部温度偏低的问题，同时减轻炉台密封胶圈受热。

（3）炉台与保护罩采用机械水冷橡胶圈密封方式，可以提高保护罩内保护气体压力，解决了罩式炉光亮退火的一个关键问题。

这种炉台结构形式的缺点是：炉台设计较复杂，零部件多，加工精度高，成本高，安装时难度大，整个炉台造价高，手动压紧装置操作困难，维修量大。

基于上述优缺点对比，应该设计结构简单，且能达到同样使用效果的新结构。20 世纪 90 年代初，欧洲一家工业炉公司采用简单的结构达到了同样的效果。此种炉台将在 4.3 节详细叙述。

4.2.6 炉台循环风机

炉台循环风机是罩式炉的重要设备，是在罩式炉正常退火生产过程中不可缺少的设备，它是决定罩式炉退火产品质量和产量的关键性设备。

炉台循环风机立式安装在炉台中心，保护罩内的保护气体进行强制循环，从加热开始直到冷却结束出炉，整个退火周期连续运转。炉台循环风机属于无壳离心式风机，它的运转是从钢卷垛的内腔吸入保护气体，经过分流盘，沿着保护罩内壁上升被加热（冷却阶段时被冷却），然后保护气体经过对流板进入钢卷垛的内腔，此时以高速度冲刷钢卷端部，对钢卷进行加热（冷却阶段时进行冷却）。经过对流板回到钢卷内腔的保护气体流回炉台循环风机入口处，这样形成连续不间断的循环保护气体气流。使用炉台循环风机将会加速钢卷的加热和冷却，缩短退火周期，提高炉温均匀性。

炉台循环风机不启动的时候，炉内保护气体不能进行强制循环，加热时，其热量只能是利用钢卷外圈径向和保护罩壁之间的辐射热方式来传递，而钢卷层间纵向对流传热受到影响。由于钢卷层间存在空气夹层，而空气的导热系数比退火钢卷的钢板导热系数小得多，这样径向加热速度远远低于轴向加热速度，所以不启动炉台循环风机时，钢卷加热或冷却速度十分缓慢。

炉台循环风机不启动时炉内保护气体不能进行强制循环，炉内上部温度高，底部温度低，钢卷垛外圈温度高，内圈温度低，产生了炉温不均匀。如果启动炉台循环风机会改变这种炉温不均匀现象，所以说罩式炉退火质量好坏很大程度上是由炉台循环风机所决定的。

炉台循环风机在设计上主要应该满足以下要求：

（1）确保所需用的风量和风压。

（2）结构合理，风机与炉台密封性能可靠。

（3）强度大，寿命长。

（4）价格便宜，维修方便。

炉台循环风机是伴随着罩式炉技术的发展而不断改进发展起来的。据了解，炉台循环风机结构不断改进的过程，世界各国基本相似。我国20世纪50年代末从苏联引进罩式炉时，炉台循环风机采用国外图纸，由国内制造。这种风机是在特殊制造的立式电动机上出轴端安装叶轮，主轴是空心耐热钢制成的，上轴承有冷却水箱，同时空心轴通入冷却水管喷水，冷却主轴，电动机定子外壳中铸有蛇形冷却水管冷却定子。这种风机经过生产使用，存在的主要问题是：首先，主轴上轴承冷却不好，钢卷残存轧制液进入上轴承破坏了润滑条件而损坏轴承。上部失去支承的滚动轴承在继续运转时，电动机转子与定子相接触而产生破坏或者气隙加大而导致电动机报废；其次内部轧制液进入较多，使电动机定子长期处于潮湿环境，定子经常出现接地而烧坏。共90台炉台循环风机近三年时间全部报废。

后来将风机与电动机分开，用三角皮带传动。经过生产使用，发现三角皮带在高温下发生打滑，保证不了风量和风压；同时三角皮带损坏频繁，维修量太大，后来被迫拆除。以上述为基础采用弹性联轴器代替三角皮带传动，保证了风量及风压，延长了使用寿命。

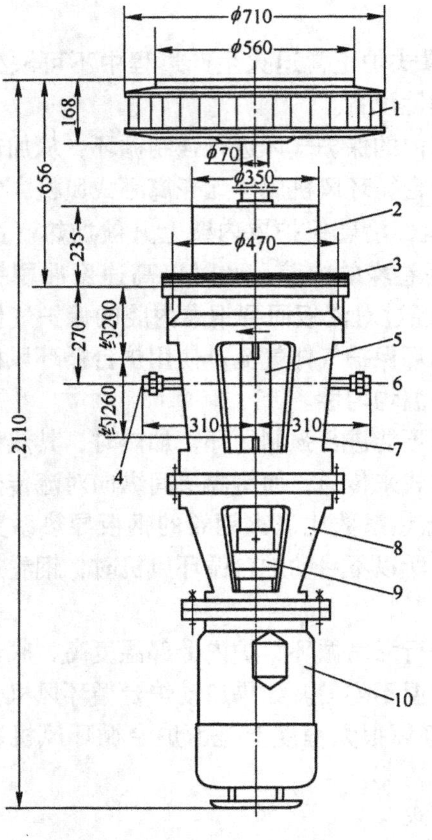

图 4-27 炉台循环风机

1—叶轮；2—水冷轴承座；3—橡胶石棉板垫；4—出水管；5—主轴；6—进水管；7—立式轴承座；8—底座；9—联轴器；10—电动机

炉台循环风机结构如图 4-27 所示。它的主要特点是：采用弹性联轴器把电动机和风机连接起来，电动机选用标准系列化电动机，风机风量 20000～24000m^3/h，风压 1200Pa，电动机功率 15kW，转速 1500r/min。

这个风机叶轮安装在上端，下面轴承为固定端，上面轴承为活动端，主轴受温度影响可以伸长或缩短。两个滚动轴承采用油雾润滑，摩擦系数小，还可以起到冷却轴承的作用。油雾润滑的设备必须保证连续供应润滑油，否则风机会很快损坏。

上部轴承安装在水套内，水套保持不断地供给冷却水，对上轴承进行冷却。上部水冷轴承座与主轴回转密封采用 J 形无骨架橡胶油封。主轴采用两段不同材料接触焊后加工而成，上部高温段用 Cr20Ni12，下部低温段用 20SiMn。若接触焊接工艺困难，亦可采用整体主轴，材料为 Cr20Ni12 或 Cr20Ni14Si2。整体主轴材料价格高些，可是加工简化多了，对于小批量生产还是可以的。叶轮材料必须选用高温材料，例如 Cr22Ni38 或 Cr20Ni14Si2。

制造炉台循环风机，必须选用专业高温风机生产厂家。尤其是叶轮要严格遵照图纸要求，采用专门焊接工艺，焊后必须进行消除焊接内应力的处理和动平衡试验。上面轴承水套必须进行打水压试验，不得泄漏，装配完成后至少进行 30min 空载试验，合格后方可安装到炉台上。

此种风机经过生产实践，发现有以下缺点：

（1）上部水冷轴承座与主轴回转密封采用 J 形无骨架橡胶油封，长期连续运转，很快失去密封效果，容易产生保护气体泄漏现象，造成炉内保护气体压力下降，只好停炉检修，更换橡胶油封。这项工作，必须拆除风机后将风机分解开才能进行，因此，工作量大，影响炉子生产。也就是说回转密封存在不易克服的缺点。

（2）油雾润滑回油管为开式，用杯收集，油雾污染炉台下部设备。

基于上述缺点，这种风机应该进行改造。具体新形式全封闭式炉台循环风机将在 4.3 节详细叙述。

4.2.7 快速冷却设备

4.2.7.1 快速冷却设备的作用及形式

在罩式炉冷却阶段使用快速冷却设备。罩式炉整个退火周期中，冷却阶段占用时间较长，直接影响退火产量。带有分流快速冷却设备的罩式炉冷却阶段占用时间和加热阶段占用时间一般情况下是各占一半。如果没带有分流快速冷却设备，则罩式炉冷却阶段占用时间将大大超过加热阶段占用时间。开始吊出加热罩时，炉内温度在700℃左右，这时与室温的温度梯度较大，炉温下降较快。当炉温较低时，单靠自然散热冷却效率很低，严重影响退火能力。在罩式炉整个退火过程中，加热时间进一步缩短还是有限度的，而冷却阶段采用快速冷却设备，对于缩短冷却时间，提高退火能力还是大有潜力的。

目前，快速冷却设备大多和冷却罩同时使用。快速冷却设备可分为分流快速冷却设备和全流快速冷却设备两种，如图4-28所示。

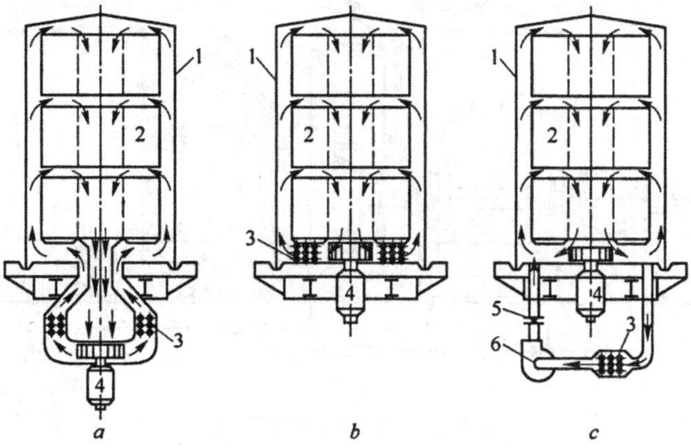

图4-28 全流冷却和分流冷却设备示意图

a—炉外全流冷却；*b*—炉内全流冷却；*c*—分流冷却

1—保护罩；2—钢卷；3—冷却器；4—循环风机；5—蝶阀；6—分流风机

炉内全流快速冷却设备，结构紧凑、简单、造价低。**但因冷却器盘圆形管装在炉台分流盘中，加热阶段不能通入冷却水，只有在冷却阶段高温（500℃）通冷却水，这样对冷却器管的材质和形状等提出较高要求，而且冷却器的能力也受到限制，尤其在操作时必须认真遵守操作程序，以免发生爆炸事故。**某冷轧厂曾安装3台炉内全流冷却设备进行试验，应用几炉后，有一次开始通水量过多，造成盘圆形冷却水管抬起事故。这种冷却方式，炉台数量多，长期应用于大生产，安全无把握，不宜提倡。

4.2.7.2 全流快速冷却设备

所谓**全流快速冷却设备**是指在炉外只采用一台循环风机，对炉内保护气体进行强制循环。加热阶段关闭冷却通道，保护气体经过加热通道；冷却阶段关闭加热通道，保护气体经过冷却通道。这样，只用一台风机将炉内的全部保护气体由钢卷内腔全流吸入，保护气体全部经过水冷却器进行全流冷却，故称全流快速冷却。

全流快速冷却设备结构如图4-29所示。这种全流快速冷却设备，在罩式炉退火过程中，加热阶段进行热循环，使其炉温均匀，提高加热速度；冷却阶段进行冷循环，使保护气体迅速冷却，加速冷却炉料，提高冷却能力。

全流冷却设备主要由冷却器、循环风机以及换向门组成，装在外壳中，形成封闭系统。外壳里侧镶有2mm厚的耐热钢衬板，衬板与外壳之间填充硅酸铝纤维毡，以此做绝

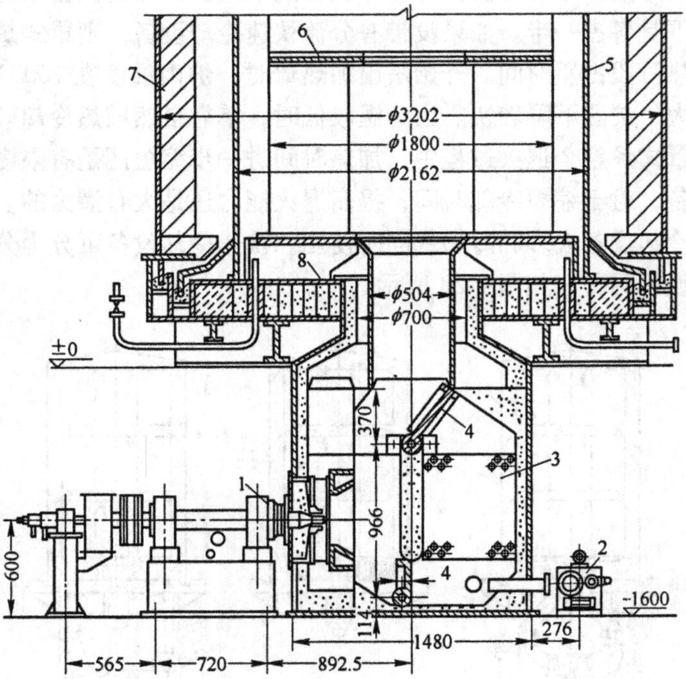

图 4-29 全流快速冷却设备

1—循环风机；2—电动执行器；3—冷却器；4—换向门；5—保护罩；6—中间对流板；7—加热罩；8—炉台

热保温层。操作时在加热期开始的时候，电动执行器开动上下换向门，关闭冷却通道，这时保护气体不经过冷却器，直接从炉内钢卷垛内腔吸入，经过循环风机进行循环加热。冷却期间，当钢卷温度降到500℃时，电动执行器按相反方向缓慢开动上下换向门，于是保护气体经过冷却器后进入风机进行连续不断的循环冷却，保护气体和水冷却器进行热交换，以此迅速冷却炉温，达到提高退火能力的目的。

全流快速冷却设备冷却效果与可比生产炉自然冷却效果对比数据如表4-5所示。

表 4-5 试验炉全流冷却与生产炉自然冷却对比表

炉 别	全 流	自 然	全 流	自 然	全 流	自 然
装炉量/t	38	36.1	45.6	45.6	54.4	52.6
总冷却时间/h	13.75	27.9	15	31.5	16	38.6
500℃下冷却时间/h	8.75	22.3	10	27	10	32.25
总冷却时间内冷却速度/℃·h^{-1}	38	17.5	34	16	33	12.9
500℃以下冷却速度/℃·h^{-1}	37	13	32	10.7	32	9
总冷却时间内冷却强度/t·h^{-1}	2.76	1.29	3.04	1.44	3.4	1.36
500℃以下冷却强度/t·h^{-1}	4.34	1.62	4.56	1.69	5.44	1.63

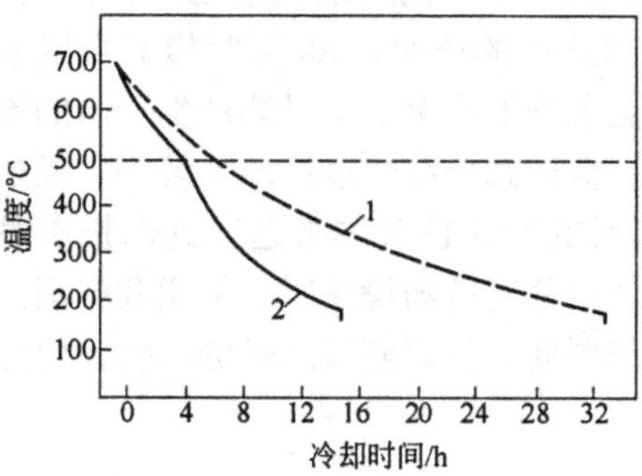

图 4-30　试验炉台上不同冷却方法比较
1—自然冷却；2—全流冷却

从表4-5中数据可以看出，全流冷却的效果远远超过自然冷却的效果，大大地缩短了冷却周期。全流冷却时，在所列举的装炉量范围内，随着装炉量的增加，冷却强度也随着提高。为了更好地比较全流冷却与自然冷却的效果，在试验炉台上，对45.6t的装炉量作了相同退火制度的不同冷却试验，其效果如图4-30所示。

图4-30中的曲线分别表示了45.6t全流冷却与自然冷却钢卷的温度变化情况。500℃以上自然冷却阶段，由于装炉量相同，所以其冷却速度相差不大；而500℃以下全流冷却的冷却速度大大加快，钢卷温度急剧下降。

从表4-5看出，吊卸加热罩以后总的冷却时间内，按装炉量45.6t计算，总冷却时间缩短16.5h；总的冷却时间内冷却速度提高18℃/h；总的冷却时间内冷却强度提高1.6t/h。

综上所述，全流快速冷却设备是缩短罩式炉冷却周期的有效方法之一，也是提高退火质量和退火产量的途径之一。但设备结构较庞大，尚存在以下缺点：首先，共用一台循环风机，出故障时，炉台不但不能进行快速冷却，而且炉台保护罩内保护气体也不能正常循环，只好停炉检修；其次，增加炉内保护气体散热面积，或者上下换向门不严也会影响加热速度。

4.2.7.3　分流快速冷却设备

所谓**分流快速冷却设备**是指在炉台中心照常安装一台炉台循环风机，按着没安装分流快速冷却设备一样，正常操作运转。而另外安装一套单独系统，包括一台分流风机、冷却器、控制蝶阀以及管路等。在分流快速冷却设备工作时，分流风机只能从炉内一侧吸入1/3～1/4的保护气体，而不是全部保护气体进行快速冷却，故称作分流快速冷却设备。

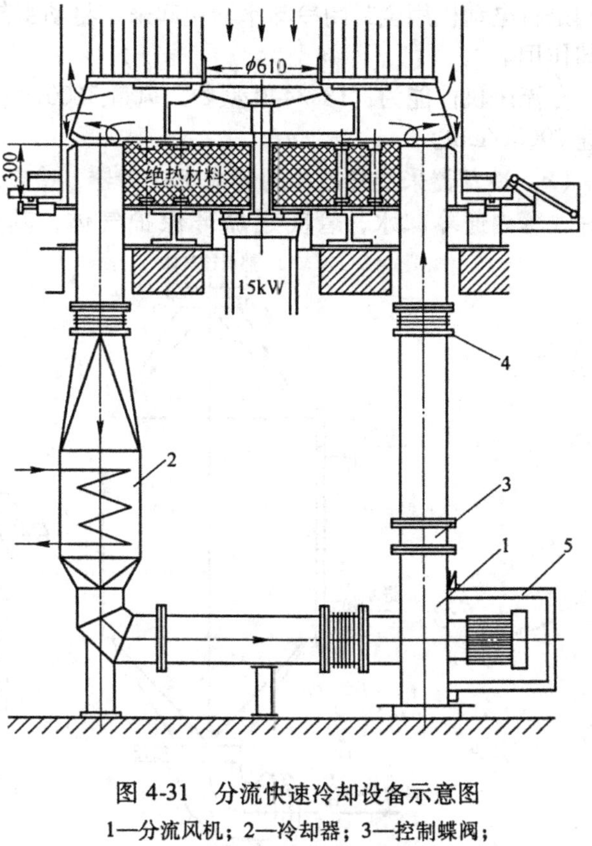

图 4-31　分流快速冷却设备示意图
1—分流风机；2—冷却器；3—控制蝶阀；
4—波形管；5—全封闭冷却水套

分流快速冷却设备如图4-31所示。设备主要由分流风机、冷却器、控制蝶阀、波形管以及管路等组成。

该设备安装在炉台下部，在进

行分流快速冷却的时候，当炉气热电偶温度达到500℃后，开始启动分流快速冷却分流风机。温度过高时接通快速冷却设备不能起到提高冷却速度的作用。500℃时接通可以减弱热交变应力，这一热交变应力对保护罩有损害。高温急剧下降保护罩可能产生轻微的不密封现象。分流风机把一部分热保护气体，从保护罩一侧抽到分流快速冷却系统中，经过水冷却器使热保护气体冷却到50℃左右，然后把冷却后的冷保护气体再送回到保护罩另一侧。在分流风机出口管路中安装一个控制蝶阀，不使用分流冷却设备时，关闭此蝶阀。

采用分流快速冷却设备可以大大缩短钢卷的冷却周期，从而使罩式炉的罩台比由原来的1:3降到1:2。

分流快速冷却设备主要部件简单介绍如下：

(1) 分流风机叶轮安装在电动机出轴端，风机壳两侧大压盖采用耐热橡胶密封，把紧用螺杆焊在机壳上，防止漏气。电动机轴密封结构目前有3种形式：第一种形式是常规的轴动密封结构，用耐温耐油J形无骨架油封，选用标准高级绝缘电动机。这种结构简单、造价低，但是，动密封总是要磨损的，需要定期更换，增加维修工作量，影响生产。第二种形式是采用特殊制造的电动机，电动机轴采用常规的电动机轴密封，不需特殊考虑，而电动机吊环不钻透孔，出线盒为密封结构，电动机后盖为不透孔压盖，且另外安装一个带小电动机的风扇来冷却电动机。这种结构的电动机轴动密封被电动机本身静密封所代替，经过多年生产使用效果很好，寿命长，缺点是电动机需特殊处理，备件订货亦不方便。第三种结构针对前两种存在的缺点，进行了创造性改进，其结构如图4-31所示。此结构是将电动机用全封闭冷却水套包起来，将动密封用静密封代替，同时对电动机也起到冷却作用。

分流风机性能为：185/440型炉，风量3600m^3/h，风压3500Pa，电动机功率7.5kW，转速2900r/min。

(2) 冷却器采用带翅片的管式水冷却器，冷却管为普碳冷拔无缝钢管，外壁上绕有翅片，管内通冷却水，管间通循环保护气体，其结构如图4-32所示。冷却器管内用

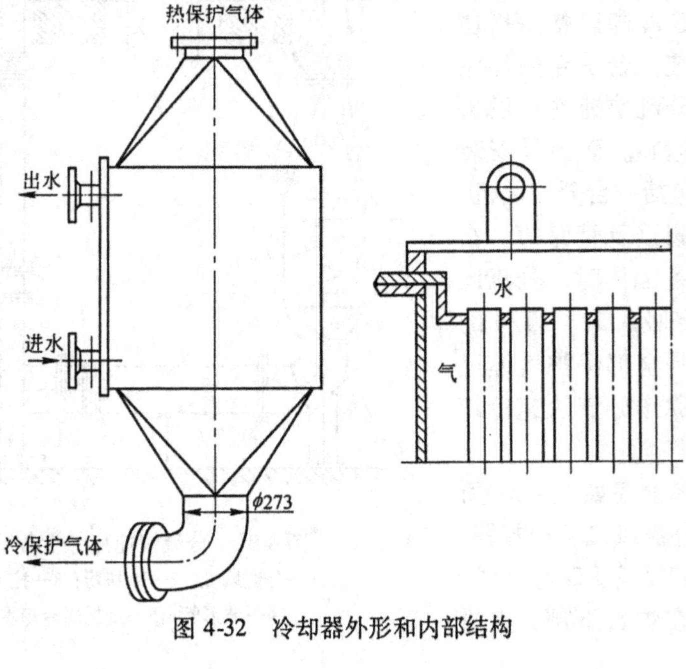

图4-32　冷却器外形和内部结构

0.65MPa空气进行气体试压，整体放入水箱中1h，观察没有气泡溢出为合格。然后装入外箱内，对箱体进行试压，用0.01～0.02MPa空气试漏，涂刷肥皂水检查不漏为合格。冷却器正常投入生产使用，一般3年左右更换。

（3）控制蝶阀通过螺杆传动或伺服电动机操作，开启时间一般为6～8min，控制炉内瞬间不出现负压。

（4）波形补偿器共有3个，由耐热钢板制成，板厚0.2mm。在炉台下部安装两个，用于热胀冷缩补偿和装出炉时炉台减振；在分流风机与管道之间安装一个，用于补偿热胀冷缩和风机减振。波形补偿器材质为1Cr18Ni9Ti，法兰材质为Q235，波形补偿器总长230mm，轴向位移8mm，可伸长3mm，可压缩5mm，横向位移±10mm。

分流快速冷却设备操作过程如下：

（1）打开冷却器进水阀门，水的流量由水流量表显示出来，一般为30～40m^3/h。

（2）启动分流风机。

（3）控制蝶阀慢慢地打开，一般需6min。快速冷却开始前，保护气体进口阀一直打开，可以补充一部分保护气体。系统中保护气体压力一般为3500～4000Pa。

快速冷却过程中的故障主要有：

（1）缺水。检查水量是否满足要求，当水量小时可以将蝶阀开小，当水量过小时，停止分流冷却，否则水量过小会造成水分汽化，体积膨胀，有发生爆炸的危险。

（2）冷却器漏水。冷却器漏水不易发现，当漏水达到管路最低点时，漏水警报装置发出信号，此时停止供水，关闭快速冷却设备。

但是应该注意，在夏季冷却水水温低且大气中湿度大，当分流快速冷却设备不运行、冷却器不工作时，为了保护冷却器而在旁通管路中长期通有流速为5m^3/h的冷却水。这样在冷却器翅片管壁上会产生结露，或者轧制液会进入分流冷却管道并积聚在最低处，这时也发出警报。对此不能误认为冷却器漏水，而轻易拆除冷却器，而应把放水阀打开，如果冷却器漏水应该不停地有水流出来，否则就不应该是冷却器漏水。为此，在夏季每次点炉之前应放一次水。

（3）密封不严。保护气体流量计的浮子自动掉下来或跳动，这说明整个系统的密封状况不严，此时，应停止快速冷却，而改用一般冷却。

（4）冷却器回水超温。一般规定出水口水温不大于42℃，水温采用自动水量调节阀控制。如果发现超温，则应检查供水管网压力或温度，以及入水口过滤器是否堵塞。

分流快速冷却比自然冷却速度快，揭去保护罩后钢卷温度会产生回升现象。为此，冷却结束温度应达到钢卷在大气中不产生氧化变色温度以下，一般可参照表4-6。

表4-6 钢卷出炉温度参照表（压紧电偶温度）

带钢宽度/mm	普通冷却时出炉温度/℃	快速冷却时出炉温度/℃	带钢宽度/mm	普通冷却时出炉温度/℃	快速冷却时出炉温度/℃
<850	140	120	1000～1300	120	100
850～1000	130	110	>1300	110	90

4.2.7.4 冷却罩

冷却罩用于在加热结束揭掉加热罩后，加快冷却速度、提高退火产量，同时也降低车间环境温度、保护周围设备、改善操作环境。

冷却罩的作用不能忽视，即使采用快速冷却设备的罩式炉，也应该使用冷却罩，否则会大约损失 16% 的炉台小时产量。冷却罩可与其他快速冷却设备同时使用。冷却罩的作用是间接加快炉内钢卷的冷却速度。冷却罩结构形式目前主要有两种，第一种轴流风机安装在罩中心顶部，如图 4-33 所示。第二种轴流风机安装在罩侧底部，如图 4-34 所示。

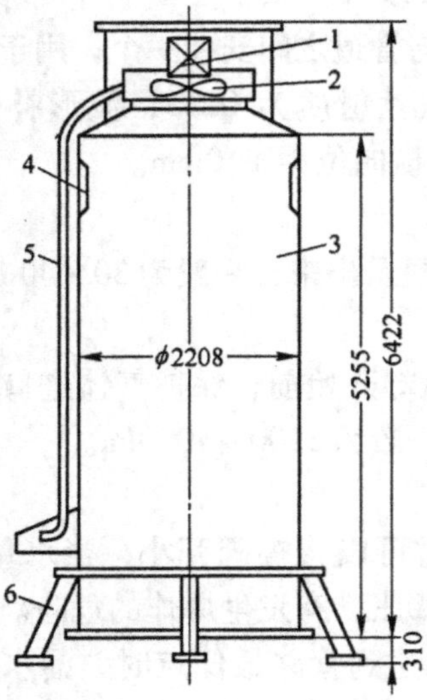

图 4-33　冷却罩结构之一

1—电机；2—叶轮；3—罩体；4—导向板；5—电缆管；6—支脚

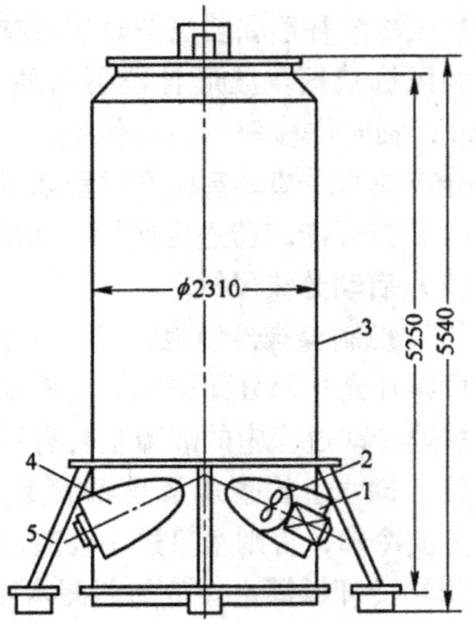

图 4-34　冷却罩结构之二

1—电机；2—叶轮；3—罩体；4—风机罩；5—支脚

第一种结构形式，冷却罩与保护罩一侧间隙为 100mm。冷却罩除了靠导向杆定心外，在冷却罩内还焊有导向筋板，以保证间隙均匀，这样才能保证气流的流速均匀。冷却罩依靠安装在罩顶部的轴流风机吸入冷空气，实现保护罩的冷却，达到冷却钢卷的目的。但这样电动机直接受热气流侵袭，需采用耐高温电动机，同时在操作上需控制炉温在 500℃时开始扣冷却罩。

轴流风机风量为 $43000m^3/h$，风压为 320Pa，电动机功率为 7.5kW，转速为 750r/min。

第二种冷却罩结构形式，是为了适应厂房高度和试图改变电动机受热条件而设计的。每个冷却罩有 4 台轴流风机，安装在罩侧底部并按切向斜上方布置。风机气流从切向斜上方吹入保护罩表面，形成螺旋状上升气流，从罩顶部排出，达到冷却保护罩的目的。这种结构形式的冷却罩生产使用时不受炉温限制，操作、维修方便，但是风机噪声大。此轴流风机风量为 $2200m^3/h$，风压为 390Pa，电动机功率为 2.2kW，转速为 2900r/min。

4.2.8 保护罩

生产时保护罩位于钢卷垛与加热罩之间，罩式炉通过保护罩对钢卷进行间接加热或冷却。保护罩的作用是保护钢卷在保护气体中进行退火，保证保护罩内保护气体具有一定的压力，防止保护气体泄漏和外部气体侵入。

保护罩的设计要求是，导热性能好、传热面积大、造价低、使用寿命长。

保护罩材料目前基本上一致认为，应根据不同炉温而采用相应材料的耐热钢，必须保证保护罩在工作条件下不发生氧化起皮和不发生热变形，保证保护罩高温强度。

保护罩下部处于烧嘴高温区部位，将首先被烧损。国内耐热钢品种、规格有限，普遍采用1Cr18Ni9Ti。这种材质的砂封式保护罩只能使用1～1.5年，机械密封式保护罩只能使用1.5～2年，应该选用国外普遍应用的材质，相当于国内的1Cr20Ni14Si2，将大大提高保护罩寿命。

保护罩的结构形式是近几年来保护罩技术发展的核心问题。保护罩壁层数有单层和双层两种；密封形式有砂封喇叭形和机械水冷裙式形；罩体形状有平面形、横波形及网状形。目前国内普遍采用单层机械密封平面形保护罩，近几年来又向单层机械密封横波形迅速发展，而网状形保护罩也是发展方向。

各种保护罩基本应用情况如下：

（1）双层砂封式保护罩如图4-35所示。这种保护罩是20世纪50年代末我国从苏联引进的，内层为碳素钢，外层为耐热钢，采用砂封密封形式。这种双层结构主要目的是当炉台循环风机对保护气体进行强制循环时，防止保护气体气流走捷径（亦称气流短路）。生产使用过程中发现内层虽然在保护气体中不发生氧化，可是却发生了严重热变形，导致保护罩扣不上吊不出，平均使用不到3个月就将报废。如果双层保护罩内外层全部采用耐热钢制作，可以解决内层变形问题，但造价较高，操作笨重，同时也严重影响钢卷垛径向加热。近几年来炉台循环风机能力加大，气流短路的问题已不是主要矛盾，而关键问题是影响钢卷垛径向加热和造价费用高等，因此双层砂封式保护罩就没有继续应用。

（2）单层砂封式保护罩如图4-36所示。这种结构形式具有结构简单、制作成本低、操作维修方便等优点，是国内多年沿用的老结构。存在缺点是罩体抵抗热变形能力差、传热面积小、喇叭形容易发生变形。这种结构的保护罩由于砂封式罩式炉的逐渐更新而被淘汰。

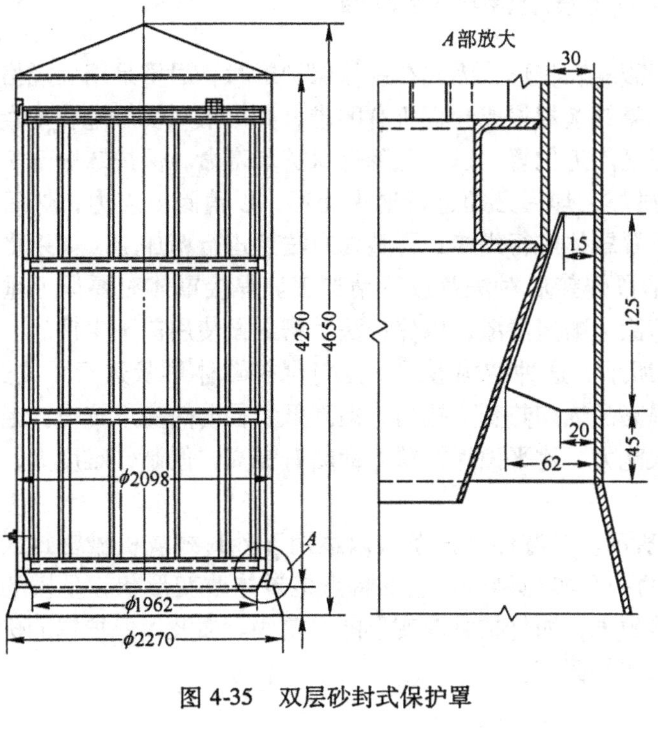

图4-35　双层砂封式保护罩

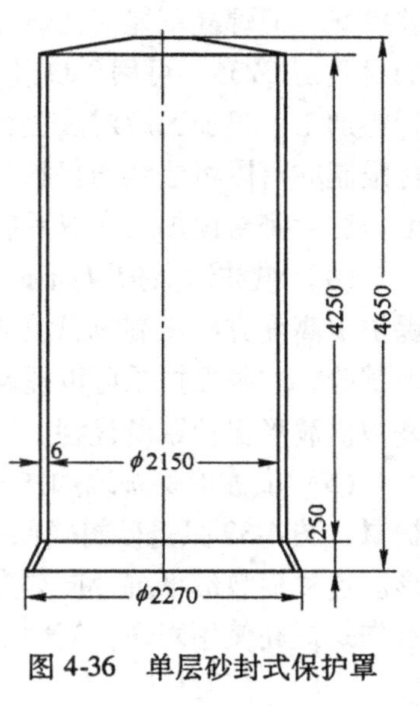

图4-36　单层砂封式保护罩

（3）单层机械密封裙式保护罩如图 4-37 所示。这种形式的保护罩克服了砂封喇叭口变形的缺点，机械密封提高了保护罩内保护气体的压力，泄漏减少。保护罩底部是一个机械加工的密封法兰，其上有一个环形槽，里面填满砂子，加热罩密封刀插在槽内。砂封槽与保护壁之间的另一个环形槽内，塞满绝热材料硅酸铝纤维毡，上面用钢板和销钉挡住，其目的是隔热，使法兰密封面不受高温影响。

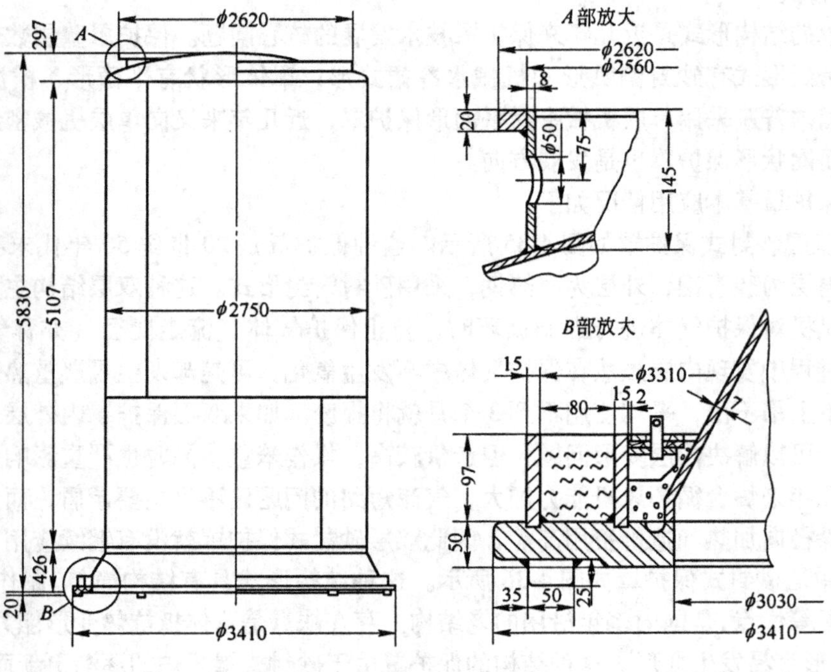

图 4-37　单层机械密封裙式保护罩

由于保护罩焊缝处最容易出现裂缝和变形，因此在制作保护罩时，尽量采用大规格尺寸钢板，最好是全部垂直焊缝。如果钢板规格或卷板机有困难，亦可采用横焊缝和垂直焊缝搭配，但焊缝不能留在烧嘴高温区附近位置，以避免降低保护罩寿命。保护罩底部法兰的材质是 Q235，可用 3 块或 4 块拼焊，焊后必须进行退火处理，以消除内应力，然后进行粗加工，粗加工后对法兰和保护罩罩体进行焊接，再整体对法兰进行精加工。如果受条件限制亦可以将法兰与保护罩锥形段焊接后对法兰进行精加工。焊接罩体时要保证垂直度。法兰密封面加工完成后应立即涂上酚醛清漆，以保护法兰密封面使用前不生锈。

（4）纵波形保护罩如图 4-38 所示。这种结构形式只是对保护罩体形状进行了改造，保护罩高度方向压制成纵波形，提高了纵向热变形抗力，但降低了径向热变形抗力。经生产试验，这种保护罩可以提高退火能力，比平面保护罩寿命略有提高，但制作难度大，后来被横波形保护罩所代替。

（5）横波形保护罩如图 4-39 所示。横波形保护罩可以适用于砂封式或机械密封式保护罩，图 4-39 只是砂封式保护罩的一个典型例子。它的特点是罩体改变形状，呈横的波形。这种横波形抵抗径向热变形能力强，而抵抗纵向变形能力差些。横波形保护罩的优点首先是提高使用寿命，其次是增加传热面积。

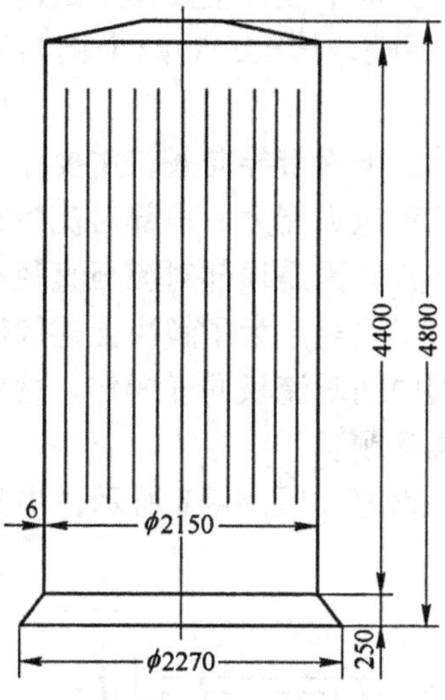

图 4-38 纵波形保护罩

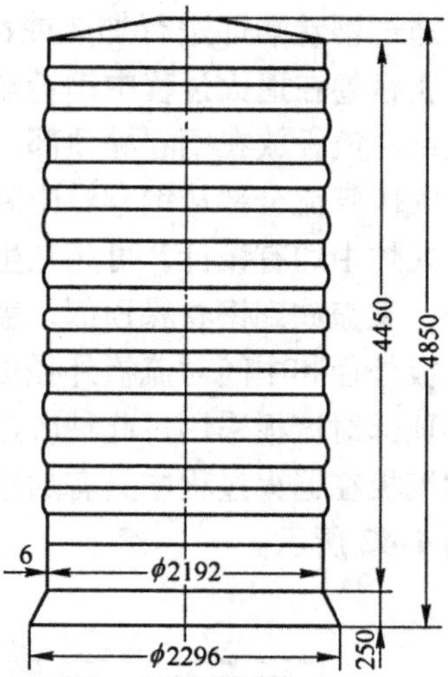

图 4-39 横波形保护罩

某冷轧厂于1987年开始试验应用横波形保护罩。计算和试验统计结果表明，横波形保护罩可比平面形保护罩增加4.53%的传热表面积，可使加热时间平均每炉缩短1.3h，冷却时间平均每炉缩短1.6h，平均提高炉台小时能力4.63%。由此可见保护罩面积增加1%，炉台小时产量可提高1%左右。保护罩改为横波形后，其下部产生凸变形的情况大大减少，从而提高了保护罩的使用寿命，由原来1~1.5年，延长到1.5~2年。这种保护罩目前得到普遍推广。

（6）网状形保护罩如图4-40所示。这种保护罩是综合纵波形和横波形保护罩的优点，克服其缺点而设计的，是目前比较理想的结构形式，目前国内尚没有应用，欧洲有的公司可以制造，并且应用了。这种网状形结构的突出特点是，提高纵横两个方向的热变形抗力、增加传热面积，但是制造难度大、造价高。但就其提高保护罩寿命、提高退火质量和产量而言，对比制造成本，还是利大于弊，是具有推广价值的。

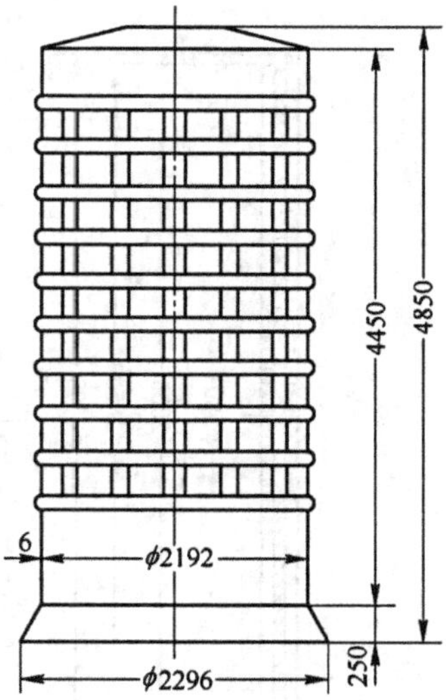

图 4-40 网状形保护罩

综合保护罩应用基本情况，保护罩材料选用耐热钢1Cr20Ni14Si2和6mm厚大规格耐热钢板，结构形式采用单层机械密封裙式横波形和网状形。

4.2.9 对流板

对流板又分底部对流板、中间对流板以及顶部对流板。

底部对流板安装在炉台的分流盘上面，承受钢卷垛全部质量，因此较厚，上面带有导向条，下面为平板。

中间对流板位于钢卷之间，两面均带有导向条，中间夹焊平板，主要作用是使保护气体气流通过钢卷端部进行加热或冷却，是热交换的重要手段，其次，对两个钢卷进行隔离，防止钢卷在退火过程中钢卷端部粘连。

顶部对流板放在钢卷垛顶部，上面是平板，中间有孔，下面带导向条，主要作用是防止保护气体气流全部从钢卷垛中腔通过，影响炉温均匀性和退火能力。顶部对流板在国内各种罩式炉中均有设计，可是在生产中绝大部分不使用，其原因是顶部对流板直径小于钢卷外径，又盖放到钢卷垛顶部，盖上或吊卸十分困难，又不安全。为了解决上述问题，顶部对流板外径和中间对流板外径可以采用同样的尺寸，同中间对流板同样操作。曾对最终冷却台顶部对流板采用过此种改进，解决了上述操作困难问题。

对流板在退火过程中具有加速热交换的作用。底部对流板如图 4-41 所示，中间对流板如图 4-42 所示。

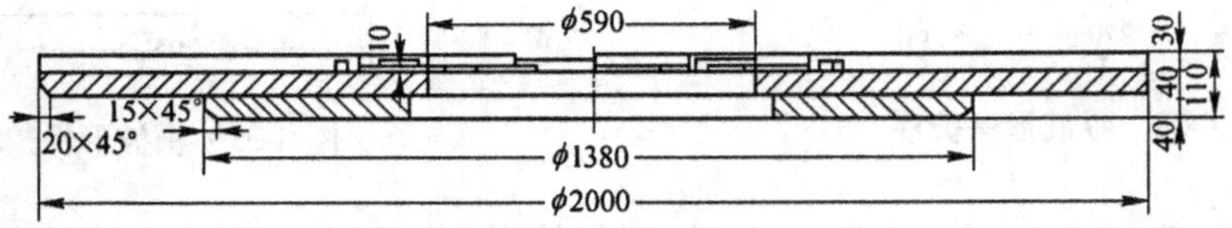

图 4-41　底部对流板

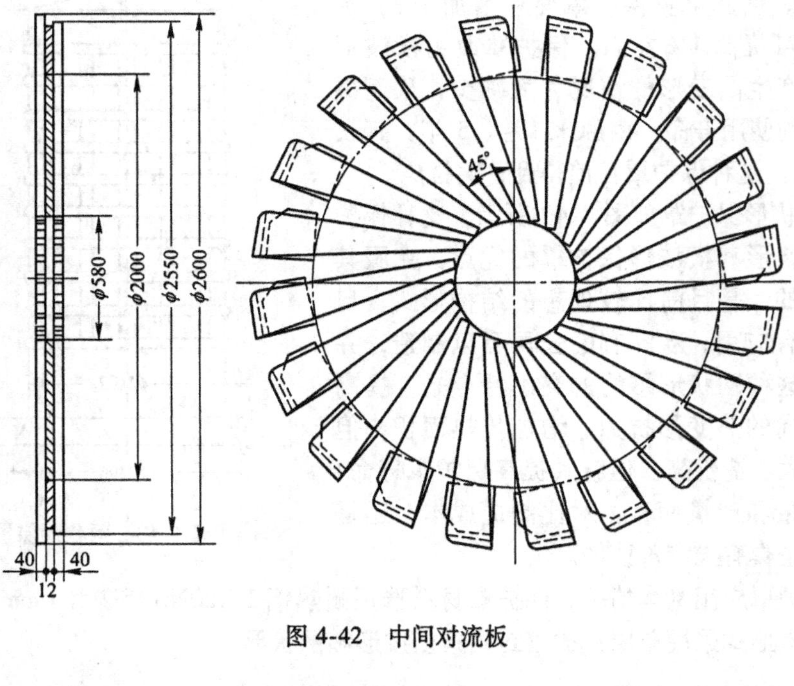

图 4-42　中间对流板

对流板要求结构合理，尽可能增加气流量，强度高不易变形及价格低，对此可以从材质选择和设计结构两个方面考虑。中间对流板及顶部对流板采用 Q235 即可。底部对流板荷重大，不经常更换，最好采用耐热钢结构件。但是耐热钢板受宽度限制，不易买到，为此可以改用 20g 或 Q235 钢结构件。对于耐热铸钢件也曾不止一次尝试过，但均因裂纹破坏而失败。

对流板几何尺寸取决于钢卷几何尺寸，例如，钢卷最大外径为2000mm、内径为610mm，则对流板外径应为2000mm、内孔为580mm。对流板厚度越大，则刚度越大、通气量越大，热交换效果越好，可是增加了装料高度，在退火过程中多消耗煤气。一般厚度取55～92mm。

4.2.10 罩式炉用吊具

目前较先进的大型罩式炉在生产过程中主要使用两种吊具，一种是立式吊钳，另一种是对流板吊具（也用于保护罩或冷却罩）。

立式吊钳如图4-43所示，主要技术参数及规格如表4-7所示。这种立式吊钳适用于立式钢卷吊运，采用机械杠杆原理，不带动力源，靠吊车升降时吊钳的自重作用实现锁紧机构的分开或锁紧，从而自动实现钳口分开或夹紧动作。

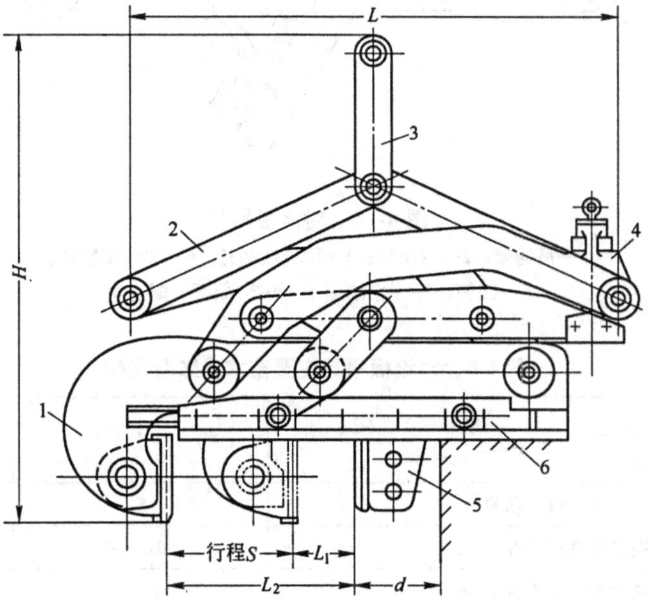

图4-43 立式吊钳

1—活动钳口；2—连杆；3—吊钩架；4—开关；5—固定钳口；6—滑轨

表4-7 立式吊钳主要技术参数及规格

规格/t	12	28	36	45
夹取最大质量/t	12	28	36	45
钳口最小开口度 L_1/mm	140	140	190	385
钳口最大开口度 L_2/mm	700	800	850	1086
活动钳口行程 S/mm	560	660	660	701
钢卷最小内径 d/mm	300	450	450	450
夹钳最大宽度 L_{max}/mm	3065	2975	2980	3278
夹钳最大高度 H_{max}/mm	5000	5068	5333	5890
夹钳侧向宽度 D/mm	670	740	790	950
夹钳自重/kg	4625	4878	5321	10461

对流板吊具如图4-44所示，主要技术参数及规格如表4-8所示。

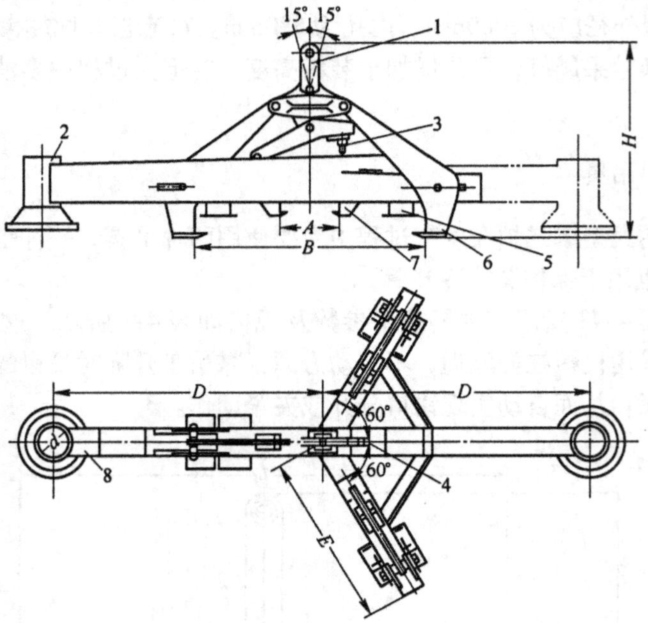

图4-44 对流板吊具

1—吊钩架；2—导向环；3—闭合器触杆；4—闭合锁紧槽；
5—压脚；6—大抓爪；7—小抓爪；8—配重块

表4-8 对流板吊具主要技术参数及规格

技术项目 \ 规格		Ⅰ	Ⅱ
1	夹取物件最大质量/t	5	5
2	夹持物件厚度/mm	50～100	50～100
3	夹钳大抓爪直径 B/mm	1912	2610
4	夹钳小抓爪直径 A/mm	890	890
5	导向环至中心距离 D/mm	2192	2503
6	导向环内径 d/mm	240	300
7	抓爪外沿长度 E/mm	1220	1600
8	夹钳锁紧时高度 H/mm	1270	1270
9	夹钳最大高度 H_{max}/mm	1415	1419
10	夹钳自重/kg	1263	1575

这种对流板吊具适用于对流板、保护罩或冷却罩的吊运工作。一般罩式炉专用吊车的侧小车副钩上长期挂着对流板吊具，与主小车的主钩配合作业。

对流板吊具具有两个滑动套筒式导向环。对流板操作时，导向环由于摆动经常发生倾斜而卡在导向杆上，给生产操作和安全上带来问题。为此，将导向环改为滚动式导向环，一端封闭式，另一端开口式，应用效果很好，如图4-45所示。

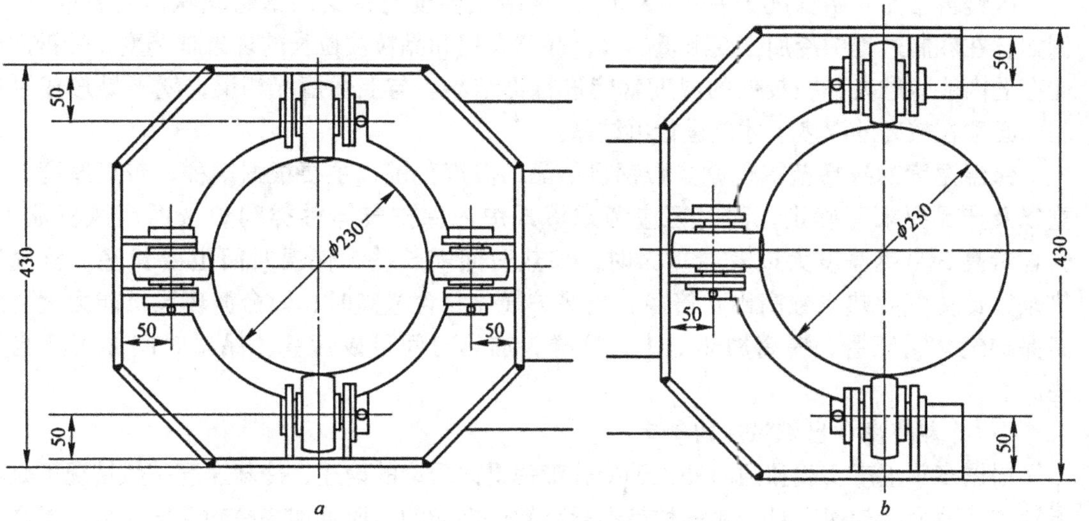

图4-45 滚动式导向环

a—封闭式；b—开口式

4.2.11 冷轧带钢卷退火工艺及操作

4.2.11.1 冷轧带钢卷退火工艺

冷轧带钢卷在保护气体中进行退火，不氧化，也不产生脱碳，称为光亮退火。

冷轧带钢卷退火工艺制度，主要根据退火钢种、化学成分、带钢尺寸、卷重以及产品质量技术要求等因素制定，当然也和使用的退火炉型和装备技术水平有着直接的关系。冷轧带钢卷退火工艺制度还需根据多年生产实践以及各钢种工艺试验逐步修订，不断完善。

A 加热速度的制定

加热速度的制定主要取决于钢种的导热系数。钢种的化学成分中碳含量和合金元素含量对导热系数影响较大。若碳含量高、合金含量高，则导热系数小，加热速度应慢些，以避免内外温差过大造成组织和性能不均匀。从室温到400℃，加热速度一般情况下是不控制的。单垛式紧卷罩式炉是间歇式的退火方式，而加热罩是连续式作业，当一台炉加热罩保温结束后，加热罩立即吊扣到另一台已经准备好的炉台上继续生产，这样即符合正常组织生产规律，也不浪费能源。加热罩热状态下继续生产，炉内钢卷从室温升到400℃是很快的。钢卷在400℃以前并没有发生再结晶，内部组织也无显著变化，加热速度的快慢对性能影响是不大的。

从400℃加热到保温温度，加热速度对带钢退火质量是有影响的。对于氮氢型保护气体罩式炉，一般升温速度控制在30~50℃/h之间。当然钢种不同、带钢宽度和厚度不同，加热速度也不同。对于碳含量低、厚度不大于1.2mm的带钢，容易出现带钢层间粘结缺陷，而不易出现性能不合格缺陷，可以适当提高加热速度；对于碳含量高、厚度不小于1.2mm的带钢，不易出现带钢层间粘结缺陷，而容易出现性能不合格缺陷，可以适当降低加热速度。

B　保温温度和保温时间的制定

碳钢再结晶开始温度为450～500℃。再结晶温度与带钢内部组织状态有直接关系。例如，在轧制过程中冷加工变形量越大，晶格歪扭和晶粒被拉长的现象越严重，带钢内部储存的内能也越大，在较低的温度就能进行再结晶。与上述情况相反，就不易形成再结晶，必须在较高的温度下才能进行再结晶。

保温温度的选择范围也就是带钢再结晶的温度范围，主要根据钢种、带钢厚度、卷重以及产品要求而确定，同时还应考虑罩式炉内保护气体种类和炉台循环风机能力。碳含量高、带钢厚度大以及卷重大时，加热时间需长些，保温时间也要长些。氢气导热系数比氮气导热系数高出6倍多。当保护气体氢含量高时，炉台循环风机能力大可提高保护气体循环量，提高加热能力，这样，加热时间可以短些，保温时间亦可适当短些。

C　冷却速度和出炉温度的制定

根据多年生产实践和国内外关于冷轧带钢退火理论的论述，冷却速度一般情况下是不限制的，因为冷却速度对一般钢种是不影响轧件性能的，而且加快冷却速度，可以提高退火能力。但是，对于特殊要求的钢材，例如重深冲用汽车板，在500℃以上冷却时，速度太快会导致冲压性能变坏，因此采用不卸加热罩冷却到550～500℃。

出炉温度主要是以带钢卷出炉后与空气接触不产生氧化为依据来确定，同时应该考虑在冷却罩和分流快速冷却设备的作用下，出炉温度还有回升现象，从160℃减去回升温度值，即为出炉温度。例如：回升温度50℃，则出炉温度应该是110℃。

表4-9为冷轧带钢卷退火工艺制度举例。

表4-9　我国某钢厂现行退火工艺制度

序号	钢质	碳的质量分数/%	厚度/mm	类型	控制温度/℃	压紧温度/℃	保温时间/h 卷重 <6t	6～10t	>10t	出炉温度/℃	备注
1	10	≤0.10	≤0.5	成品	700±10	660±5	8	10	12	110	
		>0.10	≤0.5		700±10	670±5	8	10	12	110	
		≤0.10	0.6～0.8		700±10	670±5	8	10	12	110	
		>0.10	0.6～0.8		700±10	680±5	8	10	12	110	
		≤0.10	0.9～1.25		700±10	680±5	8	10	12	110	
		>0.10	0.9～1.25		720±10	690±5	8	10	12	110	
			>1.25		720±10	700±5	8	12	16	110	
2	难冲件			成品	620±10	550±10	8	8	8		不卸加热罩550℃
					720±10	710±5	15	15	15	100	
3	传动轴	0.20～0.23	2.5	成品	560±10	540±5	16	16	16	110	不准配装
		0.24～0.27	2.5		580±10	560±5	20	20	20		
4	50、50Mn			成品	850±10	800±5	6	8	8	110	50为片状珠光体
5	15Ti			成品	700±10	670±5	16	16	16	110	
6	16MnRE			成品	690±10	660±5	16	16	16	110	

4.2.11.2 冷轧带钢卷退火操作

操作程序如下：配料、装炉、扣保护罩、清洗（冷清洗及热清洗）、扣加热罩和点炉加热、退火操作、出炉、最终冷却。

A 配料

配料的基本原则是：

(1) 钢卷宽度相同，厚度相同或不同，而外径不同，这时堆垛钢卷外径由下而上递减。

(2) 钢卷外径相同，厚度相同或不同，而宽度不同，这时堆垛钢卷宽度由下而上递减。

(3) 钢卷外径相同，宽度相同，而厚度不同，这时堆垛钢卷厚度由下而上递减。

B 装炉

装炉前必须认真检查炉台密封胶圈使用情况，发现压扁或失去弹性应立即更换，以免装完炉再发现时，由于钢卷垛很高而不易更换；必须检查炉台中心格栅网是否完好，以防止钢卷头落入风机叶轮中，损坏风机。

空炉台上的杂物必须清扫干净，然后再按退火的配料原则，按配料工填好的退火卡片进行装炉。

装炉时用立式吊钳夹住钢卷，用对流板吊具夹住对流板。首先放好第一卷，必须观察周围是否对中，为了装好第一卷要多次放下或多次吊起。然后套好导向杆放入对流板，保证对流板对中，否则妨碍保护罩扣在正确位置上，导致重新装炉。炉台上的钢卷完全装好了，这时垛顶端还要放上顶部对流板。

检查装炉的位置和密封橡胶圈清洁状况，应该用布擦一遍之后扣上保护罩。

C 扣保护罩

保护罩扣上之后，如果为手动压紧装置必须以对称方式将螺栓拧紧，并力争拧紧程度均匀。

在吹洗以前必须做压力试验检查密封情况。这时打开保护气进气阀，同时关闭保护气出气阀。观察转子流量计，当压力达到均衡状态以后，就不显示流量，这时浮子就落到流量计底部。当炉内压力为1500Pa时，头一分钟内压力降不应超过100Pa。如果压力降超过100Pa，就要检查原因，有时要重新拧紧压紧装置的螺栓或者转动保护罩等。

任何不密封现象必须消除，因为不密封状况对光亮退火有害，尤其是采用分流快速冷却产生的压力远远大于炉内压力，对于密封敏感性较强。

D 清洗（冷清洗和热清洗）

清洗目的首先是清洗掉退火空间存在的空气，使其氧含量降到爆炸极限以下；其次是清洗掉残存的轧制液，这样才能达到光亮退火的目的。

密封检查合格后，把保护气体进、出气阀门同时打开，并打开分流风机控制蝶阀，用保护气体将保护罩里和分流快速冷却设备系统里的空气清洗干净。冷清洗两小时，扣上加热罩点炉。点炉前，先关闭分流风机控制蝶阀，启动炉台循环风机。加热时继续用保护气体进行热清洗。保护气体出气阀是可调节的，调节出气阀门，使保护气体压力为500～800Pa。保护气体将保护罩里的残余空气和钢卷带入的轧制液等挥发物吹洗干净。直到加热结束前两小时停止热吹洗，关闭保护气体出气阀。此时，保护罩里压力一般应大于

1200Pa。

E 扣加热罩和点炉加热

正常的生产流程应该是将刚刚退火完毕的炉台上的加热罩立即扣到要点火的炉台上，这时，应按下列顺序操作：

(1) 把煤气及空气阀位开到仪表指示为50%的位置上；打开炉台送煤气阀门；挂上煤气-空气安全阀的重锤；由点火软管放散后，点燃点火管。

(2) 用点火管点燃一个下烧嘴，然后按顺时针方向先下后上逐个将烧嘴点着。每个烧嘴点完后，必须复查烧嘴着火情况，直到全部烧嘴正常着火为止。

(3) 点炉完毕后将点火管熄灭，放在原位置上。将温度控制选到自动程序上。

如果由于种种原因，不得不点冷状态加热罩时，则点火应按下列顺序进行：

(1) 首先关闭每个烧嘴前阀门。

(2) 打开煤气进气阀门。

(3) 启动助燃风机并手动调整煤气、空气量各为50%。

(4) 挂上煤气-空气安全锤。

(5) 打开煤气箱上的排放阀，进行煤气吹洗，将空气放散后关闭排气阀门。

(6) 然后点火，先点燃一个下烧嘴，陆续按顺时针方向先下后上逐个将烧嘴点着。每个烧嘴点完后，必须更认真地复查烧嘴着火情况，直到全部烧嘴正常着火，并坚持用点火管监视30min后方可离开。

(7) 将温度控制选到自动程序上。

点冷状态加热罩和点热状态加热罩的区别在于，冷状态加热罩的煤气箱及支管存有空气，必须经过放散，用煤气吹洗空气，避免形成爆炸的混合气体。

F 退火操作

加热罩点着以后，就开始进行退火工艺的操作。退火操作可分为加热、保温和冷却3个阶段。

加热是从退火过程开始（指加热开始），一直到达到规定的卷心温度结束（指加热结束）这一段时间。

具体的退火工艺制度，都是通过试验炉台逐个钢种及规格测定的，同时可以找出炉内钢卷垛中最冷点和最热点温差、压紧电偶与最冷点温差以及压紧电偶和控制电偶温差。一般情况压紧电偶与控制电偶温差为40℃左右。

保温结束后助燃风机停止转动，关闭煤气-空气安全阀，关闭全部烧嘴，关闭炉台上煤气阀门，吊出加热罩扣到另一个已经准备好的炉台上。

吊出加热罩后，让保护罩向大气中自然散热1h左右。当控制电偶温度大约为500℃时，就扣冷却罩，同时启动分流快速冷却设备进行快速冷却。

扣上冷却罩后应该立即启动冷却罩轴流风机，以免高温烧坏电动机。

分流快速冷却之前打开供水阀门，回水阀门是长期开着的，启动分流风机，逐渐打开控制蝶阀，全开时间6min左右。当压紧电偶温度降到规定温度时，结束快速冷却过程，供水阀关闭，停止分流风机，关闭蝶阀。

然后，停止炉台循环风机，保护气体供给阀关闭，打开保护气体排出阀，吊出冷却罩，卸除压紧器并吊出保护罩。

G 出炉

用立式吊钳和对流板吊具卸下对流板和钢卷，将对流板放到指定位置，钢卷堆放到最终冷却台上。

H 最终冷却

为了将钢卷迅速冷却到平整机工艺温度，应把退火完毕的钢卷从炉台上吊到最终冷却台上，堆成钢卷垛，放好中间对流板及顶部对流板。冷却台中心地坑中安装有轴流风机，抽进冷空气将钢卷冷却到35～45℃。然后关掉轴流风机，用吊车把钢卷吊运到钢卷运输平车上，或通过带翻钢机的链式运输机将钢卷送到平整机前放料场。

最终冷却台用空气一般通过厂外地下通风道提供，雨天或空气湿度大时亦可由厂内提供。

4.2.12 罩式炉退火能力计算

罩式炉生产是间歇式操作，全年作业时间一般均按8000h计算，相应年作业率为91.3%。这还不是纯作业时间，其中包括辅助时间，对炉台而言，如装卸料时间、冷清洗时间等。

首先从炉台小时生产能力计算公式出发去探讨退火能力计算。

炉台小时生产能力按下式计算：

$$G = \frac{Q}{H}$$

式中 G——炉台小时生产能力，t/h；

Q——装炉量，t；

H——占用炉台时间，h。

从上式可以看出，炉台小时生产能力决定于装炉量和占用炉台时间。而装炉量取决于钢卷重量及装炉高度。

在钢种给定的条件下，可以通过试验炉台得出退火周期的时间。由于退火钢种不同，不可能分别进行一一计算，所以在计算时将各种钢种退火周期取平均值，作为此类钢种的平均占用炉台时间。一般将钢种分为4类，即碳素结构钢、优质碳素结构钢、深冲钢、低合金钢。分别计算它们的炉台小时生产能力。

炉台综合小时生产能力为：

$$G_z = \frac{1}{\frac{a}{G_a} + \frac{b}{G_b} + \frac{c}{G_c} + \frac{d}{G_d} + \cdots}$$

式中 G_z——炉台综合小时生产能力，t/h；

a、b、c、d…——各钢种占年退火量的百分比，%；

G_a、G_b、G_c、G_d…——各钢种的炉台小时生产能力，t/h。

若已知炉台数量，则车间年退火量按下式计算：

$$W = G_z N_z H_a$$

式中 W——车间年退火量，t/a；

G_z——炉台综合小时生产能力，t/h；

N_z——炉台数量，台；

H_a——年工作时间，一般定为8000h/a。

某厂罩式炉的退火制度、周期及产量指标如表4-10所示，供计算产量时参考。

表4-10 某厂罩式退火炉退火制度、周期及产量指标

项目		钢带种类								
		特深冲钢板		一般用钢板		深冲钢板		镀锡原板		
每垛装料量/t		58	116	57.9	116	57.9	116.1	64.4	64.5	64.2
钢卷数量/个		5	4	3	3	3	3	4	5	6
钢卷直径/mm	外径	1850	2550	1850	2550	1850	2550	1850	1850	1850
	内径	610	610	610	610	610	610	450	450	450
带钢尺寸/mm	宽度	800	1050	1450	1450	1200	1200	1000	850	650
	厚度	0.6	0.8	1.25	1.25	0.8	0.8	0.4	0.24	0.2
有效装入量/%		70	70	70	70	70	70	85	85	85
钢卷中心温度/℃	加热	680	680	600	600	650	650	600	600	600
	冷却	160	160	160	160	160	160	160	160	160
装料加吹刷时间/h		2	2	2	2	2	2	2	2	2
退火周期/h		52.5	94.5	48	84.5	52.5	92	52	48.5	46
加热罩产量/$t \cdot h^{-1}$		2.05	2.25	2.5	2.85	2.1	2.4	2.4	2.6	2.85
炉台产量/$t \cdot h^{-1}$		1.1	1.23	1.21	1.37	1.0	1.26	1.24	1.33	1.4
热耗/$GJ \cdot t^{-1}$		0.815	0.815	0.753	0.753	0.755	0.755	0.732	0.732	0.732

4.2.13 保护气体

退火工艺要求和保护气体原料来源不同，保护气体制取方法各有不同。对于零星小型退火设备，保护气体原料来源困难，一般可以采用氨分解制取保护气体。对于大型钢铁联合企业，用氧量不断增加，制氧的同时产生大量的副产品——工业氮，采用工业氮作原料，制取氮氢型保护气体，在经济上是合理的，并且制取方法简单。

随着制氧机的技术进步，氮纯度越来越高。送到罩式炉附近的氮中氧含量和水分若能满足罩式炉用保护气体的要求，可以将合格的氮和氢直接配制成保护气体，送往罩式炉使用。

一般情况下，制氧厂距离罩式炉较远，虽然出厂氮中氧含量很低，但是在远距离储存、加压、管道输送过程中，氧含量和水分都会增加。氮中含氧和水，在退火过程中，会造成金属表面氧化、脱碳，必须采取除氧和除水净化措施。

氢采取电解水制取后，也要对氢进行除氧和除水净化。

现将某厂200型氢净化工艺介绍如下，氢净化工艺流程如图4-46所示。

水电解槽生产出来的氢经增压机升压，送入氢净化装置。氢首先进入电加热器加热后进入除氧器。氢气中含有体积分数为0.4%的氧在这里被清除掉。其反应式为：

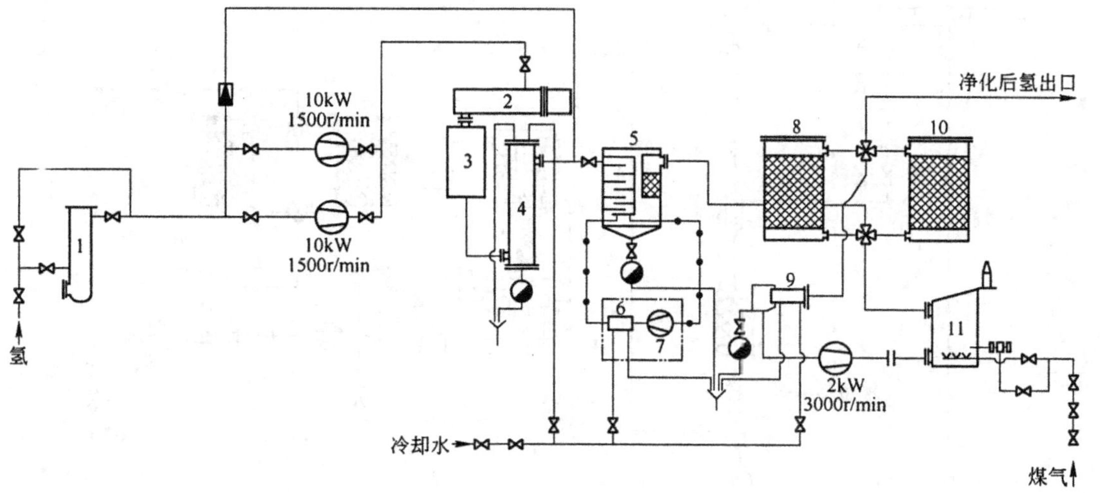

图 4-46 200 型氢净化工艺流程

1—氢过滤器；2、11—加热器；3—除氧器；4、9—冷却器；5—冷冻干燥器；6—冷凝器；7—冷冻机；8、10—干燥器

$$O_2 + 2H_2 \xrightleftharpoons{\text{催化剂}} 2H_2O + Q(\text{放热})$$

操作温度在80℃左右。除氧后气体经水冷却器冷却至室温，将气体中一部分水分冷凝下来排出。已冷却的氢气进入冷冻系统中，经过蒸发器冷却到3~7℃，再脱出另一部分冷凝水。氢气再经过两个交替使用的干燥器进行干燥，使氢气的水分被硅胶干燥剂吸附，使其露点达到-40℃。当一个干燥器工作时，另一个干燥器进行再生，即把吸附的水分再排出去，并为下次工作做好准备。

干燥器再生用氢气从与干燥器相连的氢气主管中以350m^3/h的流量抽出，进鼓风机加压到7000Pa，再经加热器加热到180℃，然后送入再生干燥器中干燥硅胶。当硅胶干燥剂温度达到160℃时，干燥器干燥工艺完毕，干燥气体经冷却器冷却至常温再进入加压机。如此循环构成干燥器循环再生系统。加热器加热和点火用煤气的阀门可自动开或关。当温度达到160℃时，通过自控系统切断煤气阀门，这时干燥器进入冷却阶段，直到干燥器达到50℃以下为止。

干燥器按工艺要求时间用手动四通阀进行人工倒换再生。

主要设备简介如下：

除氧器：能力200m^3/h氢气；入口氢气纯度（以氧的体积分数表示）不大于0.4%、出口氢气纯度（以氧的体积分数表示）不大于5×10^{-4}%；空速5800h^{-1}；催化剂为活性氧化铝镀钯，一个除氧器装25kg。

干燥器：能力300m^3/h氢气；氢气入口露点3~7℃；出口露点-40℃；一个干燥器装硅胶150kg；再生气体加热温度为180℃；加热用混合煤气为7110kJ/m^3；鼓风机电动机为2.2kW、3000r/min、380V；再生用氢加压到7000Pa。

现将某厂900型氮净化工艺介绍如下，氮净化工艺流程如图4-47所示。

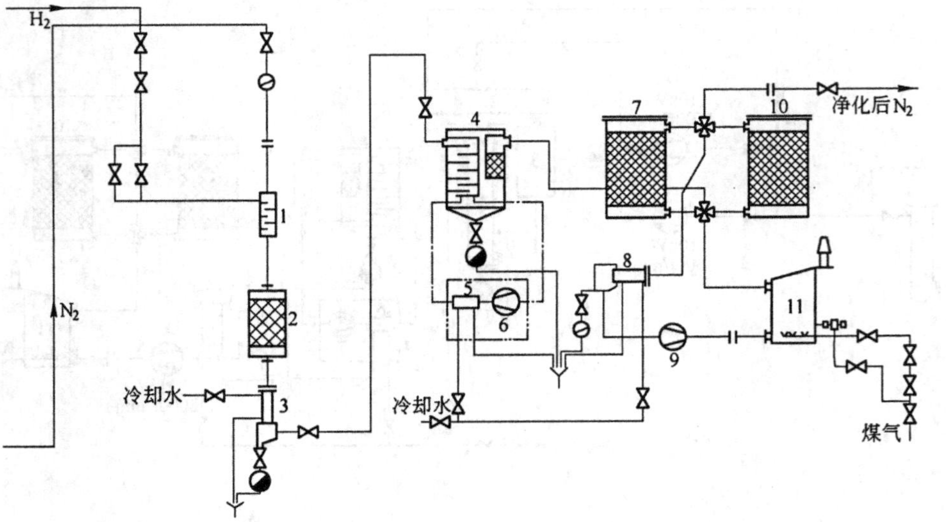

图 4-47 900 型氮净化工艺流程

1—混合器；2—除氧器；3、8—冷却器；4—冷冻干燥器；5—冷凝器；6—冷冻机；7、10—干燥器；9—压缩机；11—加热器

从图 4-47 看出，氮净化和氢净化原理相同，主要包括除氧和除水两个工序。现在普遍采取加氢催化法除氧，在氮中掺入氢与氧化合，同时保留一定量的剩余氢，其目的是达到充分除氧。

除氧反应原理为：

$$O_2 + 2H_2 \xrightarrow[\text{常温}]{\text{催化剂}} 2H_2O + Q(\text{放热})$$

除水采用硅胶干燥剂，吸附水后除水再生连续使用。

净化后的氢与氮经过混合器进行充分混合后，进入除氧器除氧。除氧器中装入 150kg 活性氧化铝镀钯催化剂。气体除氧后进入冷却器冷却至常温，然后进入干燥器进行干燥除水。

净化后氧的体积分数为不大于 $5\times10^{-4}\%$，露点 $-40℃$，出口压力为 5000Pa，流量为 $900m^3/h$。

氢净化和氮净化工艺是相同的，氢净化除氧不需另加氢，但必须严格控制原料中的氧含量，氧的体积分数不应高于 1%，并要防止除氧器中反应温度过高（高于 163℃），以防爆炸。

氮净化除氧需加氢，加氢量（体积分数）一般为 2%，氮气中氧含量（体积分数）最高应该不大于 1%，一旦氧含量（体积分数）高于 1%，氢只能与 1% 的氧发生反应，以防止除氧器中反应温度过高（高于 163℃），这也是一种防爆措施。

根据罩式炉对保护气体的要求，将净化后的氢与净化后的氮通过混合器按比例配制成氮氢型保护气体。

4.3　全氢型保护气体单垛式紧卷罩式退火炉的设备与工艺

4.3.1　概述

全氢型保护气体单垛式紧卷罩式炉，实质上不单纯只是采用全氢而与氮氢保护气体相区别，而同时这种全氢型罩式炉在设备和工艺上还采取了相应的技术措施，以适应于全氢保护气体新技术的发展，从而建成了以提高退火产量和质量为目的的新一代全氢型保护气体单垛式紧卷罩式炉。

全氢作为保护气体，早在20世纪70年代初期，国外某工业炉公司就开发了这项新技术，当时应用于铜基金属工业，70年代末推广到钢铁工业，80年代中期进行普遍推广应用。据有关资料记载，至1993年这家工业炉公司制造并投产的全氢罩式炉共有500多座，分布在世界20个国家和地区。

随着冷轧带钢生产的迅速发展，世界各国面临着兴建和改造老式罩式炉的新形势。目前世界上具备全氢单垛式紧卷罩式炉新技术和提供全套设备能力的厂家还不太多，据了解首先是欧洲一家工业炉公司，其次是欧洲另一家工业炉公司。前者生产的罩式炉称作“强对流全氢罩式炉”，主要特点是采用全封闭退火炉台、全封闭炉台循环风机、横波形保护罩以及气—水组合式冷却罩，如图4-48和图4-49所示。后者生产的罩式炉称作“高效能全氢罩式炉”，主要特点是采用敞开炉台、将炉台循环风机与电动机分开的弹性联轴器、平面形保护罩以及外部分流快速冷却设备和空气冷却罩等，如图4-50所示。上述两家公司采取的设备手段虽然有所不同，但其技术实质均遵循着强对流和全氢技术这个基本

图4-48　强对流全氢罩式炉组

出发点，适应全氢退火的严密性和安全性，从而达到提高退火产量和质量的目的。

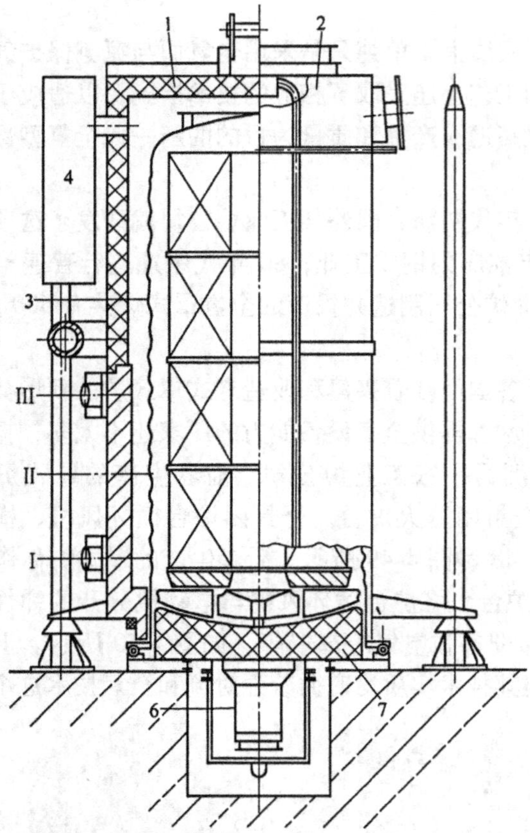

图 4-49　强对流全氢罩式炉结构示意图

1—加热罩；2—气—水组合冷却罩；3—横波形保护罩；4—集中换热器；5—三层烧嘴；6—炉台风机；7—全封闭炉台

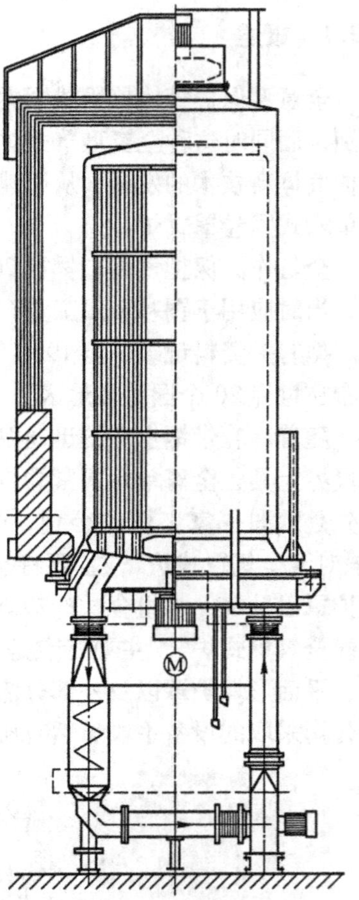

图 4-50　高效能全氢罩式炉结构示意图

本节以某厂 200/460 型强对流全氢单垛式紧卷罩式炉为例，进行全面论述。

4.3.2　强对流全氢罩式炉技术

4.3.2.1　强对流

冷轧带钢卷罩式炉退火采用间歇式生产方式，以高炉和焦炉混合煤气作燃料，通过保护罩对带钢卷进行间接加热。罩式炉退火是以流体力学传导理论为基础。炉料得到热量多少取决于保护罩壁的辐射传热和气体对流传热的能力。

由于轧制后的带钢横向存在着中间厚、两个边部薄的横向偏差，所以即使在较大轧制张力下卷取钢卷，仍会出现带钢中间部位层间压力大、两个边部层间压力小的情况，因此带钢层间存在间隙。其次，为了减少退火工序中由于带钢层间压力过大而产生的粘结缺陷，在保证卷齐钢卷的条件下，应尽量降低轧制张力，这样更增大了间隙。而间隙中充满着空气，由于空气导热系数远远低于钢板的导热系数，因此，带钢卷的径向导热能力很差，影响了钢卷径向辐射传热效果。提高辐射传热的效果，只有提高保护罩壁的温度，形成较高的温度差，这势必导致钢卷外圈过热，这是不允许的。

增强保护罩壁与保护气体之间对流传热的主要途径是加大保护气体的流速。采用保护气体流速高、流量大的循环系统，增强对流传热速度，把保护罩壁上的热量尽快地传递给钢卷。

对流传热计算公式为：

$$Q = \alpha(t_2 - t_1)F$$

式中　Q——钢卷吸收的热量，kJ/h；

t_2——气体温度，℃；

t_1——钢卷温度，℃，一般为20℃；

F——钢卷受热面积，m^2；

α——对流传热系数，kJ/(m^2·h·℃)。

$$\alpha = \frac{3w_0^{0.8}}{4\sqrt{d}}$$

式中　w_0——标准状况下气体流速，m/s；

d——气体通道直径，m。

若提高 Q 值，必须提高 α 值、t_2 值或 F 值。t_1 值为常数，一般为室温20℃。

若提高 t_2 值，必须增加燃料提高炉温。若单纯提高 t_2 值，而相应的条件不具备，仍然是自然对流传热或一般强对流传热，将导致钢卷外圈过热，这是不允许的。在对流传热能力和所用保护气体种类一定的条件下，F 值也是不变的。

因此，欲提高 Q 值，只有提高 α 值。而提高 α 值，必须降低 d 或提高 w_0 值。

d 值取决于保护罩内壁与钢卷外圈的环形空间。钢卷几何尺寸是一定的，尤其是钢卷外径作为炉型的主要标志，是固定不变的，同时，考虑到吊扣保护罩操作等原因，保护罩内壁是不能无限缩小的。一般正常情况下，保护罩与钢卷最大外径之间一侧间隙为100mm左右，因此，d 也是定值。

这样一来，只有提高 w_0 值才能提高 Q 值。因此，采用大功率、大风量的炉台循环风机即可加速气体流速，提高 w_0 值，从而相应提高 t_2 和 F，达到提高 Q 值的最终目的。这就是采用强对流技术的理论基础。

4.3.2.2　全氢

所谓全氢是指用100%氢作为保护气体，取代过去常规的氮氢型保护气体（氮氢型保护气体，一般指氢的体积分数为2%～4%，氮的体积分数为96%～98%）。

选择全氢作为保护气体，主要是从氢的理化性质考虑的。

标准状况下几种气体和低碳钢的密度与导热系数如表4-11所示。

表4-11　标准状况下几种气体和低碳钢的密度与导热系数

项　目	密度 /kg·m^{-3}	导热系数 /W·(m·K)$^{-1}$	项　目	密度 /kg·m^{-3}	导热系数 /W·(m·K)$^{-1}$
氢　气	0.0899	0.172	空　气	1.293	0.024
氮　气	1.251	0.024	低碳钢	7850	69.8

从表4-11中看出，氢气的密度仅是氮气的$\frac{1}{14}$，而氢气的导热系数是氮气的7倍。氢气质量轻，渗透能力强，可以渗入钢卷层间，充分发挥导热系数大的特点，显著提高传热效率。

氢气是还原性气体，在高温下能使FeO还原为铁，而氢气又能引起钢脱碳，反应式如下：

$$FeO + H_2 \underset{\text{氧化}}{\overset{\text{还原}}{\rightleftharpoons}} Fe + H_2O$$

$$[C] + 2H_2 \underset{\text{渗碳}}{\overset{\text{脱碳}}{\rightleftharpoons}} CH_4$$

生成的H_2O，可在退火过程中采取热清洗手段将其除去。

氢气在钢卷中夺走［C］，引起钢脱碳，应该设法避免这不利的一面。氢气在退火过程中脱碳是有一定条件的，干燥的氢气脱碳作用很小，因为这时反应速度很慢，但是，氢气中只要含有0.2%～0.3%的水蒸气，它就会成为强的脱碳性气体。同时，在低于700℃时，氢气的脱碳作用并不显著，可以忽略它的影响。因此，针对氢气脱碳的条件，制定了避免脱碳的操作工艺。首先炉内供应的氢气保护气体露点在－40°～－70℃，属于高干燥性气体，对钢卷不会产生脱碳。同时，在加热阶段进行长时间的热清洗，以减少炉内水分。

全氢作为保护气体，不仅显著地提高了传热效率，从而提高了退火能力，同时提高了炉温均匀性，保证了钢卷的力学性能，提高了冷轧板的内在质量及表面质量。

4.3.3　强对流全氢罩式炉技术性能及设备构成

现以某厂200/460型强对流全氢罩式炉为例进行叙述。

4.3.3.1　技术性能

技术性能主要包括：

型号：200/460型强对流全氢罩式炉；

用途：在氢保护气体下进行再结晶光亮退火；

退火钢卷最大外径：2000mm；

钢卷垛最大高度：4600mm；

最大装炉量：84t；

平均装炉量：70t；

最高退火温度：750℃；

炉台小时能力：1.8t/h；

加热罩小时能力：3.6t/h；

燃料种类：高炉和焦炉混合煤气，高炉煤气体积∶焦炉煤气体积为7∶3，点火烧嘴用天然气；

混合煤气发热值：7110kJ/m^3，天然气发热值：40146kJ/m^3；

烧嘴形式：高速烧嘴；

烧嘴布置：炉墙分3环，每环烧嘴错开，呈切向布置；

烧嘴前混合煤气压力：7000Pa；

混合煤气最大消耗量：588m^3/h，天然气最大消耗量：6m^3/h；

烧嘴前空气压力：7000Pa；

空气最大消耗量：约1200m^3/h；

空气预热温度：350℃；

保护气体成分：100% H_2；

保护气体质量：氧的体积分数为小于1×10^{-4}%，露点：-70℃；

保护气体最大消耗量：24m^3/h；

炉内保护气体压力：4500~5000Pa；

炉台循环风机风量：55000m^3/h；

冷却用水供水温度：不大于30℃；

冷却用水供水压力：0.2~0.4MPa；

冷却用水排水温度：不大于42℃；

冷却用水量：2.2m^3/h；

工艺用水供水温度：不大于30℃；

工艺用水供水压力：0.2~0.4MPa；

工艺用水量：22m^3/h；

未净化清洗用氮气质量：氧的体积分数为不大于100×10^{-4}%，露点：-20℃；

未净化清洗用氮气压力：0.4~0.8MPa；

未净化清洗用氮气用量：150m^3/h。

4.3.3.2 设备构成

强对流全氢罩式炉技术是在氮氢型单垛式紧卷罩式炉的基础上逐渐发展起来的，它的主要特点是以强对流和全氢为出发点，相应地对设备进行改造，以适应强对流循环和全氢保护气体严密性的需要。

主要设备构成包括：全封闭炉台、炉台循环风机、加热罩、冷却罩、保护罩、对流板。

4.3.4 全封闭炉台

全封闭炉台由全封闭炉台钢结构本体、扩散器以及底部对流板组成。

全封闭炉台外形及钢结构如图4-51及图4-52所示。井字形钢结构梁采用工字钢焊接而成，并与炉台底板焊接在一起，构成一个坚固的圆形承重底座。

在炉台底板内部对应工字钢位置上布置有支承柱，内部填实绝热纤维毯。支承柱底面焊在炉台底板上，支承柱顶部与凹形球面金属壳下面支承座平稳接触。支承柱只承受支承力，而不承受径向位移力和向上离开约束力。这样，金属壳体因温度变化和外力作用不受限制，所以活动自由，可延长使用寿命。金属壳体制作成凹形球面的目的，其一是可以控制径向力；其二是与炉台循环气流方向相适应。

在炉台底板内部连接氮气进气管和出气管，通入绝热纤维层内部，使炉台金属壳体受炉内压力和温度影响相适应，也可以说和炉内压力相平衡，以保证金属壳体不变形或开裂，延长使用寿命。

图 4-51　全封闭炉台外形

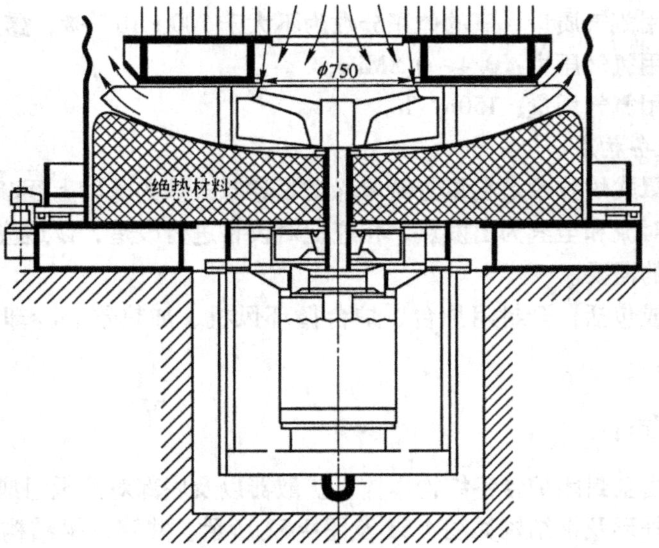

图 4-52　全封闭炉台钢结构

金属壳体成形后，与炉台底板气密性焊接。金属壳体内部填充绝热纤维毯，填入绝热纤维毯的各个死角都要填实，以达到绝热效果。

这种全封闭炉台的特点是：结构简单、坚固耐用。首先，全封闭炉台可防止炉台绝热层内空气、水分以及杂物污染钢卷，保证炉内氢保护气体露点和氧含量，提高钢板表面质量。其次，全封闭炉台还可防止高导热系数的氢进入炉内绝热层而破坏隔热效果，保证炉台底板不过热和炉台密封橡胶圈不过热。

扩散器及底部对流板是采用耐热钢板焊接而成的，可在高温下承受重载荷而不变形，适应于大功率炉台循环风机的气流方向，通道合理，气流分布均匀，且阻力小。

上述炉台结构合理，经过多年使用没有发生任何毛病。

4.3.5 炉台循环风机

炉台循环风机是强对流全氢罩式炉的重要设备，也是核心设备，又是强对流技术的出发点。

全氢型炉台循环风机与氮氢型炉台循环风机主要参数对比如表 4-12 所示。

表 4-12 全氢型炉台循环风机与氮氢型炉台循环风机主要参数对比

参数	全氢型炉台循环风机	氮氢型炉台循环风机	参数	全氢型炉台循环风机	氮氢型炉台循环风机
功率/kW	55/13	15	叶轮直径/mm	950	710
转速/$r \cdot min^{-1}$	1500/750	1500	风量/$m^3 \cdot h^{-1}$	55000	20000

全氢型炉台循环风机结构如图 4-53 所示。

该风机叶轮固定在电动机出轴端，轴与叶轮采用锥形体用普通扁形螺母并加防松片固定。电动机上部专用法兰与炉台中心的下法兰用螺栓连接。电动机用一个专用的封闭水套包起来，该水套与炉台另外一个较大的中心法兰密封连接。氢气通过电动机上部端盖沿着风机轴周围缝隙进入炉内，电动机周围充满和炉内相同的氢保护气体。

电动机上部安装一个导叶片，形成一个小风扇，具有离心作用，可将氢气通过专用的封闭水套内侧，从下端抽入电动机定子和转子之间，这样形成一个电动机内外冷却循环系统，可以充分冷却电动机和清洗其空间气体，对于钢板表面质量和安全生产有着重要保证。

冷却水套内侧焊有翅片，可增大冷却面积。翅片包围着电动机，可对电动机及其轴承进行充分冷却。由于炉内温度越高，氢保护气体密度越低，风机消耗功率越低，因此风机功率消耗较少。功率选择 55kW，既可适应全氢型保护气体，也可适应氮氢型保护气体。

这种炉台循环风机是目前比较先进的结构形式，主要有以下突出优点：

（1）风机与炉台连接轴承不需要进行密封处理，用封闭水套包围着电动机，

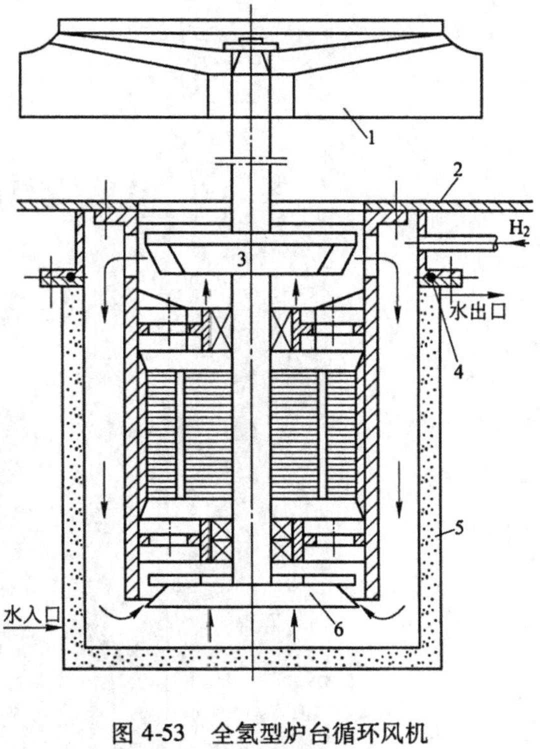

图 4-53 全氢型炉台循环风机

1—叶轮；2—炉台；3—离心式导叶片；4—密封胶圈；5—冷却水套；6—轴流式叶轮

与炉台用螺栓密封连接，将容易造成炉内氢气漏出或外界空气吸入的动密封改为静密封结构。这项新技术从根本上解决了炉台循环风机轴泄漏的关键难题，对于采用全氢作为保护气体更有其重要意义。

（2）整体风机处于高温环境下工作，封闭冷却水套结构合理，效果好。

（3）风机采用两级变速电动机，可以变速。

（4）风机结构简单，减少维修工作量，使用寿命长。

4.3.6 加热罩

加热罩外形如图 4-54 所示。

图 4-54 加热罩外形

加热罩是由型钢加固并进行气密性焊接的圆筒形钢板壳体。顶部设计成可用吊钩提升的结构形式。底部的支撑腿可使加热罩立放在专为它安装的工字钢梁上。下部边缘由环形板组成，其下部安装密封件。当加热罩放在炉台上时，密封件压在保护罩法兰槽内，使加热罩与外界隔绝。加热罩配置两个导向环，入口为圆锥形，当扣加热罩时，套在两个导向杆上。

加热罩上分3层环形布置12个切向高速烧嘴，并通过一个控制系统调节。大负荷高速烧嘴，配置点火烧嘴、点火电极和火焰监测器。大负荷是指一个加热罩最大煤气量，与可比氮氢型罩式炉加热罩最大煤气量相比增加59%，从而提高了加热能力（但必须有强对流大功率炉台循环风机以及全氢保护气体相匹配）。高速烧嘴可以实现强化对流传热，促进炉气循环，均匀炉温，避免对保护罩加热时出现热点。

加热罩炉衬由两部分组成。烧嘴和烟道是用轻型、真空成形耐火纤维砖砌成，可以承受燃气冲刷。炉衬和炉顶铺设耐火纤维毡。为了节能和降低废气温度，烟道出口处安装一台集中空气预热器，利用燃烧废气将空气预热到350℃，作为助燃空气通入各烧嘴。

为了控制燃烧空气过剩系数，实现合理燃烧，采用空气和煤气比例调节系统，将烟气中氧含量（体积分数）控制在3%～4%，实现完全燃烧。

加热罩与烧嘴配置了12个点火烧嘴，采用天然气作燃料。点火烧嘴的主要作用是点火，以保持火焰不间断。混合煤气采用断开式控制，保证混合煤气随时点燃，保证煤气安全。为了保证加热罩设备不受损坏，加热罩最高温度限定为850℃。

4.3.7 冷却罩

冷却罩结构如图4-55所示。

此种冷却罩为气—水组合式，它的冷却效果一方面与常规的空气冷却罩基本相同；而另一方面，这种冷却罩采用喷水方式直接冷却保护罩，起到替代分流快速冷却的作用。

冷却罩是采用耐热钢焊制的。两台离心式风机置于冷却罩上部两侧，空气由保护罩和冷却罩下部缝隙吸入，沿着保护罩热表面向上抽出热空气。当炉温降到270℃时，风机自动停止。3min后水管道上电磁阀自动打开，分别向保护罩顶部和中部喷冷却水，直到热点温度降到160℃为止。喷水时冒出一部分蒸汽，约3min就结束了，对环境没有影响。

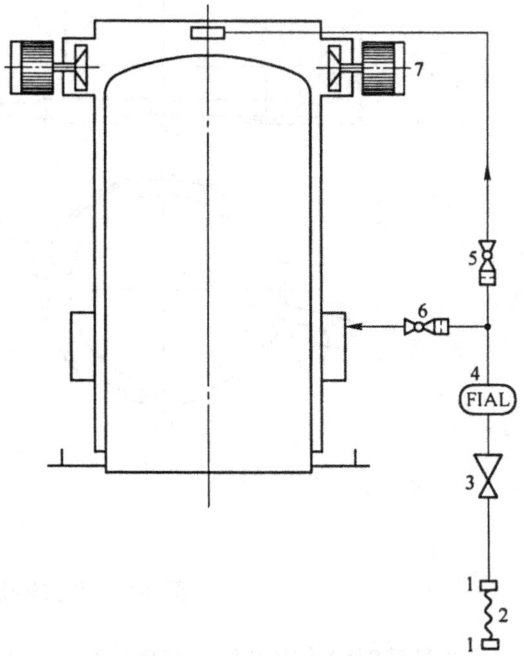

图4-55 冷却罩结构示意图

1—水软管接头；2—水软管；3—水压力调节器；4—水流量显示/监控器；5、6—切断阀；7—离心式风机

冷却罩风机的特点是克服了过去常规采用的轴流式风机，电动机长期

处于高温状态工作的缺点。此冷却罩设计成离心式风机，由风机轴向吸入热空气，沿叶轮离心方向抛出，这种结构只需风机叶轮及机壳用耐热钢板，而电动机只选用耐温性能一般的标准电动机即可，大大降低了造价，减少维护量，提高了使用寿命。这一点在设计上是新突破。

冷却罩上装有供水压力调节阀和流量控制阀，以保持水压、水量恒定，这对冷却效果和冷却罩使用寿命是十分重要的。

此种冷却方式结构简单、操作方便、投资少。但保护罩由于喷水而寿命有所降低。综合考虑，这种冷却方式可以取消庞大的地下室和分流快速冷却设备，降低大量投资和日常维修费用，尤其对老厂改造具有现实意义。

4.3.8　保护罩

保护罩结构如图 4-56 所示。

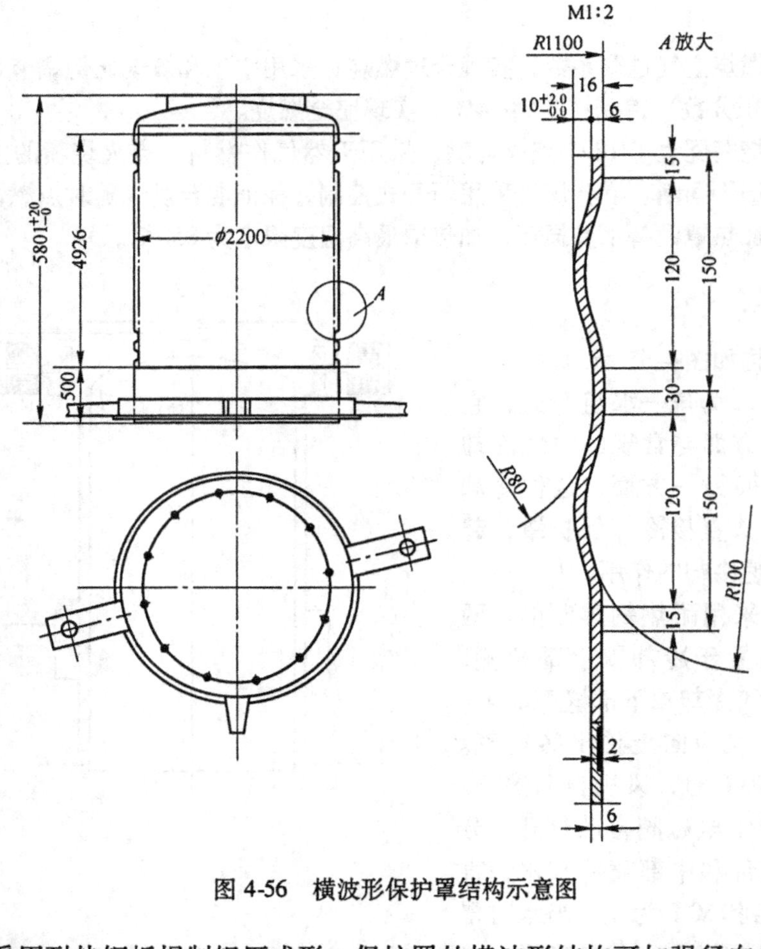

图 4-56　横波形保护罩结构示意图

保护罩采用耐热钢板焊制辊压成形。保护罩的横波形结构可加强径向抗变形能力、延长使用寿命、增加传热面积、提高加热和冷却能力。保护罩与炉台采用精巧的液压压紧装置,8 个液压缸,对保护罩法兰均匀压紧。液压压紧装置如图 4-57 所示。保护罩密封法兰采取通水冷却,以降低法兰温度,防止热变形,降低橡胶圈使用温度,延长橡胶圈使用寿命。

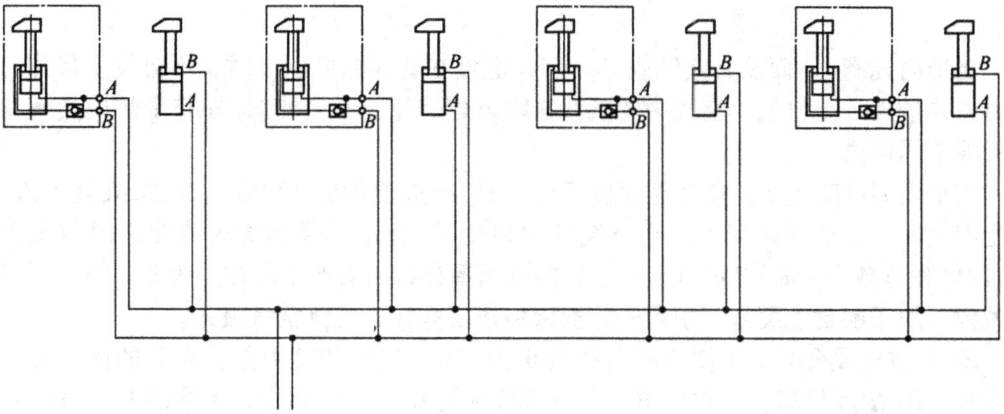

图 4-57　保护罩液压压紧装置示意图

4.3.9　对流板

对流板结构形式与氮氢型保护气体罩式炉对流板的结构形式基本相同。对流板的结构形式采用径向放射形，抗变形能力差些。吊起时产生中间下凹，说明在结构上刚度差些。为了解决上述缺点，保证安全生产，将导向板双面交叉成斜形。经生产使用没产生变形，延长使用寿命近一倍。

4.3.10　H_2 爆炸与防爆

4.3.10.1　H_2 爆炸

H_2 是易燃易爆气体。**H_2 着火温度为 530～590℃**。H_2 着火浓度极限范围：H_2 与空气混合时，氢的体积分数为 4%～75%；H_2 与 O_2 混合时，氢的体积分数为 4.5%～95%。

H_2 被人们视为可怕的气体，只要我们了解了 H_2 燃烧与爆炸的自然规律，并且在生产操作中严格遵守 H_2 的安全技术规程，H_2 的爆炸是完全可以避免的。

H_2 爆炸只有同时具备以下 3 个条件才能发生：

（1）密封的有限空间。

（2）H_2 的含量在着火浓度极限范围以内（即爆炸极限以内），并充满整个有限空间。

（3）有火源引入或者 H_2 温度加热至着火温度以上。

一般而言，**可燃气体发生剧烈的氧化反应称为燃烧。在有限空间里，瞬时全容积的燃烧称做爆炸。**

在有限的空间里，可燃物的含量在着火浓度极限范围以内时，爆炸的过程大致是：火源引入，使火源附近的可燃气体燃烧，发出的热量加热并压缩其邻近层，使该层温度升高，继续燃烧，如此继续传播，最后全容积瞬间完成燃烧，产生高压出现爆炸现象。有的资料认为，在炉内产生爆炸时，其压力可达 0.7～0.8MPa 或更高，爆炸时火焰传播速度将超过 1000m/s。

4.3.10.2　H_2 防爆

为了避免 H_2 爆炸事故发生，点炉前，首先应该使炉内 H_2 含量在着火浓度极限范围以外，并用惰性气体如 N_2 清洗炉内空间，赶走炉内的空气或 H_2。这是防爆的最有效办法。

当炉内充满 H_2 而没有空气或 O_2 且 H_2 温度在着火温度以上时，不会发生爆炸，因为炉内如果进入一点空气，空气中的氧就在附近燃烧掉，不会使 H_2 在整个炉内达到着火浓度极限范围以内。

当炉内温度降到 H_2 着火温度以下时（H_2 着火温度为530℃），如果某处吸入空气，不能燃烧掉，空气逐渐积聚，当空气增加到使 H_2 含量下降到着火浓度极限范围以内时（氢的体积分数为4% ~75%），一旦炉内有火星存在就会产生爆炸。为此，对于低温炉应该做到：**炉子密封性要好，炉内一定要保持正压操作，避免空气吸入。**

H_2 与空气混合时，浓度极限范围规定为4% ~75% 的理由是：当氢的体积分数超过75%时，H_2 浓度很高，而空气很少，只有极少量 O_2 与 H_2 燃烧，大量的 H_2 因缺 O_2 而不能燃烧；相反，当氢的体积分数低于4%时，H_2 很少，同样不能形成正常燃烧条件。

但是必须指出：H_2 与空气的混合物全部加热至着火温度以上时，不管 H_2 含量多少，H_2 会立即燃烧，直至燃烧结束为止。

全氢型罩式炉根据上述原理，采取几项安全防爆措施。

A　试漏

试漏包括室温试漏和高温试漏：

（1）室温试漏：装完炉扣上保护罩后，在室温下进行试漏，检查炉内与外界密封性。

试验压力为5000Pa，试验时间为15min，压力降不低于4000Pa为合格。

（2）高温试漏：在加热结束吊卸加热罩前18min，在高温下试漏，第二次检查炉内与外界密封性。

试验压力为5000Pa，试验时间为15min，压力降不低于4000Pa为合格，否则冲 N_2 置换 H_2，进行冷却阶段操作。

高温试漏目的是在加热阶段如果密封性不好，当进入空气时氧立即会被烧掉，没有爆炸的可能性。而在吊卸加热罩进入冷却阶段时，如果密封性不好，若进入空气且在着火温度以下，不能立即燃烧，逐渐积聚起来，达到 H_2 着火浓度极限75%以下（即空气的体积分数达到25%以上）时，遇着火源就有爆炸的可能性。

B　清洗

清洗包括室温清洗、点火前清洗和出炉前清洗，具体介绍如下：

（1）室温清洗是在室温试漏合格后，用 N_2 清洗保护罩内空气，使其氧的体积分数不大于1%。

室温清洗的主要参数有：

负载空间空载容积：$20m^3$；

负载空间减去85t退火料后的容积：$8.5m^3$；

清洗时平均气体温度：20℃；

清洗气体：N_2；

清洗系数为：

$$x = \ln\frac{初始浓度}{最终浓度} = \ln\frac{21\%\,O_2}{1\%\,O_2} = 3.04$$

监控清洗流量：138.3m^3/h；

监控清洗时间：30min；

负载空间空载时所需清洗气体的最小量为：

$$Q_{空载} = 20 \times 3.04 \times \frac{273}{273+20} = 56.6m^3$$

负载空间减去85t退火料时所需清洗气体最小量为：

$$Q_{有载} = 8.5 \times 3.04 \times \frac{273}{273+20} = 24.1m^3$$

装满85t退火料，30min清洗时间的安全系数为：

$$n = \frac{138.3 \times 0.5}{24.1} = 2.8$$

上述计算表明，清洗用N_2量为150m^3/h，按监控的清洗最小流量值138.3m^3/h来计算，监控清洗时间30min，结果清洗安全系数为2.8，是完全可以达到清洗要求的。

（2）点火前清洗是指加热罩点火前，在加热罩与保护罩之间用助燃风机送出的空气清洗残存的可燃气体，防止存在可燃气体点火时发生爆炸。

（3）出炉前清洗是在炉温降到出炉温度（一般热点温度为160℃）时，吊卸保护罩前用N_2清洗保护罩内H_2，使氢的体积分数不大于5%。

出炉前清洗的主要参数有：

负载空间容积：20m^3；

负载空间减去85t退火料后的容积：8.5m^3；

清洗气体：N_2；

清洗系数为：

$$x = \ln\frac{初始浓度}{最终浓度} = \ln\frac{100\%H_2}{5\%H_2} = 3$$

监控清洗流量：138.3m^3/h；

监控清洗时间：30min；

负载空间空载时所需清洗气体的最小量：

$$Q_{空载} = 20 \times 3 \times \frac{273}{273+20} = 56m^3$$

负载空间减去85t退火料时所需清洗气体的最小量：

$$Q_{有载} = 8.5 \times 3 \times \frac{273}{273+20} = 23.7m^3$$

装满85t退火料，30min清洗时间的安全系数为：

$$n = \frac{138.3 \times 0.5}{23.7} = 2.9$$

上述计算表明，清洗用N_2量是150m^3/h，按监控清洗最小流量138.3m^3/h来计算，监控清洗时间30min，结果清洗安全系数为2.9，完全可以达到清洗要求。

C　保证炉内正压操作

炉内 H_2 压力控制在 1750～7000Pa 范围内，并进行自动控制或报警。

当供电和控制系统出现故障时，除了 N_2 气阀（通电时是关闭的）外，所有炉台阀关闭，N_2 阀自动打开，以此来保证炉内正压，这样具有安全保险作用。

D　H_2 监测器

地下室和车间里安装连续自动监测周围空间空气中 H_2 含量的 H_2 监测器，测量量程为 0～20m，监测器调节范围为 0%～100%。设定值为 H_2 着火浓度下限的 20%（即氢的体积分数为 0.8%），达到该值报警及指示灯亮。

另外，配置一台手提式测 H_2 分析仪、一台手提式 O_2 分析仪。

E　通风机

使用通风机向地下室连续通入冷风，不断地清除有害气体（H_2、N_2、煤气、天然气）。

F　设备安全设施

加热罩安装温度控制热电偶，用来进行加热罩最高温度控制。温度设定值为 850℃ + 20℃，超过此极限值即报警，并自动停止煤气。目的是保护加热罩设备不过烧。

炉台安装温度控制热电偶，用来进行炉台最高温度控制。温度设定值为 750℃ + 15℃，超过此极限值即报警，并自动停止煤气。目的是保护炉料不过热。

4.3.11　冷轧带钢退火工艺

退火工艺曲线如图 4-58 所示。

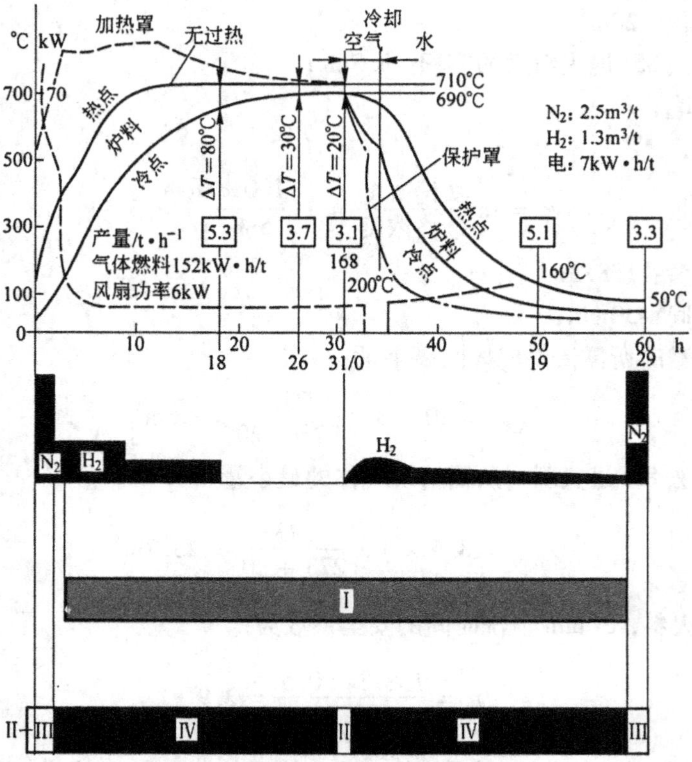

图 4-58　退火工艺曲线

Ⅰ—在 H_2 中处理；Ⅱ—室温和高温试漏；Ⅲ—点火前和出炉前清洗；Ⅳ—工作空间中的压力控制

退火炉中装有4卷1100mm宽的带钢卷，装炉量为96t，图4-58表示了炉台循环风机功率消耗、气体燃料消耗、各种热点与冷点温差值相对应的加热能力、冷却能力等。

在工作负载空间室温条件下进行试漏15min，接着加热罩扣放在炉台上，开始用N_2清洗30min，使氧的体积分数不大于1%。N_2清洗流量是由通向负载空间入口处的一个系统来控制的。N_2转换为H_2后进行热清洗工作，这与轧制液残留量有关，直到保温时停止热清洗工作，但必须控制好工作负载空间H_2压力。因为H_2传热速度比N_2快6倍，又由于强对流作用，所以热量很快即传递到带卷内部。18h后，温差为80℃，相当于碳结钢冷轧钢卷加热能力为5.3t/h；26h后，温差下降到30℃，相当于深冲钢冷轧钢卷加热能力为3.7t/h；31h后，温差下降到20℃，相当于重深冲（汽车板难冲件）冷轧钢卷加热能力为3.1t/h。

高温试漏合格后吊卸加热罩，将冷却罩放在炉台上，这时空气冷却开始。然后当炉温下降到270℃时，停止空气冷却，炉台风机停转。3min后开始喷水冷却，10min后炉台风机低速运行，再过10min后高速运行。一直到最热点温度降到160℃或50℃时，炉台风机低速运行，并用N_2再次清洗H_2，直到氢的体积分数不大于5%为合格，清洗时间30min。最后吊冷却罩和保护罩出炉。

4.3.12 冷轧带钢退火炉管路系统

冷轧带钢退火炉管路系统，对于每个炉台均由3部分构成：保护气体阀组、炉台阀站气—水流程以及加热罩煤气布置等。

4.3.13 冷轧带钢退火操作说明

4.3.13.1 H_2处理工艺的准备条件

负载空间充满着空气，在充入H_2前必须满足以下条件：

（1）保护罩必须夹紧。

（2）在室温条件下试漏，负载空间不漏灯亮。

（3）负载空间空气用N_2清洗，负载空间用N_2清洗灯亮。

4.3.13.2 加热罩吊出的准备条件

加热罩吊出的准备条件有：

（1）在高温下进行试漏，负载空间不漏灯亮；

（2）加热罩程序结束，灯亮；

（3）煤气蝶阀必须手动关闭；

（4）电源插座连接器开关须手动切断；

（5）插入式连接件须脱开；

（6）吊车吊钩正确钩好。

4.3.13.3 保护罩吊出的准备条件

保护罩吊出的准备条件有：

（1）负载空间用N_2清洗；

（2）冷却结束灯亮；

（3）冷却罩须吊出；

(4) 保护罩冷却水管线接头拆出；

(5) 炉台 N_2 总阀手动关闭；

(6) 油排出，负载空间通过排放阀泄压；

(7) 保护罩压紧装置松开；

(8) 保护罩用吊具夹好。

4.3.13.4 泄漏试验

每次退火进行室温和高温下的泄漏试验。

4.3.13.5 安全规则

负载空间不循环，可能出现部分真空现象，若及时充 N_2 保持负载空间压力为 5500Pa ±10%，即可避免这种现象。

电源出现故障或 H_2 减少时，若能及时充入 N_2，可保持负载空间的压力。

当控制热电偶为 750℃时，负载空间压力不得超过 10000Pa。

负载空间的残氧量只有小于 1%（体积分数）时，才允许充入 H_2。

负载空间内 H_2 含量只有小于 5%（体积分数）时，才能允许自炉台吊出保护罩。为避免带钢卷氧化，热点必须低于 160℃。

电源出现事故时，主电源切断，这时所有燃烧系统和冷却系统自动切断，所有电磁阀，除下述阀（常开）外，其余阀全部关闭：

(1) 气动常开阀通 N_2 维持负载空间压力；

(2) 电磁阀常开阀通 N_2 密封管路及该段管路阀门。

4.3.14 冷轧带钢退火操作

正常操作程序是通过计算机进行程序控制的。

首先，打开主开关，打开电源开关，将炉台开关选定好。

然后，确认下列气—水供入：冷却水、工艺用水、N_2 气、密封用 N_2 气、助燃空气、H_2 气或 HN_x 气、煤气、天然气、压缩空气或氮气（阀控制用）。

全部工作就绪，炉台上退火操作步骤如下：

(1) 将保护盖板放在炉台密封圈上。

(2) 将炉料装好。

(3) 将保护盖板移走。

(4) 清理炉台密封圈及保护罩法兰。

(5) 吊扣保护罩。

(6) 接通保护罩法兰冷却水。

(7) 按液压压紧按钮，液压压紧到位。

(8) 炉内保护气体出口阀关闭。

(9) 开启氮气进气总阀，炉内压力上升，然后降到试验压力 5000Pa，自动进行试漏，试验时间为 15min，压力降不低于 4000Pa 为合格。试漏一开始，炉内不泄漏灯闪，过 15min 后灯继续亮。若出现炉内泄漏灯亮，查找原因，重新试漏，直到合格为止。

(10) 炉台风机启动低速运行。

(11) 用氮清洗炉内空气。流量为 $150m^3/h$（监控 $138.3m^3/h$），时间为 30min。N_2 清

洗时，负载空间用 N_2 清洗灯闪，清洗结束灯亮。

（12）吊扣加热罩。

（13）打开煤气入口阀和天然气入口阀。

（14）将加热罩上的煤气、天然气、压缩空气及电插头接通。

（15）助燃风机启动运行，进行加热室清洗。

（16）开启煤气快速切断阀，按启动程序按钮。

（17）炉台循环风机低速运行。

（18）观察加热室情况。

（19）煤气阀试漏。

（20）完成点火程序。

（21）燃烧系统立即运行。

（22）当炉台风机电机功率下降至规定范围时，炉台风机转换高速运行。

（23）N_2 清洗结束前，炉台控制热电偶达 250℃，燃烧系统直到清洗结束一直关闭。

（24）用 H_2 置换 N_2 后一直长时间清洗轧制液，直到保温为止。

（25）当 H_2 供入时，空气/N_2 排放阀关闭，转至 N_2/H_2 排放管线进行放散。

（26）N_2/H_2 排放阀开启前，必须用 N_2 清洗 45s。

（27）加热期间，加热罩热电偶提供控制变量。

（28）当炉台控制热电偶达到程序设定点时，该热电偶将给燃烧系统提供控制变量。

（29）负载空间于均热结束前 18min 进行泄漏试验。

（30）试漏一开始，负载空间不泄漏灯闪。若试验合格则灯继续亮。若出现负载空间泄漏灯亮，说明试漏不合格而进行报警，然后消除报警，进行检查。首先检查一个或更多个烧嘴，压力如迅速下降，这将导致负载空间压力下降。其次重复试漏，确认属实漏，用 N_2 清洗 H_2，加热罩可以吊出，炉台风机可以继续运行。

这时，开关为手动，按 N_2 按钮，使保护气体排出至大气放散。N_2 流量设定为 30 m^3/h，在此流量下清洗负载空间 4h。该流量不能增加，否则排出管的阀门可能过热。

（31）若泄漏试验合格结束，加热罩程序结束灯闪。

（32）关闭入口煤气和天然气阀，并拆除加热罩管线。然后拆除多插头连接器；断电，拆除电源插座；拆除点火煤气；拆除压缩空气。

（33）加热罩程序结束灯熄灭。

（34）炉台风机停送。

（35）吊出加热罩。

（36）吊扣冷却罩，接通管线，冷却罩风机运行。

（37）冷却罩风机于 270℃停运。

（38）180s 后冷却罩供水阀开启。

（39）10min 后炉台风机低速运行，再 10min 后高速运行。

（40）当炉台控制热电偶温度达到出炉设定温度时，关闭氢入口阀。

（41）炉台风机低速运行。

（42）打开氮气入口阀，排出阀开启，用氮清洗炉内氢，流量为 $150m^3/h$（监控 $138.3m^3/h$），时间为 30min。

(43) 冷却罩进水阀关闭，出水阀打开放完水后关闭。

(44) 炉台风机停止。

(45) 吊卸冷却罩前将水及电接头拆除，吊卸冷却罩。

(46) 关闭氮气入口总阀，拆除保护罩法兰水接头，松开液压压紧装置。

(47) 开启轧制液阀门，向油收集器放出。同时卸掉炉内压力。

(48) 吊卸保护罩。

(49) 放上炉台保护盖板。

(50) 吊卸钢卷出炉。

4.3.15 冷轧带钢退火产量及单耗指标

强对流全氢罩式炉生产工艺制度的确定也需通过试验炉台进行试验，摸索出不同钢种、不同规格的生产工艺制度。试验炉台需安放12支热电偶，以测定退火曲线，并以最冷点与最热点温差为控制目标。例如碳结钢退火温差为60℃，当加热段最冷点达到所设定的退火温度，同时保证最热点与其温差不超过60℃时，加热结束；当冷却段最热点达到160℃时，可以出炉。

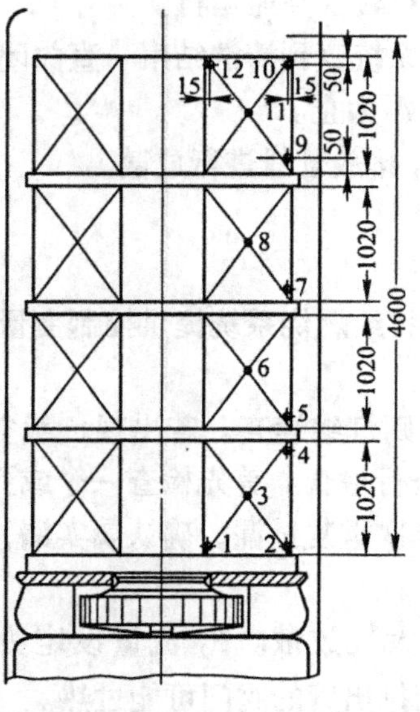

图 4-59　试验炉台12支热电偶插放部位示意图

当经过大批生产试验后，可以找出控制热电偶（炉气）在加热段或冷却段与最冷点或最热点的温差，从而以控制热电偶显示温度作为正常生产的控制依据。这样制定出不同钢种、不同规格的退火工艺制度。当然，退火工艺制度也不是一成不变的，应根据退火条件变化或用户要求，逐步修改原工艺制度，使之逐步完善。

试验炉台热电偶插放具体部位如图4-59所示。12支热电偶是卷取成品时放入的。装炉时将热电偶周围用石棉绳塞严，以防止保护气体直接进入，造成实测部位不真实。然后12支热电偶从炉台下部引出，标定好插放部位编号，测定绘制出退火曲线。

经过试验炉台测定的强对流全氢罩式炉产量指标如表4-13所示。

表 4-13　强对流全氢罩式炉产量指标

参　数	碳结钢	深冲钢	重 深 冲 钢	
钢卷外径/mm	1950	1950	1950	1950
钢卷内径/mm	610	610	610	610
钢卷宽度/mm	1020	1020	1250	1020
带钢厚度/mm	0.5	2	1	1.2
钢卷单重/t	21	21	25.6	21
堆垛卷数/卷	4	4	3	4
堆垛净重/t	84	84	76.8	84
退火温差/℃	710/650	710/670	710/690	710/690
出炉温度/℃	160	160	160	160

续表 4-13

参数	碳结钢	深冲钢	重深冲钢	
加热时间/h	21	24.3	28.6	28
加热能力/$t\cdot h^{-1}$	4	3.45	2.69	3
冷却时间/h	21.2	21.4	20.5	20.3
冷却能力/$t\cdot h^{-1}$	3.96	3.93	3.75	4.14
炉台时间/h	42.2	45.7	49.1	48
炉台能力/$t\cdot h^{-1}$	1.99	1.84	1.56	1.74

以碳结钢为例，在退火温差为690℃/630℃条件下，强对流全氢罩式炉单耗指标为：

（1）混合煤气：0.731GJ/t；

（2）电力：11kW·h/t；

（3）炉台冷却水：$1m^3/t$（入口温度20℃）；

（4）冷却罩冷却水：$4.5m^3/t$；

（5）氢气：$1.6\sim2.3m^3/t$（随着剩余轧制液量而变化）；

（6）氮气：$4m^3/t$。

4.4 高氢型保护气体单垛式紧卷罩式退火炉保护气体、氮气的制取和应用

4.4.1 概述

高氢型保护气体单垛式紧卷罩式退火炉，是进入21世纪以来，伴随着我国冷轧薄钢板生产的迅速发展，独立建设的冷轧薄钢板生产企业采用高氢作为保护气体而发展起来的。在此之前，我国鞍钢、宝钢、武钢等大型钢铁联合企业所属冷轧薄板厂，热处理车间全部采用电解水制氢作为罩式退火炉的保护气体。近年来，由于电解水制氢相对电耗高，制氢成本高，发展受到限制。进一步开发，采用焦炉煤气变压吸附分离制氢，采取全氢作为罩式退火炉保护气体是最佳选择。可是，远离大型钢铁联合企业独立建设的冷轧薄钢板厂，对保护气体的选择就应综合考虑，应选择保护气体原料供应充足，制取成本低，又能满足罩式退火炉要求的制取工艺。目前普遍采取氨分解的方法制取氢氮混合气体，其中氢的体积分数为75% H_2，氮的体积分数为25%。这种混合气体在过去小型罩式退火炉上就应用过，特别是电炉应用比较广泛。但是由于近年来国内大规模兴建冷轧厂，对于保护气体的选择就应该认真对待，过去传统的高氮、低氢的氮氢型保护气体当然不能采用，而选择氨分解及纯化工艺制取的高氢型保护气体比较适宜。与全氢保护气体对比，高氢型保护气体成本低，可比条件下退火产量低7%～8%，对钢板表面质量没大的影响，安全生产措施相同。

对于氮气的制取，在大型钢铁联合企业普遍采用制氧副产品——工业氮进行纯化工艺；而目前独立建设的冷轧厂，一般采取碳分子筛变压吸附制氮工艺。

为满足目前独立建设冷轧厂的需要，本节重点叙述高氢型保护气体单垛式紧卷罩式退火炉保护气体、氮气的制取和应用。现以我国某厂200/530型高氢型保护气体单垛式紧卷罩式退火炉为例进行叙述。

4.4.2 主要技术性能

高氢型保护气体单垛式紧卷罩式退火炉采用氨分解及纯化工艺制取保护气体，对冷轧后钢卷进行再结晶退火，光亮冷轧钢板表面，满足冷轧钢板国家现行标准的要求。

高氢型保护气体单垛式紧卷罩式退火炉的主要技术性能如下：

退火钢种：普通碳素结构钢 60%，优质碳素结构钢 30%，冲深压钢和低合金钢 10%；

钢卷规格：最大外径 ϕ2000mm，内径 ϕ610mm，最大卷重 25t，平均卷重 21t；

板厚：0.3～2.0mm，其中 0.3～0.5mm 10%、0.5～1.0mm 50%、1.0～1.2mm 30%、1.2～2.0mm 10%；

板宽：1015～1265mm，其中 1015mm 25%、1065mm 20%、1115mm 15%、1165mm 15%、1215mm 15%、1265mm 10%；

钢卷垛最大高度：5300mm；

最大装炉量：100t；

平均装炉量：84t；

保护气体：氨分解及纯化，成分：H_2 的体积分数为 75%、N_2 的体积分数为 25%，纯度：残氨液不大于 5×10^{-4}%，露点不大于 −60℃；

氮气：用洗炉、密封炉底、安全备用氮，成分：N_2 的体积分数为 99.995%，纯度：O_2 的体积分数不大于 10×10^{-4}%，露点不大于 −40℃，残油量不大于 2×10^{-4}%，机械杂质不大于 0.5μm。

关于高氢型罩式炉的设备及生产技术，基本同全氢型罩式炉，在前面 4.3 节已做了较详细叙述，这里不再重复。

4.4.3 高氢型保护气体的制取和应用

本书已经在 4.2.13 节介绍了保护气体的有关内容，在大型钢铁联合企业冷轧厂，一般是采取电解水制氢，然后进行除氧、除水纯化处理。这里将叙述氨分解制取及纯化处理装置。

氨分解装置以液氨为原料，在催化剂的作用下使液氨加热分解，制取 H_2 的体积分数为 75%、N_2 的体积分数为 25% 的混合气体，以此作为高氢型保护气体。

制取原理是：液态氨经过汽化后，在一定温度下将发生热分解反应：

$$2NH_3 \rightleftharpoons 3H_2 + N_2 - 92kJ$$

此反应为吸热反应。

1kg 的液氨，在 20℃、0.1MPa 下，可以汽化成 1.32m^3 的气态氨，再分解成 H_2 的体积分数为 75%、N_2 的体积分数为 25% 的混合高氢型保护气体 2.64m^3，

气态氨主要性能参数是：有刺激性，是易燃易爆气体；密度为 0.771kg/m^3；沸点为 −33.4℃；爆炸极限为 15.5%～27%；着火温度为 651.2℃；15℃、0.1MPa 下低发热量为 13292kJ/m^3。

氨分解和纯化流程图如图 4-60 所示。

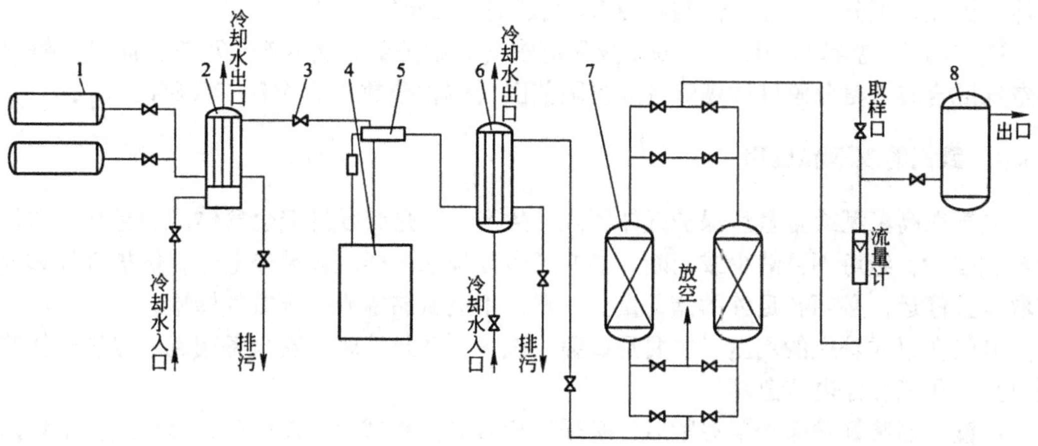

图 4-60 氨分解和纯化流程图

1—液氨储罐；2—汽化器；3—减压阀；4—分解炉；5—热交换器；
6—水冷却器；7—吸附器；8—稳压罐

氨分解和纯化流程为：液态氨自液氨储罐流出后经过汽化器，在汽化器中被加热汽化，被加热的气态氨经减压阀减压到 0.05～0.10MPa，然后进入分解炉，在高温下在装有催化剂的反应炉胆内进行分解；经过热交换器加热的冷却水被送入汽化器水入口；经过水冷却器降温除水，再经过分子筛吸附器除去残余氨液和进一步除水处理，达到降低露点的目的；然后进入气体稳压罐，最后送入罩式退火炉。

氨分解率、氨分解残氨与分解温度有直接关系，氨分解数据如表 4-14 所示。

表 4-14 氨分解数据

温 度/℃	残 氨/%	氨分解率/%	温 度/℃	残 氨/%	氨分解率/%
300	2.24	95.6160	750	0.0172	99.9654
350	0.9701	98.0782	800	0.0129	99.9740
400	0.4657	99.0727	850	0.0103	99.9793
450	0.2444	99.5122	900	0.00733	99.9853
500	0.1392	99.7219	950	0.00591	99.9881
550	0.0834	99.8333	1000	0.00497	99.9900
600	0.0528	99.8944	1050	0.00435	99.9912
650	0.0352	99.9295	1100	0.00394	99.9921
700	0.0250	99.9499			

从表 4-14 可知，氨分解率在 600～700℃时很高，可达 99.8% 以上。

实际上，氨分解率并没有表 4-14 中所列数值那样大，这是因为理论计算时没有考虑时间因素，只是表明可能达到的最大值。为了加速氨分解和提高氨的分解率，通常选用 800～850℃的分解温度。

氨分解气体成分为：H_2 的体积分数为 75%，N_2 的体积分数为 25%，其中 N_2 为中性气体。因此，氨分解气体的性质和纯 H_2 气是基本相同的。

H_2 与空气混合时，H_2 爆炸浓度极限范围（体积分数）为4% ~75%；而氨分解气体与空气混合时，氨分解气体爆炸浓度极限范围（体积分数）为4% ~75.8%。

4.4.4 氮气的制取和应用

氮气在高氢型或全氢型保护气体罩式炉生产中，是必须的安全气体。而且在罩式炉生产全过程中，绝对不可缺少或间断，如同炉台冷却水一样。如果停电时，保护气体和氮气制取装置停运，必须有足够的储备量。一般采用液氮储罐或高压氮气储罐。

氮气在罩式炉中的用途，主要是试漏、洗炉、密封炉底、安全备用氮、保护气体管路隔离介质用氮和停电应急用氮。

试漏：当装好炉保护罩夹紧后，必须进行密封检查试漏，以保证在退火过程中炉内不漏气。一般以通氮压力升到5000Pa 稳压并经过 15min 后检查压力不低于4000Pa 为合格。

冷态洗炉：试漏结束后，在加热罩点火前必须用氮气清洗炉内空气，以氮气去置换空气，此为冷态洗炉。冷态洗炉用氮气量一般为炉内空间容积的 8 倍，以炉内残存氧含量（体积分数）达到0.5% ~1%为合格。

热态洗炉：在准备出炉保护罩尚未吊卸前，必须用氮气清洗炉内保护气体，以氮气置换保护气体，此为热态洗炉。热态洗炉用氮气量一般为炉内空间容积的 8 倍，以炉内残存氢含量（体积分数）达到4% ~5%为合格。

密封炉底用氮气：在炉台底板内部连接氮气进气管和出气管，通入绝热纤维层内部，其氮气压力为3300 ~3700Pa，安全阀设定压力为3700Pa，保护罩内工作压力为4500 ~5000Pa。使炉台金属凹形壳体受炉内温度和压力影响相适应，以保证金属壳体不变形或开裂，延长其使用寿命。同时，对凹形壳体定期进行检漏试验。

安全备用氮：氮气管路和保护气管路并联到进炉气体管路上。正常退火生产情况下，当炉内低压或保护气体供应出现故障时，立即开启氮气进气阀门通入氮气，保持炉内压力，或替代保护气体维持生产。

保护气体管路隔离介质用氮：打开阀门充氮气隔离保护气体管路，氮气压力高于保护气体压力，氮气压力为8000 ~10000Pa。随后关闭保护气体管路阀门，保证生产安全进行。

停电应急用氮：保护气体和制氮装置停运时，必须有足够的应急储备量，通常采用高压氮气储罐或液态氮储罐。高压氮气储罐罐体容积大，储备量大，压力高，成本高，属于高压容器罐。如果有液态氮来源，建议采用液态氮储罐为宜。

氮气是一种无色、无味、化学性质不活泼的气体，具有无毒、不燃烧、不爆炸的特点。空气中如果氮气含量高，对人有窒息危害。

纯氮气在替代保护气退火时，据有关资料介绍，氮气中的氧含量（体积分数）超过0.001%会使钢产生氧化、脱碳。因此，在一般热处理时不能使用单一的氮气作为保护气体，应使氮气中含有少量的还原性气体如 CO、H_2 等来防止氧化。

氮气来源为液态氮价格高，用制氧副产品——工业氮，又不具备气源条件。为此，独立建设的冷轧厂普遍采用碳分子筛变压吸附制氮工艺，以压缩空气为原料制取氮气。这种技术自20 世纪60 年代开始从美国发展起来。

碳分子筛变压吸附制氮原理是：以压缩空气为原料，以碳分子筛做吸附剂，利用压缩空气中氧、氮分子在碳分子筛孔隙中扩散速率的不同而达到分离空气的目的。制氮机主要由两个填满碳分子筛的吸附塔组成，当经过净化后的压缩空气进入第一个吸附塔时，空气中的氧、二氧化碳等气体被碳分子筛所吸附，而氮气在气相中得到富集。在第二个吸附塔已完成吸附时碳分子筛被迅速地降压，解吸出已吸附的氧和二氧化碳等气体。两塔交替循环，即可得到普遍采用的纯度为95% ~98%的氮气。

如果需要高纯度的氮气，可增设加氢纯化装置，氮气纯度可以达到99.99%以上。

以德国一家公司2003年开发的新产品为例，碳分子筛技术指标介绍如下。

吸附塔内堆密度为0.67 ~0.70t/m^3。

平均圆柱体颗粒直径为2.3 ~2.5mm。

产氮气量根据具体制氮设备工艺流程而定。产氮气量与氮气纯度关系如下：

氮气纯度/%	产氮气量(标态)/m^3·(h·t)$^{-1}$
99.00	>225
99.50	>185
99.90	>115
99.99	>55

从上面所列产氮气量可以看出，氮气纯度越高，在时间和碳分子筛装入吨数不变的条件下，产氮气量就越低，消耗压缩空气量越多，消耗空压机功率越大，制氮成本越高。

氮气回收率根据具体制氮设备工艺流程而定。氮气回收率与氮气纯度关系如下：

氮气纯度/%	回收率（N_2/空气）/%
99.00	>38.5
99.50	>35.2
99.90	>27.0
99.99	>16.0

从上面回收率可以看出，氮气纯度越高，回收率越低，消耗压缩空气量越多，消耗空压机功率越大，制氮成本越高。

从上述分析可以看出，如果需要较高纯度的氮气，应该采用较低纯度的制氮机，再增设加氢装置进行除氧、除水纯化处理，从经济上考虑这种方案是合理的。

目前国内生产碳分子筛变压吸附制氮机的厂家不少，变压吸附技术日益提高，设备不断完善。因此，近年来，虽有液态氮储罐和膜分离制氮等现场制氮技术的竞争，但由于碳分子筛性能的提高和自动阀寿命可达到百万次以上，而且碳分子筛变压吸附制氮机还具有投资少、能耗低、可自动操作、运行可靠等优点，所以，仍被广泛应用。

碳分子筛制氮机及纯化装置如图4-61所示。

压缩空气是制氮原料，现在普遍选用螺杆式空压机制取压缩空气。由于无油螺杆式空压机价格太高，因此大多选用少油螺杆式空压机。少油螺杆式空压机新安装运转时，空压机的压缩空气中含油量可在3×10^{-4}%以下，可是随着运转时间的增加，压缩空气中的含油量会明显增多，虽然在空压机后配置了冷冻干燥机和三级过滤器等装置，仍然会造成对碳分子筛的污染。因此，必须定期检查和更换螺杆式空压机内和净化用过滤器的滤芯。

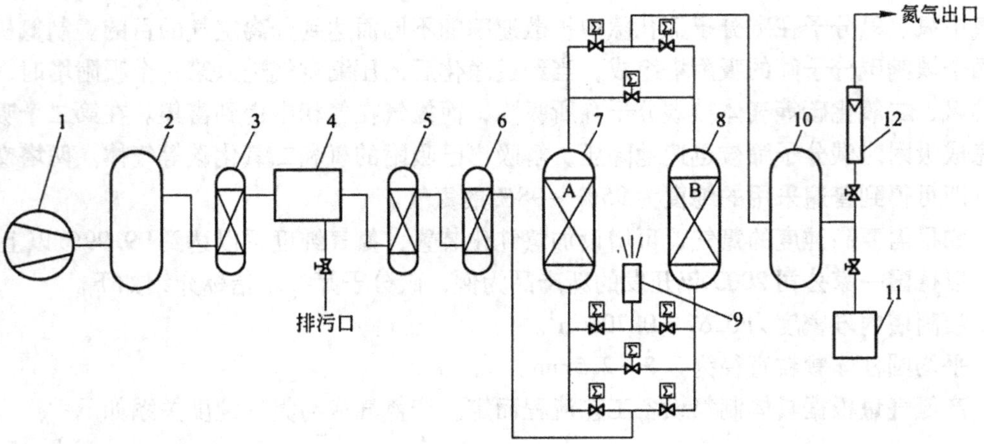

图 4-61 碳分子筛制氮机及纯化装置

1—空压机；2—空气贮罐；3—C 级过滤器；4—冷干机；5—T 级过滤器；6—A 级过滤器；7、8—吸附器；9—消声器；10—氮气储罐；11—氮气分析仪；12—氮气流量计

为了保证制氮机正常运行，必须要求压缩空气净化后达到如下指标：残余粉尘粒度不大于 0.01μm，残油含量不大于 0.003mg/m³，残余水含量不大于 0.69mg/m³。

碳分子筛是制氮机的关键设备，要求碳分子筛强度好，产氮气量、产氮纯度高。国内外一些碳分子筛性能如表 4-15 所示。

表 4-15 国内外碳分子筛的性能

生产厂家	主要材料	产氮量/L·(kg·h)⁻¹	氮气纯度/%	回收率/%
德国 Carbotech 公司	天然煤质	>185	99.5	>35.2
日本武田株式会社	天然椰壳	>190	99.5	>38.3
日本钟纺株式会社	合成树脂	>185	99.5	>32
浙江海华化工厂	合成树脂	180~200	99.5	>32
浙江中泰分子筛有限公司	合成树脂	180~200	99.5	>36
浙江科博分子筛有限公司	合成树脂	180~200	99.5	>36

以上数据由生产厂家提供。不同批号的碳分子筛有时也有相当的差别。

碳分子筛是由碳组成的多孔物质，碳分子筛表面有许多微孔，在一定压力下（一般采用 0.7MPa），由于氧分子通过碳分子筛微孔系统狭窄空隙的扩散速度比氮分子的快，因此，碳分子筛对氧分子优先吸附，而氮分子则被富集成高纯度的氮气。变压吸附制氮机利用这一特性，采用加压吸附、减压解吸的原理实现氮氧分离制取氮气。

采用双塔并联交替进行吸附和再生，从而从压缩空气中连续制取氮气。氮气纯度为 95%~98%，露点为 -40℃。

切换阀门也是制氮机的关键设备，要求阀门切换速度快、气密性好、寿命长等，一般要求阀门开关寿命在百万次以上。阀门切换采用 PLC 可编程序控制器自动进行控制。工作周期大多数设定在120s，其中吸附58s，解吸58s，平衡2s。也可以根据碳分子筛性能和工艺要求进行调整。短周期产氮气量高，长周期回收率高。

所谓氮气纯化是指对气体进一步除氧和除水。除氧采用加氢催化除氧方法。加氢有三种方案：一是用低压氨分解气，通过氢加压机增压到氮气纯化工作压力0.5～0.7MPa；二是用专门的一台压力较高的氨分解炉使氨分解气压力达到0.5～0.7MPa左右；三是把氮气压力降至0.05MPa，直接用低压氨分解气进行催化除氧。目前大多数采用第一种方案。

采用高效钯催化剂除氧，可以使氮气纯度由原来95%～98%提高到99.995%以上。这样可以降低对纯化前氮气纯度的要求，从而大大降低制氮设备投资和操作电耗，可以选择小功率空压机和尽量减少碳分子筛需用量。从经济上考虑这样做是合理的。

在高温炉中水具有强氧化性，因此，保护气体中或在替代保护气体的氮气中应该充分除水。氮气纯化可采用冷冻干燥和变温吸附干燥两级措施，深度除去水分。冷冻干燥是采用冷冻机将气体降温到2～4℃进行初步除水，减小变温吸附塔的负担。变温吸附方法是采用分子筛做吸附干燥剂，两塔交替工作，一台低温吸附，另一台高温解吸再生，使氮气的纯度达到99.995%以上，露点不大于－40℃。

关于氮气加氢除氧纯化，是指氢和氧在钯触媒作用下生成水并发生放热反应。其反应式为：

$$O_2 + 2H_2 \xrightleftharpoons{\text{催化剂}} 2H_2 + Q(\text{放热})$$

氮气配氢是关键。为了充分除氧，必须有剩余氢。采用现有氢气源，可以用氨分解气——氢氮混合气体，这样成本低，流量比纯氢大些，更容易控制。

配氢系统有两种，一种是人工手动配氢系统，另一种是自动配氢系统。由于氢气的密度很轻，压力波动大，对于要求过剩氢严格的氮气，经过多年生产操作证明，人工手动配氢系统是不适应的，而且操作者消耗精力太大，仍然达不到过剩氢量的控制要求，必须采用自动配氢系统。自动配氢系统的原理如图4-62所示。

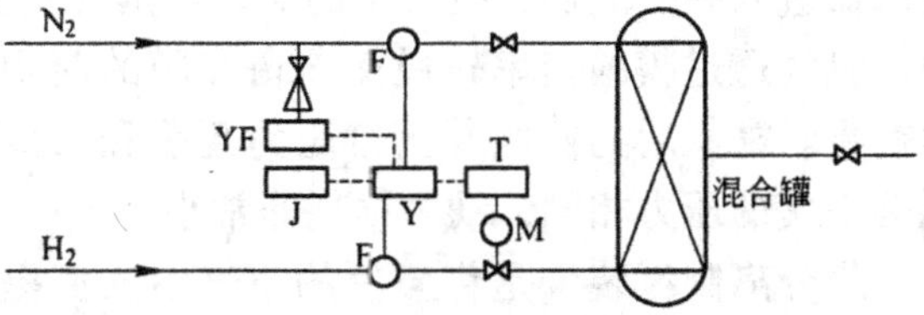

图4-62　氮加氢除氧自动化控制原理图

F—流量计；YF—氧分析仪；Y—运算器；J—记录仪；T—比例调节装置；M—高性能流量调节阀

图4-62中氧分析仪、氮气流量计和氢流量计测得的参数输入运算器后，驱动变送器控制氢气管路阀门的流量，达到自动配氢的要求。压力在1.0MPa以下，流量为0～1000 m^3/h，调节精度不大于$\pm 500 \times 10^{-4}\%$。

下面简单介绍一下膜分离制氮装置。

这种新技术起源较早，普遍发展是从20世纪80年代以后才得到推广应用。

制氮原理为：两种或两种以上混合气体通过高分子膜时，由于各种气体在膜中的溶解度和扩散系数存在差异，导致不同气体在膜中的相对渗透速率有所不同。根据这个特性，可将气体分为“快气”和“慢气”。

当混合气体在驱动力——膜两侧压差的作用下通过高分子膜时，渗透速率相对较快的气体，如水、氧、二氧化碳等在渗透膜后侧富集，而渗透速率相对较慢的气体，如氮、一氧化碳、氩气等则被滞留在渗透膜前侧富集，从而达到分离混合气体的目的。

当以加压净化空气为气源时，氮气等惰性气体在渗透膜前侧被富集成纯度较高的氮气，供给生产使用。渗透膜后侧富集的氧气放空。

膜分离器结构如图 4-63 所示。

膜分离器由多束半渗透中空纤维丝组成，每个分离器含有数以万计的纤维丝，这为气体提供了最大限度的分离面积。根据不同气体的分离特性，膜分离器设计成外压型和内压型两种结构。内压型适用于空气富氮过程。

膜分离制氮装置流程图如图 4-64 所示。

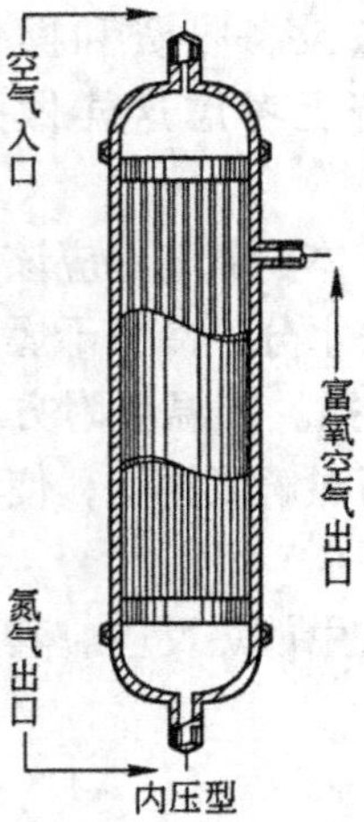

图 4-63　膜分离器结构

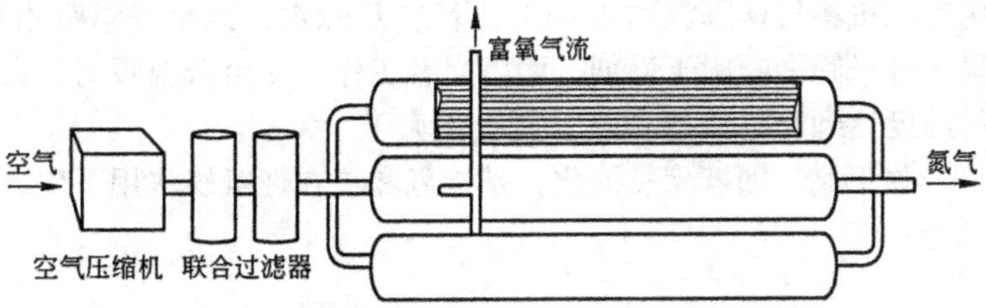

图 4-64　膜分离制氮装置流程图

从图 4-64 看出，膜分离制氮装置由空压机、过滤器和膜分离器组成。压缩空气经过过滤器进入膜分离器，空气中的氧、水蒸气及少量的二氧化碳快速透过膜进入另一侧被富集；氮气透过膜的速率较慢而滞留在膜的前侧被富集。富集后的氮气其出口压力几乎和入口压缩空气的压力相同，动力损耗非常小。

膜分离制氮装置是将廉价的空气中的氮提取出来，氮气的纯度可达 95% ~99.9%。通过配置后级脱氧装置进行纯化处理，可得到 99.995% 以上纯度氮气。

通过调节压缩空气的压力、流速及温度等参数，可以得到不同的产品氮。氮膜系统纯度和流量关系曲线如图 4-65 所示。

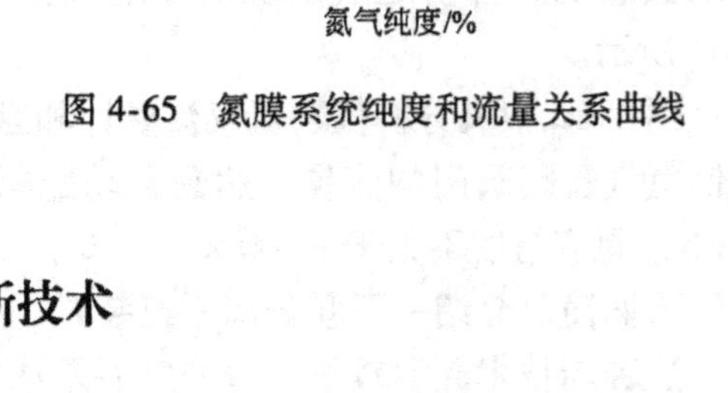

图 4-65　氮膜系统纯度和流量关系曲线

4.5　冷轧薄钢板罩式退火炉发展趋势和新技术

4.5.1　冷轧薄钢板罩式退火炉发展趋势

冷轧薄钢板生产，就世界而言，酸洗工艺从硫酸连续酸洗发展到浅槽盐酸酸洗，又由于 30 ~50 万 t 低、中产量，带钢焊机价格居高不下，为回避高昂投资负担，采用单卷推拉式盐酸酸洗。轧钢工艺从单机架四辊可逆式轧机发展到五机架连轧机，又发展到酸洗—轧机联合机组，以后也是为了适应30～50万t低、中产量而采用单机架六辊可逆式轧机，进入21世纪又开发出双机架六辊可逆式轧机。

冷轧薄钢板罩式炉是从单垛紧卷罩式炉开始兴起的。自20世纪70年代开始，以日本为首率先研制冷轧带钢连续退火炉，发展到20世纪90年代逐渐冷了下来，这段时间是以单垛紧卷罩式炉为主、连续式退火炉为辅的发展时期。进入21世纪后，连续退火炉退火冷轧板和高强钢板就不再推广了，而连续退火炉只是作为镀层机组的一部分工艺设备广泛应用。这时候，强对流全氢罩式炉技术普遍推广，并得到了广泛应用。

我国冷轧薄钢板生产起步较晚，1960年5月鞍钢冷轧厂从苏联引进的1700mm和1200mm单机架四辊可逆式冷轧机先后投产，到了20世纪90年代通过技术改造投产了1700mm酸洗-轧机（五机架）联合机组，又于2003年投产了另一套1700mm酸洗-轧机（五机架）联合机组。当然，鞍钢冷轧厂罩式炉是在前头各生产工序技术改造发展过程中相应发展起来的。

鞍钢冷轧厂罩式炉发展的过程可以说代表了我国冷轧薄钢板生产罩式炉发展的全过程。首先鞍钢冷轧厂作为国内第一家冷轧厂于1960年5月投产了从苏联引进的75座大型罩式炉（180/420型），保护气体成分（体积分数）为：1%～2% H_2、1%～2% CO、其余N_2。然后于1991年4月，鞍钢冷轧厂又率先从国外引进了4座强对流全氢罩式炉（200/460型），保护气体成分（体积分数）为：100% H_2。此后自1991年4月至2002年鞍钢冷轧厂陆续从国外引进了一些高效能全氢罩式炉117座（200/460型36座、200/530型36座、210/560型45座），又于2003年底与国内外先进罩式炉制造厂进行技术交流，对原有24座（185/440型）罩式炉进行技术改造。上述发展过程充分说明，鞍钢冷轧厂罩式炉技术从时间上看、从技术发展上看，在国内始终处于领先地位。

4.5.2 冷轧薄钢板罩式退火炉新技术

冷轧薄钢板罩式退火炉新技术，是在20世纪80年代首先从西欧发展起来的，其中最具代表性的就是强对流全氢单垛紧卷罩式退火炉。其主要技术特点如下：

（1）采用全氢作为罩式炉的保护气体，取代传统的高氮低氢的氮氢型保护气体。

（2）采用强对流传热理论，研制大风量的炉台循环风机。叶轮直径由500mm逐渐提高到800mm，目前已经普遍采用950mm。风量从20000m^3/h逐渐提高到55000m^3/h，目前已经采用风量为10万m^3/h的大型循环风机。

当然，这种大直径、大风量的炉台循环风机是采用耐热钢材料制造的，其制造技术、制造精度要求是比较严格的。

（3）全封闭炉台，对炉料不产生污染。炉台循环风机与炉台采用静密封方式取代动密封方式，保护炉内保护气体不外泄，炉外空气不侵入。

（4）快速冷却系统，采用气—水联合冷却方式，取代过去单独风机气体冷却方式，设备简单、价格低。当然，目前有的厂仍然采用炉外分流保护气体循环水冷却方式，设备复杂，安装和维修费用高。气—水快冷与分流快冷的冷却效果基本相同。

以上4项主要技术，经过多年生产实践逐步发展起来。关于采用全氢和对保护罩冷却阶段喷冷却水技术，开始的时候有的人提出：全氢做保护气体，不好掌握，容易发生爆炸事故，只能应用于硅钢高温退火和铜材退火；对于冷轧薄钢板特别是高碳钢在高温时容易产生脱碳缺陷；喷水冷却产生大量水蒸气，将污染车间、损坏保护罩等。

对于全氢做保护气体，氢气是易燃易爆气体，在前面4.3.10节已经重点做了叙述。在正常退火过程中，保持炉内正常，避免外界空气侵入；炉外空间大，氢气体积密度小，不易积聚，一般情况下很快就上升扩散。尽管如此，生产中也不能掉以轻心，必须严格遵守氢气的安全技术操作规程，这样爆炸事故是完全可以避免的。

对于退火高碳钢容易产生脱碳缺陷问题，冷轧薄钢板罩式退火炉属于再结晶退火，退火温度在720℃以下，最高退火温度由热电偶自动控制，限制在750℃以下，炉内高温时保护气体露点较低。这种炉温和炉内低露点气氛，不具备脱碳条件，而且罩式炉退火生产基本上是低碳钢。

对于喷水冷却问题，罩式炉吊出加热罩首先进行自然冷却，温度降到500℃以下时冷却罩风机启动进行风冷。当炉温降到273℃以下时开始喷水冷却，这时要按已经调试好的水量进行喷水，水量大，出现蒸汽少，时间很短。经生产实践可知，装炉量为80～100t时，水量一般在20～24m^3/h，蒸汽量很少，看见水蒸气时间只不过20～30s，对车间空间没有什么影响，而且保护罩在低温下喷水对寿命也不会有影响。

当时在国内还没有强对流全氢罩式炉的先例。鞍钢以科研项目出资，于1988年4月从奥地利艾伯纳工业炉公司订购了4座强对流全氢样炉，并于1991年4月投产。随后截至到2002年鞍钢改造和新建了100多座全氢罩式炉，剩余的24座氮氢型炉也已经在2003年底开始进行改造工作。武钢和宝钢从原西德进口的氮氢型罩式炉也均已开始陆续改造成全氢罩式炉。当然，近几年来新建冷轧厂全部采用全氢罩式炉，对于全氢技术也有个认识过程，还有个生产实践过程。鞍钢冷轧厂通过近十年来对全氢炉的改造和新建，积累了一些技术和经验，使这方面技术得到共识和推广。至于氢气制取来源，根据不同条件可采取不同的制取工艺。例如，独立建设的冷轧厂，可采用氨分解制氢、甲醇裂解制氢等。

强对流全氢罩式退火炉，截至目前大家一致肯定这门技术的先进性，还没有可以取代它的新技术，只是在逐步推广、逐步改进、逐步发展的过程中。

近年来，有关强对流全氢罩式炉的改进和发展主要表现在如下几个方面：

(1) 改进炉台循环风机。原来为交流电机变级（四级、六级）变速，现改成交流变频调速，其主要技术参数对比如表4-16所示。

表4-16　变级变速和变频调速风机参数对比

参　数	变级变速风机	变频调速风机	参　数	变级变速风机	变频调速风机
功率/kW	55/13	22	叶轮直径/mm	950	950
转速/$r \cdot min^{-1}$	1500/750	最大2200	风量/$m^3 \cdot h^{-1}$	55000	100000

由交流变级变速提升到交流变频调速，从两级变速提升到无级调速，风量随着转速的变化而相应地变化，风量最高可增加到100000m^3/h，提高了炉内保护气体的循环量，从而提高了加热能力和冷却能力；提高了炉内钢卷垛上下、钢卷内外温度的均匀性，从而提高了退火质量。

这种变频调速风机、转速高、风量大，因此制造技术、制造精度要求高，尤其是叶轮材质应选择高镍合金钢。同时对焊接质量和动平衡试验要求亦高。

(2) 装炉量增加。装炉量对退火产量影响较大。随着炉台风机能力加大，装炉高度随之增高，装炉高度从4200mm、4400mm、4600mm、4900mm、5300mm、5600mm，目前发展到5800mm。这样装炉量逐渐增加，退火产量也随之增加。

(3) 改进保护气体和氮气进气管路。原来为炉台底部进气，现在改成由炉台风机底部进气。

虽然在炉台风机上部安装一个导叶片，形成一个小风扇具有离心作用，可将保护气体通过封闭水套内侧，从下端抽入电动机定子和转子之间，这样形成一个电动机内外冷却循环系统，可以充分冷却电动机和清洗其空间气体，对电动机冷却保护和清洗其空间气体有重要意义，可是，把保护气体和氮气进气管由炉台底部进气改成炉台风机底部进气，可以更直接地冷却电动机和清洗其空间，效果更好些。

(4) 改进保护罩内压力控制。原来采用机械重锤式恒压阀，现在取消重锤式恒压阀，改成通过保护罩内压力增大或减小的信号来调整保护气进口流量。这样可以实现保护罩内压力恒定，改变了原来重锤式调好的重量，机械式地限定压力，只有超压时溢流，或者开动重锤式恒压阀前的放散管阀，进行频繁开或关的缺点。

(5) 改进炉台 PLC 控制。原来两个炉台采用一块 PLC 控制，现在改成一个炉台采用一块 PLC 控制。所有的功能，包括保护罩夹紧、保护罩内试漏检测和氮气安全清洗，均为全自动操作。由两个单独的温度程序和气氛跟踪确定退火程序。当中央控制系统发生故障时，每个 PLC 控制系统可以继续工作；当 PLC 出现故障时，人工可以进行手动模拟操作。原来两个炉台共用一块 PLC 控制，投资减少，可是操作工检查炉况时，需在认真查找两个炉台炉况后方可确认每个炉的炉况，操作时消耗精力，有时还有看错炉号的可能。虽然一次投资略多些，但从长期生产的角度考虑，还是一个炉台配装一块 PLC 控制系统适宜。

4.6 单垛式罩式退火炉的计算机控制

以前，罩式退火炉的控制是人工根据仪表室的仪表指示，按照规定的工艺制度和工人的经验，到炉旁进行操作，调整煤气和风量。由于仪表指示温度精度低、误差大，工人工作经验的差异和责任心的不同，经常因操作失误，而发生质量事故。20 世纪 60 年代末我国首次利用国产 K351 计算机控制 75 座罩式炉生产，收到了一定的效果。但该机为样机，分立元件受环境温度影响较大，内存 4K 容量太小且无外存，外围设备落后，维护量大。1984 年，美国 IBM 公司和我国一机部联合进行了小型机的应用试验，确定某冷轧厂为试点之一，对原 75 座炉和新建 24 座炉实施全面闭环控制。

4.6.1 IPAC SYS 15 系统（简称系统 15）简介

针对热处理车间设备分布情况，决定设两套系统 15，一套用于控制原 75 座罩式炉，一套用于控制 24 座新炉。每套系统 15 都有 6 个 RS-232 端口；除原配彩色 CRT 外，增配一台黑白 CRT，供人—机对话使用；增配 4 台 F_x-100$^+$ 打印机，用于记录和报警打印。

系统 15 的结构框图见图 4-66。

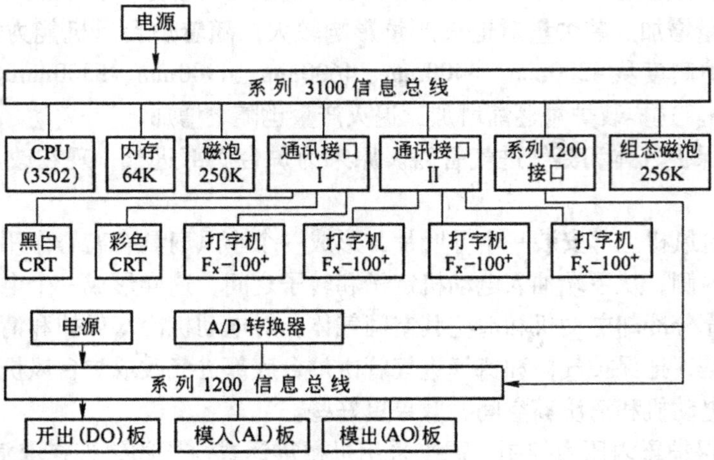

图 4-66　系统 15 的硬件结构框图

系统 15 能够预设定各种不同钢质的退火温度曲线，并通过自动调节煤气量和风量实现最佳的温度控制。同时系统还具有人—机对话、输出打印、瞬时炉况画面显示等多种功能。该系统在罩式炉上的成功应用，提高了钢板的退火质量，减轻了工人的劳动强度，同时也为事故分析提供了依据，为科学管理生产创造了条件。

4.6.2　控制参数及工艺制度简介

4.6.2.1　控制参数

罩式退火炉简单示意如图 4-67 所示，内外罩之间通煤气燃烧加热。内罩里面通保护气体防止钢板氧化，并设有循环风机使罩内温度分布尽量均匀。每座罩式炉安装有两支温度电偶，一支测量钢卷温度，称为压紧电偶；另一支测量炉内温度，称为控制电偶，前者为内温测量，后者为外温测量。外温受热变化快，是影响内温的决定因素，而内温反映的则是钢卷本身的真实温度。除内温、外温这两个参数需要控制外，第三个需要控制的参数是煤气阀位。

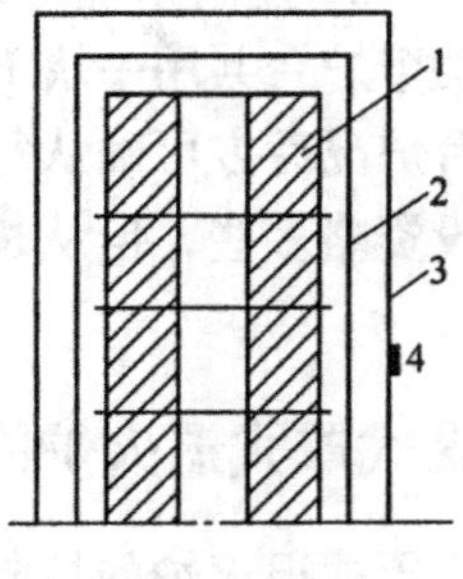

图 4-67　罩式退火炉简单示意图

1—钢卷；2—内罩；3—外罩；4—煤气阀门

4.6.2.2　工艺制度

根据退火钢卷的材质和炉体的具体状况制定工艺制度。罩式退火炉温度控制模式如图 4-68、图 4-69 所示。

图 4-68　罩式退火炉温度控制模式（一）

系统15是一个双回路串级调节系统，其原理如图4-70所示。其中主回路是调节内温的反馈回路，以测得的温度偏差来改变控制回路的设定值；副回路是根据外温定值和外温反馈值来决定煤气阀位的大小，从而控制煤气流量，以保证内温按工艺制度所规定的温度曲线变化。

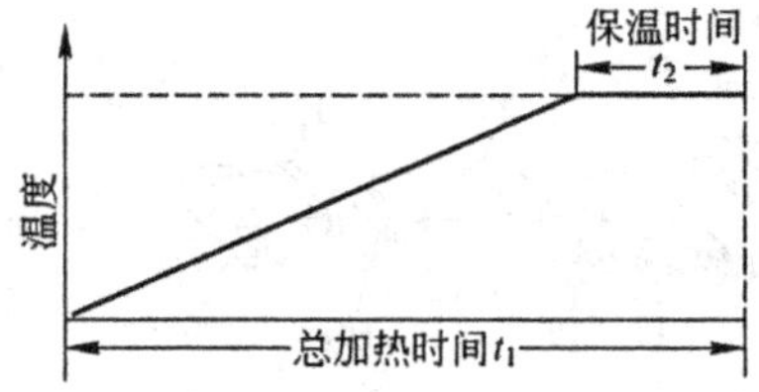

图4-69 罩式退火炉温度控制模式（二）

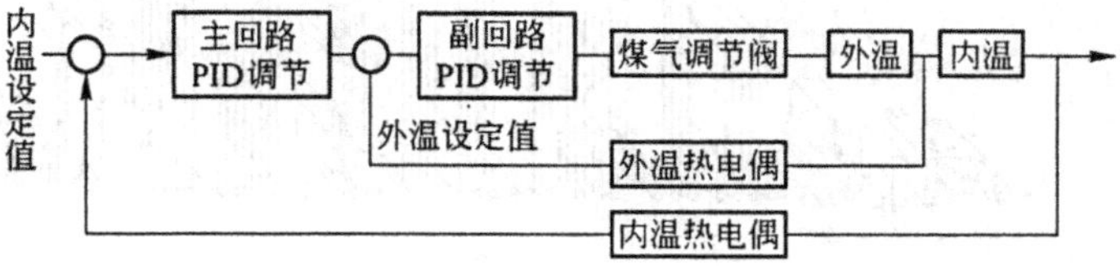

图4-70 罩式退火炉的串级双回路调节系统框图

4.6.2.3 生产使用情况

该系统自投产以来，各项性能良好，所开发的软件功能齐全，使用灵活方便。整个系统24h连续运行一直正常，运行率达100%。该系统测量精准，控制准确及时，精度高，因此保证了产品质量的提高，降低了能源消耗。仅据一年统计，因提高了产品质量、降低了能耗，就创经济效益106.5万元，两年内可收回全部投资。同时车间全部实行计算机控制以后，取消了生产工人在高温区、煤气区频繁操作开闭器的工序，不但减轻了工人的劳动强度，而且为安全生产创造了条件。自动记录打印为生产管理和事故分析提供了准确的依据。

连续退火机组是高效率的大型连续化机组，参数变化复杂，工艺技术优化要求可靠，而以手工进行优化是不可能的。要获得机组最佳运转只有应用计算机进行模拟和优化。

连续退火机组用计算机控制的主要功能有：自动预设定各种参数、带钢跟踪、速度最佳化控制、辅助系统控制等。这样才能保证连续退火机组的正常运行。

专家系统是智能型计算机程序，它能使用知识和进行推理，由此解决通常要求由人解决的问题。日本开发了查找连续退火线故障的专家系统，能查找72种退火故障，提供264种维修方案，使设备正常工作率提高了90%。

4.7 连续退火机组的生产工艺

4.7.1 概述

现代冷轧薄板生产通常的生产工艺是：酸洗、冷轧、电解清洗、罩式炉退火、平整、精整（横切、纵剪、重卷）、成品（板、卷）包装。20世纪70年代初出现了一种新的生产工艺，它把冷轧后的电解清洗、罩式退火、钢卷冷却、调质轧制（平整）和精整检查等5个单独的生产工序联结成一条生产机组，用立式的连续炉代替间歇式的罩式炉，实现了连续化生产。这种连续生产线称做连续退火机组，简称CAPL。图4-71为一种冷轧连续退火机组示意图。其主要性能是：生产能力83000t/月；带厚0.2～1.6mm；带宽600～1600mm；作业线速度：入口段540m/min、中心段400m/min、传送段560m/min；作业线长度：合计276m、炉子120m；投产日期1984年2月。这种“五合一”的连续退火新工艺与分批退火（罩式炉退火）相比，具有如下优点：

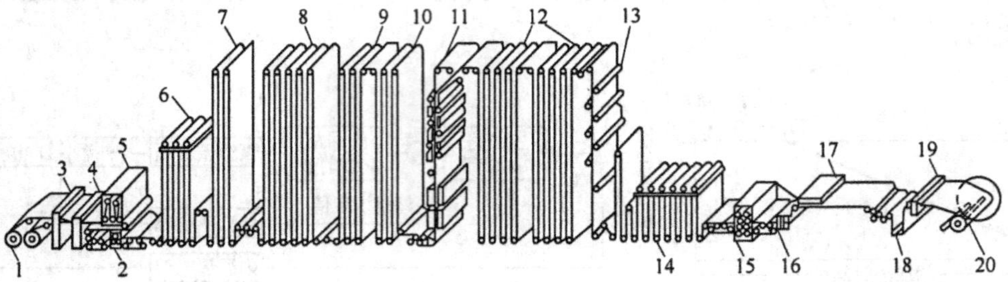

图4-71 冷轧连续退火机组

1—开卷机；2—张力平整机；3、19—剪切；4—焊接机；5—电解清洗；6—人口活套；7—预热段；8—加热段；9—均热段；10—缓冷段；11—急冷段；12—冷却段；13—最终冷却段；14—出口活套；15—平整机；16—剪边机；17—检查装置；18—涂油机；20—张力卷取机

（1）以带钢状态进行连续热处理可得到性能均匀、表面光洁的产品。

（2）控制炉内张力，可改善带钢板形，带钢平直度好。

（3）没有粘结和砂粒压入缺陷，钢材收得率高，且平整效率高、质量好。

（4）作业线将清洗、退火、平整、表面自动检查、涂油、重卷或剪切一次完成，减少了多次钢卷处理，减少许多因此而产生的废品，提高了收得率。

（5）生产过程简单合理、管理方便。生产出成品的时间由成批退火的10天缩短为10min。交货迅速，生产过程贮备料也可大大减少。

（6）车间布置紧凑、占地面积小，省掉许多辅助设备，建设费用降低，劳动定员大幅度减少，而且节省能源。具体比较见表4-17。

表4-17 连续退火与罩式退火工艺比较

序号	项目名称		连续退火/%	罩式退火/%
1	投资（不包括软件费）	设备费	74	100
		占地面积	35	100
2	固定成本	人工费	27	100
		维修费	35	100
3	生产时间		1	100
4	切损等耗废		35	100
5	可变成本	能耗	79	100
		轧辊（平整机）费	38	100
		其他生产材料费	77	100

正是由于上述这些优点，自从20世纪70年代初日本新日铁公司成功地开发出CAPL以来，全世界钢铁界对连续退火工艺给予了极大的关注，并迅速开发了适应各种产品要求的新工艺技术装备。全世界目前已建设50多条连续退火线。日本用连续退火生产的冷轧

板产量已达全部冷轧板产量的20%左右，其中，川崎达60%，新日铁达50%。用连续退火炉既可以生产普通级别的冲压成形冷轧薄板，也可以生产深冲压和超深冲压成形的汽车用冷轧板和烤漆硬化钢板；既能生产硬质的镀锡原板，也能生产软质的镀锡原板；既能生产一般强度级别的冷轧板，又能生产微合金化合金钢、双相钢等高强和超高强度冷轧板。可以这样说，到现在为止凡是罩式退火炉能生产的产品，连续退火机组都可以生产，故连续退火发展很快。几个国家的代表性连续退火机组如表4-18所示。

表4-18 世界冷轧带钢连续退火机组

序号	工厂名称	国家	投产日期	带钢规格 $h \times b$ /mm × mm	机组中部速度 /m·min^{-1}	机组能力 /万t·a^{-1}	机组工艺类型	冷却方式	生产品种
1	新日铁 君津厂No.1机组	日本	1972年10月 (1979年改造)	(0.4~1.6(2.0)) ×(750~1280)	200 (250)	40.8	CAPL	喷气	冷轧薄板
2	日本钢管 福山厂No.2机组	日本	1976年7月	(0.4~1.2) ×(610~1300)	180	37.8	NKK-CAL	水淬+辊淬	冷轧薄板、高强度板
3	新日铁 八幡厂No.1机组	日本	1979年2月	(0.4~1.6) ×(600~1300)	250	49	CAPL	喷气	
4	川崎制铁 千叶厂No.2机组	日本	1980年7月 (1985年改造)	(0.15~1.6) ×(457~1300)	600 (720)	36	KM-CAL	喷气+辊冷	冷轧薄板、高强度板
5	住友金属鹿岛厂	日本	1981年	(0.4~1.6) ×(600~1300)	200	48	CAPL	喷气	电工板、镀锡原板
6	赛德玛厂	比利时	1981年10月	(0.4~1.6) ×(800~1670)	200 (250)	60	CAPL	喷气	冷轧薄板、高强度板
7	新里别茨克冷轧厂	原苏联	1981年12月	(0.4~2.0) ×(900~1550)	220	50	NKK-CAL	水淬	冷轧薄板、高强度板
8	SSAB 多蒙纳维茨厂	瑞典	1982年4月	(0.5~1.6) ×(600~1550)	180	46.4	NKK-CAL	水淬+辊淬	冷轧薄板、高强度板
9	神户制钢加古川厂	日本	1982年3月	(0.4~1.6) ×(600~1620)	250	54	NKK-CAL	水淬+辊淬	冷轧薄板、高强度板
10	新日铁 名古屋厂No.1机组	日本	1982年7月	(0.4~1.6) ×(700~1600)	310	66	CAPL	喷气+快速冷却	
11	新日铁 广畑厂No.1机组	日本	1982年8月	(0.4~2.0) ×(825~1650)	450	10.8	CAPL	喷气+快速冷却	冷轧薄板
12	新日铁 八幡厂No.2机组	日本	1982年11月	(0.1~0.5) ×(457~1067)	760	38.9	CAPL	喷气+快速冷却	冷轧薄板、镀锡原板
13	内陆钢公司 印第安纳港厂	美国	1983年9月	(0.5~2.16) ×(610~1524)	137	40	NKK-CAL	水淬	冷轧薄板、高强度板
14	伯利恒钢公司 伯恩斯港厂	美国	1983年9月	(0.5~1.65) ×(762~1524)	198	50	NKK-CAL	水淬	冷轧薄板、高强度板
15	川崎制铁 水岛厂No.1机组	日本	1984年2月 (1987年改造)	(0.18~1.6) ×(457~1600)	267 (400)	60 (90)	KM-CAL	高速喷气+辊淬	冷轧薄板、高强度板、电工板、镀锡原板
16	RAAG 拉索斯泰茵厂No.4机组	德国	1984年5月	(0.22~1.6) ×(700~1550)	225①/450	36	KM-CAL	高速喷气+辊淬	冷轧薄板、高强度板、镀锡原板

续表 4-18

序号	工厂名称	国家	投产日期	带钢规格 $h \times b$ /mm×mm	机组中部速度 /m·min^{-1}	机组能力 /万t·a^{-1}	机组工艺类型	冷却方式	生产品种
17	考克里尔桑布公司热麦伯克拉斯厂	比利时	1985年	(0.4～1.6)×(650～1550)	230	60	CAPL	热水淬	
18	CSN	巴西	1985年	(0.5～1.5)×(600～1300)	225	46	CAPL	喷气+快速冷却	
19	赫什公司多特蒙德厂	德国	1985年8月	(0.4～1.6)×(600～1680)	300	80	NKK-CAL	辊淬+水淬	冷轧薄板、高强度板
20	尤塞纳蒙塔泰尔厂	法国	1986年1月	(0.4～1.6)×(600～1675)	220	60	NKK-CAL	辊淬	冷轧薄板、高强度板
21	日本钢管福山厂	日本	1987年	(0.35～2.0(2.3))×(600～1650)	370	96	NKK-CAL	辊淬	冷轧薄板、高强度板
22	浦项钢铁公司浦项厂No.1机组	韩国	1987年2月	(0.4～2.0)×(600～1650)	450	200t/h	KM-CAL		冷轧薄板、高强度板
23	加尔各答厂	印度	1987年	(0.18～0.6)×(600～1060)		40.5t/h	CAPL	快速喷气冷却	镀锡原板、冷轧薄板
24	CARNAUD BASSE INDRE厂	法国	1988年	(0.17～0.5)×(600～1100)		57.5t/h	CAPL	快速喷气冷却	镀锡原板、冷轧薄板
25	英钢公司抽施措厂	英国	1988年	(0.17～0.8)×(600～1350)		78.4t/h	CAPL	快速喷气冷却	镀锡原板、冷轧板
26	I/N Tek Co.	美国	1988年				CAPL		冷轧薄板
27	新意大利钢铁公司	意大利	1988年				CAPL		
28	宝钢2030mm冷轧厂	中国	1989年	(0.5～2.0)×(900～1550)	250	55	CAPL	喷气	冷轧薄板
29	浦项钢铁公司浦项厂	韩国	1988年	(0.15～0.8)×(500～1270)	500	30	NKK-CAL	辊淬	冷轧薄板、镀锡原板
30	中钢公司高雄厂	中国台湾省	1988年	(0.2～1.6)×(610～1300)	300	40	NKK-CAL	辊淬	冷轧薄板、镀锡原板
31	川崎制铁千叶厂No.3机组	日本	1988年	(0.4～2.0)×(700～1850)	400	100	KM-CAL	辊淬+高速喷气	冷轧薄板、高强度板、电工板
32	UPI匹兹堡厂	美国	1989年	(0.2～1.62)×(610～1372)	$\frac{230^{①}}{590}$	57.6	KM-CAL	辊淬+高速喷气	冷轧薄板、高强度板、镀锡原板
33	索拉克公司弗洛兰斯厂No.2机组	法国	1988年	(0.17～1.0)×(700～1550)	$\frac{300^{①}}{600}$	50	KM-CAL	辊淬+高速喷气	冷轧薄板、高强度板、镀锡原板
34	浦项钢铁公司光阳厂No.1机组	韩国	1989年3月	(0.3～1.6)×(730～1650)	430	76	KM-CAL	辊淬+高速喷气	冷轧薄板、高强度板

续表 4-18

序号	工厂名称	国家	投产日期	带钢规格 $h \times b$ /mm × mm	机组中部速度 /$m \cdot min^{-1}$	机组能力 /万 $t \cdot a^{-1}$	机组工艺类型	冷却方式	生产品种
35	霍戈文斯艾美伊登钢铁厂	荷兰	1990 年	(0.15～0.5) ×(650～1300)		76.3t/h	CAPL		镀锡原板、冷轧板
36	新日铁名古屋厂	日本	1991 年				CAPL		
37	新日铁君津厂 No.2 机组	日本	1991 年				CAPL		
38	上海克虏伯冷轧厂	中国	2001 年 11 月	(0.25～2.0) ×(800～1340)	60	7.68	CAPL		冷轧不锈钢板卷
39	宝钢 1800mm 冷轧厂	中国	2005 年 3 月	(0.45～2.1) ×(800～1750)	485	96.46	CAPL	喷气	冷轧薄板
40	武钢第二冷轧厂	中国	2005 年 12 月	(0.3～2.5) ×(900～2080)	450	99	CAPL	喷气	冷轧薄板
41	鞍钢新轧钢三冷轧厂	中国	2006 年 5 月	(0.3～2.0) ×(1000～1950)	450	100	CAPL	喷气	冷轧薄板

①分子为冷轧薄板最高速度，分母为镀锡原板最高速度。

4.7.2 连续退火的退火工艺与关键设备

4.7.2.1 退火工艺

连续退火包括电解清洗、连续退火、平整、检查及精整等各主要生产工序。

电解清洗的作用是去除冷轧带钢表面残存的轧制油及其他表面污迹。

连续退火的作用是将冷轧后而产生加工硬化的带钢进行再结晶退火处理，完善微观组织，提高塑性和冲压成形性。

平整（调质轧制）的主要作用有：

(1) 改善材料力学性能，扩大材料塑性变形范围。

(2) 消除材料屈服平台，防止在冲压加工时出现延展变形。

(3) 改善板形，获得良好的带钢平直度。

(4) 使带钢表面产生合适的粗糙度。

检查和精整的主要作用有：

(1) 将带钢剪成规定的成品宽度。

(2) 进行带钢尺寸检查、板形检查及表面质量检查，并进行记录。

(3) 在带钢卷取到规定重量时进行分卷，切除焊缝、头部及尾部的尺寸超差部分及有缺陷的部分，并切取试样。

(4) 在带钢表面均匀地涂敷防锈油。

(5) 在钢卷周向打捆及进行称重。

4.7.2.2 关键设备

连续退火线的关键设备有：

(1) 炉子。通常的连续退火炉在炉子入口侧设有张紧辊，给予炉内带钢以后张力。张紧辊与炉子之间有张力调整装置。力矩电机使可动辊上下移动，以此来吸收炉内带钢张力的波动，保持张力恒定。

（2）加热段设备。带钢通过入口的密封辊进入加热段，按规定的退火温度加热。加热段的上部和下部由 4 根以上的导辊形成通道。通道与通道之间装有换热器并插入辐射管，从两面直接加热带钢。辐射管每列 10 余根，由炉壁两侧面交叉伸出，对带钢宽度方向进行均匀加热。从辐射管排出来的燃烧气体通过配管集中到汇流室的大集管箱中。汇流室在排气鼓风机压力作用下成为负压状态，负压值由排气鼓风机出口风门的开口度来调节，控制恒压为 -2000Pa 左右。辐射管每列分为几段，每段进行温度控制。各段燃烧量通过调节每段设备排气流量调节阀和燃料气体调节阀的开口度进行控制。

（3）均热段设备。带钢在加热段升温到规定温度后，通过下面的隧道进入均热室。均热室中只需要弥补炉壁散发的热量。由于此热量很小，所以通常采用容易控制的电阻加热方式，加热体在炉壁周围等密度排列。炉温通过△-Y 接线切换开闭器进行控制，当从低温加热或要迅速升温时使用△接线，一旦达到均热温度就切换成 Y 接线。

（4）一次冷却段设备。分析日本三大钢铁公司的连续退火机组和欧洲相继推出的具有独特风格的连续退火机组，无论是新日铁的 CAPL、日本钢管公司的 NKK-CAL、川崎制铁的 KM-CAL，还是欧洲冶金研究中心的 CRM-CAL，不管机型如何不同，但其基体结构是一样的，最大差别在于一次冷却段的冷却方式不同。加热和均热后的一次冷却对产品材质性能及适应的产品品种有很大影响。表 4-19 列出了几种一次冷却方式及其特征。

表 4-19 连续退火一次冷却方式比较

	序号	一次冷却方式	冷却速度/℃·s^{-1}	工艺特征	后续表面处理工序	设备及维护	适用材质	
							冷轧板	高强板
NSC-CAPL	1	喷气冷却（CJC）	5～30	用经冷却的保护气体循环喷吹带钢表面	×	△	○	⬠
	2	强力喷气冷却（HGJC）	30～50	用经冷却的保护气体循环喷吹带钢表面，提高气体喷吹的冷却能力	×	△	○	○
	3	汽水冷却（ACC）	80～300	用经升压的保护气体和水的混合液喷吹带钢表面	√	□	○	○
	4	辊冷（RQ）	100～400	用外包铜材、内部通冷却水的数根辊子与带钢接触进行冷却	×	□	○	○
NKK-CAL	5	水冷（WQ）	500～2000	均热后带钢先喷气冷却至 560℃ 再水淬冷却	√	□	○	●
	6	辊冷（RQ）	100～400	用外包铜材、内部通冷却水的数根辊子与带钢接触进行冷却	×	△	○	○
	7	水冷辊冷并用（WQ+RQ）		均热后带钢先喷气冷却至 560℃ 再水淬冷却；用外包铜材、内部通冷却水的数根辊子与带钢接触进行冷却	√	□	○	●

续表 4-19

	序号	一次冷却方式	冷却速度/℃·s^{-1}	工艺特征	后续表面处理工序	设备及维护	适用材质	
							冷轧板	高强板
KM-CAL	8	强力喷气冷却（HGJC）	30~50	用经冷却的保护气体循环喷吹带钢表面，提高气体喷吹的冷却能力	×	△	○	○
	9	强力喷气冷却辊冷并用（HGJC+RQ）		用经冷却的保护气体循环喷吹带钢表面，提高气体喷吹的冷却能力；用外包铜材、内部通冷却水的数根辊子与带钢接触进行冷却	×	△	○	○
CRM-CAL	10	热水冷却（HOWAQ）	25~150	将带钢从均热温度淬入到90~100℃的热水中	√	□	○	○

注：×—不需要；△—简单；○—适合；√—需要；□—复杂；●—更适合；⬠—较不适合。

一般而言，气冷工艺的设备维护及操作都较简单，不需要后续表面处理工序，适于生产加工成形用钢。而水冷快速冷却工艺生产双相高强度钢板具有优越性，但需后续表面处理工序，包括酸洗、中和、水洗等，且板形也不易控制。近年来研究表明，生产高强度钢板时，一次冷却速度快些为好，即使生产加工成形用软质钢板，一次冷却速度也希望高些，以50~100℃/s为宜。所以普通喷气冷却方式已显落后，总的来看，采用什么形式的一次冷却取决于该机组的产品品种结构，详见表4-19，就目前的发展趋势看，一次冷却以辊冷方式较为合适。辊冷的冷却速度较快又不需要后续的表面处理工序，故在20世纪80年代以后，一次冷却为辊冷方式的连续退火机组就达17条之多。

（5）缓冷段设备（过时效室）。为了使加热和均热时固溶在α-Fe中过饱和的碳析出，在连续炉设有缓冷室，以使带钢在450℃左右保持一定的时间，以便使过饱和的碳析出并防止钢板的过时效。冷却是通过向插在带钢间的钢制冷却管内通气进行的。为了使带钢宽度方向均匀冷却，应合理配置冷却管。每个通风道配一台鼓风机，通过鼓风机使通风道保持负压，并通过冷却管吸入外部空气。调整冷却管内空气流量以控制冷却能力。为了防止炉子急冷，需将炉温预先升到适当温度，因而设有电阻加热设备。

（6）急冷段设备。经过缓冷时效的带钢进入急冷段（也有叫终冷段）。在急冷段中带钢之间安装有数十台喷气冷却器。从喷气冷却器喷嘴中高速喷出冷的保护气体，使带钢两面温度冷却到100℃以下。喷气冷却器由向炉内供给冷却的保护气体的喷气管、吸入炉内保护气体的管道、热交换器和使炉内保护气体循环的鼓风机组成。喷气管对着带钢的一面有许多小孔，保护气体由此以50m/s左右的高速向带钢直吹，以带走带钢上的热量。被吹走的热气直接由其本身的吸入管道吸走，经热交换器冷却再循环。因冷却器台数多，所以通过间隙运转可以较容易地进行冷却能力的调整。

连续退火炉使用的保护气体以HNX、AX为主，H_2的体积分数为3%~10%。因为带钢通过密封辊入炉时带入空气，所以炉内的露点比供应的保护气体的露点高，但应保持在-8~-10℃左右。为防止炉子密封不严侵入空气，炉内压力必须保持在100~150Pa。炉内压力随温度和作业线速度而改变，所以在各段的保护气体管道上都配有压力计和流量计，进行流量的调整。

从冶金学角度看，不论是什么退火方式（罩式炉或连续炉），退火过程均可分为回复、再结晶和晶粒长大三个阶段。其中第二阶段再结晶用比较短的时间就可以完成。第三阶段晶粒长大需要较长时间。对于带钢再结晶退火来说，带钢在600℃以上、A_1 转变点以下停留的时间称为有效均热时间，此时间一般根据产品性能要求不同选在25s以上，对超深冲钢可选用不小于60s。

加热到退火温度的带钢，冷却到常温时的冷却速度也影响带钢的力学性能和冲压性能。从铁碳平衡图看出，α-Fe中固溶的碳量随温度变化。320℃附近快速冷却固溶碳不能完全析出，而以固溶状态冷却下来。以后过饱和的碳从固溶体中析出产生时效硬化，故在320℃附近必须缓冷，使固溶碳充分析出。从600℃冷却到320℃所需时间称为有效冷却时间。为了使固溶碳完全析出，在冷却过程中要进行过时效处理。根据钢种和产品要求的不同，其过时效的温度和保温时间也不同，一般选用350～450℃，保温20～300s左右。用这样的退火制度，可以得到晶粒均匀、性能良好的冷轧薄板。上述给定的有效均热时间和有效冷却时间随品种不同波动较大。一次冷却方式根据品种不同需作适当选择。这些选择的根据是该机组所要生产的产品品种和规格等因素。所以新建的连续退火机组正在按生产品种逐渐趋于专门化，以降低机组造价，并有利于得到稳定的产品质量。

4.7.3 典型产品的连续退火生产工艺与冶金学特点

4.7.3.1 一般用冷轧薄板（SPCC）、冲压用冷轧薄板（SPCD）、深冲用冷轧薄板（SPCE）的连续退火

为了搞好连续退火的生产，有几个关键问题必须解决好：

（1）严格控制钢的化学成分。首先碳含量（质量分数）要低，一般应小于0.05%～0.04%。其次是锰含量，因为锰和固溶碳共存会降低深冲性能，但锰不可过低，否则成本提高，且易产生热脆性，通常深冲级钢锰含量（质量分数）以0.15%～0.25%为宜。氮在铝镇静钢中以氮化铝形式析出，并存在于晶界处，抑制铁素体晶粒生长，影响深冲性能，故一般冲压用钢氮含量（质量分数）控制在0.0018%～0.004%。硅、磷含量低有利于提高深冲性能，碳含量低还有利于过时效时碳化物的析出，因此要尽量使硅、磷含量低，并使其他杂质尽量少。为严格控制钢的化学成分，通常炼钢采用炉外精炼或真空处理等技术。

（2）控制热轧卷取温度。在采用连续退火生产深冲用钢板时，在700～750℃的高温时进行卷取，目的是使热轧卷的铁素体晶粒长大，碳化物聚集而粗大化，氮化铝进一步析出和长大。用这样的原料经冷轧后连续退火，铁素体晶粒才能长得足够大，而碳化物的聚集和粗大化使对深冲不利的织构晶粒在碳化物附近减少。快速加热推迟了粗大碳化物的固溶及回复，形成有利于深冲的再结晶组织。

高温卷取工艺有三个不足，第一是钢卷头尾与卷内温差较大。按要求应在750℃时卷取，但内卷与卷筒接触而快冷，外卷与大气接触而急冷，致使钢卷头尾达不到所要求的高温，因而连续退火后头尾各约10～20m性能偏低，为保证冲压性能，必须切去降级或改作他用，损失浪费较大。第二是高温卷取氧化铁皮较厚而难以酸洗。第三是易造成热轧板表面粗糙，对冷轧板性能不利。综上所述高温卷取的措施应当取消。随着现代冶金技术的

发展，真空处理的广泛采用，生产成本下降，因而有可能开发出适应连续退火的新钢种。宝钢开发了一种超低碳加钛钢。冶炼将碳含量（质量分数）降到0.1%以下，加入钢中的钛，以 TiC、TiN 的形式将碳、氮固定生产的钢板是完全非时效性的，在热轧过程中较高温度下已形成钛碳的化合物，因而不必高温卷取，625℃左右卷取即可。

（3）退火制度中的过时效处理问题。在生产软质冷轧板时，如果快速将均热后的带钢冷至室温，则有过饱和固溶碳残留下来，这将影响到带钢的冲压性能和抗时效性能。为此必须使碳化物充分析出而增加过时效处理，这是生产冲压用钢的关键。因此，一般用、冲压用、深冲用低碳冷轧薄板的连续退火工艺为：加热温度 700 ~ 850℃，均热 40 ~ 60s，之后速冷（50 ~ 100℃/s）至400 ~450℃左右，保温 1 ~ 5min 后冷至常温。

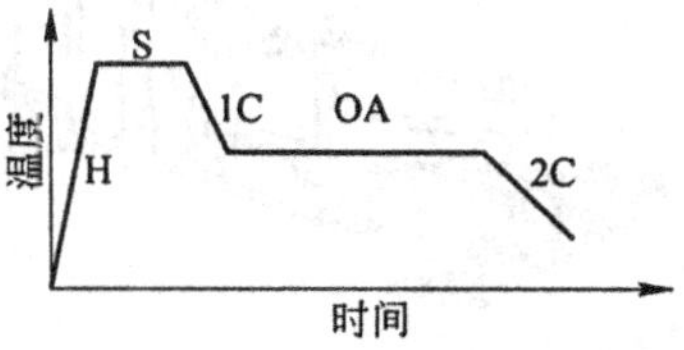

图 4-72　CAPL 退火周期示意图

根据上述原则制定的生产实际使用的连续退火工艺制度见图 4-72 和表 4-20。

表 4-20　CAPL 退火工艺参数

牌号		加热（H）	均热（S）	过时效（OA）	牌号		加热（H）	均热（S）	过时效（OA）
SPCC	带温/℃	700	700	450 ~ 400	SPCE	带温/℃	850	850	450 ~ 400
SPCD	时间/s		≥40	≥180		时间/s		≥60	≥300

按上述退火制度所生产的产品其化学成分及性能如表 4-21 所示。

表 4-21　CAPL 产品典型力学性能

牌号	钢种	化学成分（质量分数）/%							CAPL 条件		力学性能			
		C	Si	Mn	P	S	N	SOL AL	H、S	OA	σ_s/MPa	σ_b/MPa	δ/%	HRB
SPCC	压盖钢	0.06	0.003	0.28	0.009	0.015			700	450 ~400	230	327	44	47
SPCD	压盖钢	0.06	0.003	0.28	0.008	0.014			700	450 ~400	223	326	45	46
SPCE	铝镇静钢	0.04	0.017	0.19	0.004	0.007	19×10^{-4}	0.047	840	450 ~400	182	320	47	45
	铝镇静钢	0.002	0.002	0.18	0.012	0.005	30×10^{-4}	0.036	850	450 ~400	143	260	50	26

4.7.3.2　镀锡原板的连续退火

对于罐头等用镀锡板和无锡薄钢板产品的质量，用户的要求是越来越高。首先要求性能均质稳定，特别是关于钢板的厚度，制罐厂家为了降低成本、节省能源，要求钢板制造厂生产出薄达 0.15mm 的镀锡原板，这样薄的钢板进行连续退火，特别是在高速下通板是很难的，所以以往镀锡板的生产是不同产品采用不同的调质工艺。调质度为 T_1、T_2 的软质材进行分批退火，调质度为 T_4 的硬质材进行连续退火，调质度 DR8 ~ DR10 是在连续退火后进行第二次轧制。这样不能充分满足用户对材质均一性的要求和提高生产效率。针对上述问题，日本川崎公司千叶制铁所开发了最小板厚为 0.15mm、炉内最高通板速度为 1000m/s 的 4 号连续退火线，于 1990 年 3 月开始动工兴建，机组示意图见图 4-73，机组性能见表 4-22。

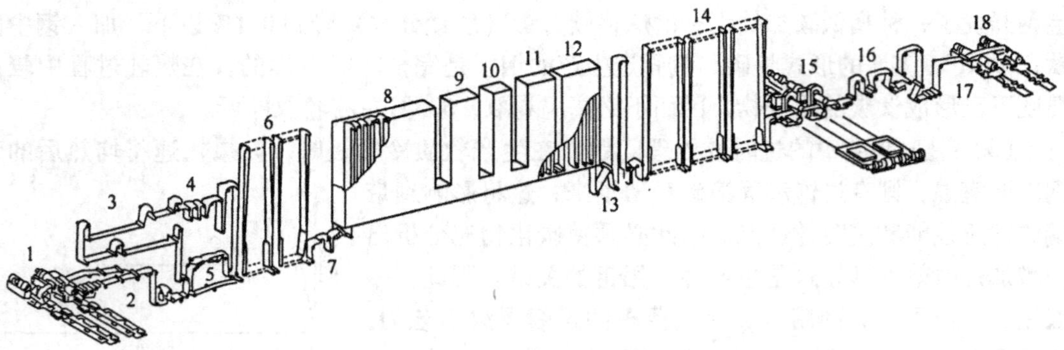

图 4-73 川崎公司的 4 号连续退火线整体示意图

1—开卷机；2—焊接机；3—洗净设备；4—镀镍设备；5—张力调平器；6—输入活套；7—张力吸收装置；8—加热段；9—均热段；10—第一冷却段；11—第二冷却段；12—第三冷却段；13—水冷装置；14—输出活套；15—多功能轧机；16—围盘式切边机；17—加油器；18—张力卷取机

表 4-22 4 号 CAL 的主要性能

生产量/万 $t \cdot a^{-1}$		56	通板速度/$m \cdot min^{-1}$	输 入	1200
炉能力/$t \cdot h^{-1}$		100		炉 部	1000
制造尺寸/mm	板 厚	0.15～0.40		输 出	1400
			卷材质量与尺寸	最大质量/t	22
	板 宽	600～1067		外径/mm	2134

这条退火线的特点是：

（1）炉内通板速度的高速化。

（2）在一条生产线上，能进行全调质度范围的镀锡原板的生产，以及从退火炉到 DR 轧机的连续化轧制。

川崎公司根据材料的成分和退火后的轧制压下率开发了制造不同硬度钢板的技术，并实现了镀锡板制造工艺的全连续化退火。该技术的特点是可以使用超低碳镇静钢生产软质镀锡板。极低碳钢中添加微量铌元素，进行连续退火，然后使用干式调质轧机和多功能 DR 轧机来控制压下率，制成调质度为 T_1～DR8 的钢板。调质度为 T_3 的钢板是使用具有一定氮含量的低碳铝镇静钢用急冷、过时效的处理方法生产的。采用低碳铝镇静钢材料，通过氮量的调整可以分别制成调质度为 T_4 和调质度为 T_5 的镀锡板。而且通过改变 DR 轧制的压下率还可以制成调质度为 DR8～DR10 的钢板。这样调质度为 T_1～DR10 的全部规格的产品都可以在连续退火设备上生产。

在退火中极低碳钢屈服强度变为极低软质，在添加微量铌的情况下，再结晶温度升高 100℃，在炉内极容易发生弯曲现象。为此采用有限元法开发了新型弯曲仿真模型，可精确地预测弯曲现象，并通过调整辊子凸面、张力以及轧辊和钢板的摩擦系数等参数而避免发生弯曲。由于采用本模型，即使板厚为 0.15mm 的超低碳钢板，也不会发生弯曲。

这种薄而软的板材，是经不起较大张力波动的，要想在 1000m/min 的高速炉内通板稳定，必须开发高精度张力控制设备，把带钢加减速时的张力变动控制在 ±500～±100N

之内。新开发了低惯性高响应的张力装置和高机械矢量变换器设备，使炉外的张力变动传不到炉内，通过采用重量计算器，惯性的因素与以往相比减少了$\frac{1}{2}$。这样输入方的张力变动对炉内张力的影响将从±150N减小到±50N。上述问题的解决使全连续退火线能稳定地生产出质量均匀的全部调质度的镀锡薄板材。

4.7.3.3 高强钢板的连续退火

为了生产高强度钢板，对连续退火线的要求是第一冷却段的冷却速度要快。连续退火特别适于高强度钢板的生产。为了避免钢卷层间粘结，一般罩式炉温度不超过720℃，因而生产产品有相当大的局限性。连续退火加热温度处于α+γ双相区，可高达850℃，并在保温后采取不同的冷却制度，从而大大扩大了品种范围，增强了适应性，并改善了钢板性能。采用快速冷却（冷却速度最高达1000～2000℃/s）的方法可以生产微合金化钢、双相钢，同时也可以节约合金元素，特别是锰含量可大大降低，见图4-74。

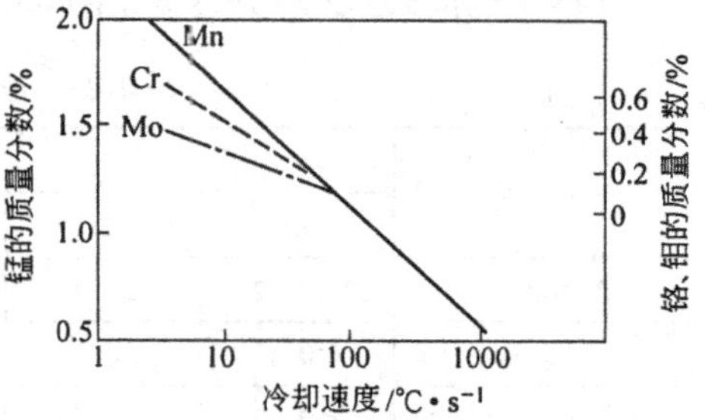

图 4-74 用加速冷却的方法节约合金元素

连续退火可以生产复合组织的高强度钢板。

罩式炉为避免钢板层间粘结而限制温度不能太高，成卷退火冷却速度不可能太快。而连续炉钢温可加热到两相区，又可以一定的冷却速度快冷，所以很适合制造双相高强钢。例如钢的碳含量（质量分数）为0.05%、锰含量（质量分数）为1.2%、铬含量（质量分数）为0.5%，其α→γ相变温度约为700℃多，加热到这一温度以上，则形成α+γ的两相组织。以10℃/s的冷却速度急冷则γ相会变成硬质的M体相。这种通过控制钢的成分和退火制度而得到的、具有α+M复合组织的高强度钢板，其屈服强度急剧下降，抗张强度提高。双相钢成形性好，而强度高，适用于作冲压成形的汽车防护挡板等。

神户钢铁公司、加古川制铁所的连续退火线，是辊冷和水冷方式并存的，当生产一般钢材时用辊冷设备，而生产高强钢板和微合金化高强钢板时用水冷设备。高强钢板在淬火时由于热收缩而产生变形。日本公司采取的对策是将在水冷喷嘴的上方安装的导向辊改造成新的偏转辊，偏转辊具有适当的凸面，根据钢种、淬火温度、冷却量和板宽变化对钢板变形的部位进行压凹调整，把发生的变形吸收掉。高强钢板与一般的材质相比，添加的合金成分多，钢板表面的辐射率容易变化，特别是980MPa的超高强度钢材，辐射率的变化正是测定板温的变化。以往的辐射温度计对这样的辐射率变化不能修正，实际的钢板温度测定是困难的。对高强度钢材影响较大的是淬火板温、回火板温，必须提高温度测定的精度，为此采取了重新测定位置、修正辐射率等措施，使该公司已能稳定地生产980MPa以上的高强钢板。

川崎制铁KM-CAL退火线的工艺制度变化灵活，除能生产软质碳钢、镀锡原板及高强板外，还能生产电工板。特别值得提出的是日本钢管的连续退火线NKK-CAL，冷却方式多，冷却快，变化范围大，过时效时间短，可生产σ_b达1471MPa的高强度、超高强度钢板。

连续退火线特别适于生产烘烤硬化（BH）钢板，通过正确选择温度和冷却速度，钢板可以具有烘烤硬化特性。BH钢板是具有优良抗凹陷能力的汽车用钢板。用这种钢板冲制的零件在喷漆后的烘烤过程中强度增加，而在冲前屈服强度低，成形性好。动静载试验证明，采用BH钢板，在同样抗凹能力的条件下，汽车本身零件厚度可减薄15%。采用高强度钢板制造车身外壳，虽可增加抗凹能力，但形状复杂的大型车身成形中回弹较大。而BH钢板是既有增加抗凹能力又有成形性好可保证成形质量的理想材料。当变形率为2%时，BH钢板的BH性可达60MPa，而典型车身外壳成形的变形率正是2%。

日本某些高强度冷轧板的化学成分和性能见表4-23和表4-24。

表4-23　高强度冷轧薄板的化学成分

钢　号	化学成分（质量分数）/%						
	C	Si	Mn	P	S	Al	其　他
SANC50	≤0.12	≤0.40	≤1.40	≤0.06	≤0.012	≤0.08	Ti、Nb
55	≤0.12	≤0.70	≤2.30	≤0.06	≤0.012	≤0.08	Ti、Nb
60	≤0.12	≤1.50	≤2.30	≤0.025	≤0.012	≤0.08	Ti、Nb
SAFC35R	≤0.08	≤0.04	≤0.37	≤0.085	≤0.022	≤0.08	
38R	≤0.08	≤0.04	≤0.35	≤0.09	≤0.023	≤0.08	
40R	≤0.09	≤0.04	≤0.60	≤0.14	≤0.018	≤0.08	
45R	≤0.10	≤0.04	≤0.40	≤0.14	≤0.018	≤0.08	
SAFC35RB	≤0.025	≤0.04	≤0.40	≤0.09	≤0.018	≤0.08	
SAFC38E	≤0.005	≤0.03	≤0.8	≤0.07	≤0.015	≤0.06	Ti
SAFC50D	≤0.09	≤0.1	≤2.20	≤0.025	≤0.015	≤0.055	
55D	≤0.09	≤0.1	≤2.20	≤0.025	≤0.015	≤0.055	
60D	≤0.09	≤0.7	≤2.20	≤0.025	≤0.015	≤0.055	
80D	≤0.12	≤0.30	≤2.30	≤0.025	≤0.012	≤0.05	Ti、Nb
100D	≤0.12	≤0.30	≤2.30	≤0.025	≤0.012	≤0.05	Ti、Nb

表4-24　高强度冷轧薄板的力学性能

规格名称	钢　号	σ_b/MPa	σ_s/MPa	烧付硬化量	厚　度/mm					σ_s/σ_b
					0.4~0.6	0.6~0.8	0.8~1.0	1.0~1.2	1.2~1.6	
					伸长率/%					
普通高强冷轧板	SANC40	400	≥240		28	30	30	31	31	
	45	450	≥280		24	26	26	27	27	
	50	500	≥320		21	23	23	24	24	
	55	550	≥360			20	20	21	21	
	60	600	≥400			17	17	18	18	
冲压用高强冷轧板	SAFC35R	350	≥190		32	34	35	36	37	
	38R	380	≥210		31	33	34	35	36	
	40R	400	≥230		29	31	32	33	34	
	45R	450	≥270		27	29	30	30	31	

续表 4-24

规格名称	钢　号	σ_b/MPa	σ_s/MPa	烧付硬化量	厚　度/mm					σ_s/σ_b
					0.4～0.6	0.6～0.8	0.8～1.0	1.0～1.2	1.2～1.6	
					伸长率/%					
低屈服比型高强冷轧板（双相钢）	SAFC50D	500 (550)	≤340 (300)		25	27（32）	28	28	29	0.55
	55D	550 (600)	≤380 (330)		23	25	26	26	27（30）	0.55
	60D	600 (650)	≤420 (360)		19	21	22	22（27）	23	0.55
	80D	800 (880)	≤600 (550)			13	14	14	15（18）	0.63
	100D	1000 (1080)	≤900 (780)			6（11）	7	7	3	0.65
深冲用高强冷轧板	SAFC35E	350	≥170		32	34	35	36	37	
	38E	380	≥210		31	33	34	35	36	
	40E	400	≥230		29	31	32	33	34	
	45E	450	≥270		27	29	30	30	31	
烤漆硬化型冲压用高强板	SAFC 35RB	350	≥200	≥3.0	32	34	35	36	37	

注：括号中数值为实际值。

BH钢板的硬化是由于钢中残留的碳氮元素引起的高温应变时效，固溶的碳、氮越多，BH性也越大。

各种生产BH钢板方法的区别，主要是退火设备不同，连续退火、分批松卷和分批紧卷、退火都可以生产BH钢板，但控制参数各有不同，BH的大小也不相同。最容易控制的是连续退火的生产方法，产品的BH性也较高，可达60MPa。罩式炉退火生产BH钢板要求成分的控制要严格一些，BH性最高可达40MPa左右。

用连续退火方法生产BH钢板是十分有利的，需要控制的是均热温度、冷却速度、碳含量、磷含量等。其中，碳含量（质量分数）可以在较大的范围内调整，上限值有的可达到0.05%；冷却速度要与碳含量达到最优化的配合，目的是达到一个固溶碳量的临界值，即常温不产生时效硬化而产生高温时效，进而达到硬化的目的；均热温度要求较高，在$\alpha+\gamma$区，使碳化物充分固溶；磷的含量可比一般含磷钢的低，达到同样的强度值仅为一般含磷钢的40%左右即可。不同生产方法生产的BH钢板的化学成分和性能见表4-25和表4-26。

表 4-25　典型的 BH 深冲钢板的化学成分（质量分数/%）

方　式	C	Si	Mn	P	S	Al_s	N
连续退火	0.015	0.02	0.10	0.060	0.014	0.031	0.0030
分批松卷	0.010	0.09	0.16	0.080	0.006	0.060	0.0026
紧　卷	0.009	0.06	0.14	0.046	0.008	0.051	0.0055
松　卷	0.070	0.04	0.22	0.081	0.007	0.065	0.0050

表 4-26　BH 钢板的性能

退火条件	σ_s/MPa	σ_b/MPa	δ/%	r_0	r	BH 值/MPa
850℃、1min +400℃、3min	208	357	40.0	1.86	1.72	55
730℃	231	366	39.1	1.56		47
670℃	204	351	39.9	1.67		41
730℃	257	396	39.4	1.87		45

4.7.4　连续退火的不足

虽然连续退火有许多优点，是发展方向，但它也存在如下一些问题：

（1）技术复杂，难度大，要求生产人员素质高，在冷轧生产技术力量薄弱的厂家建设连续退火线，相对达产时间一定要长。

（2）生产厚规格产品有困难。尽管连续退火工艺在世界范围内发展十分迅速，但还不能完全取代罩式炉，在连续退火线上生产厚度大于2mm 的带钢较困难，厚度大于2.5mm 的带钢尚不能生产。

（3）生产规格范围不宜太宽。连续退火机组可根据品种规格严格控制许多参数，如果一条线上生产规格太多，将增加控制难度，而罩式炉不受规格限制。

（4）产量变化灵活性较差。现在连续退火机组最小能力为30 万 t/a，最大已超过 100 万 t/a。而一个炉台罩式炉年产 1 万 t 左右。随着车间产量的变化，罩式炉可随时增减，十分灵活，这是连续炉无法办到的。

4.8　各种退火炉的工艺技术比较

4.8.1　概述

冷轧带钢热处理生产是冷轧带钢生产工序中的一个主要组成部分。热处理技术的发展是伴随着冷轧机技术的发展而逐渐发展起来的。

目前使用的退火炉形式如下所示：

- 退火炉
  - 间歇式退火炉（罩式炉）
    - 单垛式
      - 紧卷罩式退火炉
      - 松卷罩式退火炉
    - 多垛式紧卷罩式退火炉
  - 连续式退火炉
    - 立式炉
    - 卧式炉

4.8.1.1　间歇式退火炉与连续式退火炉对比

间歇式退火炉的优点是：

（1）不受带钢宽度、厚度和品种的限制，生产灵活，应用范围广泛。

（2）开发早，历史较长，炉型比较成熟。

（3）投资少。

间歇式退火炉的缺点是：

（1）退火生产周期长，生产率低。

（2）热耗高。

（3）温度均匀性差。

连续式退火炉的优点是：

（1）适用于单品种、大批量生产。

（2）退火周期短，生产率高。

（3）温度均匀性好，表面质量高。

连续式退火炉的缺点是：

（1）技术复杂，一次投资费用高。

（2）带钢厚度受限制。板厚大于1.2mm时，回转辊直径太大，设备显得笨重。

4.8.1.2 单垛式罩式炉和多垛式罩式炉对比

罩式退火炉按炉型分为单垛式罩式炉和多垛式罩式炉两种，它们在退火操作上基本是一样的。多垛式罩式炉相当于几台单垛式罩式炉的集合。单垛式和多垛式对比情况如表4-27所示。

表4-27 单垛式罩式炉与多垛式罩式炉对比

项　目	单垛式	多垛式	项　目	单垛式	多垛式
生产性	多品种、万能型	同一品种大生产	燃料费	较高	较低
操作性	炉台和加热罩多，操作频繁	炉台和加热罩少，操作次数少	占地面积	较大	较小
退火周期	较短	较长	建设费	较高	较低

综合对比来看，多垛式罩式炉占地少、产量高，但加热罩庞大，增大吊车负荷，且炉温均匀性差。综合利弊，一般多采用单垛式罩式炉。

4.8.1.3 紧卷罩式炉与松卷罩式炉对比

紧卷罩式炉有充分的加热和均热时间，通过缓慢的加热和冷却过程，可以生产出各种性能良好的钢材，用以制造各种加工制品。同时紧卷罩式炉还具有容易建设、操作简单、便于生产管理等优点。

但是，紧卷罩式炉也存在着一定的缺点。例如，由于紧卷传热缓慢，所以生产率低，成卷张力不能太大；由于紧卷带钢卷内温度均匀性差，所以如果局部温度高和成卷张力过大，可能会出现粘结缺陷。

松卷罩式炉是在克服紧卷罩式炉缺点的基础上开发的。松卷罩式炉是加热和冷却气氛在松卷的带钢间循环，这样加热和冷却比较快，与紧卷罩式炉相比退火时间大大缩短，而且保护气氛与整个带钢表面相接触，这样通过适当改变保护气氛的成分，即可改善钢板的表面质量。但松卷退火在多层重叠时，底层的带钢卷边部易损伤和变形等，从而影响产品质量，所以重叠层数和装入重量受到限制，这成为大容量退火炉的难点。并且，由紧卷到松卷和再返回紧卷需两次重卷操作，并容易产生擦伤等缺陷。因此，近几年来松卷罩式炉基本上不再发展了，只是在热处理工艺有特殊要求时才采用，如脱碳退火和化学热处理等。

4.8.1.4 立式连续退火炉和卧式连续退火炉对比

立式连续退火炉应用广泛、占地面积小、产量高，但建设费用高。卧式连续退火炉占地面积大，只限于产量低的机组上采用。

4.8.2 氮氢型与全氢型单垛式紧卷罩式炉对比

4.8.2.1 设备方面对比

罩式炉技术发展的历史过程分为两个阶段，第一阶段为氮氢型保护气体（H_2 的体积分数为 2% ~4%，其余为 N_2），普通炉台循环风机（风量 20000m³/h 左右）；第二阶段为全氢型保护气体（H_2 的体积分数为 100%），强对流炉台循环风机（风量 50000 ~ 55000m³/h）。

全氢型罩式炉的主要特点是采用全氢作为保护气体。由于氢渗透性强，又具有爆炸性。因此，炉台、炉台循环风机以及保护罩的制造要求是非常严格的，对炉台及炉台循环风机要进行气密性试验，对保护罩焊缝要进行 X 射线探伤和做气密性试验。同时全氢型罩式炉所属设备的几何尺寸及其精度要求相对氮氢型罩式炉也要严格得多。

4.8.2.2 生产能力对比

图 4-75 和表 4-28 反映了三种罩式炉退火的实际生产能力。三种罩式炉的装炉量皆为 79t、4 卷料，板宽皆为 1100mm，具有同样的退火制度（热点 720℃，冷点 685℃）。从表 4-28 中明显看出，强对流全氢炉比氮氢炉生产能力有显著提高。其中加热小时能力提高 79%；冷却小时能力提高 84%；炉台小时能力提高 82%。

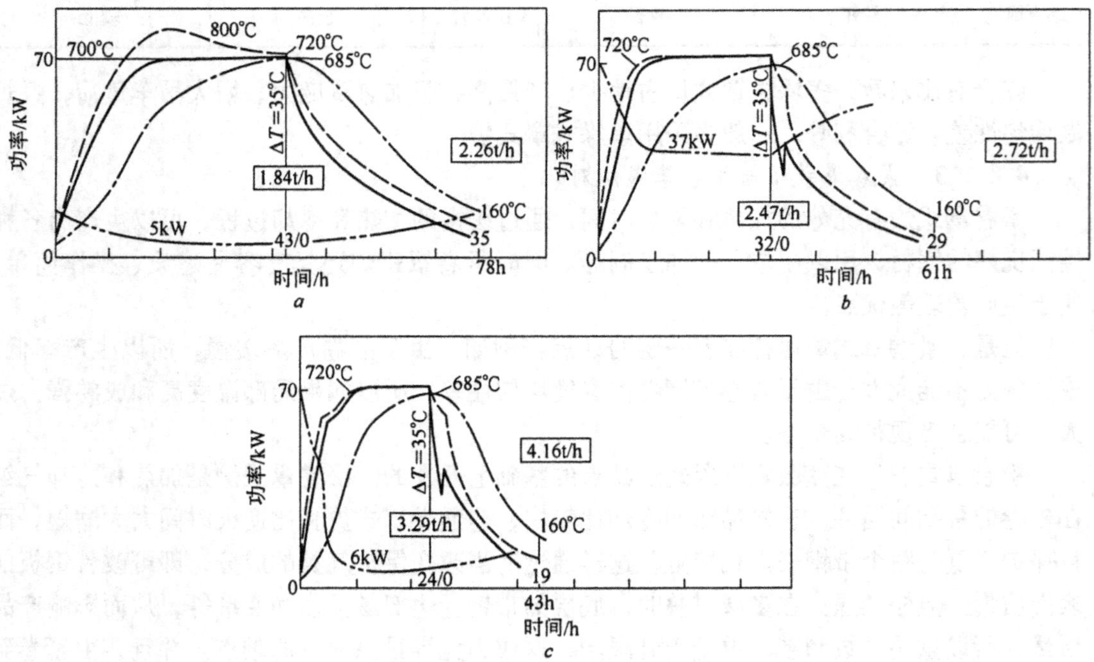

图 4-75　三种罩式炉的退火曲线

a—氮氢炉，H_2 的体积分数为 2%，其余为 N_2，普通炉台循环风机；*b*—强对流炉，H_2 的体积分数为 2%，其余为 N_2，强对流炉台循环风机；*c*—强对流全氢炉，H_2 的体积分数为 100%，强对流炉台循环风机

——控制曲线；---- 热点曲线；—·—冷点曲线；—··—炉台循环风机功率曲线

表 4-28 三种炉生产能力对比表

炉种类	加热能力/$t \cdot h^{-1}$	对 比	冷却能力/$t \cdot h^{-1}$	对 比	炉台能力/$t \cdot h^{-1}$	对 比
氮氢炉	1.84	1	2.26	1	1.01	1
强对流炉	2.47	1.34	2.72	1.30	1.30	1.29
强对流全氢炉	3.29	1.79	4.16	1.84	1.84	1.82

从表中还可看出，其能力提高的大约一半是强对流的效果，而另一半是全氢作为保护气体的效果。

4.8.2.3 产品质量对比

产品质量主要包括力学性能和表面质量。力学性能的好坏取决于炉温的均匀性。强对流全氢炉的突出优点就是在缩小炉温温差、实现炉温均匀性的条件下，提高退火能力。

A 深冲钢产品质量对比

汽车工业对深冲钢的要求是非常严格的，而且希望价格便宜一些。这类钢中最经济的是连铸铝镇静钢，典型成分为碳的质量分数为0.03%，锰的质量分数为0.2%，铝的质量分数为0.04%，氮的质量分数为0.005%。

300个卷、大约700t的宽带钢，经过盐酸洗、四机架冷轧、强对流全氢炉退火，对产品质量进行了统计分析。

a 力学性能

退火平整后σ_s应尽量低，约为160~170MPa，σ_b接近300MPa，这样屈强比很低。

深冲性能好的另一个先决条件是高的r值和高的n值。由于这些因素与退火工艺有关，所以退火一定要在700~723℃之间进行，且温度要均匀。除此之外，重要的是要避免过热，并且这种高纯钢易于粘结，所以必须对最高温度规定一个上限。

所得到的力学性能对比如图4-76所示。总的来看，强对流全氢炉退火产品的性能是

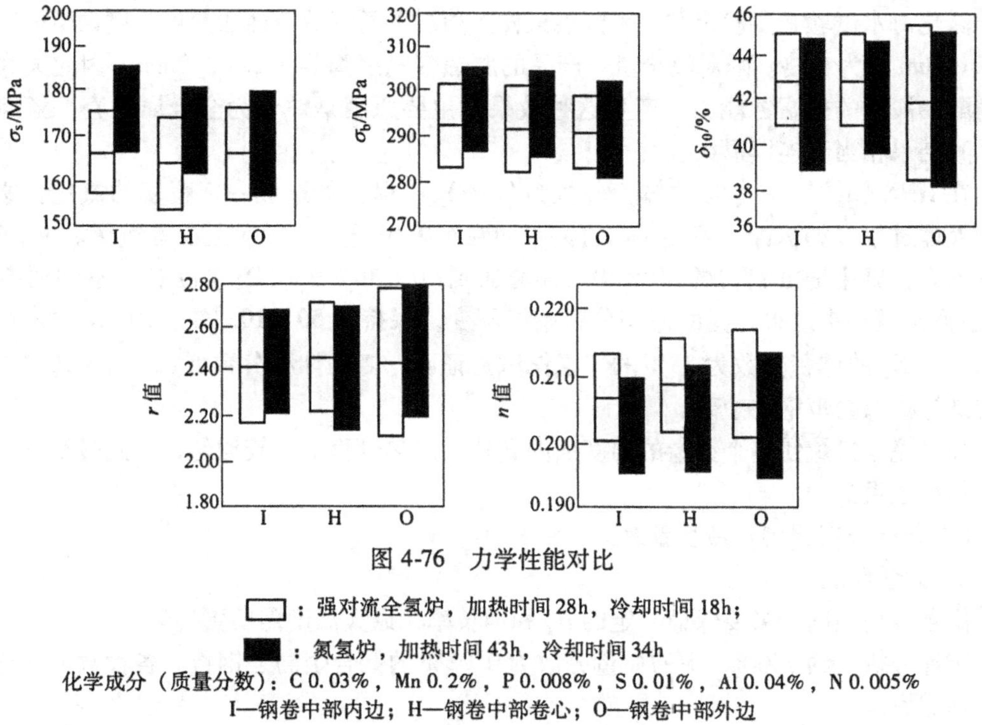

图 4-76 力学性能对比

□：强对流全氢炉，加热时间28h，冷却时间18h；

■：氮氢炉，加热时间43h，冷却时间34h

化学成分（质量分数）：C 0.03%，Mn 0.2%，P 0.008%，S 0.01%，Al 0.04%，N 0.005%

I—钢卷中部内边；H—钢卷中部卷心；O—钢卷中部外边

好的，σ_s 平均值较低，比氮氢炉大约低 15MPa，σ_b 仅稍有降低，屈强比低 2%，所以塑性变形的范围更宽了。

另外，伸长率大约高 2%。r 值基本相同。由于 σ_s 低，所以 n 值相应较高。

强对流全氢炉产品性能的提高是在每个炉台产量提高 67% 的情况下取得的。

b 表面质量

表面质量的对比如图 4-77 所示，对比试验是在从连轧机来的钢卷未脱脂、带钢表面残存有乳液的情况下进行的。

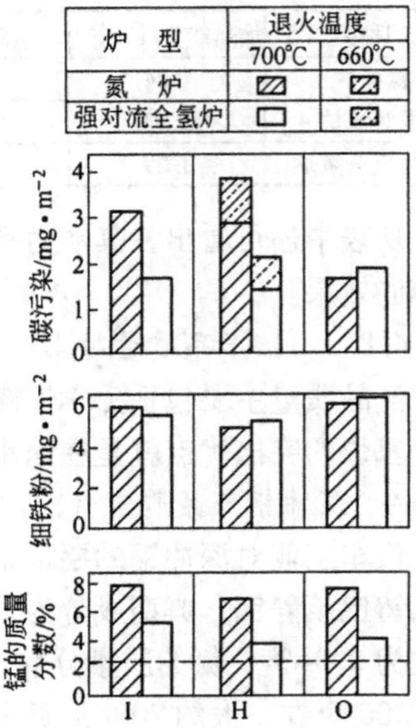

图 4-77 表面质量对比

I—钢卷中部内边；H—钢卷中部卷心；O—钢卷中部外边

经统计分析证明，强对流全氢炉中碳污染减少了一半，低于 2.15mg/m²。而对于氮氢炉，退火温度为 700℃时，仅在外圈才能发生这么低的碳污染。在强对流全氢炉中，碳的污染在 660℃这么低的温度下才稍高。因此，即使在较低的退火温度下，高纯氢也有助于去除润滑剂的残留物。

轧制中产生细铁粉的数目在这两种退火炉中基本上是相同的。但锰的集合（可作为与氧有较大亲和力元素单独氧化的一个例子）在强对流全氢炉中明显降低。

因此，所有的污染物，尤其是碳和锰，都会影响磷酸油漆板的耐蚀性能。雾化海水试验表明，表面越干净，耐腐蚀性能越好。

雾化海水试验是要确定在一个刻线试样上漆层下两周后锈蚀的深度。腐蚀带的宽度小于 5.08mm 认为合格。强对流全氢炉产品的腐蚀带宽度降到 1.5～2.0mm，因此大大改善了磷酸油漆板的抗腐蚀能力。产生这种效果的主要原因是炉台为全金属外壳，氢纯度很高，其结果相当于连续退火。

在 HNX 保护气体（N_2 的体积分数为 96%）中退火能造成一定程度的氮化，这对以后的处理过程（如深冲）可能是有害的。而在纯氢中退火，实际上没有氮化。在 HNX 气氛中退火，氮化是由起初的 $50\times10^{-4}\%$ 增加到 $70\times10^{-4}\%$（随卷位置的不同而有所不同）。而全氢炉中退火，氮的体积分数始终不变，保持在 $50\times10^{-4}\%$。用 H_2 的体积分数为 75%、N_2 的体积分数为 25% 的气氛作试验证明，氮的体积分数增加了 $5\times10^{-4}\%$。所有的试样都取自带钢的中部。

强对流全氢炉使整个钢卷的温度从内到外在加热过程中比较均匀，因此带钢表面很干净，粘结也很少。

B 低合金高强钢产品质量对比

a 力学性能

低合金高强钢如果要保证一定的 σ_s 和伸长率，退火温度需要更均匀。

统计分析大约 1400t、铌的质量分数为 0.05% 的低合金高强钢板，各种数据的比较如图 4-78 所示。

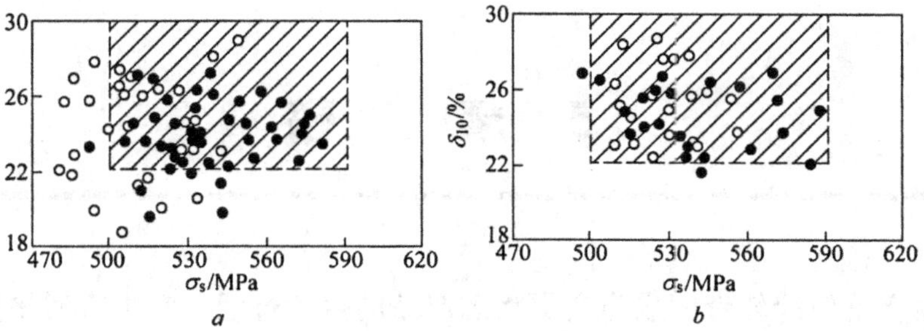

图 4-78 低合金高强钢的力学性能对比

a—氮氢炉；b—强对流全氢炉

○ 钢卷外部；● 钢卷心部；▨目标值

在氮氢炉中，由于过热和晶粒粗化，钢卷外部在目标值之外。

在强对流全氢炉中，退火材料性能更均匀，板卷内外圈几乎都在目标值范围内，σ_s 变化不大于 14MPa，伸长率约降低 4%，产量高 60%。

b 表面质量

边部氧化是一个重要的表面质量问题。含硅与不含硅的低合金钢在不同炉子中边部氧化的情况比较如图 4-79 所示。

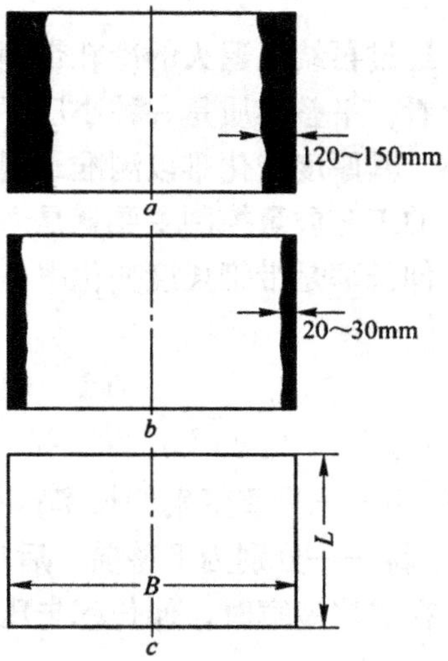

图 4-79 边部氧化对比

a—氮氢炉，含硅，680℃；b—强对流全氢炉，含硅，680℃；c—强对流全氢炉，不含硅，680℃；L—带钢长度；B—带钢宽度

4.8.2.4 消耗对比

强对流全氢炉各项消耗较低，天然气单耗为 0.535GJ/t，电能单耗为 6.5kW · h/t，N_2 为 $10m^3/t$，H_2 为 $4.2m^3/t$。

氮氢炉的天然气单耗为 0.617GJ/t（比强对流全氢炉高 15%），电能消耗请参见图 4-75。氮氢炉炉台循环风机功率小，在保温阶段需要 5kW，强对流氮氢保护气体炉炉台风机需要 37kW，而强对流全氢炉炉台风机功率为 6kW，节约电能的费用足以补上氢气的费用。

5 精　　整

精整生产是使冷轧带钢成为交货状态产品的生产过程，它由带钢平整、横剪或纵剪或重卷、分选和包装等工序所组成。平整工序的主要作用是调质冷轧带钢的力学性能；横剪、纵剪和重卷的作用是把带钢加工成具有用户所需要的尺寸和单位质量的板、带、卷材；而分选、包装则是对质量分级材料进行捆扎包装，使之成为最终交货的产品。

5.1 冷轧带钢的平整

经过再结晶退火的冷轧带钢需要进行平整，以获得交货状态需要的各种性能。从压下变形看，平整实质是一种小压下率（0.5%～4%）的二次冷轧变形，但由于平整压下率很小，其厚度变化难以测准，因此平整率是采用与压下率成比例的伸长率来表示的，平整过程的工艺质量控制主要就是通过伸长率来进行管理的。

伸长率是带钢长度变化率，其表达式为：

$$\mu = \frac{L_1 - L_0}{L_0} \times 100\%$$

式中 μ——平整带钢伸长率；

L_0、L_1——分别为平整前、后带钢长度。

在忽略展宽时，伸长率与压下率（ε）有如下关系：

$$\mu = \frac{\varepsilon}{1 - \varepsilon}$$

5.1.1 平整的作用

平整是冷轧生产的重要工序，其作用是：

（1）消除退火带钢的屈服平台，调制好带钢的力学性能。

（2）改善带钢的平直度。

（3）使带钢表面具有一定的粗糙度。

此外，双机架平整机可以实现较大的冷轧压下率，生产超薄厚度的镀锡板。

冷轧带钢经过再结晶退火，消除了加工硬化组织，但却使力学性能和加工性能变坏。这时带钢的应力应变曲线具有明显的上屈服极限，并且在下屈服极限出现屈服平台。而平整能使上屈服极限提高，屈服平台消失，强度提高（图5-1）。但是，随着平整伸长率的增加，带钢又会发生加工硬化，使屈服极限升高，因此屈服极限随平整伸长率变化存在有一个最低值（图5-2），这个平整伸长率与带钢化学成分、冶炼方法、退火和冷轧压下率等条件有关。

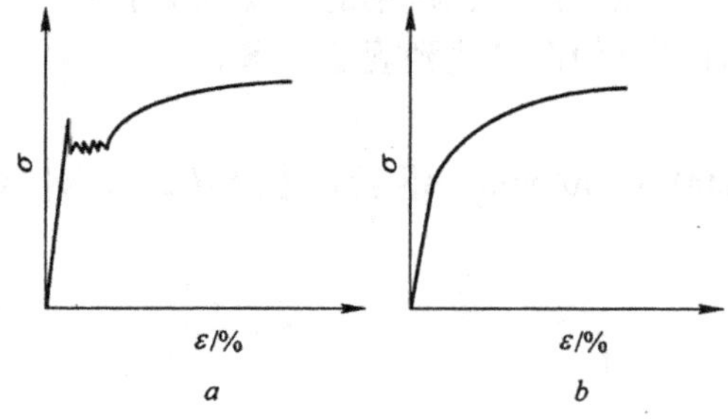

图 5-1 带钢平整前后的应力应变曲线

a—平整前；*b*—平整后

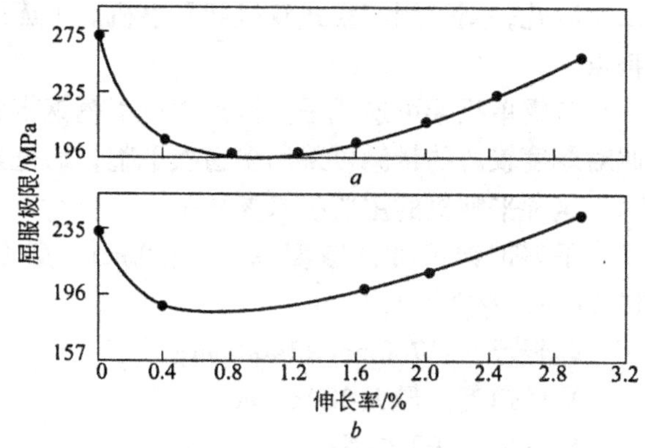

图 5-2 屈服极限与平整伸长率的关系

a—钢板厚度 0.3mm；*b*—钢板厚度 0.7mm

此外，低碳沸腾钢板还有时效作用，即随着存放时间的推延，带钢屈服极限升高，又出现了明显的屈服平台。平整伸长率对时效期的影响如图 5-3 所示。

理论和实践都证明了有屈服平台的带钢在冲压加工时会出现滑移线，弯曲成圆时有横向折棱倾向，从而使加工件表面质量不良，因此平整工序对不同用途的带钢要采用不同的平整伸长率，以达到调质性能的目的。对深冲用汽车薄板，要求屈服极限很低并消除屈服平台，一般认为最佳伸长率范围是 0.8% ~1.4%。而对镀锡板和包装用材，要求用一定的强化变形调整强度和硬度，则要使用 1% ~3% 较大的伸长率。

其次，带钢在退火过程中因受热而变软变形，板形变坏，平整时轻微的压下变形则能在一定程度上减轻和消除其板形缺陷，得到平坦的带钢。

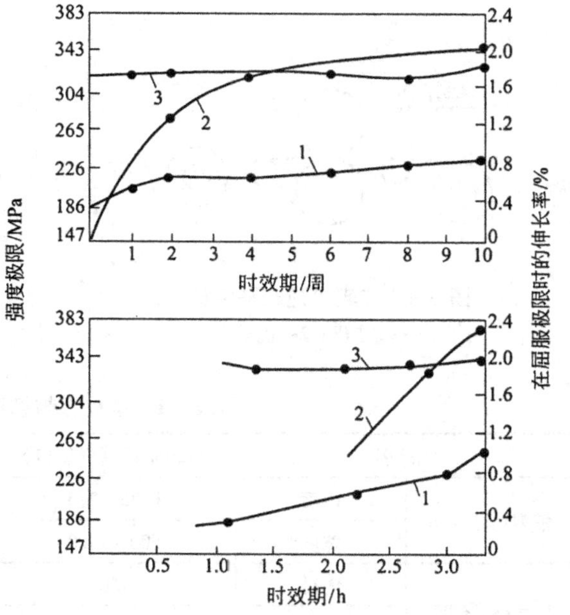

图 5-3 压下率为 1% 时，低碳钢经平整后的时效期

1—屈服极限；2—伸长率；3—强度极限

平整生产还可通过工作辊的磨辊加工和喷丸处理，使带钢表面呈现不同粗糙度的光面、毛面或麻面的表面结构。对不锈带钢则可用抛光处理辊面，平整后得到光亮似镜的表面。

此外，平整工序改善了带钢厚度精度，并能消除轻微的表面缺陷。因此平整生产对产品质量的保证有着十分重要的作用。

5.1.2 平整机

宽带钢平整机普遍采用单机架二辊式或四辊式冷轧机，对镀锡板和薄带钢平整并兼用二次冷轧，则采用四辊式双机架平整机。下面以国内宽带钢平整机为例说明平整机的设备特点。

二辊单机架可逆式平整机是生产不锈钢带的平整机，其平整带钢的厚度范围很宽，为此对厚度较薄的带钢可采用多道次平整，通过累计延伸使产品达到规定要求。

这种平整机的主要技术参数是：

平整带钢尺寸：厚度 0.1 ~ 3.0mm，宽度 600 ~ 1300mm，钢卷内径 610mm，外径 1520mm，卷重 16t；

轧辊尺寸：780mm × 1400mm；

平整速度：最大 200m/min；

轧制力：10000kN；

平整前后张力调整范围：10 ~ 100kN。

机组形式见图 5-4。

四辊式单机架平整机是国内普遍应用的平整机，其主要技术参数列于表 5-1，机组形式和张力分配见图 5-5 和表 5-2。

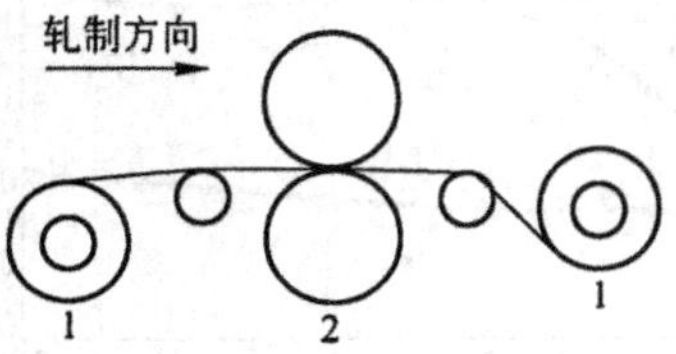

图 5-4　二辊可逆式平整机

1—卷取机；2—机架

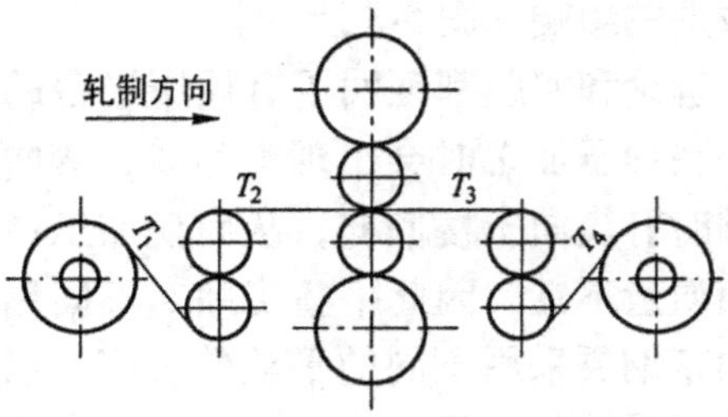

图 5-5　四辊式单机架平整机组成

表 5-1　国内宽带钢平整机技术性能

机组名		1700mm 平整机（1）	1700mm 平整机（2）	2030mm 平整机
带钢尺寸/mm	厚度	0.35 ~ 2.5	0.4 ~ 3.0	0.3 ~ 3.5
	宽度	600 ~ 1500	650 ~ 1530	900 ~ 1850
钢卷尺寸/mm	内径	750	610	610
	外径	1800		1200 ~ 2470
钢卷最大质量/t		15	45	45
轧辊直径/mm	工作辊	500 ~ 470	660 ~ 615	615 ~ 550
	支撑辊	1300 ~ 1220	1525 ~ 1400	1550 ~ 1425
辊身长度/mm		1700	1700	2030
工作辊轴承		四列滚柱止推轴承	四列锥形滚柱轴承	四列锥形滚柱轴承
支撑辊轴承		油膜轴承	油膜轴承	静压油膜轴承
最大平整压力/kN		5000	15000	20000
最大平整速度/$m \cdot min^{-1}$		1200	1500	1700
年工作小时/h			4270	6404
年生产能力/kt			635	1351

表 5-2 张力分配情况

机组名	T_1/N	T_2/N	T_3/N	T_4/N
1700mm 平整机（1）	19101	39600	76800	60000
1700mm 平整机（2）	6750/80000	11200/133000	8650/103700	6000/80000
2030mm 平整机	8500/78000	13500/124000	13500/176000	8500/130000

双机架平整机用于镀锡板和薄带钢平整并兼用二次冷轧，主要技术参数是：

带钢尺寸：镀锡板 0.15～0.55mm，冷轧薄板 0.50～0.80mm；

带钢宽度：550～1270mm；

钢卷内径：600mm、450mm；

钢卷最大质量：厚度大于 0.5mm 为 45t，厚度小于 0.5mm 为 20t；

轧辊直径：工作辊 610～540mm，支撑辊 1420～1260mm；

辊身长度：1420mm；

最大平整速度：2000m/min；

最大轧制速度：1400m/min；

最大轧制力：15000kN；

压下率：平整约为 3%，二次冷轧 Ⅰ 架为 36%～37%，Ⅱ 架为 1%～1.5%；

年产量：275000t。

机组形式及各段张力分配见图 5-6。

由上所述，平整机的形式和设备组成基本上与可逆式冷轧机相同，现以 2030mm 单机架平整机为例说明平整设备的主要特点。

钢卷准备站用于平整前预先切除带钢头部厚度不合格和质量不良部分，为顺利开卷和穿带做好准备。准备站由钢卷小车、开卷机、液压上切剪和切头清除装置所组成。这是该平整机增加作业时间、提高生产能力的重要措施之一。

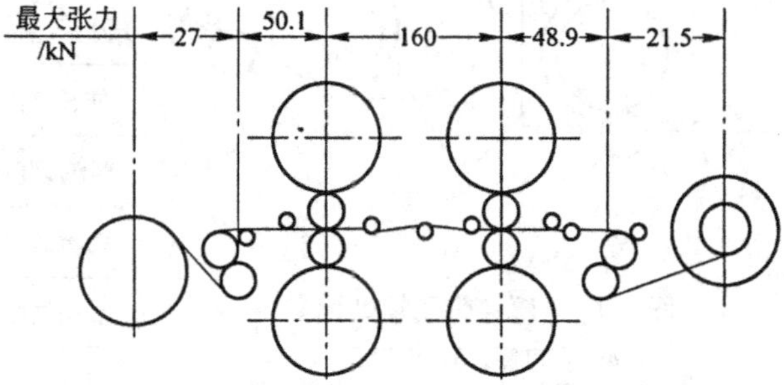

图 5-6 双机架平整机形式和张力分配

尾卷处理装置用来清除残留在开卷机上的钢卷尾卷，这对薄规格带钢顺利甩尾和减少轧辊损伤是十分必要的。它由卷心夹钳、升降装置、小车及行走机构和钢支架所组成，是一种高架式电动和液压组合的专用起重装置。此外应配置尾卷清除装置和分切卷心的剪机。

为了保证平整生产的张力稳定和改善带钢质量，要求有尽可能大的带钢张力。但较大的开卷张力会使钢卷层间滑动而划伤表面，为此在机架两侧设置张力辊组，使带钢呈 S 形走向，实现了带钢张力的分段控制。

由于厚规格带钢不易弯曲穿带，因此平整生产有 S 辊工作和转向辊工作两种方式。两种工作方式比较见表 5-3。

表 5-3 S辊方式与转向辊方式的比较

传动方式	S辊方式	转向辊方式
张力控制	分三段控制	单段控制
带钢表面	易避免开卷划伤	易出现划伤
平整过程	稳 定	不稳定
浪 形	小	大
变形控制	易实现张力和速度调整	难
穿带难易程度	厚2.5mm以下（1.5mm以下最好）	厚2.5mm以下（0.7mm以上可用）

为了使S辊穿带操作顺利，在S辊周围装有弧形导卫板、导板、穿带辊和矫弯导辊（图5-7）。

以往平整生产是不用工艺润滑的，即为干平整。近年来为了提高防锈能力和改善带钢表面质量，广泛采用水溶性或油溶性防锈剂作平整液喷洒辊缝，进行湿平整。由表5-4可见，湿平整工艺具有很多的优点，因此，除镀锡板只用干平整外，一般平整机都有这两种平整工艺。

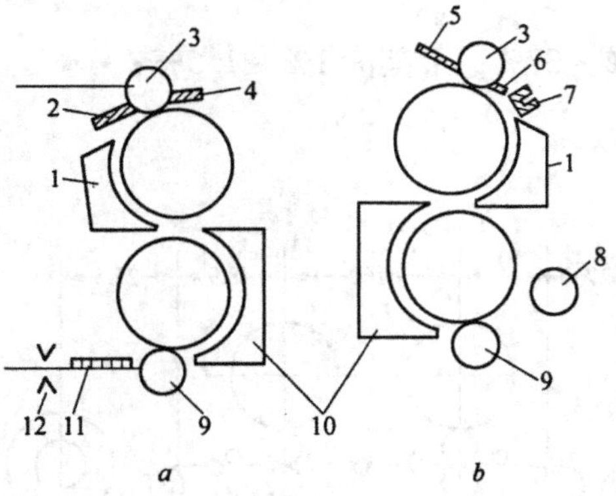

图 5-7 S辊穿带用辅助设备

a—人口侧；*b*—出口侧

1—上S辊弧形导板；2、4—人口穿带辊上导板；3—穿带辊；5、6—出口上穿带辊上的导板；7—小弧形导板；8—带头弯曲辊；9—下穿带辊；10—下S辊弧形导板；11—剪刀后导板；12—剪刀

表 5-4 湿平整和干平整的比较（单机架平整机）

项 目	湿平整	干平整
生产效率	高	低
单位带宽轧制力/$kN \cdot mm^{-1}$	2~3	3~5
伸长率控制	大伸长率范围容易	小伸长率范围容易
粗糙度复制率/%	30~50	60~80
防锈效果	好	无
表面缺陷	少	容易产生
辊耗	低	较高
工作环境	干净	有粉尘

湿平整要专设平整液装置，与乳化液装置一样，要由原液槽、混合槽、水槽、流量和液位控制装置以及各种阀、泵和管道所组成（图5-8）。

本装置的主要特点是：

（1）连续配液和供液。由计量泵按比例配制出平整液，根据液位情况自动启动和关闭输出泵，并进行流量无级调节。

（2）根据带钢宽度调节喷射宽度。

（3）出口侧有压缩空气喷嘴，以吹净带钢表面残留的平整液，使之干燥并消除可能出现的表面斑迹。

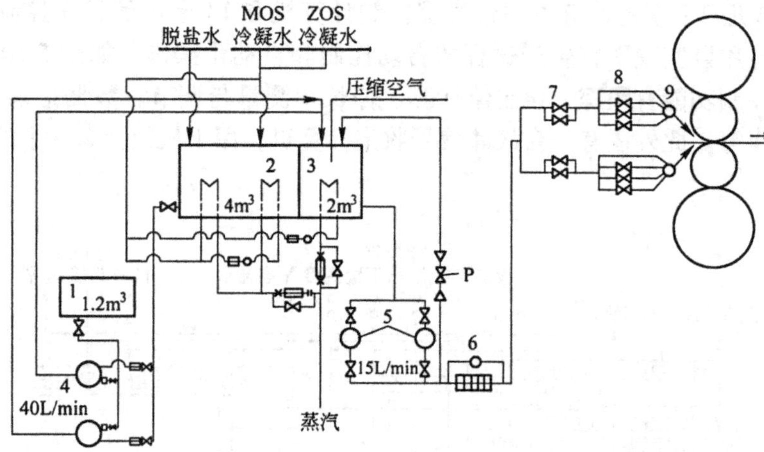

图 5-8 湿平整液系统示意图

1—原液箱；2—水箱；3—混合箱；4—比例泵；5—输送泵；6—过滤器；7—流量调节阀；8—宽度调节装置；9—喷射梁

为了确保带钢在长度方向上，尤其在头尾部加减速段性能的均一性，必须采用平整伸长率自动控制系统对平整伸长率进行恒定控制。这时伸长率是用平整机前后与带钢接触并同步转动的辊子转速差来测量的，即伸长率为：

$$\mu = \frac{v_h - v_H}{v_H} \times 100\%$$

式中 v_H、v_h——分别为平整机前、后辊子转速。

本机组是通过测量系统周期测量入口和出口上S辊的转动脉冲数来测得实际伸长率的，并通过单独调节轧制力或张力或联合调节方式进行伸长率的自动调节。

图5-9是平整机伸长率自动控制系统图。

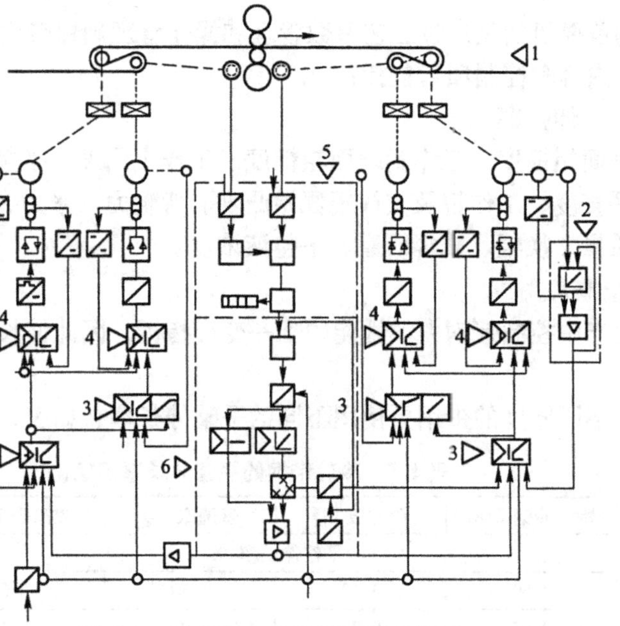

图 5-9 伸长率自动控制系统示意图

1—S辊工作方式的平整机；2—数字实际值校正；3—速度控制器；4—弯曲控制；5—伸长率测量；6—伸长率控制

2030mm 单机架平整机设有由一台过程控制计算机和 13 台可编程序控制器组成的自动化控制系统，用以实现平整生产过程的自动控制和自动化操作，如图 5-10 所示。该系统的主要自动控制功能有跟踪、设定值计算、伸长率测量与调节、数据记录，以及减速、穿带的自动操作等。此外还有一台故障信号收集计算机，用于机组上 250 个故障点的信息收集和诊断。

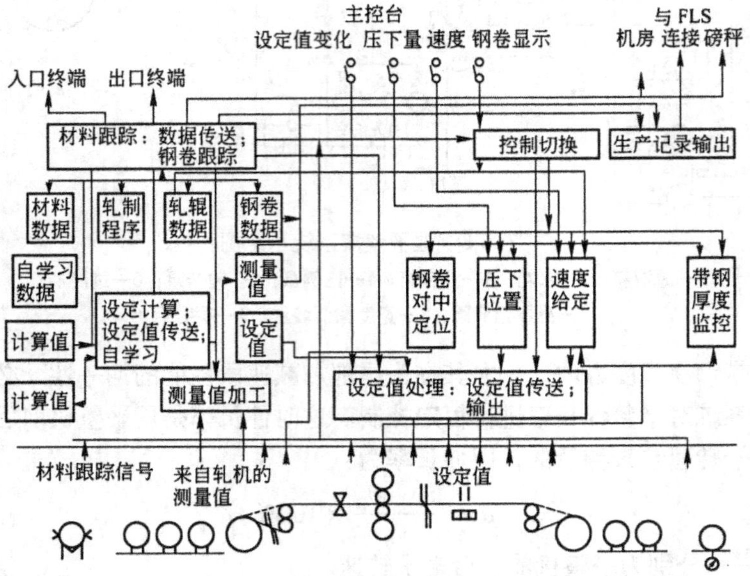

图 5-10　2030mm 单机架平整机计算机控制功能方框图

5.1.3　平整工艺

平整工艺的首要目的是通过工艺参数管理和操作管理确保带钢的性能和质量达到用户的要求，其主要内容和控制项目包括：

（1）平整度、伸长率。

（2）带钢表面粗糙度、工作辊表面粗糙度、工作辊凸度、平整量。

（3）带钢平直度、工作辊及支撑辊原始凸度、弯辊力、张力、平整温度。

（4）表面质量、换辊、轧辊研磨、平整液浓度。

5.1.3.1　平整度

这是平整生产中控制带钢力学性能的唯一变形指标，因此伸长率调节是工艺质量控制的重要内容。

不同用途、不同厚度的带钢要使用不同的平整伸长率，如表 5-5 所示。

表 5-5　冷轧带钢的平整伸长率规定

轧制厚度/mm	特深冲钢 DDQ	深冲级 DQ	普通级 CQ	较高强度级	平整伸长率偏差/%
	平整伸长率/%				
≤0.69	0.50	0.60	0.70	1.30	-0.1 ~ +0.2
0.70 ~ 0.85	0.60	0.70	0.80	1.40	-0.1 ~ +0.2
0.86 ~ 1.0	0.70	0.80	0.90	1.50	-0.1 ~ +0.2

续表 5-5

轧制厚度/mm	特深冲钢 DDQ	深冲级 DQ	普通级 CQ	较高强度级	平整伸长率偏差/%
	平整伸长率/%				
1.01 ~ 1.25	0.80	0.90	1.0	1.60	-0.1 ~ +0.2
1.26 ~ 1.50	0.90	1.00	1.10	1.70	-0.1 ~ +0.2
1.51 ~ 2.0	1.0	1.10	1.20	1.80	-0.1 ~ +0.3
>2.0	1.10	1.20	1.30	1.90	-0.1 ~ +0.3

注：涂层和镀锌带钢的伸长率：厚度不大于 0.69mm 时为 0.5%；厚度在 0.7mm 以上时要小于 0.5%。

针对不同的操作方式，伸长率调节手段也是不一样的，如表 5-6 所示。轧制力是伸长率调节的有效操作变量，这是因为轧制力与伸长率基本上是线性关系（图 5-11）。而张力调节或与轧制力联合调节只在 S 辊方式时才予使用，则是因为带钢厚度较大时，张力调节受到了极限值的限制，使张力调节伸长率很困难。同时 S 辊方式有较大的带钢张力，为张力调节创造了条件。

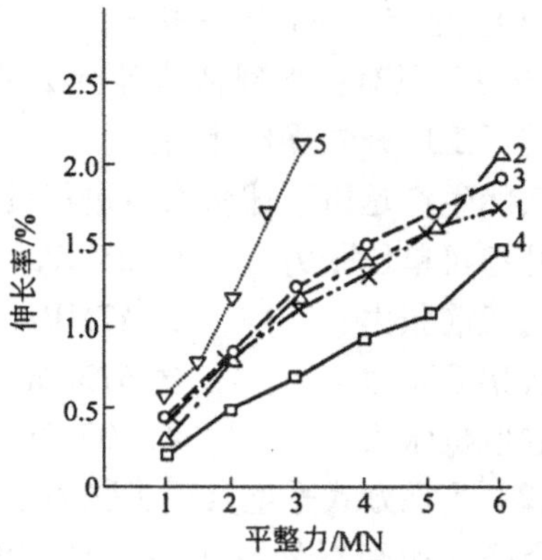

图 5-11 平整力和伸长率的关系
1—干平整，0.6mm×1218mm；2—湿平整，0.7mm×1237mm；3—干平整，1.1mm×1002mm；4—干平整，1.2mm×1348mm；5—湿平整，1.2mm×927mm

表 5-6 平整伸长率的调节方法

带厚/mm	0.3 ~ 0.4	0.4 ~ 0.8	>0.8
转向辊	轧制力	轧制力	轧制力
S 辊	张力或速度	张力 + 轧制力、速度 + 轧制力	轧制力

5.1.3.2 带钢板形

平整带钢板形控制也是通过辊形调节实现的，其调节手段是轧辊原始凸度配置、弯辊调节装置和轧辊倾斜度调节。

轧辊凸度配置主要是考虑轧制力和轧辊磨损的影响，表 5-7 是平整机轧辊原始凸度管理表。

表 5-7 工作辊凸度配制

支撑辊轧制量/t ＼ 凸度/mm ＼ 带厚/mm	0.30 ~ 0.50	0.51 ~ 1.50	1.51 ~ 3.50
≤10000	0.10	0.05	0.05
10000 ~ 25000	0.15	0.10	0.05
25000 以上	0.20	0.15	0.10

注：特硬钢种可以适当加大凸度。

由于带钢板形的影响因素是十分复杂的，因此实际生产中板形控制更多的是依赖于生产操作，即要根据带钢板形进行弯辊力、张力和轧制力等的综合调节。弯辊力对凸度的补偿量是很大的（0.10mm 左右），是一种无滞后并且反应及时的调节方法，能有效地消除对称性的板形缺陷（如中浪、两边浪）。张力操作对板形调节也是十分重要的，特别是在薄带钢平整、S 辊工作方式时，轧制力和张力平衡遭到破坏而引起斜纹（树叶状）、直条纹和边部折印等缺陷，这时张力操作是调节板形的最有效手段，因此必须进行张力管理。

平整机张力选择的基本原则是：

（1）入口带钢张力要小于出口带钢张力。

（2）开卷张力要小于轧机卷取张力，一般为五机架卷取张力的 70% ~75%。

在生产操作中，张力调节按下列规定进行：

（1）恒定轧制力平整时，开卷单位张力按 25MPa 计算，调节范围应尽量小（±15%），只有在出现粘结等特殊情况下才允许适当提高。卷取单位张力为 30MPa，调节应与下工序开卷操作相适应。

实际生产是以下述张力值进行设定的，并取得了较好的平整效果：

开卷机单位张力　　约 25MPa；

机架前张力　　约 47MPa；

机架后张力　　约 57MPa；

卷取机张力　　约 30MPa。

（2）S 辊方式平整实现了张力分段控制，允许扩大各段张力调整范围。开卷张力可大幅度下降，如来料松卷则可下调 30% ~40%，而机架入口、出口张力要上调，幅度为 70% ~90%，其中上、下 S 辊都可按 60% 和 40% 进行分配。卷取张力调节范围可扩大为 ±30%。

大张力平整时，平整速度明显提高，最高限速为 1700 m/min，而转向辊操作要限速为 1000m/min。

实践证明，平整钢卷的温度管理对带钢质量保证也是很重要的。要求平整前钢卷应进行充分冷却，一般控制上机钢卷温度为 40℃，最高不得大于 70℃，否则极易出现板形缺陷，并会加速带钢时效。

5.1.3.3　*表面粗糙度*

平整生产决定了用户所需的带钢表面粗糙度。表面粗糙度可分为光面、毛面和麻面三种，其标记符号为 R_a，常用计量单位为微米（μm）。

通常用于深冲和涂镀加工的带钢表面都需要有一定的粗糙度，这不仅是一种特有的表面结构，重要的是改善了冲压加工的润滑性能、降低了冲废率和提高了镀涂质量，使锌花均匀。

带钢表面粗糙度是直接由工作辊辊面的粗糙度来传递的，但传递效率受到平整过程中各种工艺因素的影响，如干平整、湿平整、弯辊力、伸长率和平整量等。干平整的复制率可达 60% ~80%，而湿平整只有 30% ~50%，湿平整降低了粗糙度复制率，但使轧辊使用时间延长。复制率是随着轧辊的磨损而逐渐下降的。轧辊原始凸度和弯辊力影响带钢宽度方向上复制粗糙度的均一性。因此，平整生产要对表面粗糙度进行严格的管理。

表 5-8 是平整对工作辊表面粗糙度的要求。

表 5-8 平整工作辊表面粗糙度规定

表面粗糙度类别	标志代号	粗糙度/μm	偏差/μm	加工方式	辊面粗糙度/μm	
					干平整	湿平整
光面	20	0.5	+0.25 −0.125	研磨	约0.5	
毛面（暗淡）	40	1	±0.25	磨，喷丸		2.25~2.5
毛面（暗淡）	60	1.5	±0.25	磨，喷丸		3.5~4
麻面（粗糙）	80	2	±0.25	磨，喷丸		>5.75

表5-9规定了在支撑辊工作周期中，为确保带钢表面粗糙度特别要求而规定的工作辊凸度。

表 5-9 粗糙度要求的工作辊凸度

带钢表面粗糙度/μm			$0.5^{+0.25}_{-0.125}$		1±0.25		1.5		2	
带钢厚度/mm			0.30~0.50	0.51~1.50	0.30~0.50	0.51~3.50	0.30~0.50	0.51~3.50	0.30~0.50	0.51~3.50
支撑辊生产带钢量/t	<20000	工作辊凸度/mm	0.05	0.05	0.15	0.10	0.15	0.10	0.15	0.10
支撑辊生产带钢量/t	>20000	工作辊凸度/mm	0.10	0.10	0.20	0.15	0.20	0.15	0.20	0.15

注：支撑辊规定凸度值为0.07mm。

5.1.3.4 *表面质量*

带钢表面质量直接取决于轧辊表面状态。

湿平整的显著特点是辊面不易粘附杂质，清洁的工作辊面有效地防止了带钢辊压印缺陷的产生，能较长时间保持辊面的粗糙度，这样比干平整就能得到更好的表面质量。但湿平整工艺也会引起斑迹缺陷，为此要对湿平整液的浓度（约5%）进行管理，太低容易使带钢表面锈蚀，而过高也会引起黄斑缺陷。浓度是通过测定溶液的电导率或折射率来控制的。在操作上要按带钢宽度调节喷射宽度，并要检查喷射角度和把残液喷吹干净，否则也会在残留处出现所谓的平整液斑迹。

严格执行计划换辊规定使带钢表面质量处于最佳状态，而定期检查带钢表面（每隔3~5卷）是避免大批量缺陷产生的最好办法，一旦发现粘辊则应及时研磨、擦洗或换辊。

在正常生产条件下，轧辊要按下列规定进行计划换辊，同时要考虑品种规格的影响：

支撑辊：生产量约为40000~50000t；

工作辊：生产量约为1000~1200t。

此外，也要注意到与带钢接触的S辊表面状态的管理，定期进行研磨和毛化处理。

5.2 冷轧带钢的横剪

5.2.1 概述

横剪工序的任务是把平整后的带钢剪切成定尺长度的钢板，再经过矫直和涂油，堆垛成一定重量的板垛。近年新建的横剪机组都设有质量分选装置并后接包装生产线，由此直接生产出交货状态的板包装产品。

横剪是冷轧生产的成品工序，因此横剪生产的工艺设备要以提高剪切精度和表面质量为主要目的，这样对机组速度和剪切带钢的规格范围等就要有一定的要求。横剪机组速度一般限制为200～250m/min，不宜太高，主要是要满足堆垛质量和质量检查分选的需要。而为了平衡上道工序的生产能力，都要配置多条横剪机组来满足现代高速连轧生产的要求。为了提高剪切精度的矫直质量，就要求剪切带钢的厚度、宽度和长度的变化范围不能过宽，而多条机组的设置就可以扩大剪切规格范围，因此实际上横剪机组是以剪切不同规格进行分工的。

横剪生产的工艺和设备组成基本都是一样的，只是设备结构、尺寸随剪切带钢规格变化各有所异，本节以2030mm冷轧厂1号机组为例叙述其生产工艺。

整个冷轧厂装备有4条横剪机组，用来剪切厚度为0.3～3.5 mm、宽度为900～1850mm的冷轧钢板、热镀锌钢板、电镀锌钢板和彩色涂层钢板，各机组剪切的品种、规格和技术参数见表5-10。

表5-10　2030mm冷轧厂横剪机组的技术性能

数据项目 \ 机组名称		1号	2号	4号	5号
剪切材料		冷轧带钢	冷轧、热镀锌带钢	冷轧、热镀锌带钢	电镀锌、彩色涂层带钢
抗拉强度/MPa		412		412	412
带钢尺寸	厚度/mm	0.3～2.0		0.9～3.5	0.3～3.0
	宽度/mm	900～1550		900～1850	900～1550
钢卷尺寸	内径/mm	610		610	610
	外径/mm	1200～2470		1200～2470	750～1850
钢卷最大质量/t		45		45	22.5
成品钢板	板长/mm	1000～4000		1000～6000	1000～4000
	垛高/mm	最大600		最大600	最大600
	垛重/t	最大10		最大10	最大10
机组速度/m·min^{-1}	入口—剪切	200		120	120
	矫直机	240		140	140
	矫直机后	260		155	155
	穿　带	24		24	24
	垛板皮带速度	90			
连续堆垛数/垛·h^{-1}		20		20	12
年产量/t·a^{-1}		875000			155000

5.2.2　生产工艺操作

1号横剪机组的设备组成如图5-12所示。

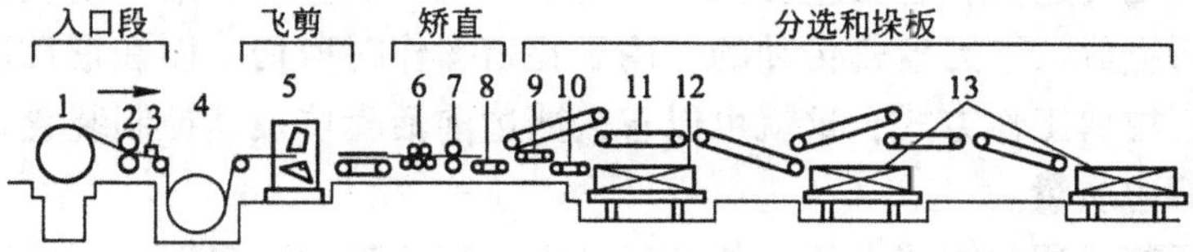

图 5-12 横剪机组示意图

1—开卷机；2—圆盘剪；3—打印机；4—活套装置；5—飞剪；6—矫直机；7—涂油机；8—分选皮带；9—落下皮带；10—叠瓦皮带；11—堆垛皮带；12—次品堆垛台；13—优质板堆垛台

生产工艺流程是：

上卷→开卷→剪边→打印→测厚→矫直→飞剪→精矫→质量检查→涂油→分选

发出分选信号

→发出自动分选信号→（次品堆垛 / 优质品堆垛）→辊道输出

工艺操作过程如下：

钢卷从中间库吊放到机组头部的钢卷存放盘中，由液压小车送到开卷机卷筒上。自动对中装置进行钢卷高度和宽度对中，使带钢对中作业线运行。开卷后带钢在圆盘剪上按规定宽度剪切两边，通过对中系统能自动控制运行带钢始终对中地喂入，它是根据光栅两侧被带钢所遮住的区域面积相等原理，同时横向移动开卷机和夹送辊装置来纠正带钢跑偏的。剪下废边进入废边卷机，剪边带钢经打印过活套坑到飞剪入口夹送辊矫直机，在这里由测厚仪检测带钢厚度并在厚度超差时给跟踪系统发出信号。带钢由皮带运输导板喂入飞剪连续地进行定尺剪切。钢板经过矫直后在检查皮带上进行质量检查。当出现次品板时，由检查人员手动按钮发出信号。当超差和次品钢板到达涂油机后面的皮带运输尾端时，上述跟踪信号自动启动磁感应开关使传送次品的皮带电磁铁通电和上部皮带磁铁断电，钢板即进入次品堆垛。而当次品钢板离开尾部感应开关时，则次品皮带磁铁断电，上部皮带磁铁通电，又把下一张合格钢板按正常路径输入到优质品堆垛。垛入钢板达到一定高度或张数时，升降台下降拉出板垛到输出辊道，送到后续的包装机组进行捆扎包装。

5.2.3 主要生产设备和工艺

横剪机组的圆盘剪、飞剪和矫直机是直接影响钢板质量的重要设备，为此要进行工艺管理。

5.2.3.1 圆盘剪

圆盘剪是进行纵向连续剪切带钢的剪断机，按用途分有用于剪切带钢侧边的切边剪和将带钢分条为窄带的分条剪，由此决定其结构是两对刀盘和多对刀盘的圆盘剪。按刀盘传动方式分又有动力剪和拉力剪，拉力剪是指刀盘不直接驱动，由剪后拉力辊或卷取机拖动带钢拉过圆盘剪进行剪切，两种剪切方式各有特点，故在圆盘剪的传动系统中装有离合器，可以根据需要采用动力剪切或拉力剪切工作方式。

横剪机组只用切边剪，它由左右机架、上下刀轴、底座、机架移动机构、刀盘调整机构和传动装置所组成。下刀盘是传动的，用于穿带操作时剪切，而在正常运行时，传动脱开，圆盘剪进行拉剪工作方式，这就可以省去剪边前活套坑及其控制装置，而且减少了剪刃磨损，改善剪边质量。

剪切宽度调节是通过交流电机和传动丝杠来改变机架的开口度。上剪刃重合量和侧向间隙量由电机单独调节。此外下剪刃丝杠可以手动调节，以在补偿剪刃磨削后保证剪切平面标高恒定。

剪边质量的调节参数有刀盘重合量和刀片侧向间隙量，它们是根据剪切厚度和材质来进行调整的。冷轧带钢剪切时，重合量一般为厚度的 1/2 ~ 1/3，间隙量为厚度的 10%。合理的调节量可使剪切负荷减小，剪切作业顺利并获得切口整齐的剪断面。上述调节量过小都会增加剪切负荷，加快刀刃的磨损，间隙过小还会出现毛刺、毛边缺陷。上述调节量过大会使剪边“竖立”或剪切断面产生撕裂，使剪边质量不良。

表 5-11 是圆盘剪刃间隙量和重合量调节的基准值。

表 5-11 圆盘剪刃间隙量和重合量调节（mm）

带钢厚度 H	剪刃间隙量 A	剪刃重合量 B
0.3 ~ 0.9	0.09	+0.45
0.9 ~ 1.4	0.14	+0.65
1.4 ~ 2.0	0.20	+0.40
2.0 ~ 2.8	0.28	+0.23
2.8 ~ 3.5	0.35	+0.08

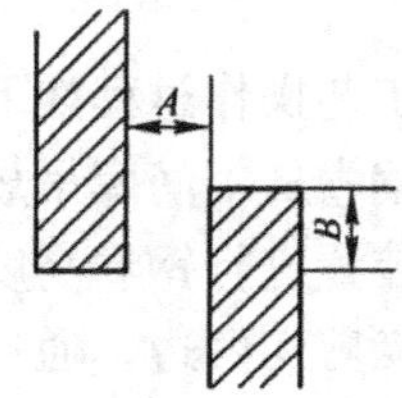

5.2.3.2 飞剪

飞剪是把运行着的带钢连续剪切成定尺钢板的重要设备。定尺飞剪的形式很多，国内冷轧厂使用的有滚筒式和曲柄摆式飞剪（施罗曼飞剪）。滚筒式飞剪的特点是刀刃装在旋转滚筒上做圆周运动，具有良好的平衡性，因而剪切速度较高（305m/min），但因剪切位置的不平行性，所以剪切断面质量降低和剪刃磨损较快，适合于薄带钢剪切。曲柄飞剪的特点是剪刃作平面平移运动，剪切断口质量好，且具有生产率高、定尺范围广、剪切精度高和使用操作方便等优点，是一种结构紧凑、控制系统完善的定尺飞剪，因而在国内宽带钢冷轧厂得到广泛的应用。

表 5-12 所列是 2030mm 冷轧厂曲柄摆式飞剪的技术性能。

表 5-12 横剪机组的曲柄摆式飞剪性能表

性能项目	1 号横剪机组	2 号横剪机组	4 号横剪机组	5 号横剪机组
型号-能力-刀长	K-265-1650	K-265-1650	K-375-1950	K-265-1650
基本定尺长度/mm	500 ~ 1000	500 ~ 1000	500 ~ 1000	500 ~ 1000
剪切带钢厚度/mm	0.3 ~ 2.0	0.3 ~ 2.0	0.5 ~ 3.5	0.3 ~ 3.0
剪切带钢宽度/mm	1550	1550	1850	1550
剪切长度/mm	1000 ~ 4000	1000 ~ 4000	1000 ~ 6000	1000 ~ 4000
剪切速度/m · min^{-1}	24 ~ 200	24 ~ 200	24 ~ 120	24 ~ 120
剪切材料	碳结钢	碳结钢	碳结钢	碳结钢

K型曲柄飞剪是由剪机本体、夹送辊矫直装置以及相应的机械和液压控制系统所组成的，飞剪由一台直流电机通过分配齿轮、变速齿轮和差动齿轮进行传动（图5-13）。

飞剪工艺包括供料和剪切两个部分。带钢通过夹道辊矫直机为剪切机连续不停地供料，上夹送辊可液压压下，并装有脉冲发生器进行带钢速度的测量，参与剪切长度误差的调节。矫直机有6个矫直辊，上辊可以上下调节，也可以在穿带时快速打开。飞剪本体由剪切机构、变速机构、空切机构和剪刃间隙调整机构所组成。飞剪剪切机构是两侧铰链铰合连接的上下刀架（图5-14），剪切时，上刀架由曲柄驱动并相对于下刀架以铰链为中心作圆弧运动，下刀架围绕下固定回转中心摆动，使整个剪切系统相当于一个四连杆机构，曲柄每转动一次，上下剪刃就剪切一次。当剪切带钢运行速度与剪刃圆周速度相当时，基本剪切长度的计算公式是：

$$L_0 = 2\pi R$$

式中 L_0——基本剪切长度；

R——曲柄半径。

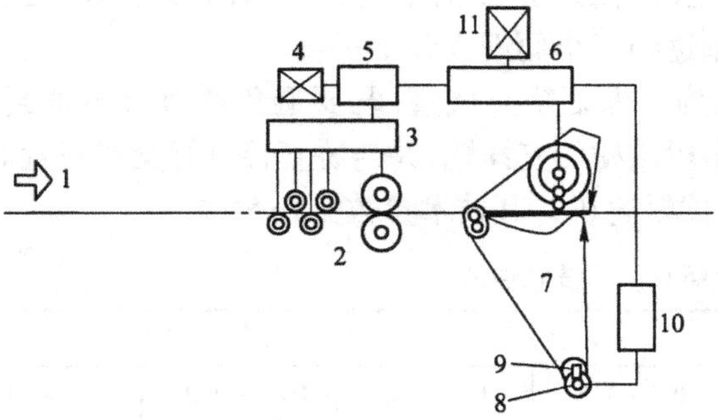

图5-13 K型曲柄飞剪传动结构示意图

1—带钢；2—夹送辊矫直机；3—分配齿轮装置；4—控制电机；5—差动齿轮；6—变速换挡齿轮；7—剪机；8—机械偏心轮；9—液压偏心轮；10—空切偏心变速换挡齿轮；11—主电机

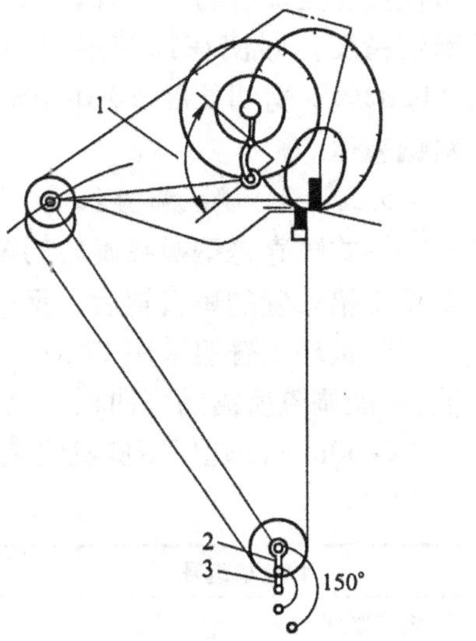

图5-14 K型曲柄飞剪剪切系统

1—曲柄半径调节；2—液压空切偏心；3—机械空切偏心

由此得出，基本剪切长度只与曲柄半径有关，由曲柄半径调节范围1:2得出基本剪切长度边为1:2，即为500～1000mm。

为了扩大剪切长度范围，曲柄飞剪在下刀架底部回转铰接处装有机械偏心和液压偏心机构，使上下剪刃产生空切。机械偏心可以实现2倍或4倍于基本定尺长度的剪切，即剪切长度为1000～4000mm，机械和液压偏心同时投入可以获得8倍或16倍基本定尺的长度剪切。

由此得出曲柄摆式飞剪定尺有三种调整方法，即曲柄长度调节、机械偏心轮调节和液压偏心轮调节，不同剪切长度所采用的调节方法如表5-13所示。

根据剪切带钢厚度和剪刃的磨损情况，通过旋转偏心销钉可进行剪刃间隙调整。偏心销钉装在上下刀架铰链轴承处。间隙量调整为带钢厚度的10%，并随着带厚和磨损的增加而加大。

表 5-13 曲柄摆式飞剪的定尺调节方法

剪切定尺长度/mm	倍尺数/倍	调节方法		
		曲柄转数/转	机械偏心转数/转	液压偏心转动
1000~1999	2	2	1	
2000~3999	4	4	1	
4000~8000	8	8	2	往返 150°

曲柄飞剪具有剪切长度自动设定功能，调节定尺长度时，只需在主操作台输入所需的定尺数据，然后按下接受按钮，即可完成剪切长度的自动设定。这样既无需停车调节，又可使操作更加容易。此外，还带有数字式速比控制和剪切长度误差自动调节系统，以保证剪切精度，即使在加减速时也能获得很小的剪切偏差。该飞剪长度偏差设定精度为：±0.02%×剪切长度±0.04mm，其中±0.02%为测量辊测量精度偏差值，±0.04mm是绝对偏差值。

5.2.3.3 辊式矫直机

辊式矫直是钢板在旋转的矫直辊之间经受反复弹塑性弯曲的变形过程，钢板通过上下两排交错布置的矫直辊后，钢板的剩余曲率逐渐变小而钢板趋于平直。

薄板矫直普遍采用17或21辊矫直机，为了保证矫直质量，既要避免矫直辊不适当弯曲，又能调整所需的弯曲程度，故通常采用多段结构的支撑辊，并与矫直辊进行交错布置。

2030mm冷轧厂横剪机组装设有多台辊式矫直机，其技术参数见表5-14。

表 5-14 辊式矫直机的技术性能

横剪机组号		1号+2号	4号		5号	
矫直厚度/mm		0.3~2.0	0.5~1.5	1.0~3.0	0.3~2.0	1.5~3.0
最大屈服点/MPa		280	280	280	280	280
矫直辊数量/个		21	21	17	21	17
尺寸/mm×mm		ϕ50×1740	ϕ50×2000	ϕ70×2000	ϕ50×1840	ϕ65×1840
中间辊数量/个					23	19
尺寸/mm×mm					ϕ30×1700	ϕ35×1700
支撑辊数量	顶部	7组77个	7组77个	7组63个	5组55个	
	底部	7组84个	7组84个	7组70个	5组60个	
支撑辊尺寸/mm×mm		ϕ50×120	ϕ50×150	ϕ70×200	ϕ50×120	ϕ66×152
最大矫直速度/$m\cdot min^{-1}$		240	140	140	140	140

为了提高矫直各种板形的能力，矫直机配置有下列调整功能（见图5-15）：

(1) 上矫直辊根据钢板不同厚度进行压下调整。

(2) 上矫直辊的纵向倾斜调节，即调节从入口到出口的辊缝值由小到大，使出口板形平直。

(3) 上矫直辊横向倾斜调节。

(4) 下矫直支撑辊的辊形调节，通过整体调节可以得到一个对称的凹凸辊形曲线，而单独调节则是不对称的辊形，以此来矫平不同的板形缺陷。

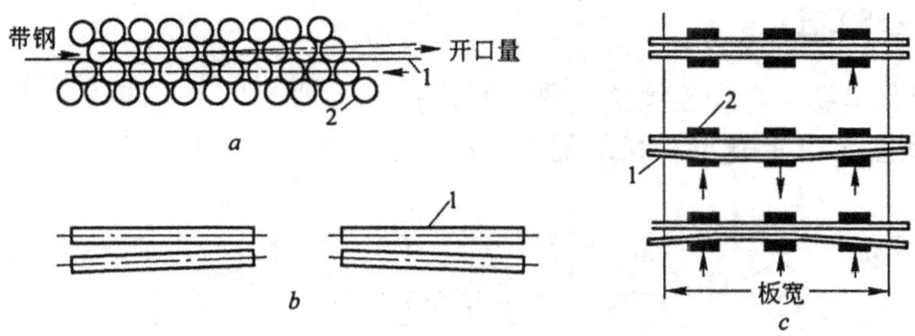

图 5-15 辊式矫直薄板的调整方法
a—纵向倾斜调整；*b*—横向倾斜调整；*c*—支撑辊调整法
1—矫直辊；2—支撑辊

5.3 冷轧带钢的纵剪重卷

5.3.1 概述

纵剪重卷，又称分卷，它的作用是把平整后带钢分切为各种宽度和单重的带钢卷。

现代工业为了追求更高的材料利用率,越来越多地直接使用带钢卷作为坯料进行深加工,这使冷轧带钢生产的板卷材比例达到各半的程度,也促进了分卷生产的发展。重卷机组由单卷生产发展为连续生产,单卷生产的重卷机组多兼有纵剪作业的功能,而专用分剪窄条的纵剪机组则很少再建。在2030mm冷轧厂,对应97万t钢卷年产量(占46%),配置了纵剪机组、纵剪重卷机组和连续重卷机组各一条,各机组的技术参数见表5-15。为了适应市场需要,该厂已对上述机组的产品结构和生产能力进行调整,并再增建一条重卷机组。

表 5-15 2030mm 冷轧厂纵剪、重卷机组的技术性能

数据项目 \ 机组名称		纵剪机组	纵剪重卷机组	连续重卷机组
剪切材料		冷轧带钢	冷轧带钢	冷轧带钢
抗拉强度/MPa		412	412	412
带钢尺寸	厚度/mm	0.3~3.5	0.3~3.5	0.3~3.5
	宽度/mm	900~1850	900~1850	900~1850
钢卷尺寸	内径/mm	610	610	610
	外径/mm	1200~2470	1200~2470	1200~2470
钢卷最大质量/t		45	45	45
成品带卷	内径/mm	610	610	610
	外径/mm	750~1600	750~1600	750~1600
	带宽/mm	120~1850	200~1850	900~1850
	不同带厚时的分条数（最多）/条	<1.75mm 时 15 >1.75mm 时 6	<1.75mm 时 9 >1.75mm 时 6	
	卷重/t	最大 15	最大 15	最大 15
不同带厚时的机组速度/$m \cdot min^{-1}$		<1.75mm 时 400 >1.75mm 时 200	<1.75mm 时 400 >1.75mm 时 200	<1.5mm 时 400 >1.5mm 时 200
年产量/$t \cdot a^{-1}$		173000	248000	329000

5.3.2　重卷生产工艺

重卷生产有单卷生产和连续生产两种方式。

图 5-16 和图 5-17 是这两种机组的设备组成示意图。

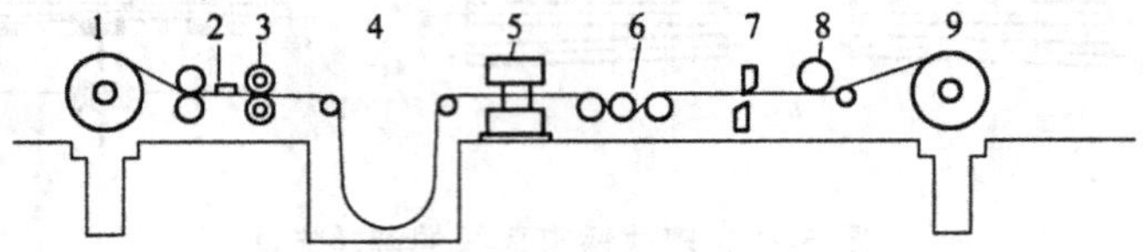

图 5-16　纵剪重卷机组示意图

1—开卷机；2—打印机；3—圆盘剪；4—活套装置；5—压板；6—制动辊；7—液压横切剪；8—涂油机导向辊；9—卷取机

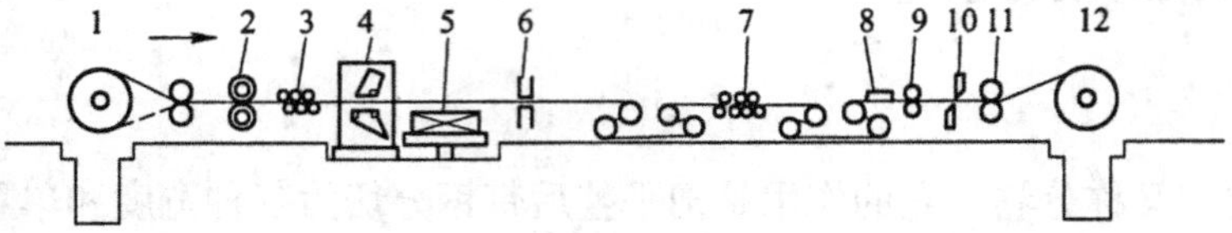

图 5-17　重卷机组示意图

1—开卷机；2—圆盘剪；3—去毛刺机；4—飞剪；5—垛板台；6—焊机；7—拉弯矫直机；8—打印机；9—涂油机；10—横切剪；11—转向夹送辊；12—卷取机

单卷生产的工艺流程是：

上卷⟶开卷⟶打印⟶{剪边分条 / 剪边}⟶分卷⟶涂油⟶卷取⟶捆扎。

连续生产的工艺流程是：

上卷⟶开卷⟶剪边（↓废边卷取）⟶去毛刺⟶头尾切剪（↓堆垛）⟶焊接⟶拉矫⟶打印⟶涂油⟶分卷⟶卷取⟶打捆。

显然，连续式重卷生产具有生产能力大、产品质量好的特点。

5.3.2.1　纵剪

纵剪和重卷生产都要在圆盘剪上进行纵向连续剪切。重卷时，圆盘剪只有剪边作业，由卷取机通过带钢拖动剪刃进行拉力剪切。而纵剪时则同时进行剪边和分条作业，由直流电机传动进行动力剪切。这样纵剪圆盘剪的刀架上要根据分条带钢宽度相应安装多个刀头。刀刃的安装和调整是影响剪切质量的重要因素，也是一件相当复杂和有难度的操作。

分条剪切要求相邻每对刀盘保持相同的距离，以确保窄带钢的宽度精度。上下刀刃要互相咬合，根据剪切带钢厚度调整好重合量和间隙量，以使剪切作业顺利进行，并得到切口整齐的剪断面。与剪边圆盘剪一样，上下重合量为带钢厚度的 1/2 ~ 1/3，间隙量按带钢厚度的 10% ~ 15% 进行调整，对分条多的中间要适当减小，切口质量要求高时可取

50%或更小，但会使刀刃磨损加快。

间隙调节是通过在相邻刀盘之间加套多个衬套进行粗调和加垫片进行精调来实现的，这样装刀质量主要取决于操作经验。调整时要慢速转动上下刀轴，仔细检查刀盘圆周每一个方向的间隙量都要基本一致，而且要求调整结束后进行试剪，即手动剪切样片，检查分条宽度精度和切口质量（有无毛刺、卷边等）。

为了减小分条作业时更换刀刃的非生产时间，在机组操作侧备用一台圆盘剪，进行离线装刀和调整作业。当变换分条规格时，只需把直线圆盘剪传动脱开，通过液压缸和转盘移出，再把装配好的圆盘剪移入作业线，液压锁固和接上传动即可工作，使整个更换操作十分方便，只需3min时间。

5.3.2.2 焊接

进行连续重卷生产时要采用窄搭接加压焊接工艺把前后两条带钢连接起来，实现连续分卷生产。焊接的主要技术参数是：

焊机形式：斜楔式窄搭接滚焊机；

焊接材料：低碳软钢；

焊接带钢：厚度0.30~3.50mm，宽度900~1850mm；

搭接量：1.00~6.35mm；

允许焊接的最大厚度比例：2:1；

焊接处焊缝高度（最大）：

厚度0.3~3.0mm时为母材厚度的110%；

厚度3.0~3.5mm时为母材厚度的120%；

焊接速度：1.5~7.5m/min；

焊接时间（全过程）：120s。

焊接工艺的特点是电阻焊同时压平焊接接头，即利用焊轮通电时带钢本身电阻和接触面集中电阻所产生的热量，使带钢熔化焊接。同时通过焊轮的高压力来压平焊缝（图5-18）。焊接工艺要求控制好搭接量和焊接压力（见表5-16），过大或过小都会影响焊接头强度。正常的焊接强度可达母材强度的100%。

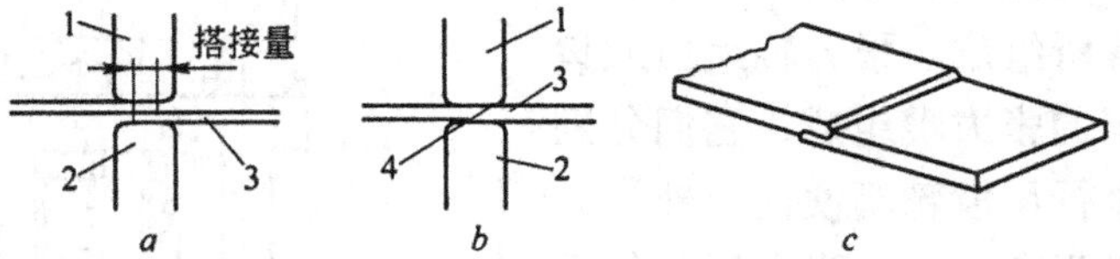

图5-18 压平缝焊机工作原理示意图

a—焊接前；*b*—焊接后；*c*—焊缝外形

1—上焊轮；2—下焊轮；3—带钢；4—焊接后的焊缝

表5-16 窄搭接焊接工艺参数调节表

带钢厚度/mm	0.25	0.60	0.90	1.50	1.90	2.60	3.40
搭接量/mm	1.00	1.30	1.50	1.90	2.10	2.70	3.20
焊接压力/N	2950	4770	6140	8410	9770	11820	13260

焊机由机架和焊接小车两大部分组成。机架前后设有带钢入口和出口夹紧装置，并铰接到机架立柱上，通过气缸动作夹紧带钢头尾。焊接小车上装有上切剪、焊轮和碾平辊轮，小车由交变涡流电机传动，焊轮由气动电机传动。

整个焊接过程中带钢头尾对中、定位、剪切、焊接和碾平等操作都由可编程序控制器自动完成，全过程操作时间仅需 2min。

5.3.2.3 拉弯矫直

拉弯矫直是带钢在张力辊拉伸和弯曲辊反复弯曲的联合作用下产生塑性延伸而被矫直的工艺过程。根据这种变形原理，带张力的带钢至少要通过两个弯曲辊和一个矫直辊。为了适应不同厚度带钢的矫直需要，要设置两组弯曲-矫直辊。

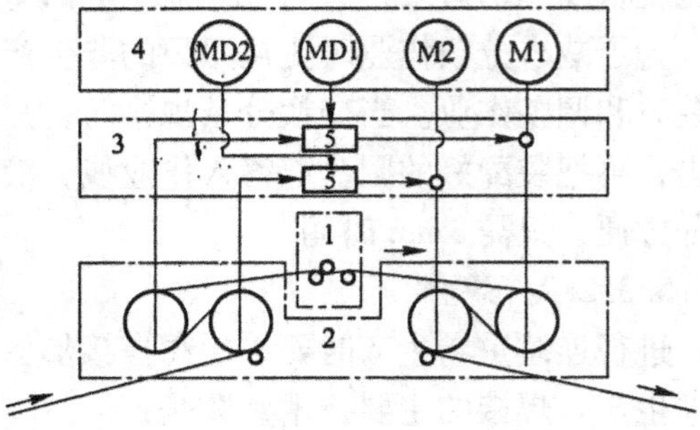

图 5-19　拉矫机总体结构示意图

1—弯曲辊机架；2—张力辊机架；3—拉伸齿轮装置；4—电气传动电机；5—行星齿轮装置

图 5-19 是 2030mm 冷轧厂重卷机组拉矫机结构示意图。

拉矫机的主要技术性能如下：

拉矫材料：冷轧低碳钢带；

屈服极限；小于 300MPa；

带钢尺寸：厚度 0.3 ~ 3.5mm，宽度 900 ~ 1850mm；

拉伸伸长率；最大 2.5%；

张力辊：数量 4 个，尺寸 ϕ1300mm × 2000mm；

弯曲矫直辊：

第一组：适用带钢厚度 0.3 ~ 1.8mm，弯曲辊 4 个、矫直辊 1 个，尺寸为 ϕ56mm × 2000mm，支撑辊 7 个，尺寸为 ϕ122mm；

第二组：适用带钢厚度 1.5 ~ 3.5mm，弯曲辊 2 个，尺寸为 ϕ63mm × 2000mm，矫直辊 1 个，尺寸为 ϕ80mm × 2000mm，支撑辊 6 个，尺寸为 ϕ122mm。

两组弯曲矫直辊布置如图 5-20 所示。

拉矫机由张力辊机架、弯曲辊机架、传动电机及调整装置所组成。张力辊组由入口和出口呈 S 形分布的张力辊组成，它们分别由电机传动并通过行星齿轮箱使内、外张力辊产生速度差形成张力。入口张力辊的作用是提高入口段张力，使带钢达到拉伸所需的拉伸力。出口张力辊的作用是使带钢张力降低到输出值。弯曲辊机架由上下辊架、立柱及机架倾斜机构等组成（图 5-21）。上辊架

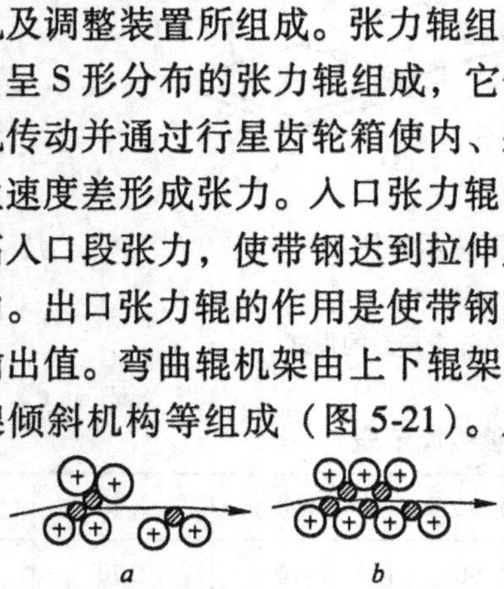

图 5-20　拉矫机弯曲辊与支撑辊布置

a—厚规格带钢；*b*—薄规格带钢

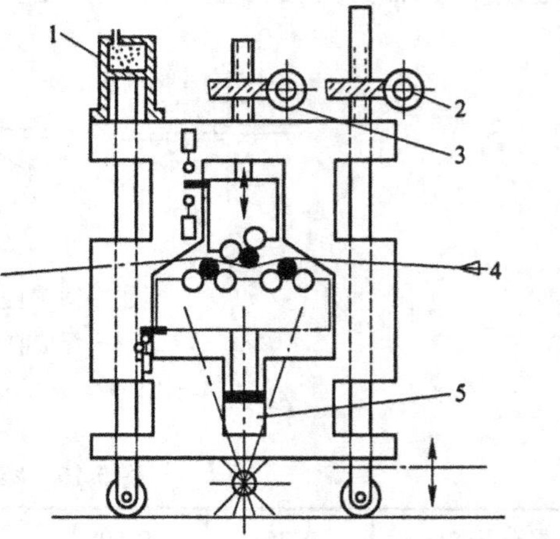

图 5-21　弯曲辊机架

1—液压锁紧；2—倾斜调节；3—上弯曲辊垂直调节系统；4—带钢；5—下弯曲辊的液压快速调节系统

可由电机和丝杆进行上下调节，以实现带钢弯曲度控制。下辊架可液压快速打开，以便穿带和过焊缝时顺利通过。整个机架可倾斜 ±10°，以此改变带钢出口角度，实现拉伸量调节并消除横向弯曲。

拉弯矫直的工艺调节参数主要有伸长率、弯曲辊压入深度和机架倾角。这些参数生产操作时要根据带钢厚度、宽度和材质进行调节，调节量如表 5-17、表 5-18、表 5-19 所示。

表 5-17 拉矫伸长率 ε 调节表

带钢厚度/mm	带钢宽度（最大）/mm	材料屈服极限/MPa			弯曲辊数
		220	250	300	
		ε/%			
0.3	1550	0.6/0.3	0.5/0.25	0.4/0.2	4/2
0.4	1850	0.9/0.45	0.8/0.4	0.7/0.35	4/2
0.5	1850	1.2/0.6	1.1/0.55	1.0/0.5	4/2
0.6	1850	1.5/0.75	1.4/0.7	1.3/0.65	4/2
0.8	1850	2.0/1.0	1.9/0.95	1.8/0.9	4/2
1.0	1850	2.5/1.3	2.4/1.3	2.3/1.2	4/2
1.3	1850	2.5/1.6	2.5/1.6	2.5/1.6	4/2
1.6	1850	2.5/2.1	2.5/2.0	2.1/2.0	4/2
2.0	1850	2.5	2.5	2.5/2.5	2
2.5	1550	2.5	2.5	2.4	
	1850	2.5	2.5	2.4	
3.2	1550	2.5	2.5	2.5	
	1850	2.5	2.4	1.6	
3.6	1250	2.5	2.5	2.5	
	1550	2.5	2.5	1.9	
	1850	2.5	1.9	1.3	

表 5-18 拉矫机弯曲辊压入深度 T_0 调节表

带钢厚度/mm	带钢宽度（最大）/mm	屈服强度/MPa	T_0/mm	
			四辊	二辊
0.3~1.6	1850	300	17	17
1.6~2.5	1850	300		17
3.2	1550	250		17
		300		15
	1850	200		18
		250		14
		300		13
3.6	900	300		17
	1250	250		17
		300		14
	1550	200		17
		250		13
		300		12
	1850	200		13
		250		12
		300		11

表 5-19 拉矫弯曲机架倾角 φ 的调节

带钢厚度/mm	0.3	0.4	0.5	0.6	0.8	1.0	1.3	1.6	2.0	2.5	3.2	3.6
倾斜角度 φ/(°)	+10	+9	+8	+7	+6	+5	+4	+3	+2	+1	0	-1

5.4 冷轧带钢的包装

5.4.1 概述

包装是把精整好的板垛和带卷进行捆扎包装成为最终交货产品的工序。冷轧产品包装的目的，不仅只是使产品外表美观、标志明显，更重要的是使产品在发货吊运和存储过程中免受损坏和锈蚀，对产品质量起到保护作用。

由于包装作业的动作多而且复杂，包装的形式和规格变化也多，因此长期以来包装生产基本都采用手工作业方式，包装机械的设计制造及其自动化要比其他工序都晚。目前，包装生产已在主要操作机械化和自动控制的基础上，广泛采用流水作业，使手工劳动强度大大减轻，但包装技术仍面临着提高包装效率和质量以及进一步扩大操作机械化和自动控制等众多问题有待解决。

5.4.2 流水包装线生产工艺

根据冷轧产品种类，流水包装线有板垛包装和带卷包装两种生产工艺。另外，根据用户需要也可选用简易的纸板包装或特殊要求的包装形式。板垛和带卷包装的典型样式如图 5-22 所示。

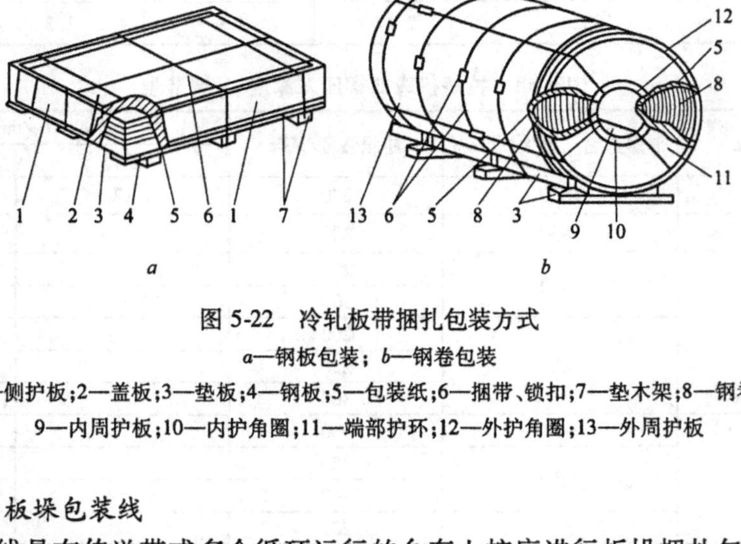

图 5-22 冷轧板带捆扎包装方式

a—钢板包装；*b*—钢卷包装

1—侧护板；2—盖板；3—垫板；4—钢板；5—包装纸；6—捆带、锁扣；7—垫木架；8—钢卷；9—内周护板；10—内护角圈；11—端部护环；12—外护角圈；13—外周护板

5.4.2.1 板垛包装线

板垛包装线是在传送带或多个循环运行的台车上按序进行板垛捆扎包装的流水作业线。为了减少板垛运输和存放场地，包装线应紧接着横剪机组布置。2030mm 冷轧厂有 3 条链式运输的板垛包装线，都与横剪机组成直线布置。板垛包装线的技术参数见表 5-20。

表 5-20 2030mm 冷轧厂板垛包装线技术性能表

机组名称		1 号板垛包装机组	2 号板垛包装机组	4 号板垛包装机组
产品名称		冷轧汽车薄板	冷轧汽车薄板 热镀锌薄板	冷轧汽车薄板 热镀锌薄板
板垛尺寸	薄板长度/mm	1000 ~ 4000	1000 ~ 4000	1000 ~ 6000
	薄板宽度/mm	900 ~ 1550	900 ~ 1550	900 ~ 1850
薄板厚度/mm		0.3 ~ 2.0	0.3 ~ 2.0	0.5 ~ 3.5
无垫板时板垛高度/mm		50 ~ 600	50 ~ 600	50 ~ 600
带垫板时板垛高度/mm		180 ~ 760	180 ~ 760	180 ~ 760
最大板垛质量/t		10	10	10
链式运输机速度/$m \cdot s^{-1}$		0.5	0.5	0.5
包装能力/包 · h^{-1}		18	18	18

板垛包装的工艺流程是：

垫木架制作→放垫板→铺纸→取放板垛→包纸→盖面板→装侧护板→横向捆扎→纵向捆扎→称重→贴标签→入库

在链式运输机入口段进行垫木架制作。根据包装规格在链架上放置好相应数量和尺寸的纵木和横木，然后手动操作气动打钉机把它们固定。根据包装形式的要求，垫木架在向前运送时，可放上底板和包装纸，底板由人工搬放，包装纸则由顶上纸分配器送入并剪切铺好。

垫木架向前运送到运输链架的提升位置上，等候放置板垛。板垛通过板垛取出装置从辊道上由夹钳吊出，并横向移运到垫木架上放下。

板垛运送到下游工作位置并按顺序进行板垛包纸、盖好面板和人工插放侧护板，然后操作半自动打捆机进行横向打捆和纵向打捆。

捆扎好的板包移送到旁侧的板式运输链上，由数字式称重装置称定重量，并把重量数据输入到打印机，与生产管理计算机（FLS 系统）送入的板垛生产数据一起打印出产品标签，板包贴上标签就可运送入库。

该作业线的包装能力为 18 包/h。生产能力直接取决于各项操作周期时间的长短，从表 5-21 列出的各项操作时间中取最大值，即可由垫板准备操作时间计算出作业线生产能力。

表 5-21 板垛包装线生产能力计算

操作工序名称	理论周期/s	理论小时垛数/包 · h^{-1}	利用系数/%	净周期时间/s	净板垛数/包 · h^{-1}	包装线最大板垛数/包 · h^{-1}
垫板准备	159	22.6	80	199	18.1	取最大操作周期时间 200s 计算包装能力为 18 包/h
人工送纸、包装、盖面板	145	24.8	80	181	19.8	
侧护板卡紧（人工）	99	36	80	124	29	
横向打捆	140	25.7	75	85	19.5	
纵向打捆及板垛运出	123	29.3	75	164	22	

5.4.2.2 钢卷包装线

钢卷包装线是在一列步进小车上顺序进行钢卷包装捆扎的流水作业线。该作业线的主要技术参数是：

包装钢卷品种：冷轧及热镀锌钢卷；

钢卷质量：最大15000kg，平均5000kg；

钢卷内径：ϕ610mm；

钢卷外径：ϕ850～1600mm；

包装能力：15卷/h。

包装生产工艺流程是：

钢卷定位→涂封闭油→称重→包纸→包外周护板→放内周护板→放内外护角圈和端环→周向捆扎→径向捆扎→贴标签→入库

作业线分为入口段、工艺段和出口段三个部分。入口段可存放6个钢卷，钢卷由液压小车运送到工艺段，在此进行钢卷宽度和直径测量，以便后续操作进行自动定位作业。工艺段有11个工作卷位，钢卷在每个卷位完成固定操作后，由一列液压驱动并能提升的步进小车送入下一个卷位作业。第一卷位是在钢卷两侧端面喷涂防锈油。涂油机有两根移动式工作喷头，喷油时移入作业线并调节喷头开口度，使其插入钢卷两侧，根据钢卷直径调节喷射宽度。当地辊驱动使钢卷旋转一周时，即完成全部端面涂油作业。在包纸工作卷位，上方喂纸机根据钢卷宽度和外径自动输入相应宽度和长度的包装纸，使钢卷转动一周，就把纸包覆到钢卷外圈上，但其头尾都要人工粘贴，两端也由手工折纸并插入内径贴牢。钢卷到包板卷位时提升，先包覆底部外周，贴好后再包覆顶部外周。内外护圈和端环都由人工放置。周向捆扎由全自动打捆机完成，这时边缘压紧装置压紧钢卷两侧，以防止护角圈脱落。双头全自动打捆机完成径向180°方向上两道打捆，捆头旋转90°或60°，则完成径向4道或6道打捆。

该流水线具有生产效率高、手工操作少、设备比较简单和自动化水平较高的特点，因而是一条技术较先进的自动包装线。

5.4.3 包装生产管理

在包装生产中，需要对影响包装效率和包装质量的工艺因素进行管理，这主要是包装材料和捆包重量。

5.4.3.1 包装材料

包装材料的选用首先要考虑耐用牢固，有良好的防护能力，也要考虑安全性、经济性和可操作性。冷轧产品的众多规格决定了包装材料的种类和规格是十分繁杂的，因此要由专用设备来加工包装材料并对材料规格进行系列化管理。

A 包装纸

包装纸应有一定的强度和伸缩率，有良好的防潮及防锈能力。一般包装纸使用涂有气相防锈剂的牛皮纸，要求特殊时可采用加复合树脂薄膜的牛皮纸或尼龙纤维加筋的牛皮纸，自然后者增加了包装费用。

根据冷轧产品宽度的变化可需用2～3种规格的包装纸。

B 垫木架

板包用垫木架使吊运和堆放作业顺利并保护产品不易损坏。垫木架由数根纵、横木方钉制而成。为保证木架的抗弯、抗压强度，横木截面尺寸为80mm×80mm，纵木截面尺寸为80mm×120mm，长度分别与钢板尺寸相适应，根数为3~5根。

钢卷垫木架的尺寸形状要满足堆放稳定性要求。

由于木材资源有限，目前广泛采用梯形冷弯型钢和菱苦土等代用品来制作木架。

C 外包装材料

直接防护产品的外包装材料一般选用厚度为0.5~1.5mm的钢板、带材料。普通捆带抗拉强度不小于700MPa，伸长率不小于3%；优质捆带抗拉强度不小于1000MPa，伸长率不小于12%。有专门生产的包装料或其他废次材料，有的还要经过焊接拼合加工。由于外包装材料规格多、用量大，所以由专用设备批量加工是必要的，并要进行规格系列化管理。

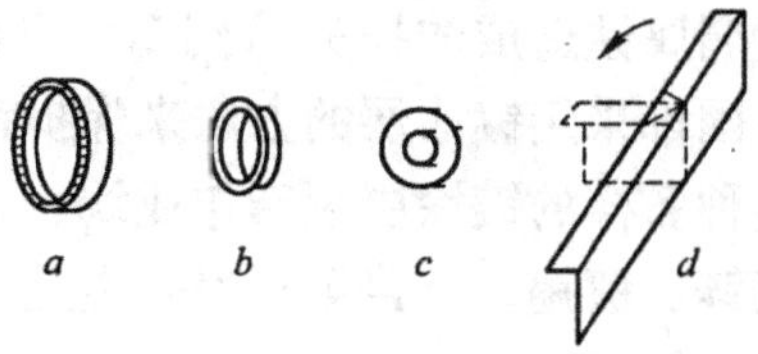

图5-23 冷轧产品外包装材料形状
a—外护角圈；b—内护角圈；c—端护环；d—侧护板

用于板垛外包装材料有（见图5-23）：

底板、面板：与产品规格相同的薄钢板，并应优先选用废次板；

侧护板：长度方向可弯折的└─┘形冷弯窄条带，其尺寸随板垛尺寸和重量而变化；

盒罩：扣罩在包纸板垛上，防雨水性能要好，一般要焊拼，然后弯折而成；

内周和外周护板：根据设备条件，外周护板由钢卷或钢板供料包覆；

内、外护角圈：用来防护钢卷边棱不受损坏，由角钢成形机连续辊弯成形，内护角圈用料要加厚（1.0~2.0mm）；

端面护环：保护钢卷侧面的同心圆环，由圆形剪板机制作。

D 捆带锁扣

捆扎牢度直接取决于捆带和锁扣材料的强度及尺寸，捆带应由捆带钢制成（如St37、St50和C45），抗拉强度要高（700~1000MPa），而伸长率要低（3%~12%），有的表面还要经涂蜡、涂漆或发蓝处理。

捆带尺寸为：厚度0.8~1.0mm，宽度32mm。

锁扣尺寸为：32mm×57mm。

捆扎道数不少于3道，并随规格加大而增加。

5.4.3.2 捆包重量

为获得较高生产效率和降低生产成本，生产和使用者都希望有较大的捆包重量，但受到生产设备和吊运能力的限制，也要考虑到大件包装容易吊坏、散包而导致产品损伤和锈蚀等质量问题，因此一般要在供需合同中确定或约定执行有关标准规定。

根据国内运输条件和质量保证要求，包装标准（GB247—88）规定冷轧产品捆包重量为：

板垛流水线包装：不大于3t；

钢卷包装：　　　不大于5t。

6　镀涂层钢板的生产

随着世界经济的发展，薄板的用途越来越广泛，尤其冷轧薄板的需要量增长更快。但是，薄板的腐蚀是相当严重的，由于金属的腐蚀而造成的经济损失也是十分惊人的。美国每年金属腐蚀造成的损失达到100多亿美元，日本损失达6250亿日元。为了防止腐蚀，世界各国都采用镀涂层的方法来保护钢板不被腐蚀。因此，各冶金企业冷轧厂的后工序都设有各种各样的镀涂层生产作业线。钢板的镀涂层生产分为两大类：一类是金属镀层，例如：镀锌、镀锡、镀铬等；另一类是非金属涂层，例如：涂漆、覆膜等。镀层板生产以美国、日本最发达，其产量各占世界总产量的三分之一左右。

6.1　连续热镀锌钢板的生产

近30年来，热镀锌钢板的生产发展十分迅速，从单张热镀锌发展到连续热镀锌；作业线速度由30m/min提高到200m/min；带钢宽度由900mm发展到1800mm；机组从手工操作到由计算机控制的自动化操作。

6.1.1　热镀锌板的生产方法

目前，连续热镀锌主要有4种方法：

（1）森吉米尔法，如图6-1*a*所示。在氧化炉内采用直接火焰清洗方法，将带钢表面

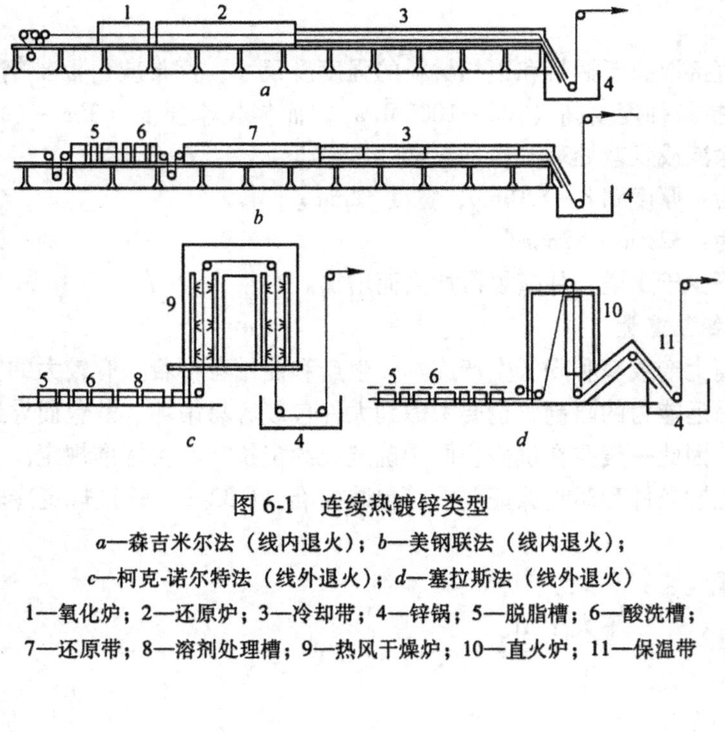

图6-1　连续热镀锌类型

a—森吉米尔法（线内退火）；*b*—美钢联法（线内退火）；

c—柯克-诺尔特法（线外退火）；*d*—塞拉斯法（线外退火）

1—氧化炉；2—还原炉；3—冷却带；4—锌锅；5—脱脂槽；6—酸洗槽；

7—还原带；8—溶剂处理槽；9—热风干燥炉；10—直火炉；11—保温带

轧制油膜去除，带钢表面被氧化。然后带钢进入还原炉加热退火，同时，由于还原炉内充满氢气和氮气，所以带钢表面的氧化膜被还原，使带钢表面光洁。带钢经适度冷却后进入锌锅进行热浸镀锌。

（2）美钢联法，如图6-1*b*所示。该法没有氧化炉，而是用电解脱脂和酸洗方法使带钢表面光洁，然后带钢进入还原炉进行退火，经冷却后进入锌锅进行热浸镀锌。

（3）柯克-诺尔特法（又称惠林法）。该法是将在罩式炉中退火的带钢送到如图6-1*c*所示的作业线中进行脱脂。带钢酸洗后进入溶剂处理槽，使带钢表面涂上一层水溶性溶剂，然后在立式烘干炉中干燥，最后进入锌锅中进行热浸镀锌。

（4）塞拉斯法。该方法有两种使用方法，如图6-1*d*所示，一种是将在线外退火的带钢进行脱脂和酸洗后热浸镀锌；另一种是生产全硬产品时，带钢不经脱脂、酸洗而直接进入直火炉烧去油脂进行热浸镀锌。

目前，世界各国在各种类型的连续热镀锌作业线中，以森吉米尔法最多，约占70%。以日本为例，日本各种类型的连续热镀锌机组类型如表6-1所示。

表6-1 日本连续热镀锌机组类型

公司名称	工　厂	作业线	生产方法	机组速度/m·min^{-1}	备　注
川崎制铁	千叶厂	No. 1	川铁方式（线内退火）	115	
		No. 2	川铁方式（线内退火）	140	
		No. 3	森吉米尔法 NOF	220	
	松户厂	No. 1	森吉米尔法 NOF	110	
	玉岛厂	No. 1	森吉米尔法 NOF	250	
神户制钢		No. 1	森吉米尔法 NOF	100	
新日铁	君津	No. 1	森吉米尔法 NOF	150	
		No. 2	森吉米尔法 NOF	200	
		No. 3	森吉米尔法 NOF	150	
	名古屋	No. 1	森吉米尔法 OF	100	已停止生产
		No. 2	森吉米尔法 NOF	100	
		No. 3	森吉米尔法 NOF	150	
		No. 4	森吉米尔法 NOF	210	
	八幡	No. 1	森吉米尔法 OF	76	已停止生产
		No. 2	森吉米尔法 OF	91	
		No. 3	森吉米尔法 NOF	91	兼镀铝
		No. 4	森吉米尔法 NOF	100	兼镀铝
大同	本社	No. 1	森吉米尔法 OF	150	
		No. 2	森吉米尔法 NOF	150	
住友	鹿岛	No. 1	森吉米尔法 OF	100	
		No. 2	森吉米尔法 NOF	100	
		No. 1	森吉米尔法 NOF	180	

续表 6-1

公司名称	工　厂	作业线	生产方法	机组速度/m · min^{-1}	备　注
大洋制钢	本社工厂	No. 1	森吉米尔法 NOF	150	
		No. 2	森吉米尔法 NOF	150	
中山制钢	本社工厂		塞拉斯法	34	
日新制钢	市川制铁	No. 1	塞拉斯法	100	已拆除
		No. 2	塞拉斯法	57	
		No. 3	森吉米尔法 NOF	120	兼镀铝
	堺工厂	No. 1	森吉米尔法 NOF	120	兼镀铝
		No. 2	森吉米尔法 NOF	200	
		No. 3	森吉米尔法 NOF	200	
日本钢管	京滨制铁	No. 1	森吉米尔法 OF	92	已拆除
		No. 2	森吉米尔法 NOF	120	
	福山制铁	No. 1	森吉米尔法 NOF	90	
淀川制铁	市川工厂	No. 1	森吉米尔法 NOF	200	
	吴工厂	No. 1	森吉米尔法 NOF	150	
		No. 2	森吉米尔法 NOF	150	

从表 6-1 看出，日本的连续热镀锌方法也是以森吉米尔法的作业线为主。我国的武汉钢铁公司和宝山钢铁集团公司的热镀锌作业线也都是采用森吉米尔法。

6.1.2　森吉米尔法热镀锌工艺过程

森吉米尔法连续热镀锌的工艺过程如下：

原板→镀前处理→热浸镀锌→镀后处理→成品。

连续热镀锌的镀前处理包括带钢的清洗和退火，是在同一退火炉内完成的。退火炉大致分为加热段和还原段两部分，带钢在加热段内被加热，除去附着在带钢表面的轧制油。加热是通过直火式加热进行的，这是完全氧化状态加热的森吉米尔法，所以要控制空气与燃料比，现在加热已改用无氧化炉方式。经过加热段后的带钢进入还原段，还原段在氢-氮的还原性混合气体内使用辐射管加热。在此段中，带钢在退火的同时带钢表面的氧化膜被还原。为了达到一定的性能，在炉内采用适当的温度进行过时效处理。退火炉的形式有卧式和立式两种。

带钢热处理后经过风冷冷却到 470℃左右，然后通过炉鼻进入锌锅，在熔融锌液中进行热浸镀锌。镀锌后的带钢再经过冷却并进行矫直和钝化处理成为最终成品。

卧式炉和立式炉的典型作业线如图 6-2 所示。

6.1.2.1　镀前处理

热镀锌炉由预热炉、无氧化炉、辐射管加热炉、控制冷却炉和喷射冷却炉五部分组成。各个炉室通过上下辊室通道连通，带钢入口设有密封辊，出口是通过下滑槽及“炉鼻”与锌锅中的锌液面相连，炉鼻浸入锌液面之中，使整个退火炉保持密封。

热镀锌炉的技术参数如表 6-2 所示。

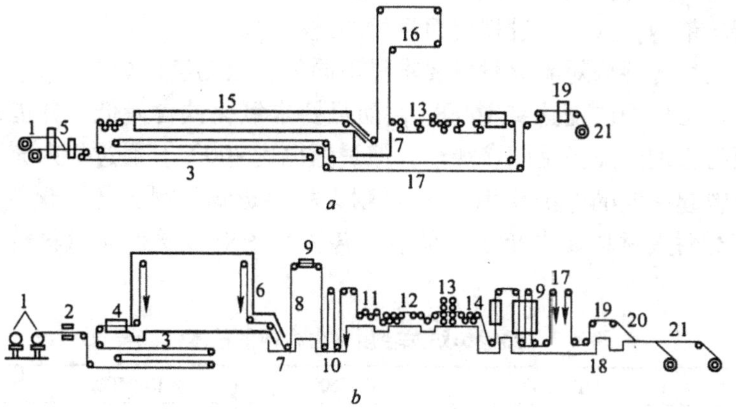

图 6-2 卧式炉和立式炉的典型作业线

a—卧式炉；*b*—立式炉

1—开卷机；2—γ射线测厚仪；3—入口活套车；4—无氧化炉；5—双切剪和焊接机；6—还原炉及冷却炉；7—锌锅；8—镀锌机；9—空气喷射冷却器；10—水淬火；11—γ射线镀层厚度测厚仪；12—光整机；13—张力矫直机；14—测宽仪；15—连续退火炉；16—冷却塔；17—出口活套（塔）；18—钢卷打印机；19—出口剪；20—涂油机；21—张力卷取机

表 6-2 热镀锌炉的技术参数

项 目	热镀锌退火炉	项 目	热镀锌退火炉
炉子形式	立式	燃料种类	焦炉煤气、混合煤气
炉子长度/mm	31395	燃烧热值(标态)/$J \cdot m^{-3}$	1880×10^4，753.6×10^4
小时产量/$t \cdot h^{-1}$	79.75 ~ 110.85	炉压/Pa	49
年工作时间/h	7200	N_2 体积分数/%	75
年产量/万 $t \cdot a^{-1}$	37.6	H_2 体积分数/%	25
带钢炉内速度/$m \cdot min^{-1}$	182		

预热炉通过利用无氧化炉排出的废气热量预热带钢，一般预热到200℃，然后进入无氧化炉。在预热炉的上下部分设立两个通道，通过闸板分别调节炉内压力及带钢预热温度。预热到200℃的带钢进入无氧化炉，无氧化炉内设置48个高速预混型喷嘴，分别安装在每股带钢的两侧，每个烧嘴都装有自动点火装置。无氧化炉加热采用直接燃烧加热方式，即48个煤气燃烧嘴直接在炉内进行燃烧，炉温高达1300℃，炉内为防止氧化，通过控制空气过剩系数来阻止带钢表面氧化。通常空气过剩系数控制在0.8 ~ 0.9。经过无氧化炉的处理，带钢表面油膜及碳粒等杂质被全部清洗干净，带钢进入辐射管加热炉进行退火处理。辐射管加热炉采用负压式“U”形辐射管加热，燃料在“U”形辐射管内进行燃烧，每个辐射管带有一个预热器，将燃烧空气预热到300℃左右。辐射管加热炉炉温为900℃，辐射管共48根，辐射管的空气过剩系数控制在1.02 ~ 1.05。热处理后，带钢进入控制冷却炉进行缓冷。为了满足冷却炉的启动和全硬（FH）产品的保温要求，在此段设有“V”断面的电热体供热系统。缓冷之后进入喷射冷却炉，带钢经喷射冷却到450 ~

500℃，循环风机将炉内的热气体抽出，经过水冷的冷却器使之冷却，然后再由循环风机送到喷射管喷向带钢，这一个过程周而复始地进行着。

热镀锌退火炉各部分对耐火材料要求是不同的，以无氧化炉要求最高，这是由于它是直接燃烧，炉衬工作面温度达到1600℃，而且要求氧化铁含量低，并能承受高温燃烧废气的冲刷。辐射管加热炉虽是间接加热，但炉温也达900℃，通过炉内充满的 H_2 和 N_2 可对炉内耐火材料起一定的保护作用，H_2 对耐火材料影响是很大的。预热炉、缓冷炉的热负荷要低些，对耐火材料要求相对要低些，各种炉子对轻质耐火材料技术性能要求如表6-3所示。

表 6-3　热镀锌炉对轻质耐火材料的技术性能要求

项　目		IR-3000	IR-2600	IR-2500	IR-2000
最高使用温度/℃		1650	1450	1200	1094
体积密度/$g \cdot mm^{-2}$		1.04	0.768	0.496	0.464
耐压强度/MPa		2.82	1.19	1.02	0.72
抗折强度/MPa		1.69	1.13	0.98	0.77
线变化率/%		-0.1（1620℃）	-0.1（1400℃）	0（1200℃）	0（1065℃）
化学成分	$w(Al_2O_3)$/%	68.4	46	39	39
	$w(SiO_2)$/%	29.3	52	44	44
	$w(Fe_2O_3)$/%	0.3	1.0	0.6	0.7

森吉米尔法的镀前处理是同时完成带钢的表面清洗和退火任务。该方法无论是在经济效益上还是操作技术上都是最佳方法。自20世纪70年代后，森吉米尔法又有了一些重大改进，其中主要是以无氧化炉代替氧化炉。老式森吉米尔法不能生产特深冲产品，而且产品表面质量较差，改进后的森吉米尔法克服了这些缺点。

无氧化炉加热用焦炉煤气、天然气等气体燃料与空气比为0.9～0.95。带钢在无氧化状态下被急速加热到450～830℃，带钢表面轧制油大部分挥发掉，但少部分油分解成炭黑，残留在带钢表面，炭黑同保护气体中的水和二氧化碳发生如下反应：

$$2H_2O + C \rightleftharpoons 2H_2 + CO_2 - Q$$

$$CO_2 + C \rightleftharpoons 2CO - Q$$

在高温时，反应向右进行，带钢表面残留炭黑被除去。但是，炉内气氛中含有 H_2O、CO_2、CO等，这些气体对于高温状态的带钢是具有氧化性的气体，因此，必须使其在短时间内通过炉内，抑制表面氧化。改进后的无氧化炉连续热镀锌作业线的加热工作曲线如图6-3所示。图中虚线是生产全硬产品的加热曲线，点划线是生产深冲产品的加热曲线，实线是生产特深冲产品的加热曲线。

1973年以来，能源危机的出现促使各国开始研究设备节能问题。森吉米尔法的节能措施主要从以下两个方面进行。

第一，无氧化炉前增设预热炉。

无氧化炉消耗热量占整个机组的70%～80%，为此，在无氧化炉前增加一个预热炉以利用无氧化炉的余热。预热炉的长度和无氧化炉的长度之比为0.8～1.0是最经济的，节约燃料40%～44%（见图6-4），大约一年的时间就能收回全部费用。

另外，从预热炉中排出气体的温度为800～900℃，用它来预热空气可节约燃料10%。

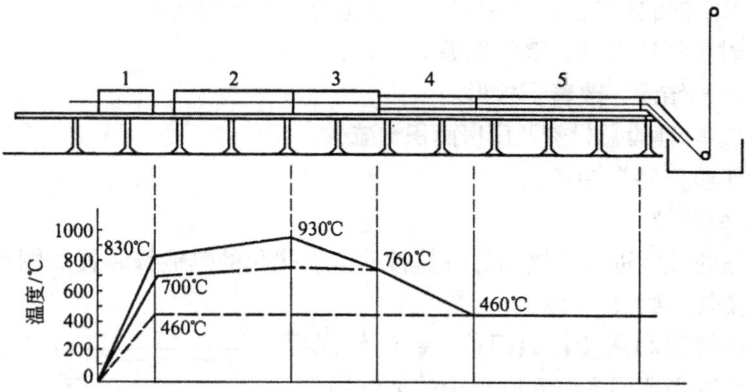

图 6-3 无氧化炉连续热镀锌退火曲线

1—无氧化炉；2—辐射管加热炉；3—均热冷却带；4—喷气冷却带；5—低温保持带

第二，还原炉增设辐射管热交换器。

还原炉消耗燃料占20% ~30%，采用如图6-5所示的辐射管热交换器，如果排出气体温度为800℃，根据图6-6*b*所示，预热空气为475℃，则节约燃料19%（见图6-6*a*）。

近年来，美国、日本等国使用了立式炉，宝钢集团公司的也是立式炉，武汉钢铁

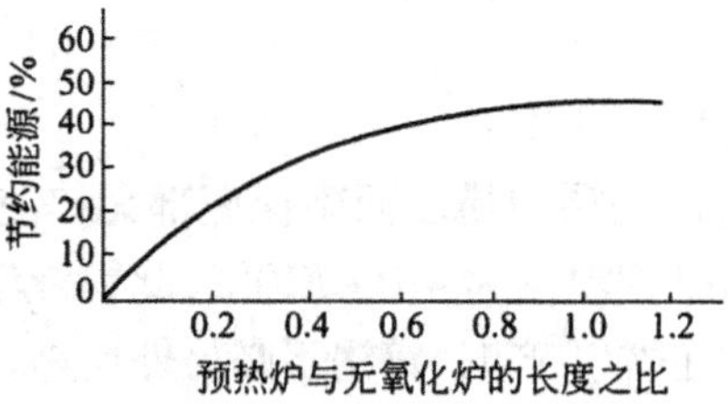

图 6-4 预热炉长度与节能关系

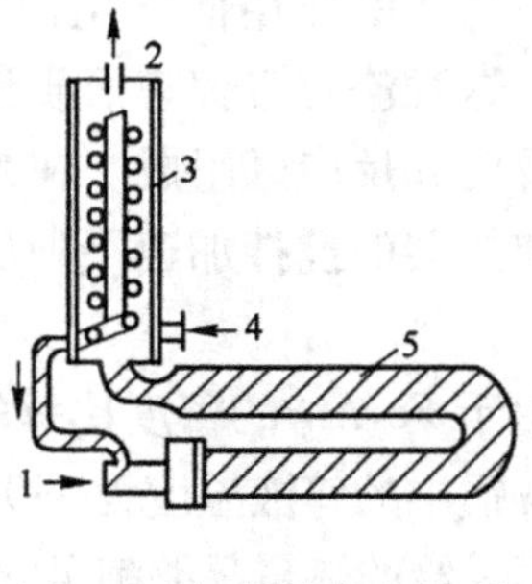

图 6-5 辐射管热交换器

1—燃料；2—排出气体；3—热交换器；4—燃烧用空气；5—辐射管

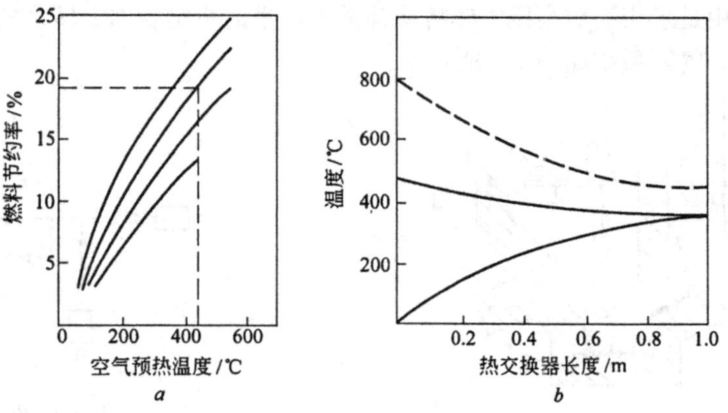

图 6-6 辐射管热交换器效果

a—燃料节约数据；*b*—空气预热数据

（集团）公司的则是卧式炉。立式炉与卧式炉比较具有下列优点：

（1）操作时氢气浓度低，节约能源。

（2）防止炉辊结瘤，改善了板形。

（3）生产成本、建设总投资及厂房面积均减少。

（4）有利于生产特深冲产品。

6.1.2.2　热镀锌

经过热处理的带钢进入锌锅内进行热镀锌。现代化的热镀锌装置如图 6-7 所示，它由锌锅、镀锌辊及气刀组成。

锌锅有铁制锌锅和陶瓷锌锅两种。铁制锌锅要求耐锌腐蚀，所以必须用含碳和硅极少的纯铁制作。壁厚为 50mm 的铁制锌锅，寿命为 2～3a。陶瓷锌锅外壁采用钢结构，内衬耐火陶瓷砖，内装 2～5 个低周波沟形感应加热器，进行锌的熔化和搅拌。陶瓷锌锅的优点是锌渣少、寿命长，但设备造价昂贵。

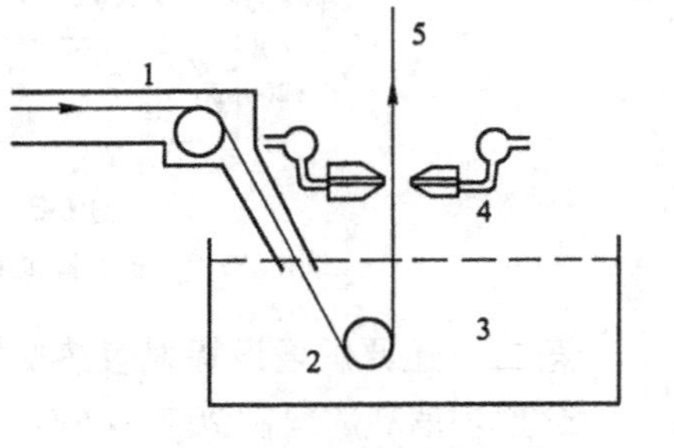

图 6-7　镀锌装置

1—炉子；2—镀锌辊；3—锌锅；4—气刀；5—带钢

近来，日本开发出一种无底渣锌锅，这种锌锅如图 6-8 所示。在热镀锌生产过程中，由于锌的氧化和铁与锌的作用而产生出成分为 $FeZn_7$ 的沉渣和底渣，这种渣对镀锌表面质量有影响。为解决这个问题，日本钢管开发了此锌锅。该锌锅由镀锌区和反应区组成。在镀锌区形成的底渣沿锅壁流到反应区，在反应区加入少量铝并通过搅拌器的搅拌加速下列反应：

$$2FeZn_7 + 5Al \rightleftharpoons Fe_2Al_5 + 14Zn$$

由于 Fe_2Al_5 的密度比锌的小而漂浮到上面，可以用漏勺捞出而确保底部无锌渣。

锌锅中的锌液温度为 430～450℃，而正常运转时带钢温度为 470～510℃，此锌液温度高，以带钢供给的热量足够满足锌液所需之热量，所以，在正常生产时，锌锅不必另外加热。

镀锌辊长期在熔融锌液中工作，因此，其材质必须是耐热、耐腐蚀材料，通常采用耐热合金钢，其化学成分为 C 0.2%～0.5%，Si 小于 2.0%，Mn 2.0%，P 0.04%，Ni 10%～14%，Cr 20%～24%，S 0.04%。

气刀的作用是采用喷射高压气体将从锌锅中出来的带钢表面上多余的锌液吹掉，从而控制锌层厚度。气刀系统如图 6-9 所示。

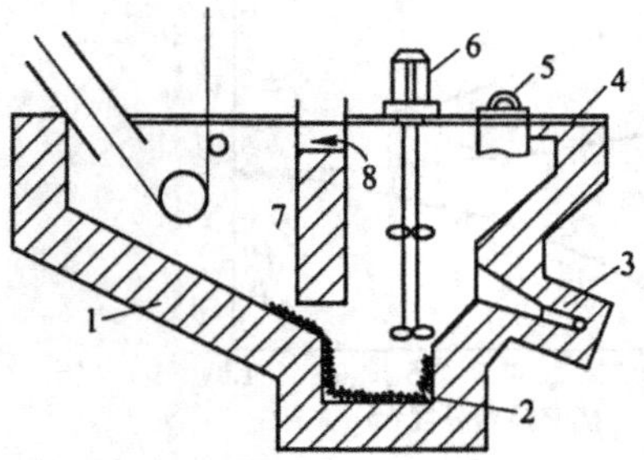

图 6-8　底部无渣锌锅

1—陶瓷锅；2—底渣；3—感应加热器；4—浮渣；5—锌块；6—搅拌器；7—镀锌区；8—反应区

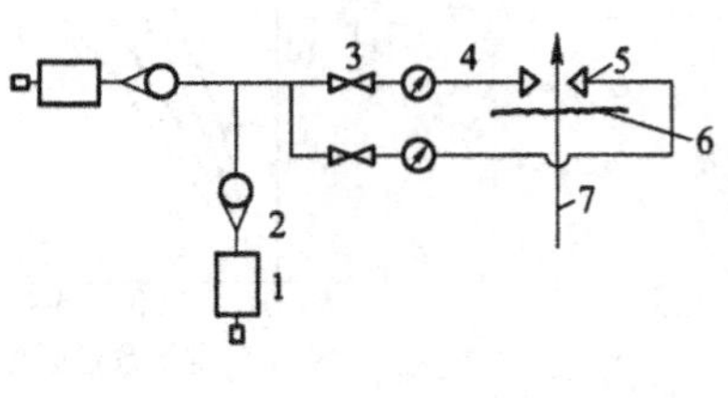

图 6-9　气刀系统图

1—鼓风机；2—风阀；3—阀；4—压力表；5—气刀喷嘴；6—锌液面；7—带钢

锌层厚度 C 与带钢速度 v、气体压力 p、气刀距离 D 成函数关系，即

$$C = f(p \cdot D \cdot v)$$

一般来讲，气刀的气体压力越大、距离越小、速度越慢则锌层厚度越薄；反之就厚。现代化热镀锌作业线的锌层厚度控制是自动控制的，其控制方法见图 6-10。

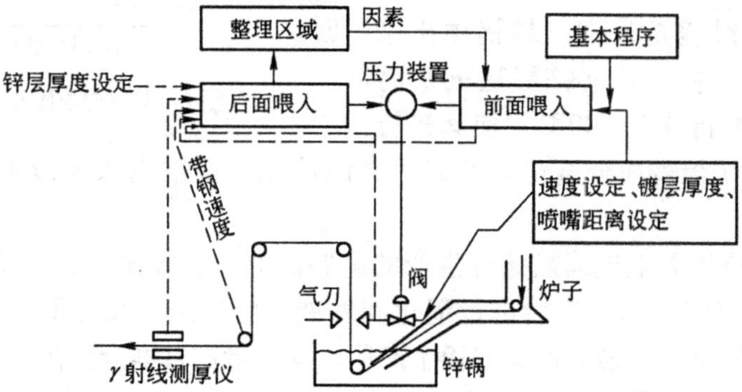

图 6-10 锌层厚度自动控制系统

热镀锌工艺条件如表 6-4 所示。

表 6-4 热镀锌工艺条件

镀锌控制			气刀控制			
温度/℃	速度/m·min^{-1}	成分/%	长度/mm	压力/kPa	距离/mm	高度/mm
430~450	200	Zn 99.8 Al 0.2	260~2030	10.5~24.7	18~20	62.5~135

在热镀锌工艺中，通常要在锌锅里加一定量的铝。这是因为带钢在熔融锌液中，铁和锌发生反应，生成一种铁-锌合金层。这种合金层较厚时，就影响其加工性能；在进行弯曲时，合金层易折裂造成锌层剥落。为了抑制铁-锌合金层的增长，并形成附着力强的 Fe_2Al_5 层，就必须在锌液中加入适量的铝，如图 6-11 所示。

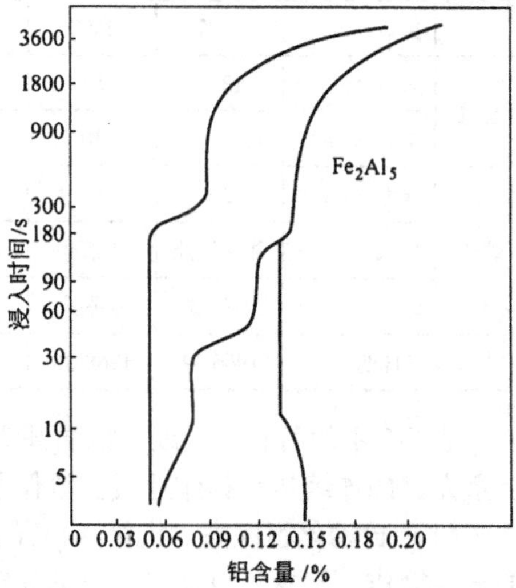

图 6-11 Fe_2Al_5 形成图

从图 6-11 看出，当铝浓度达到 0.15% 以上时，短时间的浸入只有薄的 Fe_2Al_5，而没有铁-锌合金层。

6.1.2.3 镀后处理

热镀锌的镀后处理包括小锌花处理、合金化处理及化学处理。热镀锌表面光亮而有锌花，根据用途不同而采取一些方法来改变其表面性质。例如，作为装饰用的镀锌板要求锌花大而美观，通常在锌液中添加 0.5% 的锡或者 0.3% 的锑。另外，抑制铁-锌合金层的生长而添加 0.1% ~ 0.2% 的铝也能使锌花美丽。如果要涂漆或提高抗

腐蚀性，就要进行小锌花或合金化处理。

小锌花处理是指当镀锌板从锌锅中出来后，喷射雾状水或蒸汽使锌液快速冷却，将锌层凝固，使结晶没有形成树枝状花纹所需的时间。小锌花比大锌花涂装性能好。

合金化处理过程是带钢从锌锅中出来时温度为450℃左右，通过锌层退火炉将带钢加热到600℃再降到500℃，使其进行合金化反应，镀锌板表面合金化，提高耐腐蚀性能。锌层退火温度的工作曲线如图6-12所示。

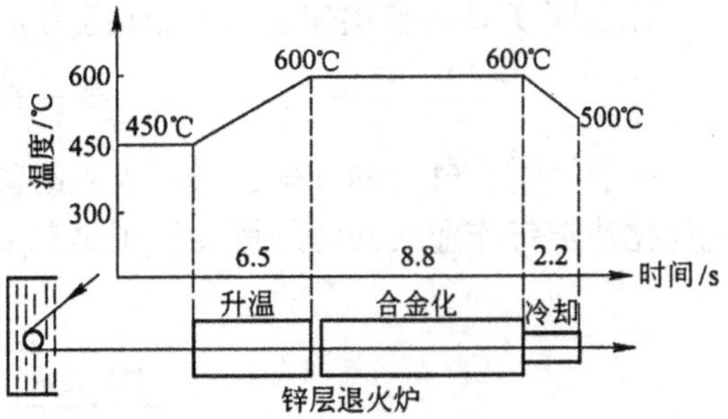

图6-12　锌层退火工艺曲线

美国和日本是世界上连续热镀锌生产的重要国家。在技术上，1953年日本首先从美国引进了连续热镀锌技术，然后进行消化和发展，反过来，又向世界各国（包括美国）出口技术。新日铁是日本最大的镀锌板生产厂，其产量占日本全国的一半以上。新日铁连续热镀锌作业线主要参数如表6-5所示。

表6-5　新日铁连续热镀锌作业线的主要参数

作业线		4号	1号	2号	3号	1号	4号	武钢	宝钢
生产厂		八幡	君津	君津	君津	神户制铁	名古屋	武钢	宝钢
线速度/m·min^{-1}		82	150	240	150	100	200	150	183
原材料		热、冷轧低碳钢	冷轧低碳钢	冷轧低碳钢	热、冷轧低碳钢	热、冷轧低碳钢	热、冷轧低碳钢	冷轧低碳钢	热、冷轧低碳钢
厚度/mm		0.32~3.2	0.25~1.26	0.25~0.8	0.4~2.3	0.3~3.2	0.4~1.6	0.25~2.5	0.3~3.0
宽度/mm		1830	1240	1240	1850	1250	1530	1530	1850
卷外径	入口/mm	1905	2830	2820	2770	2400	2000	2550	2470
	出口/mm	1905	2400	1950	2270	1710	1830	1620	2470
卷重	入口/t	18.3	57	48.6	60	40	23	45	45
	出口/t	18.3	30	20	30	20	20	15	45
炉子	能力/t·h^{-1}	30	34	34	50	30	65		52
	形式	氧化还原	非氧化	非氧化	非氧化	非氧化	非氧化	非氧化	非氧化
	结构	水平式	水平式	水平式	立式	水平式	立式	水平式	立式
投产日期		1966-09	1968-06	1970-04	1974-09	1974-11	1977-01	1979	1990

表6-5中的所有作业线，以君津3号作业线和名古屋4号作业线的水平最高，是世界上最先进的连续热镀锌作业线。该作业线的流程图如图6-13所示，其特点如下：

（1）自动化程度高。机组入口段投料钢卷对中、上卷、切头及焊接等工序，出口段的分卷操作、卸卷，以及工艺段的加锌操作均为自动化。过程计算机系统均能完成从操作条件的设置到加热系统及锌层厚度的控制等各项任务，所以机组操作人员少。

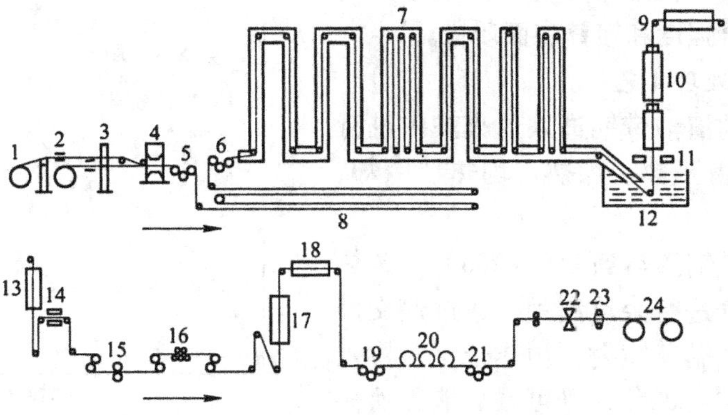

图 6-13 新日铁名古屋厂4号热镀锌作业线

1—开卷机；2—测厚仪；3—双切剪；4—焊接机；5—1号张力辊；6—2号张力辊；
7—退火炉；8—入口活套车；9—空气冷却；10—镀层退火炉；11—气刀；12—锌锅；
13—水冷却；14—干燥器；15—光整机；16—张力矫直机；17—化学处理槽；18—干燥器；
19—3号张力辊；20—出口活套塔；21—4号张力辊；22—分卷剪；23—涂油机；24—卷取机

（2）采用立式炉设备。新日铁开发的无氧化立式炉能够很好地控制加热周期，能生产 CQ、DQ 及 DDQ 等各种产品。

（3）产品的涂漆性能和焊接性能良好。通过锌层退火炉能够生产出具有良好涂漆性能和焊接性能的合金化镀锌板。

（4）高速操作。气刀装置向带钢喷射高温蒸气或氮气，并通过计算机控制其压力，容易调整镀锌量，为机组高速生产创造良好条件。

（5）高效率冷却。采用空气冷却和水冷却系统使冷却效率提高。

此外，该作业线排列紧凑，作业线长度比常规机组缩短40%。

6.1.3 美钢联法热镀锌工艺

美钢联法热镀锌与森吉米尔法热镀锌最大区别就是带钢在进入连续退火炉之前增加了对带钢表面电化学清洗工艺，以除去带钢表面油脂和杂质，确保带钢表面光洁。为确保镀锌板满足汽车制造工艺的要求，在镀后工序设有光整机和拉伸矫直机，以确保镀锌板表面光整度、平直度，生产出符合要求的高质量镀锌板。其生产工艺过程如下：

原料带钢→电解清洗→退火（加热、均热、冷却、时效）→热浸镀锌→锌层退火→冷却塔冷却→水淬→光整拉矫→钝化→静电涂油→分卷→包装

6.1.3.1 预清洗工艺

预清洗装置由喷淋清洗槽、1号刷洗机、电解清洗槽、2号刷洗机、热水漂洗槽、热风干燥器及清洗段循环系统、废气净化排放系统装置组成。其优点如下：

（1）带钢进入退火炉之前在清洗段进行预清洗处理，不但能彻底清除带钢表面的油污和脏物，而且能够去除带钢凹坑内的残留物，充分清洁带钢表面。

（2）在退火过程中不再设置氧化炉或无氧化炉清除带钢表面油脂，可以直接采用辐射管退火炉，将带钢间接加热到再结晶温度完成退火过程。由于燃烧气体不接触带钢表

面，带钢在热浸镀锌前非常干净，有利于提高基板与锌层的结合强度和镀锌表面质量。

6.1.3.2　热处理工艺

经过预清洗的清洁带钢进入退火炉中进行热处理。退火炉由预热、加热、均热、冷却、均衡几段组成。

预热段是将带钢预热到 150～200℃。预热能源来自燃烧废气进行余热利用，通过热交换器预热保护气体、循环喷射，预热带钢，将入炉带钢预热到 150～200℃，既可减少能源消耗又可对加热段入口炉辊进行热冲击，保证带钢稳定运行。经过预热的带钢进入退火炉完成退火工艺，其退火工艺曲线如图 6-14 所示。

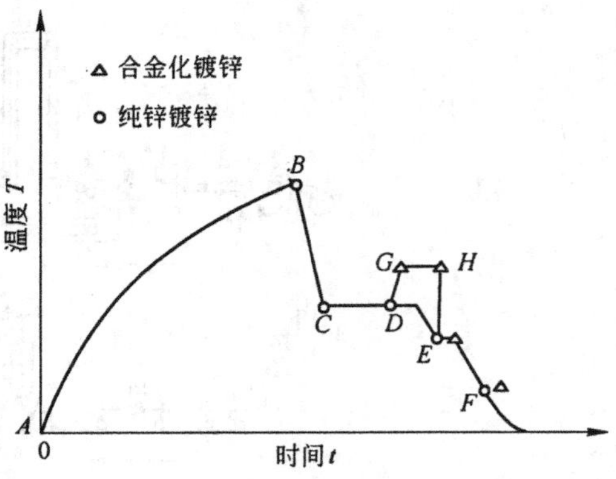

图 6-14　退火工艺曲线

AB 为加热、均热段，*B* 点温度为 750～850℃对应生产 CQ、DQ、DDQ 产品；如果生产 FH（全硬）产品，*B* 点温度应为 550℃。*C* 点为 450℃，进入锌锅，如生产合金化镀锌板；经合金化炉温度上升到 *GH* 点约 550℃，然后进行冷却。退火炉采用辐射管加热，加热与均热段为一体。但由于辐射管布置结构分割为 8 个独立控制区，可按所需热周期进行加热、均热或冷却，通过燃烧控制将它们区分开来，因此具有高度通用性。冷却段采用保护气体循环喷射冷却，有 4 套冷却装置，每套由喷嘴、热交换器、循环风机组成，冷却室内有稳定辊，防止带钢抖动。炉辊由交流电机单独传动，并采取纠偏装置等稳定运行措施。

经过热处理的带钢由出口张紧辊将带钢引入锌锅。由于退火炉炉鼻伸入锌锅中，锌液面处于全封闭状态，带钢免于氧化。该锌锅是由锌锅和沉没辊组成，采用感应加热陶瓷锌锅。带钢经过沉没辊镀锌后上升，由一对稳定辊控制带钢向上垂直运行，防止带钢抖动。由方登气刀组成的控制系统，控制镀锌板表面锌层厚度。这套工艺与森吉米尔法镀锌工艺相同。方登气刀由德国西马克公司开发。方登气刀和具有“浮动”功能气刀控制技术，使气刀完全适应高速生产线的要求，操作简单，镀层均匀，并能适应差厚镀层和薄镀层的镀锌板生产，以达到高品质、低消耗的目的。其技术特点如下：

（1）平底式刀唇和四腔式气腔，使气刀喷气压力波动最小（±2%）。

（2）前后喷嘴安装在一个整体框架上，可通过位置探测器跟随带钢位置变化，同时进行提升、扭转、扫描等运动，保持气刀喷嘴与带钢的相对位置不变，以确保喷气均匀。

（3）气刀快开续吹控制可以在带钢板形不好时立即平行打开，以保护气刀不被撞坏，并能继续喷吹控制锌层，使气刀控制适应板形变化。

（4）气刀边部挡板的调整，可防止带钢边部锌层增厚现象。

（5）遥控清洗装置可以在每个焊缝到来之时自动清洗刀唇。

（6）两台风机可串联使用，以增大气刀吹风压力，以适应高速下生产薄锌层的镀锌板。

6.1.3.3　后处理工艺

经过热镀锌的带钢可以作为纯锌层的镀锌板成品进入后处理工序，也可生产合金化镀锌板。**所谓合金化镀锌板**就是在热镀锌之后，使锌层产生含铁 8%～12% 的锌铁合金层，以改善镀层表面的附着性和焊接性。合金层是在合金化炉内完成的。合金化炉由加热段和均热段组成。加热段由高频感应加热，均热采用电阻带。均热段分两段，一段可以和加热段一起移开，一段固定不变，当生产合金化产品时，使用合金化炉；当生产纯锌层产品时，将合金化炉移开，只用固定部分的均热段进行锌层退火。感应加热速度快，是辐射加热的1.6~1.8倍，热效率高4倍，而且便于控制，没有热滞后问题。均热后进行冷却，冷却段包括风冷即喷气冷却，最终冷却到150℃，进入水槽冷却至40℃，热风干燥，热风温度约40~80℃。

经过烘干的镀锌带钢进入出口段。为确保镀锌板的平直度，表面粗糙度，防止边部浪形和镰刀弯等缺陷出现，在出口段设置了由光整机和拉伸矫直机组成的联合控制系统。带钢光整、拉矫联合设备是在光整机和矫直机的入口、出口及中间各有一组张紧辊，采用光整、拉矫联合控制，可以实现改变表面粗糙度、板形和提高力学性能的目的，以满足不同用户的不同要求。

6.1.4 单面连续热镀锌生产方法

自从1936年出现了第一条连续热镀锌作业线至今，所有的热镀锌作业线都是生产双面镀锌钢板，我们通常说的**镀锌板**就是指这种**双面镀锌钢板**。然而，近年来，汽车工业对单面镀锌板的需要量日益增加。用于制作汽车车体的钢板需要具有耐腐蚀性，同时又要具有优良的涂装性。**单面镀锌板**就能满足这种要求。因此，各钢铁企业为了适应这一需要，进行了各种各样的单面连续热镀锌生产工艺的开发。尤其在日本，单面连续热镀锌生产方法早已由试验阶段走向大生产阶段，已经投入实际生产和应用。理想的单面镀锌板生产工艺必须满足下列要求：

（1）在现有的热镀锌作业线上进行适当改造，成为单面镀锌和双面镀锌两用机组，并且能在短时间内完成转换。

（2）要求操作方便，在板宽变化或带钢跑偏的情况下，也能确保生产正常进行。

（3）在板形不好的情况下（例如弯曲、浪形等），带钢通过作业线时，也能确保非镀锌面不沾有锌。

（4）要在确保质量的前提下能够高速操作，而且操作稳定。

（5）设备改造和操作成本低廉。

试验性的单面镀锌法是多种多样的，但已投入实际生产的单面镀锌法主要有三种：阻止剂法、喷流法和辊镀法。

6.1.4.1 阻止剂法单面镀锌

该方法是在不镀锌面的带钢表面上涂一层防止锌液和钢板表面接触的阻止剂，然后进行热浸镀锌，其后，经过机械的方法将阻止剂膜除去，获得单面镀锌板，生产工艺过程如图6-15所示。经过脱脂的带钢通过涂阻止剂装置将带钢的一面涂上阻止剂，然后通过预热炉将带钢表面上的阻止剂干燥，再进入退

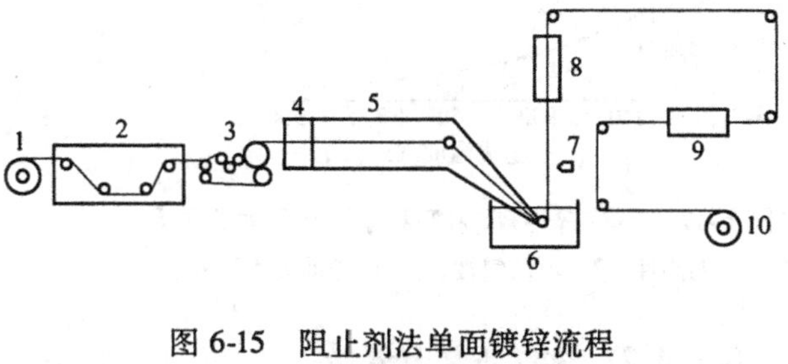

图6-15 阻止剂法单面镀锌流程

1—开卷机；2—脱脂槽；3—涂层机；4—预热炉；5—退火炉；6—锌锅；7—气刀；8—合金化炉；9—除膜装置；10—卷取机

火炉。带钢在退火的同时，阻止剂固化形成硬质的阻止剂薄膜，再进入锌锅进行热镀锌。镀锌后通过单面气刀控制锌层厚度。在阻止剂表面膜上粘有的少量浮渣或锌粒，可用火焰擦拭装置除去。镀锌后带钢在大气中冷却，再进行合金化处理，然后进入除膜机将阻止剂薄膜完全除去，生产出单面热镀锌钢板。

该法的关键技术是阻止剂，单面镀锌的阻止剂必须满足下列要求：

（1）要能与钢板均匀附着，而且不沾锌。

（2）阻止剂形成薄膜后要有良好的剥离性。

（3）具有良好的耐热性和密着性。

满足上述要求的阻止剂，通常是水玻璃（$Na_2O \cdot nSiO_2 \cdot mH_2O$）-碱（NaOH · KOH · LiOH）-$H_3BO_3$-MgO 的悬浊液。这种阻止剂具有良好的附着性、耐热性、密着性和剥离性，但是它易沾锌液。为了解决这个问题，对阻止剂进行了改进。改进后的阻止剂是在水玻璃-碱-H_3BO_3-MgO 系统里添加 TiO_2 或 Ti（OH）$_2$ 及 Al_2O_3 或 Al（OH）$_3$ 水浆。改进后的阻止剂不仅具有良好的附着性、耐热性、密着性和剥离性，而且也不沾锌。改进前、后阻止剂单面镀锌板的断面结构如图 6-16 所示。

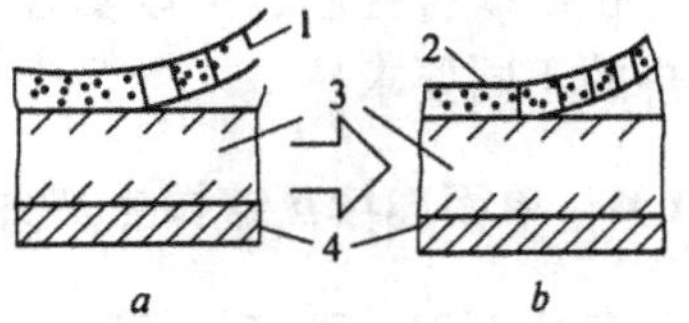

图 6-16　阻止剂单面镀锌结构图

a—改进前；*b*—改进后

1—锌层；2—阻止膜；3—钢板；4—镀锌层

阻止剂的不沾锌性和剥离性同退火温度具有一定的关系，从图 6-17 看出，阻止剂同时适应不沾锌性和剥离性的温度范围是很大的。

阻止剂法单面热镀锌可以在现有的双面连续热镀锌作业线上进行生产，但需要增加如下设备：

（1）在入口段增设脱脂槽，其目的是将带钢表面油脂除去，以便使阻止剂与带钢表面均匀附着。

（2）在退火炉前增加涂阻止剂装置，该装置为三辊式涂层装置，其结构如图 6-18 所示。

（3）阻止剂除膜由刷辊（除去锌粒）、破鳞（将膜反复弯曲而裂碎）、冲洗（将破碎膜冲洗掉）、刷洗（将表面粉状阻止剂刷洗干净）等工序组成。

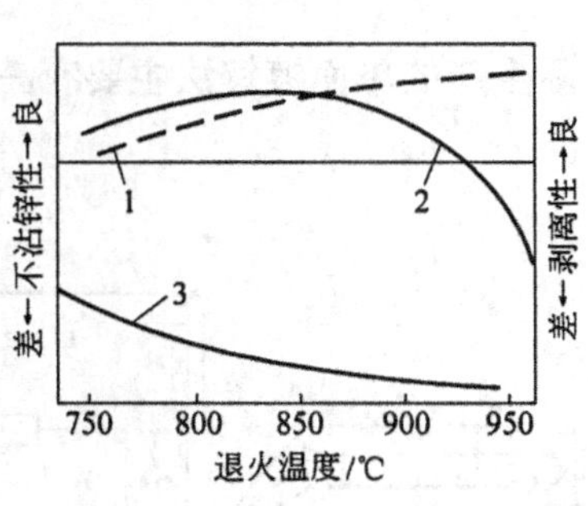

图 6-17　不沾锌性和剥离性与退火温度的关系

1—剥离性；2—不沾锌性；3—改进前的不沾锌性

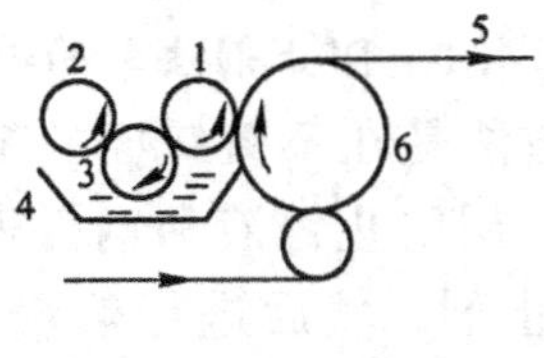

图 6-18　涂阻止剂装置

1—涂辊；2—浸料辊；3—控制辊；4—阻止剂盒；5—带钢；6—转向辊

6.1.4.2　喷流法单面镀锌

该方法是通过转向辊使带钢与锌液面保持 50 ~ 100mm，由喷流泵将锌液隆起，通过适当的喷嘴将锌液喷到带钢的下表面,从而达到单面镀锌之目的。该方法的工艺过程如图6-19所示。

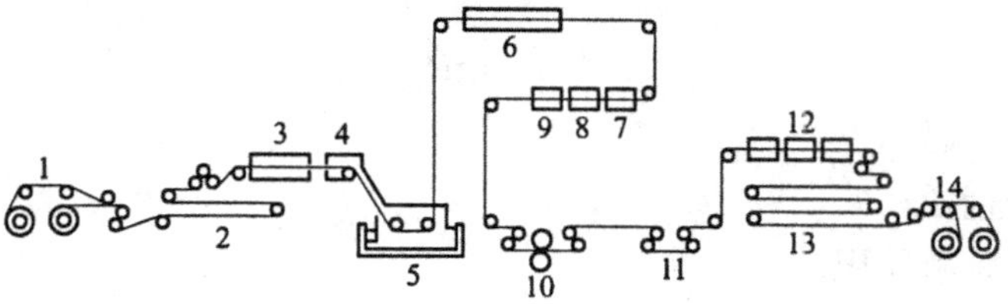

图6-19　喷流法单面热镀锌作业线

1—开卷机;2—入口活套;3—退火炉;4—转向辊;5—单面镀锌装置;6—空气冷却;7—水冷槽;8—酸洗槽;9—刷洗槽;10—平整机;11—张力矫直机;12—特殊处理槽;13—出口活套;14—张力卷取机

该方法的生产工艺流程与通常的双面热镀锌工艺基本相同。其不同之处主要是单面镀锌装置和电解酸洗槽。这也是单面镀锌生产的关键设备，现分别叙述如下。

A　单面镀锌装置

该装置是单面镀锌的核心装置，它由锌锅、喷流泵、喷嘴、转向辊、气刀和密封装置构成（见图6-20）。

a　喷嘴

喷嘴是单面镀锌成败的重要设备之一，喷嘴的设计必须满足下列要求：

（1）不能将锌液喷射到非镀面上去。

（2）能够适应带钢宽度、跑偏、振动的改变。

为此设计出如图6-21所示的喷嘴。

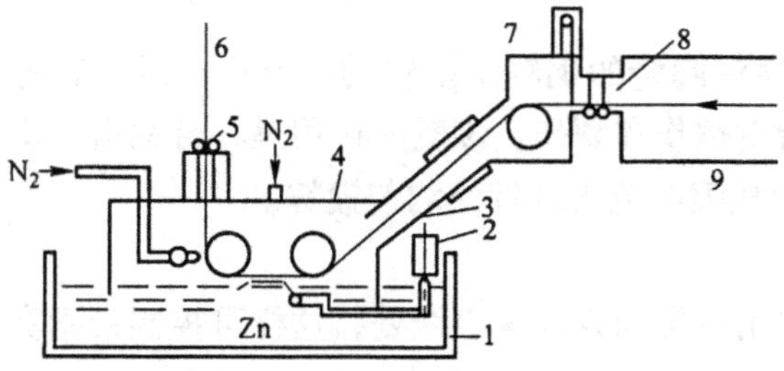

图6-20　单面镀锌装置

1—锌锅;2—喷流泵;3—弹性炉鼻;4—密封箱;5—导向辊;6—带钢;7—密封活门;8—密封挡板;9—退火炉

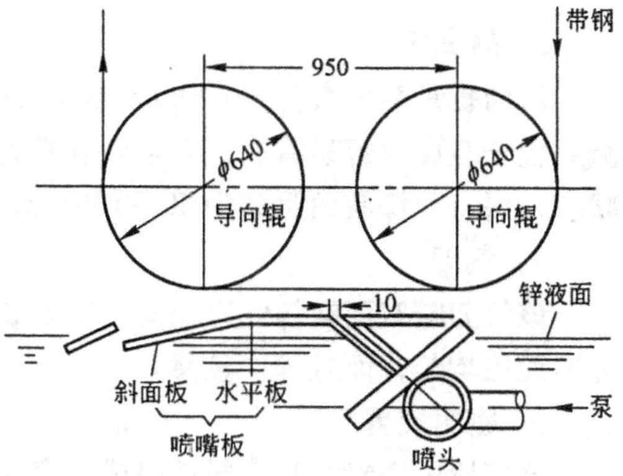

图6-21　单面热镀锌喷嘴

自喷嘴流出的锌液沿着带钢宽度方向流动，而且保持带钢宽度加上带钢跑偏量以上的流动量，从而确保带钢整个宽度都能均匀涂上锌。这种喷嘴，锌液在带钢表面流动情况如图6-22所示。

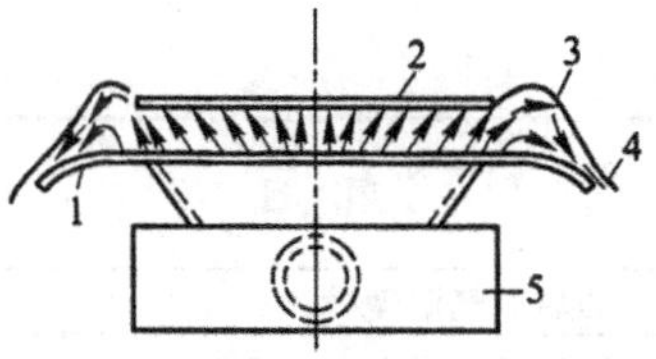

图6-22　喷嘴的锌液流动状况

1—喷嘴板；2—带钢；3—锌液的流动；4—锌液面；5—喷嘴头

b　喷流泵

喷流泵是使锌液从喷嘴流出的动力来源。这种泵的工作状态需要保持锌液稳定流动、无气泡、不卷进底渣和顶渣，并要具有较高的效率。为了满足这些要求，可以按下式选择适当的设计参数 F_r。

$$F_r = \frac{\left(\frac{Nd_i^2}{A_p}\right)^2}{gH_i}$$

式中　N——转子转速；

d_i——转子直径；

A_p——吸入口断面积；

H_i——转子深度；

g——重力加速度。

通过试验，把 $0.05 < F_r < 0.1$ 作为设计条件是合适的。该泵的结构如图 6-23 所示。该泵的技术参数如表 6-6 所示。

表 6-6　喷流泵的技术参数

项　目	性　能
最大流速/L · min^{-1}	700
最大排出速度/m · s^{-1}	1.3
转子叶片直径/mm	175
最大转速/r · min^{-1}	800
马达能力/kW	3.06 ×2

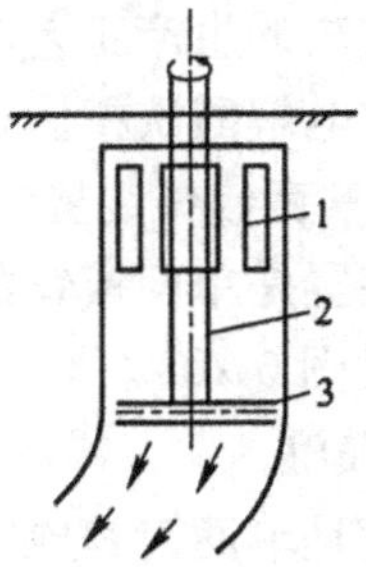

图 6-23　喷流泵
1—抽液孔(×6)；2—旋转轴；
3—叶片(×6)

c　转向辊

转向辊是两根直径为 640mm 的外表面喷涂陶瓷的钢辊。该辊的特点是：万一有锌粒溅到辊子表面很容易除去，而且可以避免带钢擦伤和划伤。该辊的作用是将带钢引入水平状态，保持与锌液面距离为 50 ~ 100mm，使从喷嘴流出的锌液均匀镀锌。

d　气刀

该气刀与双面镀锌气刀相同，它安装在出口导向辊的中心线处，这样可控制带钢宽度方向镀层均匀，而且锌层较薄。

e　密封装置

该装置由密封箱和密封件组成。密封箱就是在锌锅上面的氮气箱，它将单面镀锌装置全部与大气隔开。密封件是在退火炉的出口处的密封挡板和密封活门，它们在双面镀锌与单面镀锌交换时使用。在整个密封箱内充满氮气。氮气温度要保持与带钢温度相接近，通常保持 350 ~ 420℃之间。氮气加温器的性能如表 6-7 所示。

表 6-7　氮气加温器的性能

项　目	说　明	
	气刀用氮气加热器	密封用氮气加热器
加热氮气温度/℃	最大 430	最大 400
加热氮气量/m^3 · h^{-1}	最大 1300	最大 1300
热交换量/MJ · h^{-1}	最大 745.25	最大 690.82
最高使用压力/kPa	76	18
燃　料	C.O.G	C.O.G

B 电解酸洗槽

单面镀锌后的带钢经过空冷、水冷之后达到常温。这时，在非镀锌面有一层很薄的氧化膜。这层氧化膜给后工序的磷化处理及涂漆性能带来不利影响。为了除去该氧化膜，在单面镀锌作业线的出口段设置了电解酸洗槽。该槽的结构如图 6-24 所示。

电解酸洗的工艺条件如表 6-8 所示。

表 6-8 电解酸洗的工艺条件

项 目	说 明	控制方法
酸洗液	H_2SO_4	
浓度/$g \cdot L^{-1}$	100～150	自动控制
温度/℃	常 温	自动控制
电解方式	栅极方法	电流密度一定
液 位		自动控制

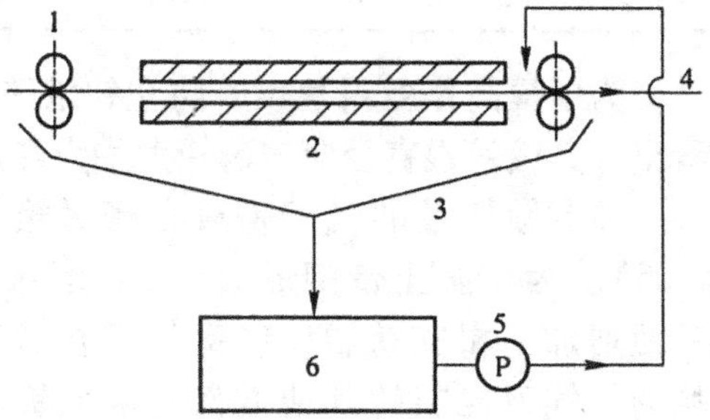

图 6-24 电解酸洗槽
1—密封辊；2—电极；3—酸洗槽；4—带钢；5—泵；6—循环槽

除上述设备外，其他设备均与通常的双面镀锌相同，只要稍加改造就能将原作业线改为单面镀锌与双面镀锌兼用机组。

6.1.4.3 辊镀法单面热镀锌

该方法基本上与喷流法相同，不同之处就是在单面镀锌装置中辊镀法是依靠镀辊来镀锌的。其单面镀锌装置结构如图 6-25 所示。

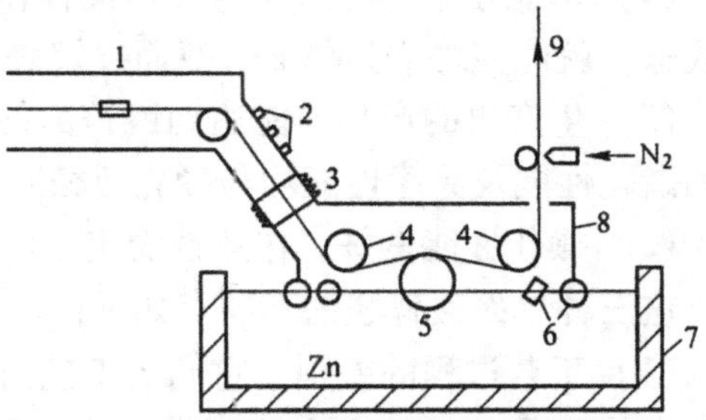

图 6-25 辊镀法单面镀锌装置
1—退火炉；2—密封调节器；3—弹性炉鼻；4—转向辊；5—镀锌辊；6—锌渣排出辊；7—锌锅；8—密封箱；9—带钢

辊镀法单面镀锌的特点是：

（1）通过镀锌辊和气刀的配合，使镀锌层附着量均匀。

（2）由于是辊镀，所以锌液不会粘附到非镀锌面上。

（3）气刀在密封箱外并带有支撑辊，操作方便，质量稳定。

辊镀法单面镀锌装置的关键是镀锌辊和镀锌量控制问题。

对于镀锌辊材质的要求是：

（1）对锌液具有较高的耐蚀性。

（2）对锌液具有良好的浸润性。

（3）辊表面均匀（包括形状和成分）。

（4）热变形小。

满足上列要求的镀锌辊成分如表 6-9 所示。

为了防止锌液的飞溅，对镀辊的直径有一定的要求。锌液的飞溅与带钢速度和辊径有关，通过试验得出图 6-26 所示的关系。

表 6-9　镀锌辊的成分

材质名称	成　分/%							
	C	Si	Mn	Cr	Ni	W	Co	B
碳化钨钢	1.3	3.0		19		13	残	2.5
25 号司太合金钢	0.15	<0.4	1~2	19~21	9~11	14~16	残	

为了提高作业线速度，防止锌液飞溅，从图 6-26 看出，其镀锌辊直径应该选择大些为好。

控制镀锌量的气刀是放在密封箱外面的（见图 6-25）。为了防止带钢形成“C”形弯曲，而在非镀锌面增加一根支持辊，确保带钢在宽度方向的锌层均匀。气刀控制的其他方面与双面镀锌法的气刀控制相同。

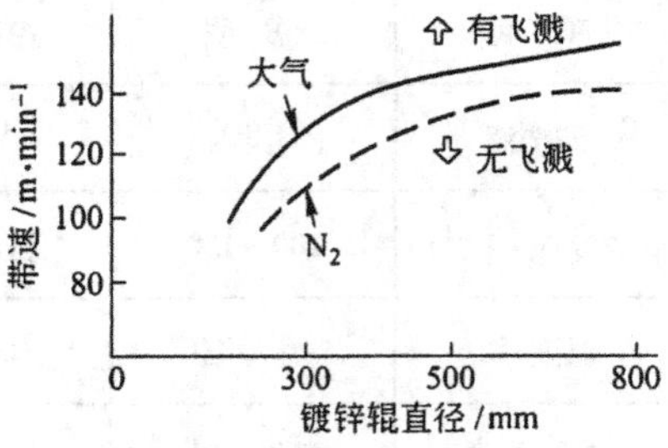

图 6-26　锌液飞溅关系图

6.1.5　三种单面热镀锌方法比较

以上所述的三种单面热镀锌方法的共同特点是：

（1）都能在原有的双面连续热镀锌作业线上生产，只要对原有的双面镀锌作业线稍加改造，就能使之成为单面、双面镀锌兼用机组。

（2）生产出的产品均能达到镀锌面的防腐能力与通常的双面镀锌板相同；而非镀锌面的磷化性能及涂漆性能均与冷轧板相同。

（3）操作性能良好，作业性稳定，均能投入大生产。

这三种单面镀锌法的不同点如下：

（1）工艺过程的差别。它们的工艺过程基本上与双面镀锌工艺流程相似，但各种方法也有其不同点，三种单面镀锌法与双面镀锌比较见表 6-10。

表 6-10　单面镀锌法与双面镀锌法比较

镀锌方法		工 艺 流 程
双面镀锌		入口段→热处理→镀锌→合金化→出口段
单面镀锌	阻止剂法	入口段→脱脂→涂层→热处理→镀锌→合金化→除膜→出口段
	喷流法	入口段→热处理→镀锌→合金化→酸洗→刷洗→出口段
	辊镀法	入口段→热处理→镀锌→合金化→酸洗→刷洗→出口段

（2）设备的差别：

阻止剂法：利用辊涂，锌锅不需 N_2 密封；

喷流法：利用喷流泵及喷嘴，锌锅需要 N_2 密封；

辊镀法：利用镀锌辊，锌锅需 N_2 密封。

（3）后处理的差别：

阻止剂法：除去阻止膜；

喷流法：除去氧化膜；

辊镀法：除去氧化膜。

三种单面镀锌法各有其优缺点，现综合评述如下：

（1）阻止剂法。此法的优点是设备、工艺简单，镀锌装置可用原来双面镀锌装置，不需要作任何改造。其缺点是生产质量不够稳定，非镀锌面容易局部镀上锌，不适宜在立式炉内生产（因为立式炉内带钢反复弯曲次数多，阻止膜容易局部脱落），成本也较高，阻止剂也有污染，故此法已经逐渐被其他方法所代替。

（2）喷流法。此法的优点是操作稳定，单面、双面镀锌转换容易，不易产生擦伤、划伤等缺陷，不受板形、跑偏影响，产品质量稳定，能够高速生产，操作成本较低。其缺点是喷嘴控制要求高，全部设备要在 N_2 密封箱内，耗能较高。

（3）辊镀法。此法的优点是操作简单，锌液不易沾到非镀锌面上，镀锌均匀，产品质量高，能够高速生产。其缺点是要求板形要好，否则易造成局部镀不上或引起划伤、擦伤等缺陷。

6.1.6 热镀锌生产发展趋势

世界各种各样的热镀锌生产工艺，无论是现在还是未来，发展趋势是改进的森吉米尔方法是连续热镀锌的最佳方法。该工艺特点是带钢表面的预处理和退火工艺一次完成，与其他方法相比，具有工艺简单、操作方便、生产成本低的优点。可以说，该方法是连续热镀锌发展的主流方法。其方法的发展趋势如下。

6.1.6.1 向大型化、高速化、多功能化方向发展

所谓大型化，就是生产的产品必须满足汽车板的宽度要求，同时考虑生产成本，一条热镀锌作业线生产能力必须达到年产 30 ~ 40 万吨水平。

所谓高速化，就是机组运行速度达到 200m/min 以上。这样，必须要求预清洗工艺、退火工艺、镀锌工艺、合金化工艺及钝化工艺必须在高速下短时间内完成。

所谓多功能就是要求机组能够生产多种镀层产品，即一机多用，例如除生产镀锌产品外又能生产镀铝产品。

6.1.6.2 向产品多样化、合金化、多层化方向发展

产品多样化就是一条作业线要能生产 FH（全硬），CQ、DQ（一般深冲），DDQ、EDDQ（深冲、特深冲）等多种产品。此外，一条作业线还要能生产不同镀层厚度（80 ~ 450g/m^2）及差厚镀层的产品。

产品合金化，就是除生产纯锌层产品外、还要生产 Zn-Fe 合金化产品，而且市场对 Zn-Fe 合金化产品需求量越来越多。

产品多层化，就是热镀锌之后进行表面处理，如钝化处理、涂油处理等等以满足特殊用户的需求。

6.1.6.3 热镀锌新技术、新设备发展方向

热镀锌新技术、新设备的发展方向主要表现在：

（1）带钢前处理增加的带钢预清洗装置，倾向于用高电流密度的电解清洗工艺，这样可以在短时间内完成清洗任务。

（2）立式炉代替卧式退火炉，已成为世界发展潮流。立式炉的最大特点是大大缩短

了机组长度，带钢在炉中运行距离长，退火温度控制调节余地大，连续退火效果佳，可以生产特深冲、高强度的热镀锌产品。

（3）采用细锌粉（粒度为 5 ~ 10μm）喷吹法生产小锌花镀锌板。小锌花镀锌板表面锌花小、平整而光滑。

（4）热镀锌双锌锅代替单锌锅，以达到一机多用，生产更多品种的镀层产品，并留有机组的发展空间和扩大再生产的余地。

（5）配有 X 射线测厚、测温仪的合金化炉装置，确保生产出最佳合金化镀层的产品。

（6）带钢出口设置四辊光整机和拉伸矫直机联合装置是解决镀锌带钢边部浪形、瓢曲、表面锌粒等缺陷的有效手段，可以大大提高镀锌产品的质量。

（7）节约能源，充分利用余热已是世界发展趋势。为此，热镀锌生产过程中应充分利用退火炉的燃烧气体的热能，利用废气除能预热带钢和预热燃烧空气外，用废气热能还可预热气动测厚仪的气体，预热水及保护气体等。

（8）采用无锌渣锌锅，即将锌锅一分为二，成为两个部分。热镀锌生产过程中，锌锅底部不断沉积一些锌渣，如果这些锌渣粘在沉没辊上必然给镀锌板表面带来锌粒等缺陷。开发这种无锌渣锌锅就是使锌渣流入锌锅另一部分内，而沉没辊部分的锅底不再有锌渣，这样就能保证沉没辊不会粘上锌渣，从而提高产品质量。

喷流法在日本钢管福山厂自 1981 年投产至今一直很正常；辊镀法在新日铁名古屋厂自 1981 年下半年投产至今一直非常顺利。这两种方法的实际生产数据如表 6-11 所示。

表 6-11　喷流法与辊镀法的实际生产数据

项目＼生产方法	喷流法	辊镀法
生产厂	日本钢管福山厂	新日铁名古屋厂
带钢厚度/mm	0.35 ~ 2.6	0.4 ~ 1.6
带钢宽度/mm	800 ~ 1524	610 ~ 1530
速度/$m \cdot min^{-1}$	90	100
炉子能力/$t \cdot h^{-1}$		65
带钢振动/mm	±5	
带钢跑偏/mm	±100	

6.2　连续电镀锌钢板的生产

带钢连续电镀锌作业线是在 20 世纪 40 年代发展起来的。1942 年在美国出现了第一条连续电镀锌作业线。当时机组最高速度为 30m/min，带钢宽度为 900mm。现在世界上已有 50 多条连续电镀锌作业线投入生产，仅 20 世纪 80 年代日本就建成 10 条，美国 5 条，我国宝山钢铁集团公司在 1988 年也建成一条连续电镀锌作业线并投入生产，见表 6-12，其作业线速度、带钢宽度及自动化程度较前都有很大提高。目前，作业线速度已达到 200m/min 以上，带钢宽度达到 2m 以上，生产能力达到年产 40 万 t，镀锌量也达到 50 g/m^2，生产的电镀锌品种也是多种多样，有双面镀锌、单面镀锌、差厚镀锌、电镀锌-镍及锌-铁合金等。

表 6-12 80 年代日本、美国、中国新建的连续电镀锌线

国名	公司名	电镀槽				镀层		带钢尺寸		电镀速度 /m·min^{-1}	生产能力 /万 t·a^{-1}	投产日期(年)
		形式	阳极	槽数	总电镀电流 /A	种类	镀锌量 /g·m^{-2}	厚度/mm	宽度/mm			
日本	Kawasaki Steel	径向环流	可溶性	7	350000	Zn Zn-Ni Zn-Fe	60 10~40 20~40	0.4~1.6	750~1830	120	200000	1982
	Nippon Kokan	NKK 水平喷流	可溶性 不溶性	11	550000	Zn-Fe Zn-Ni Zn-Fe(双面)	20~40 10~40	0.4~1.6	900~1880	150	350000	1983
	Sumitomo Metal	立式	不溶性	14	672000	Zn Zn-Ni Zn-Fe Ni/Zn-Ni	3~40(100) 10~40 20	0.3~1.6	600~1600	200	350000	1984
	Nippon Steel	液垫式 (水平)	不溶性	10	440000	Zn Zn-Ni Zn-Ni-树脂	10~50 10~40 10~40	0.4~2.3	610~2080	200		1985
	Kobe Steel	水平式	不溶性	10	400000	Zn Zn-Ni Zn-Fe	10~50 10~40 20~40	0.25~2.3	610~1600	200		1986
	Nisshin Steel	水平式	不溶性	3	120000	Zn Zn-Ni	10~50 10~40	0.3~1.60	610~1600	100		1986
	Kawasaki Steel	径向环流	不溶性	19	662000	Zn Zn-Ni Zn-Ni-树脂 Zn-Fe	10~50 10~40 10~40 20~40	0.3~2.30	700~1830	200		1987
	Nippon Kokan	水平式	不溶性	11	550000	Zn Zn/Zn-Fe Fe-Zn	10~50 20~40	0.4~1.6	900~1880	210		1987

续表 6-12

国名	公司名	电镀槽				镀层		带钢尺寸		电镀速度 /m·min^{-1}	生产能力 /万 t·a^{-1}	投产日期(年)
		形式	阳极	槽数	总电镀电流 /A	种类	镀锌量 /g·m^{-2}	厚度/mm	宽度/mm			
日本	Sumitomo Metal	立式	不溶性	10	480000	zincrometol Zn-Ni Zn-Ni-树脂	10～40 10～40	0.3～1.6	600～1600	150	180000	1988
	Nippon Steel	液垫式（水平）	不溶性	18	720000	Zn Zn-Fe(双面)	50 20～40	0.4～0.6	600～1600	200	360000	1983
美国	National Steel	NKK 水平喷流	可溶性	20	1000000	Zn Zn-Fe	100	0.4～1.6	610～1820	200	400000	
	Armco	立式 重力自流	不溶性	16	736000	Zn (Ni-Zn Fe-Zn)	91.55	0.4～1.6	610～1830	91	190000	1986
	Bethlehem Inland	立式 重力自流	不溶性	20	1000000	Zn Zn-Ni	100	0.38～1.65	610～1830	183	360000	1986
	LTV/ Sumitomo	住友立式	不溶性	20	1320000	Zn Zn-Ni	90	0.35～1.50	600～1820	200	400000	
	Rouge /U.S. Steel	径向环流	可溶性	37	2072000	Zn Zn-Fe	100	0.6～1.50	950～1830	210	700000	
中国	宝钢	水平喷射式	不溶性	9	198000	Zn	3～50	0.5～2.50	900～1550	90	150000	1988

6.2.1 连续电镀锌机组的类型及电镀原理

目前世界上连续电镀锌机组的电镀槽有4种类型（图6-27），即垂直式、水平式、径向式和喷射式。

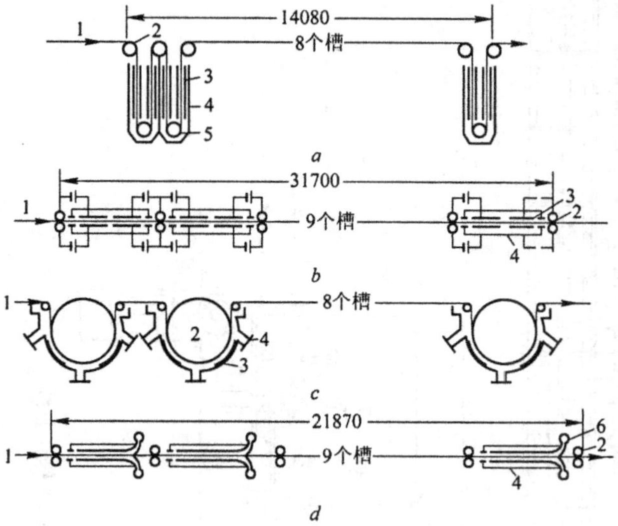

图6-27 电镀槽类型

a—垂直式；*b*—水平式；*c*—径向式；*d*—喷射式

1—带钢；2—导电辊；3—锌阳极；4—槽体；5—沉没辊；6—喷射集流管

水平式电镀槽的特点是槽体水平，带钢全部是水平运行，这样带钢厚薄都能通过，不会产生瓢曲、折印等缺陷，带钢穿带也较容易，可以双面镀锌，也可单面镀锌。缺点是槽体长、占地面积大，而且带钢在槽内电镀液中的部分较短，所以电镀槽的数目较多。水平式电镀锌作业线如图6-28所示。

垂直式电镀槽的特点是槽体垂直，带钢在槽内垂直运行，带钢在槽内电镀液中的部分较长，所以整个电镀线中电镀槽较少，占地面积小。缺点是单面镀锌困难，另外垂直式只适应于较薄的带钢，因为厚带钢经过沉没辊旋转180°易造成瓢曲和折印。垂直式穿带麻烦，操作也不太方便。垂直式电镀锌作业线如图6-29所示。

径向式电镀槽的特点是带钢围绕一根直径很大的导电辊运行。带钢在电镀槽内电镀液中部分较长。导电辊在电镀液中，由于带钢紧紧地抱着导电辊，其中一面不和电镀液接触，所以只有一面能镀上锌，而抱着导电辊的这一面就镀不上锌，所以径向式电镀槽最适合于单面镀锌。由于导电辊直径很大，所以带钢不易产生折印和瓢曲。径向式电镀槽的导电辊结构复杂，造价很高，若两面镀锌要经过换向。径向式电镀锌作业线如图6-30所示。

喷射式电镀槽由外槽、内槽、阳极、导电辊、边缘罩、支撑辊、绝缘垫组成。外槽宽2.3m、长3m，内外都衬有橡胶，内衬6mm、外衬3mm。阳极宽1.6m、长1.5m、厚35mm，上下各一块，由铜母线接电源，阳极材质为铜板外面镀铅。导电辊的尺寸为ϕ300mm × 1800mm。第一个槽的导电辊为不锈钢，第二～第九个槽的导电辊为钢辊外面镀紫铜。为

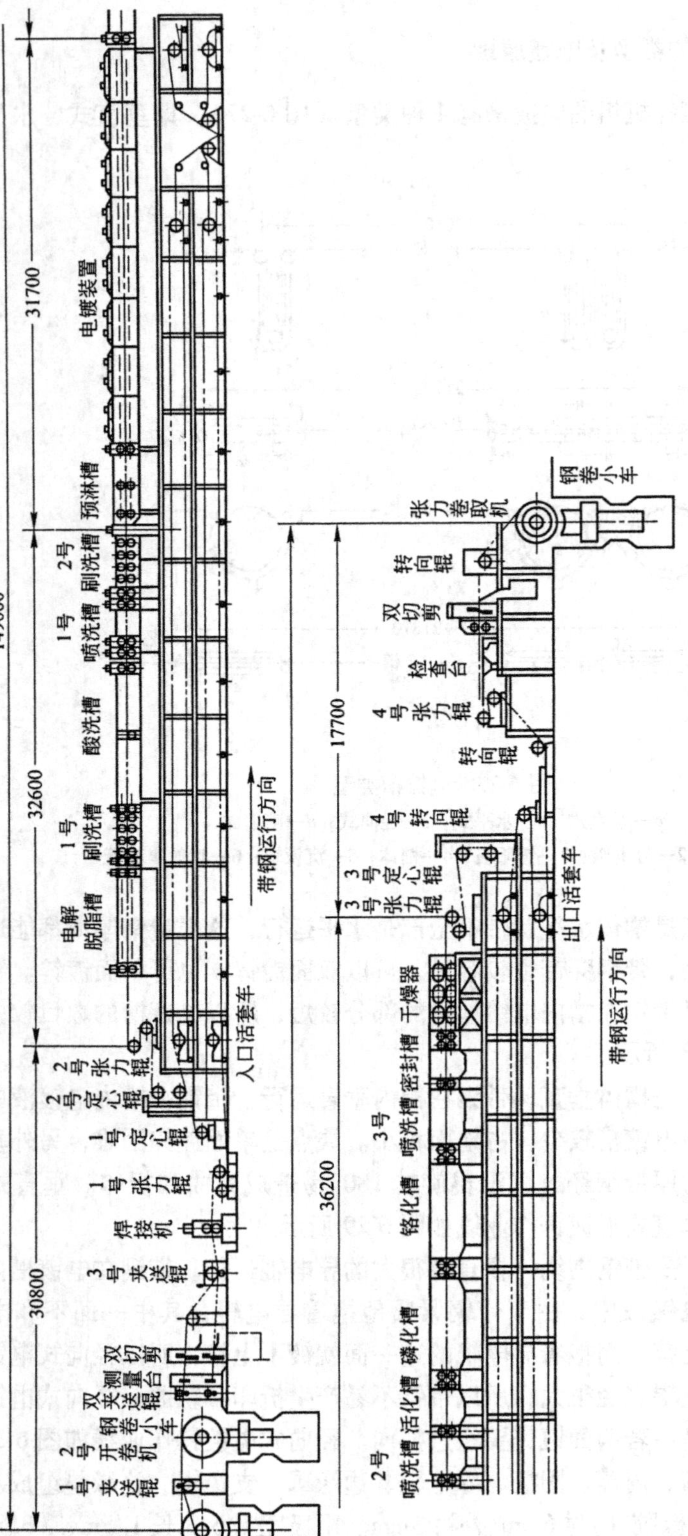

图 6-28　可溶性阳极卧式电镀锌作业线

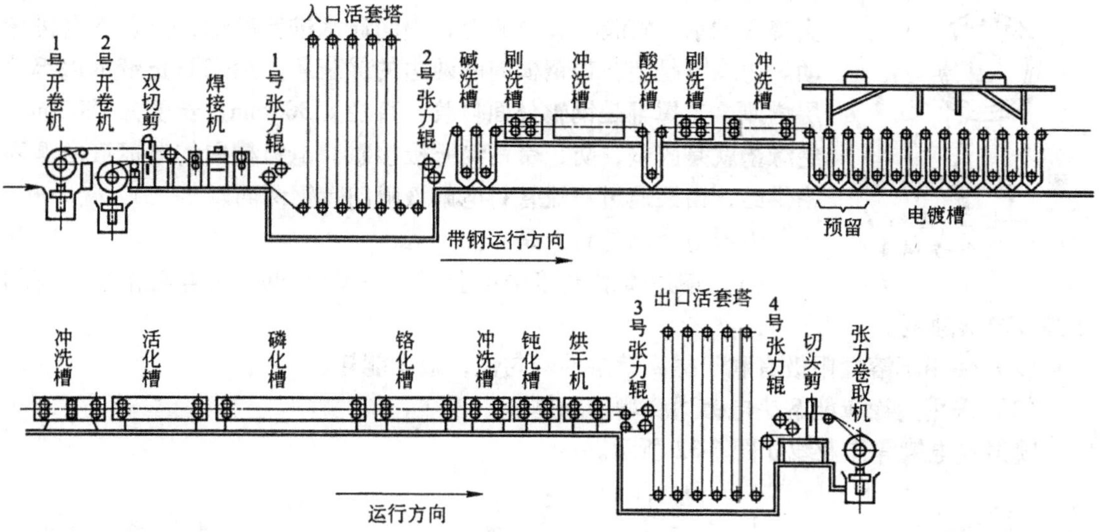

图 6-29 立式电镀锌作业线

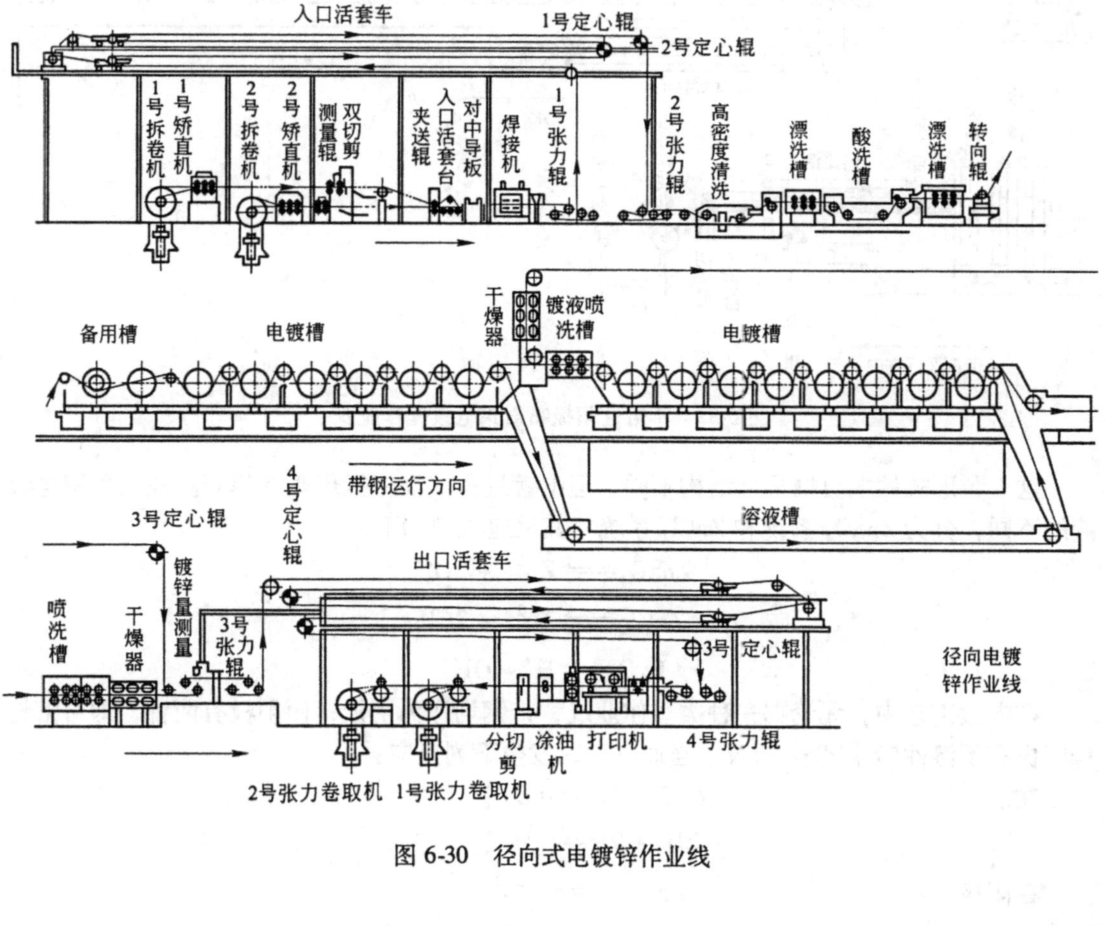

图 6-30 径向式电镀锌作业线

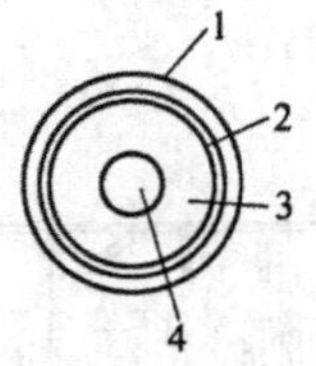

图 6-31 导电辊结构

1—铬;2—紫铜;
3—钢;4—紫铜轴

提高导电辊的寿命，可按图 6-31 所示结构制作导电辊。导电辊两头带有轴承，安装在牌坊架上，中间通水进行冷却，由直流电机传动。边缘罩是装在带钢横向的两边的屏蔽罩，用来防止带钢边部锌层增厚。支撑辊是钢辊外面衬胶，直径为 300mm，长度为 1800mm。绝缘垫就是胶垫，防止带钢与阳极接触。电镀槽内的电镀液由循环槽供给，由泵通过集流管将电解液喷向带钢两面。

喷射电镀槽的特点是：

(1) 使用喷射电镀槽可获得 50 ~ 90A/dm^2 高电流密度，有利于提高电镀速度。

(2) 使用不溶性阳极有利于提高镀层的均匀性，减少能耗。

(3) 采用边缘罩能解决电镀边缘增厚问题。

喷射式电镀锌作业线如图 6-32 所示。

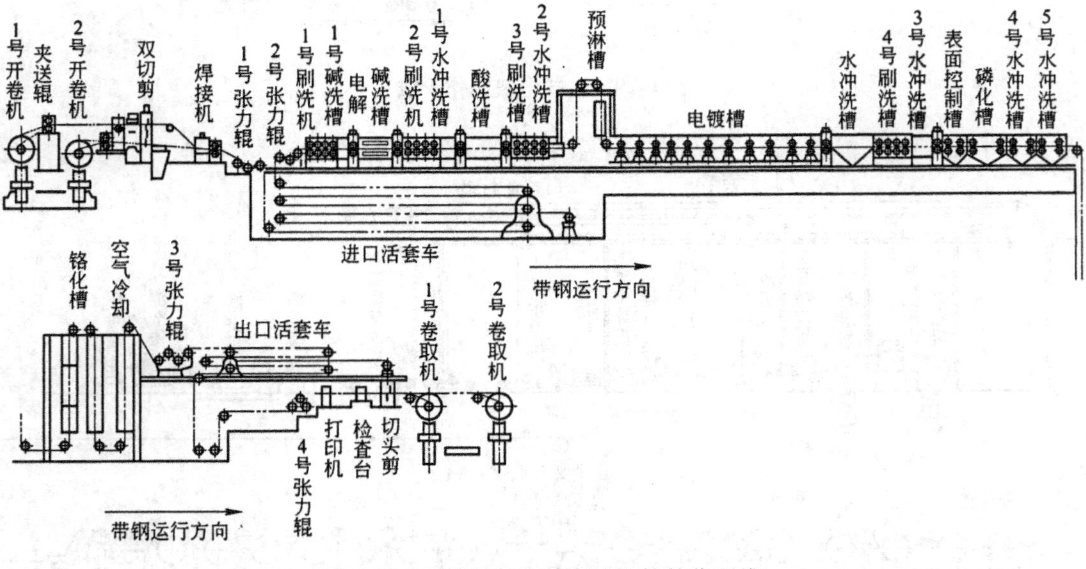

图 6-32 不溶性阳极喷射式电镀锌作业线

这 4 种形式的电镀槽虽然结构不同，但电镀过程的反应机理基本相同。根据采用电镀液的不同，分为 $ZnSO_4$ 系统和 $ZnCl_2$ 系统，其反应机理如下：

$$ZnSO_4 \rightleftharpoons Zn^{2+} + SO_4^{2-}$$

$$ZnCl_2 \rightleftharpoons Zn^{2+} + 2Cl^-$$

$$H_2O \rightleftharpoons H^+ + OH^-$$

在电镀工艺中，无论哪一种类型作业线，带钢均作为阴极，而阳极有两种，即可溶性锌阳极和不溶性铅-锡合金阳极。当通电后，发生下列反应：

在阴极：
$$Zn^{2+} + 2e = Zn\downarrow$$
$$2H^+ + 2e = H_2\uparrow$$

在阳极：
$$Zn - 2e = Zn^{2+}$$
$$4OH^- - 4e = 2H_2O + O_2\uparrow$$

对于不溶性阳极，其阳极只有气泡产生，而阳极不被溶解。电镀锌过程中锌层厚度的控制，可参考下面公式：

$$c = k\frac{DlNE}{v}$$

式中 c——镀锌量，g/m^2；

D——电流密度，A/m^2；

l——电镀槽长度，m；

N——电镀槽数目；

E——电流效率，%；

v——带钢速度，m/min；

k——锌的电化当量，0.0203g/A · min。

在上式中，l、N、E 通常一定，因此，镀锌量与电流密度成正比，与带钢速度成反比。

6.2.2 连续电镀锌的预处理

电镀锌的预处理也称为电镀锌的清洗段。清洗的目的就是除去带钢表面的油脂、氧化铁皮和一切脏物，使带钢表面保持非常洁净。电镀锌板要具有良好的防腐性能、较长的使用寿命和亮丽的外观，即电镀锌板质量的好坏，在很大程度上，取决于电镀前的洗涤质量。金属表面的油膜、氧化物和一切污物都会影响镀锌层的均匀沉积和锌层与钢基体的结合强度。因此，正确选择和完成电镀前的预处理工序是一项非常重要的工作。

整个清洗工艺由两部分组成，一是化学清洗，二是物理清洗。化学清洗包括除油（脱脂）和除氧化膜（酸洗）。除油工艺在同一机组内同时采取了化学除油和电化学除油两种方法。酸洗是采用硫酸酸洗。物理清洗包括刷洗和冲洗。在每一道化学清洗之前都要进行一次刷洗，而在化学清洗之后，每一道都采用冲洗或漂洗，确保电镀锌前带钢表面十分洁净。电镀锌的清洗工艺过程如下：

1 号刷洗槽→化学碱洗槽→电解碱洗槽→2 号刷洗槽→1 号冲洗槽→酸洗槽→3 号刷洗槽→2 号冲洗槽

6.2.2.1 除油

供给电镀锌用的原板上面的油脂来自下列几个方面：

（1）带钢在轧制过程中乳化液在经过连续退火后尚未除掉的部分。

（2）带钢出退火炉后，在冷却、卷取等工序中带有的润滑用矿物油。

（3）在生产、吊运和放置过程中，人为地用手触及外界污物造成的带钢表面油膜。

带钢表面的这些油膜不但使带钢与电镀槽内的电解液隔离，同时影响锌层的沉积，这些油膜不除去必然在电镀过程中产生废品。除油是清洗段不可缺少的工序。

除油的方法很多，如有机溶剂除油、化学除油、电解除油、超声波除油等，但是适用于高速电镀锌机组生产的除油方法有两种，即化学除油和电化学除油。

A 化学除油

油脂大致分为两类：一类是动植物油脂，一类是矿物油，这两种油都可以通过化学方法去除。

化学除油的溶液主要是苛性碱（如苛性钠、苛性钾）、易水解的碱性盐（如碳酸钠）、乳化剂（如水玻璃、OP-7、OP-10）等。这些化学溶液对有机油和矿物油都能去除。有机油可以和这些碱发生皂化反应，使原来不溶于水的油生成可溶于水的油脂酸钠而被冲去，反应式如下：

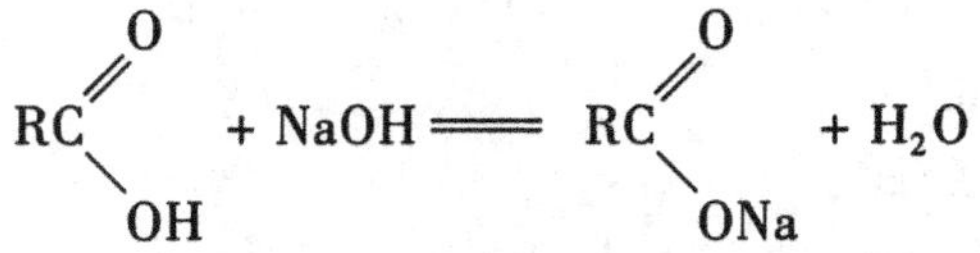

矿物油与碱虽然不发生皂化反应，但它能使油与水形成一种乳化液，便于将油脂从带钢表面除去。

化学除油的效果和速度与碱液的浓度有关，一般来讲，高的碱液浓度，将促进油脂皂化反应，有利于提高除油效果，但是浓度太高将产生如下两个问题：

（1）不利于油脂皂化物溶解到水中去。

（2）会使金属表面上形成一层影响下一步电镀的氧化膜。

因此，碱溶液的浓度不能太高，碱液的浓度最高不得超过 100 ~ 150g/L。

提高碱液温度也有利于提高除油质量和除油速度，因为提高温度将加速皂化作用和乳化作用。但是如果溶液温度超过100℃，将使溶液处于沸腾状态，这样，会产生两个后果，一是水分大量蒸发，改变了溶液的浓度；二是由于水蒸气的蒸发影响周围的工作环境。所以，碱液温度控制在 80 ~ 90℃ 为宜。

化学除油的碱溶液配方有如下两种：

（1）NaOH：80 ~ 100g/L

Na_3PO_4：30 ~ 40g/L

乳化剂：40 ~ 50g/L

温度：80 ~ 90℃

（2）NaOH：100 ~ 150g/L

Na_2CO_3：30 ~ 50g/L

Na_2SiO_3：5 ~ 10g/L

温度：80 ~ 90℃

这两种配方都具有良好的除油效果。带钢上面的油是否清除干净，在工业上通常采用浇水法来检查，即向带钢上面浇水。当带钢表面无油时，整个带钢表面将均匀覆有一层水膜；如果带钢表面除油不净，则在带钢表面上的水将集聚成滴状或在带钢表面局部地方不沾水。这是在生产过程中检查除油质量好坏的简易可行的方法。

电镀锌机组的化学除油是在脱脂槽中进行的。脱脂槽由槽体、喷嘴、挤干辊和循环系统组成（见图6-33）。

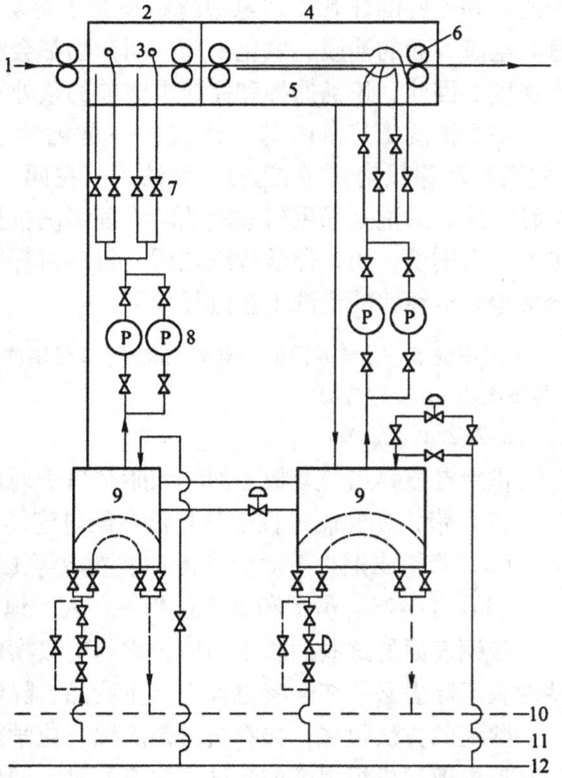

图 6-33　碱洗系统

1—带钢；2—碱槽；3—喷嘴；4—电解碱槽；5—电极；6—挤干辊；7—开闭器；8—泵；9—循环槽；10—回汽；11—蒸气；12—脱盐水

碱洗槽是长1.8m、宽2.1m的长方形槽子，是由钢板焊接成的，内涂耐碱漆。喷嘴用来喷射碱液，从上下两面向带钢表面喷射。喷嘴是用不锈钢制造的。挤干辊的作用是将带钢表面的碱液挤压干净，其尺寸为ϕ300mm×1800mm，钢辊外面衬有氯丁橡胶，厚度为20mm。碱液循环使用，通过循环槽不断向碱洗槽输送碱液，然后再回到循环槽。

B 电化学除油

电化学除油中除化学脱脂外，还将带钢通以电流，其反应过程如下：

碱液在水中发生电离：

$$NaOH \rightleftharpoons Na^+ + OH^-$$

$$H_2O \rightleftharpoons H^+ + OH^-$$

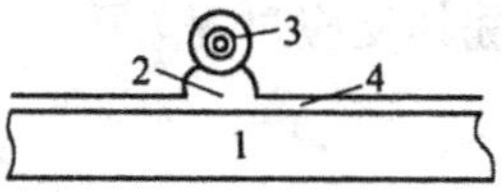

图6-34 氢气剥离作用

1—带钢；2—被顶破；3—氢气；4—油膜

通电后，发生如下电化反应：

阴极： $2H^+ + 2e = H_2\uparrow$

阳极： $4OH^- - 4e = 2H_2O + O_2\uparrow$

通常将带钢作为阴极，在通电情况下，带钢表面产生氢气，氢气将带钢表面油膜顶破（见图6-34），使油膜与带钢分开，这称作“剥离作用”。这种作用大大提高了除油速度和效果。

电化学除油的溶液成分和化学除油基本相同，就是浓度低些，因为它主要靠电流的作用达到除油的目的。另外，电化学除油时，乳化剂的浓度一般不超过3~10g/L，因为如果乳化剂太浓，则随着电解进行的同时，溶液表面将形成大量的泡沫而影响气体的析出，这样一方面影响氢气的剥离作用，另一方面氢气和氧气聚集在槽内跑不出而形成具有爆炸性的混合气体，当遇到火花后就要引起爆炸。

电化学除油的溶液成分和工作条件如表6-13所示。

表6-13 电化学除油的溶液成分和工作条件

成分 / 名称	化学成分/g·L^{-1}				
	配方编号				
	1	2	3	4	5
苛性钠	40~50	30~40			
碳酸钠	60~70	20~30		40~50	25~30
硫酸钠	10~15	50~60	40~50	30~40	
水玻璃	3~5	8~10		3~5	
OP-7或OP-10					5~10
电流密度/A·dm^{-2}	5~10	3~8	3~5	3~5	5~7
溶液温度/℃	70~90	70~90	70~90	70~90	70~90

电解脱脂是在电解槽中进行的，电解脱脂系统见图6-33。

电解脱脂槽由槽体、电极、密封辊、导电辊构成。槽体由焊接钢板焊接而成，并涂有耐碱漆，槽体尺寸为长4.5m，宽2.3m。电极为不锈钢电极，电极长2.5m，宽1.95m。电极作为阳极，带钢作阴极。不锈钢制作导电辊将电流传到带钢表面，电压为20V，电流为7500A×2。密封辊是衬有氯丁橡胶的钢辊，直径为300mm，长为1.8m，用来防止碱液溅出。

6.2.2.2　酸洗

带钢表面的氧化膜和氧化铁皮，影响锌层与带钢表面之间的附着力，影响电镀锌的质量，因此这种氧化物必须清除。清除的方法就是酸洗。酸洗方法也有两种，即化学酸洗和电化学酸洗。这两种方法在工业上都被广泛采用。

A　化学酸洗

化学酸洗可以采用硫酸或盐酸酸洗两种方法，**盐酸酸洗**效果好，但是盐酸挥发量大，劳动条件差，成本也高，对于电镀锌原板氧化膜极薄。采用**硫酸酸洗**可以满足要求，硫酸酸洗其反应过程如下：

$$FeO + H_2SO_4 = FeSO_4 + H_2O$$

$$Fe_2O_3 + 3H_2SO_4 = Fe_2(SO_4)_3 + 3H_2O$$

$$Fe_3O_4 + 4H_2SO_4 = FeSO_4 + Fe_2(SO_4)_3 + 4H_2O$$

由于带钢表面的氧化膜分布不均匀，所以除氧化铁皮溶解外，铁也被溶解，即

$$Fe + H_2SO_4(\text{稀}) = FeSO_4 + H_2\uparrow$$

$$Fe + Fe_2(SO_4)_3 = 3FeSO_4$$

这种反应将使带钢表面金属受损失，而且产生的氢气将渗入金属之中而产生氢脆现象，为防止这种现象发生，通常加入缓蚀剂。这个问题对于电镀锌原板不是太重要的，因为电镀锌原板氧化膜很薄，所用硫酸很稀，而且速度很快，停留时间很短，所以在电镀锌原板酸洗过程中，对于铁损和氢脆问题不予考虑。

一般来说，酸浓度增加、温度提高，其酸洗速度加快。但是，这样也带来一些副作用，一是对设备腐蚀严重，二是金属铁损增大，所以在电镀锌酸洗过程中必须综合考虑。一般认为，控制如下条件为佳：

硫酸浓度：5%～10%；

溶液温度：60～90℃。

酸洗是在酸洗槽中进行的，酸洗槽的形式有两种：立式槽和卧式槽（见图6-35）。

宝钢电镀锌机组的酸洗槽是卧式槽。槽体分外槽和内槽，槽的尺寸为宽2.3m，长5m，用焊接钢板焊制而成，内衬耐酸橡胶。密封辊和挤干辊的尺寸均为ϕ300mm×1800mm衬氯丁橡胶。集流管喷嘴均为不锈钢所制，并不断从循环槽中由泵抽入硫酸溶液，从上下两面喷射带钢表面。循环槽的体积为8m^3，由焊接钢板制成，内衬耐酸橡胶。泵的技术参数为3m/min×0.25MPa，是耐酸泵。

酸洗溶液是采用工业浓硫酸和脱盐水进行配制的。在配制硫酸溶液时，**特别要注意的事项是，只能将浓硫酸往水里加，绝不能将水往硫酸里加。**这是因为浓硫酸具有强烈的氧化性和吸水性，而且溶解于水中时放出大量热量。**如果将水倒在硫酸里，会局部放热而引起爆炸。**

B　电解酸洗

电解酸洗可在电流的作用下加快酸洗速度。其原理和电解脱脂相同，将带钢作为阴极，通电后，在带钢表面有氢气产生，氢气将带钢表面氧化膜顶破，酸洗将氧化铁皮溶解。电解酸洗液的成分与化学酸洗液相同，就是浓度要比化学酸洗液低些。现代化大型机组中的酸洗广泛采用这种方法。宝钢电镀锌机组只有化学酸洗而没有电解酸洗，原因是电镀锌原板氧化膜很薄，氧化铁皮很少，采用化学酸洗即可满足生产工艺需要。如果加上电

解酸洗其效果更好，但是设备造价要提高。

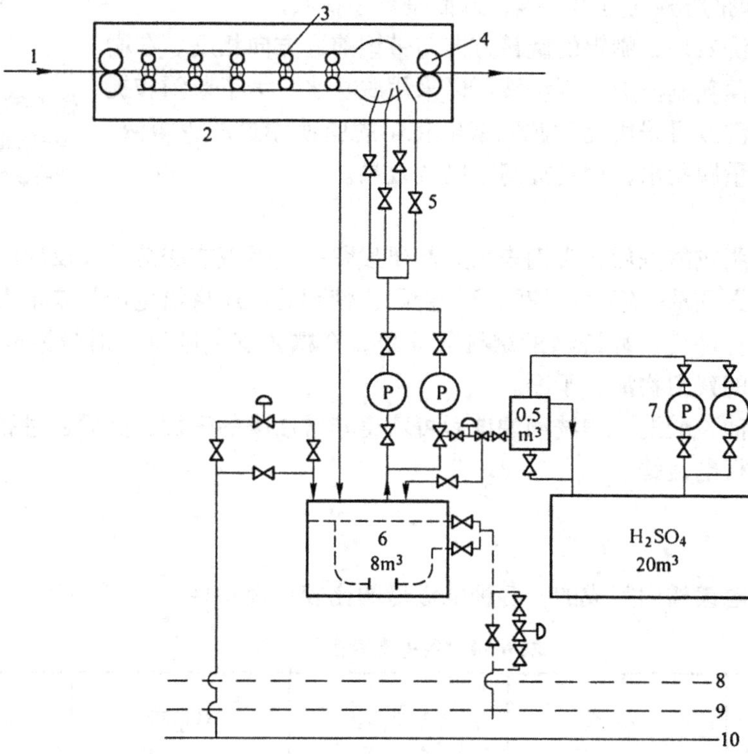

图 6-35 酸洗槽系统

1—带钢；2—酸洗槽；3—喷嘴；4—密封辊；5—开闭器；6—循环槽；7—泵；8—回汽；9—蒸气；10—脱盐水

6.2.2.3 刷洗和冲洗

刷洗和冲洗是物理清洗方法，**刷洗**是在化学清洗之前，**冲洗**是在化学清洗之后。

A 刷洗

刷洗就是用尼龙刷辊对带钢表面进行辊刷，将带钢表面的油膜、氧化膜刷破，以使后面的化学清洗效果更好，同时，通过刷洗将带钢表面的脏物和固体颗粒刷掉。刷洗是在刷洗槽中进行的。

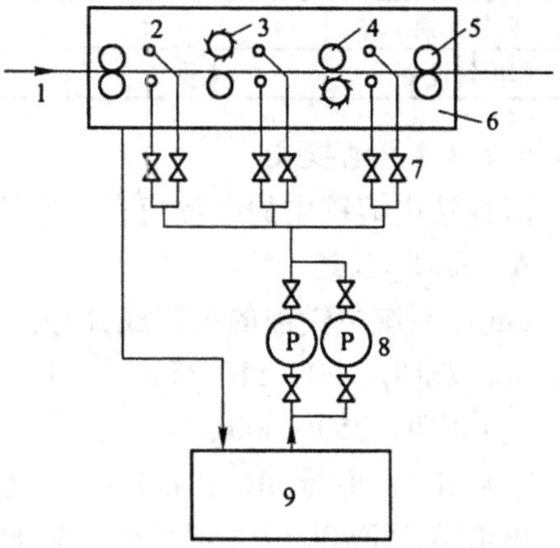

图 6-36 刷洗槽

1—带钢；2—喷嘴；3—刷辊；4—支撑辊；5—密封辊；6—槽体；7—开闭器；8—泵；9—循环槽

刷洗机是由带喷嘴的槽体、上下刷辊、上下支撑辊、密封辊、挤压辊组成的（见图 6-36），刷辊用交流电机驱动，支撑辊用直流电机驱动。

刷洗机的槽体是用钢板焊接成的，其长 2.9m，宽 2.1m。刷辊的钢轴外面套有尼龙刷片（见图 6-37）。每根刷辊有许多尼龙刷片套在轴上，两头用胶圈和螺帽压紧，如果刷毛脱落或使用太旧时只要将尼龙刷片取下，换上新尼龙刷片即可。刷辊的外径为 300mm，长为 1.8m。支撑辊是钢辊外面衬胶。刷辊和支撑辊交错排列。直径为 400mm、长 1.8m 的密封辊和挤压辊均是衬胶辊，外面是氯丁橡胶。

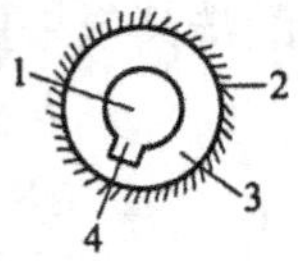

图 6-37　尼龙刷片
1—轴孔；2—刷毛；
3—刷板；4—销槽

为了加强刷洗效果，刷辊的旋转方向与带钢前进方向相反。在刷洗时，向带钢表面喷刷洗液。刷洗液可以采用脱盐水。为了节约和提高刷洗效果，刷洗液可采用化学脱脂或电化学脱脂使用过的废溶液。这样不仅节约大量脱盐水，而且提高了刷洗效果。

B　冲洗

带钢经过脱脂或酸洗后，带钢表面必然要残留一些碱液或酸液及其反应物、生成物的残渣。这些东西必须从带钢表面清除掉，否则，带到后工序将给生产带来很大困难，所以在其后面必须进行冲洗。冲洗槽的结构较简单，在槽内安装喷嘴，对带钢表面喷洒脱盐水，将带钢表面的残留物清洗干净。

带钢经过除油、酸洗、刷洗和冲洗后可获得非常洁净的表面，然后通过张力辊将带钢送到电镀段，进行电镀锌。

6.2.3　电镀锌

电镀锌是在电镀槽内完成的，各种电镀槽的比较见表 6-14。

表 6-14　各种电镀槽的比较

项目 \ 槽型	垂直式	水平式	径向式	喷射式
机组排列	立式	卧式	径向	卧式
阳　极	Zn	Zn	Zn	Po-Sn
镀层种类	双面，差厚	单面，双面，差厚	单面	单面，双面，差厚
产品厚度范围/mm	0.3~2.0	0.3~3.0	0.3~2.5	0.3~3.0
边缘罩使用	不可以	不可以	不可以	可以
穿　带	不容易	容　易	不容易	容　易
设备维修	不方便	不方便	不方便	方便
阳极更换	3~4 天	3~4 天	3~4 天	半年~1 年
锌溶解设备	不需要	不需要	不需要	需要

6.2.3.1　电镀液

酸性法电镀锌中的电镀液有两种类型，即 $ZnCl_2$ 系统和 $ZnSO_4$ 系统。

A　$ZnCl_2$ 系统

$ZnCl_2$ 系统电镀液的主要成分是：

$ZnCl_2$：90~110g/L

KCl：250~300g/L

HCl：保持 pH 在 4.3~5.7 之间

电镀液中 $ZnCl_2$ 是主要成分，它的作用是提供锌离子不断在带钢表面沉积，从而达到镀锌的目的。KCl 的作用是提高电镀液的电导率。这样，不仅可以提高锌离子的沉积速度，而且还可以节约电能。HCl 的作用是确保电镀液呈现酸性，因为如果溶液呈现中性或碱性时，$ZnCl_2$ 就要发生水解，生成氢氧化锌沉积。电镀液中如果发生这种沉淀不仅会降低电镀锌中的锌离子浓度，而且会使电镀锌生产无法正常进行，所以必须保持电镀液具有一定的酸性，这就是依靠 HCl 来调整的。

$ZnCl_2$ 系统的电镀液阻抗小、电导率高、电流效率高，但是易挥发，密封条件要求高，成本也高。另外，该系统只适用于可溶性阳极，不适用于不溶性阳极，因为要产生有毒的氯气。

B $ZnSO_4$ 系统

$ZnSO_4$ 系统电镀液的成分是：

$ZnSO_4$：500g/L

Na_2SO_4：200 ~ 300g/L

H_2SO_4：保持 pH = 2 ~ 3

电镀液中各成分的作用与 $ZnCl_2$ 系统的基本相同。在电镀锌中，电镀液的浓度控制并不是非常的严格。

$ZnSO_4$ 系统电镀液性能稳定、不易挥发、成本低，对可溶性阳极与不溶性阳极都可适用，但电导率较小。

$ZnSO_4$ 制造方法是采用锌块与硫酸反应而制得：

$$Zn + H_2SO_4 \longrightarrow ZnSO_4 + H_2\uparrow$$

首先将锌锭放在反应槽内，然后向反应槽内添加硫酸，锌锭和硫酸的质量比，理论上是65:98，在实际操作中应该使锌过剩，让硫酸反应完毕，制成 $ZnSO_4$ 饱和溶液，然后根据所需要的浓度和其他成分再进行配制。当锌和硫酸反应太激烈时应停止加酸。**反应中生成的氢气是易燃易爆的气体，必须及时排除。在反应过程中要绝对禁止火种，一旦遇到火种就会引起燃烧和爆炸。**

反应完毕后（不再有气泡产生表示反应完毕），将溶液打入沉淀槽，将没有反应的固体杂质进行沉淀。再将溶液打到过滤槽中进行过滤，使溶液达到无色透明，然后将溶液送到循环槽和电镀槽中。其过程如图 6-38 所示。

电镀液的浓度是自动控制的，电镀液的浓度是通过比重计和 pH 值计来测量的，溶液的多少是通过液面计来测量的。整个自动控制系统如图 6-39 所示。

A 泵通过接收从比重计或 pH 值计来的信号进行工作，将具有高浓度的电镀液从沉淀槽中抽到循环槽中。当 pH 值达到上限值时，硫酸阀 *C* 打开以降低 pH 值。如果沉淀槽中的液面降到所规定值时，电液面计发出信号，*B* 泵就将电镀液从循环槽中打到反应槽中。

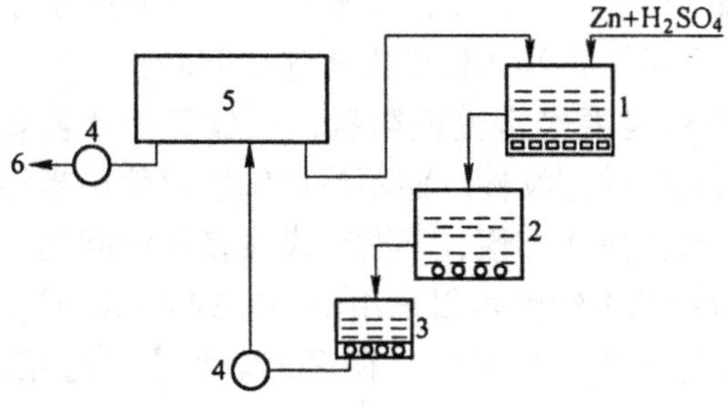

图 6-38 电镀液制造过程

1—反应槽；2—沉淀槽；3—过滤槽；4—泵；5—循环槽；6—电镀槽

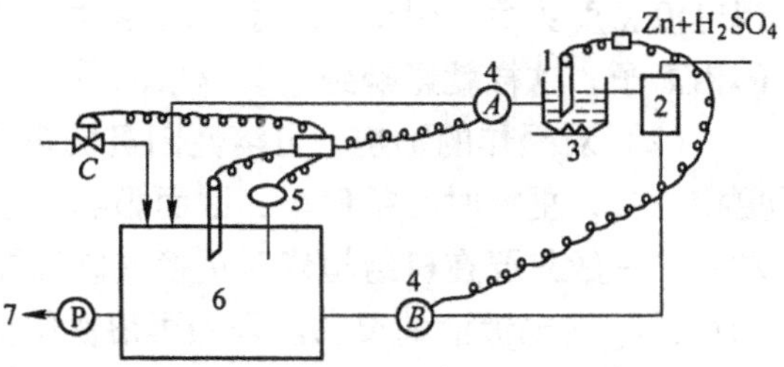

图 6-39 电镀液自动控制系统

1—液面计；2—反应槽；3—沉淀槽；4—泵；5—pH 值计；6—循环槽；7—电镀槽

电镀锌的电解液如表6-15所示。

表6-15　电镀锌的电解液

项目＼厂家	美国国家钢铁公司	日本新日铁	项目＼厂家	美国国家钢铁公司	日本新日铁
$ZnSO_4 \cdot 7H_2O/g \cdot L^{-1}$	380	300	pH值	3.0～4.0	3.0～4.5
$Na_2SO_4/g \cdot L^{-1}$	72	50	温度/℃	55～65	40～50
添加剂/$g \cdot L^{-1}$	$MgSO_4 \cdot 7H_2O$ 61	$Al_2(SO_4)_3 \cdot 18H_2O$ 30	电流密度/$A \cdot dm^{-2}$	25～40	10～30

6.2.3.2　电镀阳极

无论哪一种电镀锌方法，带钢都作为阴极，而阳极有两种性质的阳极，即可溶性阳极和不溶性阳极。所谓可溶性阳极就是锌块作阳极。由于锌块在酸性的电镀液中通过电流后就失去两个电子变成锌离子而溶解到电镀液中去，所以称做可溶性阳极。

锌阳极制成长方形的锌块，尺寸按照电镀槽的宽度确定，每块30kg左右。阳极在带钢上下两层，每一层阳极由若干块小锌块组成，放置在电极框架上，如图6-40所示。

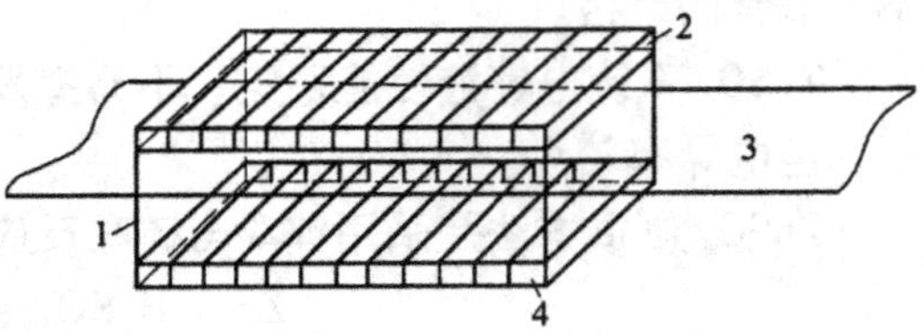

图6-40　电镀槽阳极
1—阳极架；2—上阳极；3—带钢；4—下阳极

可溶性阳极一方面作为导电的阳极，另一方面不断向电镀液中供应锌离子，所以锌阳极不断溶解，不断变小。当电流密度下降、电镀液中锌离子浓度降低时，就必须更换阳极。更换上电极时，将锌阳极用钢绳一起吊出，然后再将新的阳极吊到阳极架上即可。更换下阳极时除了要将上阳极吊出外，还要将带钢剪断，然后再将旧阳极吊出换上新阳极。可溶性阳极3～4d就要更换一次，更换时间占操作时间的3%左右。

不溶性阳极即铅-锡阳极，它不溶解到电镀液中去，只起导电作用。外界配制好的新电镀液不断供给电镀槽。不溶性阳极也是上下各一块阳极，阳极尺寸为宽1.6m，长1.5m，厚35mm。宝钢电镀锌机组采用的是不溶性阳极，是在钢板外面镀铅-锡合金。

可溶性阳极和不溶性阳极各有其特点，比较如下：

（1）对电镀锌板质量的影响。采用可溶性阳极电镀锌质量较好，而采用不溶性阳极则电镀锌质量较差。这是因为，铅-锡阳极并不是绝对不溶于电镀液之中，根据试验证明，当电流密度为50A/dm^{2}时，铅的溶解大约是50g/(m^2·h)，所以，在电镀液中含有一定量的铅离子，这样就影响到电镀锌板的质量，而采用可溶性锌阳极就没有这个问题。

（2）对操作的影响。可溶性阳极的最大缺点就是要经常更换阳极，一般3～4d就要更换一次，更换时必须停车，因而影响作业率和生产的连续性。而不溶性阳极可使用半年左右，一般只要在机组检修时更换或修理即可。这样操作方便，不必考虑更换阳极问题。

（3）对电镀液的要求。采用可溶性阳极，所用的电镀液可以采用$ZnSO_4$或$ZnCl_2$或者混合电镀液。而不溶性铅-锡阳极，电镀液只适用于$ZnSO_4$系统，而$ZnCl_2$系统不适用，因为它能产生有害的氯气。

（4）对锌纯度的要求。可溶性阳极对锌的纯度要求很高，一般要达到99.97%。这是因为锌阳极要直接溶解到电镀液中去，如果含有杂质，这些杂质也要溶解到电镀液中去，从而影响电镀锌的质量。不溶性阳极对锌的纯度要求较低，甚至可以利用热镀锌的锌渣。这是因为它有一套溶解系统，不是直接溶解到电镀液中去，有些杂质在溶解过程中可以沉淀，经过滤将其除去。

这两种阳极各有其优缺点，目前世界各国对这两种阳极都采用。可溶性阳极是传统工艺，采用时间较长，作业线较多；不溶性阳极工艺较新，正在逐步取代可溶性阳极。

6.2.3.3　锌层厚度控制

电镀锌的锌层厚度与热镀锌相比，要薄得多，电镀锌和热镀锌的锌层厚度比较如图6-41所示。

热镀锌的锌层厚度是依靠气刀来控制的。而电镀锌的锌层厚度则是依靠控制电流密度和带钢速度来控制的，即增加电流密度、降低带钢速度可以提高锌层厚度。但是，这是有一定限度的，因为当带钢速度很低，而电流密度又高时，镀层表面会变得毛糙，而影响镀层质量。带钢速度和电流密度对质量的影响如图6-42所示。

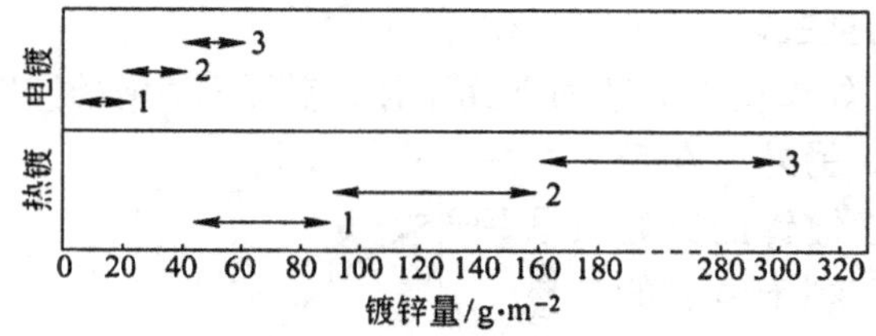

图6-41　热镀锌与电镀锌的镀锌量比较
1—薄镀层；2—标准镀层；3—厚镀层

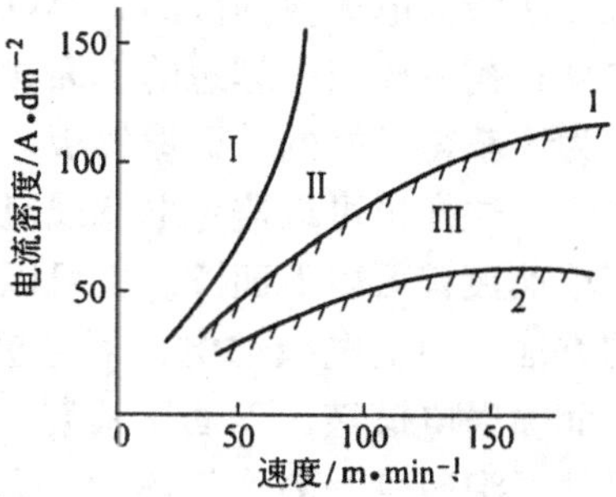

图6-42　电镀条件与质量的关系
1—喷射槽；2—立式槽
Ⅰ—最差；Ⅱ—较差；Ⅲ—质量好

所以，在电镀过程中为了获得较厚的镀层，不是采用降低速度的方法，而是采用高速度两次电镀的办法来解决。

6.2.3.4　单面镀锌

所谓**单面镀锌**就是带钢两面中的一面镀锌而另一面不镀锌。对于单面镀锌，用热镀锌工艺是很难办到的。有人采用带钢的一面涂上不和锌浸润的物质再热镀锌的办法，从而获得单面镀锌板。但是，这种工艺十分麻烦，而且也很难获得单面镀锌板。而采用电镀锌工艺就很容易达到目的。

单面电镀锌方法就是采用上、下各一个阳极，其中一个阳极通电，另一个阳极不通电，如图6-43所示。

如果将选择开关放在a位置，就是双面镀锌；开关放在b位置，就可以单面镀锌。

似乎只要控制阳极开关就可以获得单面镀锌板了，其实问题并不这么简单。这是因为在单面电镀锌时，虽然只有一面阳极通电，但是，在阳极通电时，电镀液中的电流

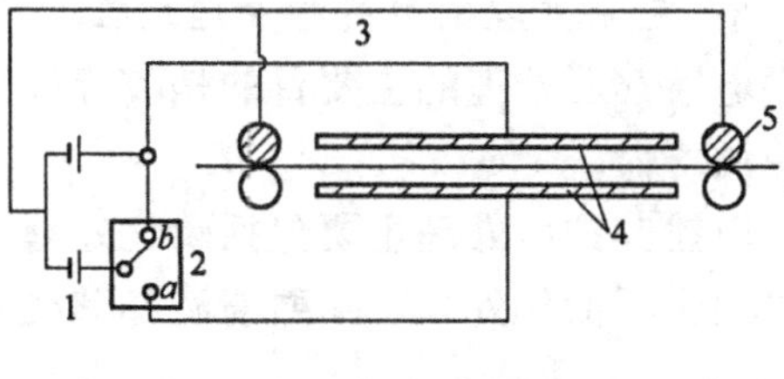

图6-43　单面电镀锌电流控制开关
1—整流器；2—选择开关；3—板极电流回路；4—阳极；5—导电辊

线仍然会流到另一面上去，见图6-44，这样造成另一面也会镀上锌。

单面电镀锌时，要求不镀锌的那一面镀锌量越少越好，否则，一将增加锌消耗，二将影响油漆美观。一般要求不镀锌的那一面镀锌量应小于40mg/m²，要求绝对没有锌是很难办到的。为此目的，在卧式槽中电镀锌时，可将电镀液的液面控制在带钢的中心线处，这时电镀电流就不易通过另一面，如图6-45所示。

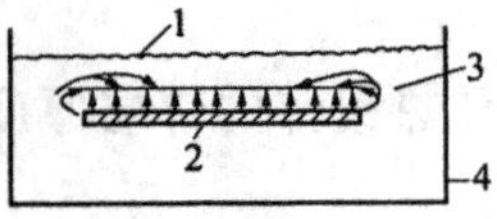

图6-44 单面电镀锌电流线分布图

1—电镀液；2—阳极；3—电流线；4—电镀槽

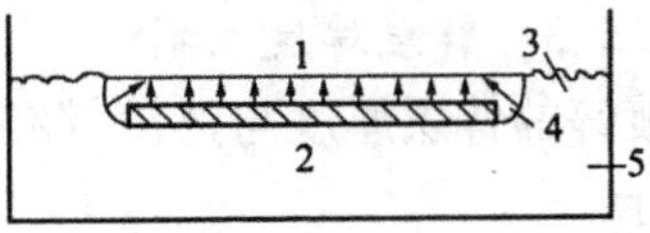

图6-45 降低液面之后的电流线分布图

1—带钢；2—阳极；3—电镀液；4—电流线；5—槽

在卧式槽中电镀锌时，这种方法可使不镀锌那面的镀锌量小于20mg/m²。而在立式槽中就无法降低电镀液的液面，所以它的不镀锌那面的镀锌量可达到500～1000mg/m²，所以在立式槽中要获得理想的单面镀锌是较困难的。

为了获得较好的单面镀锌板，除降低电镀液的液面外，还应使阳极的宽度略小于带钢的宽度，这样也可以避免电流线流到另一面上去。

单面镀锌可以下面镀，也可以上面镀。如果要上面镀而下面不镀，就要采用喷射电镀液的方法，即上电极通电，下电极不通电，另外，在带钢上面喷射电镀液，下面不喷射。采用上面镀锌的好处是氯气气泡减少，因为气体向上跑，这样有利于电镀的进行。

6.2.3.5 电镀锌过程中气泡的排除

在电镀反应中，产生大量气泡，这些气泡如不及时排除，就要滞留在带钢表面和阳极之间。这样，阳极及带钢表面被气体层覆盖而影响导电，造成带钢表面局部镀不上，所以，在电镀过程中对产生的气泡必须及时排除。镀液的流速大大影响气体的排出。电镀液的流动速度与带钢和阳极表面残留气体的长度的试验工作曲线如图6-46所示。从图6-46看出，镀液的流速必须保持在15m/min以上，这时气体可以全部排除，即对镀层没有影响。

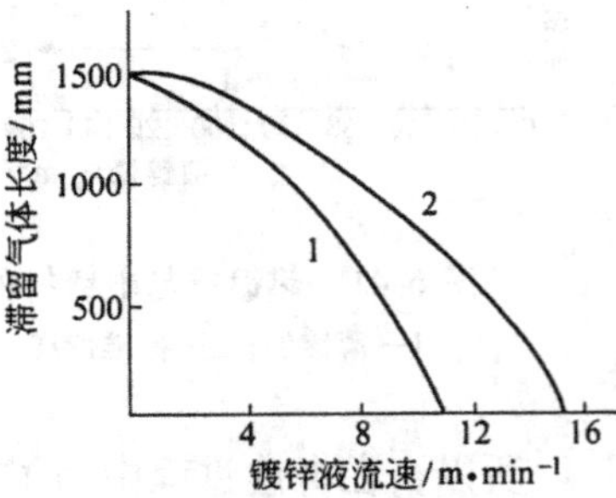

图6-46 镀液的流速与气体滞留的长度关系

1—带钢表面；2—阳极表面

6.2.3.6 镀后处理

A 镀后处理的目的和处理过程

电镀锌后处理的主要目的是改善镀锌板的表面涂漆性能和抗腐蚀性能，以延长镀锌板的使用寿命。

电镀锌的后处理主要包括磷化处理和铬化处理。为了很好地完成这些处理，需要在处理之前进行活化处理、喷射清洗和漂洗等工序，宝钢电镀锌机组的后处理工序如下：

活化处理→磷化处理→水冲洗→铬化处理→气刀擦净→烘干→空气冷却

电镀锌板如果作为彩色涂层板的原料就不必进行这些后处理，如果作为成品出厂就必须根据不同的用途进行不同的后处理。

B 磷化处理

电镀锌表面十分光滑，这样涂油漆就十分困难，为了改善电镀锌板的涂漆性能，就必须进行磷化处理。

磷化处理就是使电镀锌板的表面生成一层凹凸不平的结晶，见图6-47。

磷化层表面结晶大小很不均匀。这样大小不均匀的结晶，虽然对涂漆性能有所改善，但是表面很不均匀，不仅造成表面不美观，而且其结晶体之间的空隙大小也不均匀，这样就给后工序的密封处理带来困难。为了使磷化层的结晶细小均匀，在磷化前先进行活化处理。

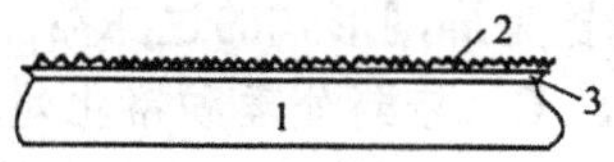

图6-47 磷化层
1—钢基体；2—磷化层；3—镀锌层

活化处理就是在磷化处理之前，先使电镀锌板表面形成小结晶种。由于形成这些细小晶种，所以在磷化时沿着这些结晶种上就会形成磷化层，从而获得细小而均匀的磷化层。

活化液的成分是：TiO_2：0.03g/L，P_2O_5：0.08g/L。溶液温度为30～60℃，处理时间是2s。

活化处理是在活化槽内进行的。活化槽由槽体、夹送辊、密封辊、循环槽、泵和传动系统构成（见图6-48）。

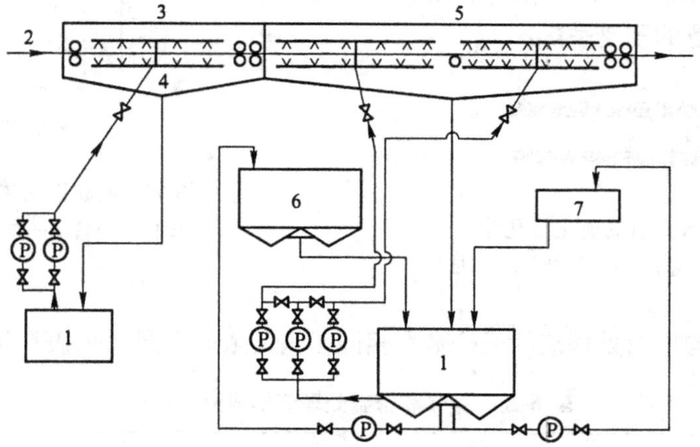

图6-48 活化和磷化处理系统
1—循环槽；2—带钢；3—活化槽；4—喷嘴；5—磷化槽；6—调配槽；7—过滤槽；P—泵

活化槽是长5m、宽2.1m的水平式槽，是用不锈钢焊接而成的。夹送辊和密封辊为ϕ300mm×1800mm的衬氯丁橡胶辊，辊膜上带有轴承，安装在焊接钢架上，并且可以上下移动，辊的抬起和压下是依靠气缸来完成的。底辊用直流电机驱动，顶辊是被动的。活化液由循环槽用泵打到两排喷嘴中，每排有5个喷嘴，将溶液均匀喷到镀锌板的两面。

活化反应后，电镀锌带钢表面生成极薄的活化层，实质是在带钢表面撒下磷化处理的结晶种，为下一步磷化处理打下基础。活化处理后，带钢立即进入磷化槽进行磷化处理。磷化层厚度为1.0～2.0g/m^2。

磷化处理液的成分如下：Zn^{2+}：2.4g/L；Ni^{2+}：0.3g/L；P_2O_5：6.2g/L；NO_3^-：1.8g/L；pH值：2。

磷化槽的构造与活化槽完全一样，其不同之处就是尺寸大小和喷嘴数目不同。磷化槽的宽度与活化槽相同，而长度比活化槽长1倍，为10.5m，喷嘴也是两排，但是每排有10个喷嘴，也是比活化槽多1倍。

另外，在磷化处理过程中会产生淤泥，这些淤泥必须清除，否则将把喷嘴堵塞，给产品质量带来影响，所以必须经过过滤处理。因此，在磷化处理系统中增加一套过滤器，过滤器是屏网形式的过滤器。

C 密封处理和铬化处理

经过磷化处理的电镀锌带钢表面涂漆性能大大改善了，但是在磷化层中有许多孔隙（见图6-49）。磷化层的结晶无论怎么小，怎么均匀，其表面都有空隙，这些空隙不密封起来，将大大降低电镀锌板的抗腐蚀能力，所以在磷化处理后必须进行密封处理。所谓密封处理就是采用 CrO_3 的稀溶液将磷化层的孔隙密封。

铬化处理是为了提高电镀锌带钢的防腐蚀能力，使带钢表面形成一层极薄的钝化层。钝化层的厚度为15～40mg/m²。如果电镀锌表面没有钝化膜保护，当锌层与外界的水分接触时，锌表面就会生成一种白锈，从而降低了电镀锌板的使用寿命。其效果可以通过盐水喷雾试验得到证明，没有铬化处理的镀锌板3～5h就产生白锈，而经过铬化处理的镀锌板24h没有产生白锈（见图6-50），因此，铬化处理是提高电镀锌板质量的重要手段。

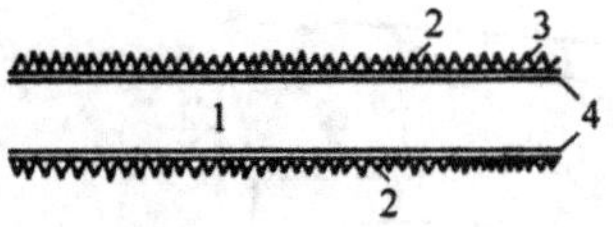

图6-49 放大后的磷化层孔隙

1—带钢；2—孔隙；3—磷化层；4—锌层

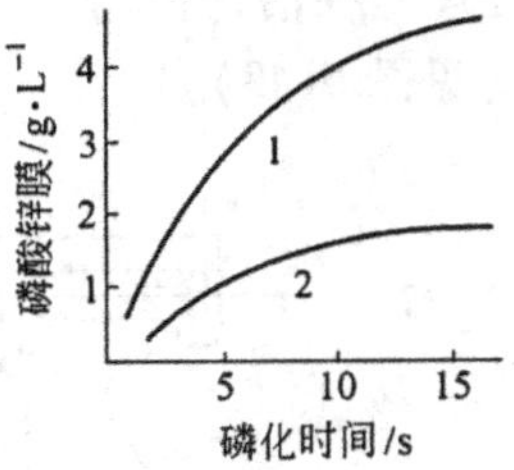

图6-50 有机磷对磷化膜的影响

1—未加有机磷；2—加入3g/L有机磷

铬化处理液与密封处理液的成分基本相同，只是浓度不同（见表6-16）。

表6-16 铬化和密封处理液的成分与浓度

成分 \ 处理方法	密封处理	铬化处理	成分 \ 处理方法	密封处理	铬化处理
CrO_3/g·L⁻¹	0.12	10	pH	4.0	1.5
Zn^{2+}/g·L⁻¹	0.004	2	溶液温度/℃	45	25～35
Cl^-/g·L⁻¹	0.005	2.5	处理时间/s	3	5
BF_4/g·L⁻¹	0.014	6.0			

密封处理和铬化处理都在同一个垂直式的密封铬化槽中进行。该槽分为三段，即密封段、铬化段和冲洗段，其结构如图6-51所示。

密封铬化槽由槽体、转向辊和喷嘴组成。槽体高5.8m，宽2m，由不锈钢焊接而成。转向辊是直径为200mm、长为1800mm的钢辊，外面衬有25mm厚的海帕伦橡胶，转向辊由直流电机驱动。喷嘴材质为不锈钢，分为三段，密封段两边各3个，铬化段两边各5个，清洗段两边各1个喷嘴。溶液由循环槽用泵通过喷嘴喷向带钢的两面，从而完成密封和铬化处理。

经过铬化处理的镀锌板表面残留有少量的溶液必须清除，所以在带钢出口处有一台气刀清除装置。

气刀装置由气刀、鼓风机和托辊组成（见图6-51）。气刀是一个吹气口，它与带钢的距离和角度可以通过手轮、蜗杆、蜗轮进行调整。气刀嘴的开缝大小也可以调节，以控制风量。鼓风机的风量是50m³/min，由交流电机驱动。托辊是 ϕ150mm×1800mm 的钢辊，用来固定带钢，不使带钢碰到气刀嘴。

D　烘干和冷却

经过化学处理的电镀锌板表面虽然由气刀吹去大部分的水分，但是表面仍然存在极薄的水膜，此水膜如不除去将影响后工序的除油工艺。去除水膜的方法是用热空气烘干。

烘干是在烘干机内进行的，烘干机由干燥器、热空气发生器和鼓风机构成（见图6-52）。

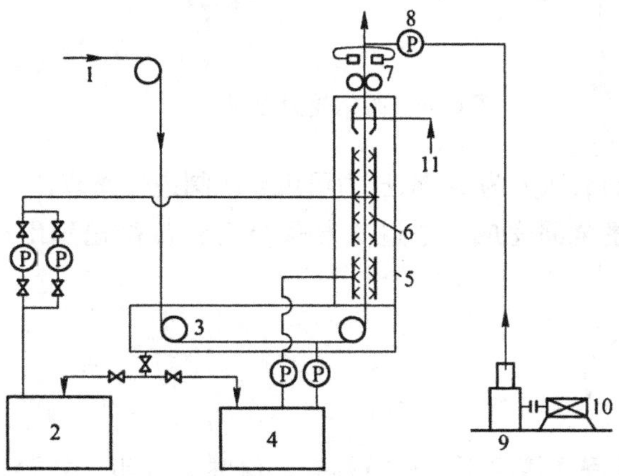

图6-51　密封和铬化处理系统

1—带钢；2—铬化循环槽；3—转向辊；4—密封循环槽；5—槽体；6—喷嘴；7—气刀；8—压力表；9—鼓风机；10—马达；11—软水；P—泵

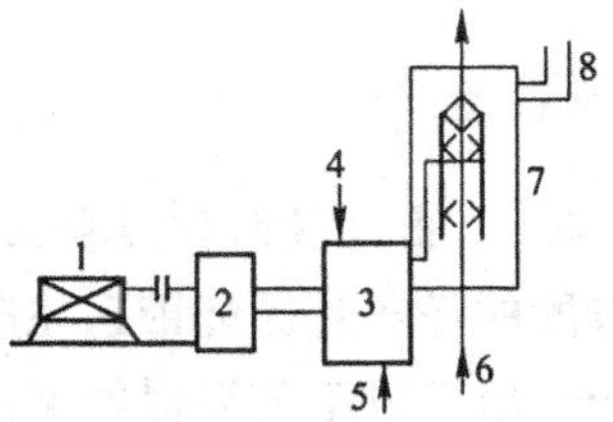

图6-52　烘干机

1—马达；2—鼓风机；3—热空气发生器；4—空气；5—煤气；6—带钢；7—干燥器；8—烟囱

干燥器由钢板外面包有绝热材料的外壳和热空气“V”形喷嘴构成。当电镀锌带钢进入干燥器时，喷嘴喷出300℃的热空气将带钢表面水膜蒸发烘干。被蒸发的水蒸气和废热空气一起从烟囱排入大气。喷嘴的方向可以手动调整，并能控制热风量。风量调节是不连续的，分大小两挡。干燥器最大处理能力为100t/h。

热风发生器是加热空气用的，它由混合煤气燃烧嘴、燃烧风扇和稀释风扇组成。燃烧风扇将混合煤气吹进燃烧嘴进行燃烧加热空气。稀释风扇吹冷空气调节燃烧温度。

燃烧风扇的容量为35m³/min，压力为15kPa，稀释风扇容量为240m³/min，压力为8.5kPa。

经过干燥的电镀锌带钢温度有75℃左右，在进入出口段时必须将带钢冷却到55℃。冷却器是采用气喷式冷却器，包括喷气头、鼓风机、气流调节器。

喷气头共4个，带钢每面各两个，喷气方向与带钢夹角为30°（见图6-53），这样排列具有气垫作用，确保带钢沿喷气嘴中心线运动，而不至于碰到喷嘴。这是因为，在正常情况下带钢在喷嘴的中心线运行，这时带钢左右两面受力面积相等，受力也相等（见图6-54a），如果外力作用使带钢向右移动（见图6-54b），这时，右面的压力就大于左面的压力，又将带钢推到中心线，使带钢两面受力面积相等。同理，带钢向左运动，左面的压力大于右边压力，就将带钢向右推动，使带钢沿中心线运动。

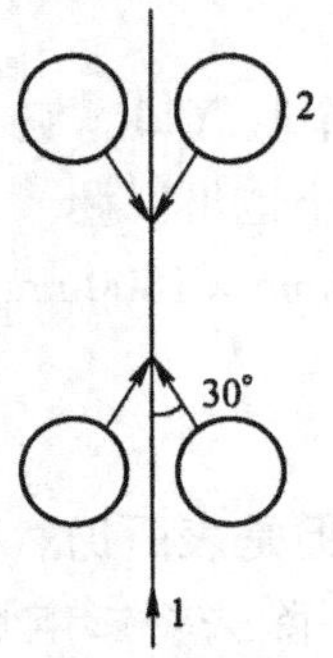

图 6-53　喷嘴气垫

1—带钢；2—喷气头

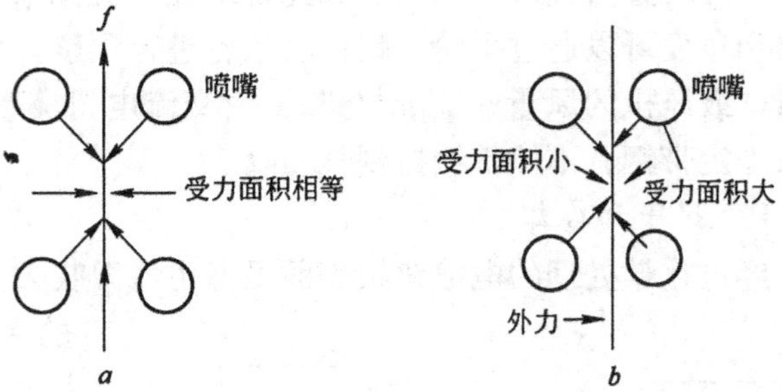

图 6-54　带钢受力面积

鼓风机由交流马达驱动，容量为 $400m^3/min$，压力为 3kPa，压力可由调压阀进行调节。

经过冷却的电镀锌带钢，其后处理工序全部完成，通过 3 号张力辊将带钢送到出口段。

6.2.4　出口段

6.2.4.1　出口段的作用和操作

出口段的任务是保证带钢在连续电镀锌操作情况下，进行检查、涂油、打印、分卷和卷取工作。出口段工艺流程如下：

3 号张力辊→出口活套车→4 号张力辊→打印机→检查台→切头剪→涂油机→张力卷取机

出口段的操作过程如下：

经过工艺处理的带钢由 3 号张力辊送到出口活套车，当出口段带钢需要分卷而将速度减慢或停车时，工艺段仍然保持恒速运行，此时就把带钢贮存在活套车内。当出口段带钢分卷完毕后，出口段的速度较工艺段为快，使出口活套中贮存带钢全部放空后，再保持与工艺段等速运行。4 号张力辊将带钢送往传动部分，同时给予带钢张力。带钢通过检查台，用检查镜对带钢进行目测检查，然后由转子鼓形带钢打印机在带钢上打印厂名、商标、规格，经涂油后进行带钢分卷。当前一卷已卷好后，带钢由切头剪将带钢剪断。带钢由张力卷取机进行卷取，卷取过程是半自动的。卷好的钢卷由钢卷小车自动将钢卷卸下，放到负载台架上。

6.2.4.2　涂油

作为成品出厂的电镀锌板，为了防止在运输和存放过程中有水分接触带钢表面而产生白锈，所以必须在电镀锌表面涂油。

涂油有两种方法，一种是静电涂油，另一种是辊式涂油。**静电涂油**是使油形成雾状，通高压电使油的微粒带正电，带钢带负电，从而使油粒被吸附到镀锌板表面（见图 6-55）。

辊式涂油是通过油辊直接向带钢表面涂油。辊式涂油装置由涂油辊和供油系统组成，如图 6-56 所示。

涂油辊是在钢辊外面套上羊毛毡套，尺寸为 ϕ200mm×1800mm，其结构如图 6-57 所示。

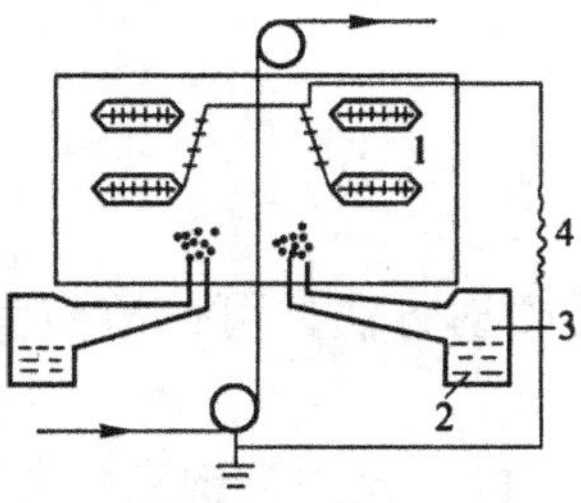

图 6-55　静电涂油

1—电极；2—油；3—空气；4—线圈

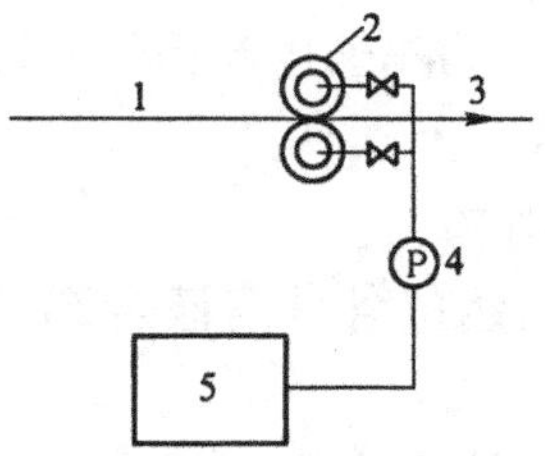

图 6-56　辊式涂油

1—带钢；2—涂油辊；3—开闭器；4—泵；5—油箱

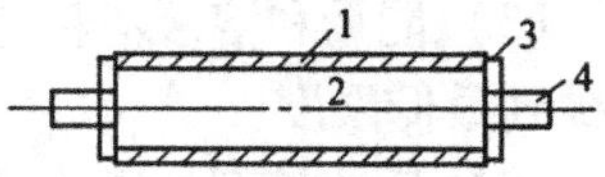

图 6-57　涂油辊

1—羊毛毡；2—钢辊；3—压紧盖；4—轴

油通过泵打入涂油辊内浸到羊毛毡上，并被涂到带钢表面。

另一种辊式涂油是先将油粒撒到带钢表面，然后再用涂油辊将油粒压平和使油膜均匀，见图 6-58。

静电涂油油层较薄而且均匀，但是设备复杂，稳定性差。辊式涂油油膜较厚，但设备简单、稳妥可靠、操作方便，适合于高速运转的电镀锌机组。

6.2.4.3　张力卷取

张力卷取是电镀锌作业线的最后一道工序，作用是将已镀完的带钢重新卷取起来。卷取机由机座、传动装置、推钢机和传感器组成（见图 6-59）。

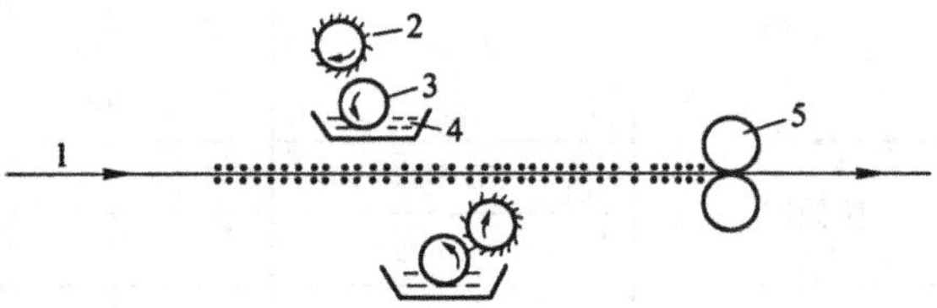

图 6-58　压辊式涂油

1—带钢；2—刷辊；3—浸油辊；4—油槽；5—压油辊

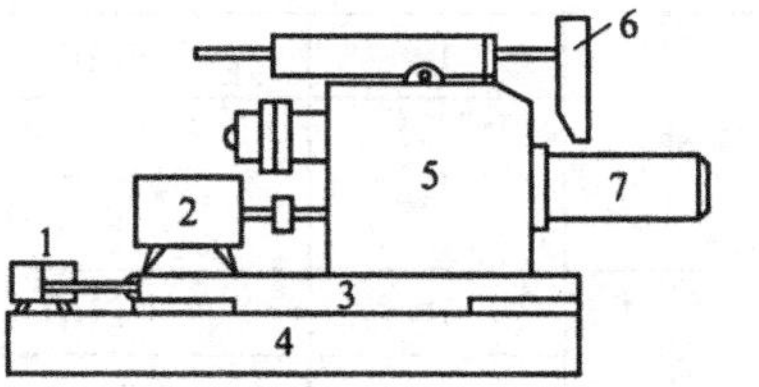

图 6-59　张力卷取机

1—液压缸；2—马达；3—浮动机座；4—固定机座；5—齿轮减速箱；6—推钢机；7—卷筒

固定机座是卷取机的基础，用螺帽固定在地基上，整个卷取机的设备都固定在机座上面。

卷筒与开卷机相似，正常尺寸是 ϕ610mm，缩径是 ϕ590mm，卷筒长度为 1650mm。

传动系统由直流马达通过齿轮减速箱进行传动。

推钢机由推钢挡板和液压缸构成，用来推动钢卷，使钢卷在卷筒上对准机组中心线。

传感器是使电镀锌带钢错边卷取。由于电镀锌带钢边部增厚，所以钢卷卷取后就会产生中间空的毛病。当卷增大时，带钢就要产生中间凹的现象，通过传感器使带钢边部交错卷取，这样就可以消除这一毛病。

下面简单介绍一下宝钢连续电镀锌作业线概况。

宝钢电镀锌作业线的特点主要是：

（1）自动化程度高。钢卷在入口和出口段的操作是全自动化的，镀锌量和镀液里的离子浓度都是自动控制的。

（2）电镀槽是采用水平式不溶性阳极喷射槽。这种槽具有下列优点：

1）水平式设计带钢穿带容易，镀槽支撑简单；

2）喷射系统允许高电流密度，为高速生产提供了可能性；

3）不需要更换阳极；

4）镀层品种多、质量好，操作方便。

（3）能量和溶液消耗低。该机组的各种溶液全部采用高压喷射方法，可使溶液消耗减少到最低限度。

（4）反冲槽型的磷化槽。这种结构的磷化槽可加速反应的完成，允许带钢高速通过，并且没有淤泥堵塞现象。

6.2.5　电镀锌板的质量标准

电镀锌板的质量要求包括外观缺陷、镀锌量、尺寸、板形和力学性能等方面，各国的标准不一样，根据日本 JISG3313 标准，电镀锌板的质量要求主要有以下几个方面。

6.2.5.1　电镀锌板的种类和记号

电镀锌成品分为板和卷两类，其种类和记号如表 6-17 所示。

表 6-17　电镀锌板和卷的种类及其记号

种类		记号	摘要		
			主要用途	使用原板	
				热轧原板	冷轧原板
1 种	H	SEHC	一般用	SPHC	
	C	SEHC			SPCC SPCCT
2 种	H	SEHD	拉伸用	SPHD	
	C	SEHD			SPCD
3 种	H	SEHE	强拉伸用	SPHE	
	C	SEHE			SPCE SPCEN

电镀锌板和卷表面处理的种类和记号如表 6-18 所示。

表 6-18　电镀锌板和卷的表面处理种类及其记号

表面处理的种类	记　号	表面处理的种类	记　号
铬酸系处理	C	涂　油	O
磷酸盐系处理	P		

6.2.5.2　镀锌量

板及板卷有两面镀锌量相同（即等厚镀锌）和两面镀锌量不同（即差厚镀锌）两种。差厚镀锌的表示方法如下：

板：板上面的标准镀锌量/板下面的标准镀锌量。一般下面的标准镀锌量为 20g/m^2。

卷：**卷外侧的镀锌量/卷内侧的镀锌量**，例如3/20，即表示卷的外侧镀锌量为3g/m^2，内侧镀锌量为20g/m^2。

为了区别等厚镀锌与差厚镀锌，有时在差厚镀锌量后面附加D字，例如1/10D。板及板卷的标准镀锌量及最小镀锌量标准如表6-19所示。

表6-19 电镀锌板和卷的标准镀锌量及最小镀锌量标准

标准镀锌量（单面）/g·m^{-2}	最小镀锌量（单面）/g·m^{-2}		参考锌层厚度（单面）/μm
	等厚镀锌	差厚镀锌	
10	8.5	8	1.4
20	17	16	2.8
30	25.5	24	4.2
40	34	32	5.6
50	42.5	40	7.0

镀锌量小于10g/m^{2}的标准镀锌量可按订货与制造者之间协议商定。参考锌层厚度是用锌的密度7.1g/cm^{3}按数值的归纳法为小数点以下1位而确定的。

6.2.5.3 外观

板及卷在使用上不得存在有害的未镀锌、孔及破损等缺陷，不允许包括若干不正常部分和焊接部分。

6.2.5.4 几何尺寸

板及卷的标准厚度规格如表6-20所示。板的宽度和长度、卷的宽度应按用户要求确定。

表6-20 电镀锌板和卷的标准厚度

标准厚度/mm	0.4	0.5	0.6	0.7	0.8	0.9	1.0	1.2	1.4	1.6
	1.8	2.0	2.3	2.5	2.8		3.2	3.6	4.0	4.5

电镀锌厚度大于1.8mm采用热轧板，小于1.8mm用冷轧板，2.5mm以上的规格宝钢不生产。

热轧原板的电镀锌板厚度允许误差见表6-21。

冷轧原板的电镀锌板厚度允许误差见表6-22。

表6-21 热轧原板的电镀锌板厚度允许误差

厚度/mm \ 宽度/mm	<800	≥800 <1000	≥1000 <1250	≥1250 <1600	≥1600
≥1.00 <1.25	±0.14	±0.14	±0.15	±0.16	
≥1.25 <1.60	±0.15	±0.15	±0.16	±0.17	
≥1.60 <2.00	±0.17	±0.18	±0.19	±0.20	±0.21
≥2.00 <2.50	±0.20	±0.21	±0.22	±0.23	±0.25
≥2.50 <3.15	±0.23	±0.24	±0.25	±0.27	±0.30
≥3.15 <4.00	±0.26	±0.27	±0.28	±0.31	±0.35
≥4.00 <5.00	±0.29	±0.30	±0.36	±0.35	±0.40

表 6-22　冷轧原板的电镀锌板厚度允许误差

厚度/mm \ 宽度/mm	<630	≥630 <1000	≥1000 <1250	≥1250 <1600	≥1600
<0.40	±0.04	±0.04	±0.04		
≥0.40 <0.60	±0.05	±0.05	±0.05	±0.06	
≥0.60 <0.80	±0.06	±0.06	±0.06	±0.07	±0.08
≥0.80 <1.00	±0.07	±0.07	±0.08	±0.09	±0.10
≥1.00 <1.25	±0.08	±0.08	±0.09	±0.10	±0.12
≥1.25 <1.60	±0.09	±0.10	±0.11	±0.12	±0.14
≥1.60 <2.00	±0.10	±0.11	±0.12	±0.14	±0.16
≥2.00 <2.50	±0.12	±0.13	±0.14	±0.16	±0.18
≥2.50 <3.15	±0.14	±0.15	±0.16	±0.18	±0.20
≥3.15	±0.16	±0.17	±0.19	±0.20	

板与板卷的宽度允许误差见表 6-23。

板的长度允许误差见表 6-24。

表 6-23　电镀板卷的宽度允许误差

宽度/mm	允许误差/mm		宽度/mm	允许误差/mm	
	热轧板	冷轧板		热轧板	冷轧板
<1250	+10 −0	+7 −0	≥1250	+10 −0	+10 −0

表 6-24　电镀板卷的长度允许误差

长度/mm	允许误差/mm		长度/mm	允许误差/mm	
	热轧板	冷轧板		热轧板	冷轧板
≤2000	+25 −0	+10 −0	≥4000 <6000	+25 −0	+20 −0
≥2000 <4000	+25 −0	+15 −0			

6.2.5.5　板形

衡量板形好坏有两个指标，即平直度和镰刀弯。

A　平直度

将电镀锌板放在平台上面，最高峰的高度与电镀锌公称厚度之差称为**平直度**。板的平直度最大允许值如下：

(1) 热轧原板电镀锌板平直度见表 6-25。

(2) 冷轧原板电镀锌板的平直度见表 6-26。

表 6-25　热轧原板电镀锌板的平直度

厚度/mm \ 宽度/mm	<1250	≥1250 <1600	≥1600
<1.60	18	20	
≥1.60 <4.00	16	18	20
≥4.00	14	16	18

表 6-26 冷轧原板电镀锌板的平直度

应变种类 宽度/mm	翘度波纹/mm	边缘波纹/mm	中央波纹/mm
<1000	12	6	6
≥1000 <1250	15	10	8
≥1250 <1600	15	12	9
≥1600	20	14	10

B 镰刀弯

如图 6-60 所示，任何部位 1m 长度上弯曲的毫米数称为**镰刀弯**。

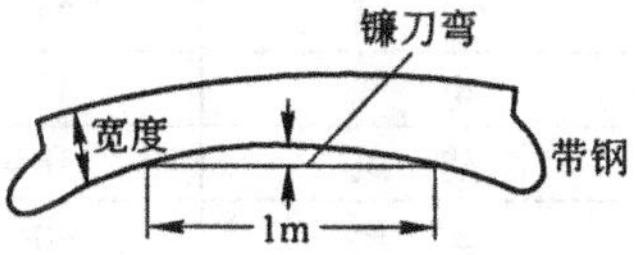

图 6-60 带钢镰刀弯

板和板卷镰刀弯的最大允许值如下：

（1）热轧原板电镀锌板的镰刀弯见表 6-27。

表 6-27 热轧原板电镀锌板和卷的镰刀弯最大允许值

长度/mm 宽度/mm	板			卷
	<2500	≥2500 <4000	≥4000	
<630	5	8	12	任意长度每 2000mm 加上 5
≥630 <1000	4	6	10	
≥1000	3	5	8	

（2）冷轧原板电镀锌板的镰刀弯见表 6-28。

表 6-28 冷轧原板电镀锌板和卷的镰刀弯最大允许值

长度/mm 宽度/mm	板		卷
	<2000	≥2000	
<630	4	任意长 2000mm 加 4	
≥630	2	任意长 2000mm 加 2	

6.2.6 镀锌板的耐蚀性及应用

镀锌板表面的锌层可以防止腐蚀介质接触钢基体，从而防止钢基体被腐蚀。锌层的耐腐蚀性在于它具有一层极薄的氧化膜隔绝空气。即使部分锌层脱落，它也因与钢基体形成局部微电池而可进行阳极保护。因此，在干燥的环境下镀锌板能够长期使用。这是因为锌表面露出个别部分的钢基体时，由于锌的电极电位（$-0.76V$）比铁的电极电位（$-0.44V$）要低，所以，形成锌-铁微电池。此时，锌失去电子而被氧化，而铁没有被腐蚀（这一点与镀锡板正好相反）。

电镀锌板的使用寿命与周围环境有很大关系，在农田区可用 10a 以上，而在城市或沿海地区只用 5a，这是因为城市空气中含有 SO_2 等腐蚀性气体，加速了锌层的腐蚀。为了提高镀锌板使用寿命，除采用钝化处理外，往往在镀锌板外再进行有机涂层或有机覆层处理。这样，不仅提高了使用寿命，而且大大提高了表面的装饰性。

由于镀锌板具有良好的抗腐蚀性能，而且锌的来源比较容易，价格也比较便宜，所以镀锌板生产优于其他镀层板。近年来，镀锌板的应用越来越广泛，而且越来越多地用于汽车制造工业。例如美国1979年用于汽车工业的镀锌板为260万t，而到1985年就增至330~370万t。日本近年来用于汽车制造工业的镀锌板也逐年增加，见表6-29。

表6-29　日本镀锌板应用情况　　万t

年份 应用	1973	1974	1975	1976	1977	1978
车　辆	23	18	28	32	41	43
电　气	19	18	21	26	23	24
建　筑	18	19	26	18	14	15
其　他	40	45	25	24	22	18

镀锌板的应用范围如下：

(1) 建筑业：外墙壁、内墙壁、屋顶、天花板、电梯、百叶窗等。

(2) 汽车工业：车身、底板、架子等。

(3) 电气工业：各种开关箱、电气柜、仪表盘等。

(4) 化学工业：油箱、化工包装材料。

(5) 日用工业：洗衣机、电冰箱、家具、柜子等。

(6) 其他方面：集装箱等。

6.2.7　电镀Zn-Fe合金板生产

为了改善电镀锌板的焊接性、成形性及涂装性，以满足汽车制造业的需要，就必须将电镀锌板表面的锌层形成Zn-Fe合金层。Zn-Fe合金板的制造可以采取两种方法：一种是将电镀锌板进行热处理使其合金化，这点和热镀锌后工序在合金化炉内进行合金化工艺相同；另一种方法就是直接由电镀锌机组直接生产出Zn-Fe合金板。电镀合金钢板就是在含有铁离子和锌离子的酸性电解液中用电解的方法生产出的产品。

6.2.7.1　电镀Zn-Fe合金板的特性

电镀Zn-Fe合金板是在电镀锌作业线上一次性生产完成的，它与采用热处理方法生产的Zn-Fe合金板相比具有工序简单，无需增加热处理设备，其产品具有下列特性：

(1) 涂层后的密着性及耐腐蚀性能优良；

(2) 能够生产汽车厂商要求的单面Zn-Fe合金板；

(3) 合金层附着量控制容易，也可以生产极薄Zn-Fe合金板；

(4) 优良的加工性能和焊接性能；

(5) 在电镀锌作业线内一次完成；

(6) 对原板材质选择自由，不改变基板的性能。

6.2.7.2　电镀Zn-Fe合金生产

电镀Zn-Fe合金板的生产方法与电镀锌生产工序完全相同，其制造工序如下：

入口段（开卷→切头→焊接→入口活套）→清洗段（碱洗→刷洗→酸洗→水洗）→电镀段（电镀→漂洗）→出口段（化学处理→干燥→出口活套→剪切→卷取）

所不同的是使用电解液的成分不同，制造 Zn-Fe 合金板所使用的电解液是硫酸锌和硫酸亚铁，另外附加硫酸钠作为提高导电率的辅助剂，添加醋酸钠作为调整溶液的 pH 值的缓冲剂，其电解液成分如表 6-30 所示。

表 6-30 电解液成分的含量

成分	浓度/$g \cdot L^{-1}$	成分	浓度/$g \cdot L^{-1}$
$FeSO_4$	300	Na_2SO_4	30
$ZnSO_4$	200	NaAC	12

试验表明：Zn-Fe 合金钢板表面合金层铁含量为 12% 最为理想。为此目的，必须要控制铁含量的浓度比，以及所有金属盐的浓度、pH 值、温度、镀液流速、电流密度。这些工艺条件的改变，可以得到不同含量的铁。经过重复试验，要求将 Zn-Fe 合金层中的铁含量控制到 12% 的目标，其电镀工艺条件如表 6-31 所示。

表 6-31 电镀 Zn-Fe 合金层技术条件

条件	控制范围	条件	控制范围
电镀液中铁浓度比/%	60 ~ 65	电流密度/$A \cdot dm^{-2}$	50 ± 10
金属总浓度/$g \cdot L^{-1}$	500 ± 50	pH 值	1.0 ± 0.2
电镀液温度/℃	50 ± 2	流速/$m \cdot s^{-1}$	0.7 ~ 3.0

根据表 6-31 条件生产出的 Zn-Fe 合金钢板表面呈现均匀光滑的外观，镀锌量及镀层中的铁含量分布均匀。

6.2.7.3 电镀 Zn-Fe 合金钢板的性能

电镀 Zn-Fe 合金钢板的性能主要从表面耐蚀性、焊接性及加工性三方面来分析。

A 表面耐蚀性

采用盐雾试验方法来评价电镀 Zn-Fe 合金板和电镀锌板的耐腐蚀性能。镀锌量均为 $40g/m^2$。将两块试样同时进行盐雾试验，48h 后其腐蚀情况如图 6-61 所示。

从试验结果看出：电镀 Zn-Fe 合金板的耐蚀性是电镀锌板的 2 ~ 3 倍。

Zn-Fe 合金层比纯锌层保护钢板基体强的原因就在于当电镀 Zn-Fe 合金板被氧化时，首先是腐蚀锌铁合金层中的铁，这时合金层仍然起着保护钢基体的作用，而镀锌板一旦表面被氧化就失去对基体的保护而将钢基体腐蚀。

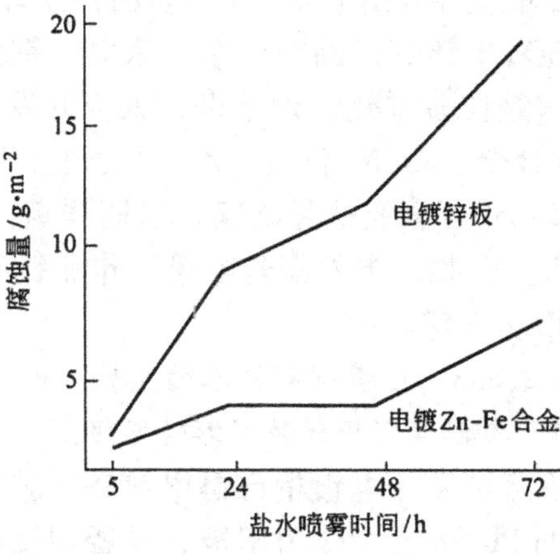

图 6-61 电镀 Zn-Fe 合金板与电镀锌板的耐蚀性能

B 焊接性

镀锌板提高了钢板的耐腐性，但是，由于锌层的硬度及熔点（420℃）较低，焊接困难，焊接强度低，为了焊接牢固就要加大电极电流，这样就容易在镀锌板表面产生凹印，作为汽车钢板是绝对不允许产生这种缺陷。这样，镀锌板就给汽车工业使用上带来困难，而 Zn-Fe 合金层使 Zn-Fe 合金板的表面硬度和熔点大大提高，从而改善其表面焊接性能，从而满足汽车制造的要求。经过5000点焊点试验，其焊点强度和焊点直径几乎没有变化，十分稳定，显示出电镀Zn-Fe合金钢板的焊接性能稳定性。

C　加工性

作为汽车制造使用的钢板，必须经受各种冲压加工。那些镀层与钢基体附着力不强的镀层就容易剥落或产生粉末。电镀Zn-Fe合金层钢板经过冲压和90°弯曲试验，均未发生剥离和粉末现象。但是，如果铁含量达到15%～35%时，就发生剥离现象。

6.2.8　电镀锌生产发展方向

6.2.8.1　高质量、高效率、低消耗的发展方向

目前世界各国电镀锌生产都向高质量、高效率、低消耗方向发展。

为确保电镀锌作业线生产出高质量的镀锌产品，在电镀锌机组设计上都充分考虑加强电镀前的预处理工艺。为此，都设立了化学清洗、刷洗、漂洗、电解清洗等多道洗涤工序，确保带钢表面绝对光洁，以便电镀后的锌层与钢基体牢固结合。同时，为了提高电镀锌板的耐腐蚀能力，在电镀锌后处理工序中都设有密封处理、磷化处理和铬化处理等工序。电镀锌作业线都尽量向最完善的前处理和后处理工序方向发展。但是，在电镀锌作业线出口段不设立拉伸矫直工艺（这点与热镀锌不同），其原因是电镀锌的带钢表面锌层很薄，而且锌以微粒状态沉积在带钢表面，如果进行张力拉伸矫直很容易破坏锌层表面锌的连续性，造成锌层破坏，影响镀锌板的抗腐蚀性能。

为了提高电镀锌作业线的效率，除了提高作业线速度，加大电流密度之外，必须考虑电镀锌作业线运行的稳定性。为达到此目的，当前和今后电镀锌工艺方法都应采用硫酸锌电解液的电镀工艺，该工艺成熟稳定，与氯化锌工艺相比具有腐蚀性小，与碱性方法工艺相比又具有电流效率高的优点。

降低消耗主要是降低锌消耗和电能消耗，为了降低锌消耗各国都向薄镀层方向发展。研究开发节能高效率电镀槽是世界各国发展方向，例如，新日铁开发液垫式高效电镀槽（LCC-H电镀槽）能降低能耗35%～50%。

6.2.8.2　多品种的发展方向

目前世界各国电镀锌都向多品种方向发展。

随着电镀锌产品在汽车、家电、钢制家具及建筑业等领域的应用，对电镀锌产品的要求趋向多样化。近年来，人们开发出许多不同种类的电镀锌合金产品，例如Zn-Co-Cr合金，Zn-Ni合金，Zn-Al合金，Zn-Fe合金等等，而以Zn-Ni合金最让人们关注。Zn-Ni合金经盐雾试验，在同样镀层厚度情况下，它的抗腐蚀能力是纯锌层的3～4倍。因此，国外新建电镀锌作业线时都留有发展开发Zn-Ni合金镀层的能力，以适应市场需求。

6.2.8.3　电镀锌新技术的发展

A　不溶性阳极代替可溶性阳极

不溶性阳极电镀槽已是电镀锌工艺发展趋势。不溶性阳极，一般采用不溶于酸性溶液的Pb-Sn合金作为阳极，或者用钛金属表面涂上IrO_2（氧化铱）制作阳极，该阳极寿命长，一年之内无需更换，不溶性阳极和可溶性阳极比较，其特性如表6-32所示。

表 6-32 不可溶性阳极和可溶性阳极的比较

项目＼阳极	可溶性阳极	不溶性阳极
设备	需要锌锭铸造设备； 不需要锌离子供应设备； 不可安装边缘罩	不需要锌锭铸造设备； 需要锌离子供给设备； 可以安装边缘罩
操作	劳动强度大，操作麻烦； 带钢与阳极距离波动大； 电镀液锌离子浓度控制困难	劳动强度小，操作简单； 阳极与带钢距离稳定，距离小，能耗低； 锌离子浓度控制容易
质量	镀层分布均匀性差； 带钢边部产生厚边现象	镀层分布均匀性好； 不产生厚边现象

从表 6-32 中的不溶性阳极和可溶性阳极比较明显看出，不溶性阳极无论是在操作上及质量上都明显具有优势。

B 新型电镀锌槽的不断开发

为提高机组性能，世界各国在不断开发各式各样的新型电镀槽。

a 喷射式电镀槽

这种电镀槽的最大特点是：电镀液由喷流管高速喷入，充满电镀槽内阳极和带钢之间，然后从带钢入口处流出，流到电镀液接受槽里，这样反复循环。由于电镀液与带钢逆向运动，电解液在阳极与带钢之间高速流动，提高了极限电流密度，使其可能达到 100 A/dm^2，同时将电镀过程中产生的气泡带走，以提高电镀效率。

b 液垫式高效电镀槽

该电镀槽最大特点是解决了带钢在水平运动时的悬垂度问题。在该电镀槽中，电镀液从电镀槽中部喷出形成液垫将带钢托举，通过液体静压支撑作用解决了带钢下垂现象。这样就可以减小阳极与带钢之间的距离，不但节省能耗，而且镀层表面更加均匀。

c 重力法立式电镀槽

该槽特点是带钢与阳极成垂直运动，带钢与阳极之间间隙小，可不用边缘罩。由于产生的气泡上浮，故对电镀锌不产生影响，设备长度较短，投资较低。

C 带钢预清洗技术的开发

所谓带钢预清洗就是带钢在进入活套前增设一个预清洗工序，主要是防止带钢表面污物带入活套，确保带钢运行稳定和带钢表面质量，为后工序创造良好条件。增加这道工序被人们所接受，是电镀锌作业发展趋势。

6.3 连续镀锡钢板的生产

镀锡板是一种外表面镀有一层极薄的纯锡层的钢板，通常称做马口铁。镀锡板具有良好的抗腐蚀性能，而且具有外观光亮、美观的特点，是食品包装的最好材料。到目前为止，镀锡板是罐头工业最重要的包装材料。镀锡板具有下列特点：

（1）镀锡板无毒、无味，能防止铁溶到食物中去。

（2）镀锡板具有良好的冲压性能和焊接性能。

（3）外表美观、清洁，而且可以印花，由于锡层具有强烈的反光作用，所以印花之后特别光亮。

（4）镀锡板制罐与玻璃、塑料相比，具有不怕碰撞和挤压的特点，在运输过程中损失小。

（5）价格便宜。

目前,世界上已有三十多个国家生产镀锡板。世界镀锡板总产量已达1400万t以上。

6.3.1 镀锡板的性能和应用

镀锡板的基体用钢是采用氧气顶吹转炉冶炼的。对于基体用钢的化学成分和力学性能需考虑下列条件：

（1）要具有一定的强度和硬度。

（2）制罐后要容易打开。

所以，基体用钢都采用低碳沸腾钢。其化学成分如下：C 0.05%～0.13%；S 和 P < 0.05%；Si 0.03%；Cu≤0.20%；Ni、Cr 和 As 都有一定范围。一些国家的基体用钢化学成分如表6-33所示。热轧条件对镀锡板的表面状态、力学性能、板形、结晶粒度、耐蚀性有很大影响。对于表面缺陷特别重要的是要除去粗轧机和精轧机前的氧化铁皮及轧辊表面缺陷的防止等。力学性能和晶粒度则受最终轧制温度和卷取温度的影响，作为镀锡板的基板要求精轧温度以820～870℃，卷取温度以620～670℃左右为宜。板形及尺寸则受轧辊凸度、轧制温度、温度分布及张力控制的影响。

表6-33 几个国家镀锡基板的化学成分（质量分数） 单位:%

国家 \ 成分	$w(C)$	$w(Mn)$	$w(S)$	$w(P)$	$w(Si)$	$w(Ni)$	$w(Cr)$
日本	0.070	0.36	0.19	0.17	0.01	0.01	0.03
法国	0.079	0.35	0.02	0.02	0.03	0.08	0.03
德国	0.048	0.34	0.03	0.02	0.03	0.09	0.03
俄罗斯	0.099	0.85	0.34	0.04	0.03	0.03	0.03
澳大利亚	0.073	0.34	0.39	0.01	0.03	0.04	0.03
英国	0.072	0.36	0.03	0.01	0.03	0.06	0.03

根据不同的用途，镀锡板分为4种类型：

（1）D型：用于一般容器和啤酒瓶盖。含磷和硫较高。

（2）L型：用于耐蚀性要求较高的容器。含有铜、铬、镍及砷，杂质很少。

（3）MS型：用于要求耐蚀性而强度不太大的容器。其中含镍、铬、铜和砷比L型稍高。

（4）MC型：含磷较高，在较大的平整量时，可成为高强度的镀锡板。

D型、L型、MS型和MC型等4种类型的镀锡板化学成分如表6-34所示。

镀锡板的力学性能可以按硬度分类。根据不同的用途选择适当厚度和硬度。为了减少钢材消耗、降低包装成本及向薄板方向发展，要适当提高镀锡板的力学性能。一般来讲，把硬度提高一级能使镀锡板厚度减少0.015mm。镀锡板的硬度分类、力学性能和用途如

表6-35 所示。

表 6-34 4种不同用途镀锡板的化学成分（质量分数） 单位:%

类型＼成分	w(C)	w(Mn)	w(S)	w(P)	w(Si)	w(Cu)	w(Ni)	w(Cr)	w(Mn)	w(As)
D型	0.06~0.15	0.2~0.7	≤0.06	0.01~0.02	0.02					
L型	0.06~0.12	0.2~0.6	≤0.06	≤0.015	≤0.10	≤0.06	≤0.04	≤0.06	≤0.06	≤0.02
MS型	0.06~0.12	0.2~0.6	≤0.06	≤0.015	≤0.10					
MC型	0.06~0.12	0.2~0.6	≤0.06	≤0.015	≤0.10					

表 6-35 镀锡板的硬度分类、力学性能及用途

硬度等级	硬度 (HR30T)	试样厚度 /mm	屈服极限 /MPa	抗张强度 /MPa	伸长率 /%	冲击深度 /mm	特性	用途
T1	49±3	0.32	274.2~330.5	330.5	29	9.3	极深冲	喷嘴盖、深冲罐
T2	53±3	0.30	288.3~351.6	351.6	28	8.5	中等深冲和稍强韧性	盖、椭圆罐
T2 $\frac{1}{2}$	55±3	0.29	293.5~365.6	365.6	26	8.2	具有T2拉伸性能和T3的强韧性	栓盖
T3	57±3	0.28	316.4~386.7	386.7	22	8.0	轻冲击	一般罐底、盖和瓶盖
T4	63±3	0.26	344.5~414.8	414.8	18	7.7	有强的韧性	具有强韧性的一般罐底、盖和身
T5	65±3	0.24	379.7~450.0	450.0	17	7.3	能耐压曲	底、盖和真空罐
T6	70±3	0.20		465	11	6.9	强度非常大	啤酒罐、碳酸饮料罐、压力罐
T4CA	61±3	0.26		410			具有韧性，有一定加工性能	一般罐的底、盖和身
T5CA	65±3	0.24		425			没有添加磷，能耐压曲	一般罐的底、盖和身
T6CA	70±3	0.20		530			强度非常大	啤酒罐、碳酸饮料罐、压力罐
DR-8	73±3	0.15		560			韧性强	小直径罐及啤酒、碳酸饮料罐
DR-9	76±3	0.26		630			韧性很强	大直径罐底、身、盖
DR-10	80±3	0.25		700			用添加氮的钢，有高强度	啤酒、碳酸饮料罐的盖和身

6.3.2 镀锡板的生产方法及其原理

镀锡板的生产方法和镀锌板一样，也有两种方法，即热镀锡和电镀锡方法。

热镀锡方法是将锡在锡锅中加热到锡的熔点 232℃以上，使锡锭成为熔融的液体状态。钢基体经过溶剂（$ZnCl_2 + NaCl$）处理进入熔融状态的锡锅中。在 300℃以上，钢基体与锡反应生成锡铁合金：

$$Fe + 2Sn \xlongequal{300℃} FeSn_2$$

$FeSn_2$ 表面是粗糙不平的，因此，在其表面牢固地粘附有一层纯锡层。锡锅温度通常控制在 310～320℃之间。镀锡后的钢板由水平方向运动转入垂直方向运动而进入油槽。借助于油槽中的挤压机的挤压作用将镀锡板表面锡层减薄并使锡层分布均匀，同时使镀锡板冷却到 240℃（接近锡的熔点）出油槽，再经冷却风使锡层冷却定形。油槽中的油通常是采用棕榈油。冷却定形后的镀锡板表面有一层油膜必须清除，故镀锡板需再进入装有温度为 80～90℃、浓度为 1% 的碳酸钠溶液的清洗槽中将镀锡板上油膜除去。最后镀锡板进入装有麦麸皮的干洗机内将镀锡板抛光而成为成品。

热镀锡生产的优点是工艺简单、操作方便、投资少，其致命缺点是锡层厚而不均匀，锡的价格也很贵，因此生产成本高，故近来热镀锡方法已被淘汰，而是采用电镀锡方法。

电镀锡根据使用不同的电解液分为三种类型，即**碱性法**，电解液为锡酸钠（Na_2SnO_3）；**酸性法**，电解液为硫酸亚锡（$SnSO_4$）；**卤素法**，电解液为氯化亚锡（$SnCl_2$）。

按照带钢运动方向区别，碱性法和酸性法带钢是作垂直运动，而卤素法则是带钢作水平运动，如图 6-62 所示。

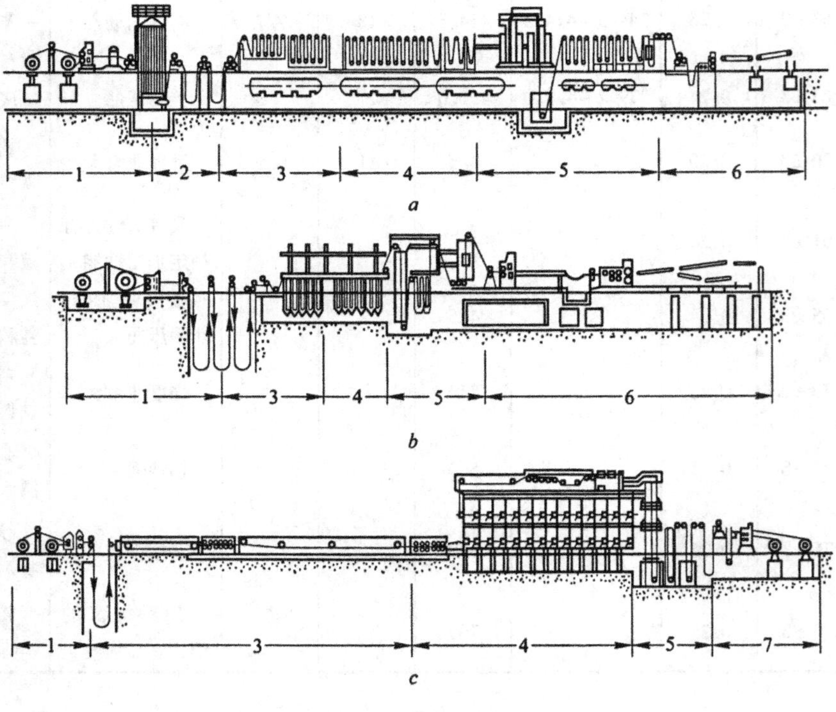

图 6-62　电镀锡的类型图

a—碱性法；*b*—酸性法；*c*—卤素法

1—入口；2—活套；3—镀前处理；4—电镀；5—镀后处理；6—剪切分类；7—卷取

6.3.2.1 碱性法电镀锡

碱性法电解液是 Na_2SnO_3，锡酸钠在水溶液中离解而生成四价锡离子：

$$Na_2SnO_3 \rightleftharpoons 2Na^+ + SnO_3^{2-}$$

$$SnO_3^{2-} + 3H_2O \rightleftharpoons Sn^{4+} + 6(OH)^-$$

将带钢作为阴极，溶液中锡离子在带钢表面接受 4 个电子生成中性的锡原子而沉淀在带钢表面，即

$$Sn^{4+} + 4e \rightarrow Sn \downarrow$$

在碱性法的电解液中除锡酸钠之外，还有一定量的氢氧化钠。氢氧化钠的作用是防止锡酸钠水解而生成偏锡酸沉淀：

$$Na_2SnO_3 + 2H_2O \rightleftharpoons 2NaOH + H_2SnO_3 \downarrow$$

从以上反应式看出，要阻止偏锡酸的生成就必须在溶液中保持一定数量的氢氧化钠以阻止反应向右进行。氢氧化钠浓度通常控制在 15 ~ 20g/L。

在碱性法电镀锡中，四价锡离子获得电子后沉淀在带钢表面的锡层非常致密，并且与带钢表面结合得比较牢固。但是对于生产优质镀锡层的唯一障碍是电解液中除了四价锡离子之外，尚可能存在二价锡离子，这种即使是少量的二价锡离子，也能形成海绵状的电镀锡层，所以在碱性法电镀锡生产中必须防止二价锡离子的出现。

6.3.2.2 酸性法电镀锡

目前世界上以酸性法电镀锡最为广泛，最近几年酸性法发展比其他方法都快。武汉钢铁（集团）公司和宝钢股份公司新建一条电镀锡作业线采用的也是酸性法。

酸性法电解液为 $SnSO_4$ 和 H_2SO_4 的水溶液。$SnSO_4$ 和 H_2SO_4 首先按下列形式电解：

$$SnSO_4 \rightleftharpoons Sn^{2+} + SO_4^{2-}$$

$$H_2SO_4 \rightleftharpoons 2H^+ + SO_4^{2-}$$

在电镀锡中带钢作为阴极，锡块作为阳极。当通电流时，Sn^{2+} 和 H^+ 都向阴极移动，而锡的电极电位为 0.9V，氢的电极电位为 1.06V。由于锡比氢的电极电位要负，因此在阴极 Sn^{2+} 首先放电接受两个电子而被沉淀到钢板表面，而 H^+ 则不释放电子仍存在于溶液里，同时阳极锡块失去两个电子而不断溶解，即

阴极： $$Sn^{2+} + 2e = Sn \downarrow$$

阳极： $$Sn - 2e = Sn^{2+}$$

在酸性法中，电解液中不仅有二价锡离子（Sn^{2+}），而且还存在四价锡离子（Sn^{4+}）。在氧化剂中，二价锡离子被氧化成四价锡离子：

$$SnSO_4 + [O] + 3H_2O = Sn(OH)_4 + H_2SO_4$$

$$\Updownarrow$$

$$Sn^{4+} + 4OH^-$$

四价锡离子对二价锡离子的沉积有干扰作用，但它的敏感性比碱性法要差，一般含量低于5%时尚不致影响镀锡质量。一旦含量增大，则易将溶液弄浑，使镀锡层孔隙度增高。

为了使锡层的结晶过程分布均匀，需加入木工胶、碳酸等类物质，使电镀层分布均匀致密。

从1938年到目前为止，世界镀锡板增加4倍以上，然而锡的总消耗量几乎没有增加。例如，在同期美国镀锡板增加3.2倍，而总的锡消耗量非但没有增加，而且减少了20%；英国镀锡板产量增加2.8倍，而锡消耗量却减少40%；日本镀锡板产量增加9倍，而锡消耗量仅仅增加2.8倍；法国镀锡板产量增加6.5倍，而锡消耗几乎相等或稍有增加。显而易见，这是由于电镀锡代替热镀锡之故。

6.3.2.3 卤素法电镀锡

卤素法以氯化亚锡作为电解液，其特点是电流密度大、作业线速度快、生产效率高。

卤素法的电镀原理和酸性法一样，首先 $SnCl_2$ 在水溶液中离解为 Sn^{2+} 和 Cl^-：

$$SnCl_2 \rightleftharpoons Sn^{2+} + 2Cl^-$$

带钢作为阴极，锡锭作为阳极，通电后：

阴极反应：$Sn^{2+} + 2e = Sn\downarrow$

阳板反应：$Sn - 2e = Sn^{2+}$

卤素法电解液成分是：$SnCl_2$：75g/L；NaF：37.5g/L；NH_4F：37.5g/L；NaCl：22.5g/L；HCl：12.5g/L；萘二磺酸：1.0g/L；硫氰酸铵：0.25g/L。

在卤素法电解液中，锡以二价锡离子形式存在，电流密度可达65A/dm^2 以上。卤素法温度在65℃以下，其工艺速度可达750m/min以上。

6.3.2.4 电镀锡三种方法的比较

为了更好地分析碱性法、酸性法及卤素法的电镀过程，需要研究一下作业线速度与哪些因素有关。首先让我们推导一下电解液中镀锡速度和镀层厚度的关系式。

根据法拉第电解定律：

$$G = Kg \tag{1}$$

式中 G——析出锡质量；
K——电化当量；
g——电量。

根据安培定律：

$$I = \frac{g}{t} \quad 即\ g = It \tag{2}$$

式中 I——电流强度；
t——时间。

将式（2）代入式（1）得：

$$G = KIt \tag{3}$$

而

$$G = dV = dSH \tag{4}$$

式中 d——锡的密度；
V——镀锡层体积；
S——镀锡层面积；
H——镀锡层厚度。

将式（4）代入式（3）得：

$$dSH = KIt$$

$$H = \frac{KIt}{dS} = K \times \frac{I}{S} \times \frac{t}{d} \tag{5}$$

而$\frac{I}{S}$是单位面积通过的电流，即电流密度，用I_S表示，即

$$I_S = \frac{I}{S} \tag{6}$$

将式（6）代入式（5）得：

$$H = KI_S \times \frac{t}{d} \tag{7}$$

电解液所用电流，并不是百分之百的用来沉积锡，而是以一定的效率η进行沉积。这种电流效率与不同的电解液及外界条件有关。碱性法电流效率为60%～80%，酸性法为90%～95%，卤素法为95%以上。因此，式（7）乘以电流效率η有：

$$H = KI_S \times \frac{t}{d} \times \eta \tag{8}$$

从式（8）得出如下结论：

电镀锡的锡层厚度与电流密度、电流效率、电化当量及电镀时间成正比。另有：

$$t = \frac{L}{v} \tag{9}$$

式中 L——带钢在电镀槽中的长度；

v——电镀速度。

将式（9）代入式（8）得：

$$H = K \times \frac{L}{d} \times \frac{I_S}{v} \times \eta$$

$$v = K \times \frac{L}{d} \times \frac{I_S}{H} \times \eta \tag{10}$$

根据式（10）来分析一下碱性法、酸性法和卤素法三种方法生产速度之间的关系。

式（10）中d为锡的密度，三种方法均相同，假定三种方法电镀槽长度L都相同，要得到同样锡层厚度H，这时电镀过程中的速度取决于K、I_S、η的乘积。三种方法的主要指标如表6-36所示。

表6-36 三种电镀方法的主要技术指标

电镀方法	锡离子价数	电化当量K /g·(A·h)$^{-1}$	电流密度I_S /A·dm^{-2}	电流效率η /%	电解液温度 /℃
碱性法	4	1.107	6.5	80	75～85
酸性法	2	2.214	35	90	20
卤素法	2	2.214	65	95	20～40

这样三种方法的速度比为：

$v_{碱} : v_{酸} : v_{卤} = 1.107 \times 6.5 \times 80\% : 2.214 \times 35 \times 90\% : 2.214 \times 65 \times 90\% = 1 : 12 : 24$

这就是说，要得同样厚度的锡层，在同样长度的电镀槽中，酸性法比碱性法快12倍，卤素法比酸性法快1倍，比碱性法快24倍。换句话说就是，如果要达到同样的速度，碱性法的电镀槽要比酸性法长12倍，比卤素法长24倍才行。因此，从生产效率上来看，碱性法是低的，酸性法和卤素法是高的，所以世界上酸性法比碱性法发展快，卤素法近年来

发展也很快，目前世界上从生产能力来看碱性法占18%，酸性法占50%，卤素法占30%，其他为2%。

6.3.3　镀锡板生产工艺过程

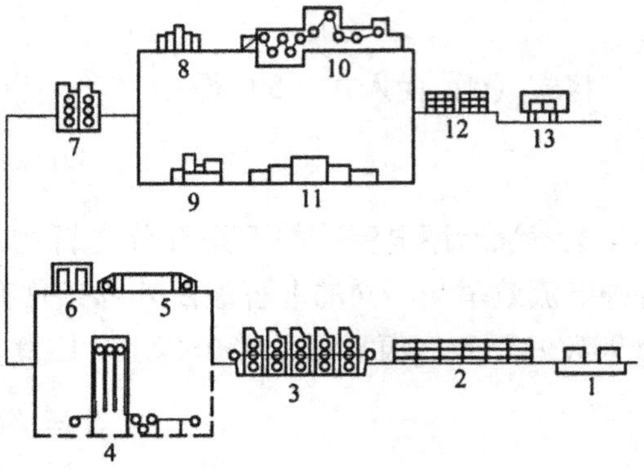

图 6-63　镀锡板生产工艺流程

1—板卷；2—连续酸洗；3—五机架连轧；4—连续退火；5—电解清洗；6—炉式退火；7—双机架平整；8—切边机组；9—横切；10—电镀锡；11—热镀锡；12—包装；13—发货

镀锡板主要用于食品包装材料，约占全部用量的60%；其次用于化工、油漆、油脂、医药等包装材料，约占30%；用于非包装材料约占10%。现代化冷轧厂生产镀锡板的工艺流程如图6-63所示。原料通常采用1.8mm的热轧板卷，首先经酸洗机组进行酸洗，除去带钢表面的氧化铁皮，由五机架连轧机一次轧成0.15～0.28mm冷轧板，然后经电解清洗和罩式炉退火或者经连续清洗退火机组处理，退火后经双机架平整机平整后可分两路，一路经横切后送往热镀锡，另一路经准备机组切边重卷后送往电镀锡机组进行镀锡。

电镀锡作业线大致分为三个部分，即连续输入带钢的入口段、对带钢进行处理的工艺段和卷取镀锡板或立即进行剪切的出口段。

6.3.3.1　入口段

入口段由两台开卷机、双切剪、焊接机、夹送辊、活套塔及张力辊组成。处理的钢卷卷重通常为10～15t，宽度为965mm以下，但最近新的作业线可处理卷重为22t、宽度为1092mm的钢卷。

两座开卷机交替开卷，当第一卷镀完之时，其尾部停留在焊缝机的位置，焊缝机内的切剪将带钢尾部切成直角。另一开卷机上的钢卷头部预先用双切剪将板头剪去并保持头部成直角，在焊缝机前面等待。带钢的头部同尾部重合用焊缝机焊接。带钢头尾重合150～200mm。焊接成约125mm间隔的两条焊缝。近来，也出现了重叠几毫米的加压焊接的点焊机对带钢进行点焊。

在入口段焊接带钢所需时间为10～30s。为确保在这期间工艺段的带钢继续运行，由活套塔内储存的带钢送出带钢。活套塔是立式的，由几根固定辊和可动辊成垂直形组合，可动辊向上运动就储存带钢，向下运动就输送带钢，在可动辊与固定辊之间保持一定张力。

焊接完毕，开卷机立即开卷，活套前的夹送辊用更高的速度运转，将活套塔内的活套充满带钢，以备下次焊接时用。此时入口段和工艺段带钢速度保持一致。

6.3.3.2　工艺段

工艺段包括清洗、电镀、软熔和钝化处理等4个工序。

A　清洗

为了保证良好的电镀锡质量，必须使带钢表面清洁。为此，必须进行碱洗和酸洗，另外还相应有漂洗和刷洗。碱性法电镀锡，由于镀液本身具有强烈的脱脂能力，所以一般省去碱洗工序。碱洗槽和酸洗槽有垂直型和水平型两种，无论哪种形式都是钢制槽，但碱洗槽不衬胶，酸洗槽要衬耐酸橡胶。

带钢从入口段进入碱洗槽或电解脱脂槽进行脱脂后，在漂洗槽中进行冲洗，再进行刷洗以除去带钢表面的残渣，然后进入酸洗槽，用稀硫酸除去带钢表面的氧化膜，再进行水洗、刷洗，使带钢表面光亮，接着带钢就进入电镀装置进行电镀锡。

B 电镀锡

现在,工业上采用的电镀锡作业线有酸性电镀槽,卤素电镀槽和碱性电镀槽三种形式。

酸性法电镀槽是美国的国家钢铁公司开发的弗洛斯坦作业线。采用硫酸亚锡和苯磺酸作为电镀液，添加对苯酚磺酸和丁基羟基联苯磺酸钠而形成。在连续生产过程中，锡离子增加，酸浓度下降，为此添加苯磺酸，锡离子以苯磺酸盐的形式存在于镀液之中。弗洛斯坦法的电镀液成分及电镀操作条件如表 6-37 所示。

表 6-37 弗洛斯坦法工艺参数

镀液成分/g · L^{-1}		电镀条件	
Sn^{2+}	30	温度/℃	40 ~ 50
Sn^{4+}	<1	电流密度/A · dm^{-2}	30 ~ 35
H_2SO_4	20	阳极效率/%	95
添加剂	<10		

电镀槽结构如图 6-64 所示，其深度为 2.1m，内衬橡胶，槽的底部装有转向辊（沉没辊）。带钢通过槽上面的镀铬导电辊进入电镀槽，由沉没辊改变方向与槽成垂直方向进入下一个槽的导电辊。在槽内带钢上下运行，作为阴极的锡棒在带钢的两侧相对平行悬挂。根据产量和锡层厚度的不同要求，每条作业线通常设置几个到十几个电镀槽。在电镀槽内，锡棒作为阳极，带钢作为阴极。当通电后，锡阳极溶解成二价锡离子进入电镀液中，而带钢表面锡金属析出进行电镀。

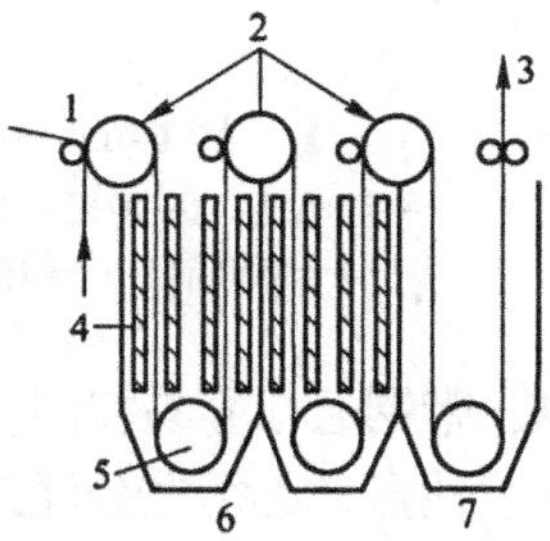

图 6-64 电镀槽结构图
1—夹紧辊;2—导电辊;3—带钢;4—锡阳极;5—沉没辊;6—电镀槽;7—回收槽

带钢表面同锡阳极之间的距离必须保持相同；若不相同，就会产生局部电流密度的不同而不能进行良好的电镀。锡阳极不断溶解消耗，新锡阳极不断将旧阳极更换下来，这些操作是不停车进行的。锡阳极的通常尺寸为：厚 50mm，宽 76mm，长 1.8m，质量 50kg。

电镀槽电源是每个槽有两台 10 ~ 20V、4500 ~ 9500A 容量的直流发电机或者设置整流装置。

为了得到良好的电镀层，必须很好地控制电镀液的浓度、温度和电流密度。在实际操作中，要掌握三者之间的关系进行精密的控制。通常作业线的速度提高时，为了保持一定的锡层厚度就必须提高电流密度。但是，能够进行良好电镀的电流密度是有一定限度的。为此，如果作业线速度提高又增加锡层厚度，就必须增加通电的电镀槽的数量，确保电镀液的最佳工作条件。电镀操作过程中，由于放热，所以电镀液温度不断上升，这样就要把电镀槽和地下循环槽的溶液进行循环，并用冷却水进行冷却。操作开始在循环槽内设有加热器将溶液加热到所需的温度。镀液浓度通过真空蒸发器浓缩，通过添加蒸馏水进行稀释。

最后，出电镀槽的带钢用挤干辊将大部分镀液压下来，残留少量镀液通过回收槽洗干净。回收槽设置低速机组一个，设置高速机组两个。回收下来的溶液用真空蒸发器加工浓缩回收锡离子。

碱性法作业线也是垂直式的，由于电镀液中的锡离子是四价的，这样用同样的速度获得相同的锡层厚度，其电量消耗是弗洛斯坦法的两倍；另外，能工作的电流密度最高限度也低，必须要用很多的电镀槽，为此作业线速度受到限制。碱性法作业线电镀液的组成及操作条件如表6-38所示。

表6-38 碱性法的工艺参数

电镀液组成	Sn^{4+}/g·L^{-1}	45	操作条件	温度/℃	85
	Sn^{2+}/g·L^{-1}	<1		电流密度/A·dm^{-2}	6.5
	NaOH/g·L^{-1}	15			

卤素法作业线的电镀装置是水平型的，上下三段并列排列，下面两段为电镀槽，最上段为回收槽及漂洗槽。经过脱脂、酸洗的带钢首先进入下段的电镀槽，在这里带钢的下面被镀上锡。然后带钢通过转向辊旋转180°向相反方向运动，通过中间段的电镀槽将另一面镀上锡。锡阳极通常采用长762mm、宽76.2mm、厚127mm的锡块，在下面的支持台上并列放置，见图6-65。

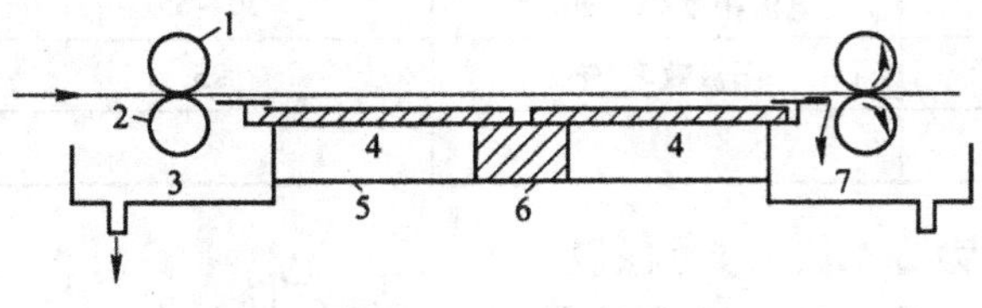

图6-65 卤素法电镀槽

1—导电辊；2—胶辊；3—镀液接收槽；4—阳极；5—电镀槽；6—阳极支持台；7—溢流管

卤素法电镀液的电流密度可达到65A/dm²。槽是水平式的，由于构造简单，带钢通板容易控制，所以可以高速生产，最高速度可达到760m/min。但是，电镀液腐蚀性强，必须充分注意电镀装置的衬胶防腐性。卤素法电镀液成分及电镀条件如表6-39所示。

表6-39 卤素法电镀液成分及电镀条件

成 分	$SnCl_2$	NaF	KF	NaCl	Sn^{2+}	Sn^{4+}	pH	添加剂
浓度/g·L^{-1}	75	25	50	45	36	1	2.7	1~2
条 件	电流密度:48A/dm²				温度：65℃			

C 软熔工艺

电镀锡板在电镀后不像热镀锡板那样光亮如镜，而是呈微粒状态的沉积，没有光泽，呈灰白色。这种板不仅不光亮而且孔隙度大，防腐能力差。为了使电镀板光亮，提高锡层的连续性，就必须经过软熔工艺处理。

所谓**软熔处理**就是将电镀锡板加热到锡熔点（232℃）以上，使锡熔化，然后立即进入冷却水槽进行冷却的工艺过程。

电镀锡的软熔采用电阻加热、感应加热或者采用电阻和感应联合加热。现代电镀锡软熔均采用后一种加热方式（见图6-66）。

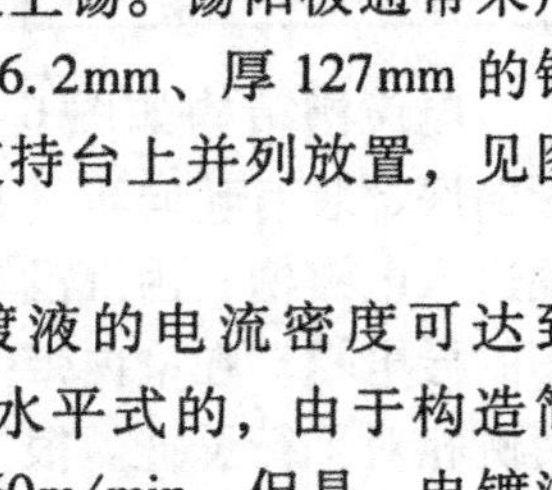

图6-66 软熔加热图

1—带钢；2—保温罩；3—导向辊；4—线卷；5—水

电阻加热时每小时通过带钢的质量为：

$$G = v \cdot h \cdot B \cdot d$$

式中 v——带钢速度；

h——带钢厚度；

B——带钢宽度；

d——密度。

假定带钢宽度 $B = 813\text{mm}$，带钢厚度 $h = 0.25\text{mm}$，带钢速度 $v = 460\text{m/min} = 460 \times 60\text{m/h}$，钢密度 $d = 7.8$，那么：

$$G = 0.025 \times 81.3 \times 46000 \times 60 \times 7.8 = 44000000(\text{g/h}) = 44000 \quad (\text{kg/h})$$

每小时消耗热量（Q）为：

$$Q = cG(t_2 - t_1)$$

式中 c——比热容；

G——质量；

t_2——上升温度；

t_1——开始温度。

$$Q = 0.52335 \times 44000 \times (320 - 20) = 6908220 \quad (\text{kJ})$$

1kW = 3600kJ/h，假定损失为30%，即其效率为70%，则每小时所需电功率为：

$$P_{阻} = \frac{6908220}{3600 \times 0.7} = 2744 \quad (\text{kW})$$

感应加热时，每小时通过钢板的质量 G 与电阻加热的相同，为44000kg。每小时消耗热量为：

$$Q = 0.52335 \times 44000 \times (230 - 110) = 2763288 \quad (\text{kJ})$$

频率为100Hz时交频效率为0.8，线圈到钢传导效率为0.85，综合效率为 $0.8 \times 0.85 = 0.68$，则每小时电功率消耗为：

$$P_{感} = \frac{2763288}{3600 \times 0.68} = 1129 \quad (\text{kW})$$

则软熔热功率消耗为：

$$P_{阻} + P_{感} = 2741 + 1129 = 3870 \quad (\text{kW})$$

D 钝化

钝化就是采用化学方法或电化学方法使镀锡板表面生成一层极薄的钝化膜，以防止氧化，提高锡层的抗腐蚀能力。国外一般采用电化学钝化（见图6-67），钝化液为 $Na_2Cr_2O_7$，其浓度为25g/L，保持pH为4.0~4.5（用 CrO_3 来控制pH值），温度为45℃，电流密度为4~5A/dm²。采用低碳钢作阳极，而镀锡带钢为阴极，通电后镀锡板表面实际上有一层极薄的铬层。镀锡板钝化完毕后经清水冲洗和烘干。

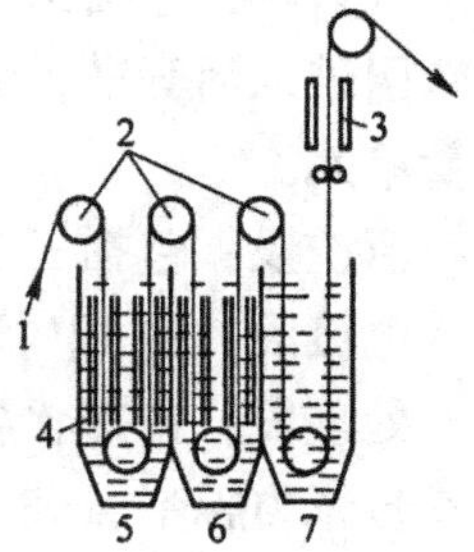

图6-67 钝化槽

1—带钢；2—导向辊；3—烘干；4—电极；5—钝化槽Ⅰ；6—钝化槽Ⅱ；7—清洗槽

E　涂油

电镀锡板表面涂油的目的是为了防止在运输、制罐和印刷过程中的划伤，提高防污染和腐蚀的能力。涂油必须少而均匀，一般涂油量为0.1～0.3g/基本箱，含油量太高会影响印刷。

电镀锡的涂油方式均采用静电涂油（见图6-68）。

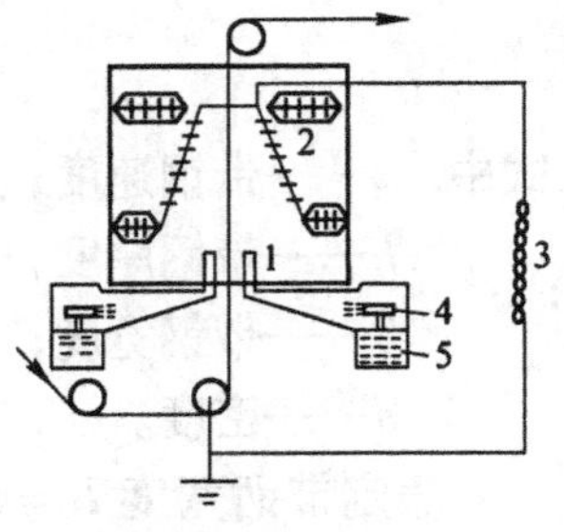

图 6-68　静电涂油
1—油；2—电极；3—线卷；4—空气；5—油

6.3.3.3　出口段

从工艺段出来的带钢直接卷取或者剪切成单张板。

高速电镀锡作业线，由于剪切能力的限制，不能按原来的高速度进行剪切。这样就要直接卷取成卷状出厂，或者设置几台剪切机。

为了能同入口段的开卷机同步连续运转，通常设置两台卷取机。出口段设置活套塔可确保在换卷时，带钢仍然不减速运转。卷取机和张力辊之间形成张力，防止带钢跑偏，确保带钢卷齐。

在立即剪切的情况下，带钢出张力辊后在浅活套坑内形成活套，通过圆盘剪进入剪切机。剪切装置由导向架、矫直机和旋转式飞剪组成，将带钢剪切成规定的尺寸。剪切完的单张镀锡板通过皮带运输机进入分选装置，该装置由3～4台垛板机组成，根据板的质量分别进入成品垛、次品垛和废品垛。

在导向架内设有针孔检出器和测厚仪。有孔洞的板和厚度超规格的板全部进入废品垛。

在导向架自动检出废品时，检查员在运输线上检查，合格的进入成品垛并由计数器自动计数，成品垛达到规定数量时就将板从作业线上取出送到包装成品作业线。不合格或被怀疑不合格的产品及部分合格品一起被导入待修品、次品板垛内，以后再将这部分产品进行分选，将合格的和不合格的分开。

6.3.4　几条典型电镀锡线的介绍

6.3.4.1　日本新日铁钢铁公司八幡厂第4号电镀锡线

该电镀锡线（见图6-69）由原料入口段、清洗段、电镀段、软熔段、化学处理段和剪切段组成，全长132m。

入口段：包括两台开卷机、三台送料辊、一台铡刀剪、一台焊缝机。带钢由1号张力辊牵引进入活套塔，活套长度为430m。然后带钢由2号张力辊牵引，进入定心辊和张力测量单元。

清洗段：包括三个碱洗槽、三个水洗槽、三个酸洗槽及一个刷洗槽。

电镀段：由12个电镀槽组成，其中4个槽是备用槽。

处理段：包括软熔处理和静涂油处理。带钢由3号张力辊牵引进入2号活套塔，然后由4号张力辊牵引进入剪切段。

剪切段：由三台卷取机、一台铡刀剪、一台飞剪、自动分类机及垛板台所组成。

该电镀锡作业线工艺速度为381m/min，年产量为17万t。

6.3.4.2　英国威尔士钢铁公司特罗斯特尔厂3号电镀线

该镀锡线（图6-70）是欧洲最快的作业线，工艺速度为457m/min，年产量25万t。

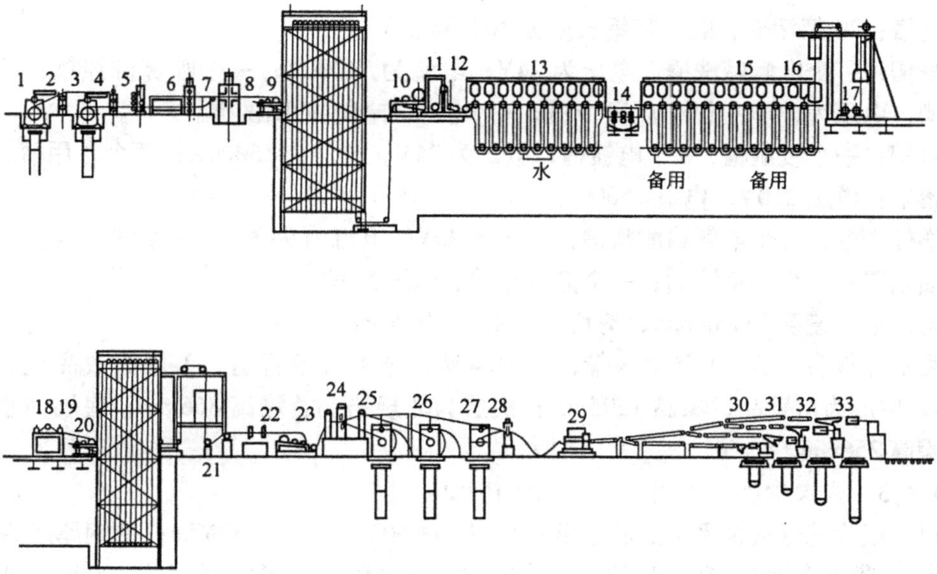

图 6-69 日本新日铁八幡厂电镀线

1—1 号拆卷机;2—1 号送料辊;3—2 号拆卷机;4—2 号送料辊;5—铡刀剪;6—双送料辊;7—焊缝机;8—1 号张力辊;9—1 号活套塔;10—2 号张力辊;11—定心辊;12—1 号张力测量;13—清洗槽;14—刷洗槽;15—电镀槽;16—软熔机;17—静电涂油;18—2 号张力测量;19—3 号张力辊;20—2 号活套塔;21—检查机;22—4 号张力辊;23—3 号送料辊;24—铡刀剪;25—1 号卷取机;26—2 号卷取机;27—3 号卷取机;28—4 号送料机;29—飞剪;30—1 号板垛机;31—2 号板垛机;32—3 号板垛机;33—4 号板垛机

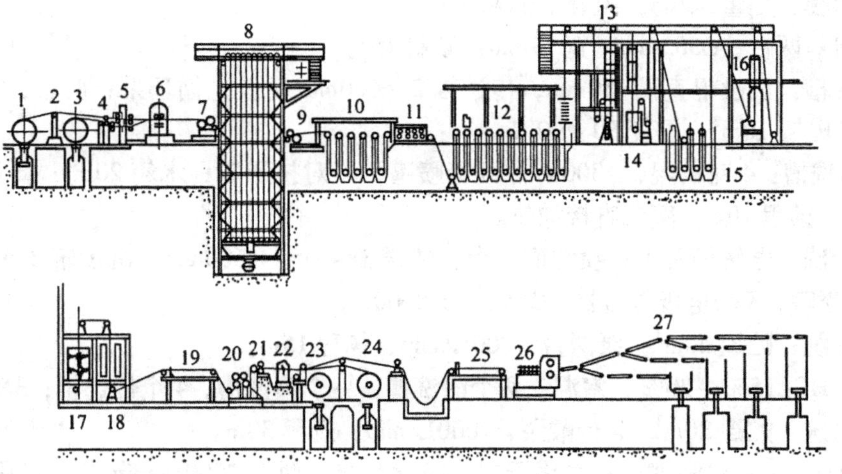

图 6-70 英国威尔士钢铁公司特罗斯特尔厂电镀线

1—1 号拆卷机;2—上支撑夹紧辊;3—2 号拆卷机;4—偏斜辊;5—双铡刀剪;6—焊接机;7—1 号张力辊;8—活套塔;9—2 号张力辊;10—清洗槽;11—刷洗槽;12—电镀槽;13—软熔塔;14—冷却槽;15—化学处理槽;16—乳剂涂油机;17—静电涂油机;18—检查镜;19—仪器架;20—3 号张力辊;21—夹紧辊;22—铡刀剪;23—1 号卷取机;24—2 号卷取机;25—仪器架;26—飞剪;27—分类机和垛板台

板卷尺寸为最大直径1830mm，最大宽度966mm，最小直径610mm，最大卷重1.5t。

活套塔：20架活套，贮存带钢长度为304.8m。

清洗槽：一个电解碱洗槽，电压为24V，电流为14000A；一个喷雾洗涤槽；两个电解酸洗槽，电压为24V，电流为14000A；一个有4排刷辊的刷洗槽。

电镀槽：一个浸湿槽，8个电镀槽，电压为24V，电流为15000A；两个备用槽。

软熔塔：电压210V，电流15000A。

化学处理槽：一个电解铬酸盐槽，电压为20V，电流为9400A；一个洗涤槽。

涂油装置：一个乳剂涂油；一个静电涂油，电压为10V。

飞剪：最大速度381m/min，剪切长度457～1070mm。

分类机垛板台：有20个运输带，单独驱动，分4层通行道。顶层为成品道，垛高1900mm；中层为可疑品，垛高1395mm；次层为非规格品，垛高866mm；底层为小孔废品道，垛高256mm。

6.3.4.3　武汉钢铁（集团）公司电镀锡机组

原料：经冷轧退火及平整后的带钢；σ_s为300MPa，σ_b为450MPa；带钢厚度为0.15～0.55mm，带钢宽度为550～1100mm；钢卷内径为450mm，钢卷外径为1000～1800mm；钢卷单重为18kg/mm带宽；钢卷质量为20t。

成品：镀锡量为5.6～22.4g/m^2；差厚镀锡量为16.8/5.6g/m^2、22.4/5.6g/m^2；带钢厚度为0.15～0.55mm，带钢宽度为550～1100mm，钢卷内径为450mm，钢卷外径为1500～1000mm；钢卷质量为10t，钢卷单重为12.3kg/mm带宽；钢板尺寸：长为400～1200mm，板垛质量为500～300kg，板垛高度为600mm（最大）。

主要设备及其工艺参数如下：

焊机：窄搭接焊。

入口活套：贮量300m，20段，行程15m。

圆盘剪：两台，ϕ305mm，宽19mm，倾斜15°。

预清洗槽：沉没辊直径450mm，传送辊2×600mm衬胶；循环泵：两台，200L/min，扬程15m，贮罐10m^3，温度80～90℃。

1号刷洗槽：4对刷辊，ϕ300mm；6套喷嘴；一对挤干辊；水箱20m^3；高压泵两台，1000L/min，扬程70m，蒸汽直接加热。

电解清洗：电解槽两个；喷洗槽一个；传送辊4个，ϕ600mm；沉没辊3个；挤干辊4个；6套喷嘴；8个电极整流器，24V，2×8000A。

循环系统：贮罐20m^3；泵两台，200L/min，扬程15m。

酸洗：HCl 15%～20%，室温；两个酸洗槽；一个喷洗槽；4个传送辊；3个沉没辊。

循环系统：贮罐20m^3；3台酸泵，1000L/min，扬程30m。

2号刷洗槽：4对刷辊；一对挤干辊；喷嘴系统，两台2000L/min泵，扬程70m，水箱20m^3。

润滑槽：沉没辊两个，ϕ450mm；两台循环泵，2000L/min，扬程45m。

电镀槽：电镀槽7个；导电辊8个，ϕ600mm；沉没辊7个，ϕ450mm；电极28个；整流器14个，24V，900A；两台50m^{3}循环槽，用蒸汽蛇形管加热；4个冷却器；5台循环泵，2m^3/min，扬程30m。

电解液回收槽：两个回收槽，回收系统有一台蒸发器和一个冷却器，以及蒸发器给料泵、输出泵、冷凝水泵各两台。

电阻重熔装置：一台10/0.8kV动力变压器；两台单相800/230V重熔变压器，功率1250kV·A；淬水槽泵两台，1000L/min，扬程30m。

化学处理装置：磷酸盐化学处理法或铬化电解处理法各有两个槽，一个处理槽及一个清洗槽；另有两个导电辊、两个传送辊、4个沉没辊、4套喷洗器。系统中有两台贮罐（各$16m^3$），4台1000L/min、扬程30m的泵，4台500L/min、扬程20m的清水泵，以及两个过滤器。

静电涂油：涂油量0.002~0.025g/m^2两面，电力3kV·A。

出口活套：贮量240m，两台张力卷取机及一台剪切用的开卷机。

剪切机组采用转鼓型飞剪，自动分选系统共有4个垛板台。

机组速度：入口段：40~400m/min；
工艺段：40~300m/min；
出口段：40~400m/min；
剪切段：40~300m/min；
穿带速度：30m/min；
启动时间：15s。

各段张力：开卷机至1号张力辊（入口段）1500~4000N；
1号张力辊至2号张力辊（活套内）3000~6000N；
2号张力辊至3号张力辊（圆盘剪间）2000~3500N；
3号张力辊至4号张力辊（工艺段）8000~10500N；
4号张力辊至5号张力辊（后活套）3500~5500N；
5号张力辊至6号张力辊（出口段）3000~9000N。

6.3.5 镀锡板生产技术的发展趋势

镀锡板最大用途就是作为食品包装材料，其中以罐头食品用量最大，其他类食品包装用量次之，除此之外用于啤酒、饮料和油漆的包装。在当前和今后很长一段时间内，镀锡板作为包装材料将面临纸包装、塑料包装、玻璃瓶包装以及铝合金包装材料的激烈竞争。当然，镀锡板作为包装材料有它独特的优势，但与其他包装材料相比其最大劣势就是价格较贵，包装成本较高。为使镀锡板包装材料在与其他包装材料竞争中立于不败之地，各国生产厂对镀锡板生产的技术发展都是围绕如何降低镀锡板成本而开展的。

6.3.5.1 镀锡板生产向薄规格方向发展

电镀锡机组生产越来越向薄规格方向发展。通常都生产0.20mm以下的薄规格产品，甚至生产0.1mm厚的极薄规格的镀锡板产品，其目的就是提高单位重量镀锡板的使用面积，降低食品包装成本，另外也便于用户采用深冲一次成形，使制罐工艺由三片式包装改为二片式包装，从而达到降低包装成本的目的。

生产越薄的镀锡板，对镀锡作业线要求越高，生产难度越大。为了保证带钢平稳运行而在镀锡之前设置了拉伸矫直机以改善带钢的平直度及板形，以确保适应薄规格镀锡板生产。此外，在准备机组上必须将那些厚度超差、边部浪形、原板破裂及存有孔洞等缺陷的部位全部去掉，以免给高速运转的电镀锡作业线带来麻烦。

6.3.5.2　向减少锡消耗方向发展

电镀锡生产中最昂贵的工艺材料就是锡，它是一种贵重金属，价格昂贵，要想降低镀锡板的生产成本就必须降低锡消耗。为此，各生产厂家对如何减少锡消耗成为研究发展方向。

A　向低镀锡量方向发展

电镀锡板的各种规格的镀锡量要求如表 6-40 所示。从生产发展趋势来看，对于双面镀锡板以 50 号、25 号规格为主，对于差厚镀锡板则以 50/25 号、75/25 号规格为主；而对单面镀锡板，则以 110 号规格为主，而在各规格的镀锡量控制都是控制在最小平均镀锡量，其目的就是减少锡的消耗。

表 6-40　各种规格的电镀锡板的镀锡用量

标准代号	镀锡量代号	公称镀锡量/$g \cdot m^{-2}$	最小平均镀锡量/$g \cdot m^{-2}$
SPTE 双面镀锡	25 号 50 号 75 号 100 号	5.6（2.8/2.8） 11.2（5.8/5.8） 16.8（8.4/8.4） 22.4（11.2/11.2）	4.9 10.3 15.7 20.2
SPTE-D 差厚镀锡	50/25 号 75/25 号 75/50 号 100/25 号 100/50 号 100/75 号	5.6/2.8 8.4/2.8 8.4/5.6 11.2/2.8 11.2/5.6 11.2/8.4	5.05/2.25 7.85/2.25 7.85/5.05 10.1/2.25 10.1/5.05 10.1/7.85
SPTH 单面镀锡	110 号 125 号 135 号 150 号	24.6 28.0 32.2 33.6	19.0 22.4 23.5 26.7

在电镀锡板镀锡量要求减少的同时，还必须考虑抗腐蚀问题。为此，各作业线的后工序都在加强表面钝化处理，通常采用电化学钝化方式，使其耐腐蚀性能满足用户要求。此外，用户在制罐前采取涂层处理，以确保食品罐头两年不变质。

B　向减少无用锡消耗方向发展

电镀锡的锡消耗包括两部分，镀锡板板面上锡层用锡量占 94.2%，其他无用损耗占 5.8%。如何减少这 5.8% 的无用损耗，是各家电镀锡生产厂研究的问题。在这无用损耗中，损失比例如表 6-41 所示。为了减少这些无用锡消耗，各生产厂从设备、工艺技术上进行改进，以达到减少锡消耗的目的。

a　改变锡阳极

目前，电镀锡阳极发展趋势是采用不溶性阳极代替可溶性锡阳极。这样就免除阳极制造工序，就可避免锡阳极铸造过程中的锡损耗。

表 6-41 在各工艺过程中无用锡损耗比例

项目	锡损耗/%	项目	锡损耗/%
阳极制造	40	软熔锡损	5
溶液沉渣	22	废品锡损	24
电解液流失	6	其他	3

b 减少电解液沉渣

电解液的沉渣包括电镀槽和过滤槽沉渣，降低沉渣的形成就有助于减少锡消耗。弗洛斯坦法电镀锡控制沉渣的有效方法就是采用添加酚磺酸来调节电解液的 pH 值，防止电解液中 Sn^{2+} 被氧化和水解而产生沉淀。锡损失与电解液中酚磺酸浓度的关系如图 6-71 所示。

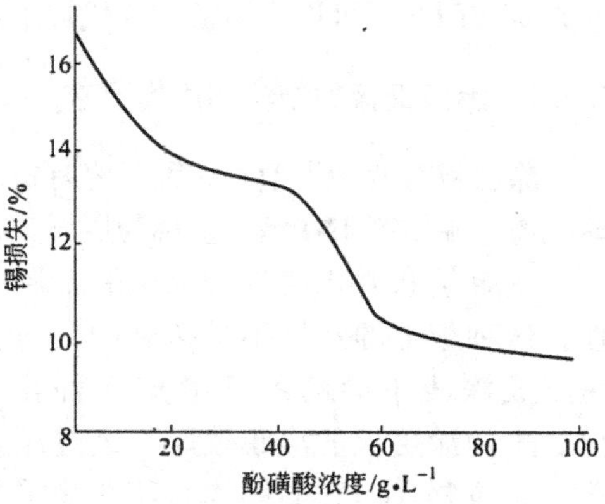

图 6-71 锡损失与电解液中酚磺酸浓度的关系

从图 6-71 看出：随着酚磺酸浓度的增大，锡损失减少（因沉渣减少之故）。但是，当酚磺酸浓度达到 60g/L 时，再增加酚磺酸浓度，其影响就不太明显，所以酚磺酸浓度控制在 60g/L 最为理想。

弗洛斯坦法电镀锡不仅产生沉渣少，其最大优点在于操作温度低、腐蚀性弱、电镀槽数量少、作业线较短等，所以弗洛斯坦法电镀锡仍然是今后发展方向。

c 减少电镀液流失

为减少电镀液流失，故在电镀槽后面增加电镀液回收槽，将电镀液回收，经过浓缩再回到电镀槽里使用。另外，可采用增加挤干辊防止电镀液被带走等措施来减少锡的消耗。

6.4 彩色涂层钢板（彩涂板）的生产

近年来，彩色涂层钢板（简称涂层板）已被广泛用于电冰箱、洗衣机等家用电器方面，因而涂层板越来越受到人们的重视。涂层板的出现，使得加工成形工艺发生了很大的变革。过去的传统工艺是：冷轧板剪切→加工成形→焊接→预处理（包括脱脂、酸洗和磷化）→涂漆→干燥→组装。而以涂层板为原料的加工工艺是：涂层板剪切→加工成形→组装。后者对于加工厂用户有如下优点：

（1）省力、省时、省场地。由于工序简单，不要前处理、涂漆和烘干等工序，所以节省操作人员和庞大的操作场地，而且可以形成流水线连续加工。

（2）节约能源。由于不要烘干，所以可节约大量能源。

（3）作业环境卫生，消除公害。涂料和溶剂的挥发、干燥炉产生的有害废气、涂漆前的预处理废酸、废碱和磷化过程的淤渣等公害都没有了，加工厂不需三废处理。

（4）质量均匀化。由于是平板涂层，所以其薄膜厚度和硬度均匀，无论是一批中或各批之间的质量相差都很小。

（5）安全。加工厂不需保管油漆、溶剂等易燃易爆物品。

（6）图案多样化。平板木纹图样多种多样，印花、压花等都成为可能。

这样，不仅降低了加工成本，而且提高了产品质量，增加了花样品种，大大增加了产品的竞争能力，所以各种钢板加工都被涂层板所代替，从而促进了涂层板的生产。美国和日本的涂层板生产作业线都在100条以上。目前世界彩涂板产量已达到1330万t/a，其中北美为454.5万t/a，日本及亚洲各国为466万t/a，欧洲为330万t/a，澳大利亚、新西兰为80万t/a，可见涂层板在现代加工业中的重要性。

6.4.1　涂层钢板的结构和质量要求

涂层板有两种类型，一种是将有机涂料直接涂到钢板上称为涂层钢板；另一种是塑料薄膜通过黏结剂附在钢板上称为层压钢板。这两种涂层钢板的结构如图6-72所示。

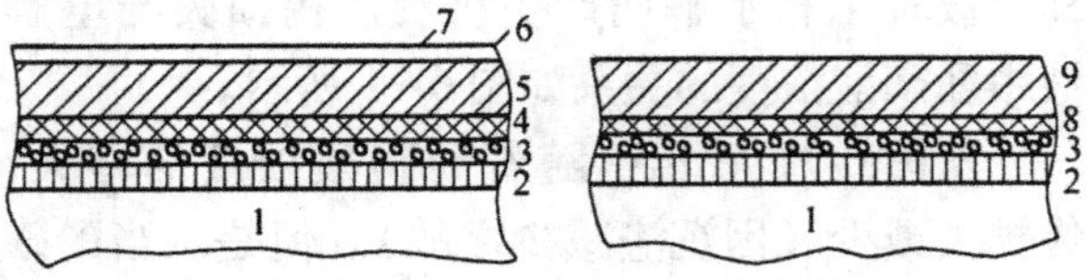

图6-72　涂层板的结构

a—涂层钢板；*b*—层压钢板

1—钢板；2—镀锌层；3—化成处理膜；4—底漆；5—表漆；6—印花；7—保护膜；8—黏结剂；9—塑料膜

在涂层板中还有一种压花涂层板，这种板上的花纹不是印刷的，而是压成深浅不同的图案形成各种花型。这种涂层板的涂膜较厚，经过压花，立体感强。它的结构与印花涂层板相同，不过，外面不必贴保护膜。

用户对涂层板的要求是各式各样的，根据不同用途对其质量要求也不同。其中以家用电器的要求最高，因为它的加工弯曲半径小、成形复杂、装饰性要求高。其具体要求如表6-42所示。但是，要求涂层板完全达到表6-42的要求是难以办到的。这是因为涂层的硬度、耐污染性和加工性具有相反的关系，即硬度高、耐污染性好，其加工性能差，即深冲性差。因此，要根据不同用途和加工的苛刻性对其硬度、耐污染性及加工性等因素进行综合考虑。

表6-42　用户对涂层板的具体要求

项　目	要 求 标 准	项　目	要 求 标 准
光　泽	85%以上	耐气候性	气候仪240h，色差2.0以内
硬　度	2H以上	耐湿性	40℃×90%，480h，锈8以内
深冲性	埃里克森试验5mm以上	耐酸性	5% H_2SO_4，120h，无异常
耐冲击性	杜邦冲击变形试验500g×30cm以上	耐碱性	1% NaOH，120h，无异常
耐蚀性	盐水喷雾240h，起泡2mm以内	耐污染性	没有严重的黑、红污染，24h

如果涂层板用于其他地方，如建筑、车辆等方面其要求就要低些，所以，只要满足家用电器的要求，就能满足其他用途的要求。

6.4.2 涂层板的生产方法

涂层板的生产通常采用辊涂法，根据原板是单张还是卷又分为单张辊涂和连续辊涂两种（见图6-73）。前者适用于小批量、多品种生产，后者适宜大批量高速化生产。

钢铁厂生产涂层板绝大多数采用连续辊涂法。连续辊涂作业线有水平式和垂直式两种。其典型涂层作业线如图6-74所示。

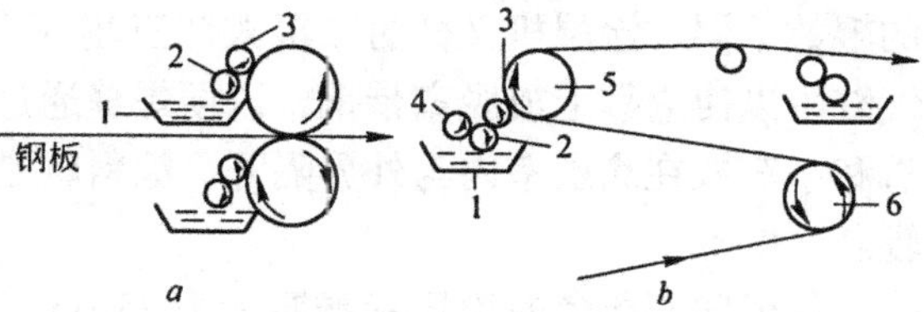

图6-73 辊涂法示意图

a—单张辊涂；*b*—连续辊涂

1—漆盆；2—浸漆辊；3—涂漆辊；4—控制辊；5—支持辊；6—转向辊

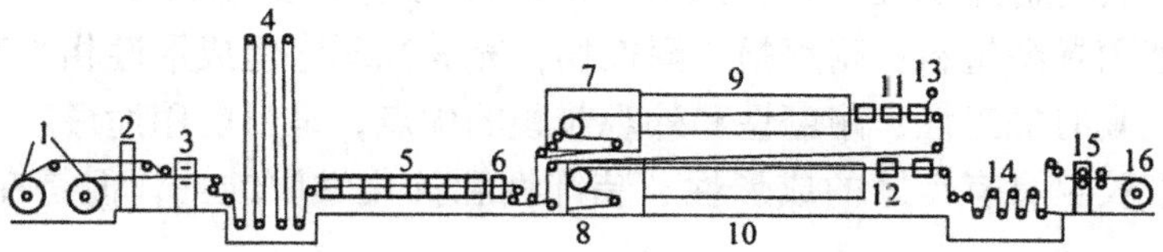

图6-74 连续辊涂作业线

1—开卷机；2—双切剪；3—缝合机；4—入口活套塔；5—预处理槽；6—干燥机；7—初涂室；8—精涂室；9—初烘烤炉；10—二次烘烤炉；11—水冷却；12—覆膜机；13—空气冷却；14—出口活套塔；15—分卷剪；16—卷取机

6.4.2.1 预处理工艺

涂层预处理工序包括清洗、磷化、密封、铬化等处理。为了确保清洗干净，通常增加刷洗、漂洗等工序。其预处理条件见表6-43。

表6-43 涂层预处理工艺参数

处理工序	涂层					覆膜		
	基板	方法	溶液成分	处理时间/s	温度/℃	成分	厚度/$g\cdot m^{-2}$	颜色
碱洗	冷轧板，电热镀锌板	喷淋	强碱和碱金属盐，浸润剂	5~30	50~90			
冲洗	冷轧板，电热镀锌板	喷淋	水	3~5	20~75			
磷化	冷轧板，电热镀锌板	浸涂，喷淋	碱金属磷酸盐	5~20	40~75	磷酸铁	0.2~0.3 0.8~1.2	灰蓝、浅灰至中灰
铬化	电、热镀锌	浸涂，喷淋	铬酸	3~15	20~60	铬酸锌	0.2~0.5	浅红至金黄
钝化	电、热镀锌	喷淋	强碱、重金属铬酸盐	5~20	40~70	络合氧化铁和氧化锌	0.1~0.3	无色至浅黄
冲洗		喷淋	水	2~5	20~70			
漂洗		喷淋	铬酸、磷酸	2~10	20~80			

6.4.2.2 涂层工艺

涂层机是该作业线的关键设备，它由涂料辊、浸漆辊、调节辊和漆盆组成。根据采用的辊数不同，涂层机又分为二辊式和三辊 V 形两种。涂层机是放在涂层小车上的，通过气缸可以使它靠上或脱离带钢，以便焊缝通过时将其离开，从而避免将涂料辊割坏。涂层机和小车放在涂层室内与外界隔开。涂料辊是衬软橡胶的钢辊，浸漆辊和调节辊是镀铬钢辊。

一般印刷单色时涂层标准厚度为25μm，底漆厚度为3～10μm。通常底漆和面漆之比为5∶20；如果要进行压花，则涂膜就要厚些。涂层厚度依靠调节辊来控制。另外，影响涂层厚度的因素是涂层速度和涂料的黏度。速度高、黏度大涂层就厚；反之就薄。通常在速度一定的条件下，采用溶剂来稀释涂料以调节其黏度。通过这些工艺操作，其涂层厚度误差可控制在±5%之内。

有机涂料的种类很多，主要有下列几种：

（1）氨基醇酸树脂：韧性好，装饰性强，有持久的外观，价格便宜，缺点是成形性差。

（2）热固性丙烯酸塑料：耐磨损，耐擦伤，充满光泽，但成形性相当有限。

（3）聚酯：具有加工性、耐磨性和外观兼顾的优点，是目前用途最广的一种。

（4）有机溶胶：具有良好的成形性、装饰性和抗化学腐蚀性，但是在温度较高情况下光泽度较差。

（5）环氧树脂：具有优良的硬度、韧性、抗弯曲性、抗热性和耐磨性，是作底漆的良好原料。

除此之外，还有硅改性树脂、塑料溶胶、乙烯基醇酸树脂等，都各有其特点和应用范围。

6.4.2.3　烘烤工艺

涂层后的带钢进入烘烤炉，烘烤使溶剂挥发，树脂固化，将涂料牢固地附着在带钢表面。然后经过空气冷却和水冷却，最后干燥而完成全部生产工艺，进入出口段进行卷取。

烘烤炉又称固化炉，有悬挂式和气垫式两种，由于悬挂式设备简单，制造方便，所以现在广泛应用。根据生产品种要求，烘烤炉一般分为4段、5段或6段。每一段为一个区，都有一个加热系统，将热空气送入炉内，加热涂层板。各种烘烤炉对各种涂料的烘烤工艺略有不同。一般烘烤工艺曲线如图6-75所示。带钢在烘烤炉中，经过雾化、干燥和聚合三个过程；然后进入冷却段，首先经过空气冷却到200℃左右，再经水冷却到38℃左右，然后再干燥去除涂层板表面水雾。

涂层带钢在烘烤炉中挥发出大量含有有机溶剂的气体，这种气体是不允许直接排入大气的，必须经过处理才能排出。通常采用焚烧法，回收使用其热能，然后排入大气（见图6-76）。

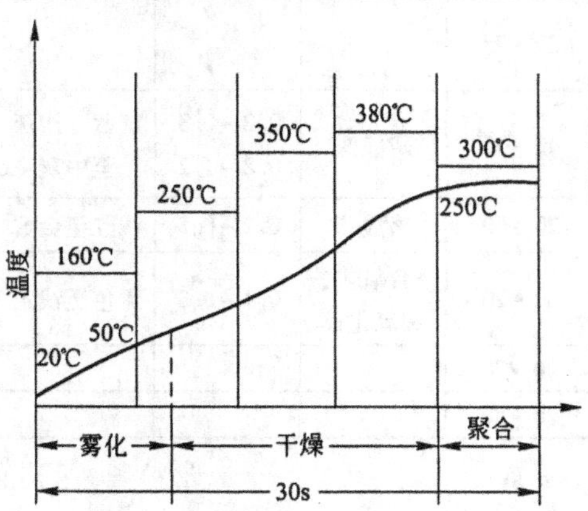

图6-75　烘烤炉工艺曲线

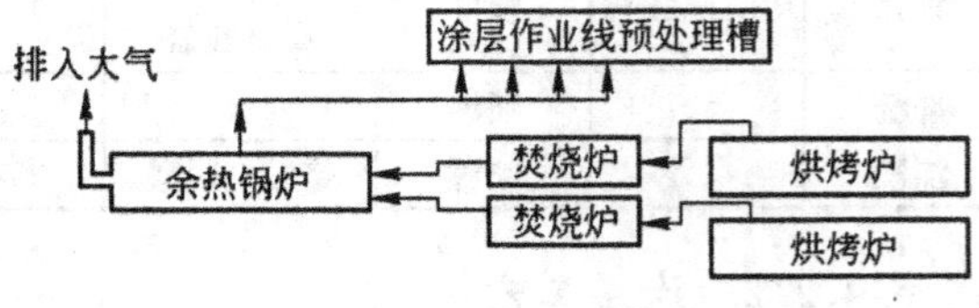

图6-76　焚烧炉余热利用系统

6.4.3 现代化大型涂层机组生产过程

涂层板生产发展非常迅速，机组更新很快，以美国罗尔·考特厂为例，已发展到第5代涂层作业线。该厂五代作业线如图6-77所示。从第1代到第5代，带钢宽度从0.4m到1.8m，机组速度从几十米到200多米，卷重从几吨到20多吨，从一涂一烘到二涂二烘，从手工操作到计算机自动控制。各代作业线基本概况如下：

第1代涂层作业线（图6-77*a*）是一涂一烘生产作业线，只有初涂，没有精涂，生产以冷轧带钢和铝板为基板的涂层板。带钢最大宽度仅为0.457m（18in）。该作业线已在20世纪80年代初停止生产。

第2代涂层作业线（图6-77*b*）是二涂二烘生产作业线。带钢首先初涂底漆，然后再精涂面漆，彩涂产品质量有明显提高。其涂层基板仍然是冷轧板和铝板。带钢最大宽度为1.29m（48in）。

第3代涂层作业线（图6-77*c*）也是二涂二烘作业线，但是它更加完善，其清洗槽、化学转化处理等设施更加完善，机组速度有了很大提高。带钢宽度达到1.524m（60in），已属于大型化作业线。

第4代涂层作业线（图6-77*d*）已进入大型高速作业线行列，入口活套前增加了预清

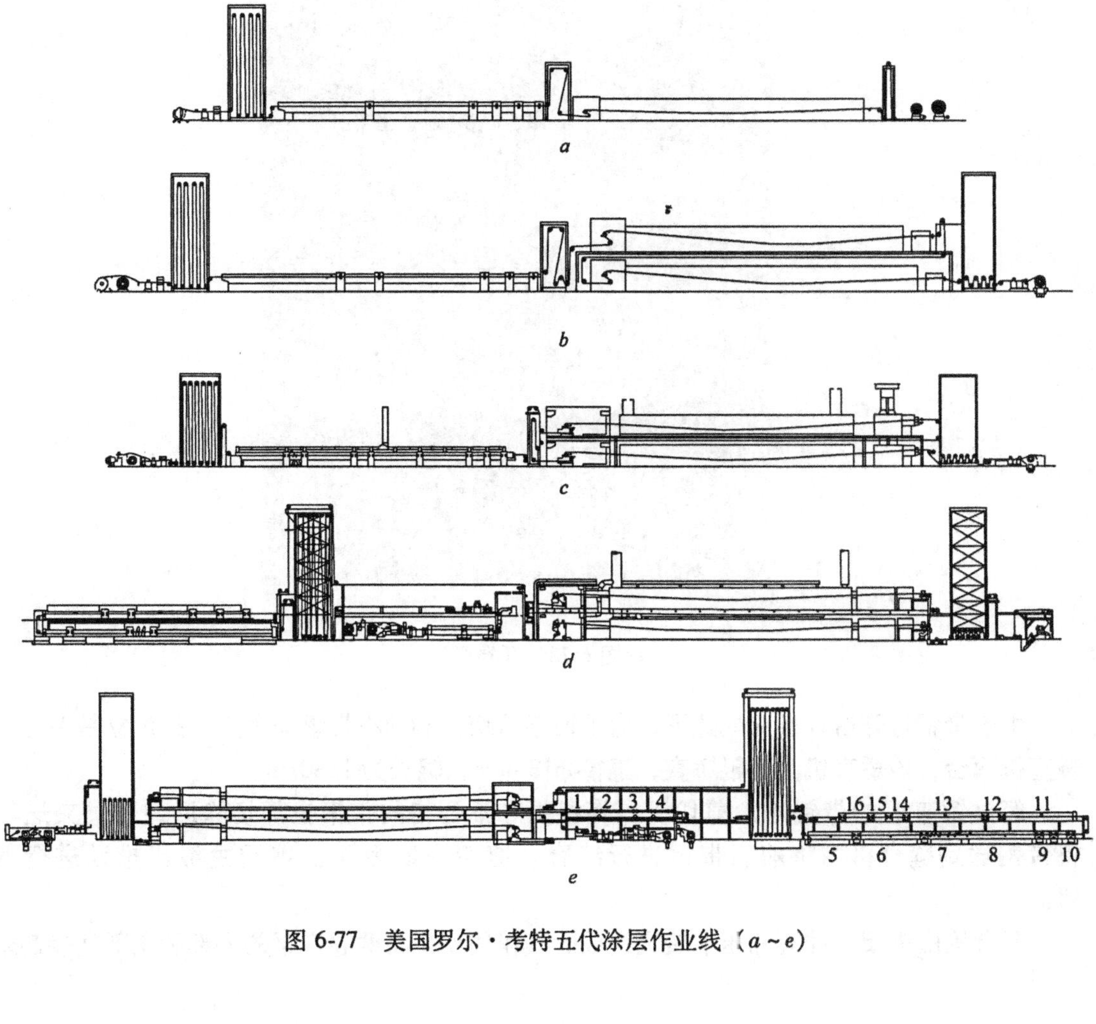

图6-77 美国罗尔·考特五代涂层作业线（*a*～*e*）

洗段，活套塔后面的清洗工艺和化学转化处理更加完善，涂层板基板主要是电镀锌板和热镀锌板。带钢最大宽度达到 1.727m（68in）。

第 5 代涂层作业线（图 6-77*e*）可以说是世界涂层机组最大、速度最快、设备最完善的生产作业线，钢卷最大重量达到 22.7t（50000lb）。带钢宽度为 1.830m（72in），最高速度达到 244m/min（800ft/min）。

彩色涂层板生产工艺过程包括入口段、清洗段、涂层、烘烤、出口段。整个生产流程如下：开卷→矫直→切头→缝合→预清洗→入口活套塔→清洗→化学转化处理→热空气干燥处理→初涂→初涂烘烤→初涂空冷、水冷（干燥）→精涂→精涂烘烤→精涂空冷、水冷（干燥）→出口活套塔→表面检查、打印→卷取。

6.4.3.1　入口段

入口段的任务就是不断地向后工序提供符合要求的带钢。主要设备包括两台开卷机，两台五辊矫直机，一台双剪切机和入口活套塔。

开卷机外形如图 6-78 所示。它由悬壁卷筒、压紧辊、传动装置和液压系统组成。其作用就是将钢卷打开，将带钢头部送入带夹送辊矫直机。卷筒直径 570mm，涨开直径为 622mm，通过液压进行涨缩，最大载重 22.5t。

图 6-78　开卷机

由于带钢打开后，板头成弧形，为了便于剪切，必须将带钢头平直，故设立带夹送辊矫直机两台，该矫直机为五辊矫直，辊径 ϕ133mm，辊长为 1880mm。

经过矫直后的带钢送入剪切机，将板头和不合格的带钢全部切除后，通过夹送辊将带钢送到缝合机内将前后带钢进行缝合。剪切周期为 3s。剪刃由液压推动进行剪切。

缝合机由机架、冲模和压下装置组成。其作用就是将两卷带钢的头部和尾部连接起来以保证连续生产。这里要说明的一点是，通常带钢连接的方法是采用焊接方式，有窄搭接焊，有激光焊等等，而彩涂机组的连接不采用焊接方式，这是因为彩涂板生产的原板是镀锌板，镀锌板焊接困难，极易脱焊，在张力作用下会断带，所以不采用焊接方法，而采用缝合机缝合。缝合机的缝合方法就是将前后带钢冲切成“ㄣ”形状的缺口，然后移动带钢，使上下缺口卡住并压紧即可缝合，每条缝合时间为6s，一般要缝合两条或三条以确保缝合牢固，确保不断带。

图 6-79 入口活套塔

缝合后的带钢通过张力辊将带钢送到入口活套塔。活套塔由活套架、固定辊、移动辊、前后张力辊及传动装置组成（见图6-79）。活套塔的作用就是在换卷时能够继续供应带钢确保机组连续运转，不断向后工序供应带钢。一旦上卷、矫直、切头、缝合完成后，这时活套塔内储存的带钢也将供应完毕，这时加速活套塔的运转将活套充满，以便下次换卷时使用。活套塔塔高 30m，有 12 股，贮存带钢 300m。当机组以最高速度 240m/min 运转时，入口活套塔所能提供带钢供应时间为 1′15″，所以换卷时间必须在 1′15″内完成。否则就要减速或停车。

6.4.3.2 清洗段

清洗段的任务就是将带钢表面残留的油脂、污物清洗干净。清洗段由预清洗和清洗两部分组成。预清洗设置在入口活套前，主要目的是防止带钢表面油污带入活套塔，防止打滑引起带钢跑偏。预清洗设有两个 55m 长的碱洗槽和两个 2.5m 长的热水喷洗槽及 5 对挤干辊，即 1 号碱洗槽、2 号碱洗槽、3 号热水漂洗槽及 4 号热水漂洗槽（见图 6-77*e*）。清洗部分在入口活套塔后面设有 6 个清洗槽，包括 3 个碱洗槽、1 个刷洗槽及 2 个热水冲洗槽，即 5 号碱洗槽、6 号碱洗槽、7 号刷洗槽、8 号碱洗槽、9 号热水冲洗槽和 10 号热水冲洗槽（见图 6-77*e*）。经过预清洗和清洗后的干净光洁的带钢送入下道工序进行化学转化处理。

6.4.3.3 化学转化处理

化学转化处理就是对带钢表面进行磷化处理、密封处理及钝化处理，其目的就是使带钢表面能够很好地与涂层牢固结合以提高彩涂板的质量。化学转化处理由 6 个处理槽来完成，其中磷化处理由 1 个磷化槽和 1 个冷水冲洗槽来完成；密封处理由 1 个密封槽和 1 个冷水冲洗槽来完成；钝化处理由 1 个钝化槽和 1 个冷水冲洗槽来完成。即 11 号磷化槽、12 号冷水冲洗槽、13 号密封槽、14 号冷水冲洗槽、15 号钝化槽和 16 号冷水冲洗槽（见图 6-77*e*）。化学转化处理槽出口都配备一对挤干辊共 6 对以及热风干燥器。清洗槽和化学转换处理槽的外观如图 6-80 所示。

6.4.3.4 涂层

经过化学转化处理的带钢就进入涂层室内进行涂敷工艺处理。首先进行初涂，在带钢表面涂敷一层底漆，再在底漆上面进行二次精涂，使之涂敷上一层面漆。涂层室分上下两层，上层为精涂室，下层为初涂室。涂层室是封闭的，采用正压通风，

图 6-80 化学处理槽外观图

使外界空气不得进入涂层室内，以防灰尘弄脏带钢表面。为确保油漆黏度不变和漆膜厚度均匀，涂层室内保持室温稳定是很有必要的。在涂层室内上下两层分别装有精涂机和初涂机（见图 6-81）。

现代化涂层机是摆动门旋转式涂层机。三辊式涂层机由一根涂敷辊、一根调节辊（也称控制辊）和一根取料辊组成。涂层机结构图如图 6-82 所示。涂敷辊是钢辊外层包有一层耐溶剂的橡胶的橡胶辊，调节辊是表面镀铬的钢辊，取料辊也是镀铬钢辊。

辊涂法有两种类型：一种是同向涂层法，另一种是逆向涂层法。所谓同向涂层法就是涂敷辊的转动方向与带钢运行方向一致，故也称做顺涂。逆向涂层法就是涂敷辊的转动方向与带钢运动方向相反，故也称做逆涂。同向涂层法生产的彩涂板的涂层较薄，而逆向法生产的涂层较厚。同向涂（见图 6-83*a*）和逆向涂（见图 6-83*b*）如图 6-83 所示。

在涂层板生产过程中，对涂料的选择是非常重要的，作为底漆之用的涂料必须要与基板有着牢固的结合力，通常选用环氧树脂涂料。作为面漆的涂料必须要求光泽度好，外观性能好，耐腐蚀性要好，可根据用户要求选择所需的品种，主要有：聚酯类如硅改性聚酯、醇酸聚酯等，乙烯类如聚氯乙烯塑料溶胶、有机溶胶等，聚偏氟乙烯和丙烯酸类等。

经过涂层之后，带钢立即进入烘烤炉进行固化处理。

图 6-81 涂层室内涂层机

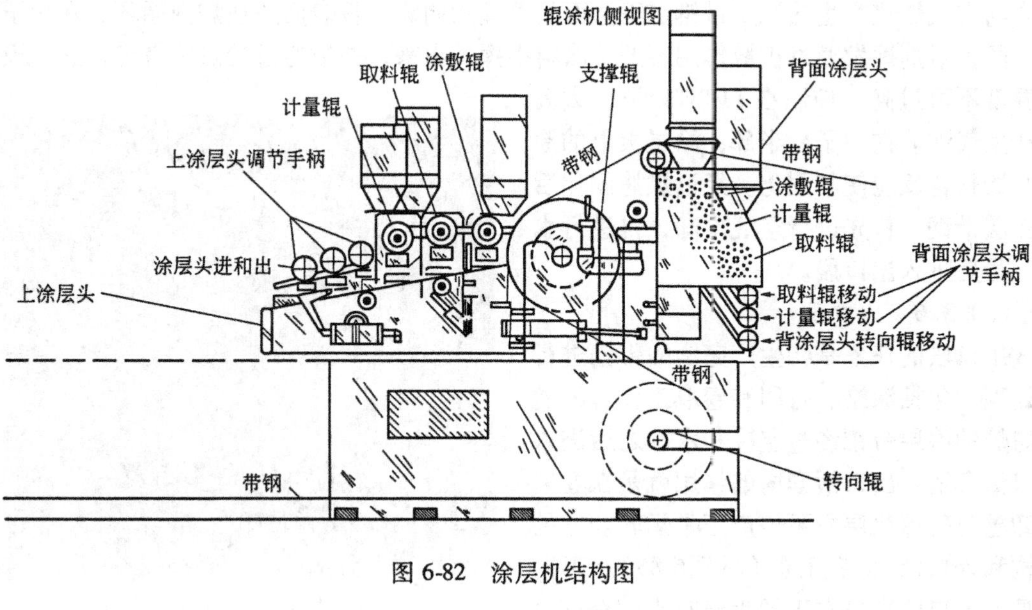

图 6-82 涂层机结构图

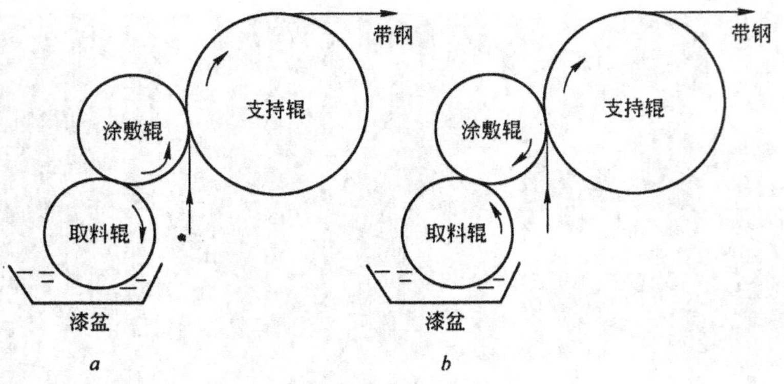

图 6-83　同向涂（a）与逆向涂（b）

6.4.3.5　烘烤

涂层板涂漆之后必须进行烘烤使其表面油漆固化。涂层机组所使用的烘烤炉通常采用悬垂式烘烤炉，以焦炉煤气为燃料，炉子分五个加热段（见图6-84）。由焦炉煤气在燃烧

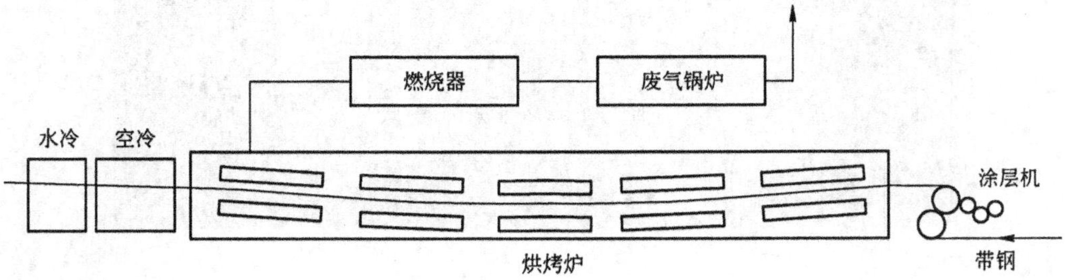

图 6-84　烘烤炉

室内与空气燃烧产生热风从带钢上下两面的喷嘴吹向涂层板表面并在炉内循环，在炉子的第1段，溶剂挥发通过扩散作用溶剂从涂料中挥发出来，并被通过的热风带走，这一段带钢温度不可过高，控制在110℃以下，太高要产生气泡。在炉子后半部，涂层板上的涂料开始聚合反应使其固化。经过烘烤固化后的涂层带钢，首先进行空气冷却，再进行水冷，最后进入出口段。

6.4.3.6　出口段

出口段的任务是将生产完毕的带钢进行后处理，包括涂蜡、打印和卷取工作。经过烘烤炉的涂层带钢经过空冷和水冷之后进入出口活套塔。出口活套塔的作用就是在卷取机卸卷时确保涂层机不停产正常运转。它的结构和入口活套塔相同（见图6-85）。不同的是，出口活套塔在正常生产时带钢全部放

图 6-85　出口活套塔

空，只有在尾换卷时或处理缺陷时才将带钢充满，一旦处理完毕，立即将带钢卷起来以确保活套塔处于放空状态，以便下次再用。

从出口活套塔出来的涂层带钢在检查台上进行检查和涂蜡，对有缺陷的涂层板要去除，对成品要涂上一层极薄的石蜡，以防止涂层板在运输过程中或在使用过程中划伤表面。最后由卷取机将涂层带钢卷取为出厂成品。

涂层作业线出口段有两台卷取机。卷取机的结构与开卷机相似，不同之处是缩径范围较小，而且带有皮带助卷器，出口段两台卷取机外形如图 6-86 所示。

图 6-86 卷取机

6.4.4 涂层板的品质和加工方法

6.4.4.1 基板对涂层板质量的影响

涂层板的基板有冷轧板、电镀锌板、热镀锌板和电镀合金板等。这些基板不同的涂层板，其质量有很大的差异（见图 6-87）。从图 6-87 看出：电镀锌板作为基板的涂层板，其加工性、耐蚀性均能满足要求；热镀锌板作为基板的涂层板，其加工性能不佳；冷轧板易发生红锈；而以合金板作基板为最佳。因此，要提高涂层板的质量，应采用电镀锌板为基板，电镀锌-镍合金板则更好。

6.4.4.2 加工性与硬度、耐污染性的关系和加工方法

涂层板的加工性与涂膜的硬度和耐污染性的关系如图 6-88 和图 6-89 所示。一般说，硬度大、耐污染性好的涂层板，其加工性能差，在加工过程中涂膜易产生裂纹。然而，对于用户来讲，希望涂层板表面硬度大些，耐污染性好些，同时要求能加工。这样，就要求对涂层板的加工工艺进行改进。为了解决这个问题，采用加温加工法。

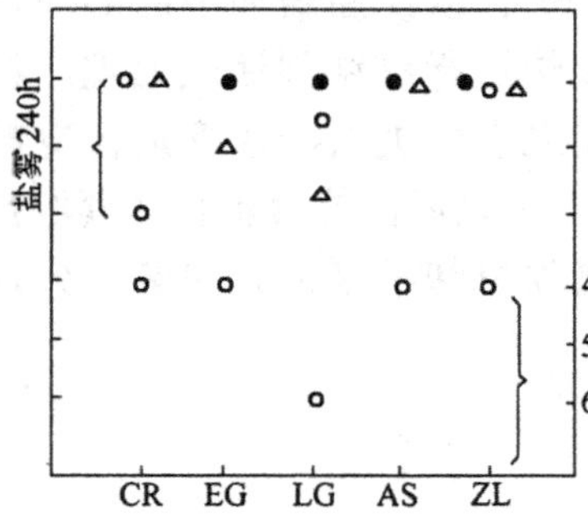

图 6-87 基板对加工性及耐蚀性的影响
●—红锈；○—白锈；△—起泡；
CR—冷轧板；EG—电镀锌板；LG—热镀锌板；
AS—合金化热镀锌板；ZL—电镀锌-镍合金板

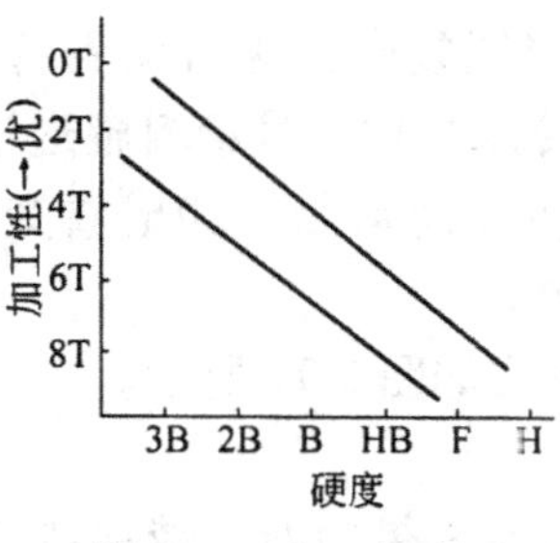

图 6-88 加工性与硬度的关系

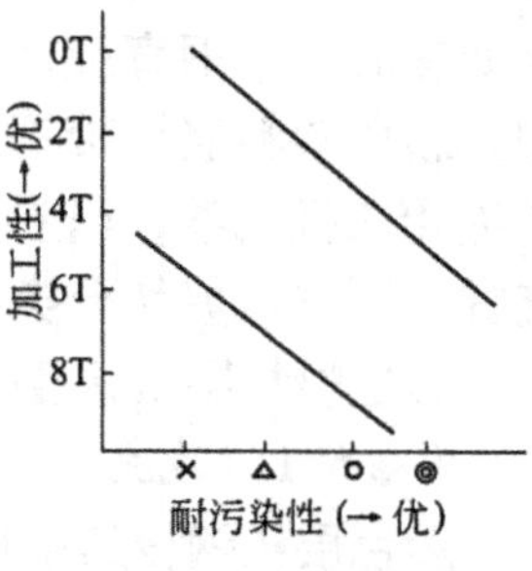

图 6-89 加工性与污染性的关系

有机涂膜的可塑性，在某一温度下，可以由硬脆状态（玻璃态）转变成软的易加工状态（橡胶态），通常把这个温度叫做玻璃体转化点。利用这个性质，把在常温下难以加工的涂层板加热到 70℃左右（转移点温度以上）就能进行加工而不产生裂纹（见图 6-90）。

美国通用电器公司对硬度为3H的涂层板进行弯曲试验，在常温条件下，弯曲很容易产生裂纹，而加热到70℃以上进行弯曲就不产生裂纹了。这样就完全适用于电冰箱的形状加工了。因此，为了使涂层板用于加工各种形状复杂的器件，采用加温加工法是必要的。

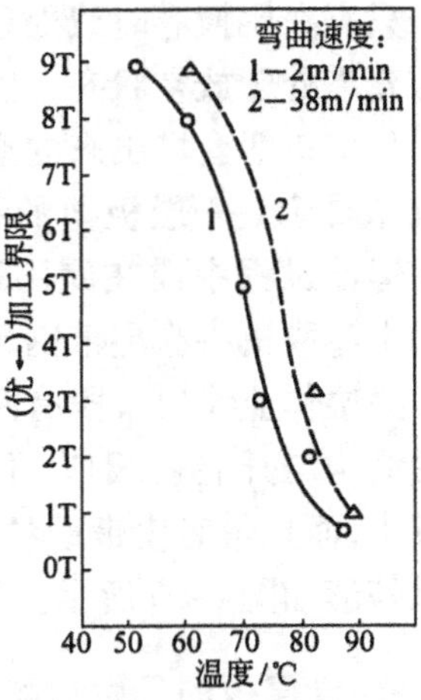

图 6-90　玻璃体转化点和加工性

6.4.5　彩色层压钢板生产

彩色层压钢板是彩色钢板中的一种产品，它是将黏合剂预先涂在钢板上，在一定温度下，通过辊压的方法，将塑料薄膜复合到钢板表面上而制成的。

彩色层压钢板与前面讲过的辊涂系统彩色钢板比较，它可提供辊涂系统不可能经济地获得的装饰效果和成品外观。彩色层压钢板具有多种系统、复杂的多色花纹和图案。塑料薄膜可以含有各种添加剂，以获得辊涂涂料所不能具备的独特成品性能。用单道次层压就能得到较厚的覆层，而且塑料薄膜还比较致密，吸水性和渗气性较小，故抗腐蚀性较强。总之，彩色层压钢板能够满足不同用途的要求，能够满足用户指定的成品性能和繁多的品种花样。

彩色塑料层压钢板生产工序主要包括：酸洗、磷化、钝化、水汽干燥、涂黏结剂、烘干挥发、加热活化、塑料薄膜层压、冷却及卷取成卷。钢卷经拆卷机拆开送进带剪给料辊，剪切带钢头尾进入滚焊机焊接，将前后带钢连接起来。由1号给料辊将带钢送进酸洗槽进行酸洗。带钢出酸槽经1号刷洗机刷洗清除铁盐等杂质，然后进入磷化槽和钝化槽进行表面磷化和钝化处理，并经2号刷洗机清除钝化膜表面残存的杂质。带钢钝化刷洗后由2号给料辊送进水蒸气干燥机并配备鼓风机进行干燥。表面干燥的带钢经3号给料辊送进涂胶机涂以黏结剂，通过挤胶辊进入烘干炉，以使黏结剂中的溶剂达到完全挥发。带钢自烘干炉出来在向心辊控制下进入活化炉进行黏结剂活化处理。经活化处理后，带钢直接进入层压复合机黏合塑料薄膜，随之立即进入冷水槽进行冷却固化。彩色塑料层压带钢出冷水槽由4号给料辊送进活套坑，之后由拉紧辊自活套坑拉出送进卷取机成卷，当卷够重量时剪断。如成卷交货则自卷机卸下来进行包装。如定尺交货，则进行剪切分类包装。

彩色塑料层压钢板生产线如图6-91所示。

6.4.5.1　酸洗

彩色层压钢板的基材是冷轧带钢卷。带钢在平整过程中和放置时间较长时有锈蚀产生。锈蚀的表现是呈褐色且不均匀地附着在带钢表面上，特别是靠近两边部。锈蚀产物的主要成分是氢氧化亚铁 $Fe(OH)_2$ 和氢氧化铁 $Fe(OH)_3$。此外，在热处理气氛不正常及带钢表面轧制液清理不干净的情况下，将产生较复杂的氧化物，还可能存在轻微的酸洗后经轧制未除掉的残留氧化铁皮。

酸洗的目的就是洗掉带钢表面上的锈蚀，并力求酸洗掉热处理过程中产生的氧化物及酸洗冷轧后的氧化铁皮。酸洗介质是盐酸（HCl）溶液，其酸度为30~50g/L，温度为常温，酸洗时间54~42s。盐酸与铁锈的化学反应式为：

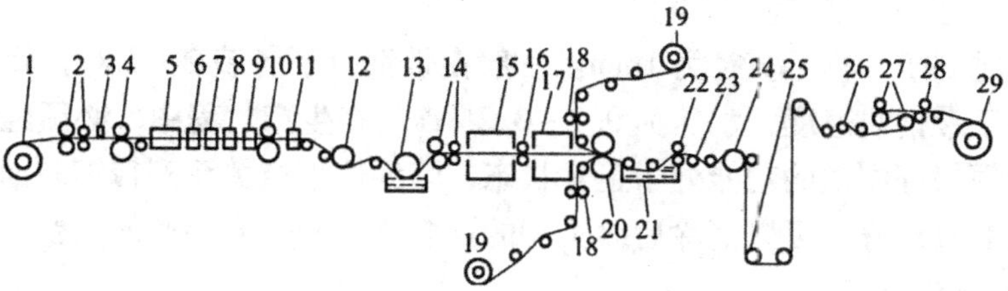

图 6-91 彩色塑料层压钢板生产线示意图

1—拆卷机；2—带剪给料辊；3—滚焊机；4—1 号给料辊；5—酸洗槽；6—1 号刷洗机；7—磷化槽；8—钝化槽；9—2 号刷洗机；10—2 号给料辊；11—水蒸气干燥机；12—3 号给料辊；13—涂胶机；14—挤胶辊；15—烘干炉；16—向心辊；17—活化炉；18—吸边器；19—塑料薄膜卷固定锥架；20—复合机；21—冷水槽；22—挤水辊；23—摆动辊；24— 4 号给料辊；25—活套坑；26—摆动辊；27—拉紧辊；28—剪切机；29—张力卷取机

$$Fe(OH)_2 + 2HCl = FeCl_2 + 2H_2O$$

$$Fe(OH)_2 + 3HCl = FeCl_3 + 3H_2O$$

生产实验证明，热处理生成的氧化物和酸洗冷轧后残留的氧化铁皮，在上述酸洗制度下是清除不掉的，是极有害的。

上述化学反应的结果，带钢表面上的锈蚀氧化物都变成了溶于水中的氯化亚铁（$FeCl_2$）和氯化铁（$FeCl_3$）而被除掉。

此外，由于带钢表面上铁的氧化物不是普遍的，也是不均匀分布的，厚度也是不一样的，因此裸露的铁基体也同时与盐酸起化学反应，即

$$Fe + 2HCl \longrightarrow FeCl_2 + 2H \longrightarrow H_2 \uparrow$$

因为盐酸浓度为 30～50g/L，酸洗温度为常温，酸洗时间为 54～42s。在这样浓度、温度都很低而且时间较短的酸洗条件下，铁被盐酸溶解是轻微的，因此生成的氢也很少，并且形成分子氢而溢出酸液面跑掉，所以氢不可能扩散渗透到带钢内部去，因此不致产生氢脆现象。因此像热轧带钢那样厚的氧化铁皮，经盐酸酸洗也几乎无氢脆现象。

铁与盐酸反应生成的氢能使氯化铁还原成氯化亚铁，其反应是：

$$FeCl_3 + H \longrightarrow FeCl_2 + HCl$$

所以，盐酸溶液中只含有氯化亚铁。

平整后的冷轧带钢通过上述酸洗工艺和盐酸溶液不流动的酸洗方法处理，其表面是白亮和洁净的，基本可以满足带钢表面清洗的要求。但是，设想采取酸溶液喷淋方法酸洗带钢表面将更为好些，因为酸洗液喷淋可以使接触带钢的酸液不断更新，并且酸溶液对带钢还有冲洗作用，从而增加酸的活性，故酸洗效果会更好些。

盐酸溶液的配制方法是，首先往酸槽中加入预先计量好的冷水，然后将计量好的盐酸加入水中，而后进行检验，并且在 8h 工作中必须做到检验两次。当酸浓度降低时，必须及时补充，使酸浓度经常保持在 30～50g/L 范围内。

6.4.5.2 刷洗

实践证明，带钢经酸洗后表面有时酸洗得不彻底或不十分干净，而刷洗效果非常显

著，带钢表面可进一步被清洗干净。

刷子是尼龙刷子，刷毛直径为1mm。一般在带钢上下各装2~3对，旋转方向与带钢相同，速度高于带钢线速度，水压为0.1~0.2MPa。在生产过程中，必须经常检查刷洗的工作情况，必须保证刷洗的功能处于正常状态，因为这直接关系到带钢表面清洗质量的好坏。清洗刷洗的效果好，可以消除后续工序的许多麻烦和令人头疼的问题。

6.4.5.3　磷化处理

磷化处理液是磷酸盐溶液，是磷酸二氢钠（NaH_2PO_4）、磷酸氢二钠（Na_2HPO_4）及氯酸钠（$NaClO_3$）的混合溶液，它们的配合比是：$w(NaH_2PO_4):w(Na_2HPO_4):w(NaClO_3)=10:8:3$。磷化液的配制方法是：将用以上配方配成的混合溶液用水溶解或直接加到磷化槽内加水配制，通常是预先把水加到磷化槽内达到计量的位置，然后把磷化药剂直接加到槽内，用蒸气或风吹搅拌使其溶解。配好的磷化液要求酸度达到9~10点。磷化液温度为60~80℃，磷化处理时间为48~41s。磷化处理方法是采用浸渍法，通过胶辊将带钢控制在液面下150~200mm处。若采用喷淋法磷化处理，则能使接触带钢的磷化液不断更新，从道理上讲可能磷化效果要比浸渍法为好。但是喷淋法将带来带钢表面磷化不均匀的缺陷。又因为磷化液在使用过程中可能有泥浆产生，可能出现堵塞喷嘴或喷管问题。从耗费资金角度看，喷淋法投资较大，占地面积也大，从而增加了设备维修（泵、管道等）的时间。由于上述原因，一般不采用喷淋法。一般人们认为理想的磷化方法是磷化液逆着带钢的运动方向流动，这样既达到了磷化液的不断更新，又能使带钢表面磷化处理得均匀，同时又能缩短磷化处理时间。

磷化处理是塑料薄膜层压至关重要的工序，要确保磷化液的浓度符合要求，因此，在8h内必须检验两次，浓度下降时要随时添加药剂。磷化液内不能混入其他溶剂（如邻近槽子的铬酸液），以防污染而降低磷化效果。较纯的磷化液为浅蓝色或浅蓝绿色。

槽中的磷化液，由于持久性的热负荷，会有如石灰石、白云石和不可溶的磷酸三铁从溶液中析出。尽管析出现象缓慢，也会在槽里沉积下来形成析出物的硬壳。虽然沉积泥浆很容易消除，但是必须在每半年到一年时间内，用约50℃、5%~10%的硫酸溶液彻底清洗一次槽子。磷化处理的作用是使带钢表面形成保护性转化膜，增强带钢的防腐蚀能力，作为后续工序的预处理，以提高层压钢板的质量。磷化处理从形态上看好像是不引人注目，但是从实质上看，它是彩色钢板生产极重要的工序，是必不可少的。

我们所使用的磷酸盐处理液，其中的NaH_2PO_4(10g/L)是磷化液中的主剂，而其中的Na_2HPO_4(8g/L)是NaH_2PO_4的助剂，是补充其(PO_4^{-3})的。也有采用磷酸作助剂的，效果基本相同。$NaClO_3$是促进剂，是补充磷化液的[O]，就是$NaClO_3 \xrightarrow{\Delta(70℃)} NaCl + 3[O]$，以满足反应的需要。

磷化总反应式如下：

$$4Fe + 4NaH_2PO_4 + 3O_2 = \frac{2FePO_4 + Fe_2O_3}{\text{膜}} + 2Na_2HPO_4 + 3H_2O$$

（$2FePO_4 + Fe_2O_3$）混合膜，其中$FePO_4$约占60%，Fe_2O_3约占40%，膜总厚度为0.4~0.6μm。

（$2FePO_4+Fe_2O_3$）是非结晶的膜。

带钢磷化处理后不经过刷洗，通过挤液胶辊直接进入钝化槽。

6.4.5.4 铬酸钝化处理

带钢表面经磷酸盐处理后生成的（$2FePO_4+Fe_2O_3$）膜是较疏松、多孔的遮蔽层，还不能被考虑为薄膜钝化的形成，只有生成不溶性致密膜才可能保障带钢表面的钝态，所以磷化后还要经过铬酸再处理，把磷化层作为过渡层，进一步进行钝化，以提高带钢表面耐腐蚀和黏合能力，保证塑料薄膜层压复合质量。

钝化液采用三氧化铬（CrO_3）水溶液，其浓度（铬酐）为0.5%～1.0%（质量分数）。三氧化铬水溶液的配制方法，是将三氧化铬溶解后加入钝化槽内，然后往钝化槽内加水直至达到要求的浓度为止。钝化溶液温度为常温，钝化时间为30～24s。钝化是采用带钢在溶液内的浸入法即浸渍法。采用喷淋法要比浸入法为好。笔者推荐采用钝化液逆着带钢运动方向流动的方法进行钝化，此法综合了前两种方法的优点。

钝化状态的稳定性取决于钝化剂的性质、钝化的条件、金属表面的结构状态、钝化温度及钝化剂作用时间。钝化剂一般是氧化剂。铬酸和铬酸盐与其他氧化剂比较，是很强的钝化剂。我们所以采用铬酸作为彩色塑料层压钢板基材带钢的钝化剂就是这个原因。

一般来说，钝化剂浓度愈高，就愈易使金属钝化。例如，铁在铬酸盐溶液中钝化时，随着溶液中铬酸盐浓度的增加，铁的稳定性也逐渐增加。但也不都是浓度无限度的增加，钝化愈易，例如，铁在硝酸中钝化时，铁的腐蚀速度开始时随着硝酸浓度的提高而增加，但是当到一定的临界浓度时，腐蚀速度就立即几乎下降到零。

钝化剂温度低，使金属易于钝化。我们所以采用在常温下铬酸钝化工艺就是这个道理。在有条件的情况下，铬酸液温度能低于常温就更好了。相反，如果加热钝化剂，则能使钝态的金属活化。

6.4.5.5 水汽干燥

带钢自铬酸钝化槽送出后即刻进入水蒸气干燥机加热干燥，其作用，一是去掉钝化膜上面的水迹使其洁净和迅速干燥，以便涂黏结剂；二是因为钝化膜可能有孔隙，蒸气可使孔隙中铁基迅速氧化，生成氧化物（Fe_2O_3）薄膜，弥补钝化的不足。

水汽干燥的方法是，水蒸气通过排管直接喷到带钢上下表面上。带钢温度要求达到60～70℃，干燥时间为37～30s。带钢干燥达一般手感和眼见不湿。

6.4.5.6 涂黏结剂

黏结剂必须满足的条件是：要能润湿被黏合的表面；通过蒸发、加热化学变化、冷却等方法固化；为了缓和在黏合过程中形成的内应力，须有一定的塑性，这是必要的而且可以说是黏结剂的本质。润湿意味着被黏合物体的表面分子与黏结剂分子接近到了产生相互影响力的距离，是形成黏合的基本条件。若不固化，不管黏合怎样好，黏结剂本身的凝结就会被破坏，作为体系也不发生作用。若没有塑性，固化时的残余应力变大，黏合很容易被破坏。

生产所使用的黏结剂，是三元聚氯乙烯树脂固体粉末，使用甲苯、丙酮、醋酸丁酯及环已酮这4种溶剂溶解的黏稠状的液体。它们比较合适的配合比是：甲苯量∶丙酮量∶醋酸丁酯量∶环已酮量∶三元树脂量＝50∶50∶30∶30∶25（重量比）。三元树脂占总黏结剂的15%～20%。黏结剂的黏度为540mm^2/s，活化温度165～180℃，温差±15℃。

按上述的配合比将溶剂和三元树脂称量好进行黏结剂调配。首先将各溶剂分别加入黏结剂调配罐内，开启搅拌机稍加搅拌，然后再往调配罐内加入三元树脂，再开动搅拌机连续搅拌 6h 即成，静置 24h 后使用。应该指出，黏结剂调配时搅拌 6h 当中不得间断，否则会产生结块，保证不了黏结剂的质量。每次调配黏结剂的数量，应根据每次生产需要量确定。

涂黏结剂的方法是将配好的黏结剂加入涂胶机浸胶辊下面的涂胶槽内，黏结剂深度没过浸胶辊下面 100mm 左右。带钢从涂胶槽送出自然带上黏结剂。在两对旋转的挤胶辊的控制下，均匀地涂黏结剂，并使其达到要求的厚度。黏结剂厚度要求为 15 ~ 25μm。

当生产线处于间断生产状态时，一旦停产，涂胶槽中的剩余黏结剂一定要放干净，并用溶剂将涂胶槽清洗干净。否则，再生产时沉积在槽内的黏结剂将形成结块或疙瘩，附在带钢表面上特别是上表面（正面）。当结块或疙瘩经过高温活化炉时，便被烧焦成为富集的杂质凸起，塑料薄膜层压复合后，形成表面疙瘩，严重时塑料薄膜被辗破。这种疙瘩和被辗破缺陷就会使此块复层钢板为废品。

黏结剂是易燃和易爆物质，也是环境污染物质，因此，在涂胶机和挤胶辊周围，必须特别注意防火防爆和环境污染。在 3m 范围内绝对避免一切烟火、铁器碰撞，不准穿带钉子的鞋。为消除污染，特别是消除工作现场的污染，设备必须有抽风装置。最好是将涂胶机和挤胶辊密封起来，专门设一个密封室，适当装上窥视镜，抽风口布置在密封室顶盖上。

更要注意的是调配黏结剂时要防火防爆。因此，调配黏结剂要专设一个房间，并要离开生产厂房。房间内所使用的设备和工具必须符合防火防爆要求，电开关安置在房间外。

涂胶辊和挤胶辊是耐甲苯、丙酮、醋酸丁酯和环己酮 4 种较强溶剂的胶辊，不允许有被 4 种溶剂溶解的现象，硬度 70 度（邵氏）。涂胶辊是游动辊，挤胶辊必须是传动辊，否则，由于黏结剂未活化处理时还是比较滑润的，导致挤胶辊有时不能随带钢走行而灵活转动，造成挤胶辊停停转转，当磨损时便干脆不转了，这样不仅黏结剂不能涂均匀，保证不了黏结剂要求的厚度，而且磨损下来的胶渣子掺在黏结剂中涂在带钢表面上，也会降低塑料薄膜层压复合性能。

6.4.5.7 烘干

带钢表面涂上黏结剂后进入烘干炉进行烘干，使黏结剂中的溶剂完全挥发。实践告诉我们，如果黏结剂中的溶剂没有完全挥发，即黏结剂没有干燥，则带钢进入活化炉时未挥发的溶剂将燃烧，并将烧焦黏结剂，从而破坏了黏结剂层，这就是黏结剂所以要进行干燥的原因。烘干炉温度 60 ~ 70℃。为防止溶剂着火，炉内采用蒸气排管辐射热加热，不采用直接火焰加热。炉膛温度通过热电偶和仪表测量与指示并自动记录。带钢烘干时间为 5 ~ 4min，黏结剂不粘手则表示已烘干。

带钢表面涂上黏结剂后不应落上灰尘等脏物，以免减弱黏结剂的性能。因此，烘干炉的入出口端必须尽可能封闭，防止灰尘进入。炉顶和炉壁应采用不易腐蚀的材料嵌套，避免杂质掉在带钢表面上。

烘干炉顶设有抽风口，通过烟囱将挥发的溶剂排除。为消除环境污染，应设法将挥发的溶剂回收作为其他用燃料，或者在烟囱出口端点燃烧掉。

为支撑和传送带钢，炉内装有传动的炉底辊道。炉底辊的线速度必须与带钢的线速度保持同步，否则炉底辊与带钢产生相对运动而将黏结剂层破坏。炉底辊表面必须干净无锈蚀，因此炉底辊应采用镀层辊（如镀铬辊）。带钢停止运动时，炉底辊必须同时停止运转。

6.4.5.8 黏结剂活化处理

烘干炉使黏结剂中的溶剂完全挥发，三元树脂附在带钢表面上。根据三元树脂的特性，需要达到一定温度才具有黏结性，即达到使其活化的温度。这个温度为165~180℃，温差±15℃。黏结剂在活化炉内处理时间为1.6~2min。带钢各部温度应均匀一致，带钢中间和边部温差不大于3~5℃。

加热程序是按照带钢运动方向由低到高逐渐升温。因此，活化炉分为三段，按照带钢运动方向第一段炉温为300~320℃，第二段（中间段）炉温为320~350℃，第三段（炉出口段）温度为350~400℃。

活化炉采用碳化硅红外线板加热，可使加热比较均匀，并可消除煤气火焰加热对黏结剂的污染，从而保证黏结剂表面干净。红外线电流大小通过调压器来控制调整，最好是根据炉温变化自动调节。炉膛温度用热电偶和仪表进行测量与指示并自动记录。活化炉内装有与烘干炉同样的炉底辊和嵌套。

活化炉与复合机之间因有其他设备和为了便于引送塑料薄膜，因此相距有一定间隔，从而导致带钢在这一间距内产生了自然温降，特别是冬季尤甚。带钢降温的主要部位是两边缘。这样会使两边缘的塑料薄膜黏合不如中间，宽出带钢宽度的塑料薄膜也不易剪掉，即使能勉强剪掉也易造成破边。为补偿带钢两边缘的温度降，必须设有辅助加热装置。比较简单的方法是，在带钢两边缘悬吊碘钨灯，随着温度的变化，可随时调整碘钨灯与带钢的距离。碘钨灯还同时起到照明的作用。

6.4.5.9 塑料薄膜层压复合

在黏结剂活化的温度下（165~180℃），塑料薄膜与带钢进行辊压黏合，如图6-92所示。

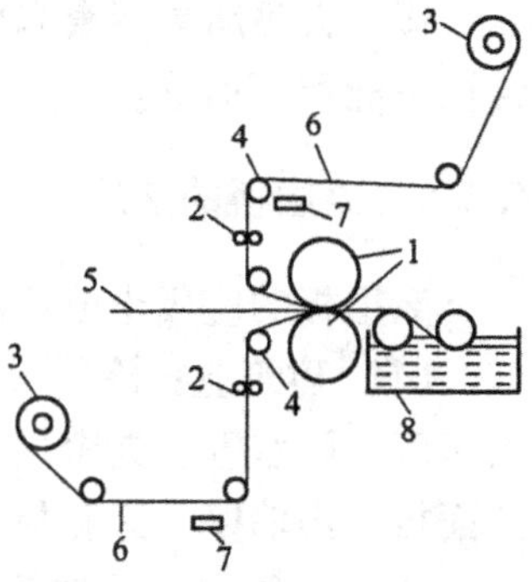

图6-92 覆层机示意图

1—复合机胶辊；2—吸边器；3—塑料薄膜卷；4—传送辊；5—带钢；6—塑料薄膜；7—保温装置；8—冷水槽

塑料薄膜卷放在固定的锥架上并对准带钢中心线，在吸边器作用下，控制塑料薄膜走正。在塑料薄膜不至于拉薄的前提下，保持具有适当的张力，以避免塑料薄膜打褶。上下各三个传送辊在撑托的同时，也能在塑料薄膜打褶时起到展开作用，并保证塑料薄膜层压复合时平直。塑料薄膜层压复合时，带钢各部承受的压力必须均匀一致，压力一般控制在0.4~0.9MPa。

塑料薄膜层压复合时，要求上下各岗人员密切配合，手疾眼快，动作迅速，准确无误。

塑料薄膜接头采用电烙铁或黏布黏结，如接头不及时或粘结偏斜，将造成塑料薄膜和带钢的损失。

复合机胶辊直径必须保持均匀一致，表面光滑，不允许有凹凸不平，否则不能保证层压复合质量。

胶辊在165~180℃温度条件下工作，故要求胶辊必须能耐200℃左右的温度。**停产时必须立即使带钢脱离胶辊，并立即施以风吹冷却，否则胶辊易被粘掉皮。**

胶辊的硬度为70~75度（邵氏）。胶辊过软或过硬都不利于塑料薄膜的层压复合，特别在胶辊过硬的情况下尤其是这样。胶辊过硬也不利于塑料薄膜毛边的剪切，因为塑料薄膜毛边是靠胶辊和带钢之间造成的压力，借助于带钢边部断面而剪切掉的。

塑料薄膜在165～180℃层压复合时有烟雾产生，为保障人身健康，消除环境污染，必须将烟雾抽除。

6.4.5.10 冷却

塑料薄膜层压复合后，立即进入冷水槽冷却，急剧冷却到室温，使热塑状态下的塑料薄膜能定型地黏合固定在带钢上。这样，层压复合板在运动过程中就不至于辗挫损坏，在拉紧辊和卷取机卷取作用下也不会使塑料薄膜变形或刮伤。

层压复合板在冷水槽中冷却时间为1.6～2min。在冷水槽出口端装有挤水辊，挤去层压复合板表面带出的水分，并施以压力、风吹使之迅速干燥。为使冷却水经常保持在常温左右，冷却水需要不断地循环。

层压复合板自冷水槽出来进入活套坑，在拉紧辊作用下进行张力卷取。根据用户需要可成卷或定尺交货。

6.4.5.11 其他

塑料层压复合板生产线，采用水平摆动辊、向心辊、浮动卷取机来控制带钢走正卷齐。

为保证带钢塑料层压复合前后表面不被损伤和污染，生产线所有的辊子均采用胶辊，胶辊的硬度在70～80度（邵氏）。

由于带钢表面钝化后和塑料层压复合后表面保持干净的需要，车间内应无灰尘或尽可能的少，并要保持地面干净、设备光亮。

操作人员所戴手套和所穿的工作服要求干净，不允许有油污，抚摸和靠上塑料层压复合板不能留下痕迹。

6.4.6 涂层板的应用

涂层板的应用十分广泛，可以认为它已应用到各个领域，具体应用如下：

（1）建筑业：涂层板在建筑上用于室外建筑的有阳台面板、屋顶构件、房屋正面墙、汽车库、雨水管、卷帘门、售货亭、百叶窗等；用于室内建筑的有电梯、窗台、暖气散热片面板、内墙壁、天花板、通风道等。

（2）运输车辆及造船业：可以作各部件板，如地板、机车构件、车辆及船舶墙壁、舱室、隔板和船内用器、卧车、集装箱等。

（3）家用电器方面：洗衣机、电冰箱、暖风机外壳、仪表箱等。

（4）其他方面：衣箱、卷柜、柜台、医疗器械、家具、办公用品、玩具等。

6.4.7 彩色涂层板发展趋势

彩色涂层板随着市场应用不断扩大，近年来发展迅速，目前世界总生产能力已达到年产1300万t，其中欧洲330万t，日本和亚洲为466万t，北美454.5万t，澳大利亚、新西兰和南太平洋地区为80万t。彩色涂层板生产发展趋势：

（1）二涂二烘式代替一涂一烘式。二涂二烘式是涂底漆和面漆，这样对提高表面质量和抗腐蚀性能都是必要的，它能满足家电产品等高档次涂层产品的需要。

（2）电镀锌基板代替冷轧基板。由于电镀锌基板与涂料有较好的黏附力，而且有较强抗腐蚀性，是生产彩色涂层板的理想基板。

（3）三辊式涂层工艺代替二辊式涂层工艺。所谓三辊式辊涂，就是中间增加一个控制辊，这样对调节涂层厚度和涂层表面质量都有好处，比二辊式涂层调节空间大得多。

（4）“V”形辊涂代替直线形辊涂。“V”形辊涂与直线形辊涂如图6-93所示。“V”形辊涂比直线形辊涂的调整和换辊更方便，故是今后发展方向。

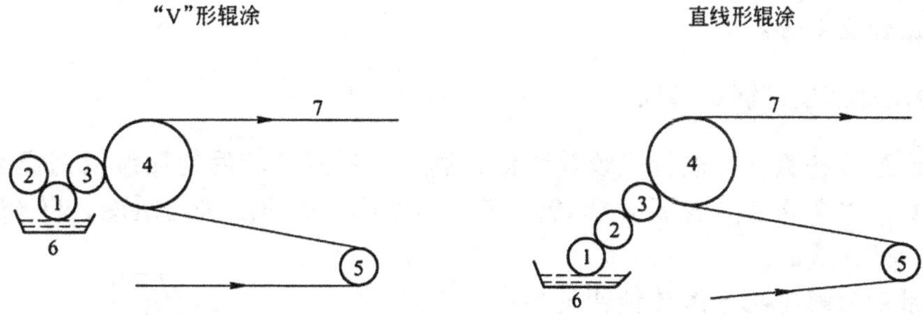

图6-93　“V”形辊涂与直线形辊涂比较

1—取料辊；2—调整控制辊；3—涂敷辊；4—支撑辊；5—转向辊；6—漆盆；7—带钢

（5）在表面涂料方面，由聚酯涂料到硅改性聚酯涂料，又发展到耐久性最好的聚偏氟乙烯涂料。在盐雾试验中，聚酯涂料耐500h，硅改性聚酯涂料耐750h，聚偏氟乙烯耐1000h。

（6）彩色涂层产品不仅考虑耐久性、耐蚀性，同时向多种多样的外观产品发展，例如，金属纹理型表面等等。

（7）在涂层工艺上，国外已进行静电粉末涂层试验，并在卷材涂层中得到应用。

涂层板即有钢板的强度，又具有塑料的耐腐蚀性和装饰性。它作为一种新型的复合材料越来越受到人们的重视。在国外，涂层板的生产和应用已十分普及。近年来，国内对涂层板的应用已开展起来，例如：在造船业、厂房、家用电器等方面都已开始应用。上海洗衣机厂也准备建立一条以涂层板为原料的洗衣机生产线。宝山钢铁（集团）公司开发公司也建成以涂层板为原料的办公用品等产品的生产线。当前，钢铁企业发展涂层板生产和应用是十分必要的。尤其在上海更为重要，在这一地区的加工工业三废污染严重，产品成本高，在国际市场竞争能力差。为改变这一面貌，用涂层板代替其他钢板人工油漆的传统工艺，不仅能够解决工厂的三废污染，而且可以使产品质量稳定、成本降低，提高产品竞争力。因此，如何开发和扩大生产应用涂层板是摆在我们钢铁企业面前的一项迫切任务。

6.5　镀铝钢板的生产

镀铝钢板的铝镀层可以达到三重保护作用，即：

（1）形成一个韧性表面，把钢与腐蚀气氛分隔开。

（2）如果铝镀层受到机械损伤，它可以通过阴极保护作用来保护暴露基体金属，例如在海洋环境下。

（3）它可以形成一个良好的防腐氧化膜。

镀铝钢板与镀锌钢板耐腐蚀性比较，镀锌钢板的腐蚀速度是镀铝钢板腐蚀速度的两倍。另外，铝的腐蚀速度随着时间的推移而减慢，而锌的腐蚀速度则与时间成正比。

镀铝钢板把钢的机械强度和铝的良好抗腐蚀性结合在一起。它能抗盐水和含硫工业气氛的腐蚀，它在室温下抗氧化和在较高温度下抗剥离的性能相当好，在高达485℃时仍具有较高的热反射率和抗变色性。这种性能使它适于制作汽车的排气管和消音器之类的部件，也适合于要求抗剥落性能的渗碳箱和其他用途。如用作屋顶、侧墙、建筑构件、紧固件、电力线路金属附件、热处理设备、换热器部件、加热元件、透平叶片、运输机零件、悬挂件、搪瓷支架等。

6.5.1　分解氨法生产镀铝钢板

钢板通过分解氨方式进行连续热镀铝，然后将强制冷却后的热镀铝钢板迅速加热到470～510℃，并在这个温度下保温10s，随后以8℃/s的速度进行缓冷，自380℃开始急冷至常温，即得成品。

冷轧带钢分解氨法连续热镀铝的生产过程如图6-94所示。

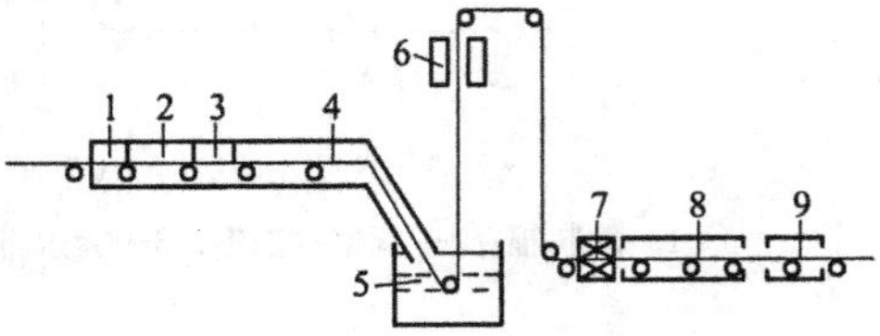

图6-94　通过分解氨方式连续热镀铝生产线示意图
1—预热段；2—无氧化或弱氧化加热段；3—加热段；4—冷却段；5—热镀装置；6—强制冷却装置；7—急速加热装置；8—调质冷却装置；9—急冷装置

图6-94中急速加热装置7是将强制冷却后的镀铝带钢急速加热到过时效处理温度(470～510℃)的一种加热装置。这种装置经常采用从内部加热的方式。这是因为,镀铝钢板辐射能小(辐射能:铝0.15,铁0.95),像通常带钢加热那样用外部加热方式在连续线中短时间内完成急速加热是很困难的,因此经常采用电阻加热或感应加热或电阻和感应组合加热的内部加热法。感应加热的原理是在缠绕在被加热物周围的线圈上通交流电,使被加热物产生感应电流而进行加热。通过这种方式加热,钢板内部直接发热,可达到急速加热的目的。

调质冷却装置8以8℃/s以下的冷却速度把镀铝带钢从过时效温度缓慢冷至380℃。这种装置没有什么特殊限定的形式，一般是采用可充分利用废气等热源的辐射管方式，通常在大气状态下工作也无妨。

急冷装置9是将镀铝带钢从约380℃急冷至常温的一种装置，是为缩短生产线的长度而设计的。冷却方式也没有特殊规定，经常是水冷式的。

按照以上各工艺处理条件，可使镀铝钢板伸长率提高，获得优良的加工性能。对于各种条件的分析效果是：热镀铝后进行强制冷却，接着急速加热到过时效温度（470～510℃），这种激冷、激热使带钢受到热冲击，热冲击使带钢产生位错。这种位错形成固溶碳的析出核，位错越多固溶碳的析出速度就越快。因此，希望这种强制冷却速度及加热速度越快越好，强制冷却后达到的温度越低越好。最理想的条件是，强制冷却速度在10℃/s以上，冷却后达到温度在200℃以下，加热速度在10℃/s以上。这样的激冷、激热处理可缩短生产线的长度，这是非常有利的。

如果过时效处理温度低于470℃，就会因碳的扩散速度慢而使固溶碳的析出缓慢，而且温度低回复缓慢也会造成位错残存，这两种因素相结合，其伸长率就比分批退火（330℃×10h）过时效的伸长率低得多。另外，如果不是在470℃以上、10s以内的短时间处理条件下进行过时效处理，析出的碳就会产生再固溶，结果是固溶碳增加，其伸长率远远不如分批退火过时效的伸长率。

过时效温度的上限之所以定为510℃，是因为温度一超过510℃，合金中的铁百分比就变高，镀层的加工性能就变坏，加工时还会发生镀层剥落等问题。此外，进行这些高温处理的镀层表面就出现模糊不清的缺陷，造成次品。

冷却速度之所以限定在8℃/s以下，是因为以8℃/s为界限获得的伸长率有急剧降低的趋势。这是考虑到如果超过这个速度进行冷却，就会出现因带钢受到热冲击而产生位错，同时过时效处理后残留固溶碳的析出也会由于这种急冷而被阻止，并以过饱和状态残存着，使材质显著变坏。但是从380℃以下进行急冷，则热冲击不大，基本上看不出有位错产生，固溶碳百分率达到常温后也无变化，所以进行这样的急冷，材质也不会分化。从缩短生产线的意义上来看，从380℃以下急冷至常温是可以的。

这样将分解氨法生产的热镀铝带钢进行急冷，接着再急速加热至470~510℃，并在这一温度下进行10s的短时间保温，然后以8℃/s以下的冷却速度缓冷至380℃后，随之再急冷至常温。通过这种热循环加热过程，可大大提高热镀铝钢板的加工性能。

6.5.2 其他方法生产镀铝钢板

森吉米尔法对沸腾钢、镇静钢和高强钢的冷轧、热轧和酸洗板卷进行连续热镀铝。在该法中，带钢首先在一个炉温为870℃的炉内轻度氧化，然后进入还原气氛，从而把这个均匀的金属氧化层还原成金属铁。把它冷却到700℃，然后进入铝熔池，这种还原铁表面很容易与铝结合。在浸镀后，其操作工序就与镀锌非常相似了。

其他的热镀铝法是在一种熔融盐混合物中对带钢进行溶剂处理，以获得干净的表面。钢在一个400℃的溶剂锅中浸数秒钟，然后进入铝熔池中，钢的表面上覆盖一层熔剂膜，温度保持在700~950℃范围内。

典型的热镀铝流程是：碱洗脱脂→水洗→酸洗（盐酸或硫酸）→水洗→溶剂处理→预热干燥→热浸镀（700~740℃）→风冷。

无熔剂热浸镀铝也是可以实现的。钢板在清洗、酸洗、电镀锡、干燥后进行热镀。铝液将锡熔化与钢浸润在一起。

在一个最近发展的工艺中,带钢在进入铝熔池前先通过钠蒸气和氮气。钠消除铝表面的污染物,改进了镀层质量。

添加合金的镀铝,铝镀层合金中主要合金元素是硅和铁。硅能降低铝的熔点,因此降低了允许的最低操作温度。另外,镀层的韧性也比纯铝镀层有很大改善,这是由于钢表面的金属间化合物过渡的厚度和硬度减少的缘故。合金化能避免熔池表面形成很厚的氧化物膜,减少了对镀层的污染。微观组织也发生了很大变化,铁含量细化了镀层的晶粒,产生平滑和光泽的表面组织,因此镀层的外观得到很大改善。

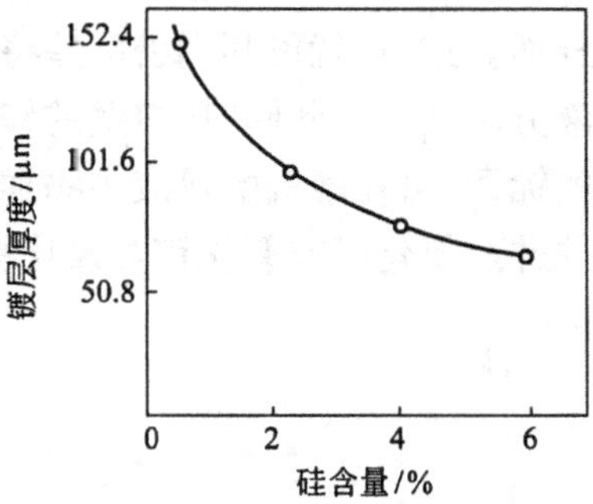

图 6-95 铝镀层厚度与硅含量之间的关系

从图6-95所示硅含量与镀铝层厚度之间的关系可以看出,随着硅含量的增加,镀层厚度减薄。不过硅含量超过3%时，表面会随着大气侵蚀而变黑。变黑并不明显地降低防腐蚀能力，但有损于外观。当达到一个临界厚度之后，增加硅含量也不会再使中间层的厚度减少。据观察，加入2.5%～3.5%的硅时，可形成最佳的镀铝层。

铝镀层厚度与浸镀时间的对应关系示于图6-96。镀层厚度随着浸镀时间的延长而增厚。铝镀层厚度随着熔池温度的上升而减薄，见图6-97。铝镀层随着带钢从熔池中取出速度的加快而减薄，随着钢基体粗糙度的增大而加厚。带钢刚从熔池中引出时立即施加机械作用力（如擦抹、振动或受离心力），也会使镀层减薄。镀铝钢板的使用寿命主要取决于镀层厚度。

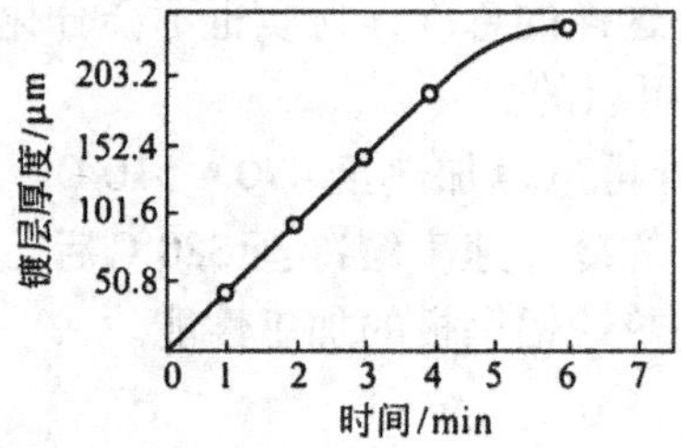

图6-96　铝镀层厚度与浸镀时间的关系

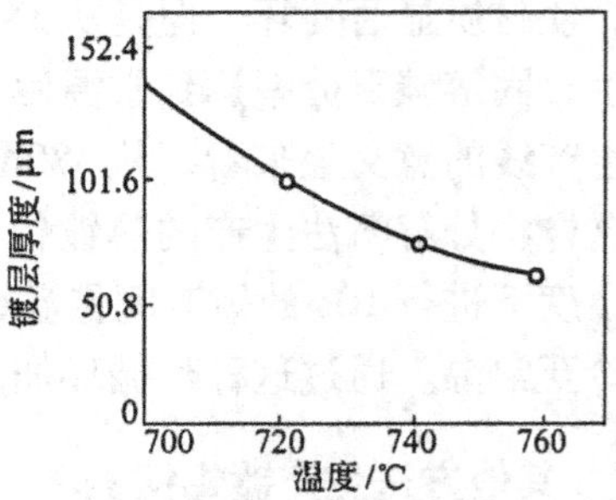

图6-97　铝镀层厚度与浸镀温度的关系

至今有许多钢铁镀铝方法，如热镀法、扩散法、渗铝法、泥浆法、喷涂法、包层法和化学蒸发沉淀无水电解液电镀法等。

镀铝钢板外观与镀锌钢板外观相比，镀锌层不甚光亮，但有规则的多角形结晶锌花。而镀铝层光亮，并具有暗淡的多角形结晶组织。

6.5.3　热镀锌-铝合金钢板

6.5.3.1　锌-铝合金镀层钢板

热镀槽中盛有熔融铅液，同时利用密度差使熔融锌和含有高浓度铝的锌-铝合金浮在铅液上面。自由交换的作用，使熔融锌-铝合金与熔融锌液分离开来。镀材进入锌液镀槽之中，进行热镀之后，再通过熔融铅液层和熔融锌-铝合金液层，取出后即形成锌-铝合金镀层。热镀锌-铝合金工艺如图6-98所示。在镀槽中先盛入熔融的铅，使液面达到悬挂的箱子处。其次把含有高浓度铝的熔融锌-铝合金液装到熔融铅上方的箱子内，再把熔融的锌液装入箱子外面。这时，就可利用密度差将放入镀槽内的熔融铅液与其液面上的熔融锌液及锌-铝合金液分离开。与此同时，熔融的锌液与熔融锌-铝合金用箱子隔开。另外，为了获得良好光泽的镀面，可在熔融的锌液中添加少量的铝（0.1%铝）来抑制锌-铝合金层的发展。将用氢还原并经氯化氨或氯化锌等氯化物溶液预处理的钢板从熔融锌液层送进镀槽时，钢板即可

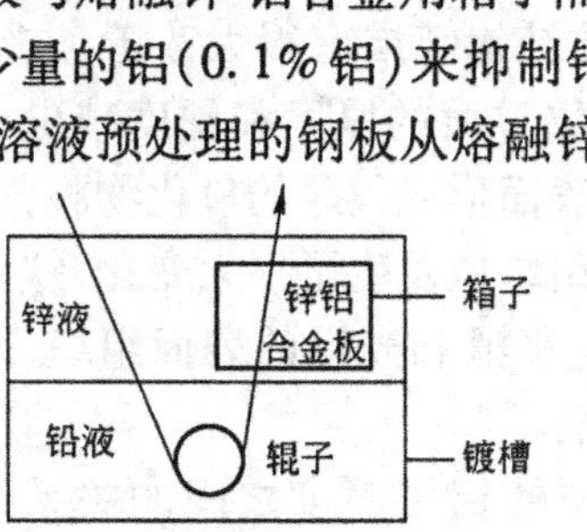

图6-98　热镀锌-铝合金工艺示意图

热镀上熔融的锌。这种热镀锌方法与森吉米尔连续热镀锌法没有什么区别。然后再将已镀锌的钢板引进锌液层下面的熔融铅液层中,在此液层中保温并通过该液层中的辊子,将钢板导入箱子中,通过箱子中熔融的锌-铝合金液后,在镀锌层上即可形成均匀的锌-铝合金层。这种锌-铝合金层铝含量不过3%,但比镀锌钢板提高了耐腐蚀性能。

6.5.3.2 55%铝-锌合金镀层钢板

这种铝-锌合金镀层,含55%的铝、43.4%的锌和1.6%的硅(质量比),其成分比的确定是以铝-锌合金镀层钢板在农村、工业区、沿海气候中的一系列腐蚀试验为基础的。试验结果表明,55%的铝含量是铝镀层耐久性和锌镀层耐久性的最佳结合比例。双面镀层的质量为153g/m^2,相应厚度大约每面为20μm。

这种55%铝-锌合金镀层钢板成形容易,并可用任何一种常规方法固定和连接。屈服强度为266~371MPa,抗拉强度为350~455MPa,伸长率为20%~36%。持续13a的大气试验表明,55%铝-锌合金镀层钢板具有良好的耐久性和长期的防腐蚀性。在各种环境中腐蚀速度的比较表明:

(1) 55%铝-锌合金镀层钢板的耐久性至少比相同厚度的镀锌钢板高2~4倍。

(2) 在工业、农村环境暴露大约10a或更长时间以后,55%铝-锌镀层和铝镀层的腐蚀速度没有区别。

(3) 在大气试验中,这种镀层对保护钢板的切边起到电化学保护作用。镀锌钢板也具有电保护作用,但是55%铝-锌合金镀层钢板对切边保护作用周期较长。与只有在海洋环境中才有电保护作用的铝镀层比较,在包括工业区和农村环境在内的所有环境中,对切边都能起到保护作用。

由于它具有优良的耐久性和其他特性,所以许多国家已广泛使用不涂漆的55%铝-锌合金镀层钢板,代替镀铝板和预先涂漆的镀锌板作为金属房屋的屋顶材料。在汽车上应用这种产品也有类似的优点。从腐蚀速度看,在不同环境下镀锌板较55%铝-锌合金镀板的腐蚀速度要快,前者腐蚀平均值为1.81μm/a,而后者为0.4μm/a。通过试验表明:

(1) 55%铝-锌合金镀层板的腐蚀速度随着时间的增加而减慢。

(2) 镀锌板对55%铝-锌合金镀层板的腐蚀比率几乎保持不变,大约为2:1。

(3) 即使55%铝-锌合金镀层板边(面积)大50%左右,其腐蚀也比镀锌板少。

在公路上行驶的汽车运行三年的试验表明,在汽车下部的55%铝-锌合金镀层板比镀锌板的耐腐蚀性高出2~8倍。

55%铝-锌合金镀层钢板在部分国家中可保证20a的使用寿命。

7　第三代汽车钢板的生产

7.1　概况

按汽车冲压板发展的历史和冲压性能水平，汽车钢板可分为三代产品。

冲压用钢的重点要求之一是组织结构要保持较高的有利织构组织，即有利的织构系数{111}/(100)在组织中要高。从这个角度考虑，普通沸腾钢代表了第一代产品，它与各向同性无取向正火钢相比无疑是一个进步。沸腾钢具有较弱的{111}织构，所以其 $\bar{r}$ 值不高（$\bar{r}=1.0\sim1.2$）。沸腾钢中固溶氮含量较高，具有明显的应变时效性，同时具有烤漆硬化能力。

第二代冲压用钢在冲压性能上的进步是由于引入铝镇静钢而获得的。通过摸索 AlN 的固溶和析出，可以得到好的{111}织构，从而使冲压用钢获得良好的冲压性能。铝镇静钢 $\bar{r}$ 系数为1.4～1.8。铝镇静钢氮被固溶成AlN，在罩式炉退火中，绝大部分碳析出成 Fe_3C，所以经平整后，其性能稳定，在大工业生产中使用的各类系列的冲压板都是以铝镇静钢为基础发展衍生而来的。

20 世纪 80 年代，特别是 1988 年以来，冶金生产技术的进步，如真空脱气、炉外精炼、底吹转炉、连铸连轧、控轧控冷、连续退火、表面镀层等为 80 年代冲压钢板的变革奠定了发展的基石，使以 IF 钢级别系列为代表的钢转化为第三代冲压钢板，并以其{111}织构和纯净的钢质使 IF 钢具有极强冲压性能。

三代冲压用钢性能比较如表 7-1 所示。

表 7-1　三代冲压用钢性能比较

钢　种	σ_s/MPa	σ_b/MPa	δ/%	$\bar{r}$	n
沸腾钢	180～190	290～310	14～48	1.0～1.2	约0.22
铝镇静钢	160～180	290～300	44～50	1.4～1.8	约0.12
IF 钢	100～150	250～300	45～55	1.8～2.8	0.18～0.21

7.2　IF 钢的发展

今天超低碳系列作为第三代冲压用钢应归功于对**无间隙原子钢**（IF 钢）的研究，Comstock 在 1949 年最先提出，在普通低碳钢中加入足够量的钛（碳含量为 4～5 倍），钢中 C、N 原子被固定成 Ti(C、N)，从而该钢具有优良的冲压性能，这成为 IF 钢发展的基础。但由于经济上的原因，IF 钢的发展受到限制。

20 世纪 80 年代采用改进的 RH 技术，可以经济地生产出 $w(C)\leq20\times10^{-4}\%$ 的超低碳钢，RH 处理时间为 10～15min，从而使传统的 IF 钢转变为现代 IF 钢。现代 IF 钢（$w(C)\leq0.005\%$，$w(N)\leq0.003\%$）具有优异的深冲性能（$n\geq0.23$，$\bar{r}\geq2$）。80 年代以来，IF 钢在国

际范围取得了飞速发展,1990 年世界 IF 钢产量超过 700 万 t,1986～1989 年日本 IF 钢产量增长了 11 倍,全世界 IF 钢产量增长 4～7 倍。

7.3　IF 钢的冶金学特点

7.3.1　超低碳

IF 钢最终能付诸生产就是由于采用真空脱气技术，使碳、氮含量大大降低。传统的 IF 钢碳含量为 0.005%～0.01%，现代 IF 钢采用底吹转炉冶炼，经过改进后 RH 处理，在连铸中采取保护措施，可使碳含量大大降低，一般 $w(C) \leqslant 0.005\%$ 甚至到 $w(C) \leqslant 0.002\%$，$w(N) \leqslant 0.003\%$ 甚至到 $w(N) \leqslant 0.002\%$。

7.3.2　微合金化

在钢中加入多少钛或铌的量，才能使 C、N 原子被完全固定，从而无间隙固溶原子存在，这是 IF 钢冶金学的基础。以钛处理 IF 钢为例，按化学当量计算，只要钢中钛含量满足：

$$x(\mathrm{Ti})/x(\mathrm{C}+\mathrm{N}) \geqslant 1$$

则 C、N 原子可以完全固定成为 Ti（C、N）。如果上式换算成质量百分比，则固定 C、N 原子所需的钛含量为：

$$w(\mathrm{Ti}) \geqslant \frac{48}{12}w(\mathrm{C}) + \frac{48}{14}w(\mathrm{N})$$

可见钢中 C、N 含量愈低，则所需钛量愈少。假设钢中的 $w(C) = 50 \times 10^{-4}\%$，$w(N) = 30 \times 10^{-4}\%$ 时，则所需钛含量 $w(Ti) \geqslant 0.03\%$。

在钢中加入铌的作用与加入钛的相似，但铌的相对原子质量（93）比钛的相对原子质量（48）重，则

$$w(\mathrm{Nb}) \geqslant \frac{93}{12}w(\mathrm{C}) + \frac{93}{14}w(\mathrm{N})$$

假设钢中 $w(C) = 50 \times 10^{-4}\%$，$w(N) = 70 \times 10^{-4}\%$，按上式计算则 $w(Nb) \geqslant 0.059\%$。

在 IF 钢中，Ti、Nb 的作用是完全固定了钢中间隙原子，从而得到纯净的铁素体，纯净的铁素体利于 {111} 织构的优先发展。Ti、Nb 净化铁素体基体的作用被称做净化作用，Ti、Nb 的净化作用是 IF 钢具有超深冲性能的根本原因。Ti-IF 钢的力学性能比 Nb-IF 钢的要好些，通过适当控制铌含量可以生产出超深冲 BH 钢板，Nb、Ti 复合添加比 Ti 或 Nb 单独添加效果要好，特别是在热镀锌产品上。

7.3.3　钢质纯净

德国公司的生产经验是，从开始选用高炉炉料，把无用的杂质元素控制在低水平，铁水送到炼钢车间后，在铁水包里进行铁水预处理，此时硫含量低于 0.01% 的水平，然后送到底吹转炉上复合吹炼。在出钢时用挡渣设备，通过 RH 真空脱气使钢水脱碳并根据需要调节化学成分和温度，在连铸时采用保护措施。经过这些精心操作，炼出的 IF 钢其钢质纯净，含杂质较低，一般 IF 钢中 $w(S) \leqslant 0.008\%$。P、Si 和 Mn 都是强化铁素体基体元

素，在生产高强度钢时应适当地添加这些元素以保证强度，然而对超深冲 IF 钢来说，P、Mn 和 Si 含量都不宜高。

7.4　IF 钢生产工艺特点

IF 钢一旦冶炼浇铸完毕，成分已定，可以说基本上决定了 IF 钢性能。但要使 IF 钢的优异性能在退火后的产品中显出实效，必须控制好合理的生产工艺（包括热轧、冷轧、退火），因为生产过程每一步都要与最终产品性能相关，下面介绍热轧、冷轧、退火的工艺特点。

7.4.1　热轧

IF 钢热轧采用低温加热（约 1080℃）进行快速大压轧制，以利于碳氮化合物的粗化。采用低温卷取（650～700℃），热轧可得到均匀细小的铁素体组织，以利深冲性能（$\bar{r}$ 值）的提高。

7.4.2　冷轧

增大 IF 钢冷轧压下率，使退火后钢板的冲压性能提高。在实际生产中，冷轧压下率要比铝镇静钢高。

7.4.3　退火

与铝镇静钢不同，IF 钢的 $\bar{r}$ 值对退火过程的加热速度不敏感，所以不论是连续退火还是罩式退火都可以生产高 $\bar{r}$ 值的 IF 钢。

7.5　IF 钢的生产

我国超低碳钢生产起步较晚，1985 年以来北京科技大学王先进教授率先倡导重点研究这一工作，1989 年与宝钢、武钢率先开展了这一工作。由于各方努力，宝钢于 1990 年底生产出的 IF 钢与日本川崎的相比毫不逊色，宝钢与日本川崎生产的 IF 钢化学成分比较见表 7-2，性能比较见表 7-3。

表 7-2　宝钢与日本川崎生产的 IF 钢化学成分比较　（%）

厂　家	C	Si	Mn	P	S	N	Al	Ti	Nb	Cr	Cu
日本川崎	0.0028	0.005	0.12	0.011	0.008	0.0011	0.002	0.029	0.009	0.020	0.012
中国宝钢	0.0025	0.002	0.14	0.009	0.008	0.0031	0.041	0.054	0.010	—	—

表 7-3　宝钢与日本川崎生产的 IF 钢性能比较

厂　家	板厚度/mm	σ_s/MPa	σ_b/MPa	δ/%	n	$\bar{r}$	σ_s/σ_b
日本川崎	0.8	136	290	52.9	0.27	2.56	0.45
中国宝钢	1.2	141	289	49.0	0.24	2.63	0.49

7.5.1　武钢试验结果

钢坯加热温度为 1200℃，开轧温度为 1140℃，终轧温度为 920℃，卷取温度为

740℃。进入罩式退火炉前，必先对再结晶温度进行测定，冷轧试样取自5机架轧制后冷轧样品，该钢的化学成分见表7-4。

表7-4 武钢IF钢成分（质量分数）表 (%)

钢种	C	Si	Mn	P	S	Al	Ti	N
Ti-IF	0.003	0.030	0.161	0.013	0.006	0.038	0.060	0.003

7.5.2 再结晶试验结果

IF钢加热温度与表面硬度的变化规律见图7-1。在600~700℃范围，试样表面硬度下降显著，说明此阶段试验钢再结晶已开始并逐渐加快。根据50%再结晶温度，该成分IF钢的半小时再结晶温度应为650℃。当加热温度高于700℃之后，试验钢的表面硬度降低趋势又变得非常缓慢，说明再结晶已基本完成。

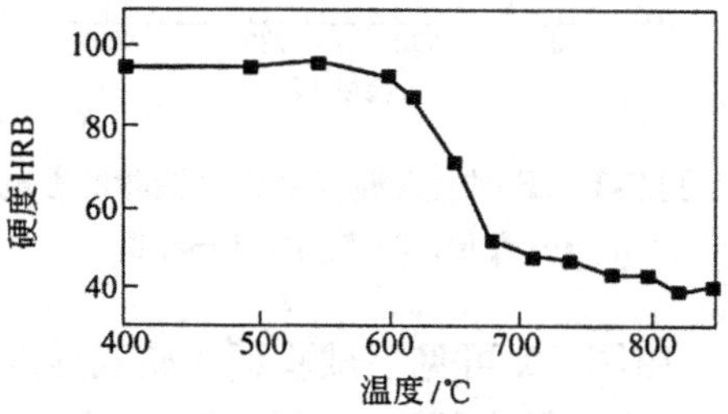

图7-1 IF钢加热温度与表面硬度的变化

7.5.3 罩式退火工艺的制定

7.5.3.1 试样尺寸和工艺参数

罩式退火试验在ZJ-7.5-12型真空加热炉内进行，试样尺寸为1.0mm×150mm×220mm，取自5机架冷轧后钢板。根据罩式退火炉设定的最高温度为750℃等特点，制定退火工艺参数如下：加热速度为80℃/h；保温时间1h、2h、3h、4h、5h、6h；以250℃/h冷却至200℃后，随炉冷却；加热温度为660℃、700℃、710℃、720℃、730℃、750℃。

7.5.3.2 实验结果分析

A 退火工艺对IF钢再结晶的影响

在710℃、720℃、750℃温度下保温，不同的保温时间对IF钢再结晶组织的影响见表7-5。随退火时间的增加，钢的再结晶完成率不断提高，再结晶晶粒长大。在710℃下保温，5h退火能完成再结晶，而在720℃以上的保温，4h就能完成再结晶。

表7-5 IF钢退火工艺及组织

退火工艺		再结晶率/%	再结晶组织晶粒度
温度/℃	保温时间/h		
710	1	30	10
710	2	75	9.5
710	3	90	9
710	4	95	8.5
710	5	100	8.5
710	6	100	8
720	4	100	8
750	4	100	7.5~8

B　退火工艺对成品性能的影响

罩式退火温度对力学性能和 n、r 值的影响（保温 4h）见图 7-2、图 7-3。

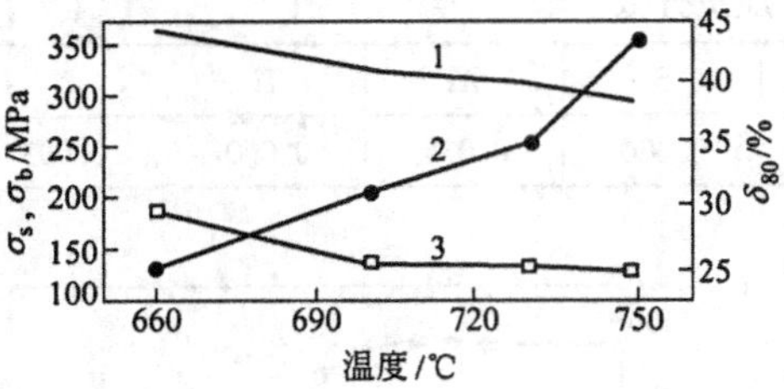

图 7-2　IF 钢退火温度对力学性能的影响

1—σ_b 值；2—δ_{80} 值；3—σ_s 值

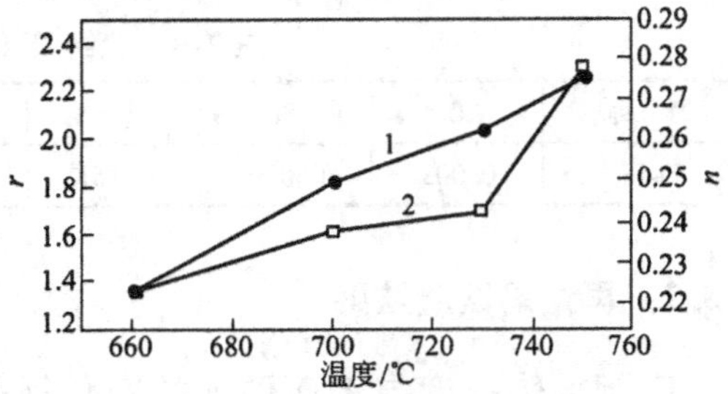

图 7-3　IF 钢退火温度对 n、r 的影响

1—n 值；2—r 值

由图 7-2 可见，试验钢的屈服强度和抗拉强度随退火温度升高而下降，退火温度高于 700℃后，屈服强度下降的趋势变缓，保持在 130MPa 左右；而钢的伸长率随退火温度升高而显著提高，750℃保温 4h 伸长率达到了 43%。

由图 7-3 可见，随退火温度升高，IF 钢的 n、r 值增加显著，在 750℃时 n、r 值分别为 0.275 和 2.27，达到了超深冲级水平，这表明提高退火温度是增加 IF 钢深冲性能的有效手段。

随退火保温时间增加，钢的屈服强度和抗拉强度降低，n、r 值和伸长率增加，但这种变化趋势很大程度上受退火温度的影响。退火温度较低（如 600℃），延长保温时间，屈服强度降低和 n 值增加比较明显，这显然与再结晶晶粒尺寸有所增大有关；与组织和晶粒取向密切相关的伸长率和 r 值在这种情况下变化较小。

在相对较高的温度下（如 750℃）退火时，延长保温时间使 IF 钢的伸长率和 r 值在较高的基础上继续提高，但屈服强度和 n 值变化不大。

由此可见，在 IF 钢罩式退火工艺中，退火温度是影响成品性能的主要因素，其次是退火时间，但一味延长退火时间对性能改善作用不大。

7.5.4　武钢 IF 钢生产及实物水平的评价

1998 年初武钢第三炼钢厂开始大规模生产 IF 钢，国内几个大公司开始试用 IF 钢，性能完全满足用户要求，并能冲制各种复杂零件。如一汽红旗轿车的行李箱内板，上连接板后围轮罩；神龙富康轿车的左右翼子板内板、尾灯座加强板、集风板；上海桑塔纳轿车的前左右门内板，减振器支座后柱左右加强板；江铃轻型车冲底壳；东风 8t 柴油车油底壳等。

表 7-6 为武钢 IF 钢与国外同类型产品力学性能的对比。

表 7-6　武钢 IF 钢与国外同类产品力学性能比较

厂　家	牌　号	σ_s/MPa	σ_b/MPa	δ_{50}/%	n	$\bar{r}$
日本川崎	KTU-X	139	284	52	0.263	2.2
日本新日铁	St17	160 ~ 177	292 ~ 313		0.265	2.02
日本新日铁	St16	130 ~ 145	231 ~ 307	48 ~ 54	0.262	2.01
中国武钢	WIF	136 ~ 160	283 ~ 314	47 ~ 53	0.245 ~ 0.269	1.90 ~ 2.55

7.5.5 鞍钢汽车板生产

鞍钢作为一个千万吨级的钢铁企业，近年来一直致力于汽车用钢的开发与生产。2003年共生产包括轿车板在内的汽车板40万t，成为国内能够生产轿车面板的少数钢铁企业之一。目前鞍钢所生产的超深冲、高强度冷轧汽车板，完全可以满足各类轿车质量要求，已登陆北美市场。同时，鞍钢非常注重汽车用钢的国际合作，已与德国蒂森·克虏伯公司合资在大连建立了鞍钢—蒂森·克虏伯镀锌钢板有限公司，取得了令人满意的成果。鞍钢把发展汽车用钢作为一个重要战略目标，今后将进一步加强与国内外先进企业、研发机构的交流与合作，如研发新型车用材料及整车的实验研究等，稳步提高汽车钢板质量，不断扩大产量，为汽车工业的发展提供有力支持。

在2004年汽车钢板国际学术研讨会上展示了上汽奇瑞汽车有限公司用鞍钢汽车板冲压、组装而成的奇瑞轿车车体，以及由鞍钢汽车板冲压而成的奇瑞旗云轿车后底板、前翼子板。东方之子轿车前门内板、顶盖，世纪星轿车前保险杠骨板，一汽解放卡车内门板、油底壳本体等汽车部件。

“九五”以来，伴随着鞍钢大规模技术改造，鞍钢汽车板的开发与生产不断向高、精、尖方向发展，目前，鞍钢已成为国内第二大汽车钢板供应商，占有国内市场三成的份额。

鞍钢冷轧厂先后成功开发了德标ST系列，目标是生产SP系列冷轧汽车板和轿车用板。今年又顺利通过了TS16949国际汽车行业管理体系认证，获得了国内外轿车生产的通行证。05级轿车面板已出口美国、英国、意大利、日本等多个国家和地区。

7.6 超低碳钢系列简介

7.6.1 深冲热镀锌IF钢板

为了防腐，镀锌板在汽车上得到了广泛应用，以北京切诺基吉普车为例，每辆车用钢板792kg。其中镀锌板530kg，占67%。

在使用IF钢之前，采用低碳铝镇静钢生产深冲镀锌板，在镀锌前必须进行预退火来完成再结晶，在镀锌后要进行后序退火来消除时效，故其成本昂贵。

IF钢具有以下特性：(1）非时效性；(2）超深冲性。故可以在连续镀锌线上的森吉米尔炉内完成IF钢在线退火，以极简单的工艺生产出廉价的深冲镀锌板。

7.6.2 超低碳高强IF钢板

对汽车中某些零件，如挡板，既要求钢板具有高的强度又要求有良好的成形性，超低碳钢高强IF钢正好能满足这种要求。该钢种的合金设计思想是通过Ti（或Nb）处理固定钢中的间隙原子以保证成形性；同时适当添加P、Si、Mn元素通过固溶强化保证强度。

除间隙原子外，磷是最有效的强化元素，提高每单位强度，加磷使$\bar{r}$值降低最少，锰最多而硅居中。对于Nb、Ti复合添加的高强IF钢，当钛的加入量正好使氮结合成TiN，铌的加入量正好使碳结合成NbC时，其性能最好。

值得注意的是含磷较高的超低碳钢，在冷加工后（如深冲后）有出现脆断的倾向，这是由于当碳含量极低时，磷易在晶界偏析引起晶界脆化。

有两种方法可以抑制冷加工脆性：（1）加入适量的硼；（2）控制退火后钢中存在的少量固溶碳。

加入微量（$20\times10^{-4}\%$）的硼可以使韧脆转变温度大大降低，硼阻止晶界脆化的原因是，硼优先在晶界偏析，从而抑制了磷在晶界的偏析。

在连续退火时，采取高的退火温度和快的冷却速度可以得到少量固溶碳，尤其对含铌钢，NbC 在830℃以上便部分溶解，极少量（$1\times10^{-4}\%$）的固溶碳可以大大减少磷在晶界的偏析。

表 7-7 列出了一种超低碳深冲高强 IF 钢的成分和性能。

表 7-7 深冲高强度 IF 钢的典型成分（质量分数）和性能

成 分	C	Mn	Si	P	S	Al	N	Ti
IF 钢	0.005	0.34	0.03	0.065	0.010	0.061	0.0022	0.064

成 分	冷轧压下率/%	连续退火温度/℃	σ_s/MPa	σ_b/MPa	δ/%	$\bar{r}$
IF 钢	80	775	201	393	41	2.09

7.6.3 超低碳高强 BH 钢板

为了提高汽车板覆盖件的抗凹性，BH 钢板的使用越来越多，一般的冷轧超深冲 IF 钢不宜作覆盖件，这是因为：（1）屈服强度太低；（2）无烤漆硬化性能；（3）平整度小。由轧辊向薄板的粗糙度转变能力差。为此，人们开发了超低碳高强 BH 钢板，它具有深冲性、高强度和烤漆硬化能力，适宜于用作汽车覆盖件。

BH 性是指汽车冲压件（经历了变形）在烤漆过程中（约 170℃），由于自由 C、N 原子钉扎形变诱发的位错而使屈服强度提高的现象。烤漆硬化（BH）与加工硬化的区别是钢中只要存在极少量的固溶碳就会产生明显的烤漆硬化效果。

8　冷轧不锈钢板的生产

8.1　不锈钢生产的发展及其在世界上的应用

不锈钢是20世纪初最伟大的发明之一。早在19世纪末，不锈钢的雏形就已被发明。20世纪初，英国、德国、美国、法国的有关研究人员相继发明了不同类型（马氏体系、奥氏体系、铁素体系）的不锈钢，先后取得了专利，并开始广泛应用。不锈钢牌号仅限于马氏体、铁素体和奥氏体类的十几个牌号。初期的不锈钢生产是以美国为主，1960年后日本不锈钢生产以每年10万t的速度快速增长，于1970年赶上美国达到125万t，1971年后日本成为生产不锈钢最多的国家。目前全世界三分之一的不锈钢是由日本生产的。

不锈钢生产虽然只有90年的发展历史，但是由于其性能优势已经在化工、建筑、医疗器械、餐具、电子、运输设备、装潢等领域得到了广泛应用，如美国在改造被损坏的桥梁时，以不锈钢代替碳钢，可以使桥梁寿命由45年延长到80年；英国用不锈钢钢筋代替碳钢钢筋，可以使高楼大厦的寿命达到120年。不锈钢一般分为：（1）马氏体不锈钢；（2）铁素体不锈钢；（3）奥氏体不锈钢；（4）奥氏体+铁素体双相不锈钢。全世界不锈钢年生产量1990年约1100万t，2000年达到了1900多万吨。全球碳钢年平均增长0.4%，而不锈钢年平均增长6%。全球不锈钢占碳钢的比例是2.1%。1999年全世界人均不锈钢消费3.7kg，德国、日本、美国人均不锈钢消费量分别达到15.6kg、13.2kg、8.4kg。

8.2　我国不锈钢生产的现状及其消费情况

我国不锈钢已有40年生产历史，近年粗钢产量近40万t（不含台湾省）。不锈钢生产量占钢产量的0.3%，人均消费1.3kg。不锈钢年消耗量占钢年产量的0.7%～0.8%。

近十年来，我国不锈钢材的消费量增加相当迅速，1999年消费量达到了155万t，是1990年22万t的7.2倍。1991年至1995年，不锈钢材年消费量波动在53～73万t之间。此间总消费量为280.4万t，年平均消费量为56万t，较1988年至1990年平均消费量26万t增加了30万t，年平均增长11.5%。1996年至2000年消费量增长的幅度更大，年消费量波动在73～155万t之间，特别是1999年155万t的消费量较1998年猛增了70万t。“九五”期间，不锈钢材的总消费量达到了542万t，年平均消费量为108万t，同“八五”相比增加了52万t，几乎翻了一番，年平均增长率约14%。不锈钢材消费量的迅猛增加，反映了我国经济的发展和新时期对技术含量高的品种需求走势，已成为钢铁工业调整钢材品种重要取向之一。由于国产不锈钢不能满足消费需求，而只有依靠大量进口来解决供需矛盾。1999年不锈钢板带材进口量为109.1万t，占同年钢材总进口量1486.3万t的7.3%，但是不锈钢板带材的用汇额却占钢材总用汇额的18.7%，占包括普通板带材在内的全部板带材汇额的23.52%。2000年不锈钢板带材进口量102.88万t，其中热轧不锈钢为48万t，用汇额比例与1999年相似。

既然产品有这么大的市场需求，但国产不锈钢却为什么发展不快呢？究其原因，一是产量低、规模小；二是品种规格、结构不合理，而且生产工艺技术、产品质量和成本与国外相比差距很大。面对如此严峻的形势，钢铁业内人士早就指出，不锈钢作为一种重要的战略资源，其生产能力反映了一个国家的综合国力，中国要由“钢铁大国”变为“钢铁强国”，必须要花大力气培育自己的不锈钢生产竞争能力和创新能力，建设自己的不锈钢基地。

8.3　太钢的发展目标

1998 年，太原钢铁（集团）公司钢产量为 226.55 万 t，其中不锈钢 13.54 万 t，工业生产总值 80.37 亿元；2002 年，太钢不锈钢产量达到 37.52 万 t，工业生产总值达到 135.88 亿元，一举跃入全球不锈钢十强企业行列。

太钢是我国最大的不锈钢生产企业，是国内最早研制、生产不锈钢的企业，具有丰富的不锈钢生产、技术、人才等方面的优势，被国家列为主要的不锈钢研究生产基地。1998 年，太钢不锈钢和不锈钢材产量分别为 9.6 万 t 和 8.2 万 t，占全国总产量的 1/3 以上。但总体上讲，其不锈钢生产工艺装备落后，规模和产品实物质量差距较大。

为了进一步提高竞争能力，从 2000 年起太钢实施了不锈钢系统改造工程。不锈钢系统改造工程包括第二炼钢厂改造、1549mm 热连轧机改造和新建不锈钢冷轧精整设施三部分，于 2002 年 8 月全面动工，2002 年底完工。整个改造工程，太钢始终坚持着眼于参与全球竞争，装备和技术均达到了世界先进水平。

第二炼钢厂改造采用具有国际先进水平的技术和装备，主体设备在国内首次运用。其中主要技术和装备包括：引进奥钢联顶底复吹专利技术和装备对 K-OBM 转炉进行改造，实现智能炼钢；连铸机及计算机控制系统引进意大利达涅利公司技术，采用方/板坯兼容工艺，属国内首创；连铸采用了结晶器液面控制、电磁搅拌、液压振动等技术，铸坯内在质量、表面质量达到国内先进水平。铸坯修磨收得率可提高到 99%，镍、铬收得率可分别提高到 99% 和 95%。2 号、3 号转炉炉气净化和煤气回收工程的实施，有效节约了能源，改善了环境，经济和社会效益显著。2002 年 12 月 13 日，1 号转炉采用 K-OBM-S“三步法”冶炼不锈钢获得成功，实现了中国冶金史上又一次零的突破。改造后，二炼钢厂形成了 1 号转炉—30t 超高功率电炉—80t LF 精炼炉—75t VOD 精炼炉—连铸机这一完整的转炉冶炼不锈钢生产线，形成年产 36 万 t 不锈钢的生产能力。

1549mm 热连轧机的改造由奥钢联技术总负责，设备从奥钢联英国公司引进，电气控制系统从德国西门子公司引进，达到当代先进水平，其中 TDC 计算机控制技术是德国西门子公司在世界上首次应用于热连轧机，实现了全自动轧钢，热连轧改造新建了带立辊的四辊可逆式强力粗轧机，取代原有的 3 架粗轧机，新建一台精轧机并改造 6 台精轧机，全面采用液压压下、弯辊、窜辊及活套技术；新建液压卷取机及卧式打捆机和自动喷号机。整个建设工期仅用 85 天，质量指标全面达到国际先进水平，厚度精度由 ±300μm 提高到 50μm，宽度精度由 10 ~ 20mm 提高到 0 ~ 8mm，凸度由 ±150μm 提高到 26.4μm，平直度由 901 提高到 301。

冷轧厂改造主要是新建一套纵切机组、一套修磨机组、一台 2m 轧辊磨床。不锈钢冷轧生产线由法国 DMS、美国法塔、德国松德维克等公司引进，冷轧机大功率交流变频传动采用 IGBT 整流。2002 年 11 月 26 日建成投产后，新增修磨能力为 6 万 t，切边和分条能力为14万t，工艺技术装备和产品质量达到国际先进水平。其中，修磨线实现了动态控制张力和速度，磨床实现了数字控制、自动修磨；冷轧板厚度精度达±0.003，板型不平度由8~10mm/m提高到4mm/m；2B板表面粗糙度R_a值由0.30~0.50μm降低到0.15~0.20μm，BA板的R_a值由0.04~0.07μm降低到0.02~0.04μm。

在改造过程中，太钢着眼于国际竞争，发挥自身优势、坚持高起点、高质量、高速度、高效益方针，工程优良率和一次合格率分别达到87%和100%。改造后，不锈钢钢水纯净度、钢坯表面修磨率、合金元素收得率，热连轧板卷的厚度精度、宽度精度，冷轧不锈钢板的厚度精度、表面粗糙度等实物质量指标达到国际水平，实现了不锈钢规模与品种、质量、效益的同步提升。

不锈钢系列的改造，极大地提升了太钢的市场竞争力和经济效益。2003年，太钢形成了年产100万t不锈钢的生产能力，成为国内最大、装备水平最先进、工艺流程最完整的不锈钢企业，进入世界不锈钢十强行列。

如今，太钢又在实施抢先战略，进一步扩大不锈钢发展规模，增强国际竞争力，力争用2~3年的时间，再新建一条国际上最先进的年产150万t的不锈钢生产线，使太钢形成年产250万t不锈钢的生产能力，销售收入达到400亿元，成为世界一流的不锈钢企业。

8.4 上海第一钢铁（集团）有限公司的发展目标

8.4.1 不锈钢工程建设的主要内容

上海第一钢铁（集团）有限公司（简称一钢公司）的不锈钢工程由炼钢、连铸和热轧及公辅四部分组成，工程总投资概算为110亿元人民币。由宝钢设计院、重钢设计院及宝信公司分别担任总体设计、热轧设计及三电设计。工程建设规模利用一钢公司现有750m^{3}和2500m^{3}高炉262万t/a的铁水生产能力为基础来考虑。

炼钢：不锈钢钢水75万t/a，板坯72万t/a；碳钢钢水223.3万t/a，板坯216.6万t/a。热轧：不锈钢板卷69.8万t/a；碳钢板卷212.4万t/a。

钢种有304、304L、316、316L、409、409L、410、420、430、430Ti、201、超马氏体、双相钢、超低碳氮铁素体不锈钢。

不锈钢主要规格。铸坯：厚150~200mm×宽750~1600mm×长8000~13600mm；板卷；厚2.0~10.0mm×宽750~1600mm。

产品实物质量。不锈钢达到世界先进水平（如蒂森·克虏伯、日新、川崎）。

8.4.2 项目主要生产工艺和主要设备

8.4.2.1 不锈钢炼钢工艺

铁水经出铁场全部脱硅处理后，运至炼钢车间倒罐经脱磷处理后，与热铬铁水一起兑入100t电炉，并加入不锈钢返回料、铁合金等固体料，熔炼成不锈钢母液，再经120t复吹转炉（KOBM或AOD）脱碳冶炼后，送至120t VOD精炼。采用该工艺冶炼占不锈钢冶炼量的95%，其余的在电炉修炉时用复吹转炉直接兑脱磷铁水、铬铁水冶炼400系不锈钢。

8.4.2.2 碳钢炼钢工艺

铁水经铁水缸搅拌脱硫处理后，兑入2×150t脱磷脱碳双联复吹转炉进行快速少渣冶炼（类似住友和歌山、NKK 福山和新日铁君津厂），然后进 RH 或 LF、CAS 精炼。LF 炉对不锈钢、碳钢均可进行精炼，以配合连铸作业。

连铸工程设 3 台 1 机 1 流板坯连铸机，不锈钢和碳钢板坯连铸机的机型和铸坯规格统一，板坯规格厚 150 ~ 200mm × 宽 750 ~ 1650mm × 长 8000 ~ 13600mm。

在轧制不锈钢板坯时碳钢板坯下线，在轧制 430 等铁素体不锈钢时可与碳钢板坯混合轧制。不锈钢板坯除少部分需下线修磨外，其余不锈钢板坯直送热轧板坯库。

8.4.2.3　1780mm 热轧

板坯经步进梁式加热炉加热后，通过高压水除鳞（水压为 17 ~ 19MPa），经四辊可逆式粗轧机轧制 3 ~ 7 道次，中间坯由无芯轴热卷箱卷取保温后通过输送辊至飞剪切头，经高压水除鳞进入 7 组精轧机组。带钢经层流冷却后由两台地下卷取机成卷，由运输链送至钢卷库。

8.4.2.4　三电自动化控制与计算机管理系统

三电自动化控制与计算机管理系统，包括控制级和管理级。控制级由多套过程控制计算机（简称 L_2）与相应的基础自动化设备或系统（简称 L_1）组成。L_2 负责各生产线或生产机组的过程控制和物流跟踪，包括数据采集、数学模型计算、优化控制以及板坯库/钢卷库管理。L_2 分成炼钢、连铸、热轧三个区，L_1 负责现场设备的运转和状态控制。管理级由全厂生产控制/管理计算机集群组成，简称 L_3，负责全厂的生产经营管理。

8.4.3　不锈钢工程的技术先进性

其不锈钢生产规模、产品、实物质量与国外一流不锈钢厂同等水平，而且可以生产世界上只有少数工厂能生产的超纯铁素体不锈钢新品种。不锈钢炼钢工艺路线既能适应以铁水、铬铁水为主的原料结构，又能适应以今后大量使用不锈钢废钢的原料结构，以降低生产成本。不锈钢炼钢既能三步法冶炼又能二步法冶炼。技术装备水平和国外新建不锈钢厂相当，不锈钢炼钢的主要技术经济指标达到世界一流水平。

3 台 1 机 1 流板坯连铸机规格统一，均采用了当今先进的不锈钢和碳钢板坯连铸技术，尤其是通过采用无缺陷铸坯生产技术，使不锈钢铸坯的修磨率达到世界一流不锈钢厂水平，碳钢铸坯基本不需清理，热装比达到 62%，生产成本低，成材率高。

1780mm 热轧机组布置为紧凑式，可轧不锈钢也可轧碳钢。轧机装备水平和国内新建的热连轧机组相当。为保证产品表面质量，采用 CVC 或 PC 轧机（设第三代在线磨辊装置，能自由轧制），设离线（预留在线）表面质量检查系统。轧机以薄规格产品为主，碳钢热卷厚度小于 3mm，代表规格厚 1.5mm，并可生产管线钢。轧机的各项指标与国内新建轧机相当。

8.4.4　不锈钢工程建设目标

不锈钢工程的建设，是一钢公司一次彻底的改造，是一钢公司可持续发展的新起点。一钢公司于 2000 年 8 月成立了不锈钢工程指挥部，积极组织各参与单位开展项目的各项前期工作。

由于不锈钢工程投资大，工期紧、要求高，一钢公司邀请宝钢股份公司固定资产投资管理处参与一钢公司不锈钢工程的计划和投资的全过程管理。委托宝钢监理公司和中国国际咨询公司负责工程的施工质量监理。宝钢工程技术公司和中国冶金设备公司已组成联合体参与工程的设备管理。宝钢国贸公司参与国内外设备招标工作及对外引进合同商务代理。已初步建立了不锈钢工程管理体系和管理制度，运转良好。

由于各建设单位的共同努力，目前工程前期的各项工作已全面展开并已取得阶段性成果。建址上原有的平炉、横列式轧机等需淘汰的生产设施全部拆毕。炼钢、连铸、1780mm 热轧三个主体单元经过与数家外商的技术交流、技术谈判，已于 2001 年 8 月 13 日完成主合同签约。主体单元施工单位在市招标办的指导下，已完成招标工作。

不锈钢工程建设工程目标是：在 2003 年底热轧系统具备热负荷试车能力，2004 年上半年、炼钢、连铸系统具备热负荷试车能力。

8.5 冷轧不锈钢生产过程的质量控制

8.5.1 概况

目前张家港浦项不锈钢有限公司主要生产 SUS304 不锈钢，其生产线主要由以下设备组成：带钢准备机组、二十辊森吉米尔轧机、连续退火机组、平整机组、表面研磨机组、纵剪机组、横切机组。下面对影响冷轧不锈钢带质量和性能的因素进行分析。

8.5.2 原料

热轧带卷的质量在很大程度上影响着冷轧产品的最终质量。

8.5.2.1 板形

单边浪等板形不良的原料在冷轧时易导致钢带跑偏和断带，影响压下率和轧制速度。

8.5.2.2 板凸度

板凸度直接影响冷轧时对钢板板形控制的难易程度，若凸度值太大，则板形控制困难，如用韩国浦项原料（厚 3mm），凸度值一般为 40μm 左右，板形易控制，单轧程压下率为 80% 左右；而用台湾烨联原料，凸度值一般为 70μm 左右，板形难控制，其单轧程压下率仅为 70% 左右。

8.5.2.3 表面质量

影响表面质量的主要缺陷是：原料性裂纹和垫纸压入。

（1）原料性裂纹：一般来说，原料性裂纹的多少主要与材料的化学成分及炼钢、热轧工艺有关。合金元素含量的差异不仅影响裂纹程度，同时影响酸洗后钢带表面质量。实践表明，日本新日铁原料化学成分合理，裂纹较少；而台湾烨联原料化学成分不尽合理，原料性裂纹严重，这些裂纹在原料表面不易发现，但经冷轧、退火后裂纹明显，严重影响产品质量和性能。

（2）垫纸压入：劣质垫纸更易产生垫纸压入缺陷，有时缺陷率达 10% 左右；优质垫纸也无法完全避免垫纸压入，缺陷率在 1.0% 左右。实践表明，不加垫纸更好些，因为不加垫纸的钢卷，即使产生部分摩擦痕，在随后的冷轧过程中（在常规压下率下），绝大部分也会消除，不会对产品表面质量产生很大影响，而且，优质垫纸价格昂贵（高于不锈钢价格）。不加垫纸所产生的摩擦痕缺陷比率比加垫纸而产生的垫纸压入缺陷率低。

另外，热卷钢带表面污染、脏物残留等不仅影响轧后钢带表面质量，还会对轧机工作辊表面产生不利影响，降低使用寿命；而且频繁更换工作辊，降低了生产效率。

8.5.2.4　表面粗糙度

一般热轧卷表面粗糙度 $R_a=2\sim3\mu m$。通常情况下，原料表面粗糙度越低，冷轧后产品表面越光洁，即 BQ（抛光）性越好。如果最终用户要求的是 BQ 保证材，那么一般要求热卷原料为研磨材。目前高等级 BA 板要求热卷原料表面预先研磨，以达到高品质要求。

8.5.2.5　化学成分

镍是 SUS304 钢重要的合金元素，价格昂贵，因此部分生产厂家为降低成本，采取增加其他元素（如锰）含量来代替部分镍，以维持其基体的奥氏体组织。但是，随着镍含量的降低，形变马氏体转变温度上升，易产生时效裂纹，对产品深加工产生不利影响，同时锰含量提高，材料加工硬化指数上升，也影响制品的加工性。

8.5.2.6　张力

热卷钢带卷取张力也影响其表面质量，如张力太小，在钢卷未加垫纸情况下，冷轧时表面易产生摩擦痕。这是因为冷轧时轧制张力很大（400kN 左右），引起钢带层间错动，表面产生摩擦的缘故。如果冷轧厂有钢带准备机组，一定要考虑卷取机张力大小，至少应大于 100kN。

8.5.3　冷轧

冷轧时，轧制速度、轧制道次、压下率、轧制油、轧辊材质及表面精度等都会对钢带表面质量产生影响。

8.5.3.1　轧制速度

轧制速度越高，轧后钢带表面粗糙度越高。同时，由于速度高，有时退火后材料表面会出现油斑，因此正常情况下，最后道次轧制速度一般为 200m/min。

8.5.3.2　轧制道次

轧制道次越多，钢带表面粗糙度越低，表面越光洁。例如：由 3.0mm 钢板轧至 0.8mm 时，采用了 9 道次。

8.5.3.3　压下率

压下率越大，冷轧后钢带表面粗糙度越小。BQ 保证材要求有较高的压下率，考虑到设备能力，压下率一般为 40% ~70%。偏大的压下率会导致制品性能异向性，对深拉伸加工不利，所以深拉伸材一般需进行二次轧制、退火，每次的压下率为 40% ~60%。如洗涤槽等在加工时受到两向张力作用，对材料的异向性能要求较高，故需再轧制。为此，一次冷轧压下率选择在 40% ~84%。

8.5.3.4　乳化液

乳化液的质量也影响钢材的表面质量，一般黏度越大，钢板表面粗糙度越高，因此应将乳化液进行分析化验，定期更换，确保纯度。

8.5.3.5　工作辊

不锈钢冷轧用工作辊一般为合金钢和高速钢，用高速钢轧辊的产品表面粗糙度小于合金钢辊，所以 BQ 保证材及部分 BA 材需使用高速钢工作辊。工作辊表面粗糙度越低、越光洁，则钢板表面粗糙度就越低，因此要求工作辊研磨机组状况良好，工作稳定。

8.5.3.6　冷轧时其他质量控制要点

冷轧时对其他质量控制如下：

（1）确定合理的换辊周期，对工作辊需细心研磨检查、防止辊印；

（2）加入优质垫纸，轧制速度下降，防止油斑；

（3）二辊、三辊擦拭器定期维护，张力控制，防止摩擦痕；

（4）对于厚板，为防止钢板出现垫纸痕，一般冷轧最后道次不加垫纸；薄板只在钢卷头尾部加垫纸。

8.5.4　连续退火酸洗

连续退火酸洗生产线是整个不锈钢制造过程中的重要环节。张家港浦项不锈钢公司该工序设备主要由连续式退火炉、中性盐电解槽、二级混酸三部分设备组成。目前除鳞方法有：硫酸电解、硝酸电解、中性盐电解、熔融盐处理法等工艺。

中性盐电解方式，即钢带在运行过程中交换极性，来溶解氧化铁皮中的铬氧化物。不锈钢的铁氧化物，可在随后的二级混酸中洗去。张家港浦项公司采用了这种方式。下面就影响产品质量的主要因素予以说明。

8.5.4.1　退火工艺

A　退火温度

退火温度的设定随不锈钢钢种而异。SUS304 钢一般均热段温度为 1100℃，SUS430 钢为 900℃左右，相对较高的温度可提高生产效率，但同时要求较高的运行速度，对设备要求较高。

B　氧浓度

退火炉内剩余氧气的多少对氧化铁皮的组成有较大的影响,从而影响酸洗效果。资料表明,对于 SUS304 钢,剩余氧气浓度控制在 3.5% ~4% 时,氧化铁皮生成量最低,易酸洗。

C　退火速度

和均热温度一样，设备能力不同，退火速度也不同，为此，SUS304 钢在均热段炉温 1150℃时，1.0 mm 钢板退火速度控制在 54m/min 左右。一般较高的退火温度需要较高的线速度。

8.5.4.2　酸洗

A　中性盐电解

使用 Na_2SO_4 中性盐电解的好处是酸液可再生，不必更换，其损耗只是由带钢拖带排出的而已。

SUS304 钢中性盐电解采用的参数：酸洗温度约为 80℃，酸洗浓度约为 1.14g/L，pH 值约为 6.5，电流约为 7000A/dm。

一般酸洗温度越高，酸洗效果越好，但考虑设备能力，不应超过 88℃。如果温度低于 20℃，部分 Na_2SO_4 会开始从溶液中析出，从而引起管道和泵堵塞，所以电解酸洗段不作业时，整个系统温度应不低于 25℃。

酸液浓度越高，导电性越好，被剥离的氢氧化物（废渣）沉淀也越快；但浓度太高，会导致放电损失。如 pH≤3，基体金属优先溶解，氧化皮溶解慢；pH≥7.0 时，中性盐溶液会起泡沫，酸洗效果降低。所以，生产过程中应该定期检测 pH 值，随时调整浓度。

一般将电流控制在7000A左右，电流密度过大时两极优先生成氧气，酸洗效果降低。

B　混合酸洗

混合酸洗的目的是去除经中性盐电解后残留的表面氧化物并使钢带表面光亮。SUS304钢一般使用HNO_3和HF，为此，选用了11% HNO_3、1.1% HF，酸洗温度为55℃左右。

溶液中金属离子浓度大小也直接影响酸洗效果。一般金属离子浓度应该低于4.0g/L。

酸洗的实际温度、浓度应通过具体调试来获得，其值太低则酸洗效果不佳，其值太高则影响设备寿命，会出现过酸洗，钢带表面光泽度下降，影响防腐能力；溶液中金属离子浓度的提高会很快，影响酸洗效果；酸槽中金属泥淤积也多。

8.5.4.3　其他影响因素

其他影响因素如下：

(1) 刷洗用水：一般应使用清洁水，否则易堵塞水孔，影响钢带表面刷洗；同时水中金属离子浓度太高，也会影响水的清洗能力。

(2) LPG（液化石油气体）：张家港浦项公司使用LPG气体作为退火炉加热能源。LPG气体内焦油、水分等杂质含量偏高时易在表面产生白斑等缺陷，会使大批量产品降低等级。因此必须定期清理LPG气体管道，减少管道残留的焦油等杂质量，同时LPG应在气相状态使用。

(3) 设备方面：由于连续退火酸洗线较长，轧辊数量及种类较多，因此轧辊表面状态是否良好对钢带表面质量有极大影响，应定期维护、维修。

(4) 退火酸洗线缺陷及主要成因：表8-1示出退火酸洗线产生的缺陷及成因。

表8-1　退火酸洗线产生的缺陷及成因

缺　陷	压　入	摩擦痕	酸洗不良	划　伤	白　斑	折　痕	污　染
主要原因	轧辊表面异物附着	张力、转向辊回转不良	酸洗参数刷辊不良	板形不良，电气原因引起跑偏	LPG焦油、水分等杂质	退火炉内支撑辊变形	酸洗、清洗能力不足

8.5.5　平整

8.5.5.1　伸长率

一般SUS304钢平整伸长率控制在0.3%～0.9%，过高的伸长率会使材料性能恶化，影响制品的加工性能，因此一般在板形满足要求的情况下，尽可能降低伸长率。

8.5.5.2　道次

一般奥氏体不锈钢（面心立方结构，无屈服现象）只需1道次平整；铁素体系列不锈钢（体心立方结构，有屈服现象）为避免制品加工时表面出现Luders带，一般需3道次平整，总伸长率在0.9%～2.0%。张家港浦项不锈钢有限公司在生产SUS304钢时，平整伸长率一般控制在0.5%～0.9%。

8.5.5.3　其他影响因素

A　板形

平整时伸长率的大小受钢带板形的影响很大，板形差时需提高伸长率。一般钢带轧制后有不同程度的边浪，这在平整机上较易平整；但若板形呈中浪，则不易去除。

B 工作辊凸度

工作辊凸度影响伸长率大小，从而影响产品性能。若辊凸度较大，为了达到满意的板形，一般需要较大张力，导致伸长率上升；若辊凸度较小，则只需较小的伸长率。在生产中，平整机工作辊凸度变化情况：厚板的初期为280/250μm，目前为210/180μm；薄板的初期为250/210μm，目前为150/120μm。平整后，硬度值由提高HV15降至提高HV10。

C 化学成分

Ni、Mn都是奥氏体形成元素，镍有降低加工硬化作用，而锰有增大加工硬化作用，因此含锰量较高的原料经同样大小的伸长率平整后，其硬度（屈服强度）明显高于低锰原料，而高的屈服强度对产品的加工性能不利。

D 表面质量

如果退火后钢带表面质量差、缺陷多，则在平整时，钢带表面的许多异物会粘到工作辊表面，从而影响其他正常卷的表面质量，由于平整机组线速度较快，作业时必须时刻注意钢板表面质量，否则易造成整个钢卷等级下降。因此作业时应时刻注意工作辊擦拭器的状态及钢带表面质量情况，发现问题及时处理。

8.5.6 产品分割

产品分割工序一般对产品质量影响较小，但是，由于其线速度较大，所以也应该随时关注表面质量情况，以免批量出现缺陷。生产中定期维护设备是十分必要的，尤其工作辊表面应该保证良好状态。

8.5.7 结语

由投产1年多来的实践经验得出，一般中厚板（1.0～2.0mm）表面质量易控制，而薄板和厚板则较难保证。这是因为：薄料（0.3～0.4mm）表面易产生异物质压入；厚板（2.5～3.0mm）由于轧制时压下率偏低（50%以下），制品表面质量较差。

产品从原料→冷轧→退火→产品分割，各工序会产生各种各样的缺陷，一般各工序发生缺陷的比率：原料约为5%，轧制约为45%，退火约为35%，平整约为10%，产品化约为5%，即轧制和退火是产生缺陷的主要工序，因此轧制和退火工序的质量管理最为重要。

8.6 近年来不锈钢厂的建设和改造

太原钢铁（集团）有限公司不锈钢改造工程，包括铁水预处理、炼钢、精炼、连铸、热轧、冷轧已全线贯通，特别是炼钢环节的改造，使用三脱（P、Si、S）后的钢水，经转炉K—OBM—S法生产不锈钢，加快了冶炼速度，解决了废钢来源不足，降低了生产成本，成功地冶炼出了4202Cr13、4101Cr13，3040Cr18Ni9三个不同品种的不锈钢。改造后太钢总的生产能力达到70～80万t，冷轧不锈钢板生产能力可形成40万t，进入了世界不锈钢企业前十强。

宝钢集团一钢公司的70万t不锈钢系统工程从炼钢到轧钢全面开展工程建设，按照计划2003年底1780mm热连轧达到热负荷试车要求，全部工程在2004年6月建成。

宁波宝新不锈钢公司增加了光亮板4万多吨的生产能力，第二台二十辊轧机预计2004年底能够投产，2004年底将形成24万t冷轧不锈钢板卷的能力。

张家港浦项厂第三台二十辊轧机2004年6月建成，第四台9月建成，全部建成后生产能力达到32万t以上，2004年底形成24万t生产能力。

上海克虏伯厂第二台二十辊轧机2003年底开工建设，2004年底生产能力达到16万t，第三台二十辊轧机2005年投产，设计能力为26.8万t。

青岛钢铁公司与韩国浦项合资建设15万t冷轧不锈钢项目，2002年10月9日在青岛签字，总投资1.8亿美元，2003年8月开工，2005年投产。

以宝钢集团一钢公司60万t热轧不锈钢卷为原料，进一步加工生产冷轧不锈钢板工程正在做前期工作。

台湾烨联公司在广州黄埔开发区计划分期建设30万t不锈钢冷轧板厂，一期5万t规模、二期10万t、三期30万t，热轧板由台湾烨联厂供应，一期工程已开工。

江苏常熟益成特钢公司年产30万t不锈钢中板及热轧薄板卷工程2003年开工，2004年建成一期10万t能力。

此外，南京港联在江苏溧水建设的不锈钢项目，香港圣力在江苏宜兴（原宜兴钢厂旧址）建设的不锈钢带钢项目，2002年都已进入施工阶段。

在不锈钢型线材建设方面，宝钢集团五钢公司15万t不锈钢型线材工程开始施工，这是国内目前生产技术最先进、工艺配套齐全的不锈钢型线材系统工程。配有60t电炉及AOD、VOD精炼炉和考克斯轧机，线材规格为$\phi5\sim20$mm，棒材规格为$\phi16\sim50$mm，预计2004年上半年投产，该工程的投产将进一步提高型线材的产品质量，并改善我国不锈钢线材后部精加工能力不足的局面（生产银亮材）。

8.7　21世纪初我国不锈钢需求展望及发展目标

近年来世界不锈钢生产能力达到2030万t/a，不锈钢在世界总钢材中的比例不断提高，目前约为1.6%，而瑞典、法国、日本、意大利则分别达到10.1%、4.1%、3.0%和2.5%左右。不锈钢材总的生产能力已大于实际需求量。但是亚洲地区除日本外，不锈钢冷轧板带材的消费量却增长迅猛，平均在10%以上。特别是我国市场不锈钢的需求不断高涨，表现消费量已由1985年的20多万t增加到1998年的80万t，年平均增长为12.7%。其应用领域也不断扩大，由过去主要应用于化工、石化、军工逐步扩展到轻工、家电、建筑装饰、办公设备、医疗器械、厨房用具等领域。从“九五”期间国民生产总值年平均增长速度考虑，2000年我国不锈钢材的消费量为100万t左右，不锈钢材人均需求约为0.79kg，比“八五”末期实际人均消费增长0.32kg。

根据中国钢铁协会的预测，我国2005年及2010年不锈钢材的消费量分别为150万t和200万t左右。

在品种方面，目前我国不锈钢板带材消费比例约在60%～65%，低于世界不锈钢板带材70%～75%的消费比例。2000年时，预计不锈钢板带材的需求量为74万t（其中热轧板带16万t，冷轧板带58万t），约占当年不锈钢材消费总量的74%；不锈钢长材（型、棒、线）需求量21万t（其中线材6万t、棒材13万t，型材2万t），约占总量的21%；不锈无缝管消费为5万t左右，占总量的5%。

初步预测2005年和2010年不锈钢板带的需求量将分别达到114万t（热轧和冷轧板带分别约为25万t和88万t）和154万t（热轧和冷轧材分别约为34万t和120万t），约占不锈钢材总量的76%和77%，此间热轧和冷轧板带材需求比例将相对稳定。2005年和2010年不锈钢长材的需求量分别约为30万t和40万t，占不锈钢总量的20%左右，其中型线材比例有所增长，棒材消费比例则降低。随着不锈钢焊管质量的提高，不锈钢无缝管的需求比例将逐步下降，预计2005年和2010年无缝管的需求将保持在6万t左右，占不锈钢总量的比例下降到4%和3%左右。

2005年国内不锈钢的发展目标是，国产不锈钢市场占有率由目前的25%提高到70%，管、棒、型线材基本立足国内解决，板带材如前述的那样占不锈钢总量的比例由20%提到60%左右，在品种质量方面，要能部分满足市场对BA级表面板等高附加值不锈钢材的需求；进一步提高铁素体和铬不锈钢的比例，并逐步降低含钛不锈钢的生产比例，进一步改善不锈钢的表面质量和深冲性能。1/3的产品实物质量争取达到国外同类产品的水平。主要技术经济指标方面，精炼比由目前的不到30%提高到60%以上、连铸比由约15%提高到70%以上，综合成材率由65%提高到80%以上。

2010年的发展目标是，国产不锈钢市场占有率争取达到85%~90%，产品全部按国际标准组织生产，80%以上产品达到国外同类产品的实物质量水平；主要技术经济指标达到精炼比100%，连铸比85%（板材全连铸），综合成材率85%以上。

"九五"到"十五"期间将以满足相关工业和建筑装饰及其他民用对不锈钢板材的需求为重点，通过改造、配套和新建一批重点项目，使不锈钢材的生产能力达到150万t。

不锈钢薄板：首先抓好现有轧机的配套、改造和已有项目的建设，如太钢二炼钢、1549mm热连轧和七轧厂冷轧不锈钢的改造；上海浦钢不锈钢项目及张家港、宝新冷轧不锈钢板加工线等项目的建设，以上项目约增生产能力53万t，同时要建成上海一钢的一期60万t不锈钢及相应热轧板的生产能力。

不锈钢中板：主要是对上海浦钢4200/3200mm轧机和太钢五轧中板及2300mm炉卷轧机进行改造，约新增中板生产能力10万t。

不锈钢管、线、型材主要通过对现有特钢企业进行改造和配套来满足市场需求。

不锈钢生产中原材料和能源的消耗占成本的50%和60%左右，而我国铬镍资源又短缺，大量进口铬镍成为我国不锈钢今后发展的必然趋势，镍铬价格则多涨少跌，因此如何降能耗和成本，是提高我国不锈钢材市场竞争力的关键。

8.8 BA钢板的生产

8.8.1 BA钢板的市场需求分析

近年来，随着国民经济的发展和生活水平的提高，我国市场对不锈钢特别是冷轧不锈钢板的消耗量迅速增长。1992~1997年期间，年平均增长率达到24%，1997年消耗量为61.9万t（取自国外海关统计）。

发达国家的物质水平较高，所以BA钢板消费量所占份额也较高。近年来日本占25%~30%，欧洲国家占40%~45%。

发展中国家，BA 板的消费量所占份额低于发达国家。但随着经济发展，其消费量及所占份额都增长较快（见表 8-2）。

表 8-2 亚洲地区（除日本）不锈钢 BA 板的需求预测

时间	BA 板消费量/万 $t \cdot a^{-1}$	在表面品级板中所占份额/%
1995 年	27.5	23.60
2000 年（预测）	42.8	29.40
2005 年（预测）	63.8	33.50

我国近年来 BA 板的消费量占总消费量的 10% ~15%，台湾地区占 22% ~25%。

考虑到我国不锈钢冷轧板市场会从量的需求迅速增长的同时发展到产品品种档次不断提高，如以 1997 年我国不锈钢冷轧板消费量 61.9 万 t 为基数，按 BA 板的消费量约占总消费量的 10%，年增长率为 8.8% 进行预测，BA 板消费量的预测为：1997 年 6.2 万 t；2000 年 8 万 t；2005 年 12 万 t。

国内主要不锈钢冷轧板生产厂简况见表 8-3，由表 8-3 可见，目前国内 BA 板的生产正处于建设、开发产品，逐步形成生产能力的阶段，从发展形势来看，市场存在一定的缺口。考虑到 BA 板是不锈钢冷轧板中高技术含量、高附加值的产品，对冶炼、连铸、热轧、冷轧工艺要求都很高，所以，由冶炼—连铸—热轧—冷轧构成稳定供料关系且具备现代化装备的企业不仅要注意扩大生产规模，而且要适时地扩大品种种类，满足市场需求。

表 8-3 我国现有冷轧不锈钢生产厂概况

序号	厂名	产品厚度/mm	产品宽度/mm	原料	产能（按表面状态分类）/万 t					总产能/万 t	备注
					BA	2B	2D	2 号	3 号,4 号,HL		
1	太钢	0.3~3	600~1219	自供黑卷	4	12			16		
2	张家港浦项	0.3~3	610~1219	外供白卷		9.55			0.45	10	
3	上海 SKS	0.3~1	600~1320	外供白卷	(4.7)				(2.5)	(7.2)	2001 年投产
4	宁波宝新	0.3~3	600~1320	外供黑卷		5.6	1.6		0.8	8	一期
5	上海实达	0.23~0.6	300~600	外供白卷	0.5	0.7		0.8		2	
6	总计				4.5	29 43		0.8	1.25	36	

注：括号内为在建项目的产量。

近年来对不锈钢冷轧带钢的光亮退火，世界各钢厂比较一致的都选取立式马弗型光亮退火炉。炉子的工艺目的决定了对炉子的结构要求，下面拟就此问题进行探讨。

8.8.2 不锈钢光亮退火的工艺目的及对炉子的要求

8.8.2.1 消除加工硬化获取满意的金相组织

光亮退火炉主要用来进行不锈钢在保护气氛下的成品热处理，当使用性能要求不同时，对光亮退火后金相组织的要求就不同，光亮热处理的工艺也不同。

300 系列奥氏体不锈钢典型的热处理工艺是固溶处理。在升温过程中使碳化物溶入奥氏体，加热到 1050~1150℃，适当保温一段时间，使碳化物全部溶解于奥氏体，然后迅速冷却到 350℃以下，得到过饱和固溶体即均匀的单向奥氏体组织。这一热处理工艺的关键是快速冷却，要求冷却速度达到 55℃/s，快速通过碳化物固溶后的再析出温度区（550

~850℃）。保温时间要尽量短，否则晶粒粗大，影响表面粗糙度。

400 系列铁素体不锈钢加热温度比较低（900℃左右），并较多采用缓冷获得退火软化组织。马氏体不锈钢采用退火方式，还可采用分段淬火再回火的方式处理。

从上述可知，300 系列与 400 系列不锈钢在热处理制度上差异很大，要想获得合格的金相组织，就要求光亮退火炉的冷却段设备有很大的调节余地。所以，现代先进的光亮退火炉，在其冷却段往往采用强对流冷却，设三个冷却段，可单独调节风量。沿带钢的宽度方向又分三个区段，通过风量导流调节带钢宽度方向的冷却速度，控制板型。

8.8.2.2 获得无氧化光亮的表面

光亮退火，是在氢气保护气氛下对带钢进行热处理的工艺。要达到 BA 板的要求，必须非常严格地控制炉内保护气氛，尽量避免氧化。所以，光亮退火炉对保护气体氢气及充填气体氮气提出了严格的纯净度、残余氧及露点要求，见表 8-4。

表 8-4 光亮退火对氢气和氮气的要求

项 目	氢气（H_2）	氮气（N_2）	项 目	氢气（H_2）	氮气（N_2）
纯净度/%	99.99	99.997	残余氧/$\mu g \cdot g^{-1}$	5	10
露点/℃	< -70	< -60			

8.8.2.3 结语

（1）建议我国具有现代装备水平的不锈钢冷轧板生产厂，在形成生产规模的同时，要适时扩大品种，生产 BA 板。

（2）带马弗罩的立式光亮退火炉，是生产 BA 板的关键设备。对其要求是：

1）带钢加热、冷却温度要均匀，使带钢宽度方向的金相组织一致。

2）炉子的加热、冷却段具备大范围的温度调节余地，以适应各品种不锈钢带金相组织的要求。

3）炉子应配备精密可调的辊式张力调整装置，以保证带钢在炉内速度不变，沿长度方向组织均匀，板型好。

4）对炉内保护气体露点、纯净度的要求及对炉子密封性能的要求是确保 BA 板表面光泽的关键。

（3）建造马弗罩立式光亮退火炉必须考虑：马弗罩的蠕变、维修与更换；采用氢气作为保护气体的安全应急措施；立式炉结构带来的厂房基础、设备维护等相关问题。

8.9 短流程的生产简介

早在 1857 年，亨利·贝斯麦就提出了用连铸的方法生产带钢的设想，并就此申请专利，由此引发了人们把这一设想变成现实的不懈努力。直到一百多年后的今天，在计算机，测量和控制技术、冷却技术和特种材料大发展的基础上，才真正开始带钢连铸的实验和应用。世界各地相关研究院所和企业从 20 世纪 80 年代末开始，竞相组织人员研究开发，投入大量的人力和资金。1994 年世界范围内从事这一研究工作的组织有三十多个实验小组、方法有几种，如：辊式（单辊式、双辊式）、带式和辊带式结合等。通过近 10 多年的努力，钢水连铸在实验机上获得了成功，其中双辊连铸已有投入商业应用的实例。

8.9.1　双辊连铸工艺

在带钢连铸的研究开发方面，较多的研究小组选择了双辊连铸工艺，与其他带钢连铸工艺相比，双辊连铸研究开发最为成功，已有3台连铸机实现了工业生产，已投产的3台连铸机均采用立式双辊连铸工艺。表8-5列出了双辊连铸机技术开发应用主要公司的情况。

表8-5　双辊连铸技术应用的主要公司

公　司	所在厂	铸机制造厂	产能/万 t·a^{-1}	钢水量/t	带厚/mm	最大带宽/mm	辊径/mm	钢　种	开发和应用状况
新日铁	光厂	三菱重工	48	60	2～5	1300	1200	不锈钢	工业性生产
法国于齐诺尔/德国蒂森	伊斯贝格厂	克莱西姆		92	2～4	865	1500	不锈钢/电工钢/碳钢	近于工业性生产
AST/蒂森·克虏伯不锈钢公司	特尔尼厂	奥钢联设备公司		30	2～5	800	1500	不锈钢/硅钢	近于工业性生产
蒂森·克虏伯不锈钢公司	克雷费尔德厂	奥钢联设备公司	40	90	1.5～4.5	1450		不锈钢	工业性生产
澳大利亚 BHP	肯布拉港厂	日本石川岛播磨	40	60	1.5～2.5	1345	500	非合金钢	工业性生产
韩国浦项	浦项			10	2～5	1300	1250	不锈钢/硅钢	半工业性试验
日本太平洋金属公司	八户厂	日立造船		10	2～5	1100	1200	不锈钢	半工业性试验

8.9.2　新日铁的带钢连铸情况

新日铁和三菱重工进行带钢连铸的研究试验始于20世纪80年代中期，1989年11月在试验连铸机上铸出10t重的不锈钢钢水，获得了成功，带厚1.6～5.5mm，宽800mm。1996年新日铁在光厂建了世界上第一台用于商业性生产的带钢连铸机。1997年底投产，生产的是304奥氏体不锈钢，带厚2～5mm，宽760～1330mm，铸速20～75m/min。钢水包容量为60t，投资费用110亿日元（约合1亿美元）。该铸机使用的两个水冷浇铸辊的直径为1200mm。生产时，自动控制系统包括：自动开浇、钢水液面控制、辊缝的预压力控制、水口浸入深度控制等。浇铸带钢的厚度和结晶均匀，已用于生产冷轧带钢并制成厨房用具。

8.9.3　欧洲的情况

欧洲早在1980年就开始带钢直接浇铸的研究和试验。其中德国蒂森不锈钢公司和法国于齐诺尔公司合作的Mosotis工程始于1989年10月双方在于齐诺尔伊斯贝格厂进行的大量试验研究工作。经过几年的努力解决了许多工艺问题，如钢水导引问题、铸辊结构、侧封等问题，这台连铸机使用特殊的侵入式水口，将钢水平稳地分布到铸辊之间，浇铸液面上有惰性气体，形成保护气氛。两铜质铸辊直径1500mm，辊身长865mm。铸辊使用液压压下，辊缝自动控制，其技术发展如下：

1986~1991 年	在实验室的设备上试验
1991 年 6 月	在伊斯贝格厂的 Mosotis 连铸机做浇铸试验
1992 年 5 月	带卷重量大于 10t，带厚 3mm，宽度 865mm
1992 年 10 月	带卷重量大于 25t，并首次做冷轧试验
1995 年 3 月	浇铸钢水超过 45t，连续浇铸 45min，浇铸多个带卷
1995 年 6 月	浇铸钢水超过 65t，连续浇铸 75min，浇铸多个带卷
1995 年 10 月	浇铸钢水超过 92t，连续浇铸 100min

钢包容量 92t，中间包 12t，1993 年用连铸带钢首次冷轧出第一批冷轧带钢，其表面和内在质量、几何形状及边缘状况基本符合加工的要求。1995 年已连续浇铸整包 304 不锈钢 92t，带厚 2.7mm。1997 年能顺利地浇铸 304 不锈钢。

从 1998 年初开始，则从事整包钢水浇铸厚度为 4.0mm 带钢。该铸机一共浇铸了 2 万 t 钢水，其中 85% 是 304 不锈钢，其他为碳钢、电工钢和镍基合金。

在同一个时期，意大利的 AST 公司和德国的材料研究所在特尔尼厂也进行了带钢连铸的实验研究，从开始单炉浇铸，发展到几炉浇铸。

近年来，欧洲工业不断发生兼并和资金重组，德国蒂森·克虏伯公司、法国的于齐诺尔公司和奥钢联合作，1999 年 9 月 17 日签署一项协议，把 Msostin 特尔尼克雷费尔德厂三台带钢试验机合并为一个研究开发组，目的是让带钢技术尽快商业化。在 Eunitrit 支持下，克雷费尔德厂的带钢于 1999 年 12 月投产，浇铸了 36t 304 钢，1100mm×5mm，带钢表面质量均匀，达到了冷轧再加工的要求。克雷费尔德厂有欧洲第一台进行工业性生产的连铸机、设计浇铸一次 90t 钢水，厚度是 1.5~4.5mm，宽度是 1450mm，图 8-1 是克雷费尔德厂连铸设备示意图。

这套设备总长度不超过 75m，总投资 1 亿美元。钢水在铸辊向下流时，贴连铸辊子的地方，钢水凝固并最终合并成带钢。钢水侧封使用陶瓷材料，最高铸速达 100m/min 铸出的带钢、通过导向装置和辊道及导板而到达卷取机。

在我国带钢连铸有多项技术通过了鉴定，其中上海钢研所，瞄准当代冶金工业前沿技

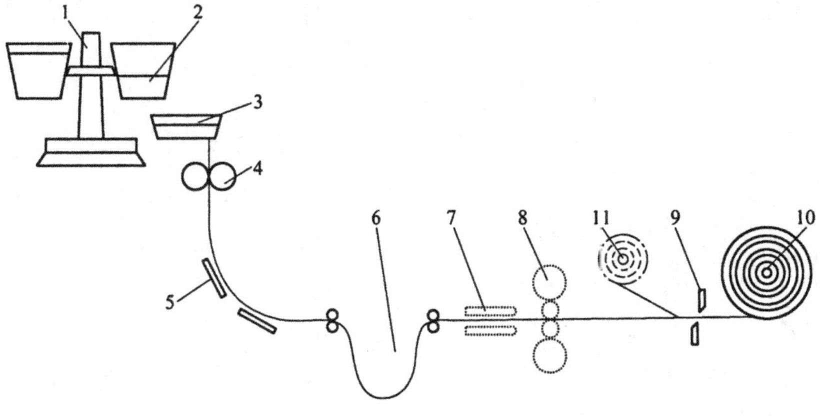

图 8-1 克雷费尔德厂带钢连铸设备示意图

1—旋转塔；2—钢水包；3—中间包；4—铸机；5—气动升降台；6—活套；7—加热装置；8—轧机；9—飞剪；10—卷取机；11—重卷机

术进行了研究开发，在国内首次成功地浇铸出 3mm × 586mm 的不锈钢，并完成了双辊带钢连铸工艺装备的工艺实验。通过了“八五”国家重点科技攻关项目，初步解决了大直径的连铸辊、铸流及熔池的导引、侧封、防氧化的浇铸、轧制力与拉速闭环控制等一系列关键技术上的难点，在国际竞争中走在了前面。

8.9.4　结语

带钢连铸是冶金工业上的一项重大革命，使扁平材的生产发生了飞越。设有常规的板坯连铸，热轧和精整中间工序，工艺环节大大缩短，减少了设备，省去了运输，节省了人力，经济效益大大提高。BHP 带钢连铸，收得率达到了 95%，生产成本只有 200 美元，其中生产费用 35 美元，原材料及资金占用 16%，双辊连铸在不锈钢和合金钢的开发研究上，已获得成功，并达到了商业生产程度。现在经验认为，双辊连铸速度为 30 ~ 60t/h 比较适当。但由于侧封问题尚未达到令人满意的程度，连续浇铸仅限制在 3 ~ 5h 左右，只有在侧封问题得到更好的解决后，带钢连铸才能更上一层楼。

9 冷轧生产过程中的环保工艺

冷轧厂是钢铁企业中最终成品生产厂，是出产品、出效益的成材厂，无论从产品质量要求还是从环境效益来讲，都要求冷轧厂生产过程中必须是清洁生产。所以，冷轧厂从建厂初步设计开始，就必须遵守冷轧环保工艺同时设计、同时施工、同时投产的“三同时”原则，在生产的全过程中必须要求环保设备运行正常，所有污染物必须经过处理达标。冷轧厂生产过程中的污染物包括有害气体、有毒有害液体和固体污染物。

9.1 冷轧生产过程中的主要污染源

冷轧厂在生产过程中产生有害烟尘、废水及固体废物。当前德国、美国、中国等国家为保护环境，对治理“三废”污染做了大量工作，采取了有效措施，均按各国有关排放标准要求，严格控制其有害物的排放浓度。为此，要对各机组产生的污染物进行有效治理，确保冷轧厂“清洁生产”。

冷轧厂生产过程中有害污染物发生源主要部位如下：

（1）酸洗机组。酸洗机组产生的有害气体有两种，一是含铁粉尘，二是含酸废气。含铁粉尘是酸洗机组的矫直机和焊接机运行时产生的氧化铁粉粒，其浓度为5mg/L。酸气是酸洗槽排出的含酸蒸汽，其含 HCl 浓度为0.5～0.7mg/L。

（2）五机架冷轧机组。冷轧机组所产生的废气是含有乳化液的废气，呈液雾状态存在。

（3）平整机组。平整机组有两种工作状态，一种是干平整，另一种是湿平整。干平整时所产生的有害气体含有 FeO 尘灰；湿平整时产生乳化液雾。

（4）连续退火机组。连续退火机组的碱洗槽、刷洗槽和电解清洗槽等排出碱性水蒸气。

（5）电镀机组。电镀机组包括电镀锌、电镀锡、美钢联法热镀锌等机组，所产生的废气主要有：在入口段碱洗、刷洗、电解清洗、酸洗所产生的含酸、含碱废气；在电镀槽里排出的含有 H_2SO_4、$ZnSO_4$ 等气体；在出口段密封处理槽、磷化槽、钝化槽分别产生的磷酸根和 CrO_3 废液和废气。

（6）磨辊车间。磨辊车间产生的有害污染物主要是抛丸装置在对轧辊抛丸时产生的含铁粉尘。

（7）冷轧五机架油雾处理、酸洗机组废气处理、电镀锌废气处理、连续退火废气处理等设施排出的有害废水。

上述一些废气、废水等必须进行处理，以达到清洁生产要求。

9.2 油雾处理

油雾最主要产生在五机架连轧机组和平整机组，下面分别介绍两个机组的油雾处理工艺。

9.2.1　冷轧机组油雾处理

冷轧机在轧制生产过程中，对轧辊和钢板需要进行冷却和润滑，因此，要喷淋大量的含油乳化液，这样在轧钢区域就产生大量的油雾。为防止这些油雾污染环境，要在轧机上设置油雾处理装置。油雾处理装置由吸气罩、喷雾洗涤装置、液滴分离器、循环水系统组成，见图 9-1。

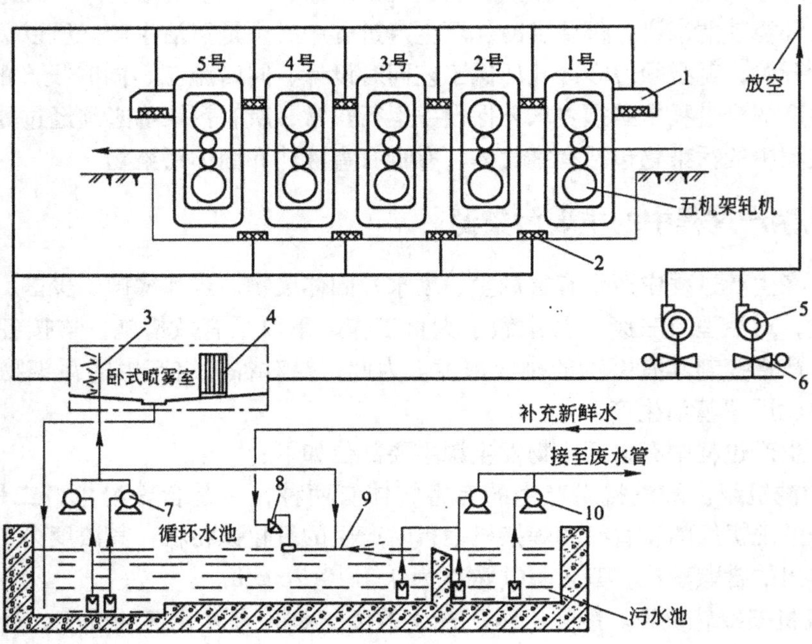

图 9-1　五机架冷轧机排雾流程图

1—吸气罩；2—吸气口；3、9—喷嘴；4—挡水板（液滴分离器）；5—排风机；6—电动阀门；7—循环水泵；8—浮球阀门；10—排水泵

含有乳化液的油雾气由五机架轧机出口端上的吸气罩和机架上、下部吸气口吸入主风管，经卧式喷雾洗涤装置进行洗涤并经液滴分离器净化后排出至室外大气。

吸气罩是净化排气的关键部件，从吸气罩形式来看，大致可分为密闭式、罩壳式和罩外式等种类。罩外式就是罩子不包住污染源，而只把它设在污染源附近，主要用于受工艺条件操作限制，不允许采取全部封起来的地方。轧机出口处就采用罩外式的伞形罩。

喷雾洗涤装置由洗涤液喷嘴、排风机、电动阀和液滴分离器组成。当轧机工作时油雾由吸气罩吸入该装置中进行洗涤处理。首先，油雾经喷嘴喷出的循环水洗涤，然后在液滴分离装置处将油粒分离出来，气体排出。

液滴分离器由 V 形叶片、定距部件、上盖板以及底部固定件等组成（见图 9-2）。其材质是聚丙烯或聚苯乙烯。

循环水系统由循环水槽两个部分组成，各有两台排水泵。集聚在洗涤装置底部的水自流到循环水池内，漂浮在循环水池上面的乳化液污物由喷射水冲入污水池内，污水经排入泵送到乳化液废水处理管网。

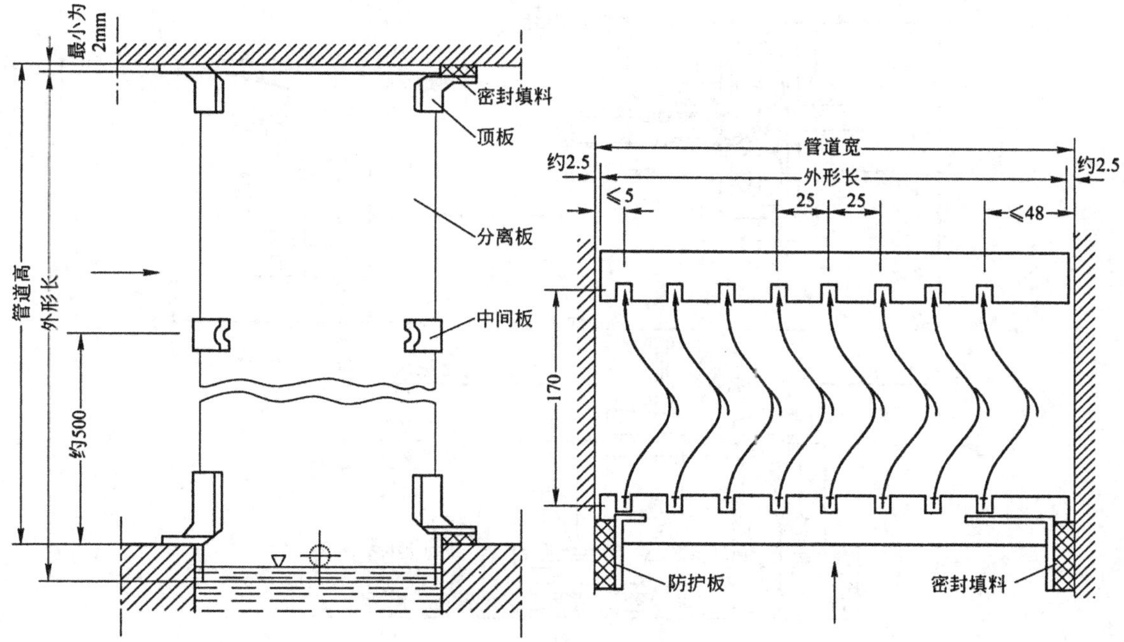

图 9-2 液滴分离器结构简图

经处理后的乳化液油雾浓度在 $30mg/m^3$ 以下。

该系统的主要参数见表 9-1。

表 9-1 系统主要参数表

项　目		技术参数	项　目	技术参数
油雾气成分		乳化液油雾、水蒸气	循环水量	$120m^3/h$
排　气　量		$410000m^3/h$		
分离器	流速	3～6m/s	补充水量	$5m^3/h$
	效率	>96%	排放浓度	$30mg/m^3$
	阻力	396～138.6Pa		

9.2.2 平整机油雾处理

经罩式退火炉退火后的带钢卷完全冷却后，为提高带钢的力学性能及表面质量，根据产品的不同要求，需进行湿平整或干平整。

湿平整时，为清除轧辊、钢板喷淋乳化液时所产生的油雾，设置一个基本与冷轧机相仿的排雾处理系统（见图 9-3）。

油雾气体由机架内侧的两个吸气口及机架进、出口端的上部烟罩吸入主风管，经过卧式洗涤喷雾装置净化并经液滴分离器，最后由排气管排至室外大气。

卧式洗涤喷雾装置的主要作用是洗涤净化气体中的乳化液油雾。由喷嘴喷出来的雾状水滴与被处理气体相接触，乳化液油雾滴与雾状水滴相遇并被分离出来，靠自重与水一道落入洗涤喷雾装置下部水槽内。为防止小部分液滴被气流带走，在洗涤喷雾装置的末端设

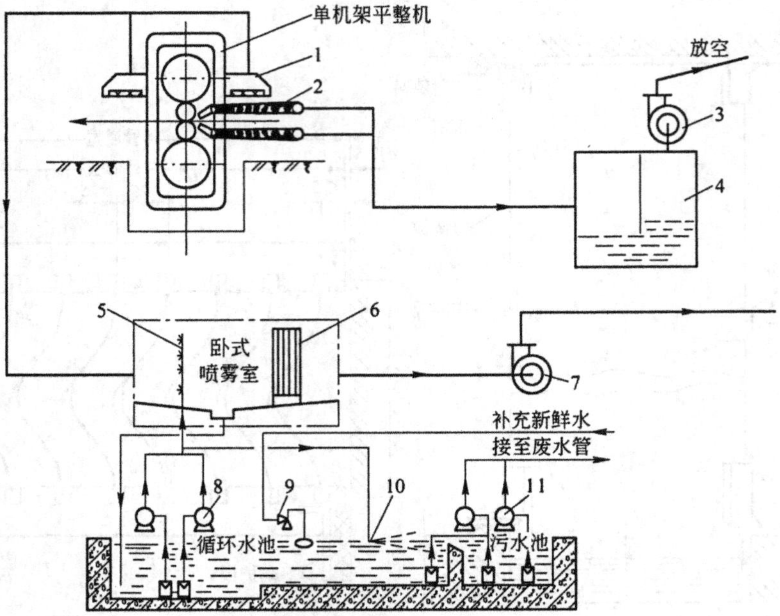

图 9-3　单机架平整机排雾流程图

1—排气罩；2—软管；3—排风机；4—湿式除尘器；5—喷嘴装置；6—挡水板（液滴分离器）；7—风机；8—循环水泵；9—浮球阀；10—喷嘴；11—排水泵

有挡水板，尽可能地把这部分液滴分离出来。采用这种洗涤装置，对水温无要求，为节省水量，水可循环使用。

该系统的主要参数如表 9-2 所示。

表 9-2　系统主要参数表

项　目		技术参数	项　目	技术参数
油雾气成分		乳化液油雾和水蒸气	循环水量	$30m^3/h$
气体温度		45℃		
排 气 量		$80000m^3/h$		
分离器	流速	3～6m/s	排放浓度	$20mg/m^3$
	效率	>93%		
	阻力	39.6～138.6Pa		

9.3　烟尘处理

烟尘主要产生在酸洗机组矫直机、焊接机、磨辊间、平整机等机组，下面分别介绍各机组的烟尘处理工艺。

9.3.1　酸洗机组矫直机、焊接机除尘

当带钢通过酸洗机组入口端的夹送辊矫直机、拉伸矫直机和闪光对焊机时，带钢表面

经过挤压、拉伸、弯曲、矫直以及自动焊接而产生大量烟尘。为排除这些含尘气体，需设置除尘净化系统（见图9-4）。

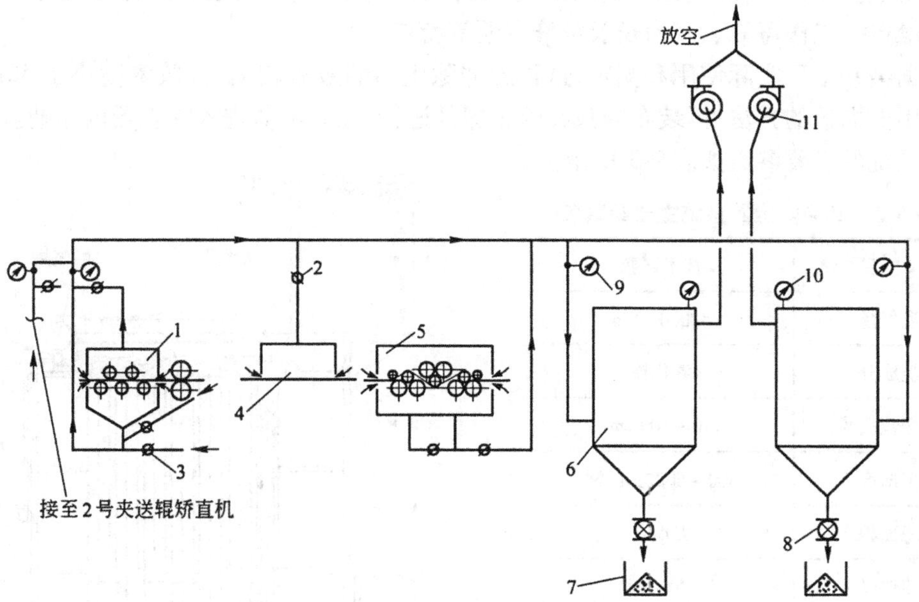

图9-4 矫直机焊接机除尘流程图

1—1号夹送辊矫直机；2、3—平动蝶阀；4—自动闪光焊接机；5—拉伸矫直机；6—布袋除尘器；7—贮灰槽；8—排灰阀；9—气动操作阀；10—压力计；11—排风机

为捕集散发的含尘烟气，夹送辊矫直机本体设有上、下吸气罩；焊接机上方设有吸气罩；拉伸矫直机上方设有一个半密封罩，下方设有吸气罩。对带钢矫直、焊接、拉伸过程产生的含尘气体经各自的吸气罩捕集后汇集到主风管内并进入脉冲喷射式布袋除尘器净化，然后由排风机排至室外。从除尘器底部漏斗落下的粉尘被收集到贮灰槽内，定期运走，供回收利用。

由于1号和2号夹送辊矫直机是交替工作的，所以在排气装置上各设一个气动压力调节阀，切换使用。

布袋除尘器的清灰方式有振动型、反吹风型、气环型和脉冲型等各种形式。脉冲布袋除尘器由于脉冲时间短（0.1s），脉冲周期短（30～60s），过滤速度较快（3～4m/s），清灰效率高，因此，这种除尘器在国内外均广泛使用。

脉冲喷射式布袋除尘器由壳体、过滤部件、脉冲控制仪、喷吹系统和卸灰装置等组成，其结构简图见图9-5。

该种除尘器的最大特点是采用了新型的圆环缝隙喷嘴，压缩空气先径向进入喷嘴再轴向喷入布袋，避免了小孔喷射难以对中的缺点，而且，二次空气的引射量大，提高了清灰效率。

它的清灰过程是由电控仪按照规定的要求向各个电磁阀发出指令，依次打开脉冲阀，顺序向各排布袋内喷吹压缩空气，二次空气同时被引射喷入布袋内。此时，布袋内侧压力大于外侧压力，使布袋膨胀。由于脉冲时间短，气脉冲一旦消失后，布袋内又呈负压状态，紧贴在滤袋框架上，这样一胀一缩，相当于把布袋抖动一下，从而将粘附在布袋外侧上的灰尘清除掉。

采用电控仪具有耗电省、无机械易损元件、体积小、质量轻、运行时无噪声、无火花、无触点、工作可靠、寿命长及维修方便等特点。

根据某些工厂实际使用和测定，这种脉冲除尘器的效率较高，排放浓度小于50mg/m³。而且采用上揭盖的方法，拆装布袋只在除尘器外进行，工人不需进入除尘器内作业。

该系统的主要参数如表9-3所示。

表9-3　脉冲除尘器系统主要参数表

项　目		技术参数
处理气量		40000m³/h
粉尘成分		氧化铁
粉尘颗粒尺寸		10～100μm
含尘浓度		500～5000mg/m³
过滤面积		204m²
过滤速度		3.5m/min
阻　力		11kPa
布袋	尺寸	φ160mm×2250mm（长）
	数量	180只
	材质	聚酯针织毛毡
净化周期		100s
压缩空气额定耗量		52m³/h
压缩空气压力		600kPa
排放浓度		50mg/m³

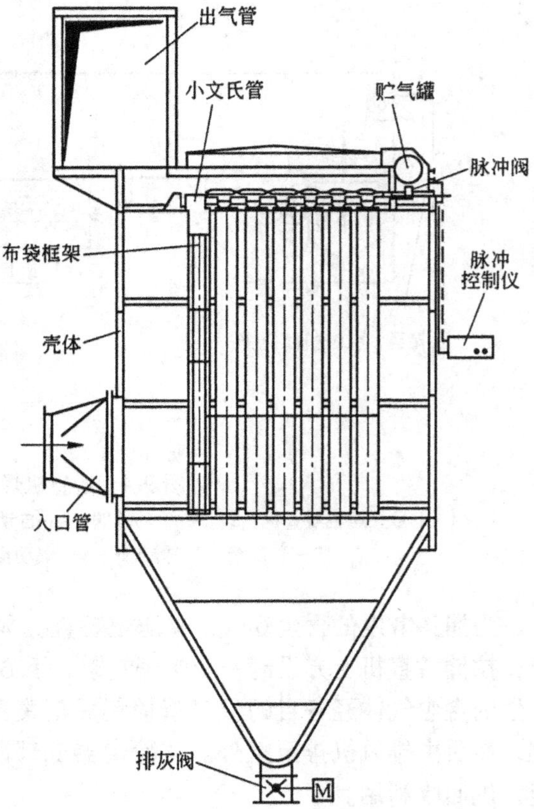

图9-5　脉冲喷射式布袋除尘器结构简图

9.3.2　磨辊间除尘

磨辊间一般设有普通磨床、支撑辊磨床和轧辊抛丸装置，主要作用是修磨轧机和各机组的各种辊子。在磨衬胶辊时，为捕集作业时产生的胶末粉尘和氧化铁粉尘，一般都设有净化除尘装置，有的是设备装配自带，有的是根据情况需另行设计，这里不一一列举。下面主要介绍抛丸除尘装置。

轧辊抛丸装置是处理加工轧辊表面质量的设备，在生产过程中产生大量的金属粉尘。为防止粉尘扬出，在轧辊进、出口处设有防尘装置，并在抛丸机后端设有排风罩，在磨料分离器上设有排气口，为及时排出和净化有害气体，设置有一个除尘系统，如图9-6所示。

这种除尘器属内滤式，适用于中、小型的通风除尘系统，是一种经济实用、安装方便及效率高的除尘设备。

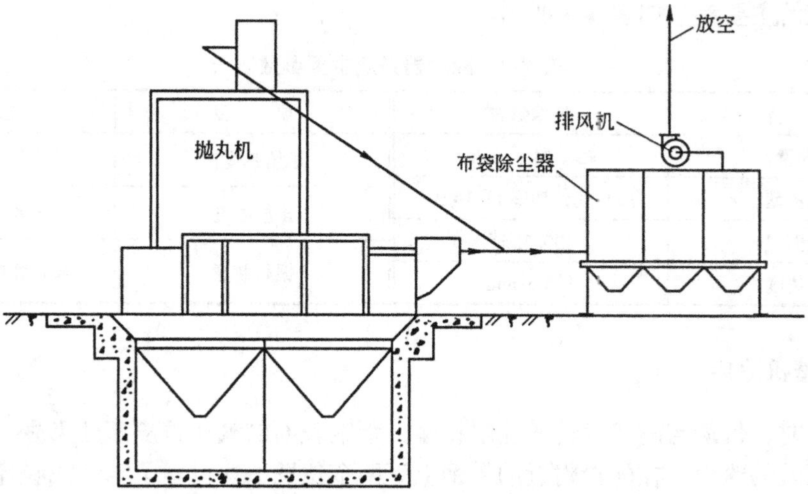

图 9-6　抛丸装置除尘系统流程图

布袋材质为玻璃纤维织品，高强耐磨使用寿命长。布袋做成扁形，可有效地利用除尘器的内部空间。布袋下端固定在花板上的扁形凸缘上，用卡箍卡紧即可。上端吊挂在上部横梁上，此横梁与振打装置连接在一起。当振打装置动作时，布袋抖动，将粘附在布袋内表面上的粉尘抖落到集灰漏斗内。漏斗出口处装有手动排灰阀。除尘器结构简图见图 9-7*a*，布袋形式见图 9-7*b*。

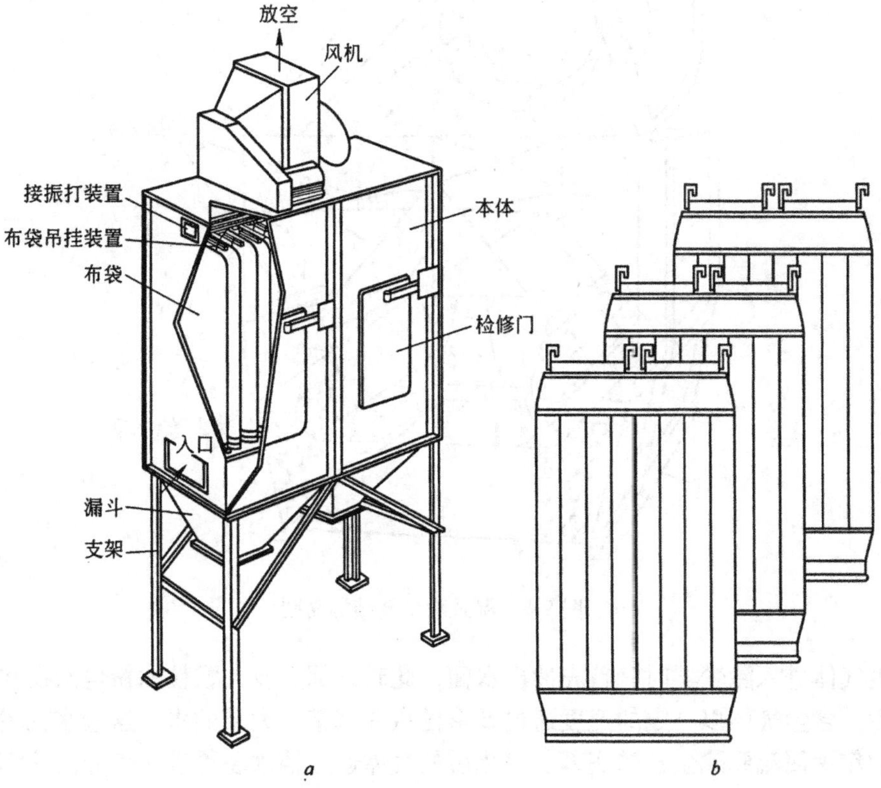

图 9-7　除尘器结构简图（*a*）和布袋形式（*b*）

该系统的主要参数如表9-4所示。

表9-4　除尘器系统主要参数表

项　目	技术参数	项　目	技术参数
排气量	131.74m^3/min	原始粉尘量	366.99g/h
风机机型	离心式，功率11.14kW	排放浓度	46mg/m^3
布袋面积	139.35m^2	振打装置	电动机功率0.37kW
过滤速度	1.5m/min		

9.3.3　平整机除尘

干平整时，带钢与高速旋转的轧辊相碰，带钢表面的氧化铁皮四处飞溅。为了有效地捕集这些飞溅的粉尘，在轧辊附近的带钢上下两个位置上均设置了窄缝式吸嘴。含尘气体由吸嘴捕集后，通过风管进入湿式除尘系统，见图9-3。湿式除尘器由除尘器本体、通风机、排污系统和自动控制装置等组成，其结构简图见图9-8。

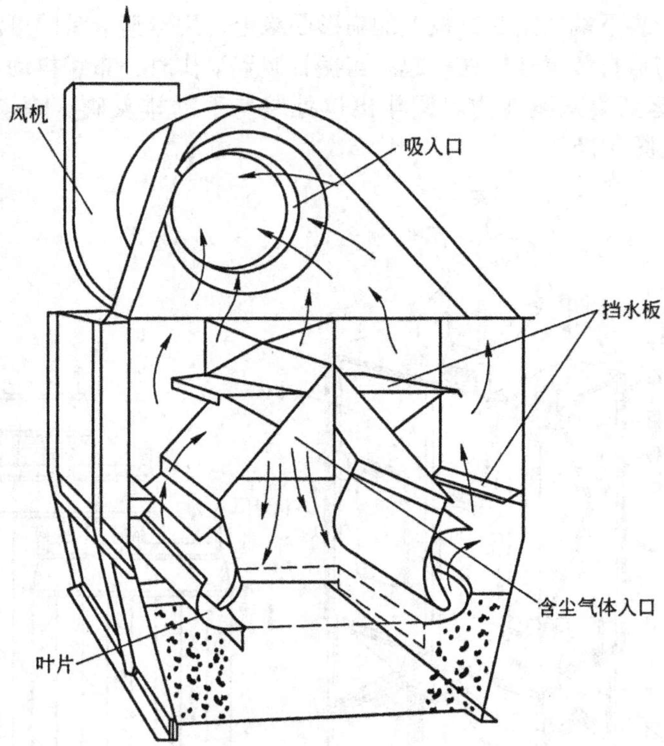

图9-8　湿式除尘器结构简图

含尘气体进入除尘器时，首先冲击水面，此时，部分较大颗粒的粉尘附在水中而被分离。然后，含尘气体以一定的速度通过S形槽道并携带了大量的水，这些水在槽道内受到离心力的作用回流到除尘器的底部。净化后的气体通过挡水装置进一步分离液滴后，由风机排至大气。

湿式除尘器有如下特点：

(1) 为保持除尘器底部有一定的水位，设有独特的自动水位调节器，在气量有变化的情况下，可以保持高效率的除尘效果。

(2) 当水位过低时，通过连锁装置，可自动停止风机，确保运行安全可靠。

(3) 排泥方式根据含尘黏性大小，可选择连续排泥和定期排泥。

(4) 装有溢流装置，可及时溢出废水。

(5) 维护费用低。

(6) 除尘效率高，颗粒尺寸为1μm以上时，其效率在98%左右（重量法）。

该系统的主要参数如表9-5所示。

表9-5 湿式除尘器系统主要参数表

项目	技术参数	项目	技术参数
排气量	$12000m^3/h$	粉尘成分	氧化铁
原始含尘量	$50\sim500mg/m^3$		
颗粒尺寸	$10\sim100\mu m$	排放浓度	$<20mg/m^3$

9.4 酸、碱废气处理

酸、碱废气主要产生在酸洗、电镀锌、连续退火机组，下面分别介绍各机组的酸、碱废气处理工艺。

9.4.1 酸洗机组废气处理

冷轧厂为适应高速、高产宽带钢表面的酸洗、清理，目前均采用连续盐酸浅槽酸洗装置。

酸洗槽在生产过程中由于液面蒸发，产生含酸气体，为防止含酸气体从槽内溢出，在带钢通过酸洗槽进入口处的上方设有排气罩装置。另外在酸洗槽、喷洗槽的槽边均设置有边缘吸气罩。由各槽排出的气体汇集到总管，经风机送入吸收塔内净化后排至室外大气（见图9-9）。

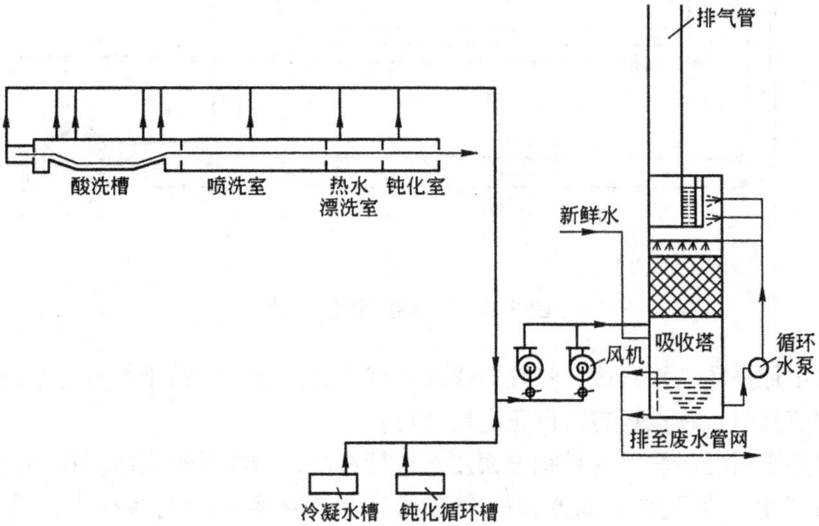

图9-9 酸洗槽排气净化流程图

由风机送入吸收塔下部进口的含酸气体，经过填料层与喷淋的水进行气、液两相接触。进行充分的热质交换后，气体中的酸分被水吸收，而后流入塔底。净化的气体先经去雾器把水雾除去，然后通过液滴分离器除去大一点的水滴后排至室外大气。

喷淋水通过填料层吸收了酸分后流入塔底，经水泵通过管道送入塔内进行喷淋，如此不断循环使用，塔底水的含酸浓度将不断增加，如不断循环使用，就会降低吸收酸分的效率。为此，就必须不断供给新水，除保持塔底有一定的水容积外，将多余的含酸废水经溢流管由废水泵送至贮酸站，最后送到废水处理站进行处理。

现将吸气罩、吸收塔作如下介绍。

9.4.1.1　吸气罩

吸气罩的形式多种多样，其效果很大程度上依赖于设备的密闭性。在考虑设备密闭的同时，也应考虑到设备要拆卸方便，有利于生产设备的维护和操作；结构坚固合理，不致因振动而失去严密性。

由于工艺的特点，酸洗槽、喷洗槽的结构比较特殊，它们配有不同的吸气装置。各槽盖的开、闭均采用液压系统进行控制。可靠的设备密闭，不但可节约风量，同时也可大大地降低酸液消耗。

酸洗槽槽边设有水封。由于带钢通过酸洗槽的速度较高，槽内盐酸溶液不断受到搅动，加速了表面溶液的蒸发。为排除由水封溢出的含酸气体，在水封上侧设边缘吸气罩（见图9-10）。

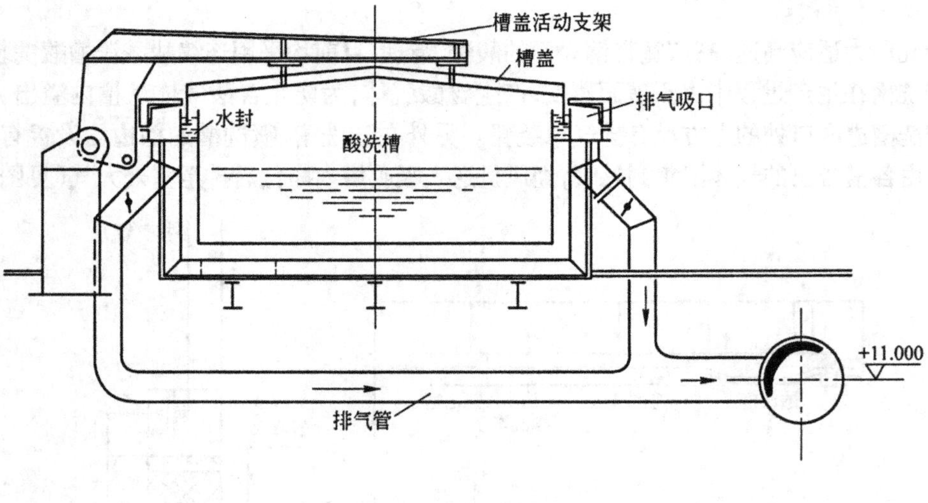

图 9-10　酸洗槽吸气罩简图

吸气罩由加强塑料板制成，吸气口作成条缝式，条缝口紧贴于水封的上侧部，排气支管上设有调节阀门，在试运转时调正定位便可。

喷洗槽用于对经酸洗后的带钢表面用水进行冲洗，洁净带钢表面。在冲洗过程中，含酸气体不断产生，在槽壁上侧方开一个排气口，及时将含酸气体排走，吸气装置见图9-11。喷洗槽的槽边设有密封填料承接口，密封盖的边缘制成突出平板，扣在槽边的承接

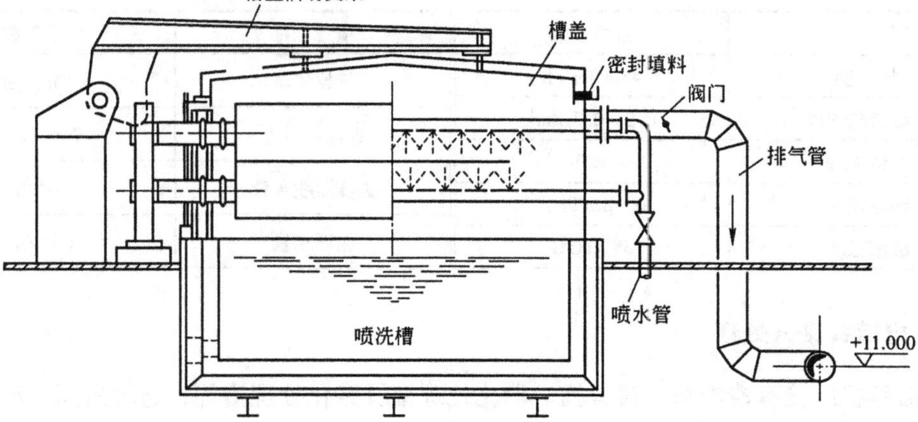

图 9-11 喷洗槽吸气装置简图

口上，密封填料为软性橡胶。排气管上设有调节阀门，排气口设在距槽内液面 800mm 左右处为宜。

9.4.1.2 吸收塔

吸收塔由本体、填料层、喷水装置、去雾器及液滴分离器等组成，其结构如图 9-12 所示。

塔体材质的选择要考虑对被处理气体与液体的耐蚀性，一般可用金属（如钢、合金）、非金属（木、陶瓷）等耐酸碱材质。酸洗机组用的吸收塔，外壳采用钢体、内衬胶方法制作而成。

塔内填料为块状塑料，它具有耐化学腐蚀性强，质轻易运输、孔隙率大等优点，而且不易发生液泛和偏流。填料层高度为 1500mm。填料的填充方式一般是乱堆，每 1 米^3 填料有 36000 个空心的抛物面时，就能获得良好的热、质交换。

水位调节设备也是吸收塔的重要部件之一。为确保流入量与流出量保持平衡相等，水位调节应按需要选择定位或不定位的自动调节水位装置。

该系统主要参数如表 9-6 所示。

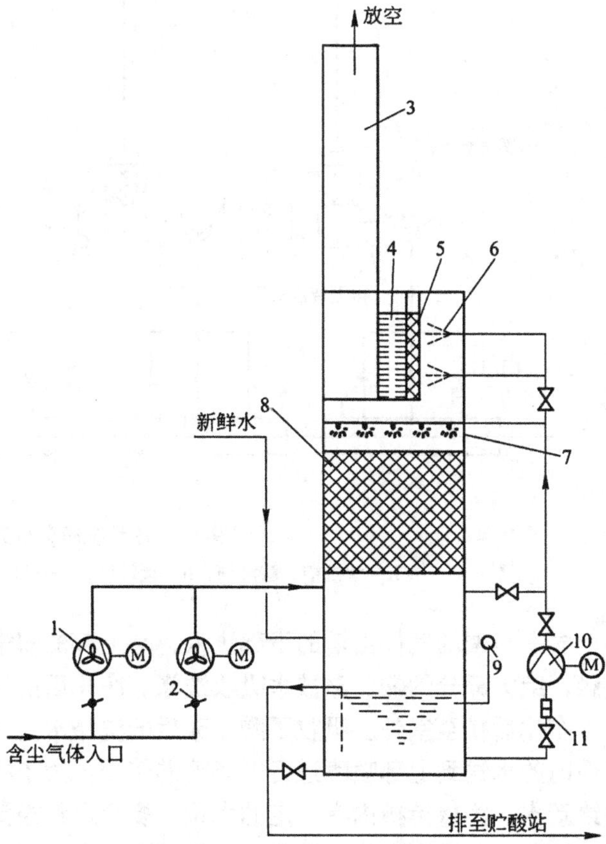

图 9-12 吸收塔内部结构简图

1—风机；2—阀门；3—排气管；4—挡水板；5—除尘器；6、7—喷嘴；8—填料；9—水位计；10—水泵；11—过滤器

表 9-6　吸收塔系统主要参数表

项　目	技术参数	项　目	技术参数
气　量	48000m³/h	排放浓度	<10mg/m³
原始含酸浓度	0.5～0.7g/m³	吸收塔阻力	784.3Pa
气体成分	HCl		
颗粒尺寸	0.1μm 以下	去雾器喷水量	1m³/h
酸液温度	65～80℃	循环水量	8m³/h

9.4.2　电镀锌废气处理

电镀锌机组设有清洗槽、镀锌槽、磷化处理槽及铬化处理槽等，通过脱脂、酸洗、镀锌等工序对带钢进行表面化学处理。

各类槽在生产过程中散发出含酸、碱的气体，为了排除这些有害气体，分别设置 *A*、*B*、*C*、*D* 4 个排气系统。有害气体分别由风机送入各自的填料洗涤塔净化处理后排至室外。各系统的净化处理图如图 9-13 所示。

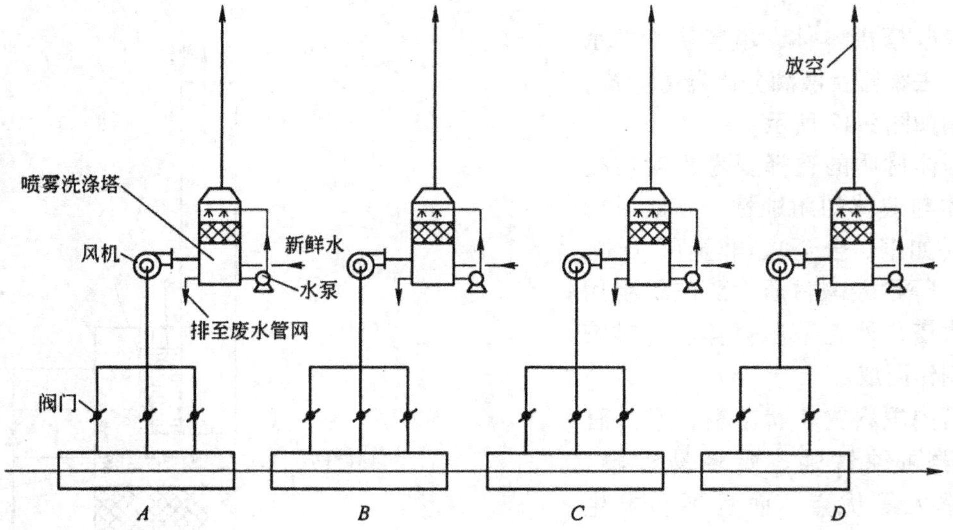

图 9-13　各系统净化处理流程图

A—清洗槽、酸洗槽；*B*—镀锌槽；*C*—磷酸处理槽；*D*—铬酸处理槽

含酸、碱的气体由塔的下部进入，与上部的喷淋水逆向流动，在填料层中进行充分的接触，绝大部分的酸、碱被水吸收洗涤。净化后的气体，经上部塑料丝网制造的除雾器进一步净化后排至室外。吸收了酸、碱后的洗涤水流入塔底部的循环水槽内，再由循环水泵将槽内的水送到上部喷嘴进行循环喷淋使用。为了稀释水槽内水的浓度，需不断向水槽内供给新水。为保持槽内有一定的水位，多余水经溢流管排至废水管网。

填料洗涤塔由本体、填料层、循环水喷水装置、除雾器、循环水槽等组成，其结构如图 9-14 所示。

塔体由钢结构加固塑料制成，可防酸防碱。塔的组成紧凑，是一种既经济又高效的新型洗涤设备。

塔内填料采用多环式聚丙烯填料，根据处理气体性质的不同，也有采用聚乙烯、聚氯乙烯等材料制成。这种填料的特点是耐腐蚀、阻力小，空隙率大，每 $1m^3$ 可装 8000 个，每 $1m^3$ 的表面积为 $127m^2$，使用寿命长。

喷嘴要求应有扩散面大、喷射均匀、喷出的水滴要细等特点，以达到最佳的洗涤效果。材质要求应耐磨和不生锈，据有关资料介绍，目前喷嘴材质采用三聚氰胺使用寿命长，喷水均匀效果好。

除雾器的作用是将水雾喷淋后气体中含有的微小液滴捕集起来，再次净化，使排出的气体更为干净。除雾器的材质为聚氯乙烯增强塑料，制成多层丝网块，效率较高。

风机和水泵都具有各自的特点。风机用于排送含有酸、碱的腐蚀性气体，材质为玻璃纤维增强塑料；水泵用于排送含有酸、碱的腐蚀性循环水，材质为聚氯乙烯塑料。为防止大粒物质吸入泵内造成事故，吸口处应装置由聚氯乙烯塑料制成的过滤网，以确保水泵安全运行。

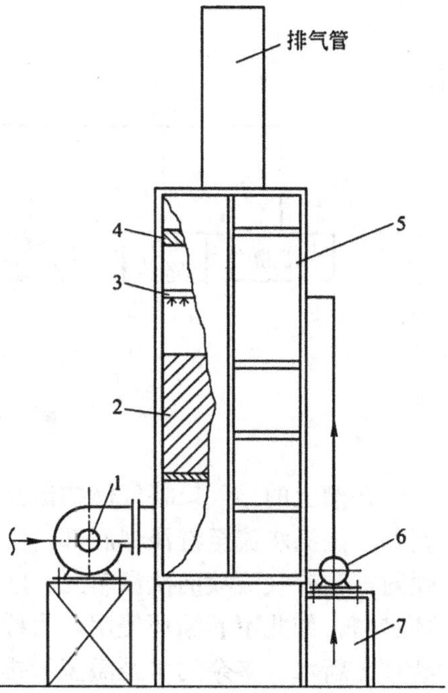

图 9-14 洗涤塔结构简图
1—风机；2—填料；3—喷嘴；4—除雾器；5—本体；6—水泵；7—水槽

该系统的主要参数如表 9-7 所示。

表 9-7 洗涤塔系统主要参数表

项 目	A	B	C	D
处理气量/m^3	350	400	350	100
雾气成分	H_2SO_4，NaOH	$ZnSO_4$，H_2SO_4	PO_4	CrO_3
颗粒尺寸/μm	10～300	10～300	10～300	2～15
洗涤塔入口气体温度/℃	40	40	40	40
原始浓度/$mg \cdot m^{-3}$	100（H_2SO_4），30（NaOH）	2.5（$ZnSO_4$），100（H_2SO_4）	100	50
排放浓度/$mg \cdot m^{-3}$	10（H_2SO_4），7.5（NaOH）	1（$ZnSO_4$），10（H_2SO_4）	10	1
循环水量/$m^3 \cdot min^{-1}$	1.75	2.0	1.75	0.5
新鲜水量/$L \cdot min^{-1}$	26	25	21	25
循环水含酸或碱的浓度/$g \cdot L^{-1}$	1.5	1.5	1.5	0.2

9.4.3 连续退火废气处理

连续退火机组设有碱洗槽、刷洗槽、电解清洗槽等，将经冷轧机轧制后的一部分带钢卷在该机组内进行表面清洗、退火以及平整矫直。这些槽在生产过程中散发出一定含量的有害气体，为排除这些气体，设置一个排气净化处理系统，如图 9-15 所示。

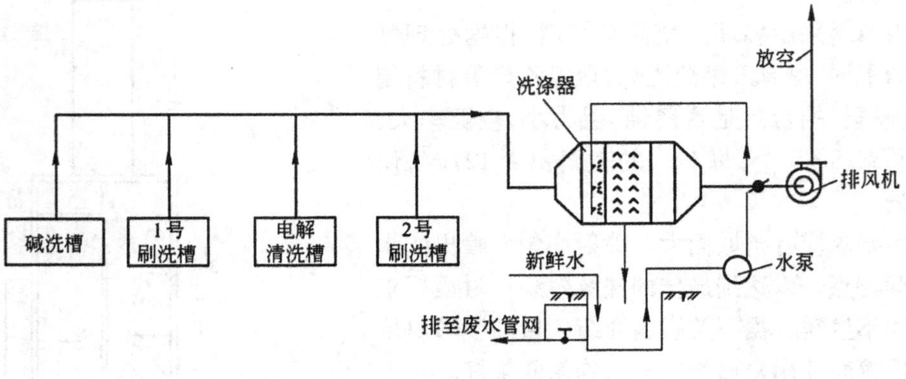

图 9-15　碱洗槽等排气系统流程图

各槽上的排气口将气体抽出并汇集到总管，气体经卧式洗涤器洗涤净化后由风机排至室外。洗涤水流至洗涤器底部，由管道流入底下循环水槽，经循环水泵，将水送至喷嘴，喷射水顺着气流喷向洗涤单元，水与气体在洗涤单元内充分接触洗涤后，洗涤水又流入循环水槽，如此不断循环使用。为稀释循环水槽内水的浓度，保持槽内有一定的水位，应不断补充新水，多余的水经溢流管排至废水管网。

卧式洗涤器是一种结构新颖、安装方便、经济实用、应用广泛的湿式除尘器。它由外壳、喷嘴、洗涤单元等组成，其结构如图 9-16 所示。洗涤器外壳为焊接钢结构制成。

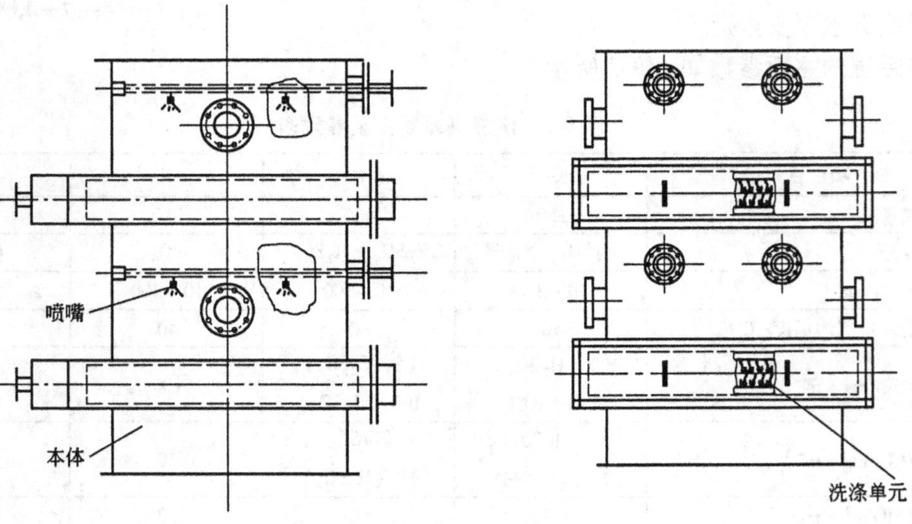

图 9-16　卧式洗涤器结构简图

洗涤单元形式较特殊，由许多曲形板组成，其原理见图 9-17。当含碱气体进入卧式洗涤器时，气体和顺喷的水雾相接触，气体和液滴同时进入洗涤单元，液滴冲击在曲形板上靠其本身的惯性力而被分离。在负压区，由于漩涡作用，气体与水又相互充分接触，使气体中的含碱液滴被进一步分离出来。洗涤后的水流入洗涤器底部的集水斗中，净化后的气体由洗涤器的出口排出。洗涤单元的阻力较小，通过速度一般为 7 ~ 10m/s，占地面积小，检修方便，耐热、耐腐蚀性好。材质可用耐高温的聚氯乙烯或玻璃纤维增强塑料等材料，一般应根据被处理气体的有害物种来确定选用哪种耐蚀材质。

该排气净化系统主要参数如表 9-8 所示。

表 9-8 排气净化系统主要参数表

项 目	技术参数
处理气量	$570m^3/min$
气体成分	Na_4SiO_4
颗粒尺寸	10 ~ 300μm
循环水量	40L/min
补充水量	10L/min
原始浓度	$8mg/m^3$
排放浓度	$1\ mg/m^3$

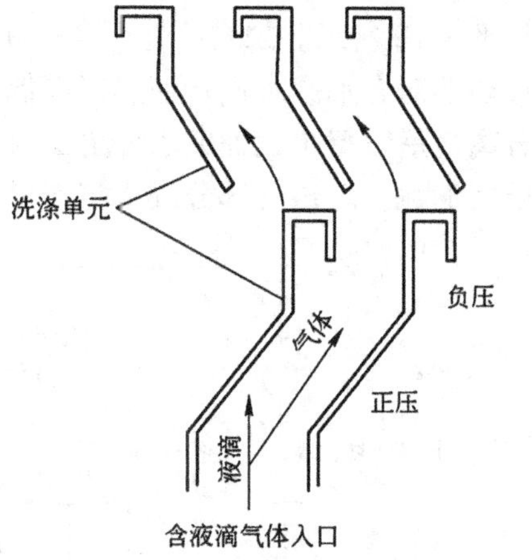

图 9-17 洗涤单元原理示意图（横断面）

9.5 废水处理

冷轧厂排出的废水包括 3 部分，第一部分是无污染废水，这部分废水是指雨排水，管沟、电缆沟及深坑的渗排水，这些废水直接或用泵抽出后排入厂区生产水管网；第二部分是生活下水，这部分废水通过泵站排入厂区生活下水处理管网；第三部分是生产废水，这部分废水是指冷轧厂生产过程中所产生的有毒、有害废水，对于清洁生产、保护环境而言，就是要求处理这部分废水。冷轧厂生产废水的特点是：种类多、成分复杂、危害大，因此对生产废水必须进行无害化处理，绝对禁止随意排放。冷轧厂生产过程中的生产废水包括含油废水、酸碱废水、含铬废水及硫氰化钠废水等。

9.5.1 含油废水处理

冷轧厂的含油废水主要来自五机架全连轧机组和平整机组。含油废水的主要成分如表 9-9 所示。平整机组只有采用湿平整时才会产生含油废水，产生量约为 $2m^3/h$。另外，横切机组、纵剪机组、重卷机组也都产生少量含有固体杂质的含油废水，平均每小时产生 $1.5m^3$ 左右。

表 9-9 含油废水主要成分

系 统	杂质浓度/$g \cdot L^{-1}$				pH 值	COD 浓度 /$g \cdot L^{-1}$	产生量 /$m^3 \cdot h^{-1}$
	矿物油	乳化液	悬浮物	Fe			
轧辊冷却系统	10	20	1	0.15	7 ~ 8	20 ~ 50	0.5
撇渣系统	10	100	1 ~ 2	0.15 ~ 0.20	7 ~ 8	20 ~ 80	0.6
更换乳化液	10	20	0.6 ~ 1.0	0.1 ~ 0.15	7 ~ 8	20 ~ 50	$600m^3$/2 ~ 3 个月
更换清洗剂	10	清洗剂 20	0.6 ~ 1.0	0.1	7 ~ 8	20 ~ 50	$150m^3$/2 ~ 4 周
更换水	10		0.6 ~ 1.0	0.1	7 ~ 8	10 ~ 20	$150m^3$/2 ~ 4 周
油库泵坑排水					7 ~ 8	10 ~ 20	0.15 ~ 0.2

含油废水的处理方法是采用静置、超滤浓缩、离心分离处理。含油废水处理的工艺过程如图 9-18 所示。来自冷轧厂各个机组的含油废水通过管道排至贮存槽内，槽内设有蒸汽加热器对含油废水进行加热以降低含油废水的黏度，使其污水更好地静置分离。经过静置分离之后，槽中含油废水分为三层，槽的表面层是浮油，中间层是乳化液，底层是含有杂质的油泥。对这三部分废水将作分别处理，主要处理设备如表 9-10 所示。

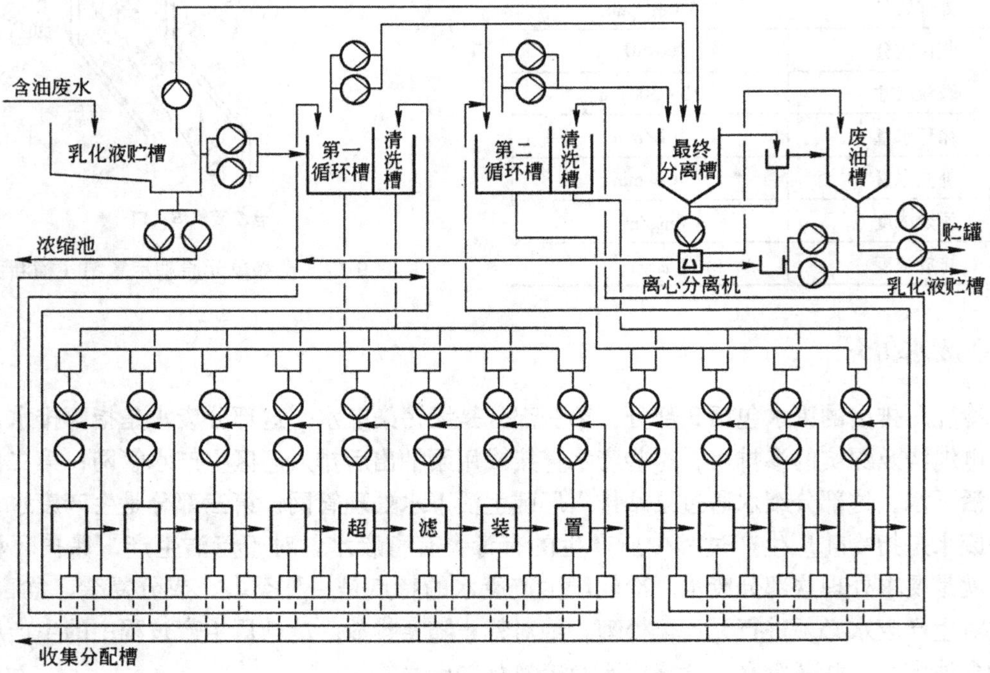

图 9-18　含油废水处理工艺流程图

表 9-10　含油废水主要处理设备

设备名称	数　量	规　格	设备名称	数　量	规　格
含油废水贮槽	2	长×宽×高=25m×6m×38m	最终分离槽	1	$20m^3$
带式撇油机	2	带宽 0.6 m,带速 30m/min,能力 500L/h	离心分离泵	1	4000L/h
超滤装置	2		废油贮槽	2	$20m^3$

含油废水贮槽上层的浮油通过设置在贮槽上刮油小车的撇油机进行处理。首先通过刮泥机上的刮板将浮油聚集在贮槽一端，然后用带式撇油机将浮油取出，经潜水泵打入最终分离槽。

含油废水贮槽底层的油泥由刮板机刮到污泥漏斗中后用可调偏心螺杆泵送入浓缩池与其他污水一起处理。

绝大部分含油废水都集中在贮槽中部，这部分废水主要是乳化液，其主要成分是油、乳化液和水等，含油量为 1% 左右。这部分乳化液是采用超滤工艺进行处理的。超滤装置由两级超滤装置组成，每一级超滤装置都由超滤管、循环槽、清洗槽组成（见图 9-18）。

超滤装置的技术参数如表9-11所示。贮槽中间部分的乳化液用泵打入第一循环槽内，循环槽内设有蒸汽加热，保持温度在50℃左右，然后进入第一级超滤管进行超滤。通过滤膜浓缩后的乳化液再用泵送到第二级循环槽，打入第二级超滤管进行第二次过滤浓缩。经过两级处理的乳化液浓缩后其含油量达到50%左右，这部分的浓缩乳化液用泵送入最终分离槽，与上层浮油混合后，经蒸汽加热分离，并通过自清法离心机进一步浓缩分离后，排入废油罐回收待用。

表9-11 超滤装置技术参数

设备参数		一级超滤	二级超滤	设备参数		一级超滤	二级超滤
超滤管	套数/套	8	4	清洗槽	数量/台	1	1
	根数/根	160	80				
循环槽	数量/台	1	1		体积/m^3	16	10
	体积/m^3	35	35				

经过一级、二级超滤装置分离后的滤出液即滤膜渗透的含油废水，其含油量小于10mg/L，排入收集分配槽集中后送入中和池与其他废水一起处理，经过中和、混凝、澄清处理后外排。经过处理的外排废水的水质保证值如表9-12所示。整个超滤运行过程均由可编程序控制器全自动控制。

表9-12 外排水的水质排放保证值

序号	1	2	3	4	5	6	7	8	9
项目	pH值	Cr^{6+}	总Cr	Fe	悬浮物	油	BOD	COD	排气含尘量
保证值	6.5~9.0	0.5mg/L	2mg/L	2mg/L	30mg/L	5mg/L	25mg/L	40mg/L	50mg/m^3

经过一段运行时间后，超滤管渗透量减少，过滤效率降低时，就必须进行清洗操作。清洗分为一般清洗和特殊清洗两种。一般清洗是指用水和清洗剂清洗。如果经过一般清洗仍然达不到要求，就要进行特殊清洗，即要对超滤管进行酸洗或碱洗，再用水进行冲洗，确保pH值显中性。正常超滤工作过程和清洗过程的交换是自动进行的。

超滤管由管状超滤膜、支撑管和收集管组成。超滤膜就粘附在由聚酯玻璃纤维制成的支撑管内，支撑管除了起到支撑超滤膜的作用之外，同时还起到使渗透液均匀分布在整个圆柱表面的作用。

超滤法处理含油废水的优点是操作稳定，保证水质达标排放，分离本身不加任何化学药剂，不会产生新的污染；其缺点是投资大，耗电较多。

9.5.2 酸、碱废水处理

冷轧厂生产过程中的酸、碱废水主要来自酸洗机组、电镀锌机组，电镀锡机组、美钢联法热镀锌机组及连续退火机组。这里需要说明的一点是：酸洗机组产生的废酸溶液主要是酸洗报废的含有大量$FeCl_2$的废酸。目前所有冷轧厂都将这部分废酸进行回收，并生产氧化铁粉作为磁性材料，最先进的鲁特纳法处理废酸回收氧化铁粉，这在第1章酸洗工艺里已作介绍，故这里不再重复。而酸洗机组由于废酸气体处理过程中另外产生的废酸溶液就必须纳入环保处理范围。

冷轧厂有关机组排出的酸、碱废水不仅浓度大，而且含有大量重金属，如铁、锌、铅、铬、锡、铜等。这些废水不能直接外排，必须经过无害化处理。该废水处理方法是采用中和法处理，中和法处理最终达到如下目的：

（1）通过中和反应使之形成中性溶液。冷轧厂有关机组产生的碱性废液主要包括 NaOH、Na_2CO_3 等碱性成分，而酸性废液的主要成分是 HCl，可利用两股废液混合进行中和处理，其反应如下：

$$NaOH + HCl = NaCl + H_2O$$

$$Na_2CO_3 + 2HCl = 2NaCl + H_2O + CO_2$$

这种单靠本身废酸、废碱进行中和的反应是不可能反应完全的，可能碱液多，也可能酸液多，而且酸、碱浓度也不同，所以，必须通过外界另外添加酸或碱进行中和使之反应完全，达到 pH 值为 8 ~ 8.6 之间的目标。

（2）通过中和反应将酸、碱废水中的各种重金属离子沉淀出来，以除去废水中的重金属。

酸、碱废水中重金属离子主要有 Fe^{2+}、Pb^{2+}、Zn^{2+}、Al^{3+}、Sn^{2+} 等，它们在中和槽中的碱性条件下与 OH^- 反应生成金属氢氧化物沉淀，从而从废水中分离出来。其反应式如下：

$$Zn^{2+} + 2OH^- = Zn(OH)_2 \downarrow \quad (pH = 7 \sim 14)$$

$$Pb^{2+} + 2OH^- = Pb(OH)_2 \downarrow \quad (pH = 7.5 \sim 13)$$

$$Al^{3+} + 3OH^- = Al(OH)_3 \downarrow \quad (pH = 3 \sim 10)$$

$$Fe^{2+} + 2OH^- = Fe(OH)_2 \downarrow \quad (pH = 5 \sim 14)$$

$$Sn^{2+} + 2OH^- = Sn(OH)_2 \downarrow \quad (pH = 2 \sim 13)$$

从上面反应看出：pH 值控制在 8 ~ 8.6 之间，这些重金属离子都能沉淀下来而从废水中分离。中和反应条件如表 9-13 所示。

表 9-13　中和反应条件

项　目	反应条件	项　目	反应条件
中和剂	HCl、$Ca(OH)_2$、消泡剂	温 度	常 温
HCl 浓度	10% ~ 15%	pH 值	8 ~ 8.5
$Ca(OH)_2$ 浓度	10% ~ 12%		

中和处理系统由 4 个中和槽、1 个配集槽和配碱、配酸装置组成。中和系统主要设备的技术参数如表 9-14 所示。

表 9-14　中和系统主要设备技术参数

设备名称		数 量	规　格
配碱装置	石灰贮槽	1	$V = 100m^3$
	硝化装置	2	处理能力 500kg/h（CaO）
	石灰乳槽	2	$V = 5m^3$
	石灰乳泵	3	$Q = 25m^3/h$；$p = 150kPa$
	高压水清洗泵	1	$Q = 10m^3/h$；$p = 960kPa$

续表 9-14

设备名称		数量	规格
配酸装置	卸酸泵	1	$Q=50m^3/h$；$p=150kPa$
	盐酸贮槽	1	$V=40m^3$
	盐酸输送泵	2	$Q=2m^3/h$；$p=100kPa$
	盐酸投加槽	1	$V=2m^3$
	盐酸投加泵	2	$Q=1m^3/h$；$p=150kPa$
中和	配集槽	1	$BLH=5m\times2m\times1.6m$
	中和槽	4	$BLH=4m\times4m\times2.5m$

酸、碱废水中和处理的工艺过程是：冷轧厂各机组所产生的酸、碱废水先集中收集在收集槽中，然后进入中和槽。中和槽分为两组，每组分成两格形成4个中和槽。在每个槽的入口处都设有高效混合器，对各路酸、碱废水进行充分混合。中和槽里都设有充气机械搅拌器和pH计各一台，搅拌器将使加入槽中的中和剂HCl、$Ca(OH)_2$、消泡剂与废水充分混合以加速中和反应的完成。通过pH计自动控制HCl或$Ca(OH)_2$等试剂的加入量，当中和液pH值高时加HCl，相反，低时加$Ca(OH)_2$，确保中和槽内废水的pH值在8～8.5之间。中和处理完成后的废水流入混凝槽和其他废水一起进行净化处理。

中和槽所需的盐酸由配酸装置供给。由外界槽车运来的浓盐酸打入盐酸贮存槽，再用耐酸泵打入盐酸投料槽，加水稀释到浓度为10%～12%后，通过计量泵将盐酸自动加入中和槽。

中和槽所需的石灰乳由石灰乳配制装置供给。该装置由一台石灰贮仓、两套硝化装置、带式运输机和石灰乳槽组成。石灰乳的配制方法是：从石灰贮仓底部的排出口分别向两套硝化装置供给粒度小于3mm、纯度大于90%的生石灰粉；向硝化器内注入工业水，使粉状石灰硝化成石灰浆；带式运输机除去石灰浆中的固体杂质并将其送入石灰乳槽；在槽内设有搅拌器，向石灰乳槽内加水搅拌使石灰乳稀释到浓度为10%左右以供中和反应使用。

消泡剂在容量为100L的投加槽内快速搅拌，稀释后用投加泵自动供给中和槽以消除中和反应过程中产生的气泡。

9.5.3 含铬废水处理

冷轧厂的含铬废水主要来源于各条电镀作业线的密封槽、钝化槽进行密封处理、钝化处理时带钢经冲洗、漂洗所产生的废水，该废水含有毒性很大的六价铬。这种废水绝对不能排到厂外，必须进行化学处理达标后外排。含铬废水的处理方法，国内外都是采用化学还原法。首先采用氯化亚铁（$FeCl_2$）作为还原剂将有毒的六价铬离子Cr^{6+}还原成无毒的三价铬离子Cr^{3+}、其反应式如下：

$$\underset{(红色)}{H_2Cr_2O_7} + 6FeCl_2 + 14HCl = \underset{(绿色)}{2CrCl_3} + 6FeCl_3 + 2HCl + 7H_2O$$

含铬废水经过还原处理后，再将其进行中和反应，使三价铬离子沉淀下来，其反应式如下：

$$CrCl_3 + 3NaOH = Cr(OH)_3\downarrow + 3NaCl$$

含铬废水处理工艺过程为：冷轧厂所有含铬废水全部排入含铬废水收集槽，混合后送入铬酸还原槽；在还原槽内与从酸洗机组排出的酸洗漂洗水混合（酸洗液中含有还原剂 $FeCl_2$）进行还原反应。如果酸洗漂洗水中的 $FeCl_2$ 含量不足则通过添加酸洗槽中的酸洗液来补充。因为酸洗槽中酸洗液所含的 $FeCl_2$ 浓度要比漂洗水中的 $FeCl_2$ 浓度高得多，所以只要少许补充就可满足还原反应的要求。但是，酸洗槽中的酸洗液是回收制作氧化铁粉磁性材料的原料，因此只有在酸洗漂洗水中不足以完全还原六价铬时才添加酸洗槽中的酸洗液作为还原剂。含铬废水处理的主要设备如表 9-15 所示。

表 9-15　含铬废水主要处理设备

名　称	数　量	规　格	名　称	数　量	规　格
含铬废水收集槽	1	$H=8.35m$，$\phi=2.80m$	铬还原槽	1	$BLH=2.5m\times2.5m\times2.5m$
含铬废水进水泵	2	$Q=30m^3/h$，$N=3kW$	搅拌器	1	$N=3kW$

为使还原反应正常进行，在还原槽入口的高效混合器内和还原槽里分别设置投加还原剂的投放点，以便及时加入盐酸和酸洗废液。为保证反应充分，还原槽内设置搅拌器不断进行搅拌。还原剂投加量由设置在还原槽内的一台 pH 计和一台氧化还原电位计来实现对盐酸和酸洗液加入量的自动控制。

铬酸还原槽有两个出口，一个位于槽中部，由电动阀控制；另一个位于槽的上部。当还原槽中的六价铬含量大于 0.5mg/L（国家标准）时，自动关闭出水口电动阀，同时含铬废水进水泵停止运转。此时，由还原槽中氧化还原电位计测定并继续控制酸洗液的投加，直至达到排放标准后出水口电动阀门才能打开。

经过还原反应的含铬废水还不能直接外排，因为废水中的三价铬还没有清除，经过还原处理的废水，还要进行中和处理。这时含铬废水将与酸、碱废水合并一起进行中和处理，其工艺流程如下：

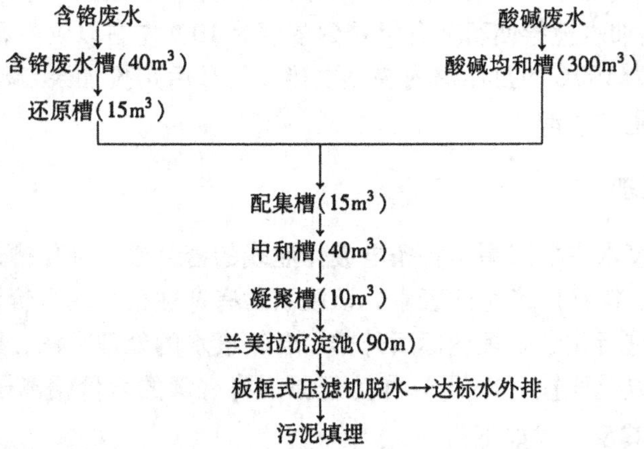

经过上述处理之后，含铬废水中的六价铬含量小于 0.5mg/L，总铬含量小于 2mg/L。

9.5.4　硫氰化钠废水处理

硫氰化钠（NaSCN）废水来自于煤气清洗、煤气加压站，产生量不大，每天为 $0.8m^3$ 左右，但是该废水的 NaSCN 含量很高，排入江河对生物影响很大，所以不能直接外排，必须进行处理。通常采用化学氧化法处理，其处理设备由一个容积为 $6m^3$ 的收集槽、一

座容积为 $12m^3$ 的氧化池和一个氧化剂供给系统组成。所使用的氧化剂是氧化性极强的次氯酸钠。其处理过程是：煤气加压站的含 NaSCN 废水用泵送到收集槽内，然后重力流入氧化池中进行氧化处理。氧化池内除加强氧化剂外，还要添加盐酸和石灰乳，控制 pH 值在5左右。硫氰化钠废水经过次氯酸钠氧化作用后产生 CO_2、N_2、SO_2、HCl 等气体，这些气体经过风机抽入废气洗涤塔。洗涤塔里装有 NaOH 吸收剂，将废气中的 CO_2、SO_2 和 HCl 吸收，剩余的 N_2 和空气排入大气。

次氯酸钠由槽车运来用泵打入贮槽内，贮槽是采用玻璃纤维增强的聚氯乙烯罐，具有很强的耐腐蚀性。通过两台塑料泵（一台备用）将次氯酸钠打入氧化池内，盐酸和石灰乳分别由各自的投加系统供给，其加入量由氧化池内的 pH 计和电位计自动控制。氧化反应停止时，氧化还原电位计将产生突变，说明有过量的次氯酸钠存在，此时，自动加入废酸用以还原过量的次氯酸钠。为确保反应完全，在氧化池内设有搅拌器。

9.5.5 污水净化处理

经过中和处理的酸碱废水、还原处理后的含铬废水、氧化处理后的硫氰酸钠废水和经过超滤中和的含油废水，以及其他废水必须进一步进行净化处理，将这些废水中的固体杂质分离出来。净化处理是冷轧厂废水处理最后一道工序，处理完的废水就可以直接排放或有效利用。

净化处理工序是：经过中和处理的废水流入两个凝聚槽，并向槽内投加高分子凝聚剂，废水经过凝聚后流入两台平行的兰美拉净化器。凝聚后的废水从兰美拉净化器下部进入，净水从上部引出，沉淀污泥沿斜板滑到净化器底部的污泥室。兰美拉净化器是一种斜板式净化器，它分为前后两格，设有400块斜板，每格净化器的污泥室内设有超声波泥位测定仪和螺旋输泥机各一台。当泥位达到一定高度时，自动启动螺旋输泥机将污泥排出，然后用可调偏心螺杆泵将污泥送入浓缩池。

9.6 污泥处理

冷轧厂生产过程中所产生的固体悬浮物主要来源于两部分，一部分是废水中原有的固体杂质，约占7%；另一部分是中和槽内产生的化学沉淀物，这是绝大部分污泥的来源，约占93%。这些化学沉淀物主要包括：Fe^{2+}、Cr^{6+}、Cr^{3+}、Zn^{2+}、Sn^{2+}、Al^{3+}、Ca^{2+}、SO_4^{2-} 等。这些重金属离子除少量钙离子与硫酸根离子形成硫酸钙沉淀物外，其他都以氢氧化物的形式沉淀而形成污泥。

9.6.1 污泥浓缩处理

为了降低污泥含水率，以减少污泥脱水费用，首先要对这些含水量很大的污泥进行浓缩处理。污泥浓缩处理是在浓缩池内完成的。浓缩处理的主要设备及其技术参数如表9-16所示。

表 9-16 浓缩处理主要设备及其技术参数

设备名称	数量	技术参数	设备名称	数量	技术参数
浓缩池	1	$\phi=10m$，$H=5.6m$	可调偏心螺杆泵（兰美拉）	6	$Q=4.5\sim22.5\ m^3/h$；$p=200kPa$
可调偏心螺杆泵（油泥）	2	$Q=1.2\sim6m^3/h$；$p=300kPa$	高压活塞泵	2	$Q=20m^3/h$；$p=1600kPa$
水处理站排泥泵	2	$Q=6m^3/h$；$p=260kPa$			

冷轧厂生产过程中所产生的各种含水污泥，包括含油废水槽底部污泥、超滤管处理后的含油污泥、中和槽中进行中和处理后的含水污泥及兰美拉净化器处理后的污泥等。这些含水污泥通过各自系统的泥浆泵打入浓缩池内进行浓缩。浓缩池是一个直径为10m、深度为5m的露天敞开式的大池子，池内设有转动格栅，其转速为2.5m/min，通过转动格栅，有效地排除污泥颗粒间的水分和气泡，使污泥含固体率提高6%～8%。

9.6.2 污泥脱水处理

经过浓缩后的污泥要进行脱水处理。脱水处理方法很多，例如，真空过滤脱水、热干燥脱水、板框式压力脱水等等。热干燥脱水效率高，但能源消耗大，成本高；真空过滤脱水的运行费用大，投资成本高；而板框式压力过滤装置是较为理想的污泥脱水装置。

污泥脱水的工艺过程是：经浓缩后的泥浆通过高压活塞泵被送入框式压滤装置进行脱水处理。该装置主要设备及技术参数如表9-17所示。

表9-17 脱水处理主要设备及技术参数

<table>
<tr><th colspan="2">设备名称</th><th>技术参数</th><th>数量</th><th>设备名称</th><th>技术参数</th><th>数量</th></tr>
<tr><td rowspan="4">板框式压滤机</td><td>容 积</td><td>2000L</td><td rowspan="4">2</td><td>电葫芦</td><td>5t</td><td>1</td></tr>
<tr><td>过滤面积</td><td>$212m^2$</td><td rowspan="2">高压水泵</td><td rowspan="2">$Q=3m^3/h$
$p=10MPa$</td><td rowspan="2">1</td></tr>
<tr><td>板框数量</td><td>95块</td></tr>
<tr><td>板框尺寸</td><td>1.2m×1.2m</td><td>清洗水箱</td><td>$V=5m^3$</td><td>1</td></tr>
</table>

污泥脱水过程中的板框压滤机，从压紧、压力调节、污泥泵的启动到排泥的全过程都是自动操作。板框压滤机的整个工作周期包括过滤时间和辅助过滤时间为10～20min。

板框式压滤机工作一段时间后，污泥中的金属氢氧化物和油泥会将滤布堵塞，从而使过滤效率降低，因此对板框式压滤机必须定时清洗。为此，设有一个$5m^3$的水箱和一台压力为10MPa的高压水泵定时为板框式压滤机冲洗。如果用水冲洗仍然达不到清洗的效果时就必须将压滤机上的过滤布取下进行手工清洗，需要特别注意的是，手工清洗时不能采用刷洗的方法，应该将滤布放入浓度为5%的稀盐酸溶液中浸泡半小时，然后再用清水冲洗、晾干，重新安装使用。过滤布是采用耐酸、耐碱的尼龙纤维编织的，具有耐腐蚀、高强度、耐挤压等特点。

9.6.3 固体污泥的处置

冷轧厂生产过程中产生的污泥含有少量的铬离子及各种重金属成分，这种污泥是不可以随意堆放的。关于这种污泥的处理方法，国内外都进行过试验和研究，试图将它返回到烧结系统与铁矿粉混合制成烧结矿供炼铁厂使用，但是，这种高浓度的金属杂质进入烧结矿后，必然给后步工序的炼铁、炼钢带来困难。随着这些重金属杂质不断聚集，必然给生产带来无法克服的困难。另外，试图将这种污泥用于建筑材料，进行制砖和生产水泥制品，虽然它不含有放射性物质，其制品没有放射性危害，但是用这种砖或水泥建成的建筑物长期在阳光曝晒下，少量的三价铬会被氧化成六价铬而被雨水冲刷流入地面而污染地下水，所以，目前还很难将它用于建筑材料方面。有关这种污泥的处理方法的试验和探索，目前国内外都在积极进行中。根据国家环保部门的要求，处理这类固体污染物必须设置防渗漏存放堆场，防止对环境造成污染。为此，目前对这种固体污泥的处置方法是：在远离水源和人员密集地方，建一座地下水泥大坑，水泥壁厚要超过20cm，必须防止渗漏，坑的大小要考虑长期生产的堆放量，水泥坑内固体污泥堆满后，将坑上面覆土并可在上面种植树木进行绿化。这种堆置处理方法是目前尚没有找到更好出路之前不得已的处置方法。

综合上述，冷轧厂废水处理流程如图9-19所示。

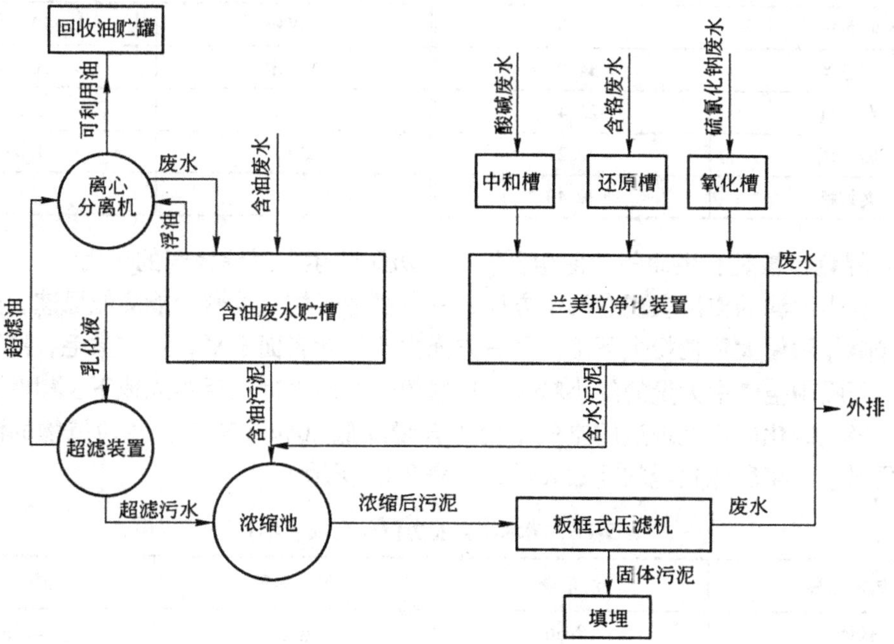

图9-19　冷轧厂废水处理流程图

9.7　冷轧厂外界环境处理——“绿色工程”

为确保冷轧生产工艺过程符合“清洁生产”要求，除了具有完善的“三废”处理环保设施用于治理生产过程中产生的废水、废气、粉尘外，还必须做好生产车间、厂房周围的环境治理工作，即被称之为“绿色工程”的绿化工作。绿化工程是搞好清洁生产不可缺少的“环保措施”。

9.7.1　“绿色工程”的作用

“绿色工程”就是在厂区范围建立绿色植被，消除污染，防止污染扩散的一项系统工程。“绿色工程”要和基本建设一样纳入总体规划，做出周密部署。绿化设施、生产设施、环保设施三者应配套建设，构成一个有机的整体统一系统。这种要求是由绿化所起作用所决定的。绿化设施对改善厂区生态环境具有十分重要的作用，是有生命的“环保设备”。

（1）绿色植被是有生命的“吸收塔”——吸收有害气体的作用。

冷轧厂厂区空气中有害气体主要是二氧化硫、氯化氢和二氧化碳气体，而最主要的是二氧化硫。绿色植物对这些有害气体都具有吸收功能。各种植物对各种有害气体的吸收量也不相同。各种植物对二氧化硫的净化能力以每公顷树木一年所吸收的二氧化硫公斤数来表示，如表9-18所示。

表9-18 各种植物吸收二氧化硫的能力[kg/(公顷·年)]

树木名称	吸收量	树木名称	吸收量
丝　兰	221.00	八角金盘	18.16
大叶黄杨球	44.53	罗汉松	12.92
广玉兰	34.07	悬铃木	10.33
女　贞	23.41	香樟	7.37
珊　瑚	22.27	蚊母	1.48
夹竹桃	20.40		

(2) 绿色植被是有生命的“除尘器”——吸附粉尘、过滤大气的作用。

树木吸尘过滤的作用表现在两个方面，一方面由于枝冠茂密，能降低风速，通过树枝树叶的屏障作用使大颗粒粉尘下降；另一方面由于树叶表面不平，长有绒毛，能分泌黏性液汁，从而吸附空气中大量的细小粉尘。这些粉尘经雨水冲洗后落入地下，树叶又恢复吸尘作用。经过绿化屏障处理过的空气中粉尘含量降低10%～50%。各种植物的滞尘能力以每公顷树木一年所能除尘的吨数表示，如表9-19所示。

表9-19 树木滞尘能力[t/(公顷·年)]

树木名称	滞尘量	树木名称	滞尘量
悬铃木	18.56	丝兰	2.59
香　樟	5.29	女贞	2.25
八角金盆	4.72	大叶黄杨球	1.74
珊　瑚	4.16	罗汉松	1.79
广玉兰	3.89	夹竹桃	1.15

(3) 绿色植被是有生命的“消音器”——降低厂区周边噪声的作用。

绿色植物是天然的“消音器”，具有降低噪声的作用，这是因为植物的茎叶和树冠对声波有散射作用，同时叶子表面气孔和绒毛如同吸音板一样，能把噪声吸收。据测定：40m宽的树林可以降低噪声10～50dB。

(4) 绿色植被是有生命的“净化器”——净化地下水质的作用。

绿色植物通过稠密的根系吸收地下溶解物，减少细菌量，同时起到过滤的作用。

(5) 绿色植被是有生命的“监测仪”——监测环境污染程度的作用。

某些植物对某种污染物非常敏感，一旦环境变化产生污染就发出“信号”，这些植物被称为环境污染“指示植物”或叫作“监测植物”。它们对某种污染物特别敏感，表现出受害状态。例如，当产生二氧化硫污染时，植物叶脉之间出现点状或块状伤斑，叶面改变颜色、枯萎，甚至死亡。各种“监测植物”所对应的敏感气体如表9-20所示。

(6) 绿色植被是有生命的“制氧机”——吸收二氧化碳产生氧气改善大气质量的作用。

表 9-20 对有害气体敏感植物

监测气体	“监测植物”	监测气体	“监测植物”
SO_2	雪松等各种松柏	CO_2	悬铃木、秋海棠等
HF	唐菖蒲、郁金香、樱花等	O_3	女贞、香樟、丁香等

绿色植物进行光合作用时要吸收二氧化碳并放出氧气，大气中的氧气60%是由植物产生的，一公顷树木一天可以吸收1t二氧化碳，放出0.71t氧气，大大地改善了厂区的空气质量。

9.7.2 “绿色工程”的配置与布局

要使“绿色工程”发挥良好的保护环境的作用，就必须对绿色植物进行合理的配置与布局。“绿色工程”合理配置与布局必须遵守下列三个原则：

首先，根据气候和土地条件合理选择树种，力求适地植树；

其次，植物是活性生命体，要特别重视多种植物的合理配置，速生树种与慢生树种相结合；

再次，要根据植物生态习性、环保作用及观赏性特点，进行植物配置。

“绿色工程”的布局包括防护绿化、道路绿化、办公区域绿化和单元设施区绿化等4方面的合理布局。

9.7.2.1 防护绿化植物的配置

防护绿化对冷轧厂来说特别重要，它与冷轧产品的质量有密切关系，特别是镀锡板、镀锌板、彩涂板、05汽车板等对空气质量要求高，所以防护绿化就应立足于防止外界粉尘对厂区的污染。防护绿化应以常绿树为主，多层次配置，使其构成以常绿树为主的绿色屏障。其布局从外侧到内侧依次为垂柳、池杉、罗克斯杨、独本女贞、棕榈、大叶黄杨球、黄馨等，由高到低，4层排列，形成混交林，把厂内与厂外分开形成隔离屏障，防止粉尘和有害气体的扩散，保护厂区环境。

9.7.2.2 道路绿化配置

厂区道路绿化直接关系到厂容厂貌。道路绿化配置要求四季常青、层次清楚、夏日绿阴的景象。行道树选择冬姿优美、夏日遮荫面积大的悬铃木和四季常青的香樟交替种植，在地下管线处铺设天鹅绒草皮。

9.7.2.3 办公区植物配置

办公区域的绿化力求防止污染，创造安静洁净、优美舒适的工作环境。办公楼周围可种植珊瑚、夹竹桃作为绿篱屏障；在办公楼门前配置观赏性树种，如在春天开花的白玉兰、紫荆、桃花等，夏天开花的栀子花，秋天开花的桂花等。这种花期不同的植物与观叶的常绿灌木如大叶黄杨球等混种，不仅增加了观赏价值，而且有利于办公人员消除疲劳，提高工作效率。

9.7.2.4 车间周围绿化配置

在车间周围的绿化配置首先考虑有利于对污染物的吸收，同时还要考虑有利于生产操作。例如，在污水处理车间周围的绿化配置要防止灰尘飞扬和树枝、树叶落入沉淀池，地面应铺设老虎皮草皮，可防止二次扬尘，除地面铺设草皮之外，可在水槽外围种植珊瑚绿篱，离水池远一点的地方再配置一些灌木树种，使其具有阻尘、滞尘、净化空气、保护水质的功能。

9.7.3 “绿色工程”的生态效应和企业效益

“绿色工程”对企业而言，绝不是无回报的投资，“绿色工程”所产生的环境生态效应及其企业效益绝不是能够用数字表达的。

9.7.3.1 “绿色工程”创造出“绿色市场”

“绿色工程”创造出良好的生态环境，良好的生态环境是清洁生产的前提，清洁生产是产品质量的保证，优质的产品才能取得用户的信任，用户信任才有市场，从而形成一条“绿色市场”链。所以说“绿色工程”绝不是表面工程，而是实实在在的绿色环保工程。只有在良好的生态环境下进行清洁生产的企业，用户对你的产品才有信任感，与你签订销售合同才有安全感，对你的售后服务也会有放心感，用户一定会大胆地使用你的产品。因此，“绿色工程”不仅是环保的需要，也是市场经济的需要。

9.7.3.2 “绿色工程”创造出“绿色产品”

冷轧厂所生产的产品是附加值高的精细产品，镀锡板、镀锌板、彩涂板、05 汽车板等等产品对板面要求极高，不允许有任何斑点、压痕、划印。只有通过“绿色工程”创造良好的外界环境，实行清洁生产，才能生产出合格的产品。

9.7.3.3 “绿色工程”创造出“绿色文化”

“绿色工程”为企业职工提供了良好的工作环境，使企业人与人之间更加协调，更加和谐，更加具有团队精神，形成独特的企业文化。良好的“绿色工程”必然要求职工具有良好的环保意识和坚持清洁生产的习惯，从而形成企业的“绿色文化”。由“绿色工程”所形成的企业“绿色文化”导致企业生产“绿色产品”必然形成“绿色市场”。

参考文献

1 W. L. 罗伯茨，王廷溥等译，冷轧带钢生产（上）. 北京：冶金工业出版社，1985

2 《日本冷轧带钢生产》编译组译. 日本冷轧带钢生产. 北京：冶金工业出版社，1985

3 国外钢铁，1991，(6)：47

4 国外钢铁，1992，(5)：51

5 宝钢情报，1989，增刊，138

6 汽车制造，1983，(2)：7

7 国外钢铁，1992，(5)：54

8 轧钢，1993，(2)：43

9 轧钢，1992，(4)：49

10 Hiroshi Aratani Iron and Steel Engineer，1993，(3)：32

11 П. И. 波卢欣等著. 郭鸿运等译. 多辊轧机轧制. 北京：冶金工业出版社，1987

12 鞍钢技术，1990，(11)：46

13 中国金属学会. 国内外计算机在轧钢生产中的应用发展情况. 1992（未公开发表）

14 轧钢，1991，(3)：58

15 宝山钢铁总厂冷轧厂等. 宝钢冷轧新技术应用论文集（未公开发表）

16 梶原利幸. 钟景彬译. 冷轧 HC 轧机的最近动向. 日立评论，61，1979，(9)

17 李世俊等. 轧钢技术国内外情况. 1991（未公开发表）

18 江赤光. HC 轧机计算机控制系统及其调试. 武钢技术，1991，(11)

19 付吉臣译，冷连轧机的板形自动控制，国外钢铁技术译文集（轧钢专辑），武钢科学技术情报研究所，1990，(1)（未公开发表）

20 贺毓辛主编. 冷轧板带生产. 北京：冶金工业出版社，1992

21 连家创，李春满编著. 轧钢设备及工艺. 东北重型机械学院，1985（未公开发表）

22 徐愚等. 现代冷轧宽带钢生产技术及对我国发展冷轧产品的几点设想. 第四届轧钢学术年会论文集，1991（未公开发表）

23 王先进等. 汽车用冷轧宽带钢的进展和发展对策. 北京科技大学，1991（未公开发表）

24 侯风桐. 冷带钢连轧机联合生产技术的新发展. 重庆钢铁设计研究院，1990（未公开发表）

25 徐乐江等. 宝钢技术，1993，(4)：25

26 潘大炜. 板带钢轧制生产技术新进展. 1988（未公开发表）

27 德国钢铁工程师协会编著. 冷轧带钢生产. 北京：机械工业出版社，1993

28 唐鸿章，宝钢工厂设计，1988，(3)：16

29 胡宗余，宝钢工厂设计，1988，(3)：82

30 王育华，宝钢技术，1989，(3)：19

31 华建新，徐耀寰. 宝钢 2030mm 冷轧机动态变规格的楔形变形区. 全国第五届板带钢学术会议论文，1990（未公开发表）

32 华建新. 板形计算机控制系统. 宝钢继续工程教训系列教材，1991（未公开发表）

33 杨永青. 宝钢冷轧单机架平整机工艺技术的应用. 全国冷轧宽带钢生产技术工作会议论文，1991（未公开发表）

34 张安利. 试论不锈钢光亮退火的若干问题. 上海金属，2002，(1)：10

35 卫星. 21 世纪初我国不锈钢需求展望及发展目标. 上海金属，2000，(2)：61

36 姜步民. 迈向钢铁强国的坚强意志. 上海金属，2002，(3)：18

37 张少东. 闪光的“不锈钢”源自科技发展. 冶金综述，2003

38　丁建刚等. 冷轧不锈钢生产过程的质量控制. 轧钢，2001，(4)：43
39　王先进等. 超低碳钢的最新发展. 北京科技大学压力加工研究所，1991（内部资料）
40　马虹蔚. 无间隙原子 IF 钢罩式退火工艺的研究. 轧钢，2002，(1) 18
41　陈无忌，褚邃良. 推拉式酸洗机组的应用. 轧钢，1994，(2)
42　张树堂. 可逆式宽带钢冷轧机的现状和发展. 轧钢，2004，(5)

冶金工业出版社部分图书推荐

书　名	定价(元
中厚板外观缺陷的界定与分类	150.00
中国中厚板轧制技术与装备	180.00
冷轧带钢生产	41.00
二十辊轧机及高精度冷轧钢带生产	69.00
型钢生产知识问答	29.00
冷轧带钢生产问答(第2版)	45.00
中厚板生产与质量控制	99.00
英汉金属塑性加工词典	68.00
高精度板带材轧制理论与实践	70.00
板带轧制工艺学	79.00
中国热轧宽带钢轧机及生产技术	75.00
金属塑性变形力计算基础	15.00
金属挤压理论与技术	25.00
板带铸轧理论与技术	28.00
高精度轧制技术	40.00
轧钢生产新技术600问	62.00
控制轧制控制冷却	22.00
板带连续轧制	28.00
金属塑性变形的实验方法	28.00
轧钢生产实用技术	26.00
高速轧机线材生产(第2版)	85.0
中国长材轧制技术与装备	200.0
冷轧薄钢板酸洗工艺与设备	28.0
小型型钢连轧生产工艺与设备	75.0
矫直原理与矫直机械(第2版)	42.0
现代热连轧无缝钢管生产	42.0
钢铁企业安全生产管理(第2版)	65.0
中厚板生产知识问答	29.0
2011~2020年中国钢铁工业科学与技术发展指南	60.0
钢铁产品缺陷与失效实例分析图谱	99.0